Weber · Zillmer

Mathematik

Aufgabenbuch
Gymnasiale Oberstufe
Leistungskurs

Analysis
Analytische Geometrie und lineare Algebra
Stochastik

PAETEC
Verlag für Bildungsmedien

Herausgeber: Prof. Dr. habil. Karlheinz Weber
PD Dr. habil. Wolfgang Zillmer

Autoren: Armin Baeger, Hans-Joachim Becher, Hans-Ulrich Brandenburger, Dr. Georg-Christian Brückner, Lutz Dobras, Frank Gräf, Irmhild Kantel, Dr. Eberhard Koch, Dr. Heidemarie v. Lojewski, Ardito Messner, Birgitt Riedel, Ulrich Schiele, Dr. Marga Schmidt, Dr. habil. Michael Schmitz, Helmut Schreiber, Susanne Schubert, Dr. habil. Bernd Wernicke, Dr. Eva-Maria Westerhoff, Beate Wießer, PD Dr. habil. Wolfgang Zillmer

Das vorliegende „Aufgabenbuch/Gymnasiale Oberstufe/Leistungskurs“ ist abgestimmt auf das Lehrbuch „TCP 2001 Mathematik/Gymnasiale Oberstufe/Leistungskurs: Analysis • Analytische Geometrie • Stochastik“ (ISBN 3-89818-100-6) des PAETEC Verlags für Bildungsmedien und folgt dessen Gliederung.

Die im Aufgabenbuch verwendete Abkürzung *GTA* steht für *Grafiktaschenrechner mit Computeralgebrasystem*. Die wiedergegebenen Schirmbilder wurden mit dem TI-92 angefertigt.

Der Vermerk *GTA* am Außenrand von Aufgabentexten soll darauf hinweisen, dass es beim Lösen dieser Aufgaben sinnvoll, zweckmäßig oder im Hinblick auf den Rechenaufwand sogar angebracht ist, einen geeigneten Rechner/Computer einzusetzen. Welchen Weg man letztlich wählt, muss individuell entschieden werden.

Titelbildquelle:
CargoLifter AG (Berlin)

1. Auflage
1 5 4 | 2004 2003
Alle Drucke dieser Auflage können im Unterricht nebeneinander benutzt werden.
Die letzte Zahl bezeichnet das Jahr dieses Drucks.

Internet: www.paetec.de

Redaktion: Dr. Hubert Bossek, Prof. Dr. habil. Karlheinz Weber
Umschlaggestaltung: Britta Scharffenberg
Layout und Zeichnungen: Birgit Kintzel
Druck: Druckerei zu Altenburg GmbH

ISBN 3-89818-101-4

Inhalt

ANALYSIS

ANALYTISCHE GEOMETRIE

A Funktionen

A 1 Der Begriff *Funktion*

AA 1 Entscheiden Sie, ob die folgenden Zuordnungen Funktionen darstellen, und begründen Sie Ihre Entscheidung:

a)

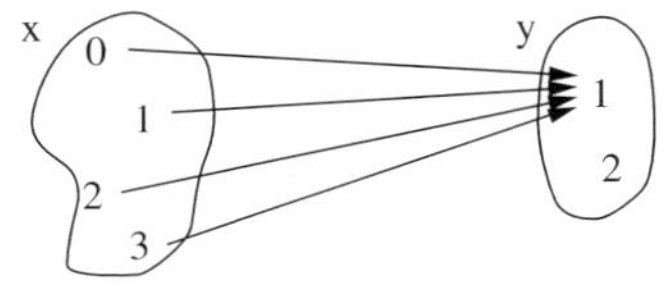

b)

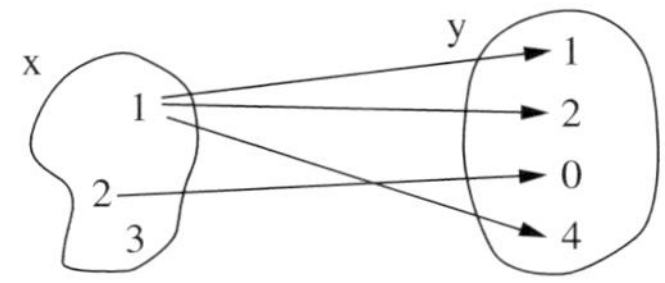

c)

r	2	3	4	5	5	7
s	4	6	8	10	12	14

d) „Jeder Zahl $x \in \mathbb{N}$ wird das Doppelte ihres Nachfolgers zugeordnet."

AA 2 Überprüfen Sie, ob folgende Anordnungen von Wertepaaren [x; y] der Definition des Funktionsbegriffs (für $x \mapsto y$) genügen:

a)

x	$-1{,}5$	$-\frac{1}{2}$	0	2	6,5
y	-1	0	0	$\frac{1}{2}$	3

b)

x	$\frac{1}{4}$	$\frac{1}{3}$	0,75	1	$\frac{5}{2}$
y	$\frac{1}{6}$	-1	0	$\frac{4}{3}$	2

c)

x	x_1	x_2	x_3	x_4	x_5
y	y_3	y_1	y_2	y_3	y_4

d)

x	x_1	x_2	x_3	x_4	x_5
y	y_5	y_4	y_3	y_2	y_1

e)

x	x_1	x_2	x_1	x_5	x_2
y	y_1	y_2	y_3	y_4	y_5

f)

x	x_1	x_2	x_3	x_4	x_5
y	y_3	y_3	y_3	y_1	y_1

AA 3 Gegeben sei die Zuordnungsvorschrift f_i: $x \mapsto f_i(x)$. Ermitteln Sie jeweils einen Definitionsbereich so, dass dieser zusammen mit f_i einen funktionalen Zusammenhang aus Mathematik, Naturwissenschaft, Technik oder aus dem Alltag beschreibt! Erläutern Sie kurz diesen Zusammenhang und die Bedeutung der in der Zuordnungsvorschrift auftretenden Konstanten!

a) $f_1(x) = 3x$ b) $f_2(x) = 2x + 3$ c) $f_3(x) = ax^2$ d) $f_4(x) = \frac{b \cdot x}{2}$ (b = konst.) e) $f_5(x) = \frac{1}{x}$

AA 4 Handelt es sich bei den Zuordnungen um eine Funktion? Begründen Sie Ihre Antwort!

a) Person → Telefonnummer (Telefonnummer → Person)
b) Name → Personalausweisnummer
c) Umfang eines Quadrats → Flächeninhalt des Quadrats
d) natürliche Zahl → Anzahl ihrer Teiler

AA 5 Welche Aussage ist richtig?

a) Eine Parallele zur x-Achse kann Graph einer Funktion sein.
b) Jede Parallele zur y-Achse ist Graph einer Funktion.
c) Jede Parallele zur x-Achse schneidet den Graphen einer Funktion stets nur an genau einer Stelle.
d) Jede Parallele zur y-Achse schneidet den Graphen einer Funktion stets nur an genau einer Stelle.

AA 6 Prüfen Sie, ob die folgenden Zuordnungen Beispiele für Funktionen f mit $x \mapsto f(x)$ sind! Geben Sie, wenn möglich, eine Zuordnungsvorschrift in Form einer Gleichung an!

a)

x	1	1,5	2	3,5	4	7,25
y	2,5	3,5	4,5	7,5	8,5	15

b)

x	$\frac{1}{2}$	0	1,75	2	0
y	$-0{,}5$	$\frac{3}{2}$	2	-1	-2

c)

x	-2	-1	$-0{,}5$	0	$0{,}5$	1	2
y	3	0	$-0{,}75$	-1	$-0{,}75$	0	3

d)

x	$-\frac{\pi}{2}$	$-\frac{\pi}{6}$	0	$\frac{\pi}{6}$	$\frac{\pi}{3}$	$\frac{\pi}{2}$
y	1	$\frac{1}{2}$	0	$-\frac{1}{2}$	$\frac{1}{2}\sqrt{3}$	-1

AA 7 Prüfen Sie mithilfe von Definition A 1, ob es sich bei folgenden Zuordnungen um Funktionen handelt:

a) $x \mapsto x^2 + 1$ b) $x \mapsto \frac{1}{x}$; $x \neq 0$ c) $x \mapsto \frac{7}{x^3}$; $x \neq 0$

d) $y^2 = \dfrac{1 - \frac{x^2}{a^2}}{b^2}$ für $a = 2$ und $b = 1$ e) $y^2 = \frac{1}{4} \cdot x^2 - 1$ f) $y^2 = 6 \cdot x$

AA 8 Stellen Sie fest, ob die folgenden Erklärungen zur Definition A 1 gleichwertig sind:

a) Ist einer Zahl x aus einer Menge X genau eine Zahl y aus einer Menge Y zugeordnet, so spricht man von einer Funktion.

b) Eine Funktion ist eine Menge geordneter Paare (x; y) mit $x \in X$ und $y \in Y$, in der jedes Element x aus X höchstens in einem Paar vorkommt.

c) Eine Funktion ist eine Menge geordneter Paare (x; y), wobei x Element einer Menge X und y Element einer Menge Y ist.

AA 9 Gegeben sei eine Zuordnung $z: a \mapsto b$ ($a \in A$, $b \in B$). In welchem der folgenden Fälle ist z eine Funktion?

Es gilt stets: $a_i \neq a_k \Rightarrow b_i \neq b_k$

Für alle a_i, a_k gilt: $b_i = b_k$

Wenn $a_i < a_k$, so gilt stets $b_i > b_k$.

AA 10 Beantworten Sie folgende Fragen und begründen Sie Ihre Entscheidung:

a) Ein Dreieck wird in senkrechter Eintafelprojektion abgebildet. Unter welcher Bedingung ist diese Abbildung eine Funktion?

b) Ein Dreieck ABC werde durch eine zentrische Streckung (Bewegung; ...) auf ein Dreieck A'B'C' abgebildet. Ist diese Zuordnung der Punkte eine Funktion?

c) Eine Zuordnungsvorschrift ist wie folgt erklärt:
Jeder der Zahlen −3, −2, −1, 0, 1, 2, 3 wird ihr absoluter Betrag zugeordnet. Ist die Zuordnung eine Funktion?

AA 11 Sind die folgenden grafischen Darstellungen Graphen von Funktionen f mit $x \mapsto f(x)$? Begründen Sie Ihre Antwort!

a)
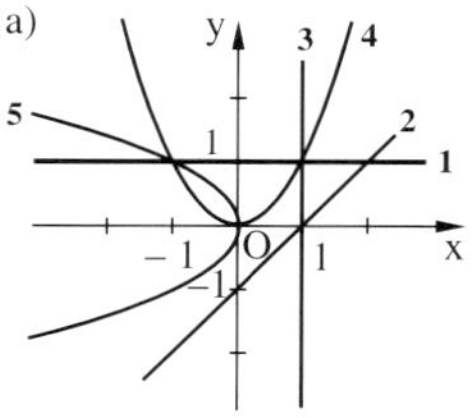

b)
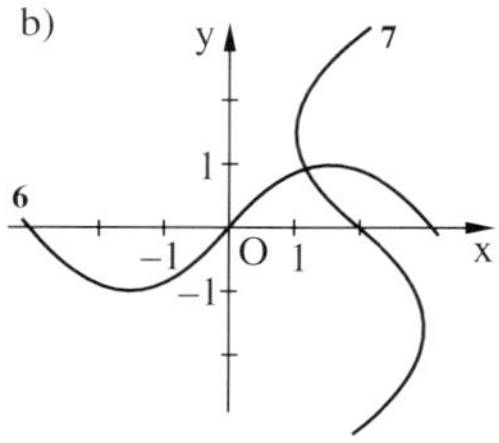

c)
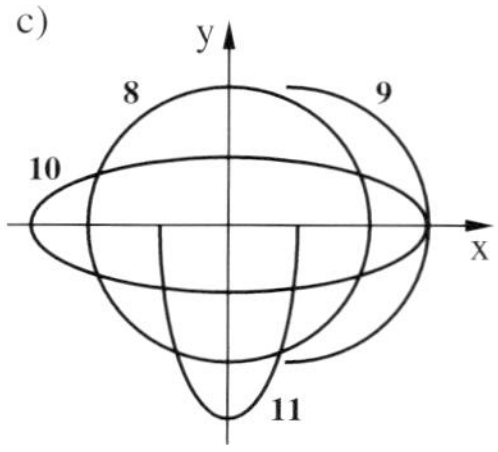

AA 12 Bestimmen Sie, falls möglich, zu den abgebildeten Graphen den Funktionsterm und einen zugehörigen Definitionsbereich! Begründen Sie ggf., warum es sich nicht um den Graphen einer Funktion handeln kann!

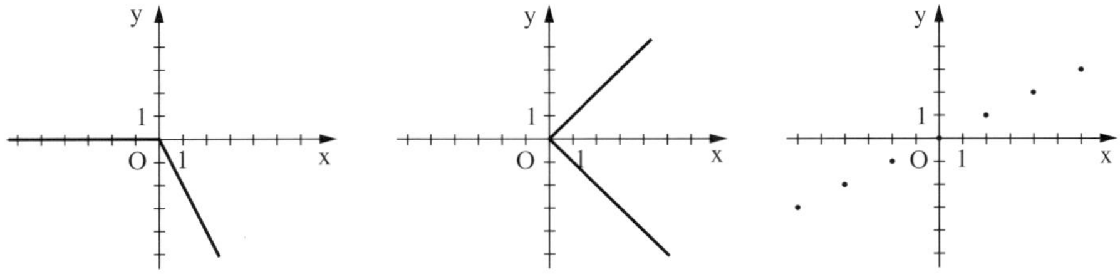

AA 13 Gegeben ist der rechts dargestellte Graph. Handelt es sich um den Graphen einer Funktion? Begründen Sie Ihre Entscheidung!

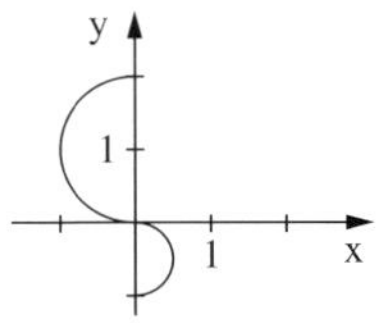

AA 14 f sei eine Funktion, die jeder natürlichen Zahl n die Anzahl der Primzahlen zuordnet, die kleiner oder gleich n sind.

a) Erstellen Sie für $1 \leq n \leq 15$ eine Wertetabelle!

b) Zeichnen Sie den Graphen!

AA 15 LKW-Fahrer müssen mithilfe eines Fahrtenschreibers ihre Touren auf einer Tachoscheibe aufzeichnen.

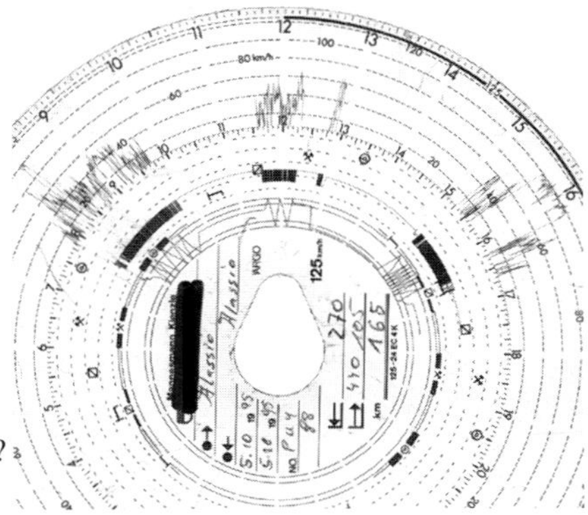

a) Wie lange dauerte die Fahrt insgesamt?

b) Nach 4 Stunden muss der Fahrer eine 45-minütige Pause einlegen. Hat er sich daran gehalten?

c) Wie hoch war die maximale Geschwindigkeit?

d) Woran kann man erkennen, dass der LKW sich von 15.35 Uhr – 16.15 Uhr auf der Autobahn befand?

e) Interpretieren Sie den Abschnitt zwischen 11.30 Uhr und 13 Uhr!

f) Wie viel Kilometer hat der Wagen in dieser Zeit zurückgelegt?

AA 16 Suchen Sie für jedes Gefäß den zugehörigen Füllgraphen, der bei konstanter Flüssigkeitszufuhr die Füllhöhe beschreibt:

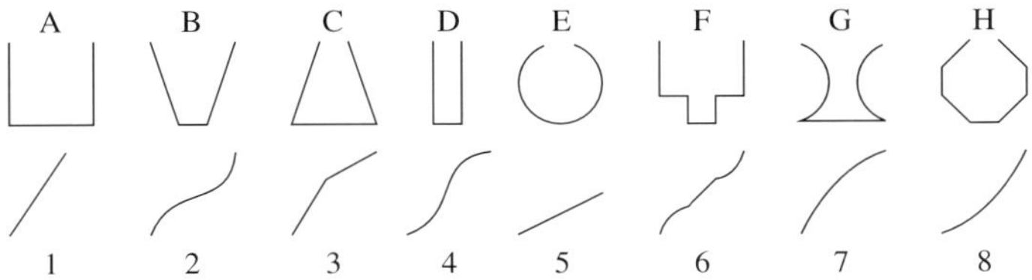

AA 17 Geben Sie den maximalen Definitionsbereich an:

a) $x \rightarrow x \cdot (x-2)^2$

b) $x \rightarrow x^3 - 0{,}5x^2 + 5$

c) $x \rightarrow \frac{1}{x}$

d) $x \rightarrow \frac{1}{x-2}$

e) $x \rightarrow \frac{1}{x \cdot (x-2)^2}$

f) $x \rightarrow \frac{(x-2)^2}{(x^2-4)}$

g) $x \rightarrow \sqrt{2x-4}$

h) $x \rightarrow \frac{bx}{2b}$, $b \in \mathbb{R} \setminus \{0\}$

AA 18 Geben Sie den Wertebereich der folgenden Funktionen an:

a) $x \to x^2 + 1$ b) $x \to -(x+3)^2 + 1$ c) $x \to \sin x$ d) $x \to 2^x$

AA 19 Gelegentlich werden Dezimalzahlen auf ganze Zahlen gerundet.

a) Wie ist die Zahl 12 durch Runden entstanden?
b) Handelt es sich beim Runden um eine Funktion?
c) Bestimmen Sie Definitions- und Wertebereich von f!
d) Zeichnen Sie den Graphen!

AA 20 Zeichnen Sie die Graphen folgender Funktionen:

a) $f_1(x) = \frac{3}{2}x - 1$ b) $f_2(x) = -2x + 6$ c) $f_3(x) = -\frac{3}{4}x - \frac{13}{5}$ d) $f_4(x) = 4$

AA 21 Eine lineare Funktion sei durch folgende Wertetabelle gegeben:

x	3	4	6	9	21
y	–0,75	–1,25	–2,25	$-3\frac{3}{4}$	–9,75

Geben Sie die zugehörige Funktionsgleichung und die Funktionswerte zu den Argumenten 0, 1, 5, 8 an!

AA 22 Geben Sie die Gleichungen für die dargestellten Funktionen f_i an!

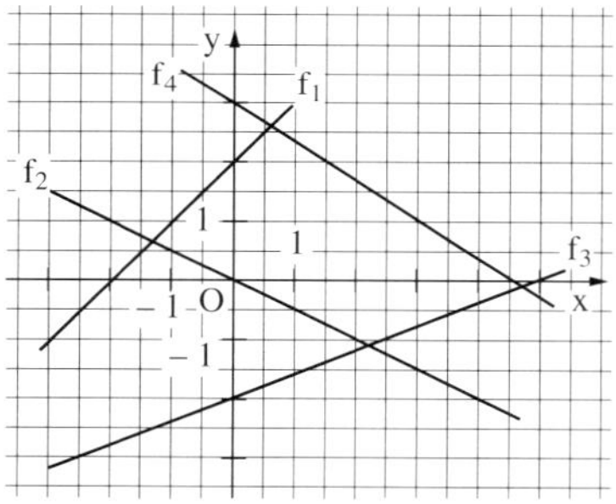

AA 23 Der Graph einer linearen Funktion geht durch die Punkte P_1 und P_2. Stellen Sie die Funktionsgleichung auf!

a) $P_1(1; 2)$; $P_2(2; 4)$ b) $P_1(-3; 1)$; $P_2(4; -6)$
c) $P_1(0; 2{,}5)$; $P_2(5; 0)$ d) $P_1(1; 2)$; $P_2(\sqrt{3}; \sqrt{10})$

AA 24 Wie lautet die Funktionsgleichung der Parallelen zu $y = \frac{7}{3}x - \frac{12}{5}$ durch den Punkt P(18; 23)?

AA 25 Liegen die Punkte A(– 6; – 4), B(4; –2) und C(–7; $\frac{57}{12}$) auf einer Gerade? Untersuchen Sie rechnerisch!

AA 26 Eine lineare Funktion f habe die Steigung m. Geben Sie eine Formel für den Steigungswinkel α der Geraden an.

AA 27 Eine lineare Funktion f ist gegeben durch zwei Punkte $P(x_1; y_1)$ und $Q(x_2; y_2)$. Berechnen Sie den Steigungswinkel α!

AA 28 Der Graph einer linearen Funktion verläuft durch den Punkt P_i und hat den Anstieg m_i. Stellen Sie die Funktionsgleichung auf!

a) $P_1(2; 2)$; $m_1 = \frac{3}{2}$ b) $P_2(1; 9)$; $m_2 = 5$
c) $P_3(-6; 0)$; $m_3 = \frac{1}{3}$ d) $P_4(1; \sqrt{3})$; $m_4 = \sqrt{3}$

AA 29 Es ist die Gleichung der linearen Funktion f_i zu ermitteln, die durch P_i verläuft und denselben Anstieg besitzt wie die Funktion h_i.

a) $P_1(0; -2)$; $h_1(x) = x$ b) $P_2(4; 0)$; $h_2(x) = \frac{1}{2}x + 2$
c) $P_3(-2; 2)$; $h_3(x) = -x - 1$ d) $P_4(-4; -3)$; $h_4(x) = 5$

AA 30 Geben Sie jeweils die Gleichung der Funktion an, deren Graph parallel zur x-Achse durch den Punkt P_i verläuft:

a) $P_1(1; 5)$ b) $P_2(0; -\sqrt{7})$

AA 31 Es seien die linearen Funktionen $f_1(x) = 2x - 4$; $f_2(x) = \frac{1}{2}x + 1$; $f_3(x) = -2x + \frac{1}{3}$ und $f_4(x) = -x - 2$ gegeben.

a) Berechnen Sie die Schnittpunkte der Graphen dieser Funktionen mit den Koordinatenachsen!
b) Berechnen Sie die Steigungswinkel!
c) Geben Sie lineare Funktionen an, deren Graphen parallel zu den Graphen von f_1, f_2, f_3 bzw. f_4 verlaufen!

AA 32 Berechnen Sie den Schnittpunkt und den Schnittwinkel der Graphen von $f(x) = \frac{1}{3}x - 1$ und $g(x) = 2x - 4$!

AA 33 Die Graphen von f_1: $y = x$, f_2: $y = -0{,}5x - 3$, f_3: $y = x + 4$ und f_4: $y = -3x + 1$ bilden ein Trapez.

a) Zeichnen Sie das Trapez und berechnen Sie seine Innenwinkel!
b) Berechnen Sie den Schnittpunkt der Diagonalen und deren Schnittwinkel!

AA 34 Kippschwingungen werden zur Ablenkung des Elektronenstrahls im Oszillographen und in der Bildröhre eines Fernsehempfängers benötigt. In nachstehender Figur ist eine Kippschwingung dargestellt.

a) Geben Sie die Gleichung für die Ablenkungsspannung im Intervall von 0 bis 1 ms an!
b) Wie groß ist die Ablenkungsspannung für die Zeit von 0,2 ms?

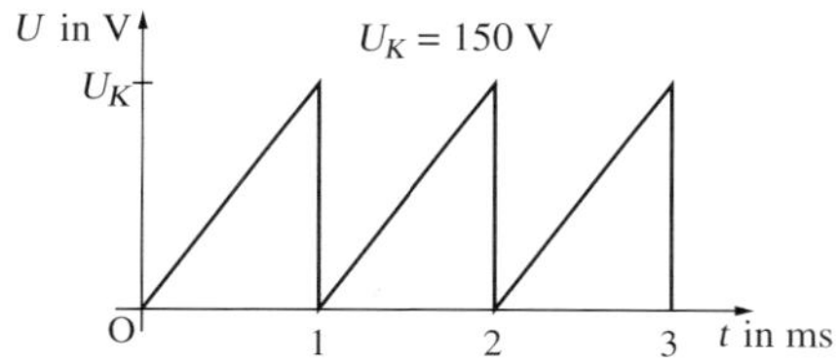

AA 35 Bei der Übertragung von Signalspannungen über lange Strecken treten Spannungsverluste auf.
Dieser Spannungsverlust beträgt für eine Fernleitung (bei gleichmäßiger Belastung) $10\ \frac{\text{mV}}{\text{km}}$.

a) Nach welcher Strecke l_1 muss ein Verstärker (als Schalter arbeitender Transistor) eingesetzt werden, damit die Spannung nicht mehr als 2 V abfällt?
b) Wie groß ist der Spannungsabfall nach 150 km?
c) Nach welcher Strecke beträgt der Rückgang der zu übertragenden Spannung 0,5 V?

AA 36 Bei der Herstellung von Knöpfen entsprechen erfahrungsgemäß 5% (k) nicht den geforderten Qualitätsansprüchen. Deshalb werden bei der Verpackung in jede Schachtel entsprechend mehr Knöpfe eingefüllt. Die Verpackungsgrößen betragen x (20, 50, 100, 250, 500, 1000 und 5000) Stück.

a) Liegt im eigentlichen Sinne eine lineare Funktion vor? Begründen Sie!
b) Finden Sie einen Zusammenhang zwischen den Packungen mit x Knöpfen und der Anzahl y der tatsächlich enthaltenen Knöpfe!
c) Welche Packungen enthalten mindestens 20 Knöpfe mehr als angegeben?

AA 37 Eine häufig genutzte Möglichkeit, Regenwasser zur Gartenbewässerung aufzufangen, besteht darin, eine Zisterne anzulegen. Zumeist verwendet man hierfür zylindrische Betongefäße, die frostsicher in die Erde eingelassen sind. Der Behälter habe einen Durchmesser von 1,5 m. In einer Höhe von 1,7 m befinde sich ein Überlauf, der an das Kanalsystem angeschlossen ist. Es werden bei einem mittelstarken Regen 400 *l* Wasser pro Stunde aufgefangen. Zu Beginn des Regens stehe das Wasser in der Zisterne bereits 35 cm hoch.

a) Geben Sie den zu der Funktion *Zeit nach Regenbeginn* → *Wasserhöhe in der Zisterne* gehörenden Funktionsterm an!
b) Wie hoch steht das Wasser in dem Behälter, nachdem es 8 h ununterbrochen geregnet hat?
c) Nach welcher Zeit beginnt das Wasser in die Kanalisation zu laufen?

d) Geben Sie die Zuordnungsvorschrift für die Funktion *Wasserhöhe → Zeit nach Regenbeginn* an!

AA 38 Geben Sie für die Graphen folgender Funktionen jeweils die Koordinaten des Scheitelpunktes an und zeichnen Sie diese Graphen unter Verwendung einer Schablone für die Normalparabel:

a) $f_1(x) = x^2 - 1{,}5$ b) $f_2(x) = x^2 + \frac{3}{4}$ c) $f_3(x) = (x + 1)^2$

d) $f_4(x) = (x - 1{,}5)^2$ e) $f_5(x) = (x - 1{,}5)^2 + 2$ f) $f_6(x) = (x + \frac{1}{2})^2 - 1{,}5$

g) $f_7(x) = x^2 - 8x + 16$ h) $f_8(x) = x^2 + 3x + 2{,}25$ i) $f_9(x) = x^2 - 3x - 2{,}25$

AA 39 Die Graphen in der folgenden Abbildung sind Normalparabeln. Lesen Sie die Scheitelpunktkoordinaten ab und geben Sie die Gleichungen für die entsprechenden Funktionen an!

a)

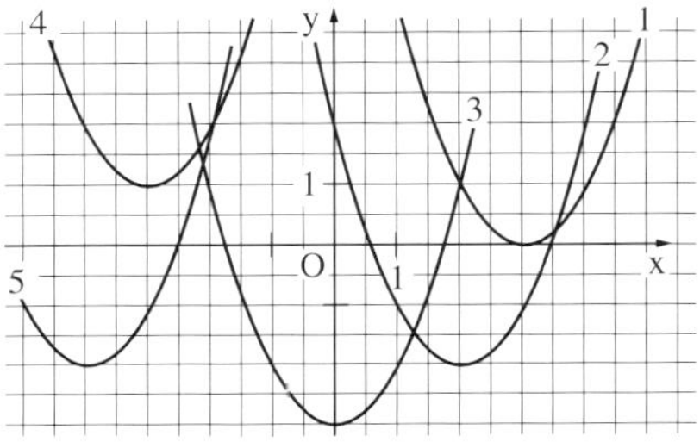

b)

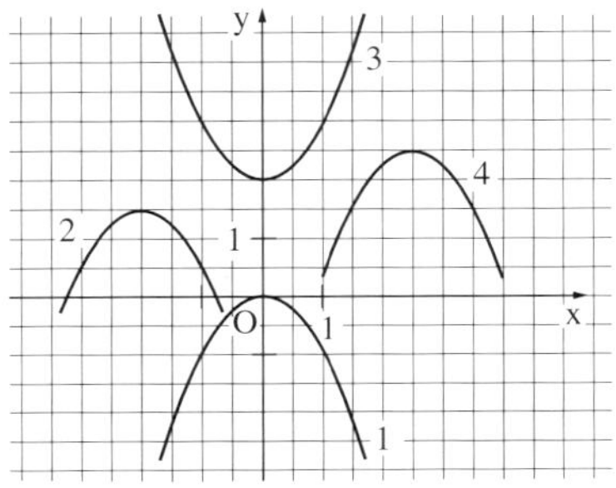

AA 40 Skizzieren Sie die Graphen folgender Funktionen und machen Sie jeweils Angaben zu Definitionsbereich, Wertebereich, Nullstellen und Symmetrieverhalten:

a) $f_1(x) = -x^2 + \frac{1}{2}$ b) $f_2(x) = (x + 2)^2$ c) $f_3(x) = -(x - 1{,}5)^2$

d) $f_4(x) = (x - 1)^2 + \frac{3}{4}$ e) $f_5(x) = (x + 1)^2 - \frac{1}{2}$ f) $f_6(x) = -(x + 1)^2 - \frac{1}{2}$

GTA **AA 41** Welchen Einfluss hat der Koeffizient a auf die Graphen der Funktionen $y = a \cdot x^2$? Verdeutlichen Sie sich die Zusammenhänge am Beispiel der folgenden Funktionen:

$f_1(x) = 2x^2$; $f_2(x) = -2x^2$; $f_3(x) = \frac{1}{2}x^2$; $f_4(x) = -\frac{1}{2}x^2$

Vergleichen Sie die Graphen dieser Funktionen mit dem Graphen der Funktion $f(x) = x^2$ (Normalparabel)!

Hinweis: Zeichnen Sie die Graphen der oben genannten Funktionen mithilfe einer Wertetabelle in ein und dasselbe Koordinatensystem oder verwenden Sie einen GTA!

AA 42 Der Graph einer quadratischen Funktion $f(x) = x^2 + px + q$ ($p, q \in \mathbb{R}$) gehe durch die Punkte R(1; 25) und S(– 5; 1). Bestimmen Sie die Koeffizienten p und q und geben Sie die Gleichung der Funktion an!

AA 43 Die Hauptkabel einer Hängebrücke weisen die Form einer Parabel auf. Der Scheitel befindet sich 10 m, jede der beiden seitlichen Aufhängungen an den Pylonen 40 m über der Fahrbahn. Die Spannweite beträgt 180 m.

a) Wie groß ist die Gesamtlänge der äquidistant angebrachten neun Hängeseile, an denen die Fahrbahn befestigt ist?
b) Berechnen Sie näherungsweise die Länge der beiden großen Hängekabel! (Tipp: Nähern Sie die Kabelkurve durch einen Polygonzug an und berechnen Sie die einzelnen Teilstücke mithilfe des Satzes von PYTHAGORAS!)

A 2 Rationale Funktionen

A 2.1 Arten rationaler Funktionen

A 2.2 Nullstellen und Symmetrieverhalten

AA 44 Ermitteln Sie, welche der folgenden Funktionen Potenzfunktionen sind, skizzieren Sie den jeweiligen Graphen und geben Sie den zugehörigen Definitionsbereich D_{fi} und Wertebereich W_{fi} an:

a) $f_1(x) = x^3$ b) $f_2(x) = x^{-1}$ c) $f_3(x) = 0{,}5x^4$

d) $f_4(x) = |x + 1|$ e) $f_5(x) = -3^x$ f) $f_6(x) = 2x^{-4}$

AA 45 Bestimmen Sie n so, dass der Graph der Funktion $f(x) = x^n$ jeweils durch den angegebenen Punkt verläuft:

a) $R(\frac{1}{2}; \frac{1}{16})$ b) $S(\frac{1}{2}; 8)$ c) $T(\frac{1}{2}; 0{,}03125)$ d) $U(\frac{1}{2}; 256)$

AA 46 Bestimmen Sie die Gleichung der Potenzfunktionen $f(x) = x^n$, die durch folgende Wertetabellen beschrieben sind:

a)

x	0,1	0,5	0,7	1,8
y	0,001	0,125	0,343	5,832

b)

x	0,1	0,5	1	2	2,5
y	100	4	1	0,25	0,16

AA 47 Entscheiden Sie, welche der folgenden Funktionen f gerade bzw. ungerade sind:

a) $f(x) = x^4$ b) $f(x) = 3x^3 + x$ c) $f(x) = x^{-2}$

d) $f(x) = x^{-1} + x$ e) $f(x) = 2x^2 + 2x + 2$ f) $f(x) = |3x|$

g) $f(x) = \sin x$ h) $f(x) = \cos x$ i) $f(x) = \sqrt{x}$

j) $f(x) = 2x^5 - 4x^2 + x - 2$ k) $f(x) = 3x^3 - 2x$ l) $f(x) = 3x^8 - x^4 + 1$

AA 48 Untersuchen Sie die folgenden Funktionen auf Symmetrie:

a) $f(x) = 2x^4 - x^2$ b) $f(x) = 3x^3 - 4x^2 + 2x - 1$ c) $f(x) = \frac{1}{3}x^3 + x$

d) $f(x) = \sqrt{2x} - 1$ e) $f(x) = 3 \cdot \sin x$ f) $f(x) = \tan 2x$

g) $f(x) = |2x - 1|$ h) $f(x) = (x - 3)(x + 3)$ i) $f(x) = \frac{1}{x^2} - 5$

AA 49 Zeigen Sie allgemein: Eine ganzrationale Funktion $f(x) = a_n x^n + a_{n-1}x^{n-1} + \ldots + a_0$ mit $a_0 \neq 0$ kann nicht ungerade sein.

AA 50 Der Graph der ganzrationalen Funktion f sei punktsymmetrisch zum Koordinatenursprung. Welche Symmetrieeigenschaft hat die Funktion

a) $g(x) = x^2 \cdot f(x)$ b) $g(x) = x - 2f(x)$?

AA 51 Bestimmen Sie die Nullstellen der Funktion $f(x) = 16x^4 - 33x^2 + 16$ mittels Substitution!

AA 52 Bestimmen Sie die Nullstellen folgender Funktionen mittels Substitution:

a) $f_1(x) = x^4 + 2{,}6x^2 + 0{,}69$ b) $f_2(x) = x^6 - 14x^4 + 49x^2 - 36$ c) $f_3(x) = 0{,}5x^6 + 3{,}5x^3 - 4$

AA 53 Diskutieren Sie die Funktion $f(x) = x^4 - 4x^2 + a$ hinsichtlich der Anzahl ihrer Nullstellen in Abhängigkeit von a ($a \in \mathbb{R}$)!

AA 54 Bestimmen Sie alle Nullstellen der nachstehenden Funktionen:

a) $f_1(x) = 16x^4 - 33x^2 + 16$ b) $f_2(x) = x^4 + 2{,}6x^2 + 0{,}69$ c) $f_3(x) = x^6 - 14x^4 + 49x^2 - 36$
d) $f_4(x) = x^4 - 3x^2 + 2$ e) $f_5(x) = x^4 - 5x^2 + 4$ f) $f_6(x) = x^5 + 7{,}25x^3 + 2{,}25x$

AA 55 Führen Sie die folgenden Polynomdivisionen aus:

a) $(x^3 - 2x^2 - 5x + 6) : (x - 1)$ b) $(x^3 - 3x^2 - 10x + 24) : (x - 2)$
c) $(x^3 + 6x^2 + 3x - 10) : (x + 2)$ d) $(x^3 + 3x^2 + 4x + 12) : (x + 3)$

AA 56 Überprüfen Sie, ob die folgenden Polynomdivisionen ohne Rest ausführbar sind:

a) $(x^4 + x^3 - 7x^2 + 19x - 4) : (x + 4)$ b) $(x^3 - 1) : (x - 1)$
c) $(15x^3 + x^2 + x - 5) : (3x - 1)$ d) $(4x^4 - 6x^3 + 3x - 4) : (2x + 3)$

AA 57 Formen Sie die folgenden Quotienten mithilfe der Polynomdivision um:

a) $\frac{x^5 - 1}{x - 1}$ b) $\frac{a^4 - 81}{a - 3}$ c) $\frac{b^3 + 1}{b + 1}$ d) $\frac{x^4 - 16}{x - 2}$

AA 58 Wo steckt der Fehler? Lösen Sie die Aufgabe korrekt!

$$
\begin{array}{l}
(2x^3 + 6x^2 + 4x) : (x - 2) = 2x^2 + 2x \\
\underline{-(2x^3 - 4x^2)} \\
\qquad 2x^2 + 4x \\
\qquad \underline{-(2x^2 + 4x)} \\
\qquad\qquad 0
\end{array}
$$

AA 59 Bestimmen Sie die Nullstellen folgender Funktionen mittels Zerlegung in Faktoren:

a) $f(x) = x^5 - 2x^3$ b) $f_1(x) = -x^4 - 7x^3 + 36x$

AA 60 Bestimmen Sie alle Nullstellen der Funktion $f(x) = x^3 - 6x^2 + 3x + 10$!

AA 61

a) Bestimmen Sie alle Nullstellen der ganzrationalen Funktion $f(x) = 4x^3 - 19x^2 - 36x + 36$!
Hinweis: Ermitteln Sie *eine* Nullstelle durch Probieren!
b) Bestimmen Sie alle Nullstellen der Funktion $f(x) = x^4 + 2x^3 - 10x^2 - 6x + 45$!

AA 62 Untersuchen Sie, ob x_{i1} eine Nullstelle nachfolgender Funktionen f_i ist, und berechnen Sie weitere Nullstellen nach Polynomdivision:

a) $f_1(x) = x^3 + 10x^2 - 7x - 18$ $x_{11} = 1$ b) $f_2(x) = x^3 - 3x^2 - 6x + 18$ $x_{21} = 3$
c) $f_3(x) = x^3 + 5x^2 - 22x - 56$ $x_{31} = 4$ d) $f_4(x) = 2x^3 + 4{,}8x^2 + 1{,}5x - \frac{1}{5}$ $x_{41} = -2$

AA 63 Wenn $f(x) = a_n x^n + a_{n-1} x^{n-1} \ldots + a_1 x + a_0$ ein Polynom mit ganzzahligen Koeffizienten und x_{01} eine ganzzahlige Nullstelle von f_i ist, dann ist x_{01} ein Teiler von a_0. Ermitteln Sie mithilfe dieser Aussage die Nullstellen folgender Funktionen:

a) $f_1(x) = 4x^3 - 20x^2 - x + 5$ b) $f_2(x) = 4x^3 - 24x^2 - x + 6$
c) $f_3(x) = 2x^3 - 17x^2 + 38x - 15$ d) $f_4(x) = 4x^4 + 4x^3 - 37x^2 + 41x - 12$

AA 64 Bestimmen Sie alle Nullstellen der Funktion $f(x) = x^3 - x^2 - \frac{x}{100} + \frac{1}{100}$! **GTA**

Hinweis: Ermitteln Sie *eine* Nullstelle durch Probieren oder aus einer geeigneten grafischen Darstellung der Funktion! Stellen Sie die Funktion im Intervall [–0,2; 1,2] dar! Vergleichen Sie mit dem Verlauf des Graphen der Funktion $g(x) = x^3 - x^2$!

AA 65 Bestimmen Sie näherungsweise die Nullstellen der Funktion f_i! Verwenden Sie z. B. die TRACE-Funktion! **GTA**

a) $f_1(x) = -0{,}4x^3 + 2x + 1{,}8$ b) $f_2(x) = \frac{1}{3}x^5 - 0{,}2x^3 + 0{,}35$

c) $f_3(x) = 10x^5 - 6x^4 - 6x^3 - 9x^2 - 7x - 12$

AA 66 Bestimmen Sie alle Nullstellen der Funktion $f(x) = x^5 + x^4 + 4x^3 + 4x^2 - 5x - 5$!
Vergleichen Sie das Verhalten der Funktion an der einfachen und an der doppelten Nullstelle!

AA 67 Geben Sie in Abhängigkeit von a_i ($a_i \in \mathbb{R}$, $a_i \neq 0$) alle Nullstellen folgender Funktionsscharen an:

a) $f_{a_1}(x) = x^n + a_1 \cdot x^{n-1}$; $n \in \mathbb{N}$; $n > 1$ b) $f_{a_2}(x) = x^n + a_2 \cdot x^{n-2}$; $n \in \mathbb{N}$; $n > 2$

c) $f_{a_3}(x) = x^n + a_3 \cdot x^{n-3}$; $n \in \mathbb{N}$; $n > 3$

Wie lauten die Ergebnisse, wenn jeweils $n \in \mathbb{R}$ gilt?

AA 68 Eine Firma startet mit folgenden Betriebsergebnissen:

0. Jahr (Firmengründung):	–150 000 €;	1. Jahr	–80 000 €;
2. Jahr	–36 000 €;	3. Jahr	–12 000 €.

In welchem Jahr erreicht die Firma ein neutrales Ergebnis (Betriebsergebnis = 0)?

Hinweis: Für die zeitliche Entwicklung des Betriebsergebnisses lege man eine ganzrationale Funktion 3. Grades in *t* (*t* in Jahren) zugrunde. Durch Einsetzen der Jahre und Betriebsergebnisse und Lösen des Gleichungssystems erhält man die Parameter der gesuchten Funktion, deren Nullstellen zu bestimmen sind.

AA 69 Für einen senkrechten Wurf mit der Anfangshöhe h_0 und der Anfangsgeschwindigkeit v_0 gilt folgendes Weg-Zeit-Gesetz: $h = h(t) = -\frac{g}{2}t^2 + v_0 \cdot t + h_0$. Ermitteln Sie die Nullstelle der Funktion $h(t)$ mit $t > 0$! Welche physikalische Bedeutung hat diese Nullstelle?

AA 70 Wie lautet der Funktionsterm für dieses „Gespenst"? Achten Sie auf Nullstellen! **GTA**

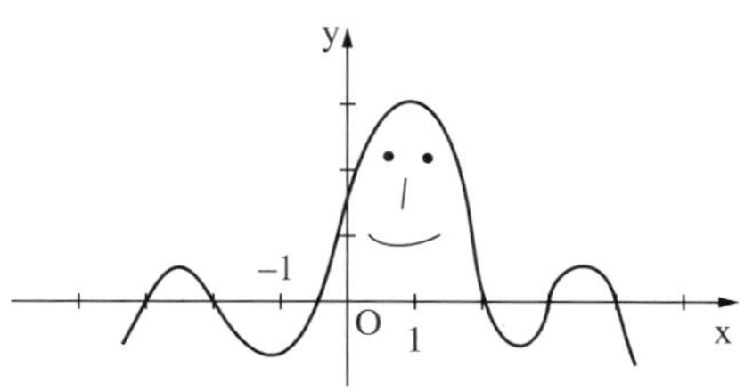

AA 71 Bestimmen Sie die Polstellen und Nullstellen der Funktion $f(x) = \dfrac{x^3 - 3x^2 + 4}{(x-2)\cdot(2x-1)\cdot(x^2+1)}$ für $-9 \leq x \leq 12$!

AA 72 Bestimmen Sie Nullstellen und Polstellen folgender gebrochenrationaler Funktionen:

a) $f_1(x) = \dfrac{x^4 - 4x^2 + 3}{x^3 - x^2 - x + 1}$; I = [–5; 4] b) $f_2(x) = \dfrac{x^4 - 5x^3 + 2x^2 - 10x}{x^4 + \frac{5}{12}x^2 - \frac{1}{6}}$; I = [–8; 10]

c) $f_3(x) = \frac{x^2 - 2x + 1}{x^2 + 1}$ d) $f_4(x) = \frac{1}{1 + x}$ e) $f_5(x) = \frac{1 - x^3}{1 + x^3}$ f) $f_6(x) = \frac{2x^2 - 1}{x^2 - 2}$

AA 73 Bestimmen Sie die Polstellen folgender Funktionen bzw. Funktionenscharen, untersuchen Sie das Verhalten der Funktionen an den Polstellen und geben Sie gegebenenfalls die Gleichung der Polgeraden an:

a) $f_1(x) = \frac{2}{x - 3}$ b) $f_2(x) = \frac{2x}{x - 1}$ c) $f_3(x) = \frac{t^2}{t - 1}$

d) $f_4(x) = \frac{x^2}{x - 1}$ e) $f_5(x) = \frac{x^2}{x^2 - 1}$ f) $f_6(x) = \frac{x^3}{x^2 - 2}$

g) $f_7(x) = \frac{2}{2x - 4}$ h) $f_8(x) = \frac{x^2}{1 - 3x}$ i) $f_9(x) = \frac{x^2}{x^2 + x - 2}$

j) $f_{10}(x) = \frac{x + 1}{x^2 + 2x + 2}$ k) $f_{11}(x) = \frac{x - 2}{x^2 - 3}$ l) $f_{12}(x) = \frac{x + 2}{x^3 + 27}$

m) $f_{13}(x) = \frac{x^3 - 2x^2 - 4x + 8}{(1 - 0{,}5x)^2}$ n) $f_{14}(x) = \frac{ax^2 + x^3}{(x - b)^2}$

AA 74 Untersuchen Sie, ob die Definitionslücke folgender Funktionen hebbar ist. Geben Sie an, durch welche Festlegung diese Lücke geschlossen werden kann:

a) $f(x) = \frac{-x^2 + 9}{x - x^2}$ b) $f(x) = \frac{x^4 + 2x^3 + x^2}{x^4 + x^3}$ c) $f(x) = \frac{x^2 + x + 2}{x^2 + 5x + 6}$ d) $f(x) = \frac{x^3 + 4x^2 - 5x}{x^3 + 7x^2 + 10x}$

AA 75 Gegeben ist die Funktion f: $x \rightarrow f(x) = \frac{3x^3}{x^5 - 9x^3}$; $x \in D_f$.

Skizzieren Sie grob den Verlauf des Graphen von f! Gehen Sie wie folgt vor:

a) Faktorisieren Sie Zähler und Nennerpolynom!
b) Ermitteln Sie die Definitionslücken und geben Sie den maximalen Definitionsbereich von f an!
c) Untersuchen Sie f auf Nullstellen!
d) Wo hat f Pole? Wie verläuft der Graph von f in der Nähe der Pole?

AA 76 Untersuchen Sie, ob es sich bei den Polstellen folgender Funktionen um solche mit oder ohne Vorzeichenwechsel handelt:

a) $f_1(x) = \frac{x - 2}{x + 2}$ b) $f_2(x) = \frac{1}{x^2 - 4}$ c) $f_3(x) = \frac{2}{x^2 + 3x}$ d) $f_4(x) = \frac{1}{(3 - x)^2}$

AA 77 Geben Sie eine Gleichung einer gebrochenrationalen Funktion f mit folgenden Eigenschaften an:

a) x = 1 ist Nullstelle von f und x = 2 ist eine Polstelle von f.
b) Die Funktion f hat Definitionslücken bei x = –3 und x = 3. Der Graph von f ist achsensymmetrisch zur y-Achse.
c) Die Funktion f hat bei x = –1 eine hebbare Definitionslücke und ist sonst auf ganz $\mathbb{R}$ definiert.

AA 78 Peter meint: „x_e heißt Definitionslücke, wenn $v(x_e) = 0$ und $u(x_e) = 0$ ist.“ Was sagen Sie dazu?

AA 79 Gegeben sind eine gebrochenrationale Funktion $f(x) = \frac{u(x)}{v(x)}$ und eine reelle Zahl a. Wie verhält sich f an der Stelle a, wenn

a) $u(a) = 0$ und $v(a) \neq 0$, b) $u(a) \neq 0$ und $v(a) = 0$, c) $u(a) = 0$ und $v(a) = 0$?

AA 80 Die Fertigungskosten eines Airbus-Seitenleitwerks aus Metall lassen sich näherungsweise mit der Funktion $f(x) = \frac{20x + 5000}{x + 50}$ beschreiben, wobei x die Anzahl der gefertigten Teile ist. Nach dem Bau von 300 Leitwerken soll die Produktion des Teils auf kohlefaserverstärkte Kunststoffe (CFK) umgestellt werden, deren Fertigungskosten die Funktion $g(x) = \frac{15x - 2500}{x - 280}$ $(x \geq 300)$ beschreibt.

a) Zeichnen Sie beide Graphen der Funktionen in ein Koordinatensystem!

b) Interpretieren Sie die Graphen und beraten Sie die Firma in Hinblick auf eine mögliche Umstellung der Produktion! Informieren Sie sich hierzu auch über kohlefaserverstärkte Kunststoffe!

A 3 Nichtrationale Funktionen und ihre Nullstellen

A 3.1 Exponentialfunktionen

AA 81 Eine Exponentialfunktion der Form $f(x) = a^x$ ordnet der Zahl 1 die Zahl 3 zu. Welchen Funktionswert nimmt sie für folgende x an? Skizzieren Sie den Graphen!

a) $x = 2; 3; 4; 5$ b) $x = -1; -2; -4$ c) $x = 0{,}5; 1{,}6; 2{,}3$ d) $x = -0{,}5; -1{,}6; -2{,}3$

AA 82 Folgende Wertepaare bestimmen eine Funktion der Form $f_i(x) = c \cdot a^x$. Geben Sie die Funktionsgleichung an und skizzieren Sie den Graphen!

a)

x	0	2	4	6	8
$f_1(x)$	1	2	4	8	16

b)

x	0	2	4	6
$f_2(x)$	3	12	48	192

AA 83 Bei einer Funktion der Form $f(x) = a^x$ nimmt der Funktionswert um 15% (25%) zu (ab), wenn x um jeweils 1 zunimmt. Um welche Funktionen handelt es sich?

AA 84 Bei einer Funktion $f(x) = a^x$ verdoppelt (halbiert) sich der Funktionswert y, wenn x um 3 zunimmt. Geben Sie die Funktion an und skizzieren Sie den Graphen!

AA 85 Radioaktives Jod 131 zerfällt nach der Funktionsgleichung $m(x) = m_0 \cdot \left(\sqrt[8]{\frac{1}{2}}\right)^x$. Dabei bedeutet m_0 die Ausgangsmasse und m die vorhandene Masse nach x Tagen.

a) Legen Sie eine Wertetabelle für den Zerfall von 5 g Jod 131 an und zeichnen Sie den Graphen der Funktion!

b) Bestimmen Sie aus dem Graphen der Funktion, welche Menge Jod 131 nach einem Tag noch vorhanden ist und nach wie viel Tagen sich die Ausgangsmenge halbiert hat!

AA 86 Die Abkühlung einer Tasse Kaffee verläuft nach dem Gesetz $T(t) = T_0 e^{-ct}$. Dabei ist t die Zeit in Minuten, T die Temperatur in °C. Zur Zeit t = 2 min wird T = 64 °C, für t = 10 min T = 33,5 °C gemessen.

a) Bestimmen Sie die Werte T_0 und c! b) Stellen Sie die Funktion grafisch dar!

AA 87 In einer Kleinstadt von 20 000 Einwohnern verbreitet sich ein Gerücht in einer Zeit, die durch die Formel $T(n) = \dfrac{-2\ln\left(\dfrac{20000-n}{19999n}\right)}{5}$ darstellbar ist. Dabei ist T(n) die in Tagen gemessene Zeit, in der n Einwohner von dem Gerücht erfahren. Nachbarin Luise hat gesehen, dass der Bürgermeister in Abwesenheit seiner Ehefrau eine unbekannte Frau zu sich ins Haus gebracht hat. Sie erzählt ihrer besten Freundin, dass der Bürgermeister seine Frau betrogen hat.

a) Wie lange dauert es, bis die Hälfte der Einwohner informiert ist?

b) Wie viele Einwohner wurden in 5 Tagen informiert?

c) Wann hat der Bürgermeister, der als letzter von der Neuigkeit erfuhr, festgestellt, was die merkwürdigen Blicke der Bürger bedeuten?

d) Zeichnen Sie den Graphen der Funktion, die darstellt, wie schnell sich die Neuigkeit in der Stadt verbreitet!

AA 88 Die Bevölkerung eines Landes wird sich bei gleichmäßigem proportionalem Wachstum nach einer Prognose A in 27 Jahren und nach einer Prognose B in 34 Jahren verdoppeln.
Geben Sie die jährlichen prozentualen Wachstumsraten der Bevölkerung für beide Prognosen an!

AA 89 Im Fischer Welt-Almanach 1996 (Fischer Taschenbuch-Verlag) wurde die Weltbevölkerung für das Jahr 1995 mit 5,72 Milliarden Menschen angegeben.

a) In welchem Jahr wäre zum ersten Mal die 6-Milliarden-Grenze überschritten worden, wenn man einen jährlichen prozentualen Zuwachs von p = 1,9 % annimmt?
b) Vergleichen Sie mit aktuellen Daten!
c) Nach wie viel Monaten hätte sich im Jahr 2000 die Weltbevölkerung um die derzeitige Einwohnerzahl der Bundesrepublik (ca. 80 Mio.) vergrößert, wenn man von den Daten aus a) ausgeht?

Lösungshinweis:
Natürliche (stetige bzw. kontinuierliche) Wachstumsprozesse bzw. Zerfallsprozesse lassen sich noch besser durch Exponentialfunktionen der Form $f(t) = a \cdot e^{k \cdot t}$ bzw. $f(t) = a \cdot e^{-k \cdot t}$ beschreiben. Für die so genannte Wachstumskonstante bzw. Zerfallskonstante k gilt: $k = \ln(1 + \frac{p}{100})$ bzw. $k = -\ln(1 - \frac{p}{100})$. a kennzeichnet den Anfangszustand bzw. die Ausgangssituation.

AA 90 In einer überlieferten Aufgabe wird folgender Sachverhalt geschildert: Ein Chinese setzte in seinen Teich mitten in der Nacht (0.00 Uhr) eine wundersame Pflanze, deren Schwimmblätter jeweils während eines Tages (24 Stunden) auf die doppelte Fläche anwuchsen. Genau 30 Tage nach dem Pflanzen bedeckten um Mitternacht die Schwimmblätter den Teich vollständig.
a) Überlegen Sie: Wann bedeckte die Pflanze die halbe Fläche des Teiches?
b) Welcher Teil des Teiches war am 30. Tag um 12.00 Uhr bzw. um 18.00 Uhr bedeckt?

AA 91 Ein vom Tauchen her bekanntes Phänomen ist, dass die eindringende Lichtstrahlung absorbiert („verschluckt") wird. Der Intensitätsverlauf der Strahlung lässt sich durch eine Funktion der Form $I(d) = I_0 \cdot e^{-k \cdot d}$ beschreiben. Die Konstante k heißt in diesem Zusammenhang Absorptionskoeffizient und ist ein Maß für das Absorptionsvermögen des entsprechenden Mediums. Für Wasser gilt beispielsweise $k = 2{,}4\ m^{-1}$.
a) In welcher Tauchtiefe d_H ist die Lichtintensität nur noch halb so groß wie vor dem Eindringen ins Wasser?
b) Wie viel Prozent der Lichtintensität sind in einer Tiefe von 1 m noch vorhanden?
c) In welcher Tiefe beträgt die Lichtintensität weniger als 1 ‰ des ursprünglichen Wertes?

AA 92 In Medizin und Technik werden Röntgenstrahlen durch Bleiplatten entsprechender Dicke abgeschirmt. Als grober Richtwert gilt: 1 mm Dicke ≙ 5 % Strahlungsabnahme. Berechnen Sie die notwendige Dicke der Bleiabschirmung, wenn die Strahlung auf $\frac{1}{10}$ ($\frac{1}{100}$) der ursprünglichen Stärke reduziert werden soll!

AA 93 Durch Einleitung von Chemikalien in einen See wurde das Wasser so verunreinigt, dass darin nicht mehr gebadet werden kann. Bei Messungen werden 140 ppm (*pars per million* – Teilchen pro Million Wasserteilchen) gemessen. Diese Verunreinigung würde durch den natürlichen Klärungsprozess exponentiell um 10 % pro Woche abnehmen, sofern keine weitere Zuleitung von Chemikalien erfolgt.
a) Fertigen Sie eine Tabelle für diesen Klärungsprozess an!
b) Nach wie viel Wochen ist die Verunreinigung auf ein Viertel des Ausgangswertes zurückgegangen?
c) Der festgesetzte Grenzwert beträgt 25 ppm. Nach wie viel Wochen ist das Baden wieder möglich?

AA 94 Durch die Funktion $p = p_0 \cdot e^{-k \cdot h}$ lässt sich die Abnahme des atmosphärischen Luftdruckes p mit zunehmender Höhe h (in m) über dem Meeresspiegel beschreiben. Dabei bedeuten p_0 Luftdruck über dem Meeresspiegel ($p_0 \approx 1010$ hPa) und k eine für den Luftdruckabfall charakteristische Konstante ($k \approx 1{,}25 \cdot 10^{-4}$).
a) Erkunden Sie die Höhe des höchsten Berges auf der Erde und berechnen Sie den Luftdruck auf diesem Berg!
b) In welcher Höhe ist der atmosphärische Luftdruck auf die Hälfte des Wertes auf Meeresspiegelhöhe abgefallen?
c) Wie hoch fliegt ein Flugzeug, in dem ein Außendruck von etwa 800 hPa gemessen wird?

A 3.2 Logarithmusfunktionen

AA 95 Bestimmen bzw. berechnen Sie auf der Grundlage der Definitionsgleichung $y = a^x \Leftrightarrow x = \log_a y$:

a) $\log_2 16$; $\log_3 9$; $\log_5 25$; $\log_{10} 10000$; $\log_2 \frac{1}{64}$; $\log_2 \sqrt{32}$; $\log_5 \sqrt[3]{125}$; $\log_{10} 0{,}0001$

b) $\log_2 y = 3$; $\log_{10} y = 5$; $\log_4 y = 6$; $\log_2 y = \frac{1}{3}$; $\log_3 y = 3$; $\log_4 y = -\frac{1}{2}$

c) $\log_a 4 = 2$; $\log_a \frac{1}{9} = -2$; $\log_a 27 = 3$; $\log_a \sqrt{8} = \frac{1}{2}$; $\log_a 7 = 1$; $\log_a \sqrt[4]{8} = \frac{3}{4}$

d) $\log_4 256$; $\log_4 4^4$; $\log_5 5^8$; $\log_4 0{,}0625$; $\log_3 3^6$; $\log_4 4^{-2}$

AA 96 Bestimmen Sie die Basis a folgender Logarithmen:

a) $\log_a 4 = 2$ b) $\log_a 2 = 4$ c) $\log_a 9 = \frac{1}{2}$ d) $\log_a 2 = \frac{1}{9}$

e) $\log_a 81 = 4$ f) $\log_a 2 = \frac{1}{6}$ g) $\log_a 5 = 0{,}25$ h) $\log_a 2 = -0{,}2$

AA 97 Prüfen Sie jeweils, ob es sich bei den Funktionen passen $u_i(x)$ und $v_i(x)$ um dieselbe Funktion oder um verschiedene Funktionen handelt:

a) $u_1(x) = \lg 10x \quad v_1(x) = 1 + \lg x$ b) $u_2(x) = \lg x^3 \quad v_2(x) = 3 \lg x$ c) $u_3(x) = 2 \cdot 10^x \quad v_3(x) = 10^{x + \lg 2}$

A 3.3 Nullstellen nichtrationaler Funktionen

AA 98 Untersuchen Sie, ob die folgenden Funktionen rational oder nichtrational sind:

a) $f(x) = \sqrt{2}\,x + 5$ b) $f(x) = 2\sqrt{x} + 5$ c) $f(x) = 0{,}5x^3 - 6x + \sqrt{5}$

d) $f(x) = ax^2 + bx + c$ e) $f(x) = \log_{10} 10 \cdot x^2 + 7$ f) $f(x) = 2^2 \cdot x - 1$

g) $f(x) = 3^x + x^2 - 6$ h) $f(x) = 4x \cdot e^{-0{,}5} + \sin x$ i) $f(x) = \frac{x^2 - 1}{x + 1}$

j) $f(x) = 2^x - \frac{x - 1}{x^2 + 1}$ k) $f(x) = -a \cdot \ln e^{3x}$ l) $g(b) = (3 + x)\,e^{9b} + b$

m) $v(t) = \sqrt{v_0^2 + g^2 \cdot t^2}$ (waagerechter Wurf) n) $y(t) = -\frac{g}{2} t^2 + v_0 \cdot t \cdot \sin\alpha$ (schräger Wurf) o) $y(t) = \hat{y} \cdot e^{-\delta \cdot t} \cdot \sin(\omega t \cdot \varphi_0)$ (gedämpfte Schwingung)

AA 99 Eine Funktion sei gegeben durch $f(x) = \sqrt{x}$.

a) Bestimmen Sie den Definitionsbereich und den Wertebereich dieser Funktion!
b) Beschreiben Sie die Funktion durch eine Wortvorschrift!
c) Skizzieren Sie den Graphen der Funktion!

AA 100 Berechnen Sie die Nullstellen der Funktion $f(x) = 9 - 3 \cdot \sqrt{2x + 4}$!

AA 101 Eine Funktion sei gegeben durch ihre Funktionsgleichung $f(x) = \sqrt{x - 1}$.

a) Bestimmen Sie D_f und W_f dieser Funktion! b) Geben Sie eine Wortvorschrift für $f(x)$ an!
c) Skizzieren Sie den Graphen dieser Funktion im Intervall $1 \le x \le 6$!

AA 102 Geben Sie D_{fi} und W_{fi} folgender Wurzelfunktionen an, berechnen Sie ihre Nullstellen und skizzieren Sie ihre Graphen:

a) $f_1(x) = \sqrt{\frac{1}{4}x + 1} + x$ b) $f_2(x) = \sqrt{3x - 3} + 4$ c) $f_3(x) = \sqrt{x^2 - 6x + 9}$

AA 103 Berechnen Sie die Nullstellen folgender Wurzelfunktionen:

a) $f_1(x) = \sqrt{0{,}5x + 2} + x$ b) $f_2(x) = \sqrt{2x + 19} + 5$ c) $f_3(x) = \sqrt{x^2 - 6x + 8}$

AA 104 Lösen Sie folgende Wurzelgleichungen:

a) $\sqrt{x} = 3$ b) $\sqrt[3]{x} = 5$ c) $10 - \sqrt{x - 2} = 3$ d) $\sqrt[3]{7x - 6} + 6 = 10$

e) $3 - x + 2\sqrt{x} = 0$ f) $\sqrt{2 - 2x} + 3x = 3$ g) $x - \sqrt{4 - 4x} = 3$ h) $\sqrt{x^3} - \sqrt{x} = 0$

AA 105 Bestimmen Sie den Definitionsbereich und die Nullstellen folgender Funktionen und skizzieren Sie damit sowie mit ausgewählten Wertepaaren (Wertetabelle) den Graphen folgender Funktionen:

a) $f_1(x) = \frac{1}{5}\sqrt{x^3} - \sqrt{x}$ b) $f_2(x) = x\sqrt{9 - x^2}$ c) $f_3(x) = x^2 - 3\sqrt{x^2}$ d) $f_4(x) = \frac{2}{x}\sqrt{2x - 1}$

AA 106 Bestimmen Sie den Definitionsbereich folgender Funktionen und untersuchen Sie diese auf Symmetrie:

a) $f_1(x) = 2 \cdot \sqrt[3]{x^2}$ b) $f_2(x) = \dfrac{x^2}{4 + \sqrt{x}}$ c) $f_3(x) = \sqrt[3]{5 + \sqrt{2 + 3x^4}}$

AA 107 Gegeben sind die Funktionen $g(x) = 3 \cdot \sin x$ und $k(x) = \frac{1}{3} \cdot \sin x$. Zeichnen Sie die Graphen der Funktionen in ein und dasselbe Koordinatensystem! Welchen Einfluss haben die Faktoren 3 bzw. $\frac{1}{3}$ auf den Wertebereich, die Nullstellen und die Periodizität der Funktionen im Vergleich zu $f(x) = \sin x$?

AA 108 Skizzieren Sie den Graphen der Funktion $f(x) = \sin 3x$ im Intervall $0 \leq x \leq 2\pi$! Bestimmen Sie die Nullstellen sowie die kleinste Periode p!

AA 109 Ermitteln Sie zu den dargestellten Graphen der Funktionen vom Typ $f(x) = a \cdot \sin x$ bzw. $g(x) = \sin(b \cdot x)$ die entsprechenden Funktionsgleichungen!

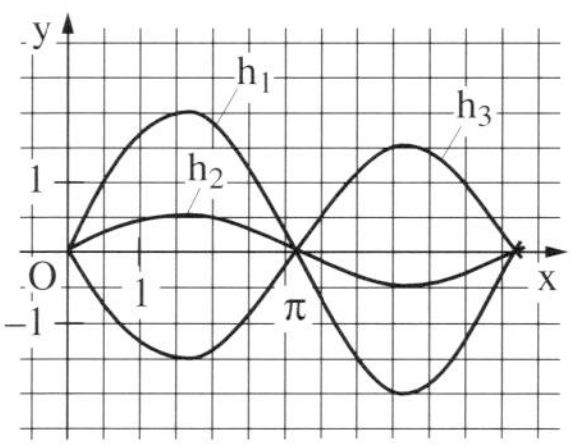

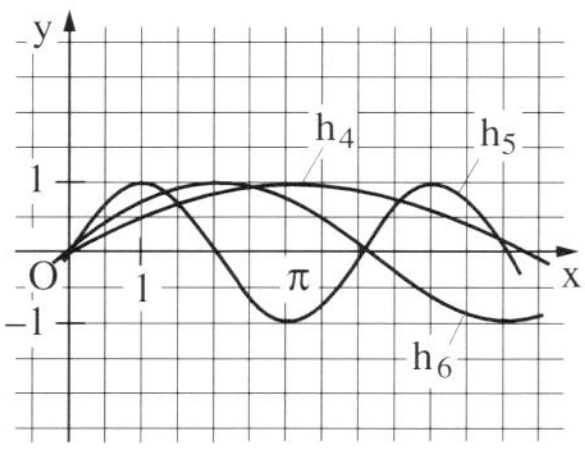

AA 110 Ermitteln Sie den Wertebereich, die kleinste Periode und die Nullstellen der folgenden Funktionen:

a) $f(x) = 3 \cdot \sin(2 \cdot x)$ b) $g(x) = 2 \cdot \sin(3 \cdot x)$

AA 111 Bestimmen Sie Definitionsbereich D_{fi}, Wertebereich W_{fi} sowie die Periode folgender trigonometrischer Funktionen:

a) $f_1(x) = \frac{1}{4}\sin x$ b) $f_2(x) = \cos\frac{x}{4}$ c) $f_3(x) = 2\sin\frac{x}{3}$

d) $f_4(x) = 3\cos(2x - 1)$ e) $f_5(x) = \cos(\frac{x^2}{9})$

(*Hinweis:* Prüfen Sie die Periodizität mittels Nullstellenberechnung!)

AA 112 Bestimmen Sie die Nullstellen der folgenden Funktionen $f_i(x)$ im Intervall $[0; 2\pi]$:

a) $f_1(x) = \sin(3\pi x)$ b) $f_2(x) = -3 \cdot \sin(\frac{1}{2}x)$

AA 113 Lösen Sie folgende goniometrische Gleichungen! Es sei $0 \leq x \leq 2\pi$ bzw. $0° \leq \alpha \leq 360°$.

a) $\sin^2 x + \frac{1}{2}\sin x - \frac{1}{2} = 0$ b) $2\cdot\cos^2\alpha = \sin^2\alpha$ c) $\sin\alpha - \sin^2\alpha = 0$

d) $\cos(x + \frac{\pi}{3}) = 1$ e) $\sin(\alpha + 45°) = 0$ f) $\tan 2x = 1$

AA 114 Bestimmen Sie sämtliche Lösungen der Gleichung $\sin x + \cos x = 1$!

AA 115 Zeichnen Sie den Graphen der Funktion $f(x) = \log_{10} x = \lg x$ im Intervall $0{,}1 \le x \le 10$, und entwickeln Sie daraus die Graphen für

a) $g(x) = 2\lg x$, b) $h(x) = 2 + \lg x$, c) $k(x) = \lg(x + 2)$,

d) $l(x) = \lg(x - 2)$, e) $t(x) = \frac{1}{2}\lg x$, f) $r(x) = \lg x - 2$.

Äußern Sie sich zum Einfluss der Faktoren bzw. der additiven Konstanten auf den Verlauf des Graphen im Vergleich zum Graphen der Funktion $f(x) = \lg x$!

AA 116 Bestimmen Sie die Nullstelle der Funktion $f(x) = e^{2x-3} - 4$! **GTA**

AA 117 Bestimmen Sie die Nullstellen folgender Funktionen mittels Lösungsformeln oder Umformungskalkülen: **GTA**

a) $f_1(x) = e^{x^2 - 3x - 4} - 1$ b) $f_2(x) = 10^{x^4 - 2x^2} - 0{,}1$ c) $f_3(x) = e^{x^2} - e^{\frac{3}{4} - x}$

d) $f_4(x) = \lg(3x + 4) + 1$ e) $f_5(x) = \ln(\frac{x^2}{16} + \frac{3}{8}x)$ f) $f_6(x) = \sqrt{2x+1} - 2\cdot\sqrt{x}$

g) $f_7(x) = \sqrt{3x-2} + \sqrt{2x+3}$ h) $f_8(x) = x - \sqrt{x+2}$ i) $f_9(x) = x + \sqrt{2x+7}$

j) $f_{10}(x) = \cos x - \sin x$

AA 118 Bestimmen Sie die Nullstellen folgender Funktionen mittels Substitution: **GTA**

a) $f_1(x) = (\lg x)^2 - 3$ b) $f_2(x) = (\lg x^2) - 3\lg x + 2$

c) $f_3(x) = (\lg x)^2 + \lg x - 2$ d) $f_4(x) = \cot 2x + 4\cot x - 4$

AA 119 Bestimmen Sie die Nullstellen folgender Funktionen mittels Zerlegung in Faktoren: **GTA**

a) $f_1(x) = \sin 2x + \sin x$ b) $f_2(x) = \sqrt{x^2 - 2}\cdot\lg(\frac{x^2}{4} - \frac{x}{4} + \frac{1}{2})$

c) $f_3(x) = \dfrac{\tan\left(\frac{1}{2}x - \frac{\pi}{4}\right)}{e^{2x-4}}$ d) $f_4(x) = \dfrac{x}{\sqrt{1-x}}$

AA 120 Ermitteln Sie grafisch die Nullstellen folgender Funktionen, indem Sie die Funktion geeignet zerlegen: **GTA**

a) $f_1(x) = x^3 - x^2 + 1$ b) $f_2(x) = -x^5 + x^2 + 4$ c) $f_3(x) = \sqrt{x} + x - 4$

d) $f_4(x) = x^2 - |x - 4|$ e) $f_5(x) = x - 2\sin x$ f) $f_6(x) = x^2 + \cos x$

g) $f_7(x) = x^3 - 4x$ h) $f_8(x) = |x| - x^2$

AA 121 Untersuchen Sie die Funktion f mit $f(x) = \begin{cases} \frac{32}{x^2} + 2 & \text{für } |x| \ge 2 \\ \frac{1}{2}x^2 - 4 & \text{für } -2 < x < 2 \end{cases}$ **GTA**

auf Nullstellen, Polstellen und Symmetrie. Zeichnen Sie den Graphen im Intervall $[-8; 8]$.

A 4 Weitere reelle Funktionen

AA 122 Beschreiben Sie folgende Funktionsgraphen jeweils durch Gleichungen bzw. durch Wortvorschriften:

a) 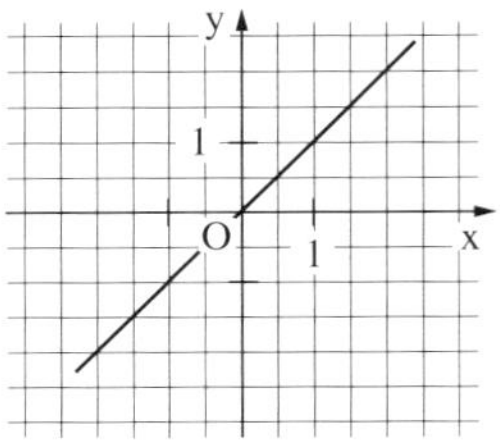

b) 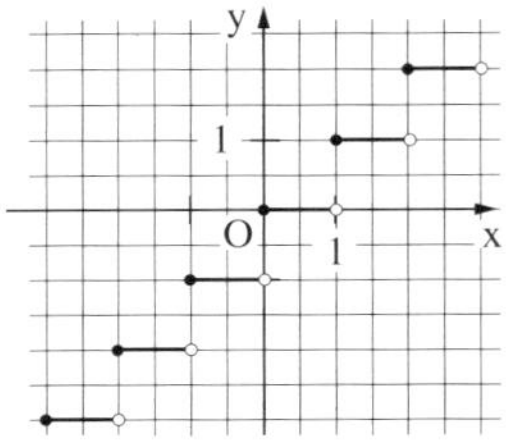

c) 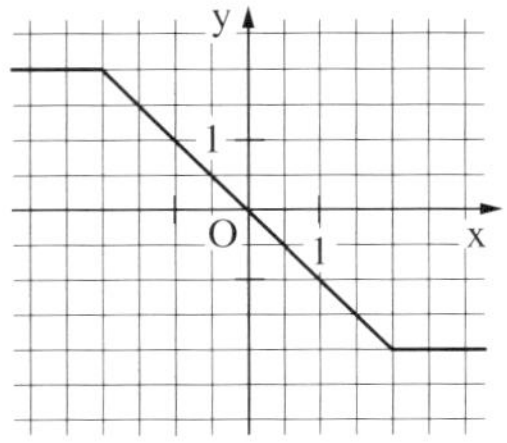

d) 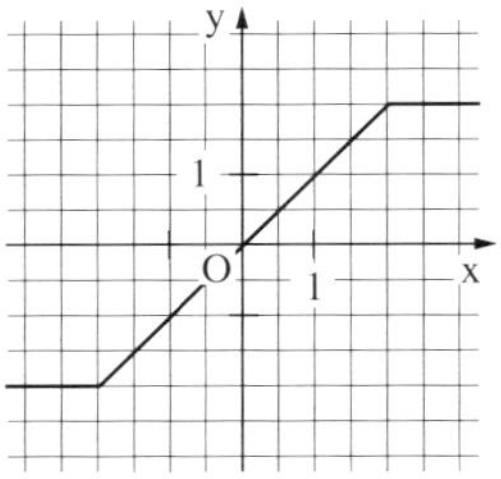

e) 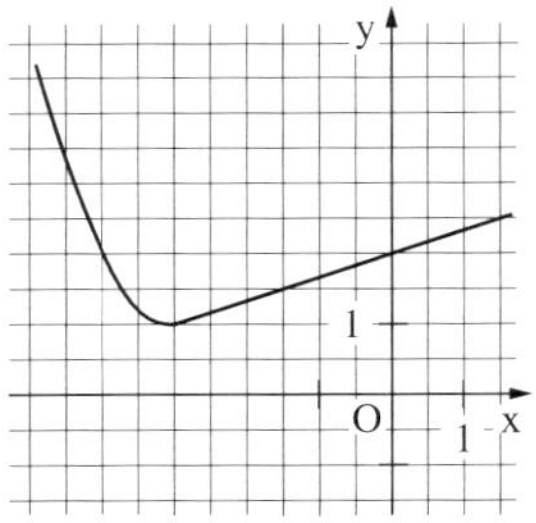

f) 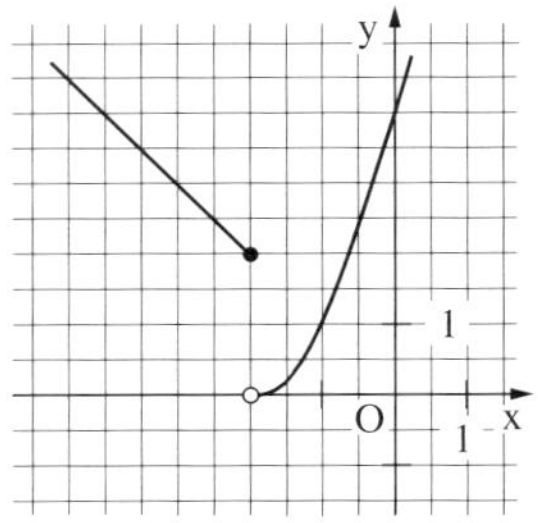

AA 123 Vergleichen Sie die Funktionen $f(x) = \operatorname{sgn} x$ und $g(x) = \frac{|x|}{x}$! Skizzieren Sie die Graphen der beiden Funktionen!

AA 124 Manche Telefongesellschaften werben damit, dass sie sekundengenau abrechnen, andere berechnen ihre Gebühren für Ferngespräche im Minutentakt. So berechnen die Firmen TELE und PHONE jeweils 6 ct pro Gesprächsminute, wobei aber nur TELE im Sekundentakt abrechnet. Welchen Tarif würden Sie empfehlen? Begründen Sie genau!

a) Berechnen Sie dazu für 50 Gespräche mit gleichmäßig verteilter Länge mit Gesprächsdauern von 1, 2, 3,4 und 5 min die entstehenden Kosten!
b) Stellen Sie die Tarife grafisch dar!
c) Vergleichen Sie die angebotenen Tarife und formulieren Sie eine Empfehlung!
d) Neu auf dem Markt ist die Firma ECOPHON, die ihre Kunden mit einem Tarif von 4 ct pro Minute lockt, wobei sie im Minutentakt abrechnet. Lohnt ein Wechsel zu dieser Telefongesellschaft?

AA 125 Kennzeichnen Sie folgende Teilmengen von $\mathbb{R}$ mithilfe der Intervallschreibweise! Stellen Sie die Intervalle auf der Zahlengeraden dar!

a) $M = \{x \mid x \in \mathbb{R} \text{ und } -3 \leq x \leq 3\}$ b) $N = \{x \mid x \in \mathbb{R} \text{ und } 2{,}5 \leq x\}$
c) $O = \{x \mid x \in \mathbb{R} \text{ und } x > \sqrt{2}\}$

AA 126 Geben Sie die dargestellten Intervalle in der Mengen- und in der Intervallschreibweise an!

a) 

b) 

c) 

d) 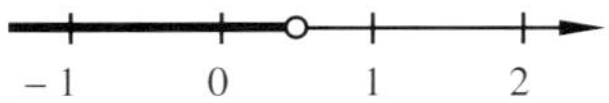

AA 127 Notieren Sie die gegebenen Funktionsgleichungen ohne Betragszeichen (abschnittsfreie Darstellung):

a) $f_1(x) = |x| + x$ b) $f_2(x) = |x| + \operatorname{sgn} x$ c) $f_3(x) = \sin |x|$ d) $f_4(x) = 10^{|x|}$

AA 128 Vergleichen Sie jeweils die Funktionen f_1 und f_2:

a) $f_1(x) = x \cdot \operatorname{sgn} x$ und $f_2(x) = \dfrac{x}{\operatorname{sgn} x}$,

b) $f_1(x) = 1 + \operatorname{sgn} x$ und $f_2(x) = \begin{cases} 0, & x < 0 \\ 2, & x \geq 0 \end{cases}$,

c) $f_1(x) = \operatorname{sgn} x$ und $f_2(x) = \dfrac{x}{|x|}$,

d) $f_1(x) = x \cdot \operatorname{sgn} x$ und $f_2(x) = |x|$.

AA 129 Zeichnen Sie die Graphen der Funktionen a) $f_1(x) = [\sin x]$, b) $f_2(x) = [\cos x]$.

AA 130 Stellen Sie die Funktion $f(x) = -|x^2 - 4|$ grafisch dar und bestimmen Sie die Nullstellen!

AA 131 Stellen Sie die Funktion $f(x) = |x^3 - 8|$ grafisch dar, bestimmen Sie deren Nullstellen und geben Sie eine andere Form der Funktionsgleichung an!

AA 132 Untersuchen Sie die Funktion $f(x) = \frac{1}{2}\sqrt{|x^2 - 4x|}$ auf Nullstellen, geben Sie eine andere Form der Funktionsgleichung an und skizzieren Sie den Graphen für $-3 \leq x \leq 6$!

AA 133 „Eilige" Menschen benutzen in Kaufhäusern Rolltreppen und steigen auf ihnen noch zusätzlich die einzelnen Stufen hoch. Eine Rolltreppe bewältigt in 25 s 10 m Höhenunterschied und bei normalen Treppensteigen benötigt man 20 s für 10 m Höhenunterschied.
Stellen Sie für den eingangs erwähnten Vorgang eine Funktionsgleichung auf und berechnen Sie die Zeit, die „eilige" Menschen zum Überwinden von 10 m Höhenunterschied benötigen!

AA 134 Zeichnen Sie mit dem GTA die Graphen der folgenden Funktionen: **GTA**

a) $f(x) = \begin{cases} 0{,}5^{-x} & \text{für } x < 0 \\ 3^{-x} & \text{für } x \geq 0 \end{cases}$

b) $g(x) = \begin{cases} -x + 5 & \text{für } x \leq 5 \\ 2 & \text{für } 5 < x < 7 \\ x & \text{für } x \geq 7 \end{cases}$

AA 135 Für die Fahrt zwischen zwei Haltepunkten wurde für einen S-Bahnzug der zurückgelegte Weg f(t) als Funktion der Zeit (Weg in m, Zeit in s) untersucht. Dabei ergab sich folgender Zusammenhang:

$$f(t) = \begin{cases} 0{,}5t^2 & \text{für } 0 \leq t \leq 12 \\ 0{,}2(t+18)^2 - 108 & \text{für } 12 < t \leq 35 \\ 21{,}2(t-35) + 453{,}8 & \text{für } 35 < t \leq 38 \\ -0{,}48(t-60)^2 + 749{,}72 & \text{für } 38 < t \leq 60 \end{cases}$$

Zeichnen Sie den Graphen G_f im Bereich [0; 60] und beschreiben Sie die Bewegung des S-Bahnwagens!

AA 136 Die Weg-Zeit-Funktion $l = l(t)$ eines sich geradlinig bewegenden Massepunktes ab einem Ort l_0, aus einer Geschwindigkeit v_0 und mit einer konstanten Beschleunigung a ist mit $l(t) = \frac{1}{2}at^2 + v_0t + l_0$ gegeben. Die zugehörige Geschwindigkeit-Zeit-Funktion $v = v(t)$ ist dann $v(t) = at + v_0$.

a) Eine sich geradlinig bewegende Kugel besitzt die nachstehende Beschleunigungs-Zeit-Funktion

$$a(t) = \begin{cases} 8\,\frac{m}{s^2} & \text{während } 0\text{ s} \leq t \leq 1\text{ s} \\ 0\,\frac{m}{s^2} & \text{während } 1\text{ s} \leq t \leq 2\text{ s} \\ -4\,\frac{m}{s^2} & \text{während } 2\text{ s} \leq t \leq t_{still} \end{cases}$$

(1) Notieren Sie die zugehörige Geschwindigkeit-Zeit-Funktion! ($v_0 = 0$)

(2) Notieren Sie die zugehörige Weg-Zeit-Funktion! ($l_0 = 0$)
(3) Wann steht die Kugel still?
(4) Wie groß ist ihre Durchschnittsgeschwindigkeit $\bar{v}$? ($0 \le t \le t_{still}$)
(5) Zeichnen Sie die zugehörigen Graphen von $l(t)$, $v(t)$ und $a(t)$!

b) Verfahren Sie wie unter a), wenn gilt: $\begin{cases} 10\ \frac{m}{s^2} & \text{während} \quad 0\text{ s} \le t \le 1\text{ s} \\ 0\ \frac{m}{s^2} & \text{während} \quad 1\text{ s} \le t \le 2\text{ s} \\ -2\ \frac{m}{s^2} & \text{während} \quad 2\text{ s} \le t \le t_{still} \end{cases}$

AA 137 In einem Betrieb werden elektronische Geräte hergestellt. Die Arbeit für einen Auftrag von 60 Geräten soll auf die Arbeiter verteilt werden, dass jeder die gleiche Anzahl an Geräten zu bearbeiten hat. Die Anzahl der einzusetzenden Arbeiter kann beliebig gewählt werden.

a) Wie viele Möglichkeiten gibt es, diese Arbeit zu verteilen?
b) Wie viele Möglichkeiten gibt es, diese Arbeit zu verteilen, wenn 170 Geräte zu bauen sind?
c) Wie viele Möglichkeiten gibt es, diese Arbeit zu verteilen, wenn n Geräte zu bauen sind?
d) Ein Betriebsingenieur behauptet mit $d(n) = \sum_{k=1}^{n} ([\frac{n}{k}] - [\frac{n-1}{k}])$

eine Formel zu besitzen, die es gestattet, die Anzahl der Möglichkeiten leicht zu bestimmen. Überprüfen Sie diese Behauptung und begründen Sie Ihre Antwort!

Tipp: Untersuchen Sie zunächst die Funktion $D_k(n) := [\frac{n}{k}] - [\frac{n-1}{k}]$.

e) Welche Zahlen errechnet man mit der Funktion $\sigma(n) = \sum_{k=1}^{n} k([\frac{n}{k}] - [\frac{n-1}{k}])$?
f) Welche Zahlen errechnet man mit der Funktion $A(n) = \sum_{k=1}^{n} [\frac{n}{k}]$?

A 5 Verknüpfen, Verketten und Umkehren von Funktionen

AA 138 Bilden Sie aus den Funktionen $f(x) = x^2$ und $g(x) = x + 1$ die Funktionen

$s(x) = f(x) + g(x)$, $d(x) = f(x) - g(x)$, $p(x) = f(x) \cdot g(x)$ sowie
$q_1(x) = f(x) : g(x)$ und $q_2(x) = g(x) : f(x)$!
Zeichnen Sie die Graphen von $s(x)$, $d(x)$, $p(x)$, $q_1(x)$ und $q_2(x)$ im Intervall $[-4; 4]$ (Wertetabelle)!

AA 139 Zeichnen Sie mithilfe der Graphen von $f(x) = x^2$ und $g(x) = \frac{5}{4}x$ die Graphen der folgenden Funktionen! Nutzen Sie dazu das Verfahren der Ordinatenaddition (Superposition)!

a) $s_1(x) = x^2 + \frac{5}{4}x$ b) $s_2(x) = x^2 + \frac{5}{4}x - 1$ c) $s_3(x) = x^2 + \frac{5}{4}x + 1{,}5$

AA 140 Geben Sie zu den in Aufgaben *AA 138* und *AA 139* durch Verknüpfen gebildeten Funktionen jeweils Definitions- und Wertebereich an!

AA 141 Schreiben Sie die nachfolgenden Funktionen als Produkt von zwei Funktionen $u(x)$ und $v(x)$ auf:

a) $f_1(x) = x^2 + 2x$ b) $f_2(x) = x^2 - 4x + 3$ c) $f_3(x) = x^2 + 4x + 4$ d) $f_4(x) = \frac{x^2 + 1}{x}$

AA 142 Bestimmen Sie jeweils den größtmöglichen Definitionsbereich folgender zusammengesetzter Funktionen:

a) $f_1(x) = \frac{x}{x^3 - 1}$ b) $f_2(x) = \frac{x^3 - 2x + 1}{x^2 - 4x}$ c) $f_3(x) = \frac{x^2 - 1}{x + 1}$ d) $f_4(x) = \frac{5x^2 - 1}{1 - x}$

AA 143 Zeichnen Sie mittels Ordinatenaddition die Graphen der folgenden Funktionen $f_i(x)$ aus den Graphen von $g_1(x) = x^3$, $g_2(x) = x^2$, $g_3(x) = x$ und $g_4(x) = \frac{1}{x}$!

a) $f_1(x) = -x^2 + x$ b) $f_2(x) = 1 + x^3$ c) $f_3(x) = x + |x|$

d) $f_4(x) = x^2 - 2x + 1$ e) $f_5(x) = x^2 + \frac{1}{x}$ f) $f_6(x) = |x| - \frac{1}{x}$

g) $f_7(x) = -x^2 + x - 1$ h) $f_8(x) = -x + 1$ i) $f_9(x) = x^3 + x + 1$

AA 144 Gegeben sind die Funktionen $g(x) = x^3$ und $h(x) = x - 1$.
Bilden Sie die Summe $s(x) = g(x) + h(x)$, die Differenz $d(x) = g(x) - h(x)$, das Produkt $p(x) = g(x) \cdot h(x)$ und den Quotienten $q(x) = \frac{g(x)}{h(x)}$! Skizzieren Sie die Graphen der Funktionen s, d, p, q! Machen Sie Aussagen zu den Kurvenverläufen (Nullstellen usw.)!

AA 145 Gegeben sind die Funktionen f mit $f(x) = \sin x$ und g mit $g(x) = 2x$. Bilden Sie die Verkettungen $v_1 = f \circ g$ und $v_2 = g \circ f$! Geben Sie Definitionsbereich und Wertebereich der verketteten Funktionen an!

AA 146 Bilden Sie für folgende Funktionen $f(x)$ und $g(x)$ jeweils die Verkettungen $v_1(x) = f \circ g = f(g(x))$ und $v_2(x) = g \circ f = g(f(x))$:

a) $f(x) = 2 + x$, $g(x) = 2x + 4$ b) $f(x) = 1 + 5x$, $g(x) = 2 - 3x$ c) $f(x) = 2 \cdot 3^x$, $g(x) = x + 1$ d) $f(x) = \frac{2}{x}$, $g(x) = \frac{1}{2}x^3$

AA 147 Die Funktion $v_i(x)$ soll eine Verkettung $f_i \circ g_i$ von $f_i(x)$ und $g_i(x)$ sein. Geben Sie geeignete Funktionen $f_i(x)$ und $g_i(x)$ an!

a) $v_1(x) = (x + 2)^2$ b) $v_2(x) = \sqrt{x^2 - 2}$ c) $v_3(x) = \cos^2 x$

d) $v_4(x) = \sin(2x - 1)$ e) $v_5(x) = 10^{x - 1}$ f) $v_6(x) = \frac{1}{(x^2 + 3)^4}$

AA 148 Bilden Sie die Verkettung $f \circ g$ bzw. $f \circ g \circ h$ der nachfolgenden Funktionen:

a) $f(x) = x^2$, $g(x) = \sin x$ b) $f(x) = e^x$, $g(x) = x^2$, $h(x) = \sin x$

c) $f(x) = e^x$, $g(x) = \cos x$, $h(x) = 2x - \pi$ d) $f(x) = x^2$, $g(x) = \sin x$, $h(x) = \frac{x}{3} - \frac{\pi}{2}$

AA 149 Zerlegen Sie die nachfolgend gegebenen verketteten Funktionen in innere und äußere Funktionen:

a) $v_1(x) = f \circ g = \cos(2x - \pi)$ b) $v_2(x) = f \circ g = \sin x^2$

c) $v_3(x) = f \circ g = e^{\tan x}$ d) $v_4(x) = f \circ g = \cos^2 x$

e) $v_5(x) = f \circ g \circ h = \tan^2(\pi - x)$ f) $v_6(x) = f \circ g \circ h = e^{\sin(3x - 2)}$

g) $v_7(x) = f \circ g \circ h = \cos^2(\frac{x}{2} + \frac{\pi}{4})$ h) $v_8(x) = f \circ g \circ h = e^{\sin x^2}$

AA 150 Gegeben sind die ganzrationalen Funktionen 4. bzw. 2. Grades f und g. Geben Sie den Grad folgender Verknüpfungsfunktionen an:

a) $h_1 = f \circ g$ b) $h_2 = g \circ f$ c) $h_3 = f \circ f$ d) $h_4 = g \circ (f \circ g)$

AA 151 Bilden Sie aus den Funktionen $f(x) = \sqrt{x}$, $g(x) = \sqrt[3]{x} - 2$ sowie $h(x) = 2x + 2$ die Verkettungen $v_1(x) = f \circ g$ und $v_2(x) = (f \circ g) \circ h$! Geben Sie jeweils den Definitionsbereich von $v_1(x)$ und $v_2(x)$ an!

AA 152 Von der Funktion $y = f(x) = \frac{1}{2}x - 1$ ist die Umkehrfunktion f^{-1} zu bilden. Zeichnen Sie die Graphen von f und f^{-1} in ein und dasselbe Koordinatensystem!

AA 153 Bilden Sie zu den folgenden Funktionen die jeweiligen Umkehrfunktionen und skizzieren Sie die Graphen der Funktionen f_i und f_i^{-1}:

a) $f_1(x) = 3x + 2$ b) $f_2(x) = x^3$ c) $f_3(x) = \frac{x}{x+1}$; $x \neq -1$ d) $f_4(x) = \sqrt{x+1}$; $x \geq -1$

AA 154 Bilden Sie zu folgenden Funktionen die Umkehrfunktionen und treffen Sie Aussagen zu deren Existenzbedingungen:

a) $f_1(x) = -\frac{3}{2}x + 1$ b) $f_2(x) = x^2 + 2$ c) $f_3(x) = \frac{1}{2}x^2 + 2$ d) $f_4(x) = x \cdot \sqrt{x}$ e) $f_5(x) = \sqrt{x^2 - 3}$

AA 155 Die folgenden Funktionen sind über ihrem gesamten Definitionsbereich nicht umkehrbar. Begründen Sie, warum das so ist, und bilden Sie geeignete Einschränkungen, die umkehrbar sind:

a) $f_1(x) = \frac{1}{2}x^2$ b) $f_2(x) = \frac{1}{2} \cdot (x-3)^2$ c) $f_3(x) = x^4 - 5$ d) $f_4(x) = \sin x$

AA 156 Untersuchen Sie die Umkehrfunktion von $f(x) = \frac{1}{x}$; $x \neq 0$! Welche Besonderheit stellen Sie fest? Zeichnen Sie die Funktionsgraphen in ein und dasselbe Koordinatensystem!

AA 157 Verketten Sie die Funktion $f(x) = 2x + 3$ mit ihrer Umkehrfunktion f^{-1} zu folgenden Funktionen v_i:

a) $v_1(x) = f \circ f^{-1}$, b) $v_2(x) = f^{-1} \circ f$

AA 158 Verketten Sie die Funktion $f(x) = x^2 + 4$, $D_f = \mathbb{R}_+$, mit ihrer Umkehrfunktion f^{-1} zu folgenden Funktionen v_i:

a) $v_1(x) = f \circ f^{-1}$, b) $v_2(x) = f^{-1} \circ f$

AA 159 Zeigen Sie allgemein: Die Verkettung zweier linearer Funktionen ist wieder eine lineare Funktion.

AA 160 Mittels der Funktion f: $x \to x - 273$ lassen sich Temperaturangaben in Kelvin nach Celsius umrechnen. Diese wiederum können mit g: $x \to 32 + 1{,}8x$ in Fahrenheit umgerechnet werden. Geben Sie eine Funktion h an, mit der Angaben in Kelvin direkt in Fahrenheit umgerechnet werden können! Wie lautet die zugehörige Umkehrfunktion?

AA 161 Zeichnen Sie den Graphen der Funktion f_i und davon ausgehend den Graphen der Umkehrfunktion f_i^{-1} und geben Sie für f_i^{-1} eine Funktionsgleichung an!

a) $f_1(x) = 3x - 4$ b) $f_2(x) = \frac{1}{2}x + 1$ c) $f_3(x) = 1 - x$

d) $f_4(x) = \frac{1}{2}x^2 + 1 \quad x \geq 0$ e) $f_5(x) = (2 + x)^2 \quad x \geq -2$ f) $f_6(x) = \sqrt{x}$

g) $f(_7x) = \sqrt{x+1}$ h) $f_8(x) = -\sqrt{x-1}$ i) $f_9(x) = 2^{1-x}$

j) $f_{10}(x) = 2^{\frac{1}{2}x}$ k) $f_{11}(x) = 2^{\sqrt{x}}$

AA 162 Geben Sie die Umkehrfunktionen f_i^{-1} zu den folgenden Funktionen f_i an. Treffen Sie Aussagen zu den Definitions- und Wertebereichen:

a) $f_1(x) = 10^x$ b) $f_2(x) = 2^x$ c) $f_3(x) = 3^x + 1$ d) $f_4(x) = 3 \cdot 2^x$

e) $f_5(x) = 10^{x+1}$ f) $f_6(x) = 2^{x-1}$ g) $f_7(x) = 10^{3x}$ h) $f_8(x) = 2^{3x}$

AA 163 Für welche x gilt:

a) $\arcsin x = 0{,}6$ b) $\arcsin x = -0{,}6$ c) $\arcsin x = -\frac{\pi}{4}$ d) $\arcsin x = 2$

AA 164 Berechnen Sie:

a) $\arcsin(\sin 0{,}5)$ b) $\sin(\arcsin 0{,}3)$ c) $\arcsin(\cos x)$

AA 165 Begründen Sie folgende Beziehung: $\arccos x = \frac{\pi}{2} - \arcsin x$

A 6 Funktionenscharen

AA 166 Bestimmen Sie die Nullstellen folgender Funktionenscharen in Abhängigkeit von den auftretenden Parametern ($a, b \in \mathbb{R}$) und skizzieren Sie für jeweils drei ausgewählte Parameterwerte die Graphen der entsprechenden Funktionsschar:

a) $f_{a,\,b}(x) = a + 2b \cdot x$ b) $f_b(x) = (x + b)^2$

c) $f_a(x) = (a + x) \cdot (a - x) \cdot (a^2 - x^2)$ d) $f_{a,\,b}(x) = \frac{b}{a} \cdot \sqrt{a^2 - x^2}$

AA 167 Überlegen Sie unter Verwendung der in den Aufgaben ***AA 107 bis AA 110*** gewonnenen Erkenntnisse, welchen Einfluss

a) der Summand e in der Gleichung $g(x) = \sin(x + e)$,
b) der Summand d in der Gleichung $h(x) = \sin x + d$

auf den Graphen der jeweiligen Funktion im Vergleich zum Graphen $f(x) = \sin x$ besitzt!
Wählen Sie als Beispielfunktionen $g_1(x) = \sin(x + \frac{\pi}{4})$ und $h_1(x) = \sin x + 2$!

AA 168

a) Zeichnen Sie die Graphen der Funktionenschar $f(x) = \ln(x - a)$ für $a \in \{-3, \ldots, 3\}$. Welche Transformation wird durch a beschrieben?
b) Zeichnen Sie die Graphen der Funktionenschar $f(x) = c \ln x$ für $c \in \{-3, \ldots, 3\}$. Welche Transformation wird durch c beschrieben?

AA 169 Gegeben ist die Funktionenschar $f_a(x) = x(x - a)^2$ mit $a \in \mathbb{R}$. Bestimmen Sie die Nullstellen von f_a in Abhängigkeit von a! Welche Nullstellen ergeben sich für a = 16 (bzw. 5; –4)?

AA 170 Hubert Sparsam erhält das Angebot, zwischen zwei Stromtarifen zu wählen. Entweder er zahlt monatlich 8 € Grundgebühr und dann für jede verbrauchte Kilowattstunde Strom 7 ct oder er zahlt keine Grundgebühr und für jede Kilowattstunde 12 ct.

a) Ermitteln Sie für beide Fälle Graph und Term der Kostenfunktion!
b) Bei welchem monatlichen Stromverbrauch sind die Kosten gleich?
c) Bei welchem monatlichen Verbrauch beträgt der Preisunterschied 7,50 €, bei welchem 15 €?
d) Welchen Tarif würden Sie Herrn Sparsam vorschlagen, wenn sein Jahresverbrauch 4000 kw/h beträgt?

AA 171 Bringen Sie die Preisgestaltung von Mietwagenfirmen aus Ihrem Wohnbereich in Erfahrung und versuchen Sie, dazu grafische Darstellungen wie in Beispiel A 24 zu finden! Vergleichen Sie bei Unterschieden die Preisgestaltung hinsichtlich Vor- und Nachteilen für den Kunden unter Angabe der jeweiligen Bedingungen!

AA 172 Gegeben ist eine Funktionenschar f_k mit $f_k(x) = \frac{k-1}{k+1} x^3 + 1$. **GTA**

a) Zeichnen Sie die Graphen für $k = 5; 3; 2; 1; 0{,}5; -2; -4$!
b) Stellen Sie Vermutungen über das Verhalten des Graphen von f_k für $k \to \infty$ an!
c) Für welchen Wert k_0 ist die Funktion nicht definiert?
d) Stellen Sie Vermutungen über das Verhalten des Graphen von f_k für $k \to 0$ an!

AA 173 Geben Sie in Abhängigkeit von a_i ($a_i \in \mathbb{R}$, $a_i \neq 0$) alle Nullstellen folgender Funktionsscharen an:

a) $f_{a_1}(x) = x^n + a_1 \cdot x^{n-1}$; $n \in \mathbb{N}$; $n > 1$ b) $f_{a_2}(x) = x^n + a_2 \cdot x^{n-2}$; $n \in \mathbb{N}$; $n > 2$
c) $f_{a_3}(x) = x^n + a_3 \cdot x^{n-3}$; $n \in \mathbb{N}$; $n > 3$
Wie lauten die Ergebnisse, wenn jeweils $n \in \mathbb{R}$ gilt?

AA 174 Gegeben ist die Funktionenschar $f_a(x) = ax^2 + x - \frac{1}{a}$ $a \in \mathbb{R}\setminus\{0\}$.
Bestimmen Sie die Schnittpunkte der Funtionenschar mit den Koordinatenachsen!

AA 175 Gegeben ist die Funktionsschar $f_c(x) = x^2 + cx + c$ ($c \in \mathbb{R}$). Zeichnen Sie die Graphen für $c = 0$, $c = 1$, $c = 2$ mittels der Schablone, lesen Sie die Nullstellen ab und bestimmen Sie den Term für alle Nullstellen der Schar!

AA 176 Gegeben ist die Funktionsschar $f_b(x) = bx^2 + x$ ($b \in \mathbb{R}$). Für welchen Parameter b geht der Graph durch $P(-2; -1)$ (durch $Q(-2; -3)$)?

AA 177 Für $t \in \mathbb{R}$ ist $f_t(x) = x^3 + \frac{t}{2}x^2 + (t + 1)x$ eine Kurvenschar, bei der alle Kurven durch zwei Punkte gehen. Geben Sie die Koordinaten dieser Punkte an!

AA 178 Gegeben sind die Funktionenschar $f_a(x) = x^2 + a$ und die Funktion $g(x) = 2x + 1$. Bestimmen Sie den Parameter a so, dass $f_a(x)$ und $g(x)$ genau einen Punkt (zwei Punkte) geneinsam haben!

AA 179 In einem Unternehmen ist es von Bedeutung die jeweiligen Kosten K in Abhängigkeit von der Produktionsmenge x zu kennen. Den genauen Zusammenhang von K und x beschreibt die so genannte Kostenfunktion $K(x)$. Ist p der Preis mit dem man eine Produktionsmengeneinheit x verkauft, dann heißt $U(x) = px$ die Umsatzfunktion. Die Differenz $G(x) = U(x) - K(x)$ heißt Gewinnfunktion. Hat $G(x)$ u.a. die beiden Nullstellen a und b und ist $G(x)$ über dem Intervall (a, b) nicht negativ, so nennt man a die Gewinnschwelle, b die Gewinngrenze und (a, b) die Gewinnzone.

a) Gegeben seien die Kostenfunktion $K(x) = x^3 - 2x^2 + 11x + 42$ und die Umsatzfunktion $U(x) = 52x$. Bestimmen Sie die Gewinnfunktion und die Gewinnzone, wenn die Gewinnschwelle mit $a = 1$ bekannt ist! Schreiben Sie die Gewinnfunktion als ein Produkt von Linearfaktoren!
b) Die Gewinngrenze sei mit $b = 8$ gegeben, die Kostenfunktion und Umsatzfunktion seien $K(x) = x^3 - 14x^2 + 99x + 8$ und $U(x) = 52x$.
Bestimmen Sie die Gewinnfunktion und die Gewinnzone und schreiben Sie die Gewinnzone als ein Produkt von Linearfaktoren!
c) Gegeben seien die Kostenfunktion und Umsatzfunktion $K_b(x) = x^3 - (1 + b)x^2 + bx + 6b$ und $U(x) = 6x$ für b mit $3 \leq b \in \mathbb{R}$. Bestimmen Sie die Gewinnfunktion $G_b(x)$ und die Gewinnzone, wenn die Gewinnschwelle mit $a = 3$ bekannt ist! Schreiben Sie die Gewinnfunktion als ein Produkt von Linearfaktoren! Welche Punkte haben die Funktionsgraphen der Schar $G_b(x)$ sämtlich gemeinsam? Skizzieren Sie die Graphen von $G_4(x)$, $G_6(x)$ und $G_7(x)$!
d) Bei einer Schar von Gewinnfunktionen $G_a(x)$ soll der Abstand zwischen der Gewinngrenze b und der Gewinnschwelle a konstant 4 betragen. Die Funktionen sollen sämtlich Polynomfunktionen dritten Grades sein, die bei $x = -3$ eine Nullstelle besitzen. Bestimmen Sie die Summendarstellung der zugehörigen Kostenfunktion $K_a(x)$, wenn die Umsatzfunktion mit $U(x) = 13x$ gegeben ist! Skizzieren Sie auch hier die Graphen von $G_4(x)$, $G_6(x)$ und $G_7(x)$!

B Arbeiten mit Zahlenfolgen und Reihen

B 1 Zahlenfolgen

B 1.1 Der Begriff *Zahlenfolge*

BA 1 Vergleichen Sie die lineare Funktion mit der Zuordnungsvorschrift $f(x) = 3x - 2$ und die Zahlenfolge mit der Zuordnungsvorschrift $(a_n) = (3n - 2)$ bezüglich Definitionsbereich, Wertebereich, Wertetabelle und grafischer Darstellung!

BA 2 Stellen Sie wie in Aufgabe ***BA 1*** gegenüber:

a) $f_1(x) = x^2 - 5x$ und $(a_n)_1 = n^2 - 5n$
b) $f_2(x) = \frac{2x+1}{x}$ und $(a_n)_2 = \frac{2n+1}{n}$
c) $f_3(x) = -\frac{1}{x^2}$ und $(a_n)_3 = -\frac{1}{n^2}$
d) $f_4(x) = \frac{1}{2^x}$ und $(a_n)_4 = \frac{1}{2^n}$

BA 3 Bestimmen Sie die Glieder a_1, a_2, a_3, a_4, a_9, a_{15} und a_{30} der angegebenen Zahlenfolgen:

a) $(2n + 3)$
b) $(6 - \frac{1}{2} \cdot n)$
c) $(3n^2 - 5n)$
d) $((n + 1)(n - 2))$
e) $(\frac{1}{n - n^2})$
f) $((-1)^n \cdot 2^{n-1})$

BA 4 Setzen Sie die nachstehenden Zahlenfolgen um vier weitere Glieder fort und geben Sie jeweils das allgemeine Glied a_n an:

a) $(a_n)_1 = 7; 9; 11; 13; \ldots$
b) $(a_n)_2 = 3; 9; 27; 81; \ldots$
c) $(a_n)_3 = \frac{1}{2}; \frac{1}{4}; \frac{1}{8}; \frac{1}{16}; \ldots$
d) $(a_n)_4 = \frac{3}{2}; 3; \frac{9}{2}; 6; \ldots$
e) $(a_n)_5 = +4; -1; -2; +5; -8; \ldots$
f) $(a_n)_6 = \frac{7}{2}; -3; \frac{5}{2}; -2; \ldots$

BA 5 Untersuchen Sie, welche der angegebenen Zahlen Glieder der jeweiligen Zahlenfolge sind:

a) $(a_n)_1 = (8 - 5n)$: -117 und -3225
b) $(a_n)_2 = (7n - n^2)$: -450 und -30
c) $(a_n)_3 = (\frac{12 + 3n}{6n^2})$: 10 und $\frac{1}{18}$
d) $(a_n)_4 = ((-1)^n \cdot 2^{-n})$: -2 und $\frac{1}{64}$
e) $(a_n)_5 = (\frac{3^n}{(\frac{1}{2})^n})$: 1296 und 279936
f) $(a_n)_6 = ((1 + \frac{1}{n})^{n+1})$: $\frac{3125}{1024}$ und $2{,}85$

BA 6 Berechnen Sie jeweils fünf Folgenglieder! Geben Sie jeweils eine explizite Bildungsvorschrift an, sofern dies möglich ist!

a) $a_1 = 7;\quad a_{n+1} = a_n - 3$
b) $a_1 = 1;\quad a_{n+1} = 3a_n + 1$
c) $a_1 = -4;\quad a_n = a_{n-1} + 5$
d) $a_1 = 1;\quad a_{n+1} = a_n + n$
e) $a_1 = 1; a_2 = 1;\quad a_{n+2} = a_n + a_{n+1}$
f) $a_1 = 0; a_2 = -\frac{1}{2}\quad a_{n+2} = a_n^2 \cdot a_{n+1}$

BA 7 Bestimmen Sie die ersten 5 Glieder und das allgemeine Glied a_n der durch folgende Wortvorschriften gegebenen Zahlenfolgen:

a) Jeder natürlichen Zahl $n > 0$ ist ihre um 2 verminderte Quadratzahl zugeordnet.
b) Jeder natürlichen Zahl wird der Quotient aus ihrem um 5 vermehrten Dreifachen und aus ihrem Doppelten zugeordnet.
c) Jeder natürlichen Zahl $n \geq 2$ wird das Reziproke aus dem Produkt von ihr und ihrem unmittelbaren Vorgänger zugeordnet.
d) Jeder Zahl $n \in \mathbb{N}^*$ wird die Zahl zugeordnet, die auf folgende Weise entsteht:
Die Summe aus der Zahl 1 und dem Reziproken der natürlichen Zahl n wird mit der um 1 vermehrten natürlichen Zahl n potenziert.

e) Jeder natürlichen Zahl $n > 0$ wird diejenige Zahl zugeordnet, die sich aus der Summe aller vorangegangenen natürlichen Zahlen ergibt.

BA 8 Ermitteln Sie die ersten 8 Glieder nachstehender Folgen $(a_n)_i$:

a) $(a_n)_1$ mit a_n = Anzahl der Teiler von n
b) $(a_n)_2$ mit a_n = Anzahl der Diagonalen eines konvexen n-Ecks ($n \geq 3$)

BA 9 In einem Einstellungstest wird dem Kandidaten die Aufgabe gestellt, die Zahlenfolge 3; 6; 11; 18; 27 in sinnvoller Weise um weitere vier Zahlen fortzusetzen. Lösen Sie diese Aufgabe und geben Sie eine passende Bildungsvorschrift an! Kommentieren Sie den Lösungsvorschlag: 3; 6; 11; 18; 27; 1; 1; 1; 1!

BA 10 Die DIN-A-Papierformate wurden bereits 1922 einheitlich festgelegt. Es gilt $\frac{h}{b} = \frac{\sqrt{2}}{1}$ und die Höhe h des einen Blattes ergibt die Breite b des nächstgrößeren Blattes.

a) Berechnen Sie aus $h_4 = 29{,}7302$ cm für DIN-A4-Schreibmaschinenpapier seine Breite b_4!
b) Berechnen Sie die Maße eines DIN-A0-Bogens als größtes Format sowie seine Fläche!
c) Ermitteln Sie das Flächenverhältnis benachbarter Größen und stellen Sie die zugehörige Folge bis DIN A6-(Postkarte) in Form einer Wertetabelle grafisch dar!

GTA **BA 11**

a) Betrachten Sie die Zahlenfolge $a_{n+1} = \sin a_n$ mit beliebigem Startwert $0 < a_0 < 1$! Stellen Sie die Zahlen grafisch dar!
b) Ändern Sie den Startwert! Vergleichen Sie die grafischen Darstellungen!
c) Experimentieren Sie auch mit den Funktionen cos und tan!
d) Gehen Sie mit der Folge $a_{n+1} = a_n^2$ genauso vor!

GTA **BA 12** Berechnen Sie die ersten 10 Glieder der Folge $(a_n) = \frac{1}{\sqrt{5}}\left(\left(\frac{1+\sqrt{5}}{2}\right)^{n+1} - \left(\frac{1-\sqrt{5}}{2}\right)^{n+1}\right)$!

BA 13 Wie viele verschiedene Möglichkeiten gibt es, eine 40-stufige Treppe emporzusteigen, wenn man sich nach den auf der Eingangsseite zum Kapitel B formulierten Regeln verhält?

BA 14 Wir betrachten die Nachkommenschaft eines Kaninchenpaares, die bekanntlich sehr groß ist. Dabei gehen wir von folgenden Annahmen aus:

a) Jedes Kaninchenpaar kann ab dem Alter von 2 Monaten Nachkommen erzeugen.
b) Jedes Paar bringt von diesem Zeitpunkt ab jeden Monat ein neues Paar zur Welt.
c) Alle Kaninchen leben ewig.

Geben Sie an, wie sich die Nachkommenschaft entwickelt!

BA 15 Eine männliche Biene (Drohne) schlüpft aus dem unbefruchteten Ei einer Bienenkönigin, während aus den befruchteten Eiern weibliche Arbeitsbienen und Königinnen schlüpfen. Somit hat eine Biene nur ein Elter (die Königin), Königinnen dagegen zwei Eltern.
Begründen Sie: In der n-ten Vorfahrengeneration existieren genau f_n Vorfahren, und zwar f_{n-1} weibliche und f_{n-2} männliche.

BA 16 Das Elektron eines Wasserstoffatoms befinde sich im Grundzustand. In diesem Zustand kann es Energie aufnehmen oder abgeben, und zwar jeweils ein Energiequant oder zwei Energiequanten; dies geschehe so, dass sich das Elektron entweder im Grundzustand (0) befindet oder im ersten (1) oder zweiten Energiezustand (2).

Interpretieren Sie den Baum, der über die Energiezustände informiert:

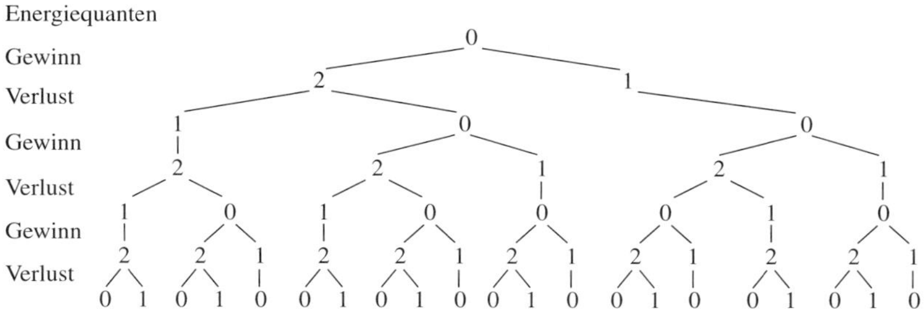

B 1.2 Eigenschaften von Zahlenfolgen

BA 17 Untersuchen Sie wie in Beispiel B 7 die nachstehenden Zahlenfolgen auf Monotonie:

a) $(a_n)_1 = (2n - n^2)$ b) $(a_n)_2 = ((3 + n)^2 - 4n^2)$ c) $(a_n)_3 = (\frac{n}{n+1})$

d) $(a_n)_4 = ((7 - 2n)^2)$ e) $(a_n)_5 = (-(\frac{1}{n})^2)$ f) $(a_n)_6 = (\frac{3n}{(-2)^n})$

BA 18 Untersuchen Sie die nachstehenden Zahlenfolgen auf Monotonie durch alleinige Auswertung der jeweiligen Differenz $a_{n+1} - a_n$:

a) $(a_n)_1 = (2n^2 - 2)$ b) $(a_n)_2 = (\frac{1}{4n - 3})$ c) $(a_n)_3 = (\frac{n}{2n^2 - n})$

d) $(a_n)_4 = ((5n - 3)^2)$ e) $(a_n)_5 = ((n - 6)^2 + 5)$ f) $(a_n)_6 = (\frac{3n - 3}{n + 2})$

BA 19 Versuchen Sie das Monotonieverhalten der folgenden Zahlenfolgen zu ergründen: **GTA**

a) $(a_n)_1 = (\frac{\cos 2n}{4 \cos n})$ b) $(a_n)_2 = (\frac{\sqrt{n^2 + 8}}{3n + 1})$ c) $(a_n)_3 = (\frac{\log_4 n + 5}{\log_2 n + 1})$

d) $(a_n)_4 = (\frac{e^n + e^{-n}}{2n^2 + 18n})$ e) $(a_n)_5 = (\frac{\sin 5n}{\sin 2n \cdot \cos 2n})$

BA 20 Die folgende Tabelle enthält Zuordnungsvorschriften für Zahlenfolgen (a_n). Geben Sie jeweils die ersten sechs Folgenglieder an und beurteilen Sie das Monotonieverhalten von (a_n):

a) $a_n = 2n$ b) $a_n = 3n - 7$ c) $a_n = 10 - n$
d) $a_n = (n - 3)^2$ e) $a_n = (n + 3)^2$ f) $a_n = (n - \frac{3}{2})^2$
g) $a_n = \frac{2}{n^2 + n}$ h) $a_n = (-\frac{1}{n})^n$ i) $a_n = (-2)^n$
j) $a_n = (-\frac{1}{2})^{n+1}$ k) $a_n = 1$ l) $a_n = n + n \bmod 2$ *(n modulo m)*
m) $a_n = \frac{n}{2n - 1}$ n) $a_n = \frac{3n - 1}{n + \frac{1}{2}}$ o) $a_n = \frac{n^2 - 10n + 26}{n^2 + 4n + 4}$

BA 21

a) Eine Folge (a_n) ist gegeben durch $a_n = \frac{4n}{2n + 3}$, $n \in \mathbb{N}$, $n \geq 1$. Berechnen Sie die Glieder $a_1, \ldots, a_5$ und stellen Sie diese grafisch dar! Beweisen Sie, dass die Folge (a_n) monoton wächst!

b) Gegeben ist eine Folge (b_n) durch $b_n = \frac{n^2}{n + 1}$, $n \in \mathbb{N}$, $n \geq 1$. Stellen Sie die Folge für $n \leq 5$ grafisch dar! Zeigen Sie, dass (b_n) monoton wächst! Von welchem n an ist b_n größer als 36?

BA 22 Gegeben ist die Zahlenfolge $(a_n) = (\frac{3n-2}{n})$.

a) Berechnen Sie die Folgeglieder a_1 bis a_8 und veranschaulichen Sie diese in einem Koordinatensystem!
b) Geben Sie 3 Zahlen an, die kleiner oder gleich dem kleinsten Folgenglied sind! Wie nennt man solche Zahlen?
c) Geben Sie 3 Zahlen an, die größer oder gleich dem größten Folgenglied sind! Wie nennt man solche Zahlen?
d) Vervollständigen Sie nachstehenden Satz zu einer wahren Aussage:
Die Zahlenfolge (a_n) ist nach oben , weil sie
besitzt, und sie ist , weil

BA 23 Untersuchen Sie die nachfolgenden Zahlenfolgen auf Beschränktheit:

a) $(a_n)_1 = (\frac{5+2n}{3n})$ b) $(a_n)_2 = (4-7n)$ c) $(a_n)_3 = (n^2-2n-4)$
d) $(a_n)_4 = ((-1)^n \cdot \frac{2}{n})$ e) $(a_n)_5 = ((-2)^n)$ f) $(a_n)_6 = (\frac{3}{2}n + \frac{2}{3})$
g) $(a_n)_7 = (4 + \frac{4}{n})$ h) $(a_n)_8 = (\frac{n-1}{n^2+1})$

BA 24 Treffen Sie eine Entscheidung über die Allgemeingültigkeit folgender Aussagen! Begründen Sie knapp jede Entscheidung!

a) Jede monoton wachsende Zahlenfolge ist nach unten beschränkt.
b) Eine nach oben beschränkte Zahlenfolge ist monoton fallend.
c) Nicht monotone Zahlenfolgen sind stets unbeschränkt.
d) Alternierende Zahlenfolgen sind stets beschränkt.
e) Jede monoton fallende Zahlenfolge ist nach oben beschränkt.
f) Eine arithmetische Zahlenfolge ist für $d < 0$ nach oben beschränkt.
g) Eine geometrische Zahlenfolge ist nur dann nach oben und unten beschränkt, wenn $0 < |q| < 1$ gilt.

BA 25 Geben Sie jeweils ein Beispiel für eine Zahlenfolge $(a_n)_i$ an, für die gilt:

a) $(a_n)_1$ ist monoton wachsend und nach oben und unten beschränkt.
b) $(a_n)_2$ ist monoton fallend und nach unten unbeschränkt.
c) $(a_n)_3$ ist monoton fallend und nach unten beschränkt.
d) $(a_n)_4$ ist monoton wachsend und hat die Zahl 3 als obere Grenze.
e) Die Zahl 1 ist untere Grenze der monoton fallenden Zahlenfolge $(a_n)_5$.
f) $(a_n)_6$ ist alternierend und in beiden Richtungen beschränkt.

BA 26 Geben Sie jeweils eine untere und eine obere Schranke für die in Aufgabe ***BA 18*** aufgeführten Zahlenfolgen an!

BA 27 Die folgende Tabelle enthält Zuordnungsvorschriften für Zahlenfolgen (a_n). Geben Sie jeweils die ersten sechs Folgenglieder an und machen Sie Angaben zur Beschränktheit der Zahlenfolgen!

a) $a_n = 4n$ b) $a_n = 3-5n$ c) $a_n = (-3)^n$
d) $a_n = 1+(-1)^n$ e) $a_n = \frac{12}{n}$ f) $a_n = [\frac{4}{n}]$ *(GAUSS-Klammer)*
g) $a_n = \sin n$ *(n in Bogenmaß)* h) $a_n = \tan n$ *(n in Bogenmaß)* i) $a_n = \max(4; n)$
j) $a_n = \frac{n^2}{n^2+1}$ k) $a_n = (\frac{n-4}{n+3})^2$ l) $a_n = 2 + \frac{n-2}{n+2}$

BA 28 Untersuchen Sie nachfolgende Zahlenfolgen auf die Existenz von Schranken und geben Sie solche an:

a) $(\frac{n}{3n-2})$ b) $(\frac{2n}{3n-4})$ c) $(\frac{4n-1}{5n+3})$ d) $(\frac{n^2+1}{n})$

e) $\left(\frac{1-3n}{1+n}\right)$ f) $(n^2 - n^3)$ g) $(n^3 - n^2)$ (Vergleichen Sie mit *f)*!)

B 1.3 Partialsummen; Partialsummenfolgen

BA 29 Berechnen Sie folgende Summen:

a) $\sum_{n=1}^{5} n$ b) $\sum_{n=1}^{12} (n-1)$ c) $\sum_{k=5}^{10} (2k+3)$ d) $\sum_{i=1}^{6} (i^2-2)$ e) $\sum_{m=0}^{5} (-1)^m \cdot 2^m$

f) $\sum_{n=1}^{3} (3n+3^n)$ g) $\sum_{n=1}^{5} n!$ h) $\sum_{n=1}^{1} \frac{(n+2)!}{n!}$ i) $\sum_{n=0}^{10} \cos(n\pi)$

BA 30 Drücken Sie folgende Summen mithilfe eines Summenzeichens aus:

a) $1+2+3+4+5+6+7$ b) $2+4+6+8+10$

c) $13+15+17+\ldots+29+31+33$ d) $1+2+4+8+16+32+64$

e) $\frac{1}{3}+\frac{1}{6}+\frac{1}{9}+\frac{1}{12}+\frac{1}{15}$ f) $\frac{3}{12}+\frac{3}{20}+\frac{3}{30}+\frac{3}{42}$

g) $1-4+9-16+25$ h) $-3+\frac{3}{10}-\frac{3}{100}+\frac{3}{1000}-\frac{3}{10000}$

i) $0+\frac{1}{2}+\frac{1}{2}\sqrt{3}+1+\frac{1}{2}\sqrt{3}+\frac{1}{2}+0$

BA 31 Welche Terme stellen jeweils die gleiche Zahl dar?

a) $\sum_{k=1}^{8} k;\quad \sum_{k=1}^{7} (k+8);\quad \sum_{k=1}^{5} k + \sum_{k=5}^{8} k;\quad 1+\sum_{k=2}^{8} k$

b) $\sum_{n=1}^{10} n^{-1};\quad \sum_{n=2}^{11} \frac{1}{n};\quad \sum_{n=2}^{11} (n-1)^{-1};\quad \sum_{i=0}^{n} \frac{1}{i+1}$

c) $\sum_{n=2}^{5} 2^{n-1};\quad \sum_{n=0}^{3} 2^n;\quad \sum_{k=1}^{4} 2^k;\quad 2\cdot\sum_{m=0}^{3} 2^m$

BA 32 Berechnen Sie die folgenden Summen und ermitteln Sie eine andere Summenschreibweise für dieselbe Summe:

a) $\sum_{k=1}^{5} a^k \cdot b^{1-k}$ b) $\sum_{k=3}^{6} (a-1)^{k-3};\quad a \neq 1$ c) $\sum_{k=1}^{4} (-1)^k \cdot (1-m)^{k-1};\quad m \neq 1$

d) $5\cdot\sum_{k=4}^{6} x^{-k} \cdot y^{k-1}$ e) $\sum_{x=1}^{3}\left(\sum_{y=2}^{3} 2x^2y\right)$ f) $\sum_{b=1}^{4}\left(\sum_{x=1}^{3} (x^2+2b)\right)$ g) $\sum_{i=0}^{3}\left(\sum_{j=1}^{3} \left(\frac{i-j}{2}\right)^2\right)$

BA 33 Bilden Sie die Partialsummen s_1 bis s_6 der

a) Folge der natürlichen Zahlen b) Folge der Quadratzahlen

und stellen Sie eine Bildungsvorschrift für die n-te Partialsumme auf!

BA 34 Gegeben ist die Zahlenfolge $(a_n) = (3n-2)$.

a) Berechnen Sie a_1, a_2, a_3, a_4 und a_5!
b) Berechnen Sie die Partialsummen s_1, s_2, s_3, s_4, s_5 und s_{12}!
c) Bestimmen Sie das allgemeine Folgenglied s_n der berechneten Partialsummenfolge!

BA 35 Bearbeiten Sie nachstehende Zahlenfolgen wie in Aufgabe ***BA 34***:

a) $(a_n)_1 = (\frac{3}{2}n + 3)$ b) $(a_n)_2 = (9 - 2n)$ c) $(a_n)_3 = (7 + (n-1)\cdot 3)$ d) $(a_n)_4 = (\frac{-40-3n}{5})$

BA 36 Die Partialsummenfolge (s_n) einer Zahlenfolge (a_n) sei gegeben durch $(s_n) = (2n^2 - 5n)$. Berechnen Sie s_1 bis s_5! Bestimmen Sie a_1 bis a_5 und das allgemeine Folgenglied a_n der zugehörigen Folge (a_n)!

BA 37 Ein Geldbetrag von 3300,00 € soll unter 5 Personen so aufgeteilt werden, dass jede folgende Person einen bestimmten Betrag weniger erhält als die vorhergehende Person. Die erste Person bekommt 1020,00 €. Wie viel Euro erhält die letzte Person?

BA 38 Berechnen Sie von nachstehenden Zahlenfolgen die Folgenglieder a_1 bis a_5 sowie die Partialsummen s_1 bis s_5 und geben Sie das allgemeine Glied s_n der Partialsummenfolge (s_n) an:

a) $(a_n)_1 = ((\frac{1}{2})^{n-1})$ b) $(a_n)_2 = (\frac{3}{8}\cdot 4^n)$ c) $(a_n)_3 = ((2\sqrt{2})^{n+1})$ d) $(a_n)_4 = (\frac{1}{2^n})$

BA 39 Gegeben sind Zahlenfolgen (a_n) und (b_n) durch $(a_n) = 2(n-1)$ und $(b_n) = n^2 - n$, $n \in \mathbb{N}$, $n \geq 1$.

a) Untersuchen Sie beide Folgen auf Monotonie!
b) Bestimmen Sie die Summe s der ersten 20 Glieder der Folge (a_n)!
c) Welches Glied der Folge (b_n) hat den Wert s?

B 1.4 Arithmetische und geometrische Zahlenfolgen

BA 40 Gegeben ist die Zahlenfolge $(a_n) = (3; 4{,}5; 6; 7{,}5; 9; \ldots)$. Bestimmen Sie jeweils die Differenz benachbarter Folgenglieder! Welche Eigenschaften besitzt die Folge (a_n)?
Stellen Sie für die Folge (a_n) eine rekursive Bildungsvorschrift auf und bestimmen Sie damit die Folgenglieder a_6 bis a_{10}! Ermitteln Sie dann eine explizite Bildungsvorschrift für (a_n) und damit a_{15}, a_{23}, a_{38} und a_{50}!

BA 41 Untersuchen Sie die nachfolgenden Zahlenfolgen wie in Aufgabe ***BA 40***!

a) $(a_n) = 7; 4; 1; -2; -5; \ldots$ b) $(b_n) = \frac{11}{3}; 4\frac{1}{6}; 4\frac{2}{3}; \frac{31}{6}; 5\frac{4}{6}; \ldots$

c) $(c_n) = -4; -9; -14; -19; -24; \ldots$ d) $(d_n) = -\sqrt{2}; \sqrt{2}; 3\sqrt{2}; 5\sqrt{2}; 7\sqrt{2}; \ldots$

e) $(e_n) = \frac{1}{5}; \frac{7}{10}; \frac{31}{30}; \frac{77}{60}; \frac{89}{60}; \ldots$ f) $(f_n) = -1; \frac{1}{3}; \frac{5}{3}; 3; \frac{13}{3}; \ldots$

BA 42 Vervollständigen Sie nachstehende Tabelle arithmetischer Zahlenfolgen:

	a_1	a_2	a_3	a_4	a_{10}	a_{17}	a_{25}	d	a_n
a)	1	5	9						
b)		−5	−7	−9					
c)	$2\frac{1}{10}$		$\frac{53}{10}$		$16\frac{1}{2}$				
d)				−8				$-\frac{1}{3}$	
e)						36	68		
f)					$-\frac{1}{3}$			$\frac{2}{5}$	
g)									$\frac{4n^2-7n}{3n}$

BA 43 Eine Anpflanzung von Obstbäumen an einem Hang umfasst 30 Reihen Bäume. In der ersten Reihe befinden sich 12 Bäume, in jeder folgenden Reihe dann jeweils 6 Bäume mehr als in der vorhergehenden.

a) Wie viele Bäume hat die letzte Reihe?
b) Wie viele Bäume stehen in den ersten 4 Reihen?

BA 44 Ein Angestellter erhält im ersten Jahr seiner Einstellung monatlich 1400,00 €. Es wird angenommen, dass sich sein Gehalt in jedem Jahr um 75,00 € erhöht. Welches Einkommen hätte er im 10. Jahr? Wie viele Jahre müsste er tätig sein, um auf 2450,00 € monatlich zu kommen?

BA 45 Ein Geldbetrag von 3 300,00 € soll unter 5 Personen so aufgeteilt werden, dass jede folgende Person einen bestimmten Betrag weniger erhält als die vorhergehende Person. Die erste Person bekommt 1 020,00 €. Wie viel Euro erhält die letzte Person?

BA 46 Zwischen einem Gläubiger und einem Schuldner wird ein Vertrag mit folgendem Inhalt abgeschlossen: Der Schuldner zahlt seine Schuld von 16000,00 € in Monatsraten ab. Die erste Rate beträgt 1 125,00 €. Jede folgende Rate sei um 250,00 € höher als die vorhergehende.

a) Wie viele Ratenzahlungen sind zu tätigen, bis die Schuld getilgt ist?
b) Wie groß ist die letzte Rate?

BA 47 Für eine arithmetische Zahlenfolge ist die Summe aus dem 5. und 11. Glied gleich 58, die Summe aus dem 6. und 14. Glied gleich 40.

a) Wie heißt das Bildungsgesetz?
b) Wie heißt das 12. Glied?

BA 48 Die Längen der drei Seiten eines rechtwinkligen Dreiecks mögen die ersten drei Glieder einer arithmetischen Zahlenfolge bilden. Der Flächeninhalt des Dreiecks beträgt 150 cm^2. Welche Maße haben die drei Seiten und wie heißt das Bildungsgesetz der Zahlenfolge?

BA 49 Eine Spirale besteht aus zwei Scharen konzentrischer Kreise um die Punkte A und B. Der Radius des ersten Halbkreises habe die Länge 20 mm, die Strecke $\overline{AB}$ die Länge 5 mm.

a) Wie heißt das Bildungsgesetz der Zahlenfolge?
b) Welche Länge hat der 25. Halbkreisbogen?
c) Wie lang ist die Spirale bis einschließlich des vierten Halbkreisbogens?

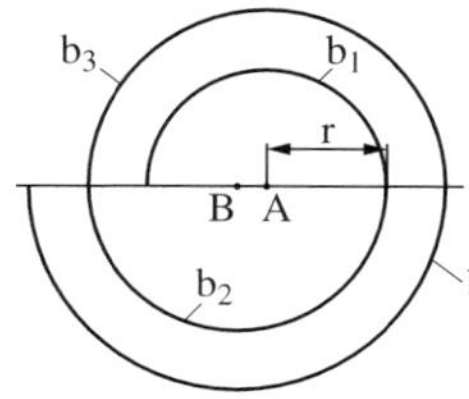

BA 50 Zeigen Sie, dass für jede arithmetische Zahlenfolge $(a_n) = a_1; a_2; a_3; a_4; \ldots$ Folgendes gilt:

a) $a_1 - 2a_2 + a_3 = 0$
b) $a_1 - 3a_2 + 3a_3 - a_4 = 0$

BA 51 Man beweise die folgende Implikation:

Wenn die positiven reellen Zahlen a, b, c eine arithmetische Zahlenfolge bilden, so sind die Zahlen $\frac{1}{\sqrt{b}+\sqrt{c}}$; $\frac{1}{\sqrt{c}+\sqrt{a}}$; $\frac{1}{\sqrt{a}+\sqrt{b}}$ auch aufeinanderfolgende Glieder einer arithmetischen Zahlenfolge.

BA 52 Es seien a^2, b^2 und c^2 aufeinander folgende Glieder einer arithmetischen Zahlenfolge. Beweisen Sie, dass dann auch die Zahlen $\frac{1}{b+c}$; $\frac{1}{a+c}$ und $\frac{1}{a+b}$ aufeinander folgende Glieder einer arithmetischen Zahlenfolge sind!

BA 53 In einer arithmetischen Folge (a_n) ergibt die Summe des 3. und des 6. Folgegliedes 2, die Summe des 1. und des 4. Folgegliedes ist 1. Wie groß sind die Differenz d und das Anfangsglied a_1?

BA 54 Gegeben sei die geometrische Zahlenfolge $(a_n) = \frac{1}{2}; -\frac{3}{2}; \frac{9}{2}; -\frac{27}{2}; \frac{81}{2}; \ldots$

a) Ermitteln Sie a_1 und q!
b) Wie heißt das Bildungsgesetz dieser geometrischen Zahlenfolge?
c) Berechnen Sie a_9!
d) Berechnen Sie die Summe der ersten 4 Glieder!
e) Ermitteln Sie a_1 und q und die ersten 5 Glieder einer anderen geometrischen Zahlenfolge, wenn diese durch $a_2 = 1$ und $a_5 = \frac{1}{27}$ gegeben ist!

BA 55 Beweisen Sie Satz B 3!

BA 56 Setzen Sie die nachstehenden geometrischen Zahlenfolgen um drei Glieder fort und geben Sie eine explizite Bildungsvorschrift an:

a) $(a_n) = 1; 3; 9; 27; \ldots$
b) $(b_n) = -2; -1; -\frac{1}{2}; -\frac{1}{4}; \ldots$
c) $(c_n) = 2; -1; \frac{1}{2}; -\frac{1}{4}; \ldots$
d) $(d_n) = \frac{1}{2}; \frac{3}{4}; \frac{9}{8}; \frac{27}{16}; \ldots$

BA 57 Bestimmen Sie die Folgeglieder a_5 und a_{15} der nachfolgend gekennzeichneten geometrischen Zahlenfolgen und geben Sie eine explizite Bildungsvorschrift an:

a) $a_1 = 0{,}7; \quad q = 2$
b) $a_2 = 5; \quad a_4 = 45 \quad (q > 0)$
c) $a_3 = 2; \quad q = -1$
d) $a_3 = -1; \quad a_4 = \frac{1}{4}$

BA 58 Vervollständigen Sie nachstehende Tabelle geometrischer Zahlenfolgen:

	a_1	a_2	a_3	a_5	a_8	a_{11}	q	a_n
a)	6	3	1,5					
b)		$\frac{9}{4}$	$-\frac{3}{4}$	$-\frac{1}{12}$				
c)			4	12			$\ldots > 0$	
d)					−800		−2,5	
e)				$\frac{3}{80}$		$\frac{12}{5}$	$\ldots > 0$	
f)								$2^{n-4} \cdot 5^{2-n}$

BA 59 In einer geometrischen Zahlenfolge seien $a_1 = \frac{2}{3}$ und $a_{10} = 13\,122$.

a) Wie heißt das Bildungsgesetz?
b) Wie heißt das 15. Glied?

BA 60

a) Drei Zahlen, deren Summe 39 ist, seien die ersten 3 Glieder a_1, a_2 und a_3 einer geometrischen Zahlenfolge. Vermindert man die größte der 3 Zahlen um 9, so entstehen die ersten 3 Glieder einer arithmetischen Zahlenfolge. Ermitteln Sie die ersten 3 Glieder dieser geometrischen und der arithmetischen Zahlenfolge! Wie heißen die beiden Bildungsgesetze?
b) Drei Zahlen, deren Summe 81 ist, seien die ersten 3 Glieder a_1, a_2 und a_3 einer arithmetischen Zahlenfolge. Vermehrt man die größte der 3 Zahlen um 36, so entstehen die ersten 3 Glieder einer geometrischen Zahlenfolge. Ermitteln Sie die ersten 3 Glieder dieser arithmetischen und der geometrischen Zahlenfolge! Wie heißen die beiden Bildungsgesetze?

BA 61

a) Wie ändert sich der Quotient q einer endlichen geometrischen Zahlenfolge, wenn man ihre Glieder in umgekehrter Reihenfolge notiert? Wie heißt dann das Bildungsgesetz?
b) Wie ändert sich die Differenz d einer endlichen geometrischen Zahlenfolge, wenn man ihre Glieder in umgekehrter Reihenfolge notiert? Wie heißt dann das Bildungsgesetz?

BA 62 Man logarithmiere die Glieder einer geometrischen Folge. Was für eine Folge entsteht dabei?

BA 63 Zwischen je zwei Gliedern der geometrischen Folge 1; 2; 4; 8; … ist je ein Glied so einzuschieben, dass wieder eine geometrische Zahlenfolge entsteht. Geben Sie den neuen Quotienten und die ersten 8 Glieder an!

BA 64

a) Eine bestimmte Bakterienkultur vergrößert sich in einer Stunde um 2 %. Nach welcher Zeit hat sich die Kultur verdoppelt?
b) Ein anderer Bakterienstamm verdoppelt sich in 10 h. Wie hoch ist der Prozentsatz der stündlichen Vergrößerung?

Bemerkung: Für die Sachverhalte in den Aufgaben ***BA 64*** und ***BA 65*** und ***BA 77*** wird angenommen, dass sie sich mittels geometrischer Folgen hinreichend genau beschreiben lassen.

BA 65 Ein Milzbrandbazillus teilt sich alle 40 min.

a) Wie viele Bazillen können sich in 8 h aus einem einzigen Bazillus entwickeln?
b) Nach wie viel Stunden haben sich 1024 Bazillen entwickelt?

BA 66 Man ermittle die ersten 6 Glieder $a_1, a_2, \dots a_6$ von Zahlenfolgen (a_n), die die folgenden Eigenschaften haben:

1. Es gilt $a_1 = -\frac{5}{2}$ und $a_5 = 3$.
2. $a_1; a_2; a_3; a_4$ sind in dieser Anordnung die ersten Glieder einer arithmetischen Zahlenfolge.
3. $a_4; a_5; a_6$ sind in dieser Anordnung die ersten Glieder einer geometrischen Zahlenfolge.
4. Die Differenz d der arithmetischen Zahlenfolge sei so groß wie der Quotient q der geometrischen Zahlenfolge.

BA 67 Gegeben sei ein gleichseitiges Dreieck mit einer Seitenlänge von 24 cm. Durch Verbinden der Seitenmitten wird ein zweites gleichseitiges Dreieck hergestellt. Diese Konstruktion werde n-mal fortgesetzt. Man bestimme die ersten 5 Glieder der Folge

a) der Seitenlängen,
b) der Umfänge und
c) der Flächeninhalte

dieser Dreiecke.

d) Überprüfen Sie, ob es sich um geometrische Folgen handelt!

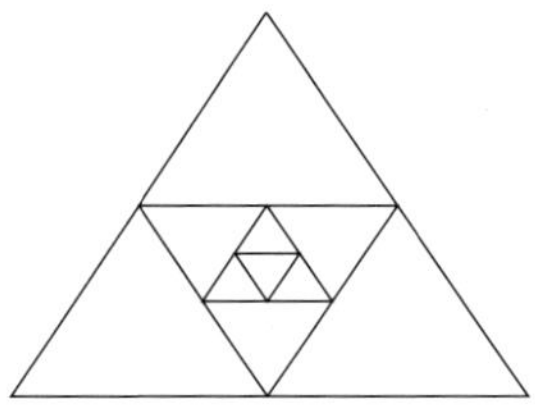

BA 68 In der Abbildung sind Halbkreise aneinander gereiht, bei denen der Radius des Nachfolgehalbkreises jeweils halb so groß wie der des unmittelbaren Vorgängers ist.
Der 1. Halbkreis habe den Radius $r_1 = 2$ cm.

a) Berechne Sie die Längen der Halbkreisbögen b_1 bis b_4!
b) Die Maßzahlen der Längen der Halbkreisbögen bilden eine Zahlenfolge (b_n). Geben Sie eine explizite Zuordnungsvorschrift für (b_n) an!
c) Weisen Sie nach, dass die Folge (b_n) eine geometrische Zahlenfolge ist!
d) Berechnen Sie die Summe der Folgenglieder $\sum_{n=1}^{6} b_n$ und geben Sie eine explizite Zuordnungsvorschrift für die zugehörige Partialsummenfolge s_n an!

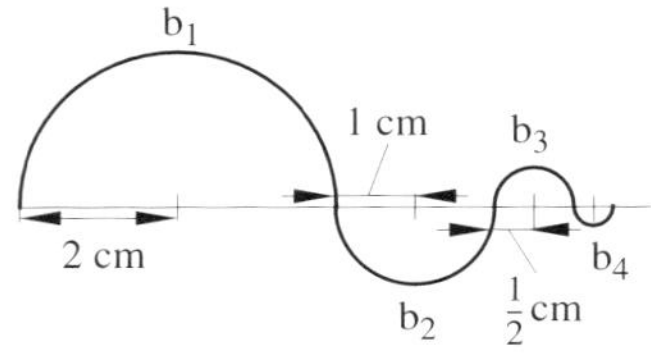

BA 69 Herr Adam zahlt 5000 € auf seinem Sparbuch ein. Auf wie viel Euro hat sich sein Guthaben nach 12 Jahren erhöht, wenn ihm von der Sparkasse 2,5 % Jahreszinsen gewährt werden und er die Zinsen nicht abhebt?

BA 70 Wie viel Euro Zinsen bringt ein Kapital von 10000 € nach 10 Jahren bei einem Zinssatz von 5% pro Jahr?

BA 71 Der Zinsertrag einer Stiftung von 250000 € soll nach jeweils 3 Jahren dem wissenschaftlichen Nachwuchs als Prämie zukommen. Das Kapital wird mit 5,5% pro Jahr verzinst. Wie hoch ist die jeweils zu verteilende Summe?

BA 72 Welches Kapital wächst bei einem festen Zinssatz von 6,5 % pro Jahr in 5 Jahren auf 16441,04 € an?

BA 73 Bei welchem Prozentsatz verdoppelt sich ein Kapital in 10 Jahren?

BA 74 In wie viel Jahren wachsen 25000 € bei einem jährlichen festen Zinssatz von 5,5% auf 38367,16 € an?

BA 75 Ein Schuldner hat in 8 Jahren eine Zahlung von 10000 € (eingeschlossen sind die jährlichen Zinseszinsen von 5%) zu leisten. Um die Zinsen zu sparen, möchte er sich dieser Verpflichtung durch eine sofortige einmalige Zahlung entledigen. Wie groß ist die damit erreichte Einsparung?

BA 76 Durch eine einmalige Zahlung von 7366,96 € soll bei 5% Zinseszins eine Schuld von 12000 € ausgelöst werden. In wie viel Jahren ist demnach die Schuld fällig?

BA 77 Der Holzbestand eines Fichtenwaldes wird auf 120000 m^3 geschätzt. Man rechnet mit etwa 2,5% jährlichem Zuwachs. Wie groß ist der Holzbestand nach 10 Jahren, wenn jährlich etwa 2% des Holzes geschlagen werden?

BA 78 Jemand überweist regelmäßig am Ende jeden Jahres 500 € auf eine Bank, die 4% Zinsen gewährt. Welches Guthaben hat er am Ende des vierten Jahres?

BA 79 Ein Schüler nimmt sich zu Schuljahresbeginn vor, seine tägliche Lernarbeitszeit von 1 Stunde am ersten Tag täglich um 10 % auf höchstens 5 Stunden pro Tag zu steigern. An welchem Tag hat er seine Höchstarbeitszeit erreicht? Um welche Art Folge handelt es sich?

BA 80 Ein Hobbygärtner sammelt jedes Jahr $\frac{1}{8}$ der jeweils vorhandenen Steine von seinen Beeten ab. Wann ist wenigstens die Hälfte der Steine entfernt? Geben Sie die Art der Folge an und bestimmen Sie ihre Daten!

BA 81 Eine Stahlkugel fällt aus einer Höhe von 30 cm auf eine Stahlplatte und springt infolge eines elastischen Stoßes wieder in die Höhe. Dabei geht bei jedem Aufprall und infolge Luftreibung $\frac{1}{3}$ der ursprünglichen Energie verloren, d. h., sie verliert auch jeweils $\frac{1}{3}$ an Höhe.

a) Bestimmen Sie die ersten 5 Glieder der Folge der Höhen!
b) Nach wie vielen Sprüngen erreicht sie nur noch 10 % der ursprünglichen Höhe?

BA 82 Berechnen Sie unter Verwendung der Zinseszinsformel jeweils die fehlende Größe:

a) $K_o = 125000$ €, p % = 7 %, n = 5 Jahre
b) $K_n = 500000$ €, p % = 6 %, n = 25 Jahre
c) $K_o = 200000$ €, $K_n = 300000$ €, n = 15 Jahre
d) $K_o = 1000000$ €, $K_n = 2158925$ €, p % = 8 %

BA 83 Bei folgenden Zinseszinsaufgaben wird jährliche Verzinsung angenommen:

a) Welches Kapital ergibt sich, wenn 4000 € genau 10 Jahre mit 5% verzinst werden?
b) Zu wie viel Prozent Zinsen war ein Kapital von 80000 Euro ausgeliehen, das nach genau 3 Jahren ein Endkapital von 91 293,29 € aufwies?
c) Nach wie viel Jahren hat sich ein Kapital K_0 verdoppelt, für das durchgehend 8,75% gewährt wird?
d) Wie hoch muss ein Kapital sein, damit es bei einer festen Verzinsung von 6% nach genau 10 Jahren die Höhe von 12000 € erreicht hat?

BA 84 Ein Vater eröffnet seinem Sohn zu dessen 1. Geburtstag ein Konto auf einer Bank und zahlt 5 € ein. An jedem weiteren Geburtstag will er das Konto um jeweils den doppelten Betrag der im Vorjahr eingezahlten Summe aufstocken.

a) Welche Gesamtsumme hat der Vater bis zum 10. Geburtstag seines Sohnes eingezahlt? (Zinsen bleiben unberücksichtigt.)
b) Bis zu welchem Geburtstag hat der Vater eine Gesamtsumme von 163835 € eingezahlt?

BA 85 Ein Papierblatt von 0,1 mm Stärke wird einmal gefaltet. Die entstehende Doppellage wird wieder gefaltet usw.

a) Wie stark ist die Lage nach 10 derartigen Faltungen?
b) Wie oft wurde gefaltet, wenn die Lage 104,8576 m stark ist?

BA 86 In einer Nährlösung befinden sich ungefähr 1000 Einzeller einer Art, bei der es im Durchschnitt alle 30 min zu einer Teilung kommt.

a) Geben Sie eine Folge an, die das explosive Wachstum dieser Art beschreibt!
b) Berechnen Sie, wie viele Einzeller nach 24 h entstanden sind!
   Welche Länge ergäbe sich, wenn man diese Einzeller aneinander legt (Länge eines Einzellers betrage $\frac{1}{1000}$ mm)?
c) Nach welcher Zeit sind etwa 10 Millionen Einzeller vorhanden?
d) Welche Faktoren begrenzen das Wachstum?

BA 87 Die Formel für die n-te Partialsumme einer geometrischen Folge $s_n = a_1 \cdot \frac{q^n - 1}{q - 1}$ gilt nicht für q = 1. Diskutieren Sie den Spezialfall q = 1!

BA 88 Eine Bakterienkultur verdoppelt ihren Bestand in 30 h. Um wie viel Prozent wächst der Bestand in einer Stunde?

(*Hinweis*: Es handelt sich um eine geometrische Folge mit $q = 1 + \frac{p}{100}$.)

BA 89 Ein Pendel werde 30 cm nach rechts aus seiner Ruhelage bewegt und dann losgelassen. Der Betrag einer Amplitude (max. Ausschlag) sei 75 % des Betrages der vorhergehenden Amplitude.
Es ist eine explizite Bildungsvorschrift für die durch die Ausschläge bestimmte geometrische Folge anzugeben und es sind die ersten 5 Glieder zu berechnen.

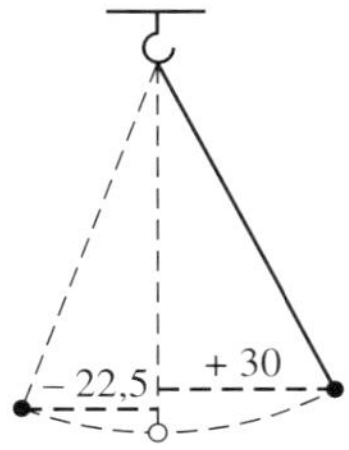

BA 90 Die Flüssigkeit in einem verbundenen Gefäß (U-Rohr) wird um 40 cm aus dem Gleichgewicht gebracht. Die Flüssigkeit führt danach Schwingungen aus, deren Amplituden eine geometrische Folge bilden. Es ist eine explizite Bildungsvorschrift für diese Folge anzugeben und es sind die ersten 5 Ausschläge betragsmäßig unter der Annahme zu bestimmen, dass der Betrag einer Amplitude annähernd $\frac{2}{3}$ so groß wie der des vorhergehenden Ausschlags ist.

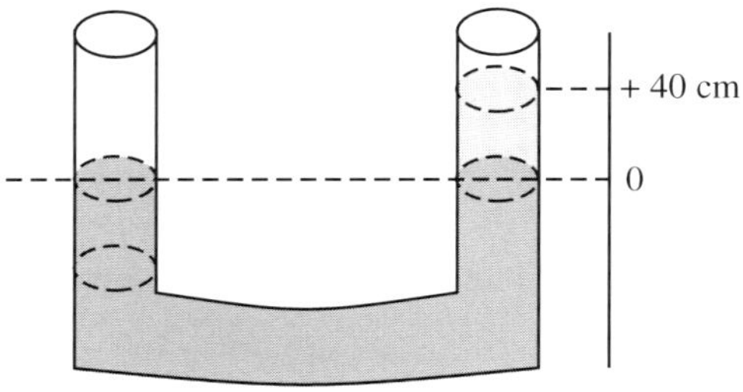

BA 91

a) Ein Bestand (z.B. Geld, Bakterien o.Ä.) wachse in einem bestimmten Zeittakt (z.B. stündlich, täglich, monatlich) um p %. Mit b_n sei der Bestand zu Beginn des n-ten Zeittaktes beschrieben. Es ist zu zeigen, dass (b_n) eine geometrische Folge mit $q = 1 + \frac{p}{100}$ ist.
b) Ein Bestand (z.B. radioaktive Substanz, Medikament o.Ä.) verringere sich in einem bestimmten Zeitabschnitt um p %. Mit b_n sei der Bestand zu Beginn des n-ten Zeitabschnitts beschrieben. Es ist zu zeigen, dass (b_n) eine geometrische Folge mit $q = 1 - \frac{p}{100}$ ist.

BA 92 Addiert man zum 5. Folgenglied das 6. einer geometrischen Folge (a_n), so erhält man $\frac{16}{81}$, subtrahiert man dagegen das 6. vom 5. Folgenglied, so erhält man $\frac{16}{405}$. Wie groß sind q und a_0?

BA 93 Ein Roulette-Spieler setzt immer nur auf „Schwarz" und verdoppelt nach jedem verlorenen Spiel seinen Einsatz. Er beginnt mit 5 € Einsatz.
Zeige, dass er mit seinem ersten Erfolg insgesamt 5 € gewonnen hat, gleichgültig, wie lang die Pechsträhne ist!

BA 94 Das Wasser in einem Aquarium enthält am Anfang 8 *l* Sauerstoff. Von Woche zu Woche reduziert sich der Sauerstoffgehalt auf die Hälfte der vor einer Woche vorhandenen Menge. Um diese Abnahme teilweise auszugleichen, werden am Ende einer jeden Woche 2 *l* Sauerstoff von außen zugeführt.
a) Modellieren Sie den Prozess mit einer rekursiven Folge (x_n)!
b) Bestimmen Sie grafisch den Wert, dem sich die Folge (x_n) annähert!
c) Stellen Sie das explizite Bildungsgesetz auf!

BA 95 Die Erdbevölkerung betrug zur Zeit Christi Geburt ca. 160 Millionen Menschen. Wie groß wäre die Erdbevölkerung im Jahr 2000 gewesen, wenn die Bevölkerung konstant mit 0,5 % jährlich zugenommen hätte?

BA 96 Bei konstanter Umgebungstemperatur (z.B. 20 °C Zimmertemperatur) kühlt eine Tasse Tee ungefähr nach dem Gesetz $\theta(t) = 20 + 70 \cdot 2^{-0{,}061t}$ ab. Dabei ist $\theta(t)$ die nach t Minuten erreichte Temperatur.
a) Berechnen Sie die Temperatur nach 0, 2, 5, 10, 20, 40 und 60 min!
b) Was lässt sich über die Temperatur voraussagen, wenn man sie über einen längeren Zeitraum beobachtet?

BA 97 In einem Fischteich werden Forellen gezüchtet. Man setzt 5000 Fische aus und rechnet damit, dass der Bestand innerhalb eines Jahres um 50 % zunimmt. 35 % des Bestandes werden am Jahresende gefangen.

a) Wie viele Fische sind nach 2, 5, 10 Jahren im Teich?
b) Wie entwickelt sich die Population?

BA 98 Auf Meereshöhe besteht ein durchschnittlicher Luftdruck von 1 013 hPa, der mit zunehmender Höhe abnimmt, wobei sich bei jeweils gleichen Höhendifferenzen eine geometrische Folge ergibt. Pro 100 m nimmt der Druck um ca. 1,4 % ab.

a) Geben Sie das Bildungsgesetz an und berechnen Sie den Luftdruck in 1, 3, 5, 8, 10 und 12 km Höhe!
b) Auf einem Berg wird ein Luftdruck von 700 hPa gemessen. Wie hoch ist dieser Berg etwa?

BA 99 Bei der berühmten Schachbrettaufgabe (s. Lehrbuch S. 49 und 51) liegen am Ende insgesamt 18 446 744 073 709 551 615 Reiskörner auf dem Schachbrett.

a) Warum ist die Anzahl der Körner ungerade?
b) Überprüfen Sie mit einem CAS die genannte Anzahl!
c) Wie viele Körner liegen auf dem 26. Feld (auf den Feldern 1 bis 25)?

BA 100 Ein Bogen Papier der Größe DIN A0 hat einen Flächeninhalt von 1 m^2, seine Seiten sind $a_0 = 1{,}189\,m$ und $b_0 = \frac{a_0}{\sqrt{2}}$ lang. Durch fortgesetztes Falten erhält man die Formate DIN A1, DIN A2 usw.

a) Berechnen Sie Seitenlängen und Flächeninhalte einer DIN-A4-Heftseite!
b) Geben Sie die Folge der Flächeninhalte bis DIN A7 an!
c) Angenommen, ein Blatt Papier ist 0,25 mm dick. Welche Dicke ergibt sich, wenn man das Blatt 10-mal faltet? Wie oft müsste man (theoretisch) falten, damit der Stapel bis zum Mond (384 000 km) reicht?

BA 101 Eine Partialsummenfolge sei gegeben mit $(s_n) = -4; -4; 0; 8; 20; \ldots$.

a) Zeigen Sie: Die Folge (s_n) gehört zu einer arithmetischen Zahlenfolge (a_n).
b) Bestimmen Sie s_8, s_{15} und s_n!

BA 102 Bei der Umwandlung einer Dualzahl in eine Dezimalzahl geht man wie folgt vor: $[10\ 10\ 1]_2$ entspricht der Dezimalzahl 21, denn es gilt $1 \cdot 2^4 + 0 \cdot 2^3 + 1 \cdot 2^2 + 0 \cdot 2^1 + 1 \cdot 2^0$. Man wandle folgende Dualzahlen in Dezimalzahlen um:

a) $[1\ 1\ 1\ 1\ 1\ 1\ 1\ 1\ 1\ 1]_2$ b) $[1\ 1\ 1\ 1\ 1\ 1\ 1\ 0\ 0\ 0\ 0]_2$ c) $[1\ 1\ 1\ 1\ 1\ 1\ 1\ 1\ 1\ 0\ 0\ 0\ 0\ 0\ 0\ 0]_2$

Lösen Sie diese Aufgaben verkürzt unter Nutzung Ihrer Kenntnis über Partialsummen!

BA 103 Wie viele Glockenschläge macht eine Turmuhr in 24 h,

a) wenn sie nur bei vollen Stunden schlägt,
b) wenn sie zusätzlich auch die Viertelstunden mit je 1, 2, 3 bzw. 4 Schlägen anzeigt?

BA 104 Aus dem Papyrus *Rhind* des *Achmes* (um 1700 v. Chr.):
10 Maß Getreide sollen unter 10 Personen so aufgeteilt werden, dass jede folgende Person $\frac{1}{8}$ Maß weniger erhält als die vorhergehende. Wie viel Maß Getreide werden an die einzelnen Personen verteilt?

BA 105 Spiritus ist ein Gemisch aus Ethylalkohol und Wasser.
Ein Gefäß von 50 *l* Inhalt sei mit 80-prozentigem Spiritus gefüllt. Wie viel Liter an reinem Ethylalkohol sind noch in dem Gefäß, nachdem man 20mal 1 *l* der vorhandenen Flüssigkeit ausgeschöpft und dafür jedesmal 1 *l* Wasser hineingegossen hat? (Von den durch die chemischen Vorgänge bedingten Volumenänderungen soll abgesehen werden.)

B 2 Konvergenz von Zahlenfolgen

B 2.1 Grenzwert einer Zahlenfolge

BA 106 Zeigen Sie, dass eine Zahlenfolge höchstens *einen* Grenzwert haben kann!

BA 107 Es ist zu untersuchen, welche und wie viele Glieder der Folge (a_n) mit $a_n = -\frac{n+1}{n}$ von $g = -1$ einen Abstand haben, der

a) kleiner als $\frac{1}{10}$, b) kleiner als $\frac{1}{100}$, c) kleiner als $\frac{1}{1000}$ ist.

BA 108 Gegeben ist die Zahlenfolge $(a_n) = (2 + \frac{1}{n})$.

a) Berechnen Sie die Folgenglieder a_1 bis a_{10} und veranschaulichen Sie diese in einem Koordinatensystem!

b) Welcher Zahl nähern sich die Folgenglieder a_n, wenn man n weiter vergrößert?

c) Tragen Sie in das Koordinatensystem die ε-Umgebung dieser Zahl für $\varepsilon = \frac{1}{4}$ $(\varepsilon = \frac{1}{10})$ ein und bestimmen Sie die Anzahl der Folgenglieder außerhalb dieser ε-Umgebung!

d) Wie viele Folgenglieder liegen außerhalb der ε-Umgebung dieser Zahl für $\varepsilon = \frac{1}{10000}$?

e) Ab welchem n liegen die Folgenglieder in der $\frac{1}{10^6}$-Umgebung dieser Zahl?

f) Zeigen Sie: Die Zahl 2 ist Grenzwert der Zahlenfolge (a_n), d. h., es gilt: $\lim\limits_{n \to \infty} (2 + \frac{1}{n}) = 2$.

BA 109 Untersuchen Sie nachstehende Zahlenfolgen wie in Aufgabe ***BA 108***:

a) $(a_n) = (\frac{2n-1}{2n})$ b) $(b_n) = ((-1)^n \cdot \frac{2}{n})$ c) $(c_n) = (\frac{4n-3}{3n})$ d) $(d_n) = (\frac{4-n}{2n})$

BA 110 Untersuchen Sie mithilfe von Definition B 8, ob die angegebene Zahl g_i Grenzwert der zugehörigen Zahlenfolge ist!

a) $(a_n)_1 = (\frac{5n+3}{2n})$; $g_1 = 2{,}5$, b) $(a_n)_2 = (\frac{7}{3} - \frac{4}{3n})$; $g_2 = \frac{7}{3}$,

c) $(a_n)_3 = (\frac{4-3n}{5n})$; $g_3 = \frac{3}{5}$, d) $(a_n)_4 = (\frac{10+n}{n^2})$; $g_4 = 0$,

e) $(a_n)_5 = (\frac{9n+7}{8n})$; $g_5 = 1$, f) $(a_n)_6 = (\frac{n}{10^7})$; $g_6 = 1$?

g) Geben Sie in den Fällen, in denen die angegebene Zahl g nicht Grenzwert der Folge (a_n) ist, eine eigene Vermutung für den Grenzwert an und beweisen Sie deren Richtigkeit!

B 2.2 Grenzwertsätze für Zahlenfolgen

BA 111 Ermitteln Sie unter Nutzung der Grenzwertsätze den Grenzwert der nachstehenden Zahlenfolgen:

a) $\lim\limits_{n \to \infty} \frac{2n+3}{n}$ b) $\lim\limits_{n \to \infty} \frac{8}{4n}$ c) $\lim\limits_{n \to \infty} \frac{2-3n}{n}$

d) $\lim\limits_{n \to \infty} \frac{6n-1}{3n+3}$ e) $\lim\limits_{n \to \infty} \frac{n^2+n+1}{n^2}$ f) $\lim\limits_{n \to \infty} \frac{5n^2+3n+1}{4n^2}$

g) $\lim\limits_{n \to \infty} \frac{4n^2-3n-2}{2n^2}$ h) $\lim\limits_{n \to \infty} \frac{(2n-3)^2}{(n+2)^2}$ i) $\lim\limits_{n \to \infty} \frac{(n+3)(n-1)}{3n^2}$

j) $\lim\limits_{n \to \infty} \frac{7n^3+3n^2-5}{2n^4+4n^2-2}$ k) $\lim\limits_{n \to \infty} \frac{n^2-n}{n^2+n}$ l) $\lim\limits_{n \to \infty} \frac{8-n^3+3n^5}{5+3n^2-4n^5}$

m) $\lim\limits_{n \to \infty} \frac{7}{3n^2+4}$ n) $\lim\limits_{n \to \infty} \frac{(3n+1)^2-(n-1)^2}{(3n-1)^2+(n+1)^2}$ o) $\lim\limits_{n \to \infty} \left(\frac{\sqrt{2} \cdot 10^n - 1}{10^n}\right)^2$

p) $\lim\limits_{n \to \infty} \dfrac{n!}{(n+1)! - n!}$ q) $\lim\limits_{n \to \infty} \dfrac{1+2+3+\ldots+n}{n^2}$ r) $\lim\limits_{n \to \infty} \dfrac{4n - 5\cos(\pi \cdot n)}{5n}$

BA 112 Untersuchen Sie unter Verwendung der Grenzwertsätze nachstehende Zahlenfolgen auf Konvergenz:

a) $\left(\dfrac{n^2 - 3n + 1}{2 + n - n^2}\right)$ b) $\left(\dfrac{3n+4}{n-1}\right)$ c) $\left(\dfrac{1}{2^n}\right)$

d) $\left(\dfrac{n^2 - 1}{n+1}\right)$ e) $\left(\dfrac{(n^2+3)^2}{(2-2n)^2}\right)$ f) $\left(\dfrac{(n-3)\cdot(n^2+1)}{(n+2)\cdot(n-4)}\right)$

g) $\left(\dfrac{8n^5 - 3n^3 + n}{2n^5 + n^4 - 3n}\right)$ h) $\left(\dfrac{n^2\cdot(2-n)}{n^3\cdot(n-1)}\right)$ i) $\left(\dfrac{3n}{3^n}\right)$

j) $\left(\dfrac{1+2+3+\ \ldots\ +n}{n^2}\right)$ k) $\left(\dfrac{1+4+9+\ldots+n^2}{n^3}\right)$

BA 113 Finden Sie heraus, welche der folgenden Folgen konvergent sind! Geben Sie ggf. den Grenzwert an! **GTA**

a) $a_n = \dfrac{1}{10^{n-1}} + 3$ b) $a_n = \dfrac{16}{2^{n+1}}$ c) $a_n = -3n^2 + 12n - 18$

d) $a_n = \dfrac{n\sqrt[n]{n} - 4}{n\sqrt[n]{n} + 3}$ e) $a_n = n \cdot \sin n$ f) $a_n = \dfrac{1 + \dfrac{1}{n^2}}{5 - \dfrac{1}{n}}$

g) $a_1 = \sqrt{2}$; $a_n = \sqrt{2a_{n-1} + 1}$ h) $a_1 = 1$; $a_n = 0{,}5(a_{n-1} + \dfrac{2}{a_{n-1}})$

BA 114 Ermitteln Sie jeweils, wie viele Folgenglieder außerhalb der ε-Umgebung des Grenzwertes der nachstehenden Zahlenfolge liegen:

a) $(a_n) = (\dfrac{2n^2+3}{n^2-1})$; $\varepsilon = \dfrac{1}{1000}$ b) $(b_n) = (\dfrac{5}{3n^2})$; $\varepsilon = 10^{-6}$

c) $(c_n) = (\dfrac{n-1}{n+1})$; $\varepsilon = 1$ d) $(d_n) = (\dfrac{2n+1}{3n+2})$; $\varepsilon = \dfrac{2}{300}$

BA 115 Welches Folgenglied ist das erste innerhalb der ε-Umgebung des Grenzwertes der nachstehenden Zahlenfolge?

a) $(a_n) = (\dfrac{5n-3}{2n})$; $\varepsilon = 10^{-4}$ b) $(b_n) = (\dfrac{2-3n}{n-1})$; $\varepsilon = \dfrac{2}{100}$

c) $(c_n) = (\dfrac{7}{n^3})$; $\varepsilon = \dfrac{2}{300}$ d) $(d_n) = (\dfrac{3n^2-4n}{2-4n^2})$; $\varepsilon = 3{,}2\cdot 10^{-4}$

BA 116 Ermitteln Sie die ersten acht Glieder nachstehender Folgen und bestimmen Sie eine ε-Umgebung derart, dass diese ersten acht Glieder als einzige außerhalb dieser Umgebung liegen:

a) $(a_n) = (\dfrac{3}{n^2})$; $(n > 0)$ b) $(b_n) = (\dfrac{n+1}{n-1})$; $(n > 1)$ c) $(c_n) = (\dfrac{n-1}{2n-3})$; $(n > 1)$

BA 117 Beweisen Sie aus Satz B 7 die Aussage: Wenn $\lim\limits_{n \to \infty} a_n = g_1$ und $\lim\limits_{n \to \infty} b_n = g_2$, dann gilt $\lim\limits_{n \to \infty} (a_n \cdot b_n) = g_1 \cdot g_2$.

BA 118 Bestimmen Sie zunächst jeweils die Grenzwerte der nachstehenden Folgen (a_n) und (b_n), der Differenzfolge $(a_n - b_n)$, der Produktfolge $(a_n \cdot b_n)$ und der Quotientenfolge $(\dfrac{a_n}{b_n})$, sofern dies möglich ist:

a) $(a_n) = (2 - \dfrac{3}{n})$; $(b_n) = (1 - \dfrac{3}{n})$ b) $(a_n) = (3 + \dfrac{1}{n})$; $(b_n) = (2 - \dfrac{1}{n})$

c) $(a_n) = (3)$; $(b_n) = (4 + \dfrac{2}{n})$ d) $(a_n) = (1 - \dfrac{(-1)^n}{n})$; $(b_n) = (\dfrac{1}{n})$

BA 119 In einem Halbkreis mit dem Radius r werden in einem ersten Schritt über dem Durchmesser zwei Halbkreise mit dem Radius $\frac{r}{2}$ gezeichnet. In diese zeichnet man erneut jeweils zwei Halbkreise ein usw.

a) Wie groß ist die Summe der Längen aller Halbkreisbögen nach dem n-ten Schritt?
b) Besitzt diese Summe für $n \to \infty$ einen Grenzwert, wenn man sich das geschilderte Vorgehen beliebig oft fortgesetzt denkt?

BA 120 Die Streckenzüge in den Abbildungen 1 und 2 nähern sich, wenn man ihre Bildung weiter verfolgt, einem Grenzpunkt X.
Wie weit liegt X horizontal und vertikal betrachtet vom Anfangspunkt A entfernt? Wie kann man X zeichnerisch bestimmen?

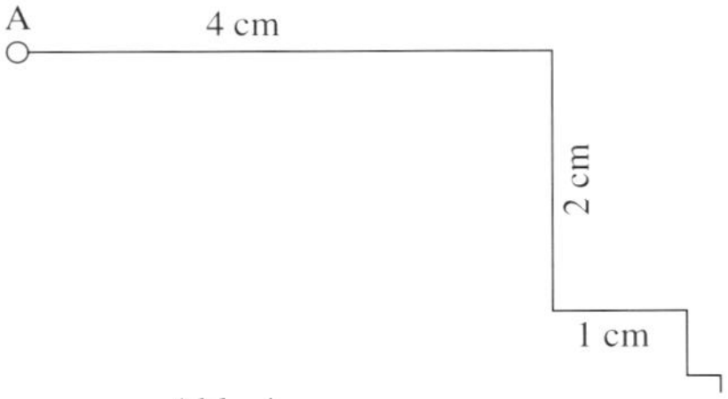

Abb. 1

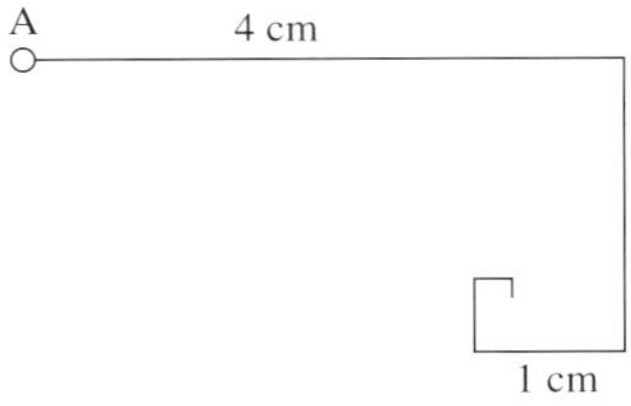

Abb. 2

GTA **BA 121** Ein Patient nimmt täglich 12 mg eines Medikaments ein. Im Laufe des Tages baut der Körper 40 % des Wirkstoffes ab und scheidet es aus. Man kann in einer Zahlenfolge die Konzentration des Wirkstoffes unmittelbar nach der Einnahme am 1., 2., 3., … Tag im Körper des Patienten berechnen.
a) Erstellen Sie eine Tabelle für die ersten 20 Tage!
b) Geben Sie die so entstandene Zahlenfolge durch eine rekursive Darstellung an!
c) Zeichnen Sie den Graphen dieser Folge!
d) Ist die Folge konvergent? Wenn ja, geben Sie den Grenzwert an!

BA 122 Beim Brand des Kernreaktors in Tschernobyl im April 1986 wurde unter anderem radioaktives Jod-131 in die Luft geschleudert und vom Wind in geringen Mengen über ganz Europa verstreut. Auf einem Areal in Deutschland seien 2000 mg niedergegangen! Wegen seiner Radioaktivität zerfällt Jod-131 von einem auf den anderen Tag auf 95,5 % seiner Vortagsmenge!
a) Erstellen Sie eine Tabelle für die Jod-131-Menge für die ersten 15 Tage!
b) Geben Sie eine rekursive und eine explizite Termdarstellung an!
c) Zeichnen Sie den Graphen für die ersten 20 Tage!
d) Bestimmen Sie die Halbwertzeit von Jod-131!

BA 123 Auf einem Feld werden zur Unkrautvernichtung wöchentlich 30 kg eines Herbizides gesprüht. Innerhalb einer Woche baut sich ca. 30% davon ab. Beschreiben Sie den Bestand des Mittels unmittelbar nach dem Ausbringen als Zahlenfolge!
a) Geben Sie die Folge in Form einer rekursiven Darstellung an!
b) Wie viel Kilogramm des Unkrautvernichters sind nach 8 Wochen auf dem Feld?
c) Wie lange muss danach der Acker geschont werden, damit die Konzentration vor der Ernte auf 1 kg zurückgeht?
d) Welche Konzentration würde sich ergeben, wenn man über eine unbegrenzte Zeit das Mittel in der angegebenen Menge ausbringen würde?

B 3 Reihen

BA 124 Gegeben sei die geometrische Zahlenfolge $(a_n) = 3; \frac{6}{5}; \frac{12}{25}; \frac{24}{125}; \frac{48}{625}; \ldots$

Ermitteln Sie die Summe der Reihe $\sum_{k=1}^{\infty} 3(\frac{2}{5})^{k-1}$!

BA 125 Ermitteln Sie für die in Aufgabe ***BA 35*** gegebenen Zahlenfolgen $(a_n)_i$ das allgemeine Glied der dazugehörigen Partialsummenfolge $(s_n)_i$!

BA 126 Eine Zahlenfolge (a_n) sei gegeben durch $(a_n) = \left(\frac{12}{(n+3)(n+4)}\right)$ $(n \geq 1)$.
Ermitteln Sie durch Berechnung von Folgengliedern und Partialsummen eine Vermutung bez. der n-ten Partialsumme s_n und beweisen Sie diese durch vollständige Induktion!
Bestimmen Sie $\lim\limits_{n \to \infty} s_n$!

BA 127 Gegeben ist die Partialsummenfolge (s_n) einer Zahlenfolge (a_n) durch $s_n = \frac{n}{2n+2}$ $(n \geq 1)$.

a) Bestimmen Sie s_1 bis s_3!
b) Veranschaulichen Sie die Folge (s_n) grafisch und untersuchen Sie ihr Monotonieverhalten!
c) Ermitteln Sie den Grenzwert g der Folge (s_n)!
d) Für welche natürlichen Zahlen n liegen die Glieder der Folge (s_n) in $U_{0,001}(g)$?
e) Berechnen Sie a_1 bis a_3 und ermitteln Sie eine explizite Bildungsvorschrift für (a_n)!
f) Beweisen Sie durch vollständige Induktion, dass (s_n) die Partialsummenfolge zu der Zahlenfolge (a_n) ist!

BA 128 Die folgenden unendlichen periodischen Dezimalbrüche sind

- als geometrische Reihe zu schreiben,
- in eine rationale Zahl der Form $\frac{p}{q}$ $(q \neq 0;\ p, q \in \mathbb{Z};\ p, q$ teilerfremd) zu verwandeln:

a) $0,\overline{42}$ b) $0,2\overline{6}$ c) $12,0\overline{102}$
d) 0,161616... e) 0,125125... f) 0,0110010010...

BA 129 Berechnen Sie die Summen der folgenden Reihen:

a) $-1 + \frac{1}{2} - \frac{1}{4} + \frac{1}{8} -+ \ldots$ b) $1 + \frac{1}{3} + \frac{1}{9} + \frac{1}{27} + \ldots$
c) $-1 + \frac{1}{3} - \frac{1}{9} + \frac{1}{27} -+ \ldots$ d) $5 + \frac{5}{4} + \frac{5}{16} + \frac{5}{64} + \ldots$
e) $-\frac{1}{3} + \frac{1}{15} - \frac{1}{75} + \frac{1}{375} - \frac{1}{1875} + \ldots$ f) $\frac{c}{3} - \frac{c \cdot b}{15} + \frac{cb^2}{75} - \ldots$ $(|b| < 1)$

BA 130 Eine Stahlkugel fällt (senkrecht) aus 1 m Höhe, springt beim ersten Mal 80 cm hoch, beim zweiten Mal 64 cm, beim dritten Mal 51,2 cm, beim vierten Mal 40,96 cm usw. Welchen Weg legt sie (theoretisch) bis zur Ruhe zurück?

BA 131 Eine Strecke $|\overline{AB}| = b$ wird so auf der x-Achse abgetragen, dass der Punkt A auf dem Nullpunkt liegt. Nun wird $|\overline{AB}|$ um die Hälfte verlängert, die Verlängerung $|\overline{BC}|$ wird wieder um die Hälfte verlängert usw. Über allen so erhaltenen Strecken werden abwechselnd jeweils nach unterschiedlichen Seiten Halbkreise gezeichnet.

a) Welche Länge hat der n-te Halbkreis?
b) Welche Gesamtlänge haben die n ersten Halbkreise?
c) Welche Länge hat die gesamte Schlangenlinie?
d) Welchem Punkt nähert sich die Schlangenlinie?

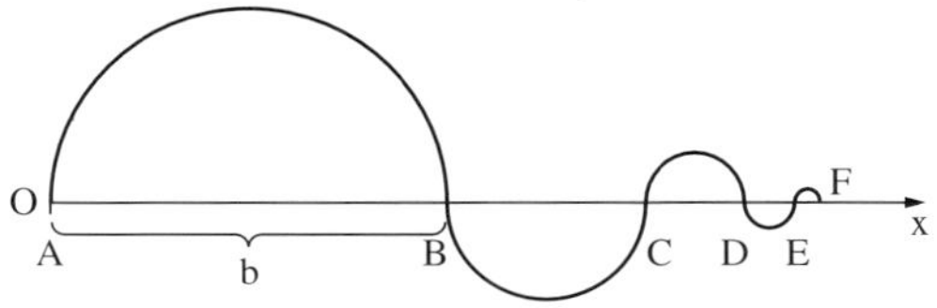

BA 132 Einem Quadrat mit der Seitenlänge a ist ein Kreis, diesem wieder ein Quadrat usw. einbeschrieben. Ermitteln Sie die Grenzwerte der entstehenden Partialsummenfolgen für

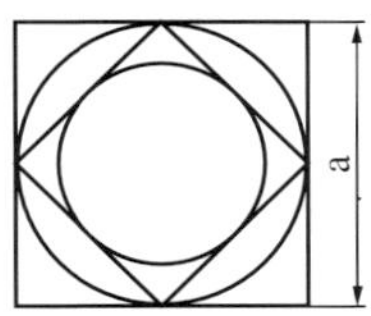

a) die Umfänge der Quadrate, b) die Kreisumfänge,
c) die Quadratflächeninhalte und d) die Kreisflächeninhalte!

BA 133 Einem Quadrat mit der Seitenlänge a sei ein zweites einbeschrieben, dessen Eckpunkte auf den Mitten der Seiten des ersten Quadrates liegen. In der gleichen Weise sei dem zweiten Quadrat ein drittes, dem dritten ein viertes usw. einbeschrieben.
Man berechne die Summe der Flächeninhalte und die Summe der Umfänge aller Quadrate.

GTA **BA 134** Auf dem trapezförmigen Teil eines Daches befinden sich 20 Reihen Dachziegel. Die oberste Reihe enthält 25 Ziegel, jede weitere Reihe hat 4 Ziegel mehr. Wie viele Dachziegel sind in der 20. Reihe? Wie viele Dachziegel befinden sich auf dem Dach?

BA 135 An einem Schenkel eines Winkels von 45° ist in einer Entfernung a vom Scheitel ein Punkt eingezeichnet. Von diesem Punkt aus ist ein Lot auf den anderen Schenkel des Winkels gefällt und von dem Fußpunkt des Lotes wird ein neues Lot auf den ersten Schenkel gefällt usw. Ermitteln Sie den Grenzwert der Partialsummenfolge für die Längen dieser Lote!

BA 136 Der griechische Philosoph ZENON VON ELEA (ca. 495 bis ca. 430 v. Chr.) hielt von der Mathematik nicht viel und bekämpfte deshalb die Schule der Pythagoreer, wo er konnte. Er war Sophist[1)] und suchte seinen Anhängern die Unzulänglichkeit mathematischer Untersuchungen durch folgende Überlegung zu beweisen: ACHILLES, der sagenhafte beste Läufer des Altertums, läuft 12-mal so schnell wie die Schildkröte, kann sie aber nicht einholen, wenn sie zu Beginn des Wettlaufs vor ihm einen Vorsprung von 1 Stadion (1 Stadion = 192,27 m) hat. Hat ACHILLES nämlich diesen Vorsprung zurückgelegt, so ist ihm die Schildkröte bereits wieder um $\frac{1}{12}$ Stadion voraus. Durchläuft ACHILLES diesen Vorsprung, so ist die Schildkröte ihm $\frac{1}{144}$ Stadion voraus usw. Er kann sie also niemals einholen. Beurteilen Sie diesen Schluss!

BA 137 Auf einem der beiden Schenkel eines spitzen Winkels α ist vom Scheitel aus die Strecke m abgetragen. Vom Endpunkt dieser Strecke wird das Lot l_1 auf den anderen Schenkel gefällt. Vom Fußpunkt des Lotes l_1, dem Punkt F_1, wird das Lot l_2 wieder auf m gefällt. Vom Fußpunkt des Lotes l_2, dem Punkt F_2, wird dann das Lot l_3 auf den gegenüberliegenden Schenkel gefällt usw.

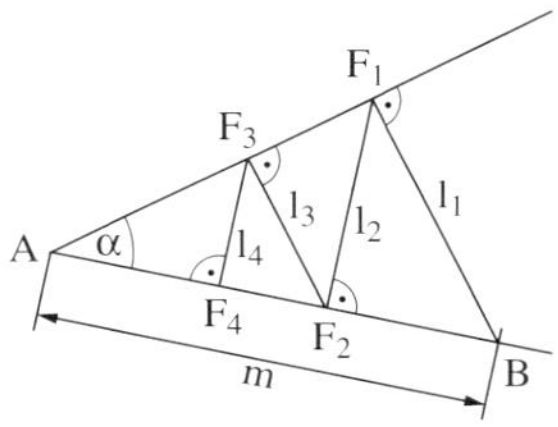

a) Wie heißt das Bildungsgesetz der Zahlenfolge, die durch die Längen der Lote gebildet wird?
b) Berechnen Sie die Summen der Längen aller auf diese Weise gebildeten Lote, ausgedrückt durch α und m!

BA 138 In einem rechtwinkligen Dreieck ABC mit den Katheten der Länge a bzw. b wird vom Scheitelpunkt C des rechten Winkels das Lot l_1 auf die Hypotenuse gefällt. Vom Fußpunkt D des Lotes fällt man dann das Lot l_2 auf die Kathete b, von dessen Fußpunkt E das Lot l_3 wieder auf die Seite c, vom Fußpunkt F dieses Lotes das Lot l_4 auf die Seite b. Dieses Verfahren denke man sich unbegrenzt fortgesetzt. Wie groß ist die Summe aller Lote? Die Summe ist durch die gegebenen Kathetenlängen a und b anzugeben.

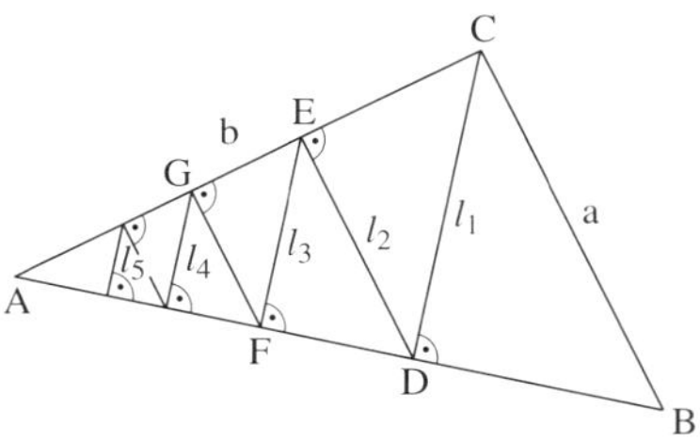

BA 139 Zeigen Sie durch vollständige Induktion, dass die folgenden Reihen die angegebenen Partialsummen s_n haben! Untersuchen Sie die Reihen auf Konvergenz und ermitteln Sie die Summe!

1) Eine philosophische Richtung, deren Vertreter als Lehrer der Weisheit, der Redekunst und der Kunst des Beweisens auftraten. Sie entartete zum Teil zu einer „Diskussionskunst", auch unter Verdrehung der Tatsachen und Missbrauch der Begriffe Recht zu behalten.

a) $\sum_{k=1}^{\infty} \frac{1}{4k^2 - 1}$ mit $s_n = \frac{n}{2n+1}$ b) $\sum_{k=1}^{\infty} \frac{1}{(k+1)(k+2)}$ mit $s_n = \frac{1}{2} - \frac{1}{n+2}$

BA 140

a) Die Summe einer fallenden unendlichen geometrischen Zahlenfolge sei 10. Die Summe ihrer ersten vier Glieder beträgt $\frac{75}{8}$. Wie heißt das erste Glied dieser Folge?
b) Die Summe einer anderen fallenden unendlichen geometrischen Zahlenfolge sei 6. Die Summe ihrer ersten vier Glieder ist $\frac{45}{8}$. Wie heißt das erste Glied dieser Folge?
c) Die Summe einer fallenden unendlichen geometrischen Zahlenfolge sei 6. Die Summe der ersten 5 Glieder sei $\frac{93}{16}$.
(1) Ermitteln Sie a_1 und q dieser geometrischen Zahlenfolge!
(2) Wie heißt das Bildungsgesetz dieser geometrischen Zahlenfolge? Ermitteln Sie die ersten 5 Glieder!
(3) Wie lauten die ersten 5 Glieder der dazugehörigen Partialsummenfolge?
(4) Wie heißt das Bildungsgesetz der Partialsummenfolge?

BA 141 Von einer geometrischen Zahlenfolge, die auch Nullfolge ist, kennt man $a_2 = \frac{2}{3}$ und die Summe $s = 3$.
a) Ermitteln Sie alle geometrischen Zahlenfolgen, die diesen Bedingungen genügen!
b) Geben Sie die Bildungsgesetze und die ersten 5 Glieder dieser Zahlenfolge an!
c) Ermitteln Sie die Bildungsgesetze und die ersten 5 Glieder der jeweils dazugehörigen Partialsummenfolgen!

BA 142 Ein Kind will aus Holzbausteinen einen „schiefen" Turm bauen, wobei mit jedem Klötzchen möglichst viel an „Breite" erreicht werden soll.
a) Wie viele Holzklötze kann das Kind stapeln, ohne dass der Turm kippt, und wie „breit" wird er?
b) Wie viele Holzklötze von 8 cm Länge und 4 cm Höhe braucht es, um einen 20 cm breiten Turm zu errichten, und wie hoch wird dieser Turm?
c) Gibt es eine Anzahl von Holzklötzen, von der an die Höhe des Turms größer ist als seine Breite?

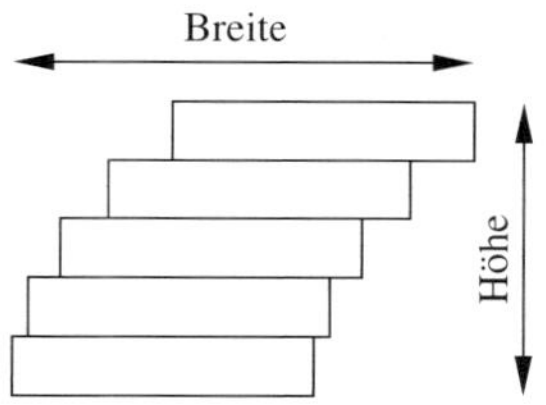

BA 143 Der Elektromotor eines Gartenhäckslers wird ausgeschaltet, die Messer drehen sich immer langsamer. In der ersten Sekunde nach dem Abschalten dreht sich das Messer n_0-mal und mit jeder weiteren Sekunde verliert es p % an Geschwindigkeit.
a) Zeigen Sie: Die Messer können sich nach dem Abschalten höchstens $100 \cdot \frac{n_0}{p}$ -mal drehen.
b) Berechnen Sie die maximale Anzahl der Umdrehungen für folgendes konkrete Beispiel: $n_0 = 120$ Umdrehungen pro Sekunde, Abnahme der Umdrehungen $p = 5$ %.

BA 144 Bei einem Glücksspiel setzt ein Spieler zunächst 10000 Euro, dann bei Verlust jeweils 75% seines letzten Einsatzes. Wie viel hat er bei einem Spiel „beliebiger Länge" eingesetzt, wenn er ständig verliert?

BA 145 Gegeben sei ein Quadrat der Kantenlänge a_0, an dieses Quadrat wird nun auf jeder Seite ein Quadrat der Kantenlänge $a_1 = 0{,}5a_0$ gelegt, an diese wiederum Quadrate mit $a_2 = 0{,}5\,a_1$ usw. Berechnen Sie den Flächeninhalt der entstehenden Figur!

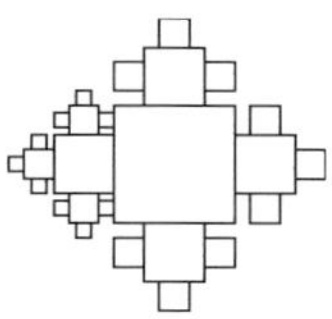

C Weitere Eigenschaften von Funktionen

C 1 Monotonie und Beschränktheit von Funktionen

CA 1 Untersuchen Sie das Monotonieverhalten folgender Funktionen:

a) $f_1(x) = 0{,}5x^3 - 4{,}5x$ b) $f_2(x) = (x+2)^2 - 2$ c) $f_3(x) = 1 - x^2$

d) $f_4(x) = \sqrt{4 - x^2}$ e) $f_5(x) = \sqrt[3]{x^2 - 3}$

CA 2 Untersuchen Sie folgende Funktionen auf die Existenz von unteren und oberen Schranken:

a) $f_1(x) = \sqrt{10x - x^2}$ b) $f_2(x) = -\sqrt{10x - x^2}$ c) $f_3(x) = \sqrt{3 + \frac{1}{2}x + \frac{1}{2}x^2}$

d) $f_4(x) = \sqrt{\frac{x}{1 + x^2}}$ e) $f_5(x) = x^{2-\sqrt{3}}$ f) $f_6(x) = \begin{cases} x + 3 & \text{für } x \geq -3 \\ x - 3 & \text{für } x < -3 \end{cases}$

CA 3 Untersuchen Sie folgende Funktionen hinsichtlich ihres Monotonieverhaltens:

a) $f_1(x) = x + \sin x$ b) $f_2(x) = x - 2\sin x$

(*Hinweis:* Skizzieren Sie zuerst den Graphen von f_i mittels Ordinatenaddition!)

CA 4 Zeichnen Sie die Graphen der folgenden Funktionen im Intervall [–2; 2] in ein und dasselbe Koordinatensystem und machen Sie Aussagen zu Definitions- und Wertebereich, Nullstellen, Symmetrie- und Monotonieverhalten:

a) $f_1(x) = x^{-1}$ b) $f_2(x) = x^{-2}$ c) $f_3(x) = x^{-3}$ d) $f_4(x) = x^{-4}$

CA 5 Gegeben sind zwei Funktionen f(x) und h(x). Durch Verknüpfen entstehen die Funktionen $s(x) = f(x) + h(x)$ und $p(x) = f(x) \cdot h(x)$.

Was lässt sich über die Monotonie der Funktionen s(x) und p(x) aussagen, wenn

a) f(x) und h(x) streng monoton wachsend sind; b) f(x) und h(x) streng monoton fallend sind;

c) f(x) streng monoton wachsend und h(x) streng monoton fallend ist?

CA 6 Welche der folgenden Funktionen ($x \in \mathbb{R}$) sind Potenzfunktionen?
Geben Sie für jede Funktion den Wertebereich an!

a) $f_1(x) = x^4$ b) $f_2(x) = x$ c) $f_3(x) = |x|$ d) $f_4(x) = x^{-3}$; $x \neq 0$

e) $f_5(x) = x^{\frac{1}{3}}$; $x \geq 0$ f) $f_6(x) = 3 \cdot x^2$ g) $f_7(x) = x^{-\frac{1}{2}}$; $x > 0$ h) $f_8(x) = a^x$; $a > 0$

Machen Sie Aussagen zum Monotonieverhalten dieser Funktionen!

CA 7 Untersuchen Sie die Monotonieeigenschaften folgender Funktionen f_i:

a) $f_1(x) = -x^3$ b) $f_2(x) = x^6$ c) $f_3(x) = (-x)^2$ d) $f_4(x) = -x^4$

CA 8 Entscheiden Sie, ob die folgenden Funktionen f_i nach oben bzw. nach unten beschränkt sind! Geben Sie, falls möglich, obere bzw. untere Schranken an!

a) $f_1(x) = \frac{2x^2 - 3x + 6}{2}$ b) $f_2(x) = \frac{1}{(x+2)^2}$ c) $f_3(x) = \frac{4}{x^2 + 2}$ d) $f_4(x) = \frac{x^2 - 2}{x^2 + 2}$

CA 9 Geben Sie für die folgenden Funktionen maximale Bereiche an, in denen sich das Monotonieverhalten nicht ändert:

a) $f(x) = x^2 + x$ b) $f(x) = -2x - 4$ c) $f(x) = x^3 + 5$

d) $f(x) = \sin x$ e) $f(x) = |2x|$ f) $f(x) = 2^x$

CA 10 Bilden Sie die Umkehrung zum Satz C 1 (vgl. Lehrbuch S. 68) und äußern Sie sich zu deren Wahrheitswert!

C 2 Grenzwert von Funktionen; Grenzwertsätze

CA 11 Gegeben sei die Funktion f mit $f(x) = \frac{x^2 - 1}{x + 1}$; $x \neq -1$. Untersuchen Sie, ob die Funktion an der Stelle $x_0 = -1$ einen Grenzwert besitzt!

CA 12 Berechnen Sie die nachstehenden Grenzwerte durch Einsetzen des allgemeinen Gliedes einer beliebigen Folge (x_n), welche gegen x_0 konvergiert:

a) $\lim\limits_{x \to 2} x^2 + 1$ b) $\lim\limits_{x \to 1} |x|$ c) $\lim\limits_{x \to -3} \frac{x^2 - 9}{x + 3}$ d) $\lim\limits_{x \to -3} \frac{x^2 + 6x + 9}{x + 13}$

e) $\lim\limits_{x \to 1} \frac{5x^2 - 5}{x - 1}$ f) $\lim\limits_{x \to -2} \frac{(x + 2)^2}{x + 2}$ g) $\lim\limits_{x \to 3} \frac{x^2 - 2x - 3}{x - 3}$ h) $\lim\limits_{x \to -1} \frac{6x^2 + 21x + 15}{x + 1}$

CA 13 Bestimmen Sie das Verhalten der Funktion $f(x) = \frac{1}{x - 1}$ an der Stelle $x_0 = 1$! Verwenden Sie dazu die Folgen $(x_n) = (1 - \frac{1}{n^2})$ und $(x_n') = (1 + \frac{1}{n^2})$!

CA 14 Ermitteln Sie Unterschiede und Gemeinsamkeiten der Funktionen f und g mit $f(x) = x^2 + 1$ bzw. $g(x) = \frac{x^3 + x}{x}$ (Definitions- und Wertebereich, Graph, Grenzwert an der Stelle $x_0 = 0$)!

CA 15 Die folgende Funktion ist an der Stelle $x_0 = 2$ nicht definiert. Zeigen Sie, dass $\lim\limits_{x \to x_0} f(x)$ existiert, und berechnen Sie diesen Grenzwert!

$$f(x) = \begin{cases} 5x - 6; & x < 2 \\ x^2 \;; & x > 2 \end{cases}$$

CA 16 Die folgenden Funktionen sind jeweils an der Stelle x_0 nicht definiert. Zeigen Sie, dass $\lim\limits_{x \to x_0} f(x)$ existiert, und berechnen Sie diesen Grenzwert:

a) $f_1(x) = \begin{cases} x^2 - 1 & \text{für } x < 1 \\ \lg x & \text{für } x > 1 \end{cases}; \quad x_0 = 1$ b) $f_2(x) = \begin{cases} \cos x & \text{für } x < \frac{\pi}{4} \\ \sin x & \text{für } x > \frac{\pi}{4} \end{cases}; \quad x_0 = \frac{\pi}{4}$

c) $f_3(x) = \begin{cases} \cos x & \text{für } x < 0 \\ 3^x & \text{für } x > 0 \end{cases}; \quad x_0 = 0$

CA 17 Der Grenzwert der Funktion $f(x) = \frac{x^2 - 5x}{x^2 + 8x}$, $x \neq 0$, an der Stelle $x_0 = 0$ ist mithilfe der Grenzwertsätze für Funktionen zu berechnen.

CA 18 Bestimmen Sie mittels Termumformung die Grenzwerte $\lim\limits_{x \to x_0} f_i(x)$ folgender Funktionen:

a) $f_1(x) = \frac{x^2 - 16}{x - 4}$; $x_0 = 4$ b) $f_2(x) = \frac{4x^2 - 1}{2x + 1}$; $x_0 = -\frac{1}{2}$ c) $f_3(x) = \frac{4x^2 + 4x}{x + 1}$; $x_0 = -1$

d) $f_4(x) = \frac{2x^2 - 32}{3x - 12}$; $x_0 = 4$ e) $f_5(x) = \frac{x^2 - 8x + 16}{x - 4}$; $x_0 = 4$ f) $f_6(x) = \frac{1 - x}{1 - \sqrt{x}}$; $x_0 = 1$

CA 19 Beweisen Sie den Grenzwertsatz für die Differenz, das Produkt und den Quotienten zweier Funktionen!

CA 20 Ermitteln Sie mithilfe der Grenzwertsätze für Funktionen die Grenzwerte folgender Funktionen an den jeweils angegebenen Stellen x_0:

a) $f_1(x) = x^2 + 1$; $x_0 = 1$

b) $f_2(x) = x^3 - 3x^2 + 2x - 7$; $x_0 = 2$

c) $f_3(t) = \frac{2t + t^2}{t}$; $t_0 = 0$

d) $f_4(x) = x^4$; $x_0 = 2$

CA 21 Berechnen Sie folgende Grenzwerte:

a) $\lim\limits_{x \to -2} \frac{x}{1 + x^2}$ b) $\lim\limits_{x \to -1} (4x^4 + 2x^3 - x^2 + 1)$ c) $\lim\limits_{h \to 0} \frac{(x_0 + h)^2 - x_0^2}{h}$ d) $\lim\limits_{x \to -1} (1 - x^2)$

CA 22 Gegeben sei die Funktion $f(x) = \frac{|x|}{x}$, $x \in \mathbb{R}\setminus\{0\}$. Ermitteln Sie $\lim\limits_{x \to 0} f(x)$ sowie $\lim\limits_{x \to \pm\infty} f(x)$ und zeichnen Sie den Graphen der Funktion!

CA 23 Gegeben sei die Funktion $f(x) = \frac{3x + 8}{x + 2}$, $x \in \mathbb{R}$, $x \neq -2$.

a) Berechnen Sie f(100), f(1 000) sowie f(10 000) und stellen Sie eine Vermutung für $\lim\limits_{x \to \infty} f(x)$ auf!
b) Bestätigen Sie durch Rechnung die Richtigkeit Ihrer Vermutung!
c) Untersuchen Sie das Verhalten der Funktion an der Stelle $x_0 = -2$!
d) Zeigen Sie, dass $\lim\limits_{x \to -\infty} f(x) = 3$ gilt!
e) Skizzieren Sie den Graphen der Funktion!

CA 24 Berechnen Sie die Grenzwerte der nachfolgenden Funktionen für ständig wachsendes x ($x \to +\infty$):

a) $f_1(x) = \frac{x + 3}{4x - 5}$ b) $f_2(x) = \frac{3x^2 + x}{4x^2 - 2x + 1}$ c) $f_3(x) = \frac{x^2 - 1}{x^4}$

d) $f_4(x) = \frac{x^4}{5x^4 - 3}$ e) $f_5(x) = \frac{\frac{1}{2}x^3 - 2x^2 + 1}{-2x^3 + x - 1}$ f) $f_6(x) = \frac{1}{x} - 3$

CA 25 Berechnen Sie mithilfe der Grenzwertsätze folgende Grenzwerte:

a) $\lim\limits_{x \to +\infty} \frac{3x - 1}{1 + 5x}$ b) $\lim\limits_{x \to +\infty} \frac{4 - x^2}{1 + 2x^2}$ c) $\lim\limits_{x \to +\infty} 4 \cdot \frac{1 + 2x}{2 - x}$ d) $\lim\limits_{x \to +\infty} \frac{2(1 + 3x^2)}{5x^2 - 1}$

e) $\lim\limits_{x \to -\infty} \frac{2x}{x^2 + 1}$ f) $\lim\limits_{x \to -\infty} \frac{4x(1 + x)}{x^3 + 1}$ g) $\lim\limits_{x \to -\infty} \frac{a}{3 + x^2}$ h) $\lim\limits_{x \to 0} (2^{-x} + x^2)$

i) $\lim\limits_{x \to 3} x^2(1 - 2^{-x})$ j) $\lim\limits_{x \to \pi} \frac{\cos x}{1 - \sin x}$ k) $\lim\limits_{x \to \frac{\pi}{2}} \frac{\cos^2 x}{1 - \sin x}$ l) $\lim\limits_{x \to \pi} \frac{2}{\sin x}$

CA 26 Untersuchen Sie das Verhalten folgender Funktionen für $x \to x_0$ bzw. $x \to \pm\infty$:

a) $f_1(x) = \frac{1 + 2x}{1 - x}$; $x \to 1$ $(x \to \infty)$

b) $f_2(x) = \frac{1 + x}{1 + 2x}$; $x \to -1$ $(x \to -\frac{1}{2})$

c) $f_3(x) = \frac{\sqrt{x}}{x + \sqrt{x}}$; $x \to \infty$ $(x \to 0;\ x \to 4)$

d) $f_4(x) = \frac{-x^2 - 11x + 3}{x + 3}$; $x \to -3$ $(x \to +\infty)$

CA 27 Bestimmen Sie die Stellen x_0, an denen die Funktion $f_i(x)$ nicht definiert ist, und untersuchen Sie, ob $f_i(x)$ dort einen Grenzwert hat!

a) $f_1(x) = \frac{5x}{x - 2}$ b) $f_2(x) = \frac{2 - x^2}{x + 1}$ c) $f_3(x) = 3^{\frac{1}{x}}$ d) $f_4(x) = \frac{x^2 + x}{|x|}$

CA 28 Untersuchen Sie die Funktion $f(x) = \begin{cases} 1{,}5x & \text{für } x > 2 \\ 0{,}5x + 2 & \text{für } x \le 2 \end{cases}$ auf einen Grenzwert an der Stelle $x_0 = 2$!

CA 29 Bestimmen Sie die folgenden Grenzwerte:

a) $\lim\limits_{x \to -2} \left(\frac{x^2 - 4}{x + 2}\right)^3$ b) $\lim\limits_{x \to 2} \left(\frac{x - 2}{x^2 - 4}\right)^2$ c) $\lim\limits_{x \to -5} \left(\frac{x^2 - 25}{x + 5}\right)^2$ d) $\lim\limits_{x \to -3} \left(\frac{x^2 + x - 6}{x + 3}\right)^3$

e) $\lim\limits_{x \to 1} \left(\frac{x - 1}{x^2 - 1}\right)^{\frac{1}{2}}$ f) $\lim\limits_{x \to 0} \sqrt{1 + 4 \cdot 2^{-x}}$ g) $\lim\limits_{x \to \infty} \left(\frac{2}{1 + 2x}\right)^2$ h) $\lim\limits_{x \to -\infty} \left(\frac{x}{1 + 2^x}\right)^2$

i) $\lim\limits_{x \to +\infty} \frac{1}{\lg x}$ j) $\lim\limits_{x \to +\infty} \ln \frac{2x^2 + 1}{x^2 + 1}$ k) $\lim\limits_{x \to 0} 2^{-\frac{1}{|x|}}$ l) $\lim\limits_{x \to 0} \sin^2\left(\frac{\pi}{4} - x\right)$

CA 30 Die Gleichung $f_t(x) = \frac{4t - 12}{t(t - 3)}\, x + 4$ bestimmt eine Schar von Geraden.

a) Zeichnen Sie diese Geraden für $t = -1;\ 1;\ 2;\ -2;\ -5;\ 5$ in ein Koordinatensystem!
Für welche Werte von t (t_1 und t_2) existieren keine Geraden?

b) Existieren für $t \to t_1$ und $t \to t_2$ Grenzgeraden?

CA 31 Der Punkt P(a; b) mit $a > 1$ liegt auf dem Graphen g von $f(x) = \frac{1}{2}x + 1$.

a) Skizzieren Sie den Sachverhalt!

b) Berechnen Sie für A(1; 0) den Anstieg m der Geraden durch A und P in Abhängigkeit von a!

c) Welchem Grenzwert nähert sich m, wenn sich P auf g immer weiter von der y-Achse entfernt? Vergleichen Sie mit dem Anstieg der Geraden g!

CA 32 Gegeben ist die Funktion $f(x) = x^5 + 0{,}5x$ und ein Punkt P(a; b), $a \neq 0$, auf ihrem Graphen. Berechnen Sie den Anstieg m der Strecke $\overline{OP}$ in Abhängigkeit von a sowie $\lim\limits_{a \to 0} m$!
Was besagt das Ergebnis für den Graphen von f?

CA 33 Gegeben ist die Funktion $f(x) = \sqrt{x}$.

a) Zeichnen Sie den Graphen von f im Intervall $0 \le x \le 16$!

b) P(x; y) mit $x \neq 0$ sei ein beliebiger Punkt des Graphen. Berechnen Sie den Anstieg m der Strecke $\overline{OP}$ in Abhängigkeit von x! Wie verhält sich m für $x \to 0$?

c) Wie verhält sich m für $x \to +\infty$?

d) Welche Aussagen lassen sich aufgrund der Ergebnisse von b) und c) über das Verhalten des Graphen von f treffen?

CA 34 Begründen Sie, dass $\lim\limits_{x \to -1} \frac{x^2 - 1}{x + 1} = -2$ ist!

CA 35 Zeigen Sie, dass die Funktion $f(x) = \frac{|x - 1|}{x - 1}$ an der Stelle $x_0 = 1$ keinen Grenzwert besitzt!

CA 36 Gegeben sind folgende Grenzwerte:

a) $\lim\limits_{x \to -\infty} \left(\frac{4}{x^2} - 3\right) = -3$ b) $\lim\limits_{x \to \infty} \frac{1}{x} = 0$

Skizzieren Sie die Graphen der entsprechenden Funktionen sowie die zugehörigen Asymptoten!

CA 37 Geben Sie jeweils eine Funktion f_i durch Funktionsgleichung und Darstellung des Graphen der Funktion mit folgenden Eigenschaften an:

a) f_1 hat für $x \to \pm\infty$ die Asymptote $y = 2$.

b) f_2 hat für $x \to +\infty$ die Asymptote $y = 2$ und für $x \to -\infty$ die Asymptote $y = -2$.

c) $\lim\limits_{x \to +\infty} f_3(x) = 0$ und $\lim\limits_{x \to -\infty} f_3(x) = \infty$. d) $\lim\limits_{x \to \pm\infty} f_4(x)$ existiert nicht.

CA 38 Untersuchen Sie das Verhalten der Funktionen f_i im Unendlichen! Geben Sie (wo möglich) die waagerechte Asymptote an!

a) $f_1(x) = \dfrac{4 - x^3}{4 + x^3}$ b) $f_2(x) = \dfrac{8x^2 - 3x^3}{2x^2 - x}$ c) $f_3(x) = \dfrac{3x + 2}{x^2 + 5x}$ d) $f_4(x) = \dfrac{4}{3x - 2}$

CA 39 Beurteilen Sie folgende Aussagen:

a) $f_1(x) = x^2$ hat an der Stelle $-\frac{1}{2}$ den Grenzwert $\frac{1}{4}$.
b) $f_2(x) = \dfrac{|x + 1|}{x + 1}$ hat an der Stelle $x_0 = -1$ zwei Grenzwerte.
c) $f_3(x) = \dfrac{1}{x^2}$ hat an der Stelle $x_0 = 0$ den Grenzwert ∞.
d) Jede an einer Stelle x_0 definierte Funktion hat dort einen Grenzwert.
e) Wenn eine Funktion an einer Stelle x_0 nicht definiert ist, hat sie dort keinen Grenzwert.

CA 40 Welche Zahl muss für k eingesetzt werden, damit gilt $\lim\limits_{x \to \infty} \dfrac{kx^2 + 6x}{3x^2 - 1} = 1$?

CA 41 Bestimmen Sie durch geeignete Umformung $\lim\limits_{x \to 0} \dfrac{1 - \cos x}{x \cdot \sin x}$!

CA 42

GTA a) Untersuchen Sie mit einem GTA den Graphen der Funktion f mit $f(x) = \sin \frac{1}{x}$ im Intervall [–1, 1]! Verwenden Sie die Zoom-Funktion!
b) Besitzt die Funktion f(x) an der Stelle $x_0 = 0$ einen Grenzwert?
GTA c) Diskutieren Sie anhand des Beispiels Möglichkeiten und Grenzen des Arbeitens mit GTA!
d) Betrachten Sie $g(x) = x \cdot \sin \frac{1}{x}$ in der Umgebung von 0!

CA 43 Ein Sportschütze überlegt sich einen neuen Wettkampf zugunsten der Vereinskasse. Für jede getroffene „10“ bekommt man 10 € aus der Vereinskasse. Für die übrigen Ergebnisse wird der Abstand in 0,5-cm-Schritten mit einem Bonus von 1 € je 0,5x für die Vereinskasse belegt.
Stellen Sie die Gewinn- bzw. Verlustfunktion auf und bestimmen Sie deren Grenzwert!

CA 44 Beim Übergang von Lichtstrahlen von Luft in Glas gilt das Brechungsgesetz $\dfrac{\sin\alpha}{\sin\beta} = n$.
Für leichtes Kronglas beträgt $n \approx 1{,}5$. Es gilt also: $\sin\beta = \frac{2}{3} \sin\alpha$.
Für welchen Winkel β erhält man Totalreflexion, d.h. $\alpha \to 90°$?

C 3 Stetigkeit von Funktionen

CA 45 Untersuchen Sie anhand der Graphen, ob die dargestellten Funktionen im Intervall [a; b] und an der Stelle x_0 stetig sind! Begründen Sie knapp Ihre Entscheidung!

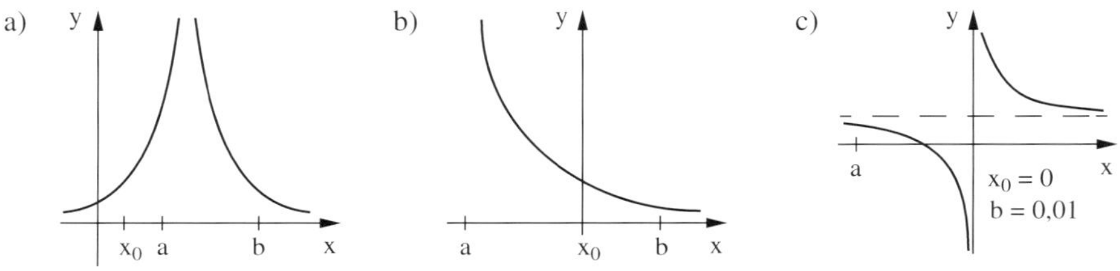

$x(x^2-2x+1)$

$x(x-1)^2$

$(x^3-2x^2+x):(x^2-1)=x-2$

$-(x^3-x)$

$-2x^2+2x$

$-(-2x^2+2)$

$2x-2$

$(x^2-5x+4):(x-4)=x-1$

$-(x^2-4x)$

$-x+4$

$-(-x+4)$

0

$(x+1)(x^2+2x+1)$

$x^3+2x^2+x+x^2+2x+1$

x^3+3x^2+3x+1

$-1+3-3+1$

$$\frac{1}{(-1+h+1)^3}$$

-1

$$\frac{1}{(x+1)^3}$$

$$\lim_{h\to 0}\frac{1}{h}$$

x_0 heißt Polstelle der Fkt. $f(x)=\frac{u(x)}{v(x)}$,

wenn $v(x_0)=0$ und $u(x_0)\neq 0$ ist.

1.Wiederholungstest Klasse 7 : Rechnen in N und Q_+

1. Berechne!
   a. 2567 + 3809 + 403 =
   b. $256 \cdot 127 =$
   c. 59901 : 123 =

2. Schreibe zuerst als Rechenausdruck und berechne dann!
   Subtrahiere zum Produkt von 34 und 28 die doppelte Summe aus 12 ur

3. Schreibe $\frac{12}{9}$ und $\frac{7}{15}$ mit dem Nenner 45 !

4. Berechne! Mache zunächst einen Überschlag!
   $(100{,}75 - 15{,}9) - (12{,}07 + 7{,}2) =$

5. Berechne geschickt!
   a. $14{,}3 - 0{,}7 + 5{,}2 + 2{,}5 - 3{,}3 =$
   b. $1{,}3 + 11{,}5 - \frac{3}{4} - 0{,}25 =$

6. Berechne! Kürze, falls möglich!
   a. $3 \cdot \frac{7}{12} =$
   b. $\frac{34}{17} \cdot \frac{51}{8} =$
   c. $1019{,}2 : 18{,}2 =$

d)

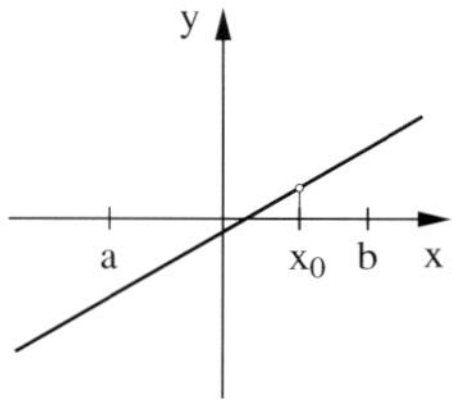

e)

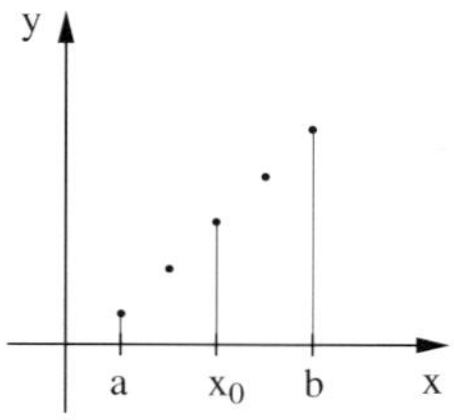

f)

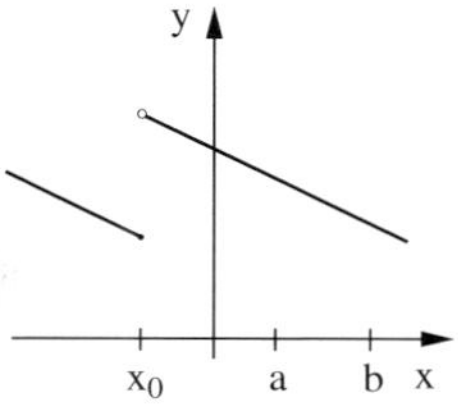

g)

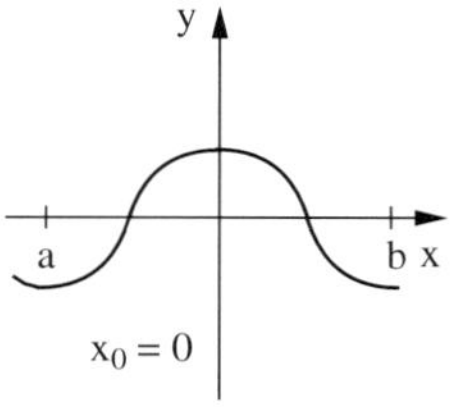

h)

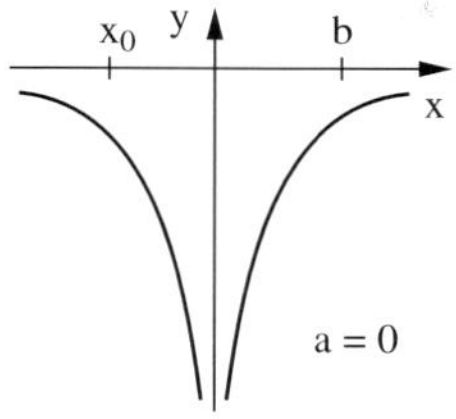

CA 46 Untersuchen Sie die Funktion $f(x) = \frac{x^2 + 2x - 1}{2x^2 - 3}$ an der Stelle $x_0 = 2$ auf Stetigkeit!

CA 47 Untersuchen Sie die nachstehenden Funktionen auf Stetigkeit an der Stelle x_0:

a) $f_1(x) = \frac{(3+x)(2-x)}{x^2 - 4}$ $\quad x_0 = 2$

b) $f_2(x) = \frac{x^3 + 3x}{x}$ $\quad x_0 = 0$

c) $f_3(x) = \begin{cases} \frac{4x^2 - 16}{2x - 4} & \text{für } x \neq 2 \\ 8 & \text{für } x = 2 \end{cases}$ $\quad x_0 = 2$

d) $f_4(x) = \sqrt{x} + x - 1$ $\quad x_0 = 0$

CA 48 Man zeige, dass die Funktion

a) $f(x) = |x|$ an der Stelle $x_0 = 0$ stetig ist;

b) $g(x) = \begin{cases} \frac{1}{2}x + 1 & \text{für } x < 3 \\ \frac{1}{2} & \text{für } x \geq 3 \end{cases}$

an der Stelle $x_0 = 3$ nicht stetig ist.

CA 49 Skizzieren Sie die Graphen nachfolgender Funktionen und bestimmen Sie die Stellen, an denen die jeweilige Funktion nicht stetig ist:

a) $f(x) = \begin{cases} x - 1, & x \in \mathbb{R}\backslash\{0\} \\ 2, & x = 0 \end{cases}$

b) $g(x) = \begin{cases} -x^{-1}, & -\infty < x < 0 \\ x, & x \geq 0 \end{cases}$

c) $h(x) = \begin{cases} 1, & x < 0 \\ 0, & x = 0 \\ -1, & x > 0 \end{cases}$

CA 50 Untersuchen Sie die Funktion f_i auf Stetigkeit an der Stelle $x_0 \in D_{f_i}$ und skizzieren Sie den Graphen dieser Funktion!

a) $f_1(x) = \sqrt{x}\,;\ x_0 = 0$

b) $f_2(x) = \begin{cases} x^2 & \text{für } x \leq 1 \\ \sqrt{x} & \text{für } x > 1 \end{cases}\ ;\ x_0 = 1$

c) $f_3(x) = \begin{cases} \cos x & \text{für } x < \frac{\pi}{4} \\ \sin x & \text{für } x > \frac{\pi}{4} \end{cases}\ ;\ x_0 = \frac{\pi}{4}$

d) $f_4(x) = \begin{cases} \frac{x^2 - 1}{x + 1} & \text{für } x \neq -1 \\ 0 & \text{für } x = -1 \end{cases}\ ;\ x_0 = -1$

e) $f_5(x) = \begin{cases} \frac{x^2 - 1}{x + 1} & \text{für } x \neq 1 \\ -1 & \text{für } x = 1 \end{cases}\ ;\ x_0 = 1$

CA 51 Bestimmen Sie r so, dass die Funktion f_i an der Stelle x_0 stetig ist!

a) $f_1(x) = \begin{cases} x+1 & \text{für } x<0 \\ x^2+r & \text{für } x \geq 0 \end{cases}$; $x_0 = 0$

b) $f_2(x) = \begin{cases} r-x^2 & \text{für } x \leq 1 \\ \frac{1}{x} & \text{für } x>1 \end{cases}$; $x_0 = 1$

c) $f_3(x) = \begin{cases} r\sin x & \text{für } x \leq \frac{\pi}{6} \\ r+x & \text{für } x > \frac{\pi}{6} \end{cases}$; $x_0 = \frac{\pi}{6}$

d) $f_4(x) = \begin{cases} \frac{x^2-x-2}{x+1} & \text{für } x<-1 \\ r\cdot\frac{x^2-2}{x+2} & \text{für } x \geq -1 \end{cases}$; $x_0 = -1$

CA 52 Für welche Werte von x weisen die nachfolgenden Funktionen Definitionslücken auf? Von welcher Art sind diese „Unstetigkeitsstellen“ und wie lassen sie sich, falls möglich, beheben?

a) $f_1(x) = \frac{|x-1|}{x-1}$ b) $f_2(x) = \frac{1-x}{1-|x|}$ c) $f_3(x) = \frac{x-3}{\sqrt{1+x}-2}$

d) $f_4(x) = \sin\frac{1}{x}$ e) $f_5(x) = x^2\cdot\sin\frac{1}{x}$ f) $f_6(x) = x\cdot 2^{\frac{|x|}{x}}$

CA 53 Untersuchen Sie, ob die nachfolgenden Funktionen an der Stelle x_0 stetig sind:

a) $f_1(x) = x^2 \operatorname{sgn} x, \quad x_0 = 0$ b) $f_2(x) = x + \operatorname{sgn} x, \quad x_0 = 0$

CA 54 Geben Sie Beispiele für Funktionen an, die an allen Stellen ihres Definitionsbereiches unstetig sind!

CA 55 Man zeige, dass die Funktion $f(x) = x^3 - 9x^2 - 8x - 3$, $D_f = \mathbb{R}$, die Zahl 16 als Funktionswert annimmt!

CA 56 Zeigen Sie, dass die Funktion $f(x) = x^3 - 70$ im Intervall [4; 4,5] eine Nullstelle besitzt!

CA 57 Untersuchen Sie, ob folgende Funktionen im angegebenen Intervall ein Maximum bzw. ein Minimum besitzen, und geben Sie diese (falls vorhanden) an:

a) $f_1(x) = 6 - x$ [5; 8] b) $f_2(x) = (x-2)^2 - 2$ [0; 3]

c) $f_3(x) = x^2 - 6x + 2$ [−1; 4] d) $f_4(x) = \frac{1}{x}$ [1; 2]

CA 58 Die Funktionen f und g seien stetig im Intervall [a; b]. Es gelte: $f(a) < g(a)$ und $f(b) > g(b)$. Man beweise: Es gibt ein $x_0 \in [a; b]$ mit $f(x_0) = g(x_0)$.
(*Hinweis:* Bilden Sie $h(x) = f(x) - g(x)$ und untersuchen Sie h(a) und h(b)!)

CA 59 Man zeige mithilfe von Aufgabe ***CA 58***, dass die Gleichung $x^3 = x^2 + 1$ in $\mathbb{R}$ wenigstens eine Lösung hat.
(*Hinweis:* Betrachten Sie $f(x) = x^3$ und $g(x) = x^2 + 1$ im Intervall [0; 2].)

CA 60 Zeigen Sie, dass folgende Funktionen in den angegebenen Intervallen Nullstellen besitzen:

a) $f(x) = x^2 - 2x - 3$ $I_1 = [-2; 0]$; $I_2 = [2; 4]$
b) $f(x) = x^3 - 0{,}1x^5$ $I_1 = [-4; -2]$; $I_2 = [-2; 1]$; $I_3 = [2; 4]$
c) $f(x) = 0{,}25(x^4 - x^3 - 14x^2 + 2x + 24)$ $I_1 = [-4; -2]$; $I_2 = [-2; -1]$; $I_3 = [1; 2]$; $I_4 = [3; 5]$

CA 61 Es sei $f(x) = \begin{cases} x+2 & \text{für } x \geq 0 \\ x & \text{für } x < 0. \end{cases}$

Zeichnen Sie den Graphen dieser Funktion und geben Sie D_f an! Gibt es eine Stelle im Definitionsbereich, an der f unstetig ist?

CA 62 Geben Sie zwei verschiedene Intervalle an, in denen die Funktion f_i stetig ist.

a) $f_1(x) = \dfrac{1}{(x-2)(x-3)}$

b) $f_2(x) = \begin{cases} x & \text{für } x \leq 0 \\ x-1 & \text{für } x > 0 \end{cases}$

CA 63 Zeichnen Sie einen Graphen mit einem endlichen Sprung!

CA 64 Geben Sie jeweils drei Beispiele für stetige und für unstetige Funktionen an!

D Differentialrechnung und ihre Anwendung zur Untersuchung von Funktionseigenschaften

D 1 Anliegen und Grundbegriffe der Differentialrechnung

D 1.1 Der Begriff *Ableitung einer Funktion*

DA 1

a) Welchen Einfluss haben die Zahlen m und n auf den Verlauf des Graphen linearer Funktionen mit einer Gleichung der Form $f(x) = mx + n$?

b) Bestimmen Sie die Funktionsgleichungen für die nebenstehend durch ihre Graphen gegebenen linearen Funktionen!

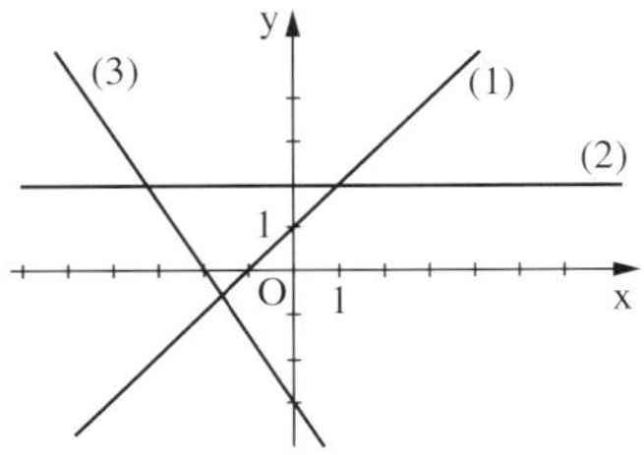

DA 2 Ermitteln Sie den mittleren Anstieg des Graphen folgender Funktionen im gegebenen Intervall, d. h. den Anstieg der Sekante durch die Kurvenpunkte in den beiden Enden dieses Intervalls:

a) $f_1(x) = x^2 + 1$; $[-1; 1]$ b) $f_2(x) = 2 - x^2$; $[-0{,}5; 0{,}5]$

c) $f_3(x) = x^3 + 1$; $[-1; 0]$ d) $f_4(x) = x^{-1}$; $[-2; -1]$

e) $f_5(x) = \sqrt{x}$; $[1; 2]$ f) $f_6(x) = \frac{0{,}4x^3 - 2{,}5x}{|x - 2|}$; $[-1; 1]$

DA 3 Berechnen Sie mithilfe des Differenzenquotienten den Anstieg der Sekante durch die Punkte $P_0(0{,}5; f(0{,}5))$ und $P_h(0{,}5 + h; f(0{,}5 + h))$ des Graphen der Funktion $f(x) = x^2$ für $h = -1$ $(-0{,}1; 0{,}1; 1)$! Stellen Sie den Sachverhalt grafisch dar!

DA 4 Berechnen Sie mithilfe des Differenzenquotienten den Anstieg der Sekante durch die Punkte

a) $P_0(1; 1)$ und $P_1(1 + h; f(1 + h))$ b) $P_0(-1; -1)$ und $P_1(-1 + h; f(-1 + h))$

des Graphen der Funktion $f(x) = x^3$ für $h = -1$ $(-0{,}5; 0{,}5; 1)$! Stellen Sie den Sachverhalt grafisch dar!

DA 5 Bilden Sie zu folgenden Funktionen an der Stelle x_0 die Funktion d(h) und berechnen Sie den Anstieg der Sekante für $h = 1$ und $h = 0{,}01$:

a) $f_1(x) = x^2 - 4x + 20$; $x_0 = -2$ b) $f_2(x) = -\frac{1}{4}x^2 + \frac{1}{2}x + 2$; $x_0 = -1$

c) $f_3(x) = x^2 - 7$; $x_0 = -1{,}5$ d) $f_4(x) = x^3 - \frac{1}{10}x^5$; $x_0 = 2$

e) $f_5(x) = \frac{x}{x^2 + 1}$; $x_0 = 0{,}5$ f) $f_6(x) = \sqrt[3]{x}$; $x_0 = 0{,}8$

DA 6 Zeigen Sie, dass die Funktion $f(x) = x^3$ an der Stelle $x_0 = 1{,}5$ differenzierbar ist und dass für die Ableitung der Funktion an dieser Stelle gilt: $f'(1{,}5) = 6{,}75$.

DA 7 Bestimmen Sie jeweils die Ableitung nachfolgender Funktionen an der Stelle x_0 mithilfe der Definition des Differentialquotienten:

a) $f(x) = 3x + 1$ $x_0 = 1$ b) $h(x) = 2x - 2$ $x_0 = -\frac{1}{2}$

c) $g(x) = x^2 - 2$ $x_0 = -1$ d) $f(x) = 4x^2$ $x_0 = -0{,}5$

e) $f(x) = -\frac{1}{2}x^2$ $x_0 = 2$ f) $f(x) = 2x^2 + 1$ $x_0 = -1$

g) $k(x) = 4x^3$ $x_0 = 2$ h) $f(x) = x^3 - 2x^2 + 1$ $x_0 = 2$

i) $f(x) = x^3 + 2x^2 - 1$ $x_0 = 1$ j) $f(x) = \frac{1}{2}x^3 + 2$ $x_0 = 0$

DA 8 Zeigen Sie, dass die folgenden Funktionen an jeder Stelle x_0 ihres Definitionsbereiches differenzierbar sind. (*Hinweis:* Bilden Sie den Differenzenquotienten an einer beliebigen Stelle x_0 und bestimmen Sie $f'(x_0)$!)

a) $f(x) = 2x$ b) $g(x) = \frac{1}{2}x^2$ c) $h(x) = -x^2$ d) $k(x) = x^2 + 2$

DA 9 Ermitteln Sie die Gleichung der Tangente an den Graphen der Funktion $f(x) = 2 \cdot x^3$ an der Stelle $x_0 = 1$ und geben Sie den Schnittwinkel der Tangente mit der x-Achse an!

DA 10 Bestimmen Sie für $f(x) = \frac{1}{4}x^3$ die Gleichung der Tangente in $P(2; f(2))$!

DA 11 Ermitteln Sie jeweils die Gleichung der Tangente (der Normalen) im Punkt P_i an den Graphen von f_i:

a) $f_1 = 3x^2$ $P_1(x_1; 3)$ b) $f_2 = 3x^2$ $P_2(-\frac{1}{2}; y_2)$

c) $f_3 = -x^2 + x$ $P_3(2; -2)$ d) $f_4 = \frac{1}{x}$ $P_4(x_4; \frac{1}{2})$

e) $f_5 = \frac{2}{3} \cdot \frac{1}{x}$ $P_5(-\frac{1}{2}; -\frac{4}{3})$ f) $f_6 = \frac{2}{x-1}$ $P_6(1{,}5; y_6)$

DA 12 Bestimmen Sie die Stellen x_i, an denen der Graph von $f(x) = x^3$ den Anstieg $m = 6$ hat, und ermitteln Sie die Gleichungen der entsprechenden Tangenten!

DA 13 Berechnen Sie diejenigen Stellen x_i, wo die Tangenten an den Graphen der Funktion $f(x) = x^3$ parallel zur Sekante durch die Punkte $P_1(-1; f(-1))$ und $P_2(2; f(2))$ verlaufen! (Fertigen Sie zuvor eine Überlegungsskizze an!)

DA 14 Ermitteln Sie die Gleichungen der Tangenten vom Punkt $P(-1; -2)$ an den Graphen der Funktion $f(x) = \frac{1}{4}x^2$! (Fertigen Sie zunächst eine entsprechende Skizze an!)

DA 15 Ermitteln Sie die Gleichungen der Tangenten in P_i und Q_i an die Graphen der Funktionen $f(x)$ bzw. $g(x)$!

a) $f(x) = 2x^2$ $P_1(1; 2)$; $Q_1(-\frac{1}{2}; f(-\frac{1}{2}))$ b) $g(x) = \frac{1}{x}$ $P_2(2; g(2))$; $Q_2(-2; g(-2))$

DA 16 Bestimmen Sie die Stellen x_i, an denen die Graphen der Funktionen $f(x) = 0{,}5x^2 - x^3 + 2$ und $g(x) = x^3 - 4$ den gleichen Anstieg haben!

DA 17 Zeigen Sie, dass die Geraden t_i Tangenten an die Graphen von f_i sind, und geben Sie die Koordinaten der Berührungspunkte an! Ermitteln Sie die zugehörigen Normalengleichungen!

a) $t_1(x) = 2x + \frac{1}{2}$ $f_1(x) = -\frac{1}{2}x^2 + x$ b) $t_2(x) = -4x - 3$ $f_2(x) = \frac{1}{3}x^2 - 2x$

DA 18 Zeigen Sie, dass die Gerade g mit der Gleichung $g(x) = -4x - 3$ Tangente an die Funktion f mit $f(x) = \frac{1}{3}x^2 - 2x$ ist, und geben Sie die Koordinaten des Berührungspunktes an!

DA 19 Bestimmen Sie die Gleichung einer Tangente an den Graphen der Funktion $f(x) = \frac{1}{2}x^2$, die parallel zur Geraden g mit $g(x) = \frac{3}{2}x - 1$ verläuft!

DA 20 Es ist die Ableitungsfunktion f' zu der Funktion f mit $f(x) = x^3$ zu ermitteln.

DA 21 Zeichnen Sie den Graphen der Funktion $f(x) = -\frac{1}{2}x^2 + x$ $(x \in \mathbb{R})$ und entwickeln Sie davon ausgehend den Graphen der Ableitungsfunktion!

DA 22 Untersuchen Sie folgende Funktionen auf Differenzierbarkeit an der Stelle x_0:

a) $f_1(x) = \sqrt{x-1}$; $x_0 = 2$ b) $f_2(x) = |x-1|$; $x_0 = 1$

c) $f_3(x) = \sqrt[3]{x^2}$; $x_0 = 0$ d) $f_4(x) = \sqrt{2x-6}$; $x_0 = 3$

DA 23 Untersuchen Sie, ob folgende Funktion an den angegebenen Stellen differenzierbar sind! Skizzieren Sie die Graphen der Funktionen!

a) $g(x) = |x|$ $x_0 = 0$ b) $r(s) = |s-1|$ $s_0 = 1$ c) $f(t) = 1 - |t|$ $t_0 = 1$

d) $f(x) = |x| \cdot (1-x)$ $x_0 = 0$ e) $g(t) = |t^2 - t|$ $t_0 = 0$ f) $f(r) = r \cdot |r-1|$ $r_0 = 1$

DA 24 Bilden Sie mittels des Differenzenquotienten d(h) und seines Grenzwertes $\lim_{h \to 0} d(h)$ die Ableitung folgender Funktionen:

a) $f_1(x) = \frac{x}{x-1}$ b) $f_2(x) = \frac{10}{x^2+1}$ c) $f_3(x) = x + \frac{1}{x^2}$ d) $f_4(x) = (3-x) \cdot |x|$

e) $f_5(x) = \sqrt{9-x^2}$ f) $f_6(x) = x^2 - 2x + 4$ g) $f_7(x) = 0{,}2x^3 - 1{,}5$ h) $f_8(x) = \frac{1}{x}\sqrt{9-x}$

DA 25 Leiten Sie aus dem dargestellten Graphen der Ableitungsfunktion f' Aussagen über das Steigungs- und Krümmungsverhalten der Funktion f ab!
Welches Verhalten zeigt f an der Stelle $x_1 = -2$?

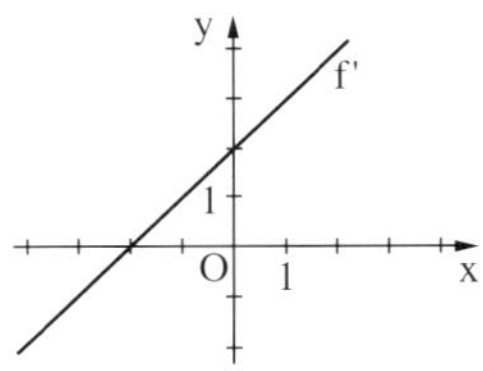

DA 26

a) Der Graph der Ableitungsfunktion f' einer Funktion f mit y = f(x) hat die Nullstellen $x_1 = -1$ und $x_2 = 3$. Was folgt daraus für den Verlauf des Graphen von f?
b) Welche Aussage über f lässt sich treffen, wenn f'(x) in]–1; 3[negativ ist?
c) Der Graph von f steigt in den Intervallen]–∞; –1[und]3; +∞[. Welches Vorzeichen hat dort f'(x)?

DA 27 Die DIRICHLET-Funktion wird beschrieben durch die Funktionsgleichung

$$f(x) = \begin{cases} 1 \text{ für } x \in \mathbb{Q} \\ 0 \text{ für } x \in \mathbb{R} \setminus \mathbb{Q} \end{cases}$$

(vgl. Fig. A 32 des Lehrbuchs!) Zeigen Sie, dass f an keiner Stelle ihres Definitionsbereiches differenzierbar ist!

DA 28 Begründen Sie: Die Ableitung des Flächeninhalts eines Kreises nach dem Radius ergibt den Umfang 2πr.

DA 29 Bestimmen Sie mithilfe des Differenzenquotienten die Ableitung des Kugelvolumen nach dem Radius!

DA 30 Zeigen Sie: Die Ableitung des Volumens eines archimedischen Zylinders (h = 2r) nach dem Radius der Grundfläche gibt die Oberfläche des Zylinders an.

DA 31

a) Es sei V das Volumen des Getränks, das bis zur Höhe h in einem Glas steht. Welche Bedeutung hat die Ableitung V'(h)?
b) Bestätigen Sie das Ergebnis aus a) am Beispiel eines kegelförmigen Sektkelches und eines zylindrischen Saftglases!

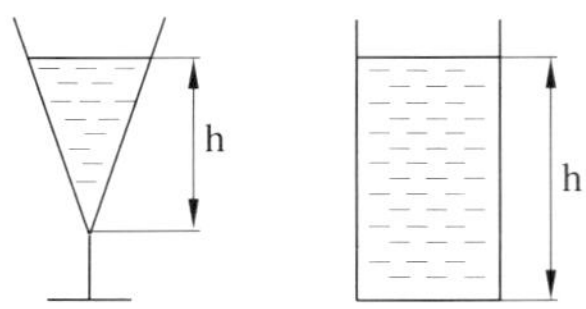

DA 32 Betrachtet man an einem Ort auf der Erde die Temperatur in Abhängigkeit von der Höhe über dem Erdboden, so ergibt sich eine streng monoton fallende Funktion, die jeder Höhe x eine Temperatur T(x) zuordnet.

a) Wie groß ist der Temperaturunterschied zwischen den Höhen x und x + h?

b) Wie groß ist das durchschnittliche Temperaturgefälle zwischen den Höhen x und x + h?

c) Definieren Sie das punktuelle Temperaturgefälle in der Höhe x_0!

DA 33 Die einleitenden Aussagen in Aufgabe ***DA 32*** bez. der Temperatur gelten analog für den Luftdruck p(x). Interpretieren Sie $p(x) - p(x_0)$, $\frac{p(x) - p(x_0)}{x - x_0}$ und $p'(x_0)$!

D 1.2 Zusammenhang zwischen Differenzierbarkeit und Stetigkeit

DA 34 Die Funktion $f(x) = \sqrt[3]{|x|}$ $(x \in \mathbb{R})$ ist auf Stetigkeit und Differenzierbarkeit an der Stelle $x_0 = 0$ zu untersuchen.
Zeichnen Sie den Graphen der Funktion!

DA 35 Zeichnen Sie den Graphen der Funktion f mit $f(x) = |x - 1|$ und untersuchen Sie die Funktion auf Stetigkeit und Differenzierbarkeit an der Stelle $x_0 = 1$!
(*Hinweis:* Untersuchen Sie die links- und die rechtsseitige Ableitung von f an der Stelle $x_0 = 1$!)

DA 36 Skizzieren Sie die Graphen nachfolgender Funktionen und untersuchen Sie die Funktionen auf Stetigkeit und Differenzierbarkeit an der Stelle x_0:
(*Hinweis:* Bilden Sie gegebenenfalls die links- bzw. rechtsseitige Ableitung von f an der Stelle x_0!)

a) $f(x) = x^2 + 1$ $\quad x_0 = 1$ $\qquad$ b) $g(x) = |x| - 1$ $\quad x_0 = 0$

c) $h(x) = \begin{cases} x^2 + 2x + 3 & \text{für } -1 \le x \le 1 \\ (x-1)^2 + 1 & \text{für } 1 < x \le 2 \end{cases}$ $\quad x_0 = 1$ $\qquad$ d) $k(x) = -x^2 + 4|x - 1| + 3$ $\quad x_0 = 1$

DA 37 Untersuchen Sie die Funktion $f(x) = |x^2 - 1|$ auf Stetigkeit und Differenzierbarkeit an den Nullstellen der Funktion!

DA 38 Entscheiden Sie, ob die nachfolgenden Aussagen über Funktionen f mit der Gleichung $y = f(x)$ wahr oder falsch sind, und begründen Sie Ihre Entscheidung:

a) Die Differenzierbarkeit einer Funktion f(x) an einer Stelle x_0 ist keine notwendige Bedingung für deren Stetigkeit an dieser Stelle.

b) Die Stetigkeit einer Funktion f(x) an einer Stelle x_0 ist eine notwendige Bedingung für deren Differenzierbarkeit an dieser Stelle.

c) Die Stetigkeit einer Funktion f(x) an einer Stelle x_0 ist eine hinreichende Bedingung für deren Differenzierbarkeit an dieser Stelle.

d) Die Stetigkeit von f(x) im Intervall [a; b] ist eine notwendige Bedingung für die Existenz eines Maximums im Intervall [a; b].

e) $f'(x_0) = 0$ ist eine notwendige Bedingung dafür, dass die Tangente an den Graphen von f(x) in $P(x_0; f(x_0))$ parallel zur x-Achse verläuft.

DA 39 Untersuchen Sie, für welche Werte von m und c die Funktion $f(x) = \begin{cases} x^2 & \text{für } x \le 1 \\ mx + c & \text{für } x > 1 \end{cases}$ in $x_0 = 1$ stetig und differenzierbar ist!

DA 40 Für welche Werte a ist die Funktion $f(x) = \begin{cases} a\sqrt{x} & \text{für } x \ge 1 \\ \frac{1}{4}(3x^2 + 4a - 3) & \text{für } x < 1 \end{cases}$ an der Stelle $x_0 = 1$ stetig und differenzierbar?

D 2 Regeln zur Ableitung von Funktionen

D 2.1 Konstantenregel, Faktorregel und Potenzregel

DA 41 Bilden Sie die Ableitung von $f(x) = 3x^4$!

DA 42 Ermitteln Sie für die folgenden Funktionen $f_i(x)$ mithilfe der Faktorregel und Potenzregel die Ableitung $f_i'(x)$:

a) $f_1(x) = x$ b) $f_2(x) = 8x^3$ c) $f_3(x) = 4x^5$ d) $f_4(x) = \frac{1}{2}x^2$

DA 43 An welcher Stelle x_0 des Graphen der Funktion $f(x)$ bzw. $g(x)$ hat die Ableitung den angegebenen Wert?

a) $f(x) = x^3 \quad f'(x_0) = 27$ b) $g(x) = 5x^4 \quad g'(x_0) = 20$

DA 44 Bilden Sie die Ableitung der nachfolgenden Funktionen. (Alle Exponenten sind natürliche Zahlen.)

a) $f_1(x) = x^z$ b) $f_2(x) = x^{n+3}$ c) $f_3(x) = x^{t-3}$ d) $f_4(x) = x^0 \quad (x \neq 0)$

DA 45 Bestimmen Sie zu den folgenden Ableitungen von Potenzfunktionen jeweils eine zugehörige Ausgangsfunktion:

a) $f_1'(x) = 4x^3$ b) $f_2'(x) = 8x^7$ c) $f_3'(x) = 0$ d) $f_4'(t) = 5t^4$
e) $f_5'(z) = (n-1)z^{n-2}$ f) $f_6'(x) = 15x^4$ g) $f_7'(b) = 4ab$ h) $f_8'(m) = 2 + a$

DA 46 Mit einem Multivibrator lassen sich näherungsweise Trapezsignale erzeugen (s. Figur).

a) Differenzieren Sie die „Trapezfunktion" auf grafischem (anschaulichem) Wege und geben Sie das neu entstandene Spannung-Zeit-Bild an!
b) Ermitteln Sie die Amplitude der Rechteckimpulse und die Frequenz der „differenzierten" Signalfunktion!

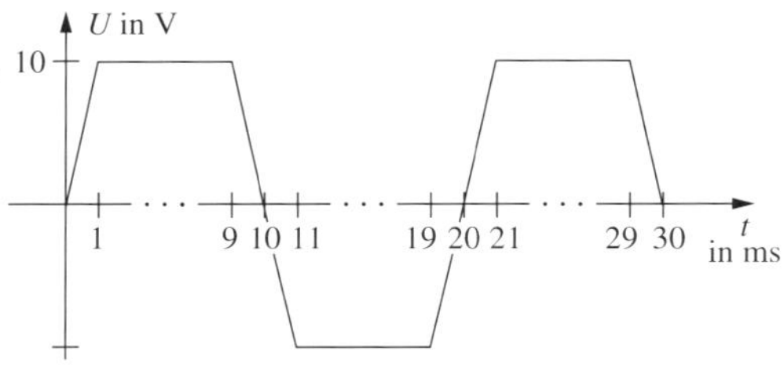

DA 47 Spezielle gleichmäßig beschleunigte Bewegungen lassen sich durch die Gesetze $s(t) = \frac{a}{2}t^2$, $v(t) = at$ und $a(t) = \text{konst.} = a$ beschreiben. Bilden Sie von diesen Funktionen die Ableitungen nach der Zeit und zeigen Sie den Zusammenhang auf!

DA 48 Die Gleichung der Wurfparabel beim waagerechten Wurf lautet: $s_y(s_x) = -\frac{1}{2} \cdot \frac{g}{v_0^2} \cdot s_x^2$ (mit s_y – Falltiefe; s_x – Wurfweite; v_0 – Anfangsgeschwindigkeit). Bilden Sie $s_y'(s_x)$!

D 2.2 Summen-, Produkt- und Quotientenregel

DA 49 Differenzieren Sie die folgenden Funktionen:

a) $f(x) = x^3 + 2x^2 - 7$ b) $g(x) = (x^2 - 7x)(x^3 + 5)$ c) $h(x) = \frac{2x^2 + 1}{x}, \quad x \neq 0$

DA 50 Bestimmen Sie jeweils die Ableitung folgender Funktionen und geben Sie die verwendeten Regeln an:

a) $f_1(x) = x^3 + \frac{1}{2}x^2 - 4$ b) $f_2(z) = \frac{1}{3}z^3 + z^2 - \sqrt{2}$ c) $f_3(x) = x + \frac{1}{x}$
d) $f_4(x) = \frac{1}{4}x^2 + x$ e) $f_5(x) = 2x^2 + 1$ f) $f_6(t) = t(t+1)(t-2)$

DA 51 Beweisen Sie durch vollständige Induktion, dass die Summenregel für endlich viele Summanden gilt!

DA 52 Bilden Sie $f_i'(x)$ mithilfe der Produktregel:

a) $f_1(x) = x(x + 1)$
b) $f_2(x) = x^5(x^2 + 2x)$
c) $f_3(x) = (x^2 + 1)(x^3 - 1)$
d) $f_4(x) = (\frac{1}{x} + x)(3x^2 - 2x + 1)$

DA 53 Leiten Sie folgende Funktionen ab:

a) $h(s) = as^2$
b) $f(r) = c\sqrt{2}\,r^3$
c) $f(x) = 2x^3x^4$
d) $f(z) = 0{,}6z^4$
e) $r(s) = 3\sqrt{2}\,s + s^5$
f) $f(x) = ax^3 + bx^2 + cx + d$
g) $f(x) = at^3x^2 + t^2x - t^3$
h) $f(t) = -t^2 + 2t$
i) $o(r) = 2\pi r^2 + 2\pi rh$

DA 54 Bilden Sie die Ableitung folgender Funktionen mithilfe der Quotientenregel!

a) $f(x) = \frac{x+1}{x-1}, \quad x \neq 1$
b) $g(x) = \frac{x^2 - x - 6}{3x + 6}, \quad x \neq -2$
c) $h(x) = \frac{4}{x^2 + 1}$
d) $k(x) = \frac{x^2 + 1}{4}$

DA 55 Beweisen Sie die Produktregel (Satz D 5) und die Quotientenregel (Satz D 6)!

(*Hinweis:*
1. Differenzenquotienten für p bzw. q aufstellen;
2. Differenzenquotienten so umformen, dass die Differenzenquotienten von u und v genutzt werden können;
3. Grenzwert des Differenzenquotienten bilden)

DA 56 Zeigen Sie, dass die Produktregel auch für drei (allgemein: n) Faktoren gilt!

(*Hinweis:* Voraussetzung: $u(x)$, $v(x)$, $w(x)$ sind in x_0 differenzierbar
Behauptung: $p(x) = u(x) \cdot v(x) \cdot w(x)$ ist in x_0 differenzierbar und es ist
$p'(x_0) = u'(x_0) \cdot v(x_0) \cdot w(x_0) + u(x_0) \cdot v'(x_0) \cdot w(x_0) + u(x_0) \cdot v(x_0) \cdot w'(x_0)$).

DA 57 Bilden Sie jeweils die Ableitung folgender Funktionen! (Die Exponenten sind natürliche Zahlen.)

a) $f(x) = x^{n-1}$
b) $g(x) = x^{k+1} + x^{k-1}$
c) $h(x) = x^{2n} + x^r$
d) $k(x) = \frac{x^{n+1}}{n+1}$

DA 58 Bilden Sie von folgenden Funktionen die Ableitung:

a) $f_1(x) = cx + dx^3$
b) $f_2(x) = x^2(x - 1)(2 - 0{,}5x)$
c) $f_3(t) = (a - 2t)(3t + 1)$
d) $f_4(x) = (bx + a)(dx + c)$
e) $f_5(x) = (0{,}5a - 2x)(0{,}75 + ax^2)$
f) $f_6(x) = \frac{3}{4} - \frac{1}{2}x^2 + \frac{1}{6}x^6$
g) $f_7(x) = ax^3 + bx^2 + cx + d$
h) $f_8(a) = 4a^5x^4 - a^2x + 2t$
i) $f_9(x) = 3 \cdot x^{2-s} + 5 \cdot x^{2s-t}$
j) $f_{10}(t) = c \cdot t^{1-k} + t^{k^2}$
k) $f_{11}(x) = 2r(x^{3+s} - 3x^k)$
l) $f_{12}(x) = \frac{x^{n+1}}{n+1} + \frac{x^n}{n}$
m) $f_{13}(n) = 2 + \frac{n}{1!} + \frac{n^2}{2!} + \ldots + \frac{n^n}{n!}$
n) $f_{14}(a) = \left(\frac{a^2 - x^2}{a - x}\right)^2, \quad a \neq x$
o) $f_{15}(b) = 5(1 - b)^3$

DA 59 Bilden Sie die Ableitung folgender Funktionen und geben Sie evtl. vorhandene Stellen an, wo die Funktionen nicht differenzierbar sind:

a) $f(x) = \frac{7}{x^3 + 1}$ b) $g(x) = \frac{6 - x}{x^2 + 2}$ c) $h(x) = \frac{1}{4x^3}$

d) $j(r) = \frac{4 - r^2}{r^2 - 4}$ e) $k(x) = \frac{1}{x^7}$ f) $m(t) = \frac{1}{t^4} + \frac{1}{t^2}$

DA 60 Berechnen Sie jeweils den Anstieg folgender Funktionen an der Stelle x_0:

a) $f(x) = \frac{x^4 + 1}{2x - 1}, \quad x_0 = 2$ b) $g(x) = \frac{1 - x^2}{x}, \quad x_0 = -1$

DA 61 Bestimmen Sie jeweils die Ableitung der Funktion $f_i(x)$ an der Stelle $x_1 = -1$ und $x_2 = 2$! Geben Sie die Gleichung der Tangenten in $P(-1; f_i(-1))$ und $Q(2; f_i(2))$ an:

a) $f_1(x) = \frac{1}{x}$ b) $f_2(x) = \frac{3}{2x^2}$ c) $f_3(x) = \frac{x}{x - 1}$

DA 62 Gegeben sei die Funktion $f(x) = x^2 - 9$.

a) Für welches x_0 gilt $f'(x_0) = 0$?
b) Bestimmen Sie die Koordinaten der Schnittpunkte des Graphen von f mit der x-Achse!
c) Bestimmen Sie die Gleichungen der Tangenten an den Graphen von f in diesen Schnittpunkten!
d) Ermitteln Sie die Winkel, den die Tangenten mit der positiven x-Achse bilden!

DA 63 Bestimmen Sie die Punkte des Graphen der Funktion $f(x) = 0{,}1x^4 + 0{,}4x^3 - 0{,}8x^2 - 5{,}8x + 8$, in denen die Tangente mit der x-Achse einen Winkel von 135° bildet!

DA 64 An welchen Stellen verlaufen die Tangenten an die Graphen der folgenden Funktionen parallel zur x-Achse?

a) $f(x) = 2x^3 - 4x^2 + 2x - 5$ b) $g(x) = x^5 - x^3 + \frac{1}{4}x - 3$

DA 65 Vergleichen Sie die Ableitungen von $f(x) = \frac{2x}{x - 1}$ und $g(x) = \frac{x + 1}{x - 1}$ und begründen Sie Ihre Feststellung!

DA 66 Ermitteln Sie jeweils die Gleichungen der Tangente und der Normalen (d. h. der Senkrechten zur Tangente) im Punkt Q_i an die Graphen der folgenden Funktionen:

a) $f_1(x) = -x^3 + x; \quad Q_1(1; y_{Q_1})$ b) $f_2(x) = x^3 + 2 - \frac{1}{2}x; \quad Q_2(-2; y_{Q_2})$

c) $f_3(t) = (1 + \frac{1}{2}t^2)(2t - 1); \quad Q_3(0; y_{Q_3})$ d) $f_4(x) = -\frac{2}{3}x^3 + 8x + 1; \quad Q_4(2; y_{Q_4})$

e) $f_5(t) = 3t^2 - \sqrt{2t}; \quad Q_5(\frac{1}{2}; y_{Q_5})$ f) $f_6(s) = 2s^2 - 16s^{-1} - 2s^{\frac{1}{2}}; \quad Q_6(4; y_{Q_6})$

DA 67 f sei der Graph einer Funktion $f(x) = ax^2 + b$.

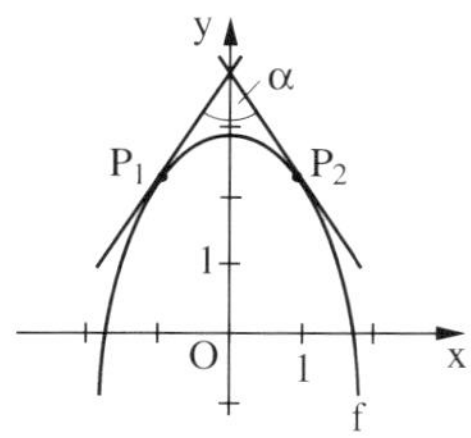

a) In welchen Punkten $P_1(x_1; y_1)$ bzw. $P_2(x_2; y_1)$ müssten die Tangenten an f gelegt werden, damit $\alpha = 90°$ gilt?
b) Gibt es weitere Punktepaare $(P_i; P_k)$, für welche die Tangenten einander unter 90° schneiden?

DA 68 Für den schrägen Wurf gilt: Wurfhöhe: $s_y(t) = v_0 \cdot t \cdot \sin\alpha - \frac{1}{2} g \cdot t^2$
Geschwindigkeit in senkrechter Richtung: $v_y(t) = v_0 \sin \cdot \alpha - g \cdot t$ Beschleunigung: $a_y(t) = -g$.

Bilden Sie die Ableitungen nach der Zeit t und zeigen Sie Zusammenhänge auf!

DA 69 Die Gravitationskraft $F = \gamma \cdot \frac{m_1 m_2}{r^2}$ und die Coulombkraft $F = \frac{1}{4\pi\varepsilon_0\varepsilon_r} \cdot \frac{Q_1 \cdot Q_2}{r^2}$ werden entscheidend vom Abstand r zwischen den Massen bzw. Ladungen sowie der Größe der Massen/Ladungen selbst beeinflusst. Bilden Sie $F'(r)$, $F'(m_1)$, $F'(m_2)$, $F'(Q_1)$ und $F'(Q_2)$!

D 2.3 Kettenregel

DA 70 Ermitteln Sie die Ableitung der Funktion f mit $f(x) = (5x^3 + 3x^2 - 7x + 4)^{15}$!

DA 71 Bilden Sie die Ableitung folgender Funktionen unter Benutzung der Kettenregel:

a) $f_1(x) = (2 + 3x)^2$
b) $f_2(x) = (4 - x)^2$
c) $f_3(x) = (1 - x + \frac{1}{3}x^3)^2$
d) $f_4(a) = [(\sqrt{x} - a)(\sqrt{x} + a)]^2$
e) $f_5(k) = \left(\frac{18k^2 + 24k + 8}{3k + 2}\right)^2$
f) $f_6(m) = (m^2 - \frac{5}{3}m)(6m^2 - 10m)^2$ **GTA**

DA 72 Bilden Sie die Ableitung folgender Funktionen:

a) $f(t) = \frac{t^2 + 1}{(t^2 + 1)^3}$
b) $g(x) = (4 + x)^3(x - 5)^4$
c) $h(r) = (\frac{2r + 5}{3r - 1})^3$
d) $k(x) = [(x^2 + 1)(x - 7)]^4$

DA 73 Bilden Sie die Ableitung folgender Funktionen unter Anwendung der Kettenregel. Fassen Sie die Ableitungsterme so weit wie möglich zusammen:

a) $r(s) = (1 + 2s)^2$
b) $f(t) = (3 - t)^3$
c) $f(x) = (x^3 - 4x^2)^2$
d) $g(x) = (x + x^2)^2$
e) $f(x) = (b^3 - x^3)^4$
f) $g(t) = (2 - 3t + t^2)^3$

DA 74 Bilden Sie die Ableitung folgender Funktionen und vereinfachen Sie die erhaltenen Terme: **GTA**

a) $g(x) = (2 - 3x)^{-2}$
b) $f(x) = (1 - 2x^2)^{-4}$
c) $f(t) = (\frac{1}{2}t - 5t^3)^{-3}$
d) $r(s) = \frac{5}{2(1 + 3s^2)^4}$
e) $f(x) = \frac{\sqrt{3}}{3(x + 2x^2)^3}$
f) $h(x) = \frac{b + 1}{(b^2 - x + x^2)^2}$

DA 75 Bilden Sie die Ableitung folgender Funktionen:

a) $f(t) = \sqrt{5t}$
b) $g(x) = \sqrt{bx}$
c) $h(x) = \sqrt{r^2x}$
d) $r(s) = \sqrt{1 + 2s}$
e) $f(x) = \sqrt{x + x^2}$
f) $g(x) = \sqrt{x^3 + x + 1}$
g) $f(r) = \sqrt{2r - 6r^4}$
h) $g(x) = \sqrt{x^2 - x + 1}$
i) $f(x) = \sqrt{x^3 - 1}$

D 2.4 Umkehrregel

DA 76 Bilden Sie die Ableitungen folgender Funktionen mithilfe der Umkehrregel:

a) $f(x) = 5\sqrt[3]{x}$, $x > 0$
b) $f(x) = \sqrt[5]{x}$; $x > 0$
c) $g(x) = \sqrt[3]{x + 1}$; $x > -1$
d) $h(x) = \sqrt[7]{3x + 3}$; $x > -1$
e) $k(x) = \sqrt{-x}$; $x < 0$

DA 77 Bilden Sie die Ableitungen folgender Funktionen mithilfe der Umkehrregel:

a) $f_1(t) = 2\sqrt{t}\,;\quad t > 0$

b) $f_2(x) = 4\sqrt[3]{x}\,;\quad x > 0$

c) $f_3(t) = \sqrt[4]{2t+1}\,;\quad t > -\frac{1}{2}$

d) $f_4(a) = a\sqrt{a} = \sqrt{a^3}\,;\quad a > 0$

e) $f_5(b) = \sqrt[4]{(b-1)(b+2)}\,;\quad b > 1$

f) $f_6(t) = \sqrt{t}\cdot\sqrt[3]{t} = \sqrt[6]{t^5}\,;\quad t > 0$

DA 78 Bilden Sie die Ableitungen der Funktionen aus Aufgabe ***DA 75 a – d*** mittels der Umkehrregel!

D 3 Ableitungen elementarer Funktionen

D 3.1 Ableitung von Potenzfunktionen

DA 79 Ermitteln Sie jeweils die Ableitung folgender Funktionen:

a) $f_1(x) = \frac{4}{3x^3}$

b) $f_2(x) = \sqrt[3]{x^2}\,,\ x > 0$

DA 80 Bilden Sie jeweils die Ableitung folgender Funktionen und geben Sie jeweils den Definitionsbereich der Funktion und ihrer Ableitung an:

a) $f_1(x) = \frac{2}{x^4}$

b) $f_2(x) = \frac{a}{x^3}$

c) $f_3(x) = \sqrt[4]{x^7}$

d) $f_4(x) = \frac{a}{\sqrt[n]{x}}$

e) $f_5(t) = (t - \sqrt{t}\,)^2$

f) $f_6(z) = 2\cdot\sqrt{z} + 3\sqrt[3]{z} + 4\sqrt[4]{z}$

g) $f_7(x) = (x^2+1)\cdot\sqrt[3]{x}$

h) $f_8(x) = \frac{x+\sqrt{x}}{x}$

DA 81 Berechnen Sie den Anstieg des Graphen der Funktion f_i $(x > 0)$ an der Stelle x_0!

a) $f_1(x) = \sqrt{x}\,;\ x_0 = 1;\ 10;\ 100$

b) $f_2(x) = \sqrt[3]{x^2}\,;\ x_0 = 1;\ 10;\ 100$

c) $f_3(x) = \sqrt{6x}\,;\ x_0 = \frac{1}{2}$

d) $f_4(x) = -\frac{\sqrt{2}}{x}\,;\ x_0 = \sqrt{3}$

e) $f_5(x) = \frac{1}{b}\cdot\sqrt[3]{x^2}\,;\ x_0 = b^3$

f) $f_6(x) = \frac{t^2}{x^2}\,;\ x_0 = 3t$

g) $f_7(x) = \sqrt{r}\cdot x^{-\frac{1}{2}}\,;\ x_0 = \sqrt{2}$

DA 82 Zeigen Sie mithilfe der Kettenregel, dass die Potenzregel auch für rationale Exponenten gilt!

DA 83 Bestimmen Sie von folgenden Funktionen jeweils die Ableitungsfunktion:

a) $f(x) = (px+q)^n;\quad n \in \mathbb{N}^*$

b) $g(x) = \sqrt[n]{px+q}\,;\quad n \in \mathbb{N}^*;\quad px+q > 0$

DA 84 Bilden Sie die Ableitung folgender Funktionen mithilfe der Kettenregel und vereinfachen Sie:

a) $f_1(x) = (-\frac{1}{2}x^2 + \sqrt{2}\,x)^4$

b) $f_2(a) = (\sqrt{2}\,a - a^2)^3$

c) $f_3(x) = \frac{5}{2(1+3x^2)^4}$

d) $f_4(t) = \frac{b+1}{(b^2 - t + t^2)^2}$

e) $f_5(x) = \sqrt{bx}$

f) $f_6(x) = \sqrt{b^2x}$

g) $f_7(t) = (1 + \sqrt{t}\,)^2$

h) $f_8(b) = (2\sqrt{b} - b)^3$

i) $f_9(t) = (1-t)\sqrt{2t}$

j) $f_{10}(a) = 2(a^2 - 3\sqrt{a}\,)^2$

DA 85 Bestimmen Sie den Anstieg des Graphen von f bzw. g an der Stelle x_0!

a) $f(x) = (x^2 - 1)^{13}, \quad x_0 = 2$

b) $g(x) = \sqrt{x^2 + 1}, \quad x_0 = 1{,}5$

DA 86

a) Bestimmen Sie f'(x) zu $f(x) = \sqrt{25 - x^2}$ und geben Sie D_f und $D_{f'}$ an!
b) Stellen Sie die Gleichung der Tangente t im Punkt P(r; s) des Graphen von f auf!
c) Zeichnen Sie f und t für $r = 3$ und $s = 4$!

DA 87 Bilden Sie die Ableitung folgender Funktionen, wenn die Funktion h_i jeweils differenzierbar ist:

a) $f_1(x) = h_1(\frac{1}{2}x)$

b) $f_2(x) = h_2(1 - 3x)$

c) $f_3(x) = h_3(\sqrt{2x})$

d) $f_4(x) = h_4(\sqrt{x + 1})$

DA 88 Die Funktion $f(x) = \sqrt{(x-1)^2 \cdot (x+1)}$ ist für alle $x \geq -1$ definiert und für alle $x > -1$ auch stetig. Differenzieren Sie die Funktion f nach der Kettenregel und bestimmen Sie den Differenzierbarkeitsbereich!

DA 89 Bilden Sie die Ableitung folgender Funktionen! (Radikanden bzw. Potenzbasen jeweils > 0)

a) $f(t) = t^{\frac{5}{3}}$

b) $g(x) = x^{\frac{2}{5}}$

c) $h(r) = r^{-\frac{2}{3}}$

d) $r(s) = 3s^{\frac{3}{2}}$

e) $f(x) = \sqrt{3}\, x^{-\frac{3}{2}}$

f) $f(x) = \sqrt[6]{x}$

g) $f(x) = \sqrt[4]{x^5}$

h) $f(x) = \sqrt[5]{x^3}$

i) $f(t) = \frac{2}{\sqrt{t^5}}$

j) $f(x) = \frac{-3}{\sqrt[3]{x^2}}$

k) $f(x) = \frac{2x}{\sqrt[4]{x^3}}$

l) $s(t) = \frac{\sqrt[3]{t}}{t}$

D 3.2 Ableitung von Exponential- und Logarithmusfunktionen

DA 90 Bilden Sie die Ableitungsfunktion von

a) $f(x) = 4^x \cdot x^4$,

b) $g(x) = x^2 \cdot \lg x$.

DA 91 Bilden Sie jeweils die Ableitung $f_i'(x)$:

a) $f_1(x) = 3^x$

b) $f_2(x) = \frac{1}{2} \cdot 3^x$

c) $f_3(x) = x^3 \cdot 3^x$

d) $f_4(x) = \frac{3^x}{x^2}$

DA 92 Bilden Sie jeweils die Ableitung folgender Funktionen:

a) $f_1(x) = \lg x$

b) $f_2(x) = \lg x^3$

c) $f_3(x) = x \cdot \log_{10} x$

d) $f_4(x) = \ln x^n$

e) $f_5(x) = (\lg x)^2$

f) $f_6(x) = x \cdot \ln x$

g) $f_7(x) = \lg \sqrt{x^3}$

h) $f_8(x) = \ln(x^2 - 5)$

DA 93 Differenzieren Sie folgende Funktionen:

a) $f_1(x) = e^x$

b) $f_2(x) = e^{-x}$

c) $f_3(x) = x^2 \cdot e^x$

d) $f_4(x) = \frac{x^2}{e^x}$

e) $f_5(z) = \frac{e^z - 1}{e^z + 1}$

f) $f_6(x) = (e^x - 2)(2 + x^2)$

g) $f_7(x) = e^{k \cdot x}$

h) $f_8(x) = \frac{e^x}{1 + e^x}$

DA 94 Differenzieren Sie:

a) $f_1(x) = 2\ln x$ b) $f_2(x) = x^2 \cdot \ln x$ c) $f_3(x) = \frac{\ln x}{x}$ d) $f_4(x) = \frac{1}{x^2} + 3\ln x - \frac{\ln x}{x}$

DA 95 Ermitteln Sie mithilfe der Beziehung $\log_a x = \frac{\ln x}{\ln a}$ jeweils die Ableitung folgender Funktionen:

a) $f_1(x) = \log_3 x$ b) $f_2(x) = \log_3(x-1)$ c) $f_3(x) = \log_2 3x$ d) $f_4(x) = \log_2 x^4$

DA 96 Bilden Sie die Ableitung folgender Funktionen:

a) $f_1(a) = e^{3a}$ b) $f_2(t) = e^{-\frac{1}{2}t}$ c) $f_3(x) = e^{-2x}$ d) $f_4(x) = e^{2x+2}$

e) $f_5(x) = e^{\sqrt{2}x-2}$ f) $f_6(t) = t^2 \cdot e^t$ g) $f_7(x) = \frac{e^{2x}}{\sqrt{x}}$ h) $f_8(x) = \frac{e^{-x}}{1+x}$

DA 97 Bilden Sie die Ableitung folgender Funktionen:

a) $f_1(t) = \sqrt{t}\,\ln t$ b) $f_2(x) = \frac{\ln x^2}{x}$ c) $f_3(t) = \ln \sqrt[3]{t}$ d) $f_4(x) = \ln \sqrt{\frac{x}{x-1}}$

e) $f_5(t) = \ln(1-t)^2$ f) $f_6(x) = \frac{1+x}{\ln(1-x)}$ g) $f_7(x) = \frac{\ln 2x}{\sqrt{x}}$ h) $f_8(a) = \sqrt{2a}\,\ln a$

DA 98 Die Punkte R(1; 0) und S(e; 1) sind Punkte des Graphen der Funktion $f(x) = \ln x$. Bestimmen Sie die Koordinaten des Berührungspunktes P(x; y) der zu $\overline{RS}$ parallelen Tangente!

DA 99 Bestimmen Sie den Anstieg von $f(x) = e^x$ sowie die Gleichung der Tangente an den Graphen in $x_0 = 0$!

DA 100 Bilden Sie die Ableitung der Logarithmusfunktion $f(x) = \log_a x$ über den Grenzwert des Differenzenquotienten!

DA 101 Für den Entladevorgang eines Kondensators gelten die folgenden Gleichungen für Ladung, Spannung und Strom:

$Q(t) = Q_0\, e^{-\frac{1}{RC}t}$; $U(t) = U_0\, e^{-\frac{1}{RC}t}$ und $I(t) = -I_0\, e^{-\frac{1}{RC}t}$

Bilden Sie die Ableitungen dieser Funktionen nach t und zeigen Sie mögliche Zusammenhänge auf!

DA 102 Das Gesetz für die Aktivität bzw. die Anzahl noch nicht zerfallener Kerne beim Zerfall eines radioaktiven Isotops lautet $A(t) = A_0 e^{-\lambda t}$ bzw. $N(t) = N_0 e^{-\lambda t}$, wobei $A = -\frac{dN}{dt}$ ist.

Bilden Sie von beiden Gleichungen die Ableitung nach der Zeit, stellen Sie Beziehungen für die Zerfallskonstante λ, die Halbwertszeit t_H und den Zusammenhang zwischen A und N auf!

D 3.3 Ableitung trigonometrischer Funktionen

DA 103 Zu den nachfolgenden Funktionen ist jeweils die Ableitung zu bilden:

a) $f_1(x) = x^3 - 3\sin x$ b) $f_2(x) = \cos 2x$ c) $f_3(x) = x \cdot \tan x$

DA 104 Bilden Sie jeweils die Ableitung folgender Funktionen:

a) $f_1(x) = 1 + \sin x$ b) $f_2(x) = 2\cos x$ c) $f_3(x) = \frac{3}{4}\sin(1{,}2\,x)$

d) $f_4(x) = 2x^3 \cdot \cos(3x)$ e) $f_5(z) = \frac{1}{2}\sin(\pi z)$ f) $f_6(t) = k \cdot \cos\frac{t}{2}$

g) $f_7(x) = \sin(2x)$ h) $f_8(x) = \cos(\frac{\pi}{4}x)$ i) $f_9(x) = \sin(\frac{1}{2}x) + 2\cos(-x)$

j) $f_{10}(t) = -\frac{1}{2}\cos t + \frac{2}{3}\sin t$ k) $f_{11}(t) = 0{,}4\sin(2t)$ l) $f_{12}(x) = a\cos(\frac{\pi}{2}x)$

m) $f_{13}(a) = \frac{4}{5}[-\frac{1}{2}\cos(\frac{2a}{3}) + \frac{1}{2}\sin(-\frac{a}{3})]$ n) $f_{14}(t) = t\cos\pi \cdot a + \sin(\pi t)$

o) $f_{15}(x) = 4\,\frac{\sin(2x) - k\cos(kx)}{3} + \frac{x}{2}$ p) $f_{16}(x) = \sin(2x) - 3\cos(\frac{1}{3}x)$

q) $f_{17}(a) = 3\sin(\frac{1}{3}x + 4)$ r) $f_{18}(x) = \cos^2(x^2 + 4x + 2)$

DA 105 Differenzieren Sie!

a) $f_1(x) = 2\tan x$ b) $f_2(x) = x^2 \cdot \tan x$ c) $f_3(x) = \frac{x}{\tan x}$ d) $f_4(x) = \frac{2\cos x}{x^2}$

DA 106 Bestimmen Sie den Anstieg der Funktionen $f(x) = \sin x$ und $g(x) = \cos x$ an den Stellen $x_0 = 0;\ \frac{\pi}{2};\ \pi;\ \frac{3}{2}\pi;\ 2\pi$!

DA 107 Berechnen Sie den Schnittpunkt $S(x_s;\ y_s)$ der Graphen der Funktionen $f(x) = \sin x$ und $g(x) = \cos x$ im Intervall $[0;\ \frac{\pi}{2}]$ und bestimmen Sie über den Anstieg der Funktionen in x_s den Schnittwinkel beider Funktionen an dieser Stelle!

DA 108 Bestimmen Sie die Stellen x_0, für die gilt:

a) $f_1'(x_0) = (\sin x)'\big|_{x_0} = 1$ b) $f_2'(x_0) = (\cos x)'\big|_{x_0} = 0{,}5$

DA 109 Ermitteln Sie die Gleichung der Tangente an den Graphen der Funktion $f(x) = \sin(2x + \frac{\pi}{4})$ im Punkt $P(0;\ f(0))$!

DA 110 Ermitteln Sie jeweils eine Gleichung der Tangente an den Graph der Funktion $f_i(x)$ im Punkt $P_0(x_0;\ f(x_0))$:

a) $f_1(x) = \cos x;\quad x_0 = \frac{\pi}{2}$ b) $f_2(x) = \tan x;\quad x_0 = 0$

c) $f_3(x) = \cos(2x - \frac{\pi}{4});\quad x_0 = \frac{\pi}{8}$ d) $f_4(x) = \sin(x + \frac{\pi}{4});\quad x_0 = \frac{\pi}{4}$

DA 111 Bilden Sie die Ableitungen folgender Funktionen:

a) $f_1(t) = n \cdot \cos mt$ b) $f_2(x) = b \cdot \sin(\frac{2\pi}{r} \cdot x)$ c) $f_3(t) = \tan 2t + 1;\ 0 < t < \frac{\pi}{4}$

d) $f_4(x) = \cos^4 x$ e) $f_5(a) = \ln(\cos a);\ 0 \le a < \frac{\pi}{2}$ f) $f_6(x) = \cos x \cdot \sin x$

g) $f_7(t) = \tan\sqrt{t};\ 0 < t < \frac{\pi}{2}$ h) $f_8(t) = \sqrt{\tan t};\ 0 < t < \frac{\pi}{2}$

DA 112 Bilden Sie die Ableitung folgender Funktionen:

a) $f_1(x) = 3 \cdot \sin\frac{x}{3}$ b) $f_2(x) = 2\cos\frac{x}{2}$ c) $f_3(x) = \cos 2x$

d) $f_4(x) = 3\sin(x - \frac{\pi}{2}) + 1$ e) $f_5(x) = 4\cos x + 1$ f) $f_6(x) = r\cos\pi x$

g) $f_7(x) = \tan 2x;\ 0 < x < \frac{\pi}{4}$ h) $f_8(x) = \sin(\frac{2\pi}{a} \cdot (x - t));\ a \ne 0$

DA 113 Bilden Sie die Ableitung der Funktion $f(x) = \arccos x,\ x \in [-1;\ 1]$, mithilfe der Umkehrregel!

DA 114 Bilden Sie die Ableitung von $y = f(x) = \arccos x,\ x \in [-1;\ 1]$, indem Sie den Zusammenhang $\arccos x = \frac{\pi}{2} - \arcsin x$ ausnutzen!

DA 115 Bilden Sie die Ableitung der Funktion $y = f(x) = \arctan x$, $D_f =]-\frac{\pi}{2}; +\frac{\pi}{2}[$, $W_f = \mathbb{R}$, mithilfe der Umkehrregel!

DA 116 Untersuchen Sie nachfolgende Funktionen auf Differenzierbarkeit und ermitteln Sie – wenn möglich – deren Ableitung:

a) $f_1(x) = \arccos \frac{2}{x}$, $x \in \mathbb{R} \setminus]-2; 2[$

b) $f_2(x) = \arcsin \sqrt{x^3}$, $x \in [0; 1]$

c) $f_3(x) = \arcsin \frac{x^2 - 1}{x^2 + 1}$, $x \in \mathbb{R}$

d) $f_4(x) = \arctan \frac{1 + x}{1 - x}$, $x \in \mathbb{R}, x \neq 1$

e) $f_5(x) = \frac{e^x}{\arctan x}$, $x \in \mathbb{R}, x \neq 0$

f) $f_6(x) = \arctan 5x$, $x \in \mathbb{R}$

GTA **DA 117** Ermitteln Sie auf der Grundlage der auf Seite 81 des Lehrbuchs definierten Steuerfunktion die zu zahlende Einkommensteuer für nachfolgend angegebene zu versteuernde Einkommen:

zu versteuernde Einkommen	zu zahlende Einkommensteuer	zu versteuernde Einkommen	zu zahlende Einkommensteuer
0		55 000	
5 000		60 000	
10 000		65 000	
15 000		70 000	
16 000		75 000	
17 000		80 000	
18 000		85 000	
19 000		90 000	
20 000		95 000	
25 000		100 000	
30 000		110 000	
35 000		120 000	
40 000		130 000	
45 000		140 000	
50 000		150 000	

GTA **DA 118** Die im Einkommensteuergesetz in §32a angegebene Steuerfunktion gilt nur für ledige Steuerzahler. Bei Verheirateten wird die Steuer nach dem sog. Ehegatten-Splitting-Verfahren berechnet: Das gesamte zu versteuernde Einkommen der Ehepartner wird halbiert und jede Hälfte nach der Steuerfunktion aus §32a berechnet.

a) Vergleichen Sie die zu zahlenden Steuern eines Ehepaars mit einem zu versteuernden Einkommen von 70 000 DM [130 000 DM] mit der Steuer, die ein Alleinverdiener mit gleichem Einkommen zu zahlen hat!

b) Legen Sie eine Splitting-Tabelle für Einkommen zwischen 0 DM und 200 000 DM an!

GTA **DA 119** Der Steuersatz $\frac{S(x)}{x}$ beim Einkommen x gibt an, welcher Bruchteil des Einkommens als Steuer zu zahlen ist. Die Angabe des Steuersatzes erfolgt oft in $100 \cdot \frac{S(x)}{x}$ Prozent.

a) Berechnen Sie für die Tabelle in Aufgabe ***DA 117*** die Steuersätze und zeichnen Sie den zugehörigen Graphen!

b) Berechnen Sie den Steuersatz auch für das Splitting-Verfahren!

c) Geben Sie in den Intervallen der Steuerfunktion den Term der Steuersatzfunktion Ss(x) an!

d) Wie viel Prozent des Einkommens beträgt in den jeweiligen Intervallen der Steuersatz?

e) Bestimmen Sie die obere Grenze aller Steuersätze, die überhaupt auftreten können!

f) Ab welchem zu versteuernden Einkommen beträgt der Steuersatz 52%? Wann wird der Grenzsteuersatz (vgl. Beispiel D 26) erreicht?

DA 120 GTA

a) Herr Neureich hat ein Jahreseinkommen von 80 000 DM. Durch eine Nebentätigkeit kann er pro Jahr 7 500 DM hinzuverdienen. Er muss nun überlegen, ob sich der Zuverdienst lohnt. Daher berechnet er den Bruchteil des zusätzlich verdienten Geldes, den er als Steuern zahlen muss.
b) Herr Neureich überlegt: Wenn der Mehrverdienst immer geringer wird und gegen null strebt, dann müsste auch der durchschnittliche Steuersatz für diesen Mehrverdienst gegen null streben. Hat er recht?
c) Herr Neureich entscheidet sich für den Nebenverdienst. Im folgenden Jahr schafft er Fachliteratur für 3 000 DM an. Diesen Betrag kann er von der Steuer absetzen, d.h., der Betrag wird vor der Steuerberechnung vom Einkommen abgezogen. Wie viel Steuern spart er so? Zeigen Sie, dass auch hier die Formel für den durchschnittlichen Steuersatz angewendet werden kann.

DA 121 GTA

a) Berechnen Sie die Ableitung der auf Seite 81 des Lehrbuchs definierten Steuerfunktion S(x). Diese Funktion wird Grenzsteuer genannt.
b) Frau Sparsam bezieht ein Einkommen von 35 000 DM [70 000 DM; 125 000 DM]. Sie verdient 2 500 DM hinzu. Berechnen Sie mithilfe der Grenzsteuer, welcher Bruchteil des Mehrverdienstes als Steuern zu zahlen ist. Wie viel D-Mark sind das?
c) Im darauffolgenden Jahr verdient sie nichts hinzu, kann aber 4000 DM von der Steuer absetzen. Berechnen Sie mithilfe der Grenzsteuer, wie viel Prozent dieses Betrages sie an Steuer einspart!

DA 122 GTA

Für das Jahr 2005 ist die letzte Stufe der Steuerreform geplant. Als Eckdaten sind vorgesehen: Grundfreibetrag 7670 €, Eingangssteuersatz 15 %, Spitzensteuersatz 45 % ab einem zu versteuernden Einkommen von 54964 €. Dabei soll der Steuersatz zum Einkommen proportional sein.
a) Erstellen Sie anhand der Angaben die Steuerfunktion für das Jahr 2005!
b) Zeichne die Steuerfunktion S(x), ihre Ableitungsfunktion S'(x) sowie die Steuersatzfunktion Ss(x) jeweils im Intervall [0 €; 70000 €].
c) Berechnen Sie für ein Jahreseinkommen von 25000 € [35000 €; 45000 €; 60000 €] die zu zahlenden Steuern nach dem geplanten Tarif und vergleichen Sie mit den heute fälligen Steuern bei entsprechenden Einkommen (Steuerfunktion s. S. 81 des Lehrbuches; 1 € = 1,95583 DM).

DA 123

Wir betrachten noch einmal die Angebote der drei Stromversorgungsgesellschaften im Beispiel A 24 des Lehrbuches.
a) Um die Kosten der Stromherstellung und Lieferung zu kalkulieren, bestimmen die Firmen so genannte Kostenfunktionen K(x), hier in Abhängigkeit des Energieverbrauches x. Für die drei Firmen sei nun einmal eine einzige Kostenfunktion in Euro durch $K(x) = -\frac{1}{500\,000}x^2 + \frac{469}{5\,000}x + 21$ mit $0 \le x \le 20\,000$ gegeben. Welche Gewinne können Sie bei den Bernsteins (x = 4 500 kWh) im Jahr verbuchen? Skizzieren Sie grob den Graphen von K(x) und erläutern Sie den Zusammenhang mit den Graphen von $J_R(x)$, $J_G(x)$ und $J_B(x)$!
b) Bei welchem jährlichen Energieverbrauch x_0 arbeiten die Gesellschaften für die Bernsteins gerade jeweils kostendeckend; für welches x_0 gilt also $J(x_0) = K(x_0)$?
c) Bestimmen Sie einen Tarif, der bei x = 3 000 kWh kostendeckend ist!

DA 124

Mit $K(x) = x^3 - 11x^2 + 15x + 60$, $U(x) = 11x$ und $G(-2) = 0$ seien die Kostenfunktion K(x), die zugehörige Umsatzfunktion U(x) und eine Nullstelle der Gewinnfunktion G(x) eines Produktes in Abhängigkeit von der Produktionsmenge x gegeben (vgl. ***AA 179***). Bestimmen Sie
a) die Gewinnfunktion G(x), b) die Gewinnzone, c) das Gewinnmaximum,
d) das Betriebsoptimum x_0! (Unter einem Betrieboptimum versteht man eine bestimmte Produktionsmenge x_0, für die die Grenzkosten K'(x) gleich den Stückkosten $\frac{K(x)}{x}$ sind, also $K'(x_0) = \frac{K(x)}{x_0}$ gilt.

Zur Veranschaulichung sei erwähnt, dass ein Betrieb, wenn er denn Stückzahlen in der Nähe des Betriebsoptimums produziert, sehr leicht kalkulierbar auf Änderungen in der Nachfrage oder der Zulieferung reagieren kann. Die Grenzkosten geben als Steigerung der Kostenfunktion unmittelbar Auskunft über die Kostenänderung an einer Stelle x.)

e) die Gewinnelastizität $\varepsilon_G(x) = \frac{G'(x) \cdot x}{G(x)}$.

DA 125 Verfahren Sie wie in Aufgabe ***DA 124***, wenn gilt:

a) $K_1(x) = x^3 - 7x^2 - 45x + 231$, $U_1(x) = 20x$ und $G_1(-7) = 0$,

b) $K_2(x) = x^3 - 9x^2 + 20x + 20$, $U_2(x) = 10x$ und $G_2(-1) = 0$!

c) Gilt für das Betriebsoptimum x_0 auch die Gleichung $\varepsilon_G(x_0) = 1$? Begründen Sie Ihre Antwort!

DA 126 Bei der Herstellung eines Produktes bezeichne x die Produktionsmenge, G(x) die Gewinnfunktion und U(x) die Umsatzfunktion. Es sind jeweils

- die Kostenfunktion K(x),
- die Gewinnzone,
- das Gewinnmaximum,
- das Betriebsoptimum x_0,
- die Gewinnelastizität $\varepsilon_G(x) = \frac{G'(x) \cdot x}{G(x)}$

zu bestimmen, wenn gilt:

a) $G_1(x) = -x^4 + 58x^2 - 441$ und $U_1(x) = 30x$,

b) $G_2(x) = -x^3 + 7x^2 + 8x - 66$, $U_2(x) = 7x$ und $G_2(-3) = 0$,

c) $G_3(x) = -x^5 + 102x^3 - 2209x$ und $U_3(x) = 50x$.

D 3.4 Ableitungen höherer Ordnung

DA 127 Gegeben ist die Funktion $f(x) = x^4 + 3x^2 + 2x - 1$. Es ist die 3. Ableitung von f(x) zu bestimmen.

DA 128 Bilden Sie von folgenden Funktionen $f_i(x)$ die 1., 2. und 3. Ableitung:

a) $f_1(x) = x^3 - 3x^2 - 0{,}5x + 1$

b) $f_2(x) = x^7 - 3x^4 - \frac{1}{4}x^2$

c) $f_3(x) = x^2 - 0{,}5x + 1$

d) $f_4(x) = 6x^3 + 4x - 10$

DA 129 Wie viele von 0 verschiedene Ableitungen hat die Funktion $f(x) = 3x^5 + 4x^4 - 3x^2 + \sqrt{2}\,x + 1$? Ermitteln Sie diese!

DA 130 Bilden Sie $f_i'(x)$ und $f_i''(x)$ von

a) $f_1(x) = x^2 - 4x + 1$

b) $f_2(x) = \frac{1}{2}x^2 - 2x + 8$.

Zeichnen Sie die Graphen von $f_i(x)$, $f_i'(x)$ und $f_i''(x)$ jeweils in ein und dasselbe Koordinatensystem!

DA 131 Die Funktion $f(x) = \left\{\begin{matrix} 1, & 0 \le x \le 1, \\ x^2 - 2x + 2, & x > 1, \end{matrix}\right\}$ ist für $x \ge 0$ differenzierbar.

Bilden Sie f'(x) und machen Sie Aussagen über die Differenzierbarkeit an der Stelle $x_0 = 1$!

DA 132 Bilden Sie die 1., 2. und 3. Ableitung von

a) $v_1(r) = \frac{4}{3}\pi \cdot r^3$

b) $v_2(a) = a^3$

c) $v_3(r) = \frac{1}{3}\pi \cdot r^2 \cdot h$

d) $v_4(a) = \frac{1}{3}a^2 \cdot h$

DA 133 Bilden Sie von folgenden Funktionen die ersten 3 Ableitungen:

a) $f_1(t) = -4\sqrt{t}$

b) $f_2(a) = \frac{1}{(a-2)^2}$

c) $f_3(t) = |0{,}6t^2 - 0{,}2t^3|$

DA 134 Bestimmen Sie die Stellen $x_0 \in [0; 2\pi]$, für die gilt:

a) $(\sin x)'' = 0$ b) $(\cos x)'' = 1$ c) $(\sin x)''' = -1$

DA 135 Bilden Sie die ersten drei Ableitungen von

a) $f_1(x) = e^{-x}$ b) $f_2(x) = e^x \cdot x^2$ c) $f_3(x) = 16\, e^{\frac{1}{2}x + 3}$ d) $f_4(x) = a \cdot e^{bx + c}$

e) $f_5(x) = 3 \sin x$ f) $f_6(x) = \cos x - \frac{1}{2}\sin(2x)$ g) $f_7(x) = \ln x$ h) $f_8(x) = 3^x$

DA 136 Bilden Sie die ersten drei Ableitungen der nachfolgend gegebenen Funktionen:

a) $f_1(x) = \sin(1 - 2x)$ b) $f_2(x) = \frac{1}{2} \cdot \sin(2x)$ •

c) $f_3(x) = 2\cos(x - \frac{\pi}{2}) + 5$ d) $f_4(x) = 3 \cdot \sin(x + 2)$

DA 137 Bilden Sie die ersten vier Ableitungen der Funktion $f(x) = x \cdot e^{a \cdot x}$! Stellen Sie davon ausgehend eine Vermutung über die Bildungsvorschrift für die n-te Ableitung $f^{(n)}(x)$ auf und beweisen Sie diese!

DA 138 Weisen Sie nach, dass für alle Funktionen $f(x) = a x^2 e^{-bx}$ $(x, a, b \in \mathbb{R})$ die Gleichung $f''(x) + 2b \cdot f'(x) + b^2 \cdot f(x) - 2a\, e^{-bx} = 0$ erfüllt ist!

DA 139 Bestimmen Sie die Funktion $g_{a_1}(x)$ aus der Schar der Funktionen $g_a(x) = -\frac{6}{x}(1 - \ln ax)$ $(x \in \mathbb{R}$ und $x > 0;\ a \in \mathbb{R}$ und $a > 0)$, die an der Stelle $x_1 = 1$ den Anstieg 0 hat!

DA 140 Ein Körper gleitet (fast) reibungsfrei auf einer schiefen Ebene. Für diese Bewegung gilt $s(t) = 0{,}5\, g \cdot \sin\alpha \cdot t^2$ (mit $g = 9{,}81\ \frac{m}{s^2}$).

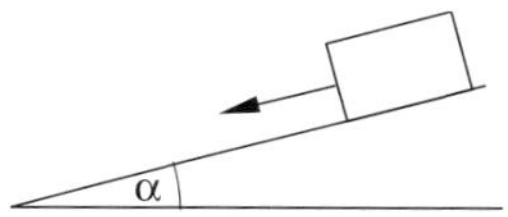

a) Geben Sie die mittlere Geschwindigkeit des Körpers im Intervall $[t_0; t_1]$ an!
b) Berechnen Sie seine Momentangeschwindigkeit zum Zeitpunkt t_0!
c) Zeichnen Sie den Graphen der Geschwindigkeit-Zeit-Funktion für $\alpha = 20°$!

DA 141 Ein Ball wird mit einer Anfangsgeschwindigkeit v_0 senkrecht nach oben geschossen. Der zurückgelegte Weg lässt sich mit $s = v_0 t - 0{,}5\, g t^2$ berechnen ($g = 9{,}81\ \frac{m}{s^2}$).

a) Geben Sie die Geschwindigkeit-Zeit-Funktion und die Beschleunigung-Zeit-Funktion an!
b) Wann ist $v = 0$, wann positiv, wann negativ?
c) Wann ist der höchste Punkt erreicht? In welcher Höhe ist das? Wann schlägt der Ball am Boden auf?

DA 142 Für die Fahrt zwischen zwei Haltepunkten wurde für einen S-Bahnzug der zurückgelegte Weg f(t) als Funktion der Zeit (Weg in m, Zeit in s) untersucht. Dabei ergab sich folgender Zusammenhang

$$f(t) = \begin{cases} 0{,}5\, t^2 & \text{für } 0 \le t \le 12 \\ 0{,}2(t + 18)^2 - 108 & \text{für } 12 < t \le 35 \\ 21{,}2(t - 35) + 453{,}8 & \text{für } 35 < t \le 38 \\ -0{,}48(t - 60)^2 + 749{,}72 & \text{für } 38 < t \le 60 \end{cases}$$

a) Berechnen Sie abschnittsweise die 1. Ableitung von f(t)! Wie lässt sie sich interpretieren?
b) Für welches t nimmt die Ableitung ein Maximum an? Was bedeutet dieses Maximum?
c) Berechnen Sie abschnittsweise die 2. Ableitung. Was sagt sie aus?
d) Wird der Zug stetig beschleunigt?
e) Stellen Sie die Ableitungen grafisch dar!
f) Geben die Durchschnittsgeschwindigkeit zwischen den beiden Stationen an!

D 4 Sätze über differenzierbare Funktionen

DA 143 Gegeben sei die Funktion $f(x) = 0{,}1x^3 - 0{,}2x^2 - x + 1{,}5$ auf dem Intervall $[-4; 4]$. Bestimmen Sie eine Stelle x_0 $(x_0 \in\,]-4; 4[)$ so, dass die Tangente in $P(x_0; f(x_0))$ an den Graphen der Funktion parallel zur Sekante durch $Q(3; f(3))$ und $R(0; f(0))$ verläuft!
Zeichnen Sie die Graphen von Funktion, Sekante und Tangente!

DA 144 Gegeben sei die Funktion $f(x) = x^2 - 1$.
Bestimmen Sie x_0 so, dass die Tangente an den Graphen von $f(x)$ parallel zur Sekante durch die Punkte $R(-1; f(-1))$ und $S(2; f(2))$ verläuft!

DA 145 Gegeben ist eine im Intervall $[-2; 3]$ differenzierbare Funktion f, deren Graph durch die Punkte $A(-1; 0)$ und $B(2{,}5; 0)$ verläuft. Welche Zahl kommt dann mit Sicherheit im Wertebereich von f' vor?

DA 146 Bestimmen Sie Intervalle, in denen Nullstellen der Ableitung $f_i'(x)$ liegen!

a) $f_1(x) = (x+3)(x-1)(2x-5)$ b) $f_2(x) = x(x+1)(x-2)(x+3)$

DA 147 Wenden Sie den Mittelwertsatz (s. Satz D 15, S. 104) auf die Funktion

a) $f_1(t) = t^3$ im Intervall $[1; 3]$ b) $f_2(x) = \sin x$ im Intervall $[\frac{\pi}{6}; \frac{2\pi}{3}]$

c) $f_3(x) = \ln x$ im Intervall $[0{,}5; 1{,}5]$

an! Bestimmen Sie die Stelle c!

DA 148 Eine Bewegung erfolge nach dem Weg-Zeit-Gesetz $s(t) = 0{,}4t^3 - 4t^2 + 10$. ($s$ ist der zum Zeitpunkt t zurückgelegte Weg.) Zu welchem Zeitpunkt $t_0 \in [0; 4]$ ist die Momentangeschwindigkeit $v(t_0)$ gleich der Durchschnittsgeschwindigkeit im angegebenen Zeitintervall? Zeigen Sie, dass der Mittelwertsatz die Existenz von t_0 bestätigt!

DA 149 Bestimmen Sie die nachfolgenden Grenzwerte mithilfe der Regeln von DE L'HOSPITAL:

a) $\lim\limits_{x \to 4} \frac{x^2 + x - 20}{x^3 - x^2 - 12x}$ b) $\lim\limits_{x \to \infty} \frac{\ln x}{x^n}$, $n > 0$

DA 150 Bestimmen Sie die folgenden Grenzwerte nach der 1. Regel von DE L'HOSPITAL:

a) $\lim\limits_{x \to 1} \frac{\ln x}{x - 1}$ b) $\lim\limits_{x \to 1} \frac{2x^2 + x - 3}{x - 1}$ c) $\lim\limits_{x \to 1} \frac{x^2 + x}{x + 1}$ d) $\lim\limits_{x \to 0} \frac{\sin 2x}{x}$

e) $\lim\limits_{\substack{x \to 0 \\ x > 0}} x^3 \cdot \ln x$ f) $\lim\limits_{\substack{\alpha \to 0 \\ \alpha > 0}} \frac{\tan \sqrt{\alpha}}{\alpha}$ g) $\lim\limits_{\alpha \to k \cdot \pi} \frac{\tan 2\alpha}{\tan \alpha}$ h) $\lim\limits_{\substack{x \to 0 \\ x > 0}} x^x$

i) $\lim\limits_{x \to \frac{\pi}{2}} (\sin x)^{\tan x}$ j) $\lim\limits_{x \to 1} \frac{ax^2 - a}{x - 1}$

Hinweis zu h), i): Formen Sie den betrachteten Term unter Verwendung von $e^{\ln x} = x$ zunächst in eine Potenz von e um.

Versuchen Sie, die Aufgaben auch mittels eines GTA zu lösen! (Achten Sie dabei auf die richtige Modus-Einstellung, falls in dem jeweiligen Term Winkelfunktionen auftreten!)

GTA **DA 151** Bestimmen Sie die folgenden Grenzwerte nach der 2. Regel von DE L'HOSPITAL:

a) $\lim\limits_{x \to \infty} x^{\frac{1}{x}}$ b) $\lim\limits_{x \to \infty} x \cdot \sin \frac{1}{x}$ c) $\lim\limits_{x \to \infty} \frac{\sin^2 \frac{1}{x}}{\frac{1}{x^2}}$ d) $\lim\limits_{x \to \infty} \frac{\sqrt{x}}{x - 1}$

e) $\lim\limits_{x \to \infty} \dfrac{\arctan x - \frac{\pi}{2}}{\frac{1}{x}}$ f) $\lim\limits_{x \to \infty} \dfrac{ax + b}{\ln(1 + e^x)}$ g) $\lim\limits_{x \to \infty} \dfrac{x^2}{2^x}$ h) $\lim\limits_{x \to \infty} \dfrac{\ln x}{\sqrt{x^2 - 1}}$

Hinweis zu a): Formen Sie den betrachteten Term unter Verwendung von $e^{\ln x} = x$ zunächst in eine Potenz von e um.

Versuchen Sie, die Aufgaben auch mittels eines GTA zu lösen! (Achten Sie dabei auf die richtige Modus-Einstellung, falls in dem jeweiligen Term Winkelfunktionen auftreten!)

DA 152 Bestimmen Sie durch mehrmalige Anwendung der Regeln von DE L'HOSPITAL die nachfolgenden Grenzwerte: GTA

a) $\lim\limits_{x \to 0} \dfrac{x^2 - 2 + 2\cos x}{x^4}$ b) $\lim\limits_{x \to \infty} \dfrac{x^3}{e^x}$ c) $\lim\limits_{x \to \infty} \dfrac{e^x}{x^2}$ d) $\lim\limits_{x \to \infty} x^n \cdot e^{-x}$

e) $\lim\limits_{x \to 0} \dfrac{e^x - e^{-x} - 2x}{x - \sin x}$ f) $\lim\limits_{x \to \frac{\pi}{2}} \dfrac{\tan x}{\tan 3x}$ g) $\lim\limits_{x \to 0} \dfrac{\sin x - x}{e^{\sin x} - e^x}$ h) $\lim\limits_{x \to 0} \dfrac{1 - \cos x}{x^2}$

DA 153 Diskutieren Sie die Besonderheiten der folgenden Grenzwerte bei formaler Anwendung der Regeln von DE L'HOSPITAL. Bestimmen Sie die Grenzwerte! GTA

a) $\lim\limits_{x \to 2} \dfrac{x^2 - x + 2}{x - 2}$ b) $\lim\limits_{x \to \infty} \dfrac{x + \sin x}{x}$

D 5 Anwenden der Differentialrechnung zur Untersuchung von Funktionseigenschaften

D 5.1 Monotonieverhalten

DA 154 Gegeben ist die Funktion $f(x) = \frac{1}{3}x^3 - \frac{3}{2}x^2 - 4x + 3$. Untersuchen Sie die Funktion f auf Monotonie!

DA 155 Untersuchen Sie folgende Funktionen auf Monotonie:

a) $f_1(x) = \frac{1}{3}x^3 + x^2 - \frac{5}{4}x - 2$ b) $f_2(x) = \frac{1}{6}x^3 - 2x^2 + 6x + 1$ c) $f_3(x) = \frac{3}{4}x^4 + x^3 - 3x^2$

d) $f_4(x) = -x^3 + 2x^2 - 4x$ e) $f_5(x) = x(2 - \ln x)$ f) $f_6(x) = e^x(x - 4)$

g) $f_7(x) = 1 - 2\cos x;\ x \in [0; 2\pi]$ h) $f_8(x) = 2\sin\frac{x}{3} + 1;\ x \in [0; 6\pi]$ i) $f_9(x) = \ln\frac{1}{x^2};\ x \neq 0$

j) $f_{10}(x) = (e^x + 2)^2 \cdot (e^x - 2)^2$ k) $f_{11}(x) = \dfrac{x^2 + 3x - 7}{(x - 4)^2}$ l) $f_{12}(x) = \dfrac{x^2 + 4x + 5}{x^2 + 3}$ GTA

m) $f_{13}(x) = \dfrac{12}{\sqrt{5x^2 - 12x + 18}}$ n) $f_{14}(x) = e^x + 2x^2 - 8x$ o) $f_{15}(x) = \sqrt{x + \dfrac{x}{(\ln x)^2}}\ (x > 1)$

DA 156 Ermitteln Sie die Intervalle, in denen folgende Funktionen monoton wachsend sind:

a) $f_1(x) = \sin^2 x - \sin x$ b) $f_2(x) = \cos x - \cos^2 x$ c) $f_3(x) = 3\sin(ax - \frac{\pi}{2})\ (a > 0; a \in R; x > 0)$

DA 157 Untersuchen Sie folgende Funktionen in Abhängigkeit von a $(a \in \mathbb{R})$ auf Monotonie!

a) $f_1(x) = ax^3 + 3x^2$ b) $f_2(x) = x^4 + ax^2$ c) $f_3(x) = \dfrac{x^2 + 4ax + a}{x^2 + a}$

DA 158 Welche Aussagen kann man über das Monotonieverhalten der folgenden stetigen Funktionen f_i treffen, wenn Folgendes gilt:

a) f_1' besitzt zwei Nullstellen.
b) Der Graph von f_2' verläuft vollständig oberhalb der x-Achse.
c) $f_3'(x) = 0$ ist nur für $x = -3$ erfüllt.
d) Der Graph von f_4' berührt die x-Achse an der Stelle $x_1 = 0$ und schneidet sie nur bei $x_2 = 4$.

Veranschaulichen Sie jeweils den entsprechenden Sachverhalt in einer Skizze!

DA 159 Beweisen Sie: Die Umkehrfunktion einer auf [a; b] streng monoton fallenden Funktion f ist ebenfalls streng monoton fallend.

D 5.2 Extrema

DA 160 Beweisen Sie das (– +)VZW-Kriterium für lokale Extrema (s. Lehrbuch S. 116)!

DA 161 Beweisen Sie Satz D 21 (S. 116) für den Fall des lokalen Minimums!

DA 162 Überprüfen Sie, ob folgende Aussagen wahr sind, und begründen Sie Ihre Entscheidung!

a) f sei im Intervall I differenzierbar und $x_0 \in I$.
Dann ist $f'(x_0) \neq 0$ hinreichend dafür, dass x_0 keine lokale Extremstelle von f ist.
b) Wenn die Funktion f in einer Umgebung von x_0 differenzierbar ist, $f'(x_0) = 0$ gilt und $f'(x)$ an der Stelle x_0 einen Vorzeichenwechsel hat, so ist x_0 eine lokale Extremstelle von f.
c) $f'(x_0) = 0$ ist ein hinreichendes Kriterium für ein lokales Extremum an der Stelle x_0.
d) $f'(x_0) = 0$ und $f''(x_0) > 0$ ist ein hinreichendes Kriterium für ein lokales Minimum an der Stelle x_0.
e) $f'(x_0) = 0$ ist notwendig für das Vorhandensein eines lokalen Extrempunktes des Graphen der Funktion f im Punkt $P_0(x_0; f(x_0))$.
f) $f'(x_0) = 0$ ist hinreichend, aber nicht notwendig für das Vorhandensein eines lokalen Extrempunktes des Graphen der Funktion an der Stelle x_0.

DA 163 Ermitteln Sie die lokalen Extrempunkte der nachfolgenden Funktionen:

a) $f_1(x) = x^3 + 6x^2 - 4$ b) $f_2(x) = x^4 - 4x^2 + 4$ c) $f_3(x) = \sin^2 x,\ x \in [0; 2\pi]$

DA 164 Gegeben ist die Funktion f mit der Gleichung $f(x) = x^3 - 5x^2 - 8x + 2$.
Ermitteln Sie lokale Extremstellen der Funktion f und bestimmen Sie die Art der Extrema! Geben Sie die Koordinaten der lokalen Extrempunkte an!

DA 165 Untersuchen Sie die Graphen nachfolgender Funktionen auf lokale Extrempunkte! Entscheiden Sie je nach Aufgabe selbst, welches Verfahren Sie anwenden!

a) $f_1(x) = \frac{1}{3}x^3 - 2x^2 - 5x$ b) $f_2(x) = \frac{3}{4}x^4 - x^3 - 3x^2$ c) $f_3(x) = 30 - 24x + 9x^2 - x^3$

d) $f_4(x) = 2x^4 - 32x^2 - 10$ e) $f_5(x) = \frac{1}{5}(x^5 - \frac{19}{3}x^3 - 4x)$ f) $f_6(x) = x^4 - 4x^3 + 1$

g) $f_7(x) = \frac{1}{7}x^7 - \frac{9}{5}x^5 - \frac{16}{3}x^3 + 144x$ h) $f_8(x) = \frac{1}{8}x^4 + \frac{3}{2}x^3 + 2x^2 + \frac{4}{5}$

GTA i) $f_9(x) = \frac{4}{3}x^3 - 3x^2 - 40x - 6{,}5$ j) $f_{10}(x) = k^2x^3 - 6kx^2 + 9x\ \ (k \in \mathbb{R},\ k > 0)$

GTA k) $f_{11}(x) = x^3 - (6t + t^3)x^2$ l) $f_{12}(x) = a\,x^4 + bx^3 - \frac{b^2}{2a} \cdot x^2\ \ (a, b \in \mathbb{N}^*)$

DA 166 Bestimmen Sie von folgenden gebrochenrationalen Funktionen lokale Extrema und untersuchen Sie die Art der Extrema:

a) $f_1(x) = \frac{x^2-1}{x^2+1}$ b) $f_2(x) = \frac{2x^2-8}{x^2+2}$ c) $f_3(x) = \frac{x^2-6}{x-3{,}5}$ d) $f_4(x) = \frac{x^2-3}{2x-5}$

e) $f_5(x) = \frac{x^2+5x+22}{x-2}$ f) $f_6(x) = \frac{x^2-5x+6}{x^2}$ g) $f_7(x) = \frac{x^2-9}{4-x^2}$ **GTA**

h) $f_8(x) = \frac{3x^2-8}{x^2+2}$ i) $f_k(x) = \frac{x^2-4\cdot k\cdot x+4k^2}{x-k}$ $(k \in \mathbb{R}^+)$ j) $f_{k,t}(x) = \frac{x^2-t\cdot k\cdot x+t\cdot k^2}{(x-k)}$ $(k \in \mathbb{R}^+)$ **GTA**

DA 167 Bestimmen Sie von folgenden Funktionen die lokalen Extrempunkte und die Art der Extrema:

a) $f_1(x) = x\cdot e^x$ b) $f_2(x) = x^2\cdot \ln x$ c) $f_3(x) = 3 - x + 2\sqrt{x}$

d) $f_4(x) = \sqrt{2x+3} - x$ e) $f_5(x) = \sin^2 x;\quad x \in [0;\, 2\pi]$ f) $f_6(x) = 4\sqrt{\ln|25-4x^2|}$

g) $f_7(x) = e^x + \frac{1}{2}x^2 + 4$ h) $f_8(x) = e^{5x} + 5\cdot e^x - 170\,x$ i) $f_9(x) = x\cdot(\ln x)^3 - 200\cdot x$

j) $f_{10}(x) = 2\cdot(\ln x - x + 1)^2$ k) $f_a(x) = (e^{\frac{1}{x}} - a)^2$ $(a > 0;\ a \neq 1)$ **GTA**

DA 168 Ermitteln Sie die lokalen Extrempunkte folgender Funktionen:

a) $f_1(x) = 1 + \cos(2x - \frac{\pi}{2});\quad (x \in \mathbb{R})$ b) $f_2(x) = \sin^2 x + \cos x;\quad x \in \mathbb{R}$

c) $f_k(x) = 10\cdot e^{-kx}\sin(k\cdot x)$ $(k \neq 0,\ x,\ k \in \mathbb{R})$ **GTA**

DA 169 Von einer ganzrationalen Funktion $f_i(x)$ ist ein Term für ihre 1. Ableitung $f_i'(x)$ gesucht. Die Funktion f_i soll folgende Bedingungen erfüllen:

a) f_1 hat lokale Extremstellen bei $x_1 = -1$, $x_2 = 3$ und $x_3 = 5$.
b) f_2 hat bei $x_1 = -2$ ein lokales Minimum und bei $x_2 = 1$ ein lokales Maximum.
c) f_3 hat bei $|x| = 3$ relative Minima und bei $x = 0$ ein relatives Maximum.

DA 170 Bestimmen Sie von folgenden Funktionen die lokalen Extrempunkte und die Art der Extrema: (*Hinweise:* Bringen Sie die Betragsfunktionen zunächst in eine betragsfreie Form! Beachten Sie Stellen, an denen die Funktionen nicht differenzierbar sind!)

a) $f_1(x) = \begin{cases} x^2 - 2x + 3 & \text{für } x < 3 \\ x^2 - 8x + 21 & \text{für } x \geq 3 \end{cases}$ b) $f_2(x) = |x^3 - x|$

c) $f_3(x) = x^2 - |x|$ d) $f_4(x) = |x^3 - 9x|$ $(x > 0)$

DA 171 Welche Bedingungen müssen a bzw. a, b, c erfüllen, damit die Funktionen f_i

• genau eine lokale Extremstelle, • genau drei lokale Extremstellen besitzen?

a) $f_1(x) = x^6 + ax^4$ b) $f_2(x) = ax^4 + bx^2 + c;\quad a \neq 0$ c) $f_3(x) = \frac{x\cdot(3x^3 - 4x^2 + 6ax - 12a)}{12b\cdot c}$

DA 172 f sei eine in [a; b] zweimal stetig differenzierbare Funktion, die in [a; b] streng monoton steigend ist. x_m sei eine beliebige Stelle im Intervall [a; b]. Untersuchen Sie die folgende Funktion $A(x_m)$ auf lokale Extremstellen und weisen Sie die Art des Extremas nach:

$$A(x_m) = \int_a^{x_m} (f(x_m) - f(x))\,dx + \int_{x_m}^{b} (f(x) - f(x_m))\,dx$$

D 5.3 Krümmungsverhalten und Wendestellen

DA 173 Gegeben ist die Funktion f mit der Gleichung $f(x) = x^3 - 5x^2 - 8x + 2$.
Untersuchen Sie f auf mögliche Wendestellen und geben Sie die Koordinaten der Wendepunkte des Graphen von f an!

DA 174 Untersuchen Sie nachfolgende Funktionen auf Existenz von Wendestellen und geben Sie jeweils die Koordinaten der Wendepunkte ihrer Graphen an!

a) $f_1(x) = \frac{1}{3}x^3 - 2x^2 - 5x$ b) $f_2(x) = \frac{3}{4}x^4 - x^3 - 3x^2$ c) $f_3(x) = \frac{1}{5}(x^5 - \frac{19}{3}x^3 - 4x)$

d) $f_4(x) = x^4 - 4x^3 + 1$ e) $f_5(x) = \frac{2x^2}{(x+1)^2}$ $(x \neq -1)$ f) $f_6(x) = \frac{x+1}{x^2+8}$

GTA g) $f_k(x) = k \cdot x + \cos kx$ h) $f_8(x) = x \cdot \sin\frac{\pi}{x}$; $x \neq 0$ i) $f_9(x) = x \cdot e^{3x^2} + e^{-3x^2}$

GTA j) $f_{10}(x) = x^2 \cdot (\ln x)^4$; $(x > 0)$ k) $f_{11}(x) = \sqrt{(e^x - x^2)^3}$; $x > -0{,}5$

DA 175 Ermitteln Sie von den Graphen der folgenden Funktionen die Koordinaten der Wendepunkte und geben Sie jeweils die Gleichung der Wendetangente an!

a) $f_1(x) = \frac{1}{2}x^4 + x^3$ b) $f_2(x) = x \cdot e^x$ c) $f_3(x) = \sin(2x + \frac{\pi}{4})$; $0 \leq x \leq \frac{\pi}{2}$

d) $f_4(x) = \frac{2 - x^2}{x^2 + 1}$ e) $f_5(x) = x^2 \cdot \ln x$ f) $f_a(x) = x^4 - 6a^2x^2$; $a \neq 0$

DA 176 Skizzieren Sie Graphen von Funktionen, die folgende Extrem- bzw. Wendepunkte besitzen:

a) Genau 2 Wendepunkte, einen lokalen Maximumpunkt, zwei lokale Minimumpunkte;
b) genau 2 Wendepunkte, keinen Extrempunkt;
c) genau einen lokalen Maximumpunkt, genau einen lokalen Minimumpunkt, genau 3 Wendepunkte;
d) genau einen Minimumpunkt, genau 2 Wendepunkte.

DA 177 Ermitteln Sie für die Graphen folgender Funktionen die lokalen Extrempunkte und die Wendepunkte! Untersuchen Sie die Art der Extrempunkte und das Krümmungsverhalten der Graphen in der Umgebung der Wendepunkte! Fertigen Sie eine Skizze der Graphen an!

a) $f_1(x) = \frac{4x^2 - 16}{4 + x^2}$ b) $f_2(x) = \frac{x^3 - 3x + 2}{x^2}$ $(x \neq 0)$

c) $f_3(x) = x^5 - \frac{10}{3}x^3 - 1$ d) $f_4(x) = x^3 + 6x^2 + 9x$

DA 178 Durch die Graphen der Ableitungsfunktionen f', f'' und f''' wird eine Funktion f bezüglich ihrer Monotonie, der lokalen Extrema und der Wendestellen beschrieben.
Skizzieren Sie den möglichen Verlauf des Graphen von f!

a)
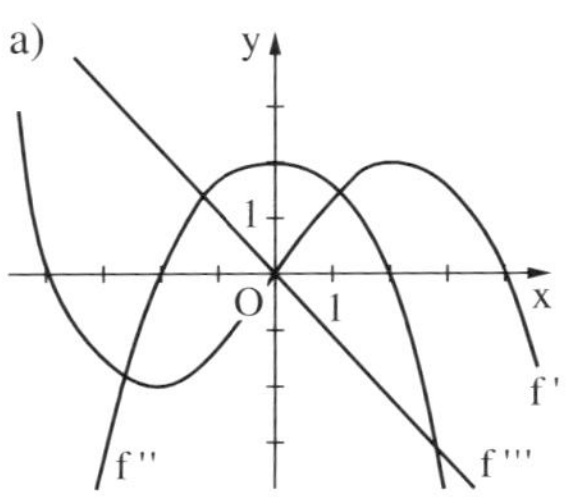

b)
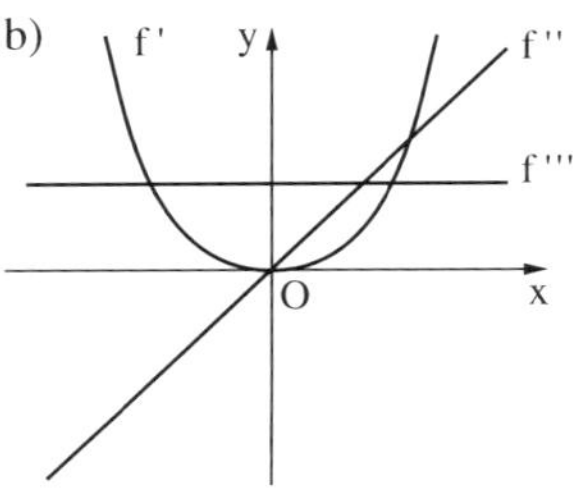

DA 179 Untersuchen Sie die Anzahl der Wendepunkte der Funktion f_i in Abhängigkeit vom jeweiligen Parameter! Liegen Horizontalwendepunkte vor?

a) $f_a(x) = x^5 + ax^3 - 1;\quad a \in \mathbb{R}$

b) $f_b(x) = x^5 + x^4 + bx^3;\quad b \in \mathbb{R}$

c) $f_c(x) = \frac{x^3 + 4cx^2 - 6c^3}{x};\ x \neq 0;\ c \neq 0;\ c \in \mathbb{R}$

d) $f_d(x) = (dx^2 + d^3) \cdot e^{\frac{x}{d}};\ d \in \mathbb{R},\ d \neq 0$

e) $f_e(x) = (\ln x - e)^3;\ x > 0;\ e \in \mathbb{R}$

f) $f_g(x) = -g \cdot \sqrt{4 + x \cdot g} - x^2;\ g > 0;\ g \in \mathbb{R}$

D 5.4 Verhalten im Unendlichen

DA 180 Untersuchen Sie das Verhalten der Funktion f_i im Unendlichen:

a) $f_1(x)$ ist die ganzrationale Funktion:
$f_1(x) = 3x^3 - 4x^2 + 7x$

b) $f_2(x)$ ist die gebrochenrationale Funktion:
$f_2(x) = \frac{2x^3 + 4x^2 - 4}{4x^3 + 6x + 3}$

DA 181 Untersuchen Sie das Verhalten nachfolgender Funktionen im Unendlichen:

a) $f_1(x) = \frac{1}{3}x^3 - 2x^2 - 5x$

b) $f_2(x) = \frac{3}{4}x^4 - x^3 - 3x^2$

c) $f_3(x) = \frac{1}{5}(x^5 - \frac{19}{3}x^3 - 4x)$

d) $f_4(x) = -5 \cdot x^3 + 2x^2 + 4$

e) $f_5(x) = -\frac{1}{8}x^6 + \frac{1}{9}x^3 + x$

f) $f_6(x) = \frac{1}{12} \cdot (4x - 5x^3)$

DA 182 Untersuchen Sie das Verhalten folgender Funktionen im Unendlichen! Geben Sie die Gleichungen der zugehörigen Asymptoten für $x \to \pm\infty$ an:

a) $f_1(x) = \frac{x^2 - 1}{x^2 + 1}$

b) $f_2(x) = \frac{2x^2 - 8}{x^2 + 2}$

c) $f_3(x) = \frac{x^2 - 6}{x - 3{,}5}$

d) $f_4(x) = \frac{-2x^3 + x^2}{x^2 + 1}$

e) $f_5(x) = 4x + e^x$

f) $f_6(x) = \frac{1}{2}x + e^{-x}$

g) $f_7(x) = x^2 + e^{-x}$

h) $f_8(x) = 1 - e^{-|x|}$

DA 183 Ermitteln Sie zu folgenden gebrochenrationalen Funktionen $f_i(x)$ die Gleichung der „Grenzkurve" $g_i(x)$: **GTA**

a) $f_1(x) = \frac{0{,}075x^3 + 1{,}25x^2 - 0{,}25x}{0{,}05x^2 + 2{,}5}$

b) $f_2(x) = \frac{2x^4 + 6x^3 + 10}{x^2 + 1}$

c) $f_3(x) = \frac{3x^5 + 4x^4 + 2x}{x^2 - 9}$

DA 184 Ermitteln Sie das Verhalten der folgenden Funktionen im Unendlichen in Abhängigkeit vom Parameter a_i $(a_i \in \mathbb{R},\ a_i \neq 0)$! Bestimmen Sie gegebenenfalls die Gleichung der zugehörigen Asymptote!

a) $f_{a_1}(x) = a_1x^4 + 3x^3 - x^2 + 8x + 1$

b) $f_{a_2}(x) = x - x^2 - a_2x^3$

c) $f_{a_3}(x) = \frac{a_3x^4 - 1}{1 + x^3}$

d) $f_{a_4}(x) = \frac{x^3 + x^4}{1 - a_4x^3}$

DA 185 Untersuchen Sie durch Grenzwertbestimmung das Verhalten der folgenden Funktionen im Unendlichen (Nenner jeweils $\neq 0$):

a) $\lim\limits_{x \to +\infty} \sqrt{\frac{2x^2 - x}{1 + 8x^2}}$

b) $\lim\limits_{x \to +\infty} \sqrt{\frac{x - 1}{x^2 + 1}}$

c) $\lim\limits_{x \to \pm\infty} e^{\frac{1}{x}}$

d) $\lim\limits_{x \to \infty} e^{\frac{1}{\sqrt{x}}}$

e) $\lim\limits_{x \to \pm\infty} 2^{\frac{x}{x-1}}$

f) $\lim\limits_{x \to +\infty} 10^{\sqrt{x}}$

g) $\lim\limits_{x \to \pm\infty} \left(\ln \frac{x^2 - 1}{x + x^2}\right)$

h) $\lim\limits_{x \to \pm\infty} \left(\lg \frac{5 + 20x^4}{x^2 + 2x^4}\right)$

DA 186 Untersuchen Sie durch Grenzwertbestimmung das Verhalten der folgenden Funktionen im Unendlichen! Nutzen Sie gegebenenfalls die Regel von DE L'HOSPITAL!

a) $\lim\limits_{x \to \pm\infty} \frac{e^x}{x}$

b) $\lim\limits_{x \to +\infty} \frac{\sin\frac{1}{x}}{\frac{1}{x^2}}$

c) $\lim\limits_{x \to \infty} \frac{x^3 - x^2}{\ln x}$

d) $\lim\limits_{x \to +\infty} \frac{\sqrt{x}}{2x+1}$ e) $\lim\limits_{x \to +\infty} \frac{\sqrt{x}+\sqrt{a}}{\sqrt{x+a}}$; $a > 0$ f) $\lim\limits_{x \to \infty} \frac{e^{-x}}{\frac{1}{x}}$

g) $\lim\limits_{x \to 0} \frac{\sin(5 \cdot x)}{x}$ h) $\lim\limits_{x \to -\infty} \frac{5x+10}{e^x}$ i) $\lim\limits_{x \to -\infty} \frac{e^x}{2x+4}$

GTA **DA 187** Untersuchen Sie, welche der folgenden Grenzwerte mithilfe des GTA berechnet werden können:

a) $\lim\limits_{x \to \infty} (1 + \frac{1}{x})^x$ b) $\lim\limits_{x \to \infty} (1 + \frac{2}{x})^x$ c) $\lim\limits_{x \to \infty} (1 + \frac{a}{x})^x$ d) $\lim\limits_{x \to \infty} (1 + \frac{0{,}5a}{x})^x$

e) $\lim\limits_{x \to \infty} (1 + \frac{(-4a) \cdot x}{x})^x$ f) $\lim\limits_{x \to \infty} (1 + \frac{\frac{1}{20} \cdot a}{x})^x$ g) $\lim\limits_{x \to \infty} (1 + \frac{0{,}01a}{x})^x$ h) $\lim\limits_{x \to \infty} (1 + \frac{\frac{1}{101} \cdot a}{x})^x$

i) $\lim\limits_{x \to \infty} (1 + \frac{\frac{1}{99} \cdot a}{x})^x$ j) $\lim\limits_{x \to \infty} (1 + \frac{\frac{1}{1000} \cdot a}{x})^x$

DA 188 Untersuchen Sie den Grenzwert der Funktion $p(x) = \frac{x^n}{x^m}$ $(n, m \in \mathbb{N} \setminus \{0\})$. Führen Sie dazu eine Fallunterscheidung für die Exponenten n und m durch! Prüfen Sie auch die Möglichkeit, einen GTA zur Berechnung der Grenzwerte zu verwenden.

D 5.5 Unstetigkeitsstellen

DA 189 Untersuchen Sie die folgenden Funktionen auf die Existenz von Polstellen und das Verhalten der Funktion in der Umgebung der Polstellen!

a) $f_1(x) = \frac{x-2}{x+3}$ b) $f_2(x) = \frac{x^2+x}{2x-4}$ c) $f_3(x) = \frac{x}{x^3+2x^2}$ d) $f_4(x) = \frac{3x+4}{x^2+2}$

e) $f_5(x) = \frac{2x-1}{x^2-4}$ f) $f_6(x) = \frac{x^3-6x^2+9x-4}{x^2+2x-3}$ g) $f_7(x) = \frac{x+1}{x^2}$ h) $f_8(x) = \frac{x^2-1}{x+1}$

i) $f_9(x) = \frac{x^2-4}{x^3+2x^2}$ j) $f_{10}(x) = \frac{2x-5}{x^4-4x^3+4x^2}$ k) $f_{11}(x) = \frac{e^{2x}}{x^2-4}$ l) $f_{12}(x) = \frac{2x+4}{\ln|x|}$

m) $f_{13}(x) = \ln\left|\frac{x-1}{x-2}\right|$ n) $f_{14}(x) = \frac{1}{3+x} \cdot (\frac{1}{1-3x} - \frac{1}{4-2x})$ o) $f_{15}(x) = x \cdot \ln\frac{x^2}{4}$

p) $f_{16}(x) = 4 - e^{-|x|}$ q) $f_{17}(x) = \ln(\frac{1+x}{1-x})$ r) $f_{18}(x) = \frac{\cos x}{\sqrt{1-\sin x}}$

DA 190 Die in den oben angegebenen Teilaufgaben ***DA 189*** f, h, i, l, o und r genannten Funktionen besitzen Definitionslücken, die keine Polstellen sind. Untersuchen Sie das Verhalten der Funktionen in der Umgebung dieser Stellen!

DA 191 Geben Sie eine Funktion $h_i(x)$ an, die

a) $y = 2$ als Asymptote hat;
b) $y = 2x + 4$ als (schräge/schiefe) Asymptote hat;
c) $x = 3$ als Polasymptote hat;
d) $x = 2$ als Polasymptote und $y = x - 3$ als schräge Asymptote hat.

DA 192 Eine Funktion f sei nur an der Stelle $x = 0$ *nicht* differenzierbar. Was lässt sich über den möglichen Verlauf des Graphen aussagen, wenn

a) f sonst an jeder Stelle x $(x \in \mathbb{R})$ differenzierbar ist;
b) f sonst an jeder Stelle x $(x \in \mathbb{R}^+)$ differenzierbar ist?

D 5.6 Kurvendiskussionen an Beispielen

DA 193 Untersuchen Sie die Funktion $f(x) = x^4 - 5x^2 + 4$ auf den größtmöglichen Definitionsbereich, auf Symmetrie, Verhalten im Unendlichen, Schnittpunkte mit den Koordinatenachsen, Extrem- und Wendepunkte! Zeichnen Sie den Graphen der Funktion mindestens im Intervall $-2 \le x \le 2$!

DA 194 Untersuchen Sie wie in Aufgabe ***DA 193*** folgende Funktionen: **GTA**

a) $f_1(x) = x^3 + 6x^2 + 9x$
b) $f_2(x) = \frac{1}{8}x^4 - \frac{1}{2}x^3$
c) $f_3(x) = \frac{1}{4}(x-1)^3(x+2)$
d) $f_4(x) = x^4 - 4x^2 + 1$
e) $f_5(x) = x^3 - 4x$
f) $f_6(x) = x^4 - 8x^2 - 9$
g) $f_7(x) = \frac{1}{4} \cdot (x^4 - 10x^2 + 9)$
h) $f_8(x) = x^4 - 3x^2 - 4$
i) $f_9(x) = \frac{1}{9}x^3 - 2x^2 + 9x$
j) $f_{10}(x) = \frac{1}{5}x^5 - x^3$
k) $f_{11}(x) = \frac{1}{9}x^4 - \frac{4}{9}x^3 + 3$
l) $f_{12}(x) = x^3 + x^2 - 3x + 6$
m) $f_{13}(x) = x^3 - 3x^2 - 9x$
n) $f_{14}(x) = x^4 - 4x^3$
o) $f_{15}(x) = \frac{1}{5}(x^5 - \frac{19}{3}x^3 - 4x)$

DA 195 Stellen Sie von den in den Aufgaben ***DA 165*** a, b, f, ***DA 174*** a–c und ***DA 181*** gegebenen Funktionen die bisher ermittelten Eigenschaften zusammen, ergänzen Sie die Nullstellen und fertigen Sie eine Skizze der Graphen der Funktionen an!

DA 196 Die beim schiefen Wurf eines Körpers entstehende Flugbahn wird durch den Graphen der Funktion $h(t) = 50 + 30t - 5t^2$ beschrieben. Dabei ist h(t) die Höhe des Körpers zum Zeitpunkt t.

a) Zeichnen Sie die Flugbahn des Körpers!
b) Wann ist der höchste Punkt der Flugplan erreicht? In welcher Höhe befindet sich der Körper dann?
c) Wann schlägt er auf den Boden auf?
d) In welcher Höhe beginnt die Flugbahn und wann erreicht der Körper wieder diese Höhe?

DA 197 Untersuchen Sie entsprechend Lehrbuch, S. 130–132, die Funktion $f(x) = \frac{x^2-2}{3-x^2}$!

DA 198 Untersuchen Sie wie in Aufgabe ***DA 197*** folgende Funktionen:

a) $f_1(x) = \frac{9-x^2}{x^2+3}$
b) $f_2(x) = \frac{x^2+2x+1}{x^2+1}$
c) $f_3(x) = \frac{x^2-5}{x-3}$
d) $f_4(x) = \frac{2x^2}{(x+1)^2}$
e) $f_5(x) = \frac{x^2+1}{x^2-1}$
f) $f_6(x) = \frac{x^3+4}{x^2}$
g) $f_7(x) = \frac{x}{x^2+1}$
h) $f_8(x) = \frac{x^2-4}{1-x^2}$
i) $f_9(x) = \frac{x^2-1}{x^2-4x+4}$
j) $f_{10}(x) = \frac{x^2+5x+22}{x-2}$
k) $f_{11}(x) = \frac{2-x^2}{x^2+1}$
l) $f_{12}(x) = \frac{x^2-5x+6}{x^2}$
m) $f_{13}(x) = \frac{x+1}{x^2+8}$
n) $f_{14}(x) = \frac{x^4-10x^2+9}{x^3}$
o) $f_{15}(x) = \frac{x^3+16}{4x}$

DA 199 Vervollständigen Sie die in Aufgabe ***DA 166*** a–c begonnene und in Aufgabe ***DA 182*** a–c fortgesetzte Untersuchung von Funktionen durch die Berechnung von Nullstellen, Polstellen und Wendepunkten und zeichnen Sie jeweils den Graphen der Funktion!

DA 200 Ermitteln Sie von den folgenden Funktionen Definitionsbereich, Nullstellen und Koordinaten lokaler Extrempunkte. Untersuchen Sie jeweils das Verhalten der Funktion im Unendlichen und zeichnen Sie den Graphen:

a) $f_1(x) = (x-2) \cdot \sqrt{5-x}$
b) $f_2(x) = x \cdot \sqrt{x+2}$
c) $f_3(x) = (x-3) \cdot \sqrt[3]{x^2}$

DA 201 Bestimmen Sie von den folgenden Funktionen Nullstellen, Koordinaten lokaler Extrempunkte sowie Wendepunkte und zeichnen Sie die Graphen:

a) $f_1(x) = e^x(x^2 - 2x)$ b) $f_2(x) = x^2(\ln x - 1)$ c) $f_3(x) = e^{\frac{1}{2}x} + e^{-x}$

d) $f_4(x) = e^x(x - 4)$ e) $f_5(x) = x(2 - \ln x)$ f) $f_6(x) = (\ln x)^2$

DA 202 Gegeben sei die Funktionenschar $f_t(x) = \frac{x^4 - 2x^2t - t^2}{4}$, $t \in \mathbb{R}$.

a) Bestimmen Sie die Nullstellen, b) die Extremstellen und c) die Wendestellen!

d) Auf welchen Kurven liegen die Extrempunkte der Schar?

e) Die Parabeln $P_t(x) = -\frac{1 + 2t^2}{4t} x^2 + \frac{1}{4}$ schneiden die Graphen der Funktionen $f_t(x)$.
Bestimmen Sie den Inhalt A der von beiden Funktionsgraphen eingeschlossenen Fläche für $t = 2$! Versuchen Sie auch die Fläche für beliebige t zu bestimmen!

GTA **DA 203** Bestimmen Sie von den folgenden Funktionenscharen die Nullstellen, die Koordinaten der lokalen Extrempunkte und die der Wendepunkte:

a) $f_a(x) = x^a \cdot (\ln x - 1)$ $(a \in \mathbb{N}, a \geq 2, x \in \mathbb{R}, x > 0)$

b) $f_a(x) = \ln(\frac{a - x}{a + x})$ $(a \in \mathbb{N}, a \neq 0, x \in \mathbb{R}, x \neq \pm a)$

c) $f_k(x) = -\ln(\frac{k \cdot x}{2})(\ln(k \cdot x) - 4)$ $(k > 0; x > 0)$

d) $f_a(x) = (e^{-x} - a)^2$ $(a > 0)$

e) $f_{a,b}(x) = a \cdot x \cdot e^{-b \cdot x^2}$ $(a, b > 0)$

f) $f_a(x) = \frac{e^x}{(a \cdot e^x + 8)^2}$ $(a > 0)$

g) $f_a(x) = \frac{2x - 8}{a + 4} \cdot e^{ax + 5}$ $(a \neq 0; a \neq -4)$

DA 204 Berechnen Sie von den gegebenen Funktionen Nullstellen sowie lokale Extrempunkt- und Wendepunktkoordinaten im jeweils angegebenen Intervall. Zeichnen Sie die Graphen:

a) $f_1(x) = 2\sin x + \sin 2x$ $(-2\pi \leq x \leq 2\pi)$ b) $f_2(x) = \sin^3 x$ $(0 \leq x \leq 2\pi)$

c) $f_3(x) = \cos^2 x - \frac{1}{4}$ $(0 \leq x \leq 2\pi)$ d) $f_4(x) = \sin 2x + 2\cos x$ $(0 \leq x \leq 2\pi)$

DA 205 Ermitteln Sie die Nullstellen, die lokalen Extrem- und Wendepunkte der folgenden Funktionen f_i und zeichnen Sie deren Graphen im angegebenen Intervall:

a) $f_1(x) = 2\sin(4x - \frac{\pi}{6}) + 1$; $x \in [0; \pi]$ b) $f_2(x) = 4\cos(\frac{1}{2}x + \frac{\pi}{4}) - 2\sqrt{2}$; $x \in [0; 4\pi]$

c) $f_3(x) = \cos 2x - 8\sin x - 1$; $x \in [0; \pi]$

DA 206 Der durch Ebbe und Flut bedingte Wasserstand wird genau am Fuß eines Leuchtturms beobachtet. Um auf kürzestem Weg von der Wasserkante bei Ebbe zum Leuchtturm zu gelangen, muss man 967 m über den 0,08° geneigten Strand wandern. Man weiß, dass zwischen zwei Wasserhöchstständen ungefähr 12 Stunden 25 Minuten vergehen und zwischen Ebbe und Flut ein Unterschied des Wasserstandes von 3,70 Metern besteht. Schließlich sei angenommen, dass an einem bestimmten Tag um 24 Uhr $(t = 0)$ der Wasserstand am höchsten ist. In guter Näherung lässt sich der Wasserstand durch die Funktion $h(t) = \frac{1}{2} + 2 \cdot \cos(\frac{1}{2}t)$ beschreiben.

a) Wie hoch befindet sich der Fuß des Leuchtturms über dem Niedrigwasserstand?

b) Sagen Sie mithilfe der Funktion h(t) die Wasserstände für den nächsten Tag um 6, 12, 18 und 24 Uhr voraus!

c) Skizzieren Sie das Schaubild der Funktion h für $0 \leq t \leq 24$!

d) Zu welchem Zeitpunkt erreicht das Wasser am nächsten Vormittag seinen Höchststand?

e) Wie lange kann man am nächsten Tag nach 15 Uhr den Leuchtturm trockenen Fußes betreten?

DA 207 Ermitteln Sie die Nullstellen, Extrempunkte und Wendepunkte der Funktion $f(x) = 2 \cdot e^{-x} \cdot \cos x$ im Intervall $x \in [0;\, 2\pi]$!

DA 208 Gegeben ist die Funktionenschar $f_a(x) = ax^2 + x$ mit $a \in \mathbb{R},\, a \neq 0$.

a) Skizzieren Sie für $|a| = 1$, $|a| = \frac{1}{2}$, $|a| = \frac{1}{4}$ die Graphen der Funktionen in ein und dasselbe Koordinatensystem!
b) Zeigen Sie, dass die lokalen Extrempunkte der Graphen der Schar auf einer Geraden liegen!
c) Weisen Sie nach, dass alle Graphen der Schar die Abszisse unter dem gleichen Winkel schneiden!
d) Für welches a verläuft der Graph durch den Punkt P(3; –15)?
e) Für welches a besitzt der Graph der Funktion eine Tangente mit der Gleichung $y = 5x - 2$?

DA 209 Gegeben ist die Funktionenschar $f_t(x) = \frac{x^2}{t} + \frac{t^2}{x}$ mit $t \in \mathbb{R},\, t \neq 0$.

a) Ermitteln Sie für t = 1 und t = –1 die Schnittpunkte der Graphen mit der x-Achse, die Polstellen, lokalen Extrem- und Wendepunkte! Zeichnen Sie beide Graphen!
b) Auf welcher Kurve liegen die Extrempunkte der Graphen der Schar? Geben Sie die Art der Extrempunkte in Abhängigkeit vom Parameter t an!

DA 210 Ermitteln Sie von den folgenden Funktionenscharen jeweils den Schnittpunkt der Graphen mit der x-Achse, die Koordinaten der lokalen Extrempunkte und die Art des Extremums in Abhängigkeit von a, die Koordinaten der Wendepunkte sowie das Verhalten im Unendlichen:

a) $f_a(x) = \frac{2 - ax}{x^2}$ $(a \in \mathbb{R};\, a > 0,\, x \in \mathbb{R},\, x \neq 0)$ b) $f_a(x) = \frac{(x-a)^2}{x^2}$ $(a \in \mathbb{R};\, a \neq 0,\, x \in \mathbb{R},\, x \neq 0)$

DA 211 Untersuchen Sie die Funktionenschar $f_k(x) = \frac{x^2 - k \cdot x}{x - 1}$ $(k \in \mathbb{R},\, k < 1,\, x \in \mathbb{R},\, x \neq 1)$ auf Nullstellen, Polstellen, Extremstellen und Wendestellen:

DA 212 Gegeben ist eine Funktionenschar mit der Gleichung $f_a(x) = \frac{2x}{(x^2 + a)^2}$.

a) Ordnen Sie den skizzierten Graphen bestimmte Werte für a zu!
b) Klassifizieren Sie die Graphen von $f_a(x)$ in Abhängigkeit von a!
c) Welche Bedeutung hat die Kurve $y = \frac{1}{8x^3}$ für diese Funktionenschar?

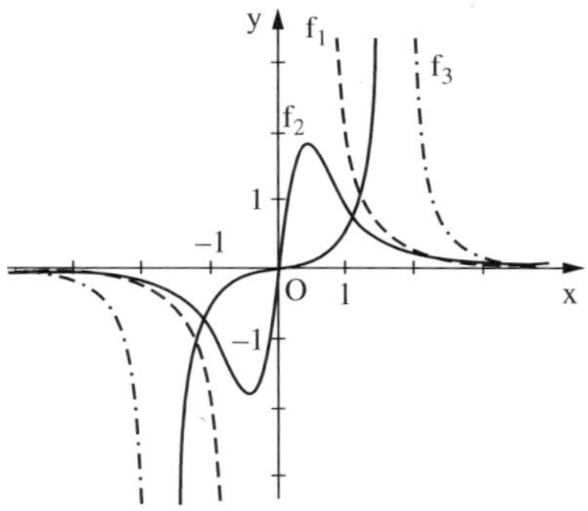

DA 213 Untersuchen Sie die folgenden Funktionenscharen auf Nullstellen, Extrem- und Wendepunkte und zeichnen Sie die Graphen der Schar für die angegebenen Parameterwerte:

a) $f_a(x) = a\sqrt{x} - x$ $(a \in \mathbb{R},\, a \neq 0,\, x \in \mathbb{R},\, x \geq 0;$ Graph für a = 1, a = –1, a = 2)
b) $f_a(x) = (x + 1)e^{ax}$ $(a \in \mathbb{R},\, a \neq 0,\, x \in \mathbb{R};$ Graph für $a = \frac{1}{2}$, a = 1, a = –1, a = –2)
c) $f_a(x) = a \cdot \sqrt{a + 4x} - a \cdot x$ $(x > 0;\, a > 0;$ Graph für a = 1, a = 2, a = 3)

DA 214 Berechnen Sie für die Funktionen der nachfolgend angegebenen Funktionenscharen die Nullstellen und lokalen Extremstellen. Zeichnen Sie die Funktionen der Scharen für die angegebenen Parameterwerte im Intervall $[0;\, 2\pi]$ jeweils in ein und dasselbe Koordinatensystem:

a) $f_a(x) = a \cdot \sin(3x + \frac{\pi}{2})$ $(a \in \mathbb{R},\, a \neq 0;$ Graph für a = –1, a = 1,5, a = 2)

b) $f_b(x) = 2\sin(bx - \frac{\pi}{4})$ $(b \in \mathbb{R},\, b \neq 0;$ Graph für b = 1, b = 2, $b = \frac{1}{2}$)

c) $f_c(x) = 2\sin(3x + c)$ $(c \in \mathbb{R};$ Graph für c = 0, $c = \frac{\pi}{2}$, $c = -\frac{\pi}{4}$)

DA 215 Untersuchen Sie die Funktionenschar $f_k(x) = x \cdot e^{kx}$ $(k \in \mathbb{R},\ k < 0,\ x \in \mathbb{R})$ auf Nullstellen, lokale Extrem- und Wendepunkte! Auf welcher Kurve liegen die lokalen Extrem- bzw. Wendepunkte der Schar? Geben Sie die entsprechenden Gleichungen an! Zeichnen Sie die Graphen für $k = -1$, $k = -\frac{1}{2}$, $k = -\frac{1}{3}$ im Intervall $[-1;\ 7]$!

DA 216 Gegeben ist die Funktionenschar $f_t(x) = \frac{t}{x} \ln tx$ $\quad (t \in \mathbb{R},\ t > 0,\ x \in \mathbb{R},\ x > 0)$.

a) Ermitteln Sie die lokalen Extrempunkte der Graphen der Schar in Abhängigkeit von t und die Gleichung der Kurve, auf der sie liegen!

b) Vom Koordinatenursprung seien Tangenten an die Graphen der Schar gelegt. Ermitteln Sie die Gleichung der Kurve, auf der die Berührungspunkte liegen!

E Grundfragen der Integralrechnung

E 1 Das unbestimmte Integral

E 1.1 Die Begriffe *Stammfunktion* und *unbestimmtes Integral*

E 1.2 Regeln für das Ermitteln von unbestimmten Integralen

EA 1 Bestimmen Sie je eine Stammfunktion zu den Funktionen mit den folgenden Gleichungen und überprüfen Sie das Ergebnis durch Differentiation:[1)]

a) $f_1(x) = -4x$ b) $f_2(a) = 0{,}4a$ c) $f_3(a) = -5b$ d) $f_4(x) = 4x + 1$

e) $f_5(b) = -6(b-3)$ f) $f_6(x) = (x-1)(x+1)$ g) $f_7(k) = 3k + x$ h) $f_8(x) = \frac{1}{2\sqrt{x}}$

i) $f_9(z) = \frac{3}{2\sqrt{z}}$ j) $f_{10}(p) = \frac{4}{3\sqrt[3]{p^2}}$ k) $f_{11}(x) = \frac{x^4 - x^2 - 1}{x^2}$ l) $f_{12}(r) = \frac{ar^2 + a^2r}{r}$

m) $v(t) = g \cdot t$ n) $a(t) = g$ o) $f_{13}(x) = \sqrt{2}\,x^n$ p) $f_{14}(a) = a - \frac{1}{\sqrt{a}} + 2$

q) $f_{15}(x) = x^{2-k} + k$ r) $f_{16}(t) = \frac{2}{x^3} + \frac{4}{3\sqrt{t}}$ s) $f_{17}(z) = (z^2 - 1) \cdot x$ t) $f_{18}(x) = x^2(x^2 - a)$

EA 2 Die Funktion F_i mit der nachfolgend angegebenen Gleichung sei jeweils Stammfunktion von Funktion f_i. Ermitteln Sie f_i!

a) $F_1(x) = \frac{1}{5}x^5 - 2x - \frac{1}{3x^3}$ b) $F_2(a) = \frac{3}{4}x^4 - ax$ c) $F_3(t) = \frac{5}{2}t^2 + 4t - \frac{1}{t^2}$

d) $F_4(x) = (a+x)\cdot(b+x)$ e) $F_5(s) = (1-x)\cdot s$ f) $F_6(y) = \frac{x}{5}y^5 + \frac{1}{2}x^2y^2$

g) $F_7(x) = -\frac{1}{6x^6} - \frac{1}{3}x^{-3}$ h) $F_8(x) = \ln(2x+1) + 4$ i) $F_9(x) = \frac{1}{3}\cos(3x - \frac{\pi}{2}) + 1$

EA 3 Überprüfen Sie, ob die nachfolgend angegebene Funktion F_i jeweils eine Stammfunktion von f_i ist:

a) $F_1(x) = \frac{1}{2}x^6 - \frac{1}{3}x^3 + x^2 + 1$ $f_1(x) = x(3x^4 - x + 2)$

b) $F_2(x) = \frac{1}{2}\sqrt{x} + 7x$ $f_2(x) = \frac{1}{4\sqrt{x}} + 7$

c) $F_3(a) = x^5a - 3$ $f_3(a) = 5x^4a$

d) $F_4(t) = \frac{x^2 - 5}{x - 3}t$ $f_4(t) = \frac{x^2 - 5}{x - 3}$

e) $F_5(x) = \frac{1}{3}x^3 - \frac{1}{2}x^2 - 12x + a$ $f_5(x) = (x-4)(x+3)$

f) $F_6(d) = 2d^5 - 2d^4 + 3d^2 - 3d$ $f_6(d) = 10d^4 - 8d^3 + 6d$

g) $F_7(x) = \frac{x^2 + 2}{3x}$ $f_7(x) = \frac{x^2 - 2}{3x^2}$

h) $F_8(x) = \frac{x + 2}{3x^2}$ $f_8(x) = \frac{-x - 4}{3x^3}$

i) $F_9(x) = 3e^{2x+4}$ $f_9(x) = \frac{3}{2}e^{2x+4}$

j) $F_{10}(t) = (\sin t + \cos x)^2$ $f_{10}(t) = 2(\sin t + \cos x)\cdot\cos t$

1) Wir setzen hier und im Folgenden – wenn nicht anders vermerkt – stets voraus:
- Nenner $\neq 0$
- Basis von Potenzen mit gebrochenen Exponenten > 0

EA 4 Ergänzen Sie nachfolgende Tabelle:

	Funktion f	Ableitungsfunktion f' von f	Stammfunktion F zu f
a)	$\frac{1}{x^2}$		
b)		$4x$	
c)			$6x^4 - 5x^2 - 4$
d)			$\sqrt{x}$
e)	$(x-1)(x+1)$		

EA 5 Untersuchen Sie, ob F_1 und F_2 jeweils Stammfunktionen ein und derselben Funktion f sind! Geben Sie im zutreffenden Falle f an!

a) $F_1(x) = \frac{x}{2x-1}$; $F_2(x) = \frac{2x}{x-1}$ b) $F_1(x) = \frac{2x}{1-3x}$; $F_2(x) = \frac{2}{3-9x}$

c) $F_1(x) = \frac{x^2}{x^2+4}$; $F_2(x) = \frac{-4}{x^2+4}$ d) $F_1(x) = x + \frac{x-1}{x^2-1}$; $F_2(x) = \frac{x^3-1}{x^2-1}$

e) $F_1(x) = x^2 - \frac{1}{x^2}$; $F_2(x) = \frac{(x^2-1)^2}{x^2}$

EA 6 Geben Sie je drei Stammfunktionen zu den Funktionen f_i an und skizzieren Sie deren Graphen jeweils in ein gemeinsames Koordinatensystem!

a) $f_1(x) = 2x - 3$ b) $f_2(x) = -3x^2$ c) $f_3(x) = 4$ d) $f_4(x) = 4x^3$

GTA **EA 7** Geben Sie je drei Stammfunktionen zu den Funktionen f_i an und skizzieren Sie deren Graphen jeweils in ein gemeinsames Koordinatensystem! Verwenden Sie gegebenenfalls einen GTA!

a) $f_1(x) = 2x^3 + 4x^2 - 1$ b) $f_2(x) = \sqrt{x+1}$ c) $f_3(x) = \frac{1}{x^2}$ d) $f_4(x) = 2x - \sqrt{x}$

EA 8 Zeigen Sie, dass $F_1(x) = x(\frac{3}{2}x + 4)$ und $F_2(x) = \frac{3}{2}x^2 + 4x - \frac{9}{2}a$ Stammfunktionen von $f(x) = 3x + 4$ sind!

Gilt diese Aussage auch für $F_3(x) = x(x^2 - 9)$ und $F_4(x) = x(x+3)(x-3) - 3$ bezüglich $f(x) = 3x^2 - 9$?

EA 9

a) Zeigen Sie, dass die Funktionen $F_1(x) = (x-2)(x+3) + 4$, $F_2(x) = (x-1)^2 + 3x$ und $F_3(x) = x(x+1) + e$ Stammfunktionen ein und derselben Funktion f sind! Geben Sie f an!

b) Geben Sie zwei weitere Stammfunktionen der Funktion f an!

GTA c) Skizzieren Sie alle fünf Funktionen in ein gemeinsames Koordinatensystem!

EA 10 Ermitteln Sie jeweils die Menge aller Stammfunktionen für die Funktionen f_i mit nachfolgenden Gleichungen:

a) $f_1(x) = \frac{1}{2} - 3x + 4x^3$ b) $f_2(a) = a^2x - \frac{a}{x}$ c) $f_3(t) = t - \frac{1}{\sqrt{t}} - 3$ d) $f_4(r) = (r + \frac{1}{r})(r - \frac{1}{r})$

e) $f_5(x) = 4x(x^2 - 5)$ f) $f_6(s) = ax + as - 3$ g) $f_7(b) = ab + ax$ h) $f_8(x) = x^3 - 3x^2 - x$

i) $f_9(h) = \frac{3}{ch^2}$ j) $f_{10}(r) = (r-1)(r+1)$ k) $f_{11}(t) = \frac{1}{t^2} - \frac{1}{t^3} + t$ l) $f_{12}(x) = 2x^{10} - 5x^4$

m) $f_{13}(x) = \frac{3}{ax^n}$ n) $f_{14}(t) = \frac{1}{2t^2}$ o) $f_{15}(a) = a^{-1+2n}$ p) $f_{16}(a) = \frac{x^7}{4} - \frac{x}{a^3}$

EA 11 Geben Sie für die folgenden Funktionen f das unbestimmte Integral an. (Vereinfachen Sie zunächst die Funktionsterme!)

a) $f(x) = \frac{9x^2 - 1}{3x + 1}$ b) $f(t) = \frac{4t^2 + 1}{2t^2}$ c) $f(a) = \frac{2a^3 - 6a^2}{a^2}$

d) $f(a) = \frac{a^3 - a^2 - 2a}{a + 1}$ e) $f(x) = \frac{x^4 - 25}{x^2 - 5}$ f) $f(x) = \frac{ax^3 - a}{ax^6}$

EA 12 Ermitteln Sie folgende unbestimmte Integrale:

a) $\int (x^2 - 1)dx$ b) $\int at\,dt$ c) $\int (x^2 + 3x + 1)dx$

d) $\int (\sqrt{a} - x\sqrt{b})dx$ e) $\int \frac{1}{2}\sqrt{x}\,dx$ f) $\int (x + \frac{1}{x^2} + \frac{1}{x^3})dx$

g) $\int \frac{dx}{\sqrt[3]{x^2}}$ h) $\int (\sqrt{x} + \sqrt[3]{x} - \sqrt[4]{x} + 4)dx$ i) $\int (\frac{3}{x^4} + \frac{2}{x^3} + \frac{1}{x^2})dx$

j) $\int (ab + b^4)db$ k) $\int (t - 2)^2 dt$ l) $\int \frac{12dx}{5x^5}$

EA 13 Ermitteln Sie mit dem GTA die folgenden unbestimmten Integrale: **GTA**

a) $\int (5x^2 + 2)^4 dx$ b) $\int \sqrt{x^2 + 2}\,dx$ c) $\int 3x^2 \cdot \sqrt{2x^2 - 1}\,dx$

d) $\int \frac{1}{x^2 - 1}dx$ e) $\int k \cdot (k^2 + k)^4 dk$ f) $\int (\sqrt[3]{x} - (2x + 1)^6)\,dx$

g) $\int (\sqrt{2a} + 2a)^3 da$ h) $\int (v^2 - \sqrt{v})^4 dv$ i) $\int (\frac{x^2 + 1}{x^4})^3 dx$

EA 14 Bestimmen Sie den Integranden in folgenden Gleichungen:

a) $\int f_1(x)dx = 7x^2 - c$ b) $\int f_2(x)dx = \frac{-1}{\sqrt{x}} + b$ c) $\int f_3(x)dx = \sqrt{x} + a$

d) $\int f_4(a)da = \sqrt{x} + a$ e) $\int f_5(t)dt = t^{-5} + 2t^2 - c$ f) $\int f_6(x)dx = ax + c$

g) $\int f_7(b)db = b^2 + 2b + c$ h) $\int f_8(x)dx = \frac{1}{x^4} - \frac{1}{x^2} + c$ i) $\int f_9(x)dx = \frac{x}{\pi} - \pi$

j) $\int f_{10}(s)ds = 7s^3 - \frac{s^2}{4} + c$ k) $\int f_{11}(x)dx = \sqrt{x} + \frac{1}{\sqrt{a}}$ l) $\int f_{12}(x)dx = \sqrt{x} + a$

EA 15

a) Beweisen Sie die Summenregel für unbestimmte Integrale (Satz E 4, Teil 2)!
b) Beweisen Sie durch vollständige Induktion die Gültigkeit dieser Summenregel für n Summanden $(n > 2)$!

EA 16 Stellen Sie die Funktionen $F_1(x) = -x^2$, $F_2(x) = -x^2 + 1$, $F_3(x) = -x^2 - 1$ und $F_4(x) = -x^2 + 3$ grafisch dar! Zeigen Sie, dass die Tangenten in Punkten mit demselben Abszissenwert x bei allen vier Graphen parallel zueinander verlaufen und den Anstieg $f(x) = -2x$ besitzen!

EA 17 Ermitteln Sie die Gleichung derjenigen Stammfunktion von $f(x) = 2x - 3$, die an der Stelle –1 den Funktionswert $\frac{9}{2}$ hat!

EA 18 Bestimmen Sie diejenige Stammfunktion von f_i, welche die angegebene Bedingung erfüllt!

a) $f_1(x) = x^2 + 3$ $F_1(1) = 4$ b) $f_2(x) = \frac{x}{10}$ $F_2(0) = 4$

c) $f_3(x) = (x^2 - 1)(x^2 + 1)$ $F_3(1) = \frac{3}{5}$ d) $f_4(x) = \sqrt[4]{x}$ $F_4(1) = \frac{4}{5}$

e) $f_5(t) = \frac{\pi}{2}t - \frac{\pi}{3}$ $F_5(1) = \pi$ f) $f_6(a) = 0{,}6a^2 - \frac{1}{5}a + 1$ $F_6(0) = 0$

g) $f_7(x) = \frac{1}{2\sqrt{x}}$ $F_7(9) = 2$ h) $f_8(b) = \frac{1}{b^2}$ $F_8(7) = \frac{6}{7}$

EA 19 Geben Sie zu der Funktion f_i die Stammfunktionen F_{i1} und F_{i2} mit $F_{i1}(0) = 0$ bzw. $F_{i2}(0) = 2$ an!

a) $f_1(x) = -x^2 + 4x$ b) $f_2(x) = 2x$ c) $f_3(t) = x^3 + x^2 - 2x$

d) $f_4(x) = \frac{1}{\sqrt{x}} + 2x$ e) $f_5(x) = x^2 - 2x + 1$ f) $f_6(x) = (x-1)^2$

EA 20 Die Funktion f mit $f(x) = x^3 - 2x^2 + 1$ hat eine Stammfunktion, deren Graph durch den Punkt P(1; 2) verläuft.
Ermitteln Sie die Gleichung dieser Stammfunktion!

EA 21 Geben Sie Stammfunktionen von f mit $f(x) = -2x + 3$ an, die nur negative Funktionswerte annehmen!

EA 22 Gegeben ist die Funktion $f(x) = x^2 - 2x$.

a) Ermitteln Sie die Stammfunktion F_1 von f, die an der Stelle 1 den Funktionswert $\frac{1}{3}$ annimmt!

b) Welchen Anstieg hat F_1 im Punkt $P(1; \frac{1}{3})$?

c) Ermitteln Sie die Stammfunktion F_2 von f, deren Graph auf der Geraden y = 1 einen Wendepunkt hat!

EA 23 Berechnen Sie den Parameter a ($a \in \mathbb{R}$) so, dass F_i eine Stammfunktion von f_i ist!

a) $F_1(x) = ax^3 + 3x^2 + 7x;\ f_1(x) = (x+3)^2 - 2$ b) $F_2(x) = \frac{1}{3}ax^3 - ax^2;\ f_2(x) = \frac{x^4 - 2x^3}{5x^2}$

E 2 Das bestimmte Integral

E 2.1 Flächeninhalt unter der Normalparabel

E 2.2 Der Begriff *bestimmtes Integral*

E 2.3 Begriffserweiterung und Eigenschaften bestimmter Integrale

EA 24 Berechnen Sie den Flächeninhalt der gegebenen Figuren! (Hinweis: Die gekrümmten Linien sind Teile von Kreisen.) Maßstab: Seitenlänge der Kästchen ≙ 1 cm.

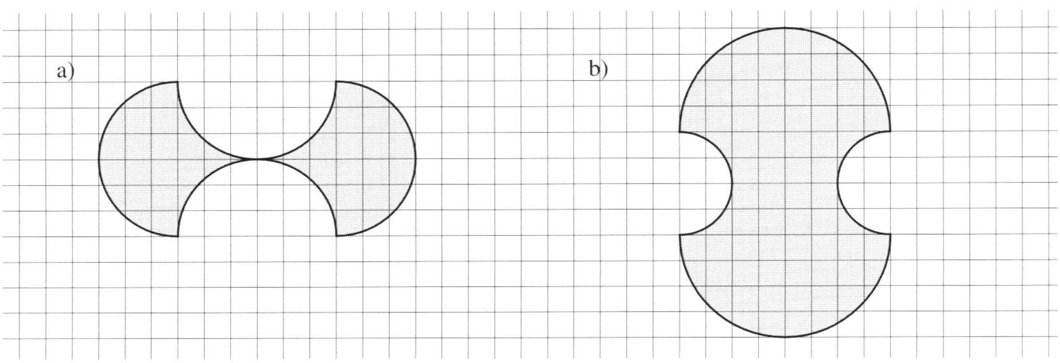

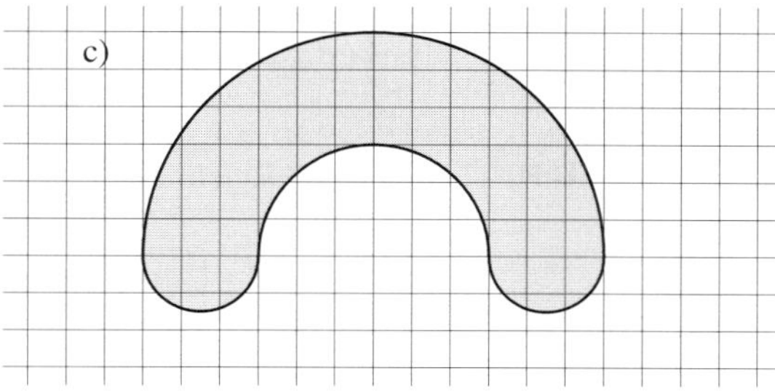

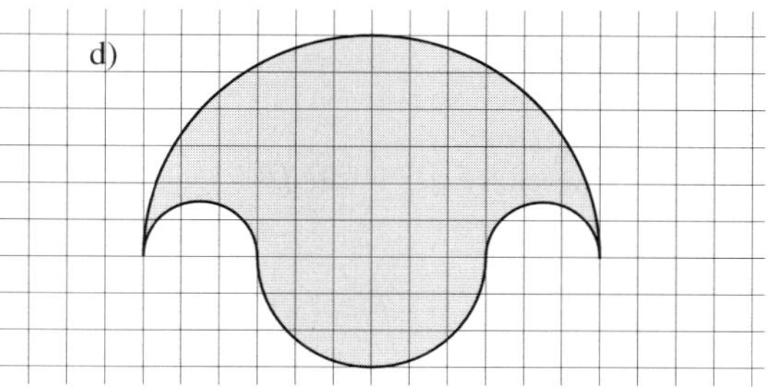

EA 25 Bestimmen Sie näherungsweise den Flächeninhalt der folgenden Figuren! (Hinweis: Zerlegen Sie die Figur geeignet!)

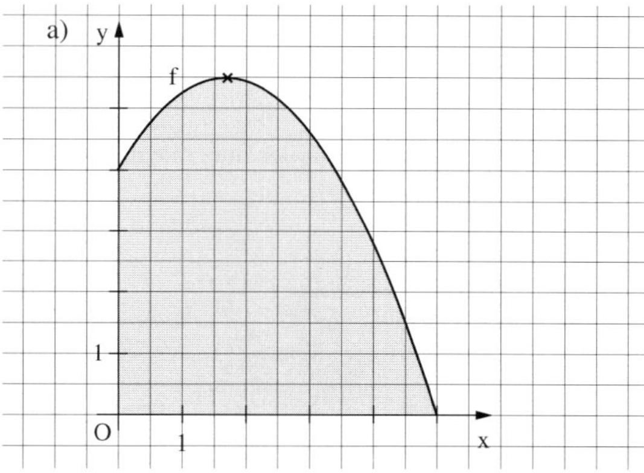

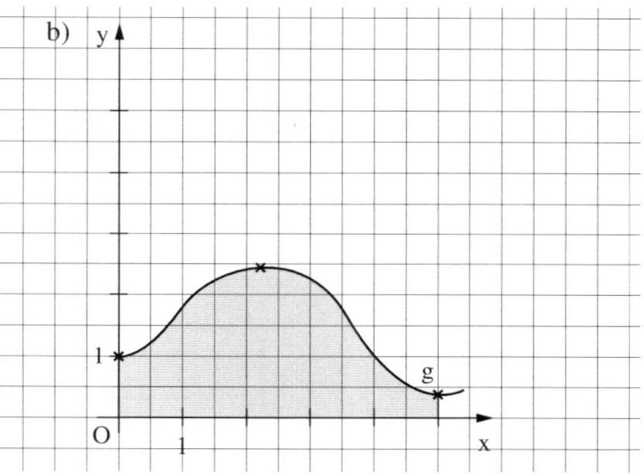

EA 26 Berechnen Sie das bestimmte Integral $\int_{-1}^{2} (x^2 + 2)\,dx$! Verwenden Sie dazu die Definition E 3!

EA 27 Berechnen Sie analog zu Aufgabe ***EA 26*** die folgenden bestimmten Integrale:

a) $\int_{-2}^{2} (-x^2 + 4)\,dx$ b) $\int_{0}^{2} (2x + 1)\,dx$ c) $\int_{0}^{1} (x^3 + 1)\,dx$

d) $\int_{0}^{1} \frac{1}{2}x^2\,dx$ e) $\int_{0}^{2} (x^2 + x)\,dx$

EA 28 Berechnen Sie den Inhalt der Fläche unter der Normalparabel (Graph der Funktion $f(x) = x^2$) in den angegebenen Intervallen! Verwenden Sie dazu die Ihnen bekannte Formel $A = A_2 - A_1 = \frac{b^3}{3} - \frac{a^3}{3}$!

a) [1; 3] b) [0; 5] c) [–2; 0] d) [–1; 1]

EA 29 Berechnen Sie den Inhalt der Fläche unter der Funktion $f(x) = 4 - x^2$ in folgenden Intervallen:

a) [–1; 0] b) [–0,5; 0,5] c) [0; 1] d) [0,5; 1]

EA 30 Berechnen Sie den Inhalt der Fläche zwischen den Funktionen $f(x) = x^3$ und $g(x) = x$ in den folgenden Intervallen

a) [0; 1] b) $[-\frac{1}{2}; 0]$

EA 31 Überprüfen Sie, ob sich die folgenden bestimmten Integrale als Flächeninhalt deuten lassen! Begründen Sie knapp Ihre Entscheidung!

a) $\int_1^3 (-3x+3)\,dx$ b) $\int_1^4 (\frac{1}{2}x-1)\,dx$ c) $\int_{-2}^1 (x^2+2)\,dx$ d) $\int_{-1}^2 (x^2-2x)\,dx$

EA 32 Geben Sie den Inhalt der folgenden markierten Flächen mithilfe bestimmter Integrale an:

a)

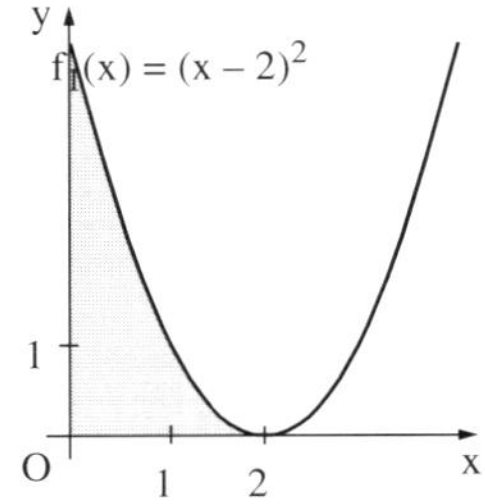

b)

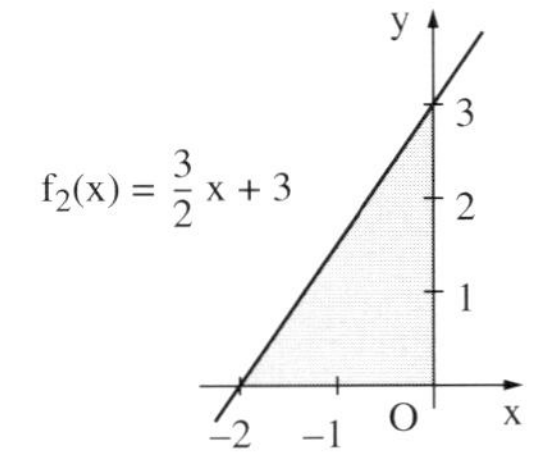

c)

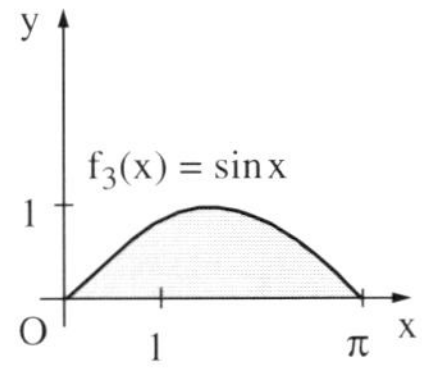

EA 33 Geben Sie den Inhalt der folgenden markierten Flächen mithilfe bestimmter Integrale an:

a)

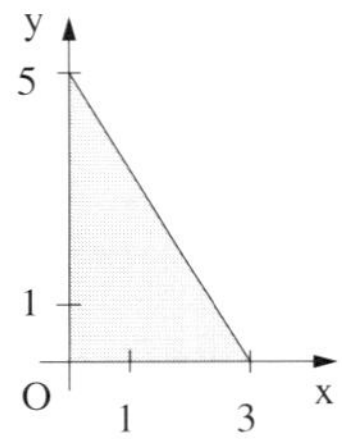

b)

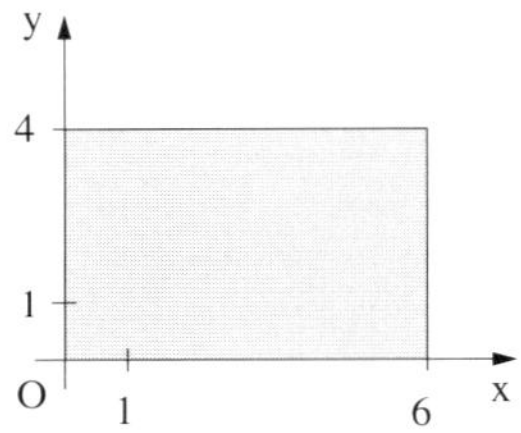

c)

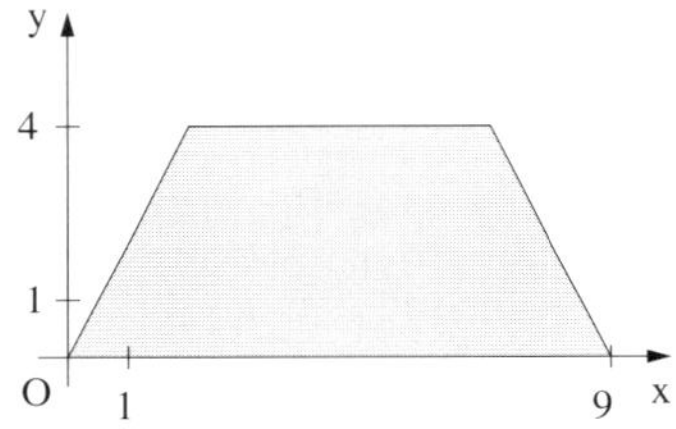

EA 34 Wie verändert sich der Flächeninhalt unter dem Graphen der Funktion f_i im Intervall [0; a] mit $a > 0$, wenn die Intervallänge auf [0; 2a] verdoppelt wird?

a) $f_1(x) = x$ b) $f_2(x) = x^2$ c) $f_3(x) = 2x$ d) $f_4(x) = x^3$

EA 35 Gegeben ist die Funktion $f(x) = x^2$. Welchen Wert hat b, wenn

a) die Fläche unter dem Graphen der Funktion f im Intervall [0; b] den Inhalt 72 FE besitzt,
b) die Fläche unter dem Graphen der Funktion f im Intervall [2; b] den Inhalt 39 FE hat?

EA 36 Überprüfen Sie, ob folgende Gleichungen wahre Aussagen sind, und begründen Sie knapp Ihre Entscheidung:

a) $\int_2^3 x(x^2-x)\,dx - \int_4^3 \frac{x^5-x^4}{x^2}\,dx + \int_4^2 x^2(x-1)\,dx = 0$ b) $\int_0^5 (x^2-1)\,dx = -\int_5^0 (x+1)(x-1)\,dx$

c) $\int_2^4 \frac{x^4-x^2}{x^2}\,dx - \int_4^2 x^2(1-\frac{1}{x^2})\,dx = 0$ d) $\int_1^7 a^2(x^2-1)\,dx + a^2\int_7^1 (x+1)(x-1)\,dx = 0$

EA 37 Überprüfen Sie die folgenden Gleichungen! Nutzen Sie dafür auch Skizzen! Korrigieren Sie auftretende Fehler!

a) $\int_0^4 (x-2)\,dx = 0$ b) $\int_{-2}^2 x^2\,dx = 0$ c) $\int_0^2 x^3\,dx = 8$

d) $\int_0^1 2x\,dx = 1$ e) $\int_{-2}^1 2\,da = 6$ f) $\int_0^a (-x^2)\,dx = \frac{a^3}{3}$

EA 38 Berechnen Sie unter Anwendung von Definition E 5 und E 6 sowie Satz E 7:

a) $\int_c^d (x-c)^2 dx + \int_d^c x^2 dx - c\int_c^d (-2x+c)\,dx$ b) $\int_{-2}^{3} (2x+4)\,dx - 2\cdot\int_7^4 (x+2)\,dx - \frac{1}{2}\cdot\int_4^3 (4x+8)\,dx$

EA 39 Berechnen Sie – auf möglichst günstige Weise – die folgenden bestimmten Integrale:

a) $\int_1^1 x\,dx$ b) $\int_0^0 t^7\,dt$ c) $\int_0^x b\,db$ d) $\int_{-3}^{-3} (a^2+a+2)\,da$

e) $\int_\pi^\pi x^2\,dx$ f) $\int_b^0 x\,dx$ g) $\int_0^b z\,dz$ h) $\int_0^0 (x^4+1)\,dx$

i) $\int_1^3 (x^2+1)\,dx + \int_3^1 (x^2+1)\,dx$ j) $\int_2^5 (\frac{1}{x}+2)\,dx + \int_5^2 (\frac{1}{x}+2)\,dx$

k) $\int_1^4 x(x^2+x+1)\,dx + \int_4^7 (x^3+x^2+x)\,dx + \int_7^1 (x^3+x^2+x)\,dx$ l) $\int_0^1 x^3\,dx - \int_3^1 x^3\,dx + \int_3^5 x^3\,dx$

EA 40 Berechnen Sie die folgenden bestimmten Integrale mit dem GTA: **GTA**

a) $\int_{-2\sqrt{2}}^{2\sqrt{2}} x\,dx$ b) $\int_{-3}^{1} 2x^3\,dx$ c) $\int_2^3 \frac{4}{a^2}\,da$ d) $\int_1^2 5x\sqrt{x}\,dx$

e) $\int_0^2 \sqrt{5}\,x\,dx$ f) $\int_1^8 \frac{4}{x^5}\,dx$ g) $\int_0^a ab\,db$ h) $\int_2^3 \frac{1}{2t^2}\,dt$

i) $\int_1^6 \frac{5}{3}\sqrt[3]{x^2}\,dx$ j) $\int_{-2}^{-1} \frac{4}{s^5}\,ds$

E 2.4 Mittelwertsatz der Integralrechnung

EA 41 Berechnen Sie für die nachfolgenden Funktionen jeweils den Mittelwert im angegebenen Intervall! Ermitteln Sie das zugehörige Argument x_0!

a) $f_1(x) = x^2;\ [2; 4]$ b) $f_2(x) = x^3;\ [0; 3]$ c) $f_3(x) = -x;\ [-4; 0]$ d) $f_4(x) = 2x;\ [1; 2]$

EA 42 Berechnen Sie b so, dass der Mittelwert für die Normalparabel $f(x) = x^2$ im Intervall $[0; b]$ den Wert 2 hat!

EA 43

a) Gibt es Funktionen, bei denen der Mittelwert über einem Intervall $[-a; a]$ gleich 0 ist?
b) Gibt es Funktionen, bei denen der Mittelwert über einem Intervall $[-a; a]$ doppelt so groß ist wie der Mittelwert über $[0; a]$?

Begründen Sie Ihre Antwort!

E 3 Beziehung zwischen bestimmtem und unbestimmtem Integral

E 3.1 Das bestimmte Integral als Funktion der oberen Integrationsgrenze

E 3.2 Hauptsatz der Differential- und Integralrechnung

EA 44 Ermitteln Sie jeweils das bestimmte Integral als Funktion der oberen Integrationsgrenze!

a) $\Phi(x) = \int_0^x \frac{2t}{3}\,dt$ b) $\Phi(a) = \int_0^a 2x^3\,dx$

EA 45 Ermitteln Sie für nachfolgende Integrale die Integralfunktion:

a) $\int_0^a dx$ b) $\int_0^x (-3)\,da$ c) $\int_0^t (ax^2 + bx + c)\,dx$ d) $\int_0^x (2 + v^3 + v^4 + v^5)\,dv$

e) $\int_0^c k \cdot \frac{1}{x^5}\,dx$ f) $\int_0^a \frac{x^3 - x^2 + 4}{x^2}\,dx$ g) $\int_0^x (a-1)(a+1)\,da$ h) $\int_0^x \left(\frac{2}{z^4} - \frac{3}{z^5} + \frac{1}{z^6}\right)dz$

i) $\int_0^t x \cdot x^{-4}\,dx$ j) $\int_0^a \frac{w^4}{z^2}\,dz$ k) $\int_0^x \frac{t}{10}\,dt$ l) $\int_0^a x^n\,dx$

EA 46 Berechnen Sie folgende bestimmte Integrale nach dem Hauptsatz der Differential- und Integralrechnung:

a) $\int_a^x \left(2t - \frac{t^2}{2}\right)dt$ b) $\int_2^b (a-2)^2\,da$

EA 47 Berechnen Sie folgende bestimmte Integrale:

a) $\int_a^b \pi\,dx$ b) $\int_r^s (3x - 4)\,dx$ c) $\int_1^x at^2\,dt$ d) $\int_2^a ct \cdot \cos\alpha\,dc$

e) $\int_a^5 (x+2)^2\,dx$ f) $\int_0^x (t^2 - 1)(t^2 + 1)\,dt$ g) $\int_1^3 (x^2 + ax)^2\,da$ h) $\int_5^7 \sqrt{a}\,dx$

EA 48 Gegeben ist die Funktion f mit $f(x) = (x-3)^2 - 4$.

a) Skizzieren Sie den Graphen der Funktion f! Kennzeichnen Sie die Punktmenge zwischen dem Graphen von f und der x-Achse im Intervall [2; 4]!

b) Berechnen Sie $\int_2^4 [(x-3)^2 - 4]\,dx$ und erklären Sie, warum das bestimmte Integral negativ ist!

c) Geben Sie zwei Intervalle [a; b] so an, dass $\int_a^b [(x-3)^2 - 4]\,dx$ negativ ist!

d) Geben Sie zwei Intervalle [a; b] so an, dass $\int_a^b [(x-3)^2 - 4]\,dx$ positiv ist!

e) Geben Sie ein Intervall [a; b] so an, dass $\int_a^b [(x-3)^2 - 4]\,dx = 0$ gilt!

EA 49 Geben Sie drei Funktionen f_1, f_2, f_3 und dazu jeweils drei Intervalle [a; b] so an, dass gilt:

a) $\int_a^b f_1(x)dx > 0$ b) $\int_a^b f_2(x)dx = 0$ c) $\int_a^b f_3(x)dx < 0$

EA 50 Berechnen Sie die folgenden bestimmten Integrale:

a) $\int_0^3 ((x+2)^2 - 2t)\,dx$ b) $\int_0^3 ((x+2)^2 - 2t)\,dt$ c) $\int_0^3 ((t+2)^2 - 2x)\,dx$ d) $\int_0^3 ((t+2)^2 - 2x)\,dt$

EA 51 Berechnen Sie möglichst rationell:

a) $\int_1^2 (x+2)^2dx - \int_1^2 (x-2)^2dx$ b) $\int_1^1 (a+bx)dx - \int_1^1 (a-bx)dx$

c) $\int_0^3 (1-3t)dt + \int_0^3 (1+3t)dt$ d) $2\cdot\int_{-1}^2 (x+2)dx - \int_{-1}^2 (2x-4)dx$

e) $\int(\frac{1}{3}x^3 - 2x^2 + \frac{1}{6}x + 2)dx - \int(\frac{1}{3}x^3 + 2x^2 - \frac{1}{6}x + 2)dx$ f) $\int \frac{1}{x^4}dx + \int \frac{2}{x^4}dx$

g) $\int_0^2 \left(\frac{1+2x}{\sqrt{x}}\right)dx - \int_0^2 \left(\frac{2+2x}{\sqrt{x}}\right)dx$ h) $\frac{1}{2}\int_1^2 \left(\frac{6-2\sqrt{x}}{\sqrt{x}}\right)dx - \frac{1}{3}\int_1^2 \left(\frac{24}{2\sqrt{x}} - 4\right)dx$

E 4 Berechnen bestimmter Integrale; Anwendung zum Ermitteln von Flächeninhalten

E 4.1 Berechnen bestimmter Integrale

EA 52 Berechnen Sie folgende bestimmte Integrale:

a) $\int_0^3 dx$ b) $\int_{-1}^0 (-2)da$ c) $\int_1^2 \frac{3}{x^2}dx$ d) $\int_1^3 4t^{-3}dt$

e) $\int_0^3 (3x^2 + 4x + 5)dx$ f) $\int_1^2 (x^3 - 3x^2 + 3x - 1)dx$ g) $\int_2^3 \left(\frac{t^3-1}{t^2}\right)dt$ h) $\int_1^2 \left(\frac{1}{\sqrt{x}} - 2x\right)dx$

i) $\int_1^2 \left(\frac{3x^3-8}{4x^2}\right)dx$ j) $\int_1^2 \left(\frac{8-2\sqrt{t}}{\sqrt{t}}\right)dt$ k) $\int_1^4 (\frac{1}{2\sqrt{x}} + x)dx$ l) $\int_{-2}^2 (3t + t\cdot\sin\alpha)dt$

EA 53 Berechnen Sie folgende bestimmte Integrale:

a) $\int_{-2}^1 (5x^4 - \frac{1}{5}x^2 - 3)dx$ b) $\int_1^4 \frac{1}{2\sqrt{x}}dx$ c) $\int_1^4 (\sqrt{x} + x)dx$ d) $\int_1^4 5\sqrt[4]{x}\,dx$

e) $\int_0^1 2\sqrt[4]{v}\,dv$ f) $\int_{-1}^2 (t-2)^2dt$ g) $\int_0^a ab^2db$ h) $\int_0^a ab^2dx$

i) $\int_1^2 \left(\frac{1}{x^3} + \frac{1}{x^4}\right)dx$ j) $\int_2^4 \frac{-2}{3x\sqrt[3]{x^2}}dx$ k) $\int_0^1 x^2(4-x^2)dx$ l) $\int_1^3 (x+2)^3dx$

EA 54 Vergleichen Sie folgende Integrale:

a) $2\int_1^3 5x\,dx$ und $\int_1^3 10x\,dx$ b) $\int_0^2 (x^2-4)\,dx$ und $\int_0^2 (x-2)^2\,dx$

c) $\int_{-2}^2 (a^2+2)\,da$ und $2\int_{-2}^2 (\frac{a^2}{2}+1)\,da$ d) $\int_{-1}^1 x^3\,dx$ und $\int_{-1}^1 x\,dx$

e) $\int_2^3 (x-a)\,dx$ und $a\int_2^3 (x-\frac{1}{a})\,dx$ f) $\int_1^5 25x\,dx$ und $\int_1^4 30x\,dx$

EA 55 Ermitteln Sie k ($k \in \mathbb{R}$) so, dass gilt:

a) $\int_1^k (x-2)\,dx = \frac{3}{2}$ b) $\int_k^1 2(2x-1)\,dx = \frac{1}{2}$

EA 56 Bestimmen Sie aus nachfolgenden Gleichungen jeweils k ($k \in \mathbb{R}$):

a) $\int_0^k x\,dx = 8$ b) $\int_0^k (x+3)\,dx = 8$ c) $\int_0^k dx = 3\int_0^1 dx$ d) $\int_{-k}^0 t^2\,dt = 2$

e) $\int_{-1}^k (3x^2+2x-2)\,dx = 2$ f) $\int_{-2}^k (4x^3-4x)\,dx = -9$ g) $\int_0^3 (x^2+k)\,dx = 15$ h) $\int_{-2}^0 (x^4+k)\,dx = \frac{2}{5}$

i) $\int_0^2 2a\,da = \int_0^k x^3\,dx$ j) $\int_1^5 kt\,dt = 60$

EA 57 Ermitteln Sie die Nullstellen der folgenden Funktionen und berechnen Sie das bestimmte Integral dieser Funktionen in dem durch die Nullstellen gegebenen Intervall:

a) $f_1(x) = -2\,[(x-2)^2-16]$ b) $f_2(x) = (x^2+4)(x^2-4)$ c) $f_3(x) = x^3+3x^2$

d) $f_4(x) = \frac{1}{2}x^2 - 4x + \frac{15}{2}$

EA 58 Beweisen Sie a) die Faktorregel, b) die Summenregel der Integralrechnung (Satz E 11)!

GTA **EA 59** Berechnen Sie die folgenden bestimmten Integrale! Verwenden Sie einen GTA!

a) $\int_1^2 \frac{2x-4}{x^3}\,dx$ b) $\int_{0,5}^{2,1} (a^2+\frac{1}{\sqrt[3]{a^2}})\,da$ c) $\int_{0,9}^{2,2} \frac{5x}{1+x^2}$ d) $\int_0^1 \frac{t}{\sqrt{4-t^2}}\,dt$

e) $\int_1^{2,9} \frac{7x^2}{\sqrt{x^3+4}}\,dx$ f) $\int_0^{1,8} \frac{da}{1+2a^2}$ g) $\int_{0,5}^{2,5} (x-1)\cdot x\,dx$ h) $\int_{0,7}^{1,7} \frac{5}{1+3x^2}\,dx$

i) $\int_{0,1}^{1,7} \frac{4,1}{0,5+3x^2}\,dx$ j) $\int_{1,3}^{4,6} \frac{5,6x}{\sqrt{x}}\,dx$

EA 60 Gegeben sei die Schar von Funktionen f_t mit $f_t(x) = t(x^2-x)$ ($t \in \mathbb{R}$; $t > 0$).

a) Ermitteln Sie das unbestimmte Integral $\int f_t(x)\,dx$!

b) Berechnen Sie das bestimmte Integral $\int_0^2 f_t(x)\,dx$!

c) Für welche Stammfunktionen F_t von f_t gilt $\int_0^1 f_t(x)\,dx = -2$?

d) Ermitteln Sie den Parameter t so, dass $\int_0^1 f_t(x)\,dx = -\frac{1}{12}$ gilt.

EA 61 Geben Sie die Funktionsgleichung einer Funktion f zweiten Grades mit folgenden Eigenschaften an:

a) (1) f hat an der Stelle x = 1 ein Extremum. (2) f'' hat an jeder Stelle den Wert –2.
(3) Es gilt $\int_{-1}^{3} f(x)\,dx = 10\frac{2}{3}$.

b) (1) Der Graph von f schneidet die x-Achse in den Punkten $P_1(-3; 0)$ und $P_2(3; 0)$.
(2) Es gilt $\int_0^3 f(x)\,dx = -9$

EA 62 Gegeben ist die Funktionenschar f_a mit $f_a(x) = (x + a)^2 + a \quad (a \in \mathbb{R};\ a \geq 0)$.

a) Zeichnen Sie die Graphen für a = 0; a = 1; a = 3!
b) Die Scheitelpunkte der Graphen liegen auf einer Kurve. Geben Sie die Gleichungen dieser Kurve an!
c) Berechnen Sie $\int_{-1}^{0} f_a(x)\,dx$!
d) Für welches a ist $\int_{-2}^{0} f_a(x)\,dx = \frac{20}{3}$?

E 4.2 Ermitteln von Flächeninhalten

EA 63 Berechnen Sie den Inhalt der Fläche zwischen dem Graphen der Funktion f_i und der x-Achse im angegebenen Intervall:

a) $f_1(x) = 4x - \frac{1}{2}x^2$, [1; 6]
b) $f_2(x) = \sqrt{x} - 2{,}5;\ x \geq 0$, [1; 5]
c) $f_3(x) = -x^3 + 3x^2 + 4x$, [– 1; 3]
d) $f_4(x) = \frac{1}{4}x^2 + x - 3$ [–4; –1]
e) $f_5(x) = -x^3 + 3x^2 + 4x$ [1; 6]
f) $f_6(x) = 3 - \sqrt{x}$ [3; 5]
g) $f_7(x) = \sqrt{x-2} - 1{,}5$ [3; 6]
h) $f_8(x) = \frac{1}{(x+3)^2} - 1$ [0; 5]
i) $f_9(x) = x^4 - x^2$ [0; 1]
j) $f_{10}(x) = \frac{1}{\sqrt{x}}$ [1; 4]
k) $f_{11}(x) = 1 - \frac{1}{x^2}$ [1; 2]
l) $f_{12}(x) = \sqrt[3]{x} + 1$ [0; 1]

EA 64 Durch den Graphen der Funktion f_i und die x-Achse wird ein Flächenstück vollständig begrenzt. Berechnen Sie den Inhalt dieser Fläche!

a) $f_1(x) = (\frac{1}{2}x - 1)^2 - \frac{9}{4}$
b) $f_2(x) = 2x^3 - 8x$

EA 65 Der Graph der Funktion f_i und die x-Achse begrenzen eine Fläche vollständig. Berechnen Sie den Inhalt dieser Fläche!

a) $f_1(x) = -\frac{1}{2}x^2 + 4{,}5$
b) $f_2(x) = 5x^2 - x^3$
c) $f_3(x) = x^4 - 8x^2 + 16$
d) $f_4(x) = x^2 - 4x - 5$
e) $f_5(x) = x^2 - 6x$
f) $f_6(x) = x\,(x + 4)$
g) $f_7(x) = x^3 - 3x^2$
h) $f_8(x) = (x - 4)\sqrt{x}$
i) $f_9(x) = \frac{1}{2}x^4 + x^3$
j) $f_{10}(x) = x^2(3 - x)$
k) $f_{11}(x) = (x - 1)(x + 2)(x - 3)$
l) $f_{12}(x) = x^4 - 3x^3 - x^2 + 9x - 6$

EA 66 Berechnen Sie den Inhalt der Fläche, die durch den Graphen der Funktion f_i und die x-Achse vollständig begrenzt wird!

a) $f_1(x) = 3x^3 - 12x$ b) $f_2(x) = -x^3 + 6x^2 - 5x$ c) $f_3(x) = x^3 - 8x^2 + 15x$

d) $f_4(x) = x^4 - 10x^2 + 9$ e) $f_5(x) = x^5 + x^3 - 12x$ f) $f_6(x) = x^3 - 9x$

g) $f_7(x) = (\sqrt{5-x})(x-2)$ h) $f_8(x) = x^5 - 10x^3 + 9x$ i) $f_9(x) = x^3 - 6x^2 + 8x$

EA 67 Der Graph der gegebenen Funktion, die x-Achse und die Gerade x = a begrenzen ein Flächenstück vollständig. Berechnen Sie den Inhalt der Fläche!

a) $f(x) = x^2 - 2$ $a = -1$ b) $g(x) = 0{,}5x^3 + 4$ $a = 2$

c) $h(x) = \sqrt{x+2}$ $a = 4$ d) $k(x) = (x^2 - 9)(x + \frac{1}{2})$ $a = -1$

e) $m(x) = \frac{1}{4}x^4 - 4$ $a = 1$ f) $n(x) = \sqrt{4x}$ $a = 2$

EA 68 Der Graph der Funktion f_i und die Koordinatenachsen begrenzen ein Flächenstück vollständig. Berechnen Sie den Inhalt dieser Fläche!

a) $f_1(x) = -\frac{1}{2}x + 4$ b) $f_2(x) = \sqrt{2+x}$ c) $f_3(x) = 3 - \frac{1}{3}x$

d) $f_4(x) = \sqrt[3]{1-x}$ e) $f_5(x) = x - 3\sqrt{x}$ f) $f_6(x) = (x-1)(x-2)(x-3)$

g) $f_7(x) = 8 - x^3$ h) $f_8(x) = \sqrt{3(x+2)}$

EA 69 Der Graph der Funktion f_i, die x-Achse und die Gerade $x = a$ begrenzen eine Fläche vollständig. Für welches $a \in \mathbb{R}$, $a < 0$, hat die Fläche den vorgegebenen Inhalt?

a) $f_1(x) = x^3$ $A = 2$ (FE) b) $f_2(x) = -2x + 2$ $A = 9$ (FE)

c) $f_3(x) = -3x^2 + 12$ $A = 27$ (FE)

EA 70 Bestimmen Sie k ($k \in \mathbb{R}$) so, dass der Graph der Funktion f_i mit der x-Achse eine Fläche mit dem vorgegebenen Inhalt A (in FE) einschließt!

a) $f_1(x) = kx^2 - 4$ $A = \frac{32}{3}$ b) $f_2(x) = x^2 + kx$ $A = 4$

c) $f_3(x) = kx^3 - 4x$ $A = 2$ d) $f_4(x) = k^2 - 4x^2$ $A = 18$

e) $f_5(x) = k(x^2 - 1)$ $A = 12$ f) $f_6(x) = kx^2 + 2x$ $A = \frac{64}{3}$

EA 71 Die Fläche, die vom Graphen der Funktion $f(x) = \sqrt{x}$, der x-Achse und der Geraden x = 4 eingeschlossen wird, soll durch eine Parallele zur y-Achse in zwei flächengleiche Teilflächen zerlegt werden. In welchem Abstand zur y-Achse ist diese Parallele zu zeichnen?

EA 72 Ein Flächenstück, welches durch die Kurve der Funktion $f(x) = 2x^2 + 4x + 1$, ein Intervall der x-Achse, die Ordinate an der Stelle $x_1 = 1$ und eine zweite Ordinate (an einer Stelle $x_2 > 1$) begrenzt wird, hat die Größe 35 FE. Wo befindet sich die zweite Ordinate? (Näherung auf 2 Stellen nach dem Komma genau.)

EA 73 Bestimmen Sie den Inhalt der Fläche, die vom Graphen der Funktion f und der x-Achse eingeschlossen wird!

$$f(x) = \begin{cases} x & \text{für } x < 1 \\ 1 & \text{für } 1 \le x < 2 \\ -\frac{x}{2} + 2 & \text{für } x \ge 2 \end{cases}$$

EA 74 Geben Sie die Gleichung der linearen Funktion $f(x) = mx + n$ an, deren Graph die y-Achse im Punkt P(0; 1) schneidet und mit der x-Achse im Intervall [2; 4] eine Fläche von 5 FE einschließt!

EA 75 Gegeben sei die Funktionenschar f_a mit $f_a(x) = ax + a$ ($a \in \mathbb{R}$; $a \neq 0$). Für welches a schließen der Graph und die Koordinatenachsen eine Fläche von 4 FE ein?

EA 76 Gegeben sei die Schar quadratischer Funktionen f_t mit $f_t(x) = x^2 - tx$ ($t \in \mathbb{R}$; $t \neq 0$).

a) Die Graphenschar besitzt einen gemeinsamen Punkt. Geben Sie die Koordinaten dieses Punktes an!
b) Skizzieren Sie die Graphen von f_1, f_2 und f_4!
c) Berechnen Sie den Inhalt der Fläche, die der Graph von f_1, f_2 und f_4 mit der x-Achse jeweils einschließt!
d) Für welches t schließt die Parabel mit der Aszissenachse eine Fläche von $\frac{9}{2}$ FE ein?

EA 77 Gegeben sei der Graph einer Funktion f dritten Grades.

a) Ermitteln Sie die Funktionsgleichung!
b) Berechnen Sie den Inhalt der Fläche, die der Graph der Funktion im 2. Quadranten mit der Abzissenachse einschließt!
c) Welche Funktion g mit $g(x) = x^3 + ax^2 + bx + c$ hat die gleichen Nullstellen wie f?
d) Welchen Inhalt hat die Fläche, die der Graph von g im 4. Quadranten mit der x-Achse einschließt?

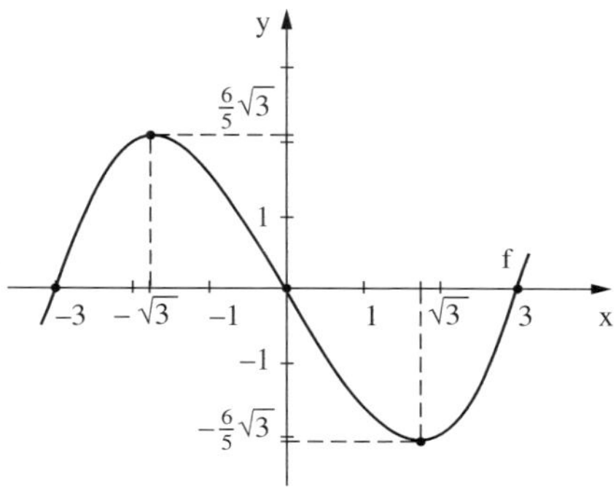

EA 78 Berechnen Sie den Inhalt der markierten Fläche!

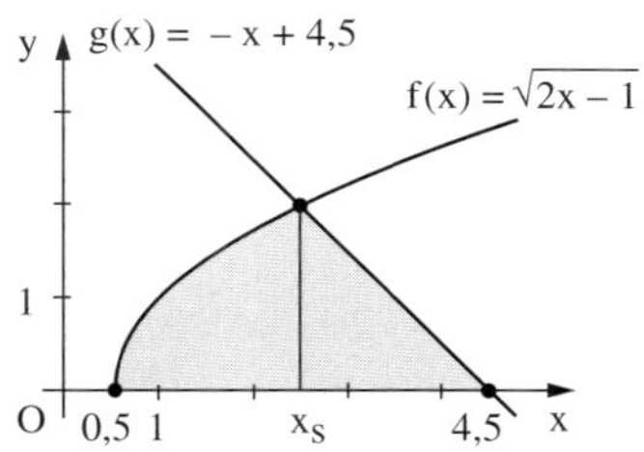

EA 79 Berechnen Sie den Inhalt der markierten Flächen!

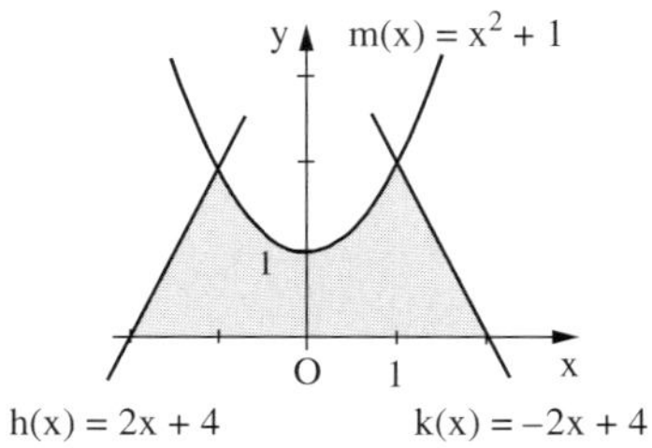

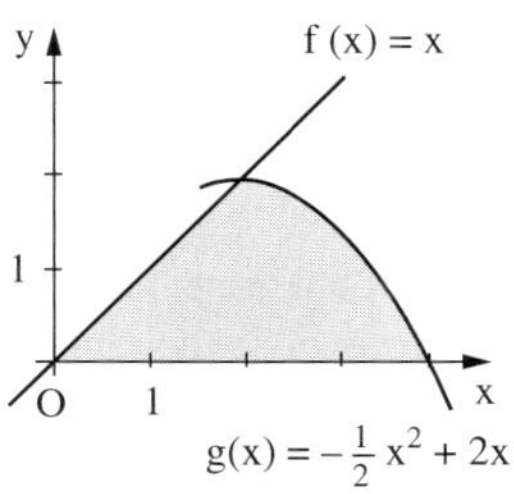

EA 80 Der Graph der Funktion $f(x) = -x^2 + 4$ und die x-Achse begrenzen eine Fläche (ein Parabelsegment) vollständig.

a) Berechnen Sie den Inhalt dieser Fläche!
b) Dem Parabelsegment soll ein Quadrat einbeschrieben werden, dessen eine Seite auf der x-Achse liegt. Berechnen Sie die Seitenlänge und den Flächeninhalt dieses Quadrates!

EA 81 Wie groß ist die Fläche, welche die Normalparabel ($f(x) = x^2$), deren Tangente im Punkt P(2; 4) und die x-Achse einschließen?

EA 82 Berechnen Sie in den nachfolgenden Funktionsgleichungen den Parameter $k \in \mathbb{R}$ so, dass der Graph der Funktion f_i und die x-Achse im angegebenen Intervall eine Fläche mit vorgegebenem Inhalt A (in FE) einschließen.

a) $f_1(x) = kx + 1$, $[1; 3]$, $A = 14$, $k > 0$

b) $f_2(x) = kx^2 + 2k$, $[0; 2]$, $A = \frac{80}{3}$, $k > 0$

c) $f_3(x) = kx^3$, $[1; 3]$, $A = 40$, $k > 0$

d) $f_4(x) = k(x^4 - 1)$, $[-1; 1]$, $A = \frac{16}{5}$, $k < 0$

EA 83 Welche Parabel mit der Gleichung $f(x) = -x^2 + k$ $(k > 0)$ schließt mit der x-Achse eine 2 FE große Fläche ein?

EA 84 Eine Potenzfunktion 3. Grades hat ein Minimum bei (1; 0) und einen Wendepunkt bei (0; 1). Stellen Sie die Gleichung dieser Funktion auf und berechnen Sie den Inhalt der Fläche, die der Graph dieser Funktion und die x-Achse einschließen!

EA 85 Der Graph einer quadratischen Funktion mit einer Gleichung der Form $f(x) = ax^2 + bx + c$ schneidet die x-Achse in den Punkten (–4; 0) und (3; 0). Er schließt mit der x-Achse zwischen diesen Nullstellen eine Fläche mit dem Inhalt $A = 42\frac{7}{8}$ (FE) ein. Bestimmen Sie die Gleichung dieser Funktion!

EA 86 Eine Potenzfunktion 3. Grades hat einen Minimumpunkt bei (1; –2) und einen Wendepunkt bei (0; 0). Bestimmen Sie die Funktionsgleichung und berechnen Sie den Inhalt der Fläche, die der Graph dieser Funktion und die x-Achse einschließen!

EA 87 Gegeben sei eine Schar von Funktionen f_k mit der Gleichung $f_k(x) = kx + k$ ($k \in \mathbb{R}$, $k > 0$).

a) Skizzieren Sie für $k_1 = \frac{1}{2}$ und $k_2 = 2$ die Graphen der Funktionen f_k!

b) Berechnen Sie für $k_3 = \frac{3}{2}$ den Inhalt der Fläche zwischen dem Graphen der Funktion f_k und der x-Achse im Intervall [–1; 2]!

c) Für welches k hat die Fläche zwischen dem Graphen der Funktion f_k und der x-Achse im Intervall [–1; 4] einen Inhalt von A = 25 (FE)?

EA 88 Der Graph der Funktion $f(x) = -x^2 + 4$ schneidet die x-Achse in den Punkten P_1 und P_2 und die y-Achse im Punkt Q. Berechnen Sie den Inhalt der Fläche zwischen der Parabel und den Sehnen $\overline{P_1Q}$ und $\overline{P_2Q}$!

EA 89

a) Durch die Graphen der Funktionen f und g wird eine Fläche vollständig begrenzt. Berechnen Sie den Inhalt dieser Fläche!
$f(x) = -x^2 + \frac{3}{2}x + 4$; $g(x) = \frac{1}{2}x^2 + 1$

b) Berechnen Sie den Inhalt der nebenstehenden markierten Fläche!

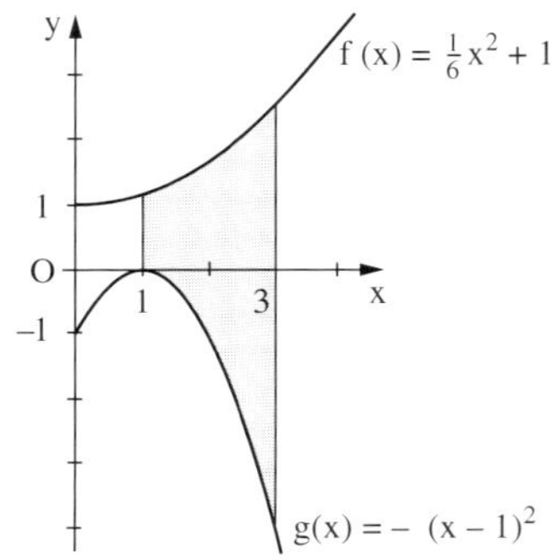

EA 90 Die Graphen der Funktionen f_i und g_i mit den angegebenen Gleichungen schließen jeweils eine Fläche oder mehrere Flächenstücke ein. Berechnen Sie deren Inhalt!

a) $f_1(x) = x^2$, $g_1(x) = 5$ b) $f_2(x) = x^3 - 8$, $g_2(x) = 4x - 8$

c) $f_3(x) = 3 - \frac{1}{2}x^4$, $g_3(x) = 3 - 4x$ d) $f_4(x) = \sqrt{4x}$, $g_4(x) = \sqrt{12x - 72}$

e) $f_5(x) = x^2$, $g_5(x) = x + 2$ f) $f_6(x) = x^3 - 6x^2 + 8x$, $g_6(x) = x^2 - 4x$

g) $f_7(x) = x^3 - 2x^2 - 3x$, $g_7(x) = 5x$ h) $f_8(x) = x^3 - 5x^2 + 4x - \sqrt{x}$, $g_8(x) = -\sqrt{x}$

EA 91 Berechnen Sie den Inhalt der Fläche zwischen den Graphen der Funktionen f_i und g_i im vorgegebenen Intervall!

a) $f_1(x) = -x^2 + 4x$, $g_1(x) = x - 4$, $[0; 3]$

b) $f_2(x) = \frac{1}{2}x^3 - 2x^2$, $g_2(x) = -x^2 + 6x$, $[1; 3]$

c) $f_3(x) = x^4 - 4x^2 + 4$, $g_3(x) = 0{,}5x^3 - 2{,}5$, $[-1; +1]$

d) $f_4(x) = -x^2 - 6x$, $g_4(x) = \frac{1}{4}x^2 - \frac{5}{2}$, $[-3; 0]$

e) $f_5(x) = \frac{1}{2}x^2 - 4$, $g_5(x) = \sqrt{2 + x}$, $[-1; 2]$

f) $f_6(x) = -\frac{1}{4}(x^4 - 1)$, $g_6(x) = x^2 - 2$, $[-1; 1]$

EA 92 Gegeben sind die Funktionen $f(x) = -(x + 2)^2 + 2$ und $g(x) = x + 2$. Berechnen Sie den Inhalt der markierten Flächen!

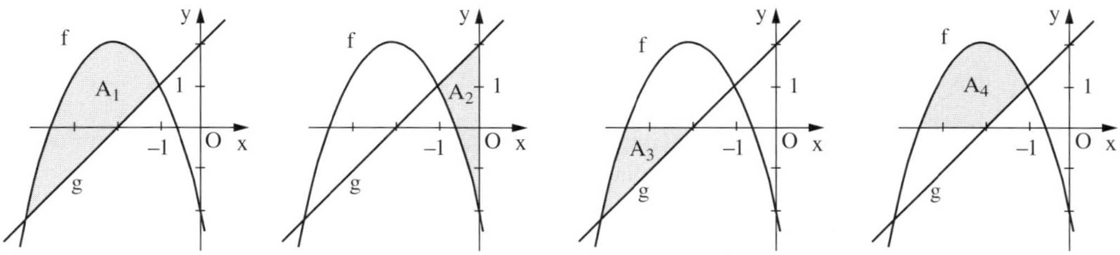

EA 93 Bestimmen Sie den Parameter k_i ($k_i \in \mathbb{R}$) in den nachfolgenden Funktionsgleichungen so, dass die von den Graphen der Funktionen f_i und g_i eingeschlossene Fläche den angegebenen Inhalt A_i (in FE) hat.

a) $f_1(x) = x^2$, $g_1(x) = k_1 x$, $k_1 > 0$, $A_1 = \frac{9}{2}$

b) $f_2(x) = -x^2 + k_2^2$, $g_2(x) = 3x^2$, $k_2 > 0$, $A_2 = \frac{16}{3}$

c) $f_3(x) = k_3^2$, $g_3(x) = -\frac{1}{2}x^2 + 3k_3^2$, $k_3 > 0$, $A_3 = \frac{16}{3}$

d) $f_4(x) = k_4 x$, $g_4(x) = x^3$, $k_4 > 0$, $A_4 = 16$

EA 94 Gegeben sei eine Schar von Funktionen f_a mit der Gleichung $f_a(x) = (1 - a)\,x^2$ $(a \in \mathbb{R}, a \neq 1)$.

a) Skizzieren Sie für $a_1 = \frac{1}{2}$ und $a_2 = 3$ die Graphen der Funktionen f_a und berechnen Sie den Inhalt der Fläche zwischen beiden Graphen im Intervall $[-2; 2]$!

b) Für welchen Wert von a hat die Fläche zwischen dem Graphen der Funktion f_a, der x-Achse und der Geraden $x = 3$ den Inhalt $A = 36$ (FE)?

EA 95 Gegeben sind die Funktionen f und g mit $f(x) = x^2$ und $g(x) = mx$ $(m \in \mathbb{R})$. Für welches m schließen die Parabel und die Gerade eine Fläche mit dem Inhalt $A = \frac{4}{3}$ (FE) ein?

EA 96 Bestimmen Sie den Inhalt der Fläche A, die von den Graphen der Funktionen f, g und h auf die nebenstehende Weise eingeschlossen wird.

Es sei $f(x) = (x-4)^2 - 1$,
$g(x) = x^2 - 4x + 5$,
$h(x) = x^2 - 12x + 37$

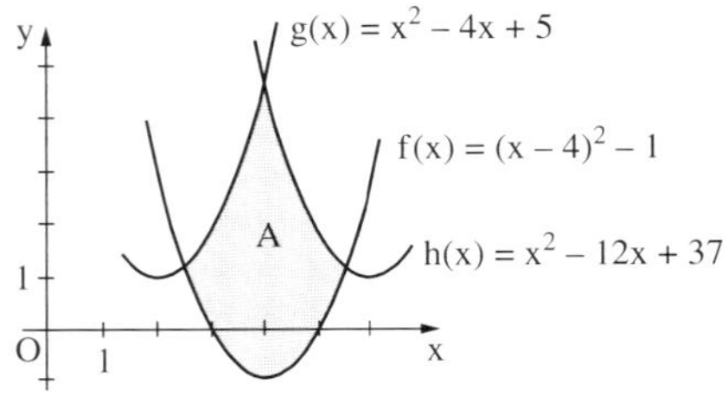

EA 97 Für welchen Wert von m sind die beiden markierten Flächen gleich groß?

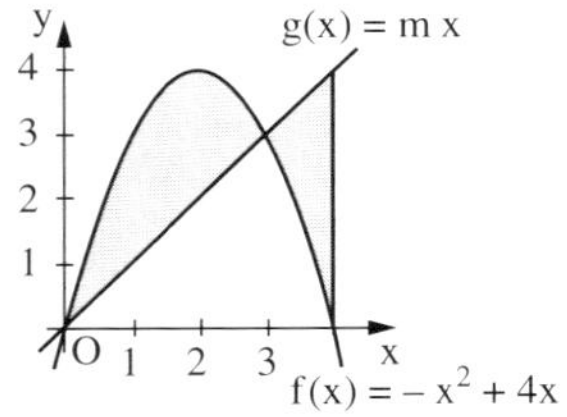

EA 98 Der Graph der Funktion $f(x) = \sqrt{4x}$ wird an der Geraden $f(x) = x$ gespiegelt. Wie groß ist der Inhalt der Fläche, die Original- und Bildgraph einschließen? (Fertigen Sie eine Skizze an!)

EA 99 Zeichnen Sie das Rechteck ABCD mit A(0; 0), B(2; 0), C(2; 4) und D(0; 4). In welchem Verhältnis teilt die Normalparabel (Graph der Funktion $f(x) = x^2$) die Fläche des Rechtecks?

EA 100 In welchem Verhältnis teilt der Graph der Funktion $f(x) = \frac{1}{4}x^2$ den Flächeninhalt des Quadrates mit den Eckpunkten A(0; 0), B(2; 0), C(2; 2) und D(0; 2)?

EA 101 In welchem Verhältnis teilt der Graph der Funktion $f(x) = x + 3$ die von den Graphen der Funktionen $g(x) = -x^2 + 9$ und $h(x) = x^2 - 9$ eingeschlossene Fläche? (Fertigen Sie eine Skizze an!)

EA 102 Durch die Gleichung $f(x) = (x-a)^2$ ist für jeden Wert von a $(a \in \mathbb{R})$ eine Parabel gegeben, die mit der x-Achse und den Geraden $x = 0$ und $x = 4$ eine Fläche begrenzt. Für welches a hat diese Fläche den Inhalt $\frac{28}{3}$ FE?

EA 103 Beim Bau einer Traglufthalle wird eine parabolische Bogenkonstruktion verwendet. Die Maße sind der nebenstehenden Skizze zu entnehmen.

a) Bestimmen Sie die Gleichung dieser Parabel!
b) Berechnen Sie den Inhalt der Querschnittsfläche!
c) Berechnen Sie das Luftvolumen!

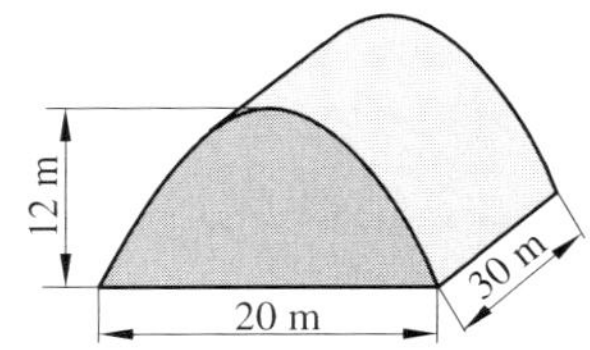

EA 104 Der Querschnitt der Tragfläche eines Leichtbauflugzeuges wird durch Graphen der Funktion $f(x) = \frac{1}{8}x^2$ und $g(x) = \sqrt{\frac{x}{8}}$ begrenzt. Berechnen Sie den Inhalt der Querschnittsfläche!

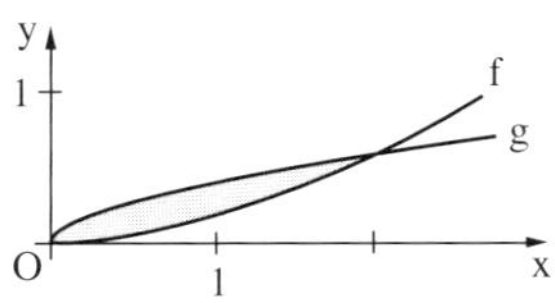

EA 105 Gegeben seien die Funktionen f_t und g_t mit $f_t(x) = t\sqrt{x}$ und $g_t(x) = tx^2$ $(t \in R;\ t \neq 0)$

a) Zeichnen Sie die Graphen der Funktionen f_1 und g_1 in ein Koordinatensystem! Besitzen die Graphen gemeinsame Punkte? Geben Sie gegebenenfalls die Koordinaten der Punkte an!

b) Formulieren Sie eine allgemeine Aussage über gemeinsame Punkte der Scharelemente!
c) Die Graphen der Funktion f_2 und g_2 begrenzen eine Fläche vollständig. Berechnen Sie deren Inhalt!
d) Für welches t hat die Fläche unter dem Graphen der Funktion f_t im Intervall [1; 4] einen Inhalt von 14 FE?
e) Berechnen Sie den Inhalt der Fläche unter dem Graphen der Funktion f_{-1} im Intervall [1; 4]!
f) Wie muss die obere Integrationsgrenze gewählt werden, damit sich die Fläche unter dem Graphen von f_{-1} gegenüber dem Ergebnis von Teilaufgabe e) verdoppelt?

EA 106 Gegeben sei die Funktionenschar f_a mit $f_a(x) = x^2 + ax + 2$ ($a \in \mathbb{R}$; $a \geq 0$).

a) Zeichnen Sie die Graphen der Funktionen f_0; f_1; f_2 und f_4 in ein Koordinatensystem!
b) Welchen Einfluss hat der Parameter a auf den Verlauf des Graphen der Funktion f_a?
c) Die Scheitelpunkte der Graphen der Funktionen f_a liegen auf einer Kurve. Geben Sie die Gleichung dieser Kurve an!
d) Die Ortskurve der Scheitelpunkte und der Graph der Funktion f_4 schließen eine Fläche vollständig ein. Berechnen Sie deren Inhalt!
e) Für welches a hat die Fläche zwischen der Ortskurve der Scheitelpunkte und dem Graphen der Funktion f_a einen Inhalt von 9 FE?

EA 107 Gegeben seien die Funktionen f_m und g mit $f_m = mx + 4$ ($m \in \mathbb{R}$) und $g(x) = \frac{4}{x^2}$ ($x \neq 0$).

a) Zeichnen Sie die Graphen der Funktionen f_1; f_2; $f_{-\frac{1}{2}}$ und g in ein Koordinatensystem!
b) Berechnen Sie den Inhalt der Fläche unter dem Graphen der Funktion g im Intervall [1; 4]!
c) Berechnen Sie den Inhalt der Fläche unter dem Graphen der Funktion g im Intervall [1; b]!
d) Die Graphen der Funktionen f_1 und g schließen eine Fläche vollständig ein. Berechnen Sie deren Inhalt! **GTA**

EA 108 Gegeben sei die Funktion $f(x) = (x-1)^2(x+1)^2$.

a) Skizzieren Sie den Graphen der Funktion im Intervall [–2; 2]!
b) Berechnen Sie den Inhalt der Fläche unter dem Graphen im Intervall [1; 3]!
c) Der Graph der Funktion schließt mit der Abszissenachse eine Fläche vollständig ein. Berechnen Sie deren Inhalt!
d) Die Tangente an den Graphen im Punkt (0; 1) und der Graph begrenzen im 1. Quadranten eine Fläche vollständig. Berechnen Sie deren Inhalt! **GTA**

EA 109 Gegeben sind die Funktionenscharen f_t und g_t mit $f_t(x) = -\frac{1}{t^2}x^2 + 1$ und $g_t(x) = -\frac{1}{t}x^2 + t$ ($0 < t < 1$).

a) Skizzieren Sie die Graphen der Funktionen f_t und g_t für $t = \frac{1}{2}$!
b) Berechnen Sie den Inhalt der Fläche, die von den Graphen der Funktionen f_t und g_t eingeschlossen wird!
c) Für welchen Wert von t wird dieser Flächeninhalt maximal?

EA 110 Gegeben sind die Funktionen $f(x) = \frac{1}{x}$ ($x > 0$) und $g(x) = -4x + 5$.

a) Überprüfen Sie, ob f Extremstellen besitzt! Ermitteln Sie $\lim\limits_{x \to \infty} f(x)$!
b) Berechnen Sie die Schnittpunkte der Graphen beider Funktionen! Skizzieren Sie beide Funktionen in ein Koordinatensystem!
c) Berechnen Sie das Flächenstück, das die Graphen beider Funktionen vollständig einschließen!

EA 111 Gegeben ist die Funktion f mit $f(a) = a^3 - 3a^2 + 4$.

GTA a) Untersuchen Sie die Funktion auf Nullstellen, Extrem- und Wendepunkte sowie das Verhalten im Unendlichen! Verwenden Sie den Rechner zur Ermittlung der ersten Nullstelle!

b) Zeichnen Sie den Graphen von f im Intervall $-2 \le x \le 3$!

c) Eine Gerade verläuft durch die Punkte $P(-1;\, f(-1))$ und $Q(1;\, f(1))$. Bestimmen Sie die Gleichung der Geraden g!

d) Die Gerade g und der Graph von f schließen zwei Flächenstücke ein. Berechnen Sie deren Inhalt!

EA 112 Gegeben ist die Funktion $f(x) = -\frac{1}{12}x^3 + x$.

a) Untersuchen Sie die Funktion auf Symmetrie! Berechnen Sie die Schnittpunkte ihres Graphen mit der x-Achse sowie dessen Extrem- und Wendepunkte!

b) Skizzieren Sie den Graph $-4 \le x \le 4$!

c) In welchem Verhältnis teilt der Graph von $g(x) = \frac{1}{3}x^2$ $(x \in \mathbb{R})$ die Fläche, die der Graph von f im ersten Quadranten mit der x-Achse einschließt?

EA 113 Gegeben ist die Funktion $f(t) = t^4 - 2t^3$.

a) Geben Sie den maximalen Definitionsbereich und den Wertebereich von f an! Untersuchen Sie die Funktion auf Symmetrie! Berechnen Sie die Nullstellen, die Extremstellen sowie die Wendestellen von f!

b) Fertigen Sie eine Skizze des Graphen von f im Intervall $-1 \le x \le 2{,}2$ an!

c) Ermitteln Sie die Gleichungen der Wendetangenten! Welchen Inhalt hat die Fläche, die die 2. Wendetangente mit dem Graphen von f einschließt?

EA 114 Gegeben sind die Funktionenscharen f_a und g_b mit $f_a(x) = ax(x-4)^2$ und $g_b(x) = bx(x-4)$ $(a, b \neq 0)$.

a) Skizzieren Sie die Graphen der Funktion $f_{\frac{1}{4}}$ und g_1 in ein Koordinatensystem!

b) Die Graphen der Funktionen $f_{\frac{1}{4}}$ und g_1 schließen jeweils mit der x-Achse ein Flächenstück ein. Berechnen Sie die Inhalte der beiden Flächenstücke!

c) Welche Beziehung muss zwischen a und b bestehen, damit die Inhalte der Flächen unter den Graphen der Funktionen f_a und f_b gleich groß sind?

EA 115 Gegeben ist die Funktionenschar f_k mit $f_k(x) = \frac{1}{k}x^5 - kx^3$ $(k \in \mathbb{R};\, k > 0)$.

a) Skizzieren Sie den Graphen der Funktion f_2!

b) Untersuchen Sie den Graphen der Funktion f_k auf Symmetrie!

c) Geben Sie die Nullstellen der Funktion f_k an!

d) Berechnen Sie den Inhalt der Fläche, die vom Graphen der Funktion f_2 und der Abszissenachse im 2. Quadranten vollständig eingeschlossen wird!

e) Für welches k beträgt der Flächeninhalt der gesamten Fläche, die der Graph der Funktion f_k mit der x-Achse einschließt, $40\frac{1}{2}$ FE?

EA 116 Die Parabel mit der Gleichung $y = f(x) = -x^2 + 9$ schneidet die Abszissenachse in den Punkten P_1 und P_2 und die Ordinatenachse im Punkt S. Berechnen Sie den Inhalt der Fläche zwischen der Parabel und den Sehnen $\overline{P_1S}$ und $\overline{P_2S}$! (Fertigen Sie eine Skizze an!)

EA 117 Die nebenstehende Abbildung zeigt den Graphen der Funktion $f(x) = -\frac{1}{4}x^3 + x^2$. Der Graph schließt im Intervall [0; 4] eine Fläche ein. Ein zur x-Achse paralleler Streifen der Breite 1 soll aus der Fläche einen möglichst großen Teil ausschneiden. Geben Sie die Intervallgrenzen dieses Streifens an!

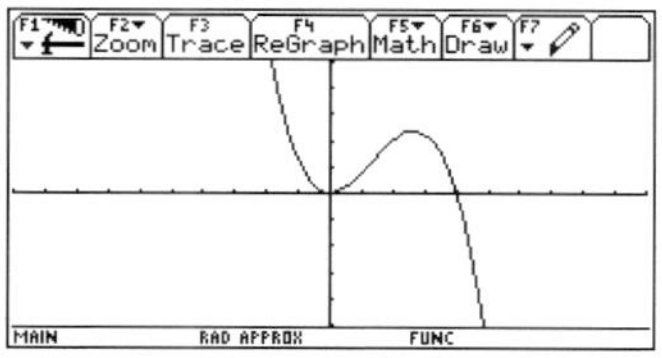

EA 118 Gegeben ist die Funktionenschar f_t mit $f_t(x) = \frac{1}{t}x^3 + t^2$ ($t \in \mathbb{R}$; $t > 0$).

a) Berechnen Sie den Inhalt der Fläche, die der Graph der Funktion f_t mit der x-Achse im Intervall [0; 1] einschließt!
b) Ermitteln Sie den Parameter t so, dass diese Fläche minimal wird!

EA 119 Zeigen Sie, dass für eine gerade Funktion f die Gleichung $\int_{-a}^{a} f(x)dx = 2 \cdot \int_{0}^{a} f(x)dx$ gilt!
Veranschaulichen Sie diese Formel anhand geeigneter Beispiele!

EA 120 Zeigen Sie, dass für eine ungerade Funktion g die Gleichung $\int_{-a}^{a} g(x)dx = 0$ gilt!
Veranschaulichen Sie diese Formel anhand geeigneter Beispiele!

EA 121 Überprüfen Sie, ob eine der folgenden beiden Aussagen wahr ist:

a) „Die Integralfunktion einer geraden Funktion ist stets eine gerade Funktion."
b) „Die Integralfunktion einer ungeraden Funktion ist stets eine gerade Funktion."

E 5 Weitere Integrationsmethoden

E 5.1 Integration durch lineare Substitution

E 5.2 Integration durch nichtlineare Substitution

EA 122 Ermitteln Sie folgende unbestimmte Integrale:

a) $\int (2x - 1)^{10} dx$ b) $\int \frac{1}{(ax + b)^5} dx$

EA 123 Bestimmen Sie:

a) $\int (3x - 2)^4 dx$ b) $\int \frac{1}{(2x + 1)^2} dx$ c) $\int \sqrt{5a - 1}\, da$ d) $\int (1 - \frac{1}{5}x)^3 dx$

e) $\int \frac{dt}{(3 - 2t)^3}$ f) $\int 2 \cdot \sqrt[3]{1 - x}\, dx$ g) $\int \frac{da}{\sqrt{ax + 2}}$ h) $\int \sqrt[4]{ax + 2}\, dx$

EA 124 Berechnen Sie folgende bestimmte Integrale:

a) $\int_{0}^{2} (2x + 1)^2 dx$ b) $\int_{-1}^{0} \frac{1}{(1 - x)^2} dx$ c) $\int_{-1}^{2} (4a + 1)^3 da$

d) $\int_{0}^{1} \sqrt{5x + 3}\, dx$ e) $\int_{0}^{3} (\frac{1}{6}x + 2)^4 dx$ f) $\int_{-1}^{1} \frac{dt}{(2 - t)^3}$

g) $\int_{-1}^{1} \sqrt{(2x+5)^3}\,dx$ h) $\int_{-2}^{3} (\frac{1}{2} - z)^3 dz$ i) $\int_{1}^{3} \sqrt[3]{(4x-3)^2}\,dx$

j) $\int_{-3}^{2} \frac{dt}{\sqrt{7-3t}}$ k) $\int_{-1,5}^{0,5} (\sqrt{1-2x} + 4)dx$ l) $\int_{0}^{1} (\frac{1-3a}{2})da$

m) $\int_{0}^{1} \frac{dx}{\sqrt[3]{x+2}}$ n) $\int_{1}^{2} \sqrt[3]{(4x-3)^5}\,dx$ o) $\int_{1}^{8} (\sqrt{6x} + \sqrt{16-2x})dx$

EA 125 Bestimmen Sie k $(k \in \mathbb{R})$ so, dass gilt:

a) $\int_{k}^{1} (3x-1)^4 dx = \frac{32}{15}$ b) $\int_{-2}^{k} (2t - 3t^2)dt = -12$ c) $\int_{1}^{2} (k-2x)^3 dx = 10$

EA 126 Berechnen Sie die folgenden unbestimmten Integrale:

a) $\int t\sqrt{1+t^2}\,dt$ b) $\int \frac{4x}{\sqrt{1-2x^2}}\,dx$ c) $\int (4-3x^2)^4 x\,dx$

d) $\int \frac{x}{\sqrt{1+x^2}}\,dx$ e) $\int 4a\sqrt[3]{5-2a^2}\,da$ f) $\int \frac{a^2}{3+a^3}\,da$

EA 127 Berechnen Sie:

a) $\int_{2}^{3} 6x\sqrt{3x^2-5}\,dx$ b) $\int_{0}^{4} 15x^2\sqrt{5x^3}\,dx$ c) $\int_{2}^{5} (2x+1)\sqrt{x^2+x}\,dx$

d) $\int_{0}^{0,5} \frac{2a}{\sqrt{1-a^2}}\,da$ e) $\int_{0}^{3} 10\sqrt{10x+2}\,dx$ f) $\int_{0}^{1} b\sqrt{ax+1}\,dx$

EA 128 Berechnen sie die folgenden Integrale möglichst auf zwei verschiedenen Wegen:

a) $\int_{0}^{1} (x-1)^3 dx$ b) $\int_{0}^{2} (2x-1)^4 dx$ c) $\int_{1}^{2} (ax+b)^2 dx$ d) $\int_{2}^{3} (x+2)^5 dx$

E 5.3 Partielle Integration

EA 129 Berechnen Sie mittels partieller Integration:

a) $\int (5x^2-2)\cdot 4x\,dx$ b) $\int_{1}^{3} 4x^3\cdot(7 - \frac{1}{4}x^2)dx$ c) $\int_{-2}^{1} 2a^3\cdot(6a^3-4)\,da$

d) $\int x^5(1+x)\,dx$ e) $\int x(1+x)^3\,dx$ f) $\int (1-x^3)\cdot 3x^2\,dx$

g) $\int x\sqrt{x+1}\,dx$ h) $\int x^2\sqrt{x-1}\,dx$ i) $\int 2x\sqrt{x-1}\,dx$

EA 130 Berechnen Sie die folgenden bestimmten Integrale:

a) $\int_0^1 x(x+1)\,dx$ b) $\int_2^3 x^2\sqrt{x+1}\,dx$ c) $\int_2^3 2x\sqrt{x-1}\,dx$

d) $\int_1^2 x^3\sqrt{x-1}\,dx$ e) $\int_{-1}^2 (x^2+1)\sqrt{x+1}\,dx$ f) $\int_1^2 (a^2-2a)\sqrt{a-1}\,da$

E 5.4 Integration durch Partialbruchzerlegung

EA 131 Ermitteln Sie das unbestimmte Integral $\int \frac{2x^2+x-3}{2x-3}\,dx$ mittels Partialbruchzerlegung!

EA 132 Ermitteln Sie: a) $\int \frac{x^3+x^2+5x+12}{x+3}\,dx$ b) $\int \frac{2x^2-4x+3}{x-1}\,dx$

EA 133 Berechnen Sie mittels Partialbruchzerlegung $\int \frac{1}{x^2-1}\,dx$!

EA 134 Ermitteln Sie:

a) $\int \frac{2x-1}{x^2-5x+6}\,dx$ b) $\int \frac{6x-22}{x^2-8x+15}\,dx$ c) $\int \frac{x+5}{x^2-2x-3}\,dx$

d) $\int \frac{18x^3-21x^2-30x+34}{6x^2-17x+12}\,dx$ e) $\int \frac{x^2-3}{x^3-x}\,dx$ f) $\int \frac{5x+1}{x^2+x-2}\,dx$

EA 135

a) $\int_1^7 \frac{3x+2}{x}\,dx$ b) $\int_3^8 \frac{x}{1+x^2}\,dx$ c) $\int_1^2 \frac{x^2}{x+1}\,dx$

d) $\int_0^2 \frac{x^2+2}{x+1}\,dx$ e) $\int_3^4 \frac{5x-7}{x^2-3x+2}\,dx$ f) $\int_3^5 \frac{3x+1}{x^2-1}\,dx$

E 6 Integration weiterer Funktionen; uneigentliche Integrale

E 6.1 Integration trigonometrischer Funktionen

E 6.2 Integration von Exponential- und Logarithmusfunktionen

EA 136 Bestimmen Sie für die nachfolgend gegebenen Funktionen f_i je eine Stammfunktion:

a) $f_1(x) = 2\sin x + \cos x$ b) $f_2(x) = \cos 3x$ c) $f_3(a) = \sin(a + \frac{\pi}{2})$

d) $f_4(x) = \sin \frac{1}{2}x$ e) $f_5(x) = a\sin(bx + c)$ f) $f_6(x) = 2\sin x - 3\cos \frac{1}{3}x$

g) $f_7(x) = e^{4x}$ h) $f_8(t) = 3e^{3t+2}$ i) $f_9(x) = \frac{1}{2}e^{-x+1}$

j) $f_{10}(x) = x^2 + e^x$ k) $f_{11}(x) = e^x + 2e$ l) $f_{12}(t) = 2e^{-t} + 1$

m) $f_{13}(x) = 2 \cdot 3^x$ n) $f_{14}(a) = 2^{a+1}$ o) $f_{15}(x) = \left(5^{\frac{1}{2}x}\right)^4$

EA 137 Überprüfen Sie, ob die nachfolgend angegebenen Funktionen F_i jeweils Stammfunktionen der Funktionen f_i sind:

a) $F_1(x) = \frac{1}{b-a} \ln \frac{x+a}{x+b}$; $f_1(x) = \frac{1}{(x+a)(x+b)}$

b) $F_2(x) = -3(2 - \ln 3x) \cdot \ln 3x$; $f_2(x) = -\frac{6}{x}(1 - \ln 3x)$

c) $F_3(x) = \frac{5}{4}x^2 - \frac{x^2}{2}\ln x$; $f_3(x) = x(2 - \ln x)$

d) $F_4(x) = (-x-1)e^{2-x}$; $f_4(x) = xe^{2-x}$

e) $F_5(x) = \ln(x^2 - 4)$; $f_5(x) = \frac{2x}{x^2 - 4}$

f) $F_6(x) = \frac{1}{3}x^3 \cdot \ln x - \frac{4}{9}x^3$; $f_6(x) = x^2(\ln x - 1)$

g) $F_7(x) = \frac{5}{4}x^2 - \frac{x^2}{2}\ln x$; $f_7(x) = x(2 - \ln x)$

h) $F_8(x) = x^2 e^{-2a} + \frac{1}{3}(x^3 - \ln x)$; $f_8(x) = x(x + e^{-2a}) - \frac{1}{3x}$

EA 138 Für genau einen Wert von a ist $F(x) = \frac{a}{x+2} + 4\ln(x+2)$ eine Stammfunktion von $f(x) = \frac{4x+6}{(x+2)^2}$. Berechnen Sie a!

EA 139 Ermitteln Sie die folgenden unbestimmten Integrale:

a) $\int a \cdot e^{-a}\, da$

b) $\int x \cdot \sin 2x\, dx$

c) $\int 2x \cdot \ln x\, dx$

d) $\int t \cdot \cos(2t+1)\, dt$

e) $\int x \cdot e^{5x+2}\, dx$

f) $\int \frac{\ln 2x}{x}\, dx$

EA 140 Ermitteln Sie die folgenden unbestimmten Integrale! (Hinweis: Integration durch nichtlineare Substitution)

a) $\int t e^{t^2}\, dt$

b) $\int \frac{e^x}{1+e^x}\, dx$

c) $\int \frac{1}{x} \ln x\, dx$

d) $\int \frac{1}{a}\sqrt{\ln a}\, da$

e) $\int \frac{\sin x}{\cos x}\, dx$

f) $\int \sin x \cos x\, dx$

EA 141 Berechnen Sie folgende bestimmte Integrale:

a) $\int_1^4 \frac{x^2}{2\sqrt{x}}\, dx$

b) $\int_1^2 x \cdot \ln x\, dx$

c) $\int_{-\pi}^0 x \cdot \sin x\, dx$

d) $\int_1^2 x \cdot e^x\, dx$

e) $\int_{0,25}^1 x \cdot \ln 4x\, dx$

f) $\int_{0,5}^1 \frac{2a-1}{e^a}\, da$

g) $\int_1^3 \frac{\ln x}{x^2}\, dx$

h) $\int_{-1}^1 (1+t) \cdot e^t\, dt$

i) $\int_0^2 x\sqrt{2x+1}\, dx$

j) $\int_{\frac{\pi}{2}}^{\frac{3}{2}\pi} x \cdot \cos x\, dx$

k) $\int_0^2 z \cdot e^{2z-1}\, dz$

l) $\int_0^2 x \cdot \sqrt{4-2x}\, dx$

EA 142 Berechnen Sie folgende bestimmte Integrale:

a) $\int_0^{\pi} \sin t\, dt$

b) $\int_{\frac{3}{4}\pi}^{\frac{\pi}{2}} (\cos x - \sin x)\, dx$

c) $\int_0^{\frac{\pi}{2}} (1 + \cos a)\, da$

d) $\int_0^1 \sin x\, dx$

e) $\int_{-\frac{\pi}{2}}^{\frac{\pi}{2}} \cos x\, dx$

f) $\int_0^{\frac{\pi}{2}} \frac{1}{4}(1 + \sin 2x)\, dx$

g) $\int_0^1 (e^x + 1)\, dx$

h) $\int_{-1}^0 \frac{1}{4}(e^x + e^{-x})\, dx$

i) $\int_{-3}^3 \frac{1}{2} e^x\, dx$

j) $\int_{-4}^1 e^{2x}\, dx$

k) $\int_0^2 e^{1-2t}\, dt$

l) $\int_0^1 (e^{-x} + x)\, dx$

EA 143 Berechnen Sie den Inhalt der Fläche, die der Graph der Funktion f_i und die x-Achse im gegebenen Intervall einschließen!

a) $f_1(x) = \sin x \quad [-\pi; 0]$
b) $f_2(x) = \cos x \quad [-\frac{\pi}{2}; \frac{\pi}{2}]$
c) $f_3(x) = \sin(-x + \frac{\pi}{2}) \quad [-\frac{\pi}{2}; \frac{\pi}{2}]$
d) $f_4(x) = \frac{1}{2}\sin(x + \pi) + 0{,}5 \quad [-\frac{3}{2}\pi; -\frac{5}{2}\pi]$

EA 144 Ermitteln Sie je eine Stammfunktion zu folgenden Funktionen f_i:

a) $f_1(x) = \frac{1}{4x - 1}$
b) $f_2(x) = x \cdot \ln 3$
c) $f_3(x) = \frac{1}{ax + b}$
d) $f_4(x) = \frac{1}{3 - 2x}$
e) $f_5(x) = \frac{2}{5x - 1} + 3x$
f) $f_6(x) = \frac{\ln 2}{x}$
g) $f_7(x) = \frac{\sin x}{\cos x}$
h) $f_8(x) = \frac{x - 1}{x^2 - 2x - 3}$

EA 145 Berechnen Sie die folgenden bestimmten Integrale:

a) $\int_1^e \frac{e}{x}\,dx$
b) $\int_1^e (a + \frac{2}{a})\,da$
c) $\int_1^2 \frac{4}{1 + 2x}\,dx$
d) $\int_1^2 \sum_{k=1}^{3} x^{-k}\,dx$
e) $\int_{10}^{20} \frac{2}{x \ln 10}\,dx$
f) $\int_1^2 \frac{x + 6}{2x}\,dx$
g) $\int_0^1 \frac{x}{1 + x^2}\,dx$
h) $\int_{\frac{\pi}{6}}^{\frac{\pi}{2}} \frac{\sin x \cdot \cos x}{\sin^2 x}\,dx$
i) $\int_0^{\ln 2} \frac{e^x}{1 + e^x}\,dx$
j) $\int_{\frac{\pi}{2}}^{\frac{3}{4}\pi} \frac{\sin x + x\cos x}{x \sin x}\,dx$
k) $\int_e^{e^2} \frac{1 + \ln x}{x \ln x}\,dx$
l) $\int_0^1 \frac{3t^2 + 2}{t^3 + 2t + 1}\,dt$

EA 146 Berechnen Sie den Inhalt der Fläche zwischen den Graphen der Funktionen f_i und g_i im angegebenen Intervall:

a) $f_1(x) = \sin x;\ g_1(x) = \cos x;\ [-\frac{3}{4}\pi; \frac{1}{4}\pi]$
b) $f_2(x) = x + 2\cos x;\ g_2(x) = x + 2;\ [0; 2\pi]$

EA 147 Berechnen Sie den Inhalt der Fläche, die im angegebenen Intervall von den Graphen der Funktionen f_i und g_i eingeschlossen wird!

a) $f_1(x) = e^x, \quad g_1(x) = x^2 \quad [0; 1]$
b) $f_2(x) = e^x, \quad g_2(x) = x^3 \quad [-1; 1]$
c) $f_3(x) = e^{-\frac{1}{2}x}, \quad g_3(x) = -\frac{3}{4}x \quad [-3; 0]$
d) $f_4(x) = e^x, \quad g_4(x) = e^{-x} \quad [0; 2]$
e) $f_5(x) = x - e^x, \quad g_5(x) = 0 \quad [-5; -1]$
f) $f_6(x) = \frac{1}{2}x^2 - 3, \quad g_6(x) = \ln x \quad [1; 2]$

EA 148 Berechnen Sie den Inhalt der Fläche zwischen den Graphen der Funktionen f_i und g_i:

a) $f_1(x) = \frac{x - 3}{x}, \quad g_1(x) = 3x - 9$
b) $f_2(x) = 1 - 2\cos x, \quad g_2(x) = 1 + \sin 2x$

EA 149 Berechnen Sie den Inhalt des Flächenstücks, das von den Graphen der Funktionen $f(x) = \sin x$ und $g(x) = x^2$ im Intervall $[0; \frac{\pi}{2}]$ eingeschlossen wird! Fertigen Sie eine Skizze an!

EA 150 Gegeben seien die Funktionen $f(x) = e^x$ und $g(x) = (x - 4)^2$.

a) Skizzieren Sie die Graphen der Funktionen f und g!
b) Durch die Graphen der Funktionen f und g und die beiden Koordinatenachsen wird ein Flächenstück vollständig begrenzt. Berechnen Sie dessen Inhalt!

EA 151 Berechnen Sie den Inhalt der Fläche zwischen den Graphen der Funktionen $f(x) = \frac{1}{x^2} + x^2$ und $g(x) = -\frac{1}{x^2} + x^2$ und den Geraden $x = b$ und $x = c$ mit $0 < b < c$!

EA 152 Zeichnen Sie die Graphen der Funktionen

$f(x) = a - a\sin x$ im Intervall $[0; \frac{\pi}{2}]$, $g(x) = a + a\sin x$ im Intervall $[-\frac{\pi}{2}; 0]$,

$h(x) = -\frac{1}{a}\cos x$ im Intervall $[-\frac{\pi}{2}; \frac{\pi}{2}]$

und berechnen Sie den Inhalt der von ihnen umschlossenen Fläche in Abhängigkeit von a!

EA 153 Ermitteln Sie eine Zahl a ($a \in \mathbb{R}$) so, dass das Flächenstück, das vom Graphen der Funktion f_i, der x-Achse und den Geraden $x = 0$ und $x = a$ begrenzt wird, den Flächeninhalt $A = 1$ (FE) hat!

a) $f_1(x) = 2\sin 2x$ b) $f_2(x) = \frac{1}{2}\cos\frac{1}{2}x$

EA 154 Berechnen Sie jeweils den Inhalt der markierten Flächen!

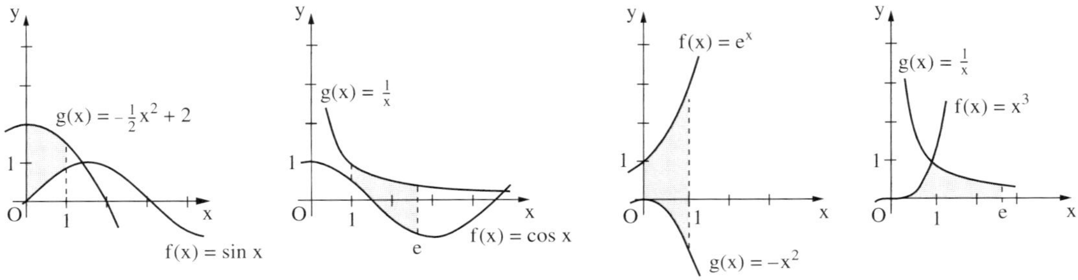

EA 155 Nebenstehend ist der Graph der Funktion $f(x) = e^x$ und eine Parallele zur x-Achse durch den Punkt P (k; f(k)) mit $0 < k < 2$ skizziert.

Bestimmen Sie k so, dass die beiden markierten Flächen gleichen Inhalt haben!

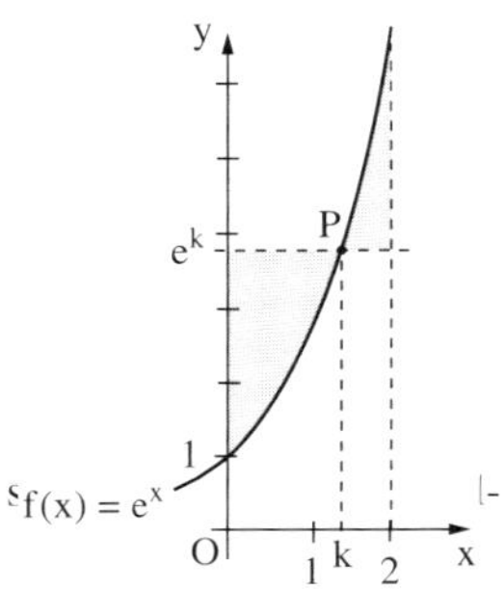

EA 156 Der Graph der Funktion $h(x) = \frac{6}{\sqrt{3x+4}}$, die Koordinatenachsen und die Gerade $x = b$ $(b > 0)$ begrenzen eine Fläche.

Ermitteln Sie b für den Fall, dass der Inhalt der Fläche 8 (FE) beträgt!

EA 157 Der Graph der Funktion $f(x) = \frac{x^3 - 2x^2 + ax}{x - 1}$ ($a \in \mathbb{R}$) und die x-Achse s ständig ein.

Berechnen Sie den Inhalt dieser Fläche in Abhängigkeit von a!

EA 158 Der Graph der Funktion $f(x) = 1 - \frac{2e^x}{e^x + a}$, die x-Achse und die Gerade $x = \ln(2a)$ schließen eine Fläche ein.

Zeigen Sie, dass der Inhalt dieser Fläche nicht von a abhängt!

EA 159 Gegeben sind die Funktionen f und g durch $f(x) = e^{-x}$ bzw. $g(x) = x^2e^{-x}$.

a) Berechnen Sie die Schnittpunkte mit der x-Achse und die Extrempunkte des Graphen von g!
b) Skizzieren Sie die Graphen von f und g in ein Koordinatensystem im Intervall $-1 \leq x \leq 4$!
c) Berechnen Sie die Schnittpunkte der beiden Graphen und den Inhalt der von ihnen eingeschlossenen Fläche!

EA 160 Gegeben ist die Funktion f mit $f(x) = \frac{x}{x+2} + \frac{x}{x-2}$.

a) Bestimmen Sie den maximalen Definitionsbereich von f, die Schnittpunkte des Graphen von f mit den Koordinatenachsen sowie die Symmetrieeigenschaften!
b) Ermitteln Sie die Extrempunkte und zeichnen Sie den Graphen von f im Intervall $-6 \leq x \leq +6$!

c) Berechnen Sie in Abhängigkeit von u den Inhalt A(u) der Flächen, die von dem Graphen der Funktion f sowie den Geraden y = 2; x = 4 und x = u eingeschlossen wird!
Ermitteln Sie $\lim\limits_{u \to \infty} A(u)$!

EA 161 Gegeben ist die Funktionenschar $f_t(x) = 6e^{-x}(e^{-x} - t)$ $(x, t \in \mathbb{R};\ t > 0)$.

a) Berechnen Sie die Nullstellen, Extremstellen und Wendepunkte sowie das Verhalten im Unendlichen der Scharelemente in Abhängigkeit von t!
b) Skizzieren Sie den Graphen von f_1 im Intervall $-0{,}5 \leq x \leq 5$!
c) Berechnen Sie den Inhalt der Fläche, die dieser Graph, die x-Achse und die Gerade x = u einschließen!
Berechnen Sie den Grenzwert $\lim\limits_{u \to \infty} A(u)$!

EA 162 Gegeben ist die Funktionenschar $f_a(x) = \frac{x^2 + a}{x}$ $(a \in \mathbb{R})$.

a) Bestimmen Sie das Symmetrieverhalten und die Asymptoten der Graphen von f_a!
b) Ermitteln Sie die Extrempunkte der Graphenscharelemente in Abhängigkeit von a!
c) Zeichnen Sie den Graphen von f_4 in einem geeigneten Intervall!
d) Der Graph von f_4 sowie die Geraden x = 1 und x = 5 schließen ein Flächenstück ein. Berechnen Sie dessen Inhalt!

EA 163 Gegeben ist die Funktionenschar $f_a(x) = a \sin x \cos x$ $(a > 0;\ a \in \mathbb{R};\ 0 \leq x \leq 2\pi)$.

a) Ermitteln Sie die Nullstellen, Extrem- und Wendestellen der Scharelemente in Abhängigkeit von a!
b) Fertigen Sie eine Skizze des Graphen von f_2 im vorgegebenen Intervall an!
c) Berechnen Sie den Inhalt der Fläche, die der Graph der Funktion f_2 mit der x-Achse einschließt!

EA 164

a) Zeigen Sie, dass die Funktionen $F_a(x) = a\frac{1 + \ln x}{x}$ $(x \in \mathbb{R}^+)$ Stammfunktionen von $f_a(x) = \frac{a}{x^2} \ln \frac{1}{x}$ sind!
b) Bestimmen Sie $I_a(x) = \int\limits_1^x f_a(t)\,dt$ und bilden Sie $\lim\limits_{x \to \infty} I_a(x)$!
Wie lässt sich an den Graphen der Funktionen f_a der Betrag des Grenzwerts deuten?

EA 165 Die nebenstehende Abbildung zeigt die Graphen der Funktionen $f(x) = x^3$ und $g(x) = 2^x$.

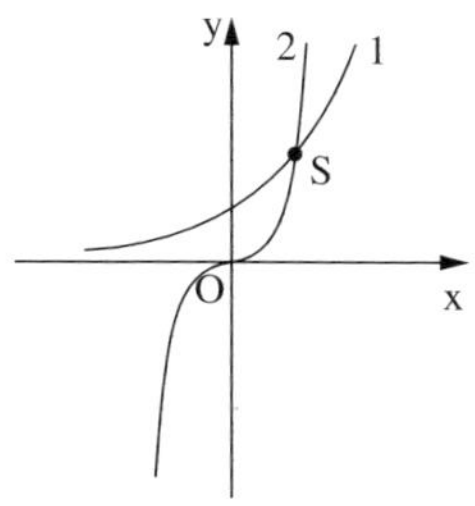

a) Ordnen Sie den Funktionen jeweils den Graphen zu!
b) Ermitteln Sie die Koordinaten des Schnittpunktes S!
c) Berechnen Sie den Inhalt der Fläche, die die beiden Graphen im 1. Quadranten einschließen! **GTA**

EA 166 Gegeben ist die Funktion f mit $f(x) = x \cdot \ln(x^2)$.

a) Fertigen Sie eine Skizze vom Graphen der Funktion f an!
b) Geben Sie den maximalen Definitionsbereich von f an!
c) Untersuchen Sie das Symmetrieverhalten des Graphen der Funktion und ermitteln Sie dessen Schnittpunkte mit den Koordinatenachsen!
d) Ermitteln Sie $\int x \ln(x^2)\,dx$!
e) Berechnen Sie den Inhalt der Flächen, die der Graph der Funktion f mit der x-Achse einschließt! **GTA**

EA 167 Gegeben ist die Funktion g mit $g(x) = -5x \ln x$.

a) Skizzieren Sie den Graphen der Funktion g!
b) Geben Sie den Definitionsbereich und die Nullstellen der Funktion g an!
c) Ermitteln Sie eine Stammfunktion G von g!
d) Berechnen Sie den Inhalt der Fläche, die der Graph der Funktion g mit der Abszissenachse vollständig einschließt!

E 6.3 Uneigentliche Integrale

E 6.4 Beispiele für nicht elementar integrierbare Funktionen

EA 168 Berechnen Sie das uneigentliche Integral $\int_1^\infty \frac{dx}{x^2}$!

EA 169 Berechnen Sie – falls möglich – die folgenden uneigentlichen Integrale:

a) $\int_0^\infty e^{-2x}\,dx$ b) $\int_1^\infty \frac{dx}{x^3}$ c) $\int_{-1}^\infty (x+1)e^{1-x}\,dx$

d) $\int_0^\infty e^{-0,5x}\,dx$ e) $\int_1^\infty \frac{dx}{\sqrt{x}}$ f) $\int_{-\infty}^{-3} \frac{dx}{(x+2)^2}$

EA 170 Bestimmen Sie die Zahl a so, dass $F(x) = \frac{1}{2}e^x(e^x - a)$ eine Stammfunktion von $f(x) = e^x(e^x - 2)$ wird! Berechnen Sie den Inhalt der Fläche zwischen dem Graphen der Funktion f, der x-Achse und der Geraden $x = k$ $(k < 0)$! Kann dieser Flächeninhalt für $k \to -\infty$ beliebig groß werden?

EA 171 Berechnen Sie den Inhalt der Fläche zwischen den Graphen der Funktionen $f(x) = \frac{6}{x} - \frac{3}{x^2}$ und $g(x) = \frac{3}{x}$ sowie der Geraden $x = b$ mit $b > 1$. Ist dieser Flächeninhalt für $b \to \infty$ nach oben beschränkt?

EA 172 Berechnen Sie den Inhalt der Fläche unter dem Graphen der Funktion $f(x) = (x^2 - \frac{2x}{t})e^{tx}$ und der Geraden $x = b$ $(b < 0)$! Existiert für $b \to -\infty$ ein Grenzwert?

EA 173 Untersuchen Sie, welche der folgenden uneigentlichen Integrale definiert sind! Berechnen Sie dieses gegebenenfalls!

a) $\int_0^1 \frac{x^2}{x}\,dx$ b) $\int_0^1 \frac{dx}{x^2}$ c) $\int_0^1 \frac{dx}{\sqrt{x}}$ d) $\int_0^e (\frac{1}{e}x - \ln x)dx$

EA 174 Berechnen Sie die folgenden Integrale! Untersuchen Sie zunächst, wo der Integrand nicht definiert ist!

a) $\int_{-1}^1 \frac{dx}{\sqrt[3]{x}}$ b) $\int_0^1 (x - \frac{1}{\sqrt{x}})dx$ c) $\int_0^1 \ln x\,dx$ d) $\int_{-2}^0 \frac{dx}{\sqrt{x+2}}$

EA 175 Die nebenstehende Abbildung zeigt den Graphen der Funktion $f(x) = 6x^2e^{-x}$. Der Graph schließt mit der Abszissenachse im 1. Quadranten eine Fläche, die ins Unendliche reicht. Besitzt diese Fläche eine endliche Maßzahl?

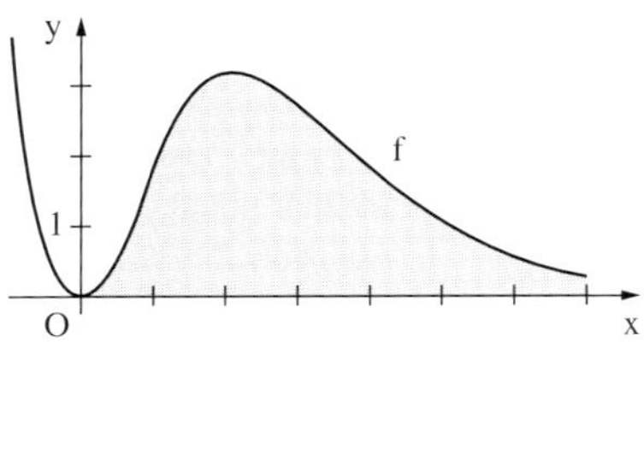

EA 176 Weisen Sie nach, dass den markierten Flächen endliche Maßzahlen zugeordnet werden können!

a) $f(x) = 4e^{-x}$

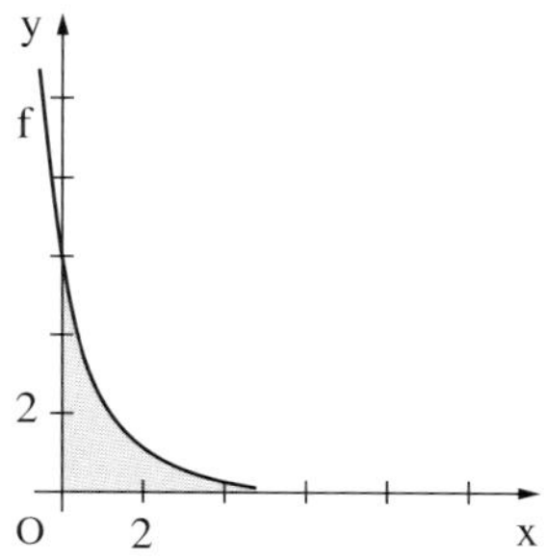

b) $g(x) = 2 \cdot e^x$

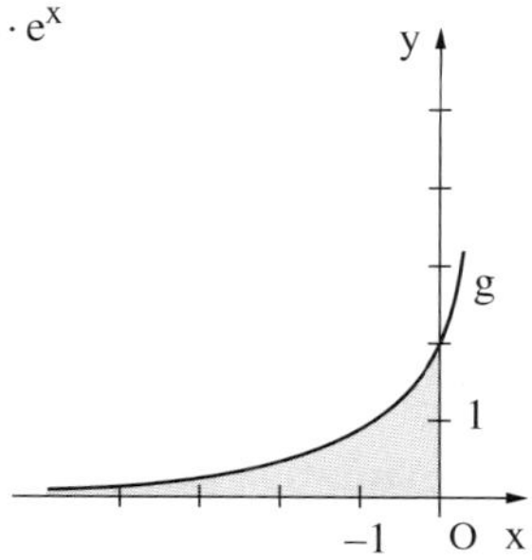

EA 177 Gegeben ist die Funktion f mit f(x) mit $f(x) = (x^2 + 2x)e^{-x}$.

a) Skizzieren Sie den Graphen der Funktion f!

b) Der Graph der Funktion f und die Abszissenachse begrenzen zwei Flächenstücke, von denen das eine ins Unendliche reicht. Treffen Sie eine Aussage über den Inhalt dieser Flächen!

EA 178 Gegeben sei die Funktionenschar f_a mit $f_a(x) = \frac{x^2}{x + a}$ $(a \in \mathbb{R};\ a > 0;\ x \in \mathbb{R};\ x \neq -a)$.
Der Graph der Funktion f_a, die y-Achse und die Gerade g_a mit der Gleichung $g_a(x) = -x + a$ begrenzen im 1. Quadranten eine Fläche. Zeigen Sie, dass die Maßzahl des Flächeninhalts dieser Fläche mit dem Term $\left(\ln\left(\frac{1}{\frac{1}{2}\sqrt{2} + 1}\right) + \sqrt{2} - \frac{1}{2}\right)a^2$ berechnet werden kann!

F Weitere Anwendungen von Begriffen, Sätzen und Verfahren der Analysis beim Lösen inner- und außermathematischer Probleme

F 1 Beschreiben von Prozessen und Zusammenhängen durch Funktionen

F 1.1 Approximation durch Polynomfunktionen

FA 1 Zeigen Sie, dass eine gegebene ganzrationale Funktion f nicht durch zwei verschiedene Polynome p_1 und p_2 dargestellt werden kann (Eindeutigkeit der Polynomdarstellung)!

FA 2 Überprüfen Sie, ob bzw. unter welchen Bedingungen durch die Gleichungen

a) $f(x) = \sqrt{2}\,x^3 + \pi x^2 - \frac{2}{3}x + 4$

b) $g(x) = 2(x^2-1)^2 + \pi x^2(x-1)$

c) $h(x) = x^2 + 1 - (x^2-1)\cdot(x+1)^{-2}$

d) $k(x) = 10^{2\lg(x-2)} + 3e^{-\ln\frac{1}{x}}$ $(x > 2)$

ganzrationale Funktionen beschrieben werden!

FA 3 Die Graphen ganzrationaler Funktionen 3. Grades verlaufen jeweils durch die nachfolgend gegebenen drei Punkte. Es sind die Funktionsgleichungen zu ermitteln.

a) $P_1(1; -21)$; $P_2(-2; 45)$; $P_3(-3; 47)$; $P_4(3; 5)$

b) $P_1(0; 20)$; $P_2(1; -1)$; $P_3(2; 2)$; $P_4(-2; 38)$

c) $P_1(-1; 32)$; $P_2(2; 8)$; $P_3(0; 22)$; $P_4(-5; -48)$

d) $P_1(-2; 0{,}6)$; $P_2(-1; 2{,}7)$; $P_3(0; 1)$; $P_4(2; 5{,}4)$

FA 4 Es ist die Polynomfunktion f vom Grad $n \le 3$ zu bestimmen, die an den Stellen $x_0 = -2$; $x_1 = -1$; $x_2 = 1$ und $x_3 = 2$ die Werte $f(x_0) = -17$; $f(x_1) = -3$; $f(x_2) = 1$ und $f(x_3) = 3$ annimmt.

FA 5 Von einer ganzrationalen Funktion f sind die in der nachfolgenden Tabelle gegebenen Wertepaare bekannt. Die Gleichung der Funktion f ist zu bestimmen.

x	1	2	3	4	5
y	2	4	8	16	30

FA 6 Die Sinusfunktion soll durch eine quadratische Funktion so approximiert werden, dass beide Funktionen an den Stellen $0; \frac{\pi}{6}; \frac{\pi}{2}$ übereinstimmen.

FA 7 Die Kosinusfunktion ist durch eine ganzrationale Funktion 4. Grades anzunähern, deren Graph mit dem von $f(x) = \cos x$ die Punkte $P_1(-\frac{\pi}{2}; 0)$; $P_2(-\frac{\pi}{3}; \frac{1}{2})$; $P_3(0; 1)$; $P_4(\frac{\pi}{3}; \frac{1}{2})$ und $P_5(\frac{\pi}{2}; 0)$ gemeinsam hat.

FA 8 Die Funktion $f(x) = \sqrt{1+x}$, $x \ge -1$; ist durch ein Polynom 3. Grades anzunähern, das an den Stellen $x_0 = 0$; $x_1 = 1$; $x_2 = 2$; $x_3 = 3$ mit $f(x_i)$ übereinstimmt.

F 1.2 Die TAYLORsche Formel für ganzrationale Funktionen

FA 9 Wie kann man die Koeffizienten der Potenzen von $(x - x_0)$ in der TAYLORschen Formel für ganzrationale Funktionen n-ten Grades bestimmen?

FA 10 Entwickeln Sie die Funktion $f(x) = 3(x+3)^5 + 6x^4 - 4(x-2)^3$ mit Hilfe der TAYLORschen Formel nach Potenzen von $(x-1)$!

FA 11 Wie lautet der Koeffizient von $(x-3)^6$, wenn man $f(x) = 12x + (x-1)^3 + (2x+5)^6$ mit Hilfe der TAYLORschen Formel an der Stelle $x_0 = 3$ entwickelt?

F 1.3 Der Satz von TAYLOR

F 1.4 TAYLORentwicklung einiger nichtrationaler Funktionen

FA 12 Gegeben sei die Funktion $f(x) = \frac{1}{x}$, $x \neq 0$. Es sind die ersten vier TAYLORschen Näherungspolynome an der Stelle $x_0 = 1$ zu bestimmen. Zeichnen Sie den Graphen von f sowie die vier Schmiegparabeln in ein und dasselbe Koordinatensystem!

FA 13 Für die Funktion $f(x) = \ln x$, $x > 0$, ist in der Umgebung der Stelle $x_0 = 1$ eine lineare Näherung durch die Tangentenfunktion $f_t(x)$ und das TAYLOR-Polynom 2. Ordnung zu ermitteln. Zeichnen Sie die Graphen der entsprechenden Funktionen!

FA 14 Geben Sie die ersten vier Glieder des TAYLORschen Näherungspolynoms für $f(x) = \sqrt{1+x}$ und $g(x) = \sqrt[3]{1+x}$ für $|x| < 1$ an!

FA 15 Entwickeln Sie folgende Funktionen f_i an der Stelle $x_0 = 0$ nach TAYLOR:

a) $f_1(x) = \cos x$ $(n = 4)$

b) $f_2(x) = \sin\frac{x}{3}$ $(n = 5)$

c) $f_3(x) = \cos 2x$ $(n = 4)$

d) $f_4(x) = \sin 2x$ $(n = 6)$

FA 16 Berechnen Sie $\sin\alpha$ und $\cos\alpha$ für $\alpha = 10°$. Verwenden Sie dazu für die Sinusfunktion die ersten zwei, für die Kosinusfunktion die ersten drei Glieder des entsprechenden Näherungspolynoms!

FA 17 Bestimmen Sie das TAYLORsche Näherungspolynom für die Funktion $f(x) = e^{a \cdot x}$ in der Umgebung von $x_0 = 0$!

FA 18 Bestimmen Sie $f(x) = e^x$ für $x = -1$ auf vier Stellen nach dem Komma genau!

FA 19 Die Funktionen $f(x) = \ln(1-x)$ und $g(x) = \ln\frac{1+x}{1-x}$ sind für $|x| < 1$ an der Stelle $x_0 = 0$ nach TAYLOR zu entwickeln (vgl. hierzu auch Abschnitt 2.3).

FA 20 Entwickeln Sie nachfolgende Funktionen an der Stelle $x_0 = 0$ nach TAYLOR unter Verwendung eines GTA! GTA

a) $f_1(x) = x \cdot \sin x$ $(n = 6)$

b) $f_2(x) = e^{\sin x}$ $(n = 6)$

c) $f_3(x) = \tan x$ $(n = 5)$

F 1.5 Das Verfahren der linearen Regression

FA 21 Aus dem im Abschnitt F 1.5, S. 193, erhaltenen Gleichungssystem sind die angegebenen Ausdrücke für den Anstieg a und die Verschiebung b der Regressionsgeraden herzuleiten.

FA 22 In einer Untersuchung wurden die Körperlängen (in cm) von 12 Jungen und die von ihren Vätern ermittelt (s. Tabelle). Der funktionale Zusammenhang zwischen beiden Merkmalen ist zu bestimmen.

Körperlänge der Väter x_i (in cm)	179	168	186	188	185	178	177	175	172	183	173	167
Körperlänge der Söhne y_i (in cm)	184	177	184	186	187	180	182	178	178	181	181	178

Welche qualitativen Aussagen sind möglich? Diskutieren Sie das rechnerisch erhaltene Resultat!

FA 23 In einem Spektrometer lässt man Licht einer bestimmten Frequenz und einer Intensität I_0 auf eine Probe treffen. Das Licht tritt mit einer geschwächten Intensität $I \leq I_0$ aus der Probe aus (s. Skizze). Vom Spektrometer wird der Wert $\ln(I_0 : I)$ angezeigt. Dieser Messwert wird als Extinktion bezeichnet. Für eine Benzolprobe ergaben sich folgende Werte[1]:

Konzentration x_i des Benzols in Äthanol in g/l	Extinktion y_i
0,2	0,20
0,5	0,37
1,0	0,64
1,5	0,93
2,0	1,22
2,5	1,50
3,0	1,80

Spektrometer

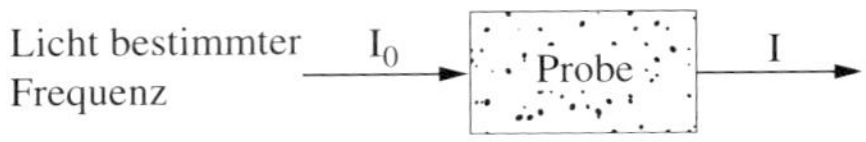

Stellen Sie die Messwertpaare grafisch dar! Vermutet wird ein linearer Zusammenhang zwischen den Messwertgrößen. Ermitteln Sie die Gleichung der Regressionsfunktion!

FA 24

Aus Eisenerz wird im Hochofen Roheisen erzeugt. Zur Gewinnung von hochwertigem Stahl muss anschließend vor allem der Kohlenstoffgehalt im Roheisen gesenkt und es müssen weitere Verunreinigungen auf ein Minimum reduziert werden. Unter anderem wird durch spezielle Verfahren der Siliziumanteil verringert.
In einem Stahlwerk untersuchte man an 15 Proben einer bestimmten Stahlsorte den Einfluss des Siliziumabbrandes (Merkmal X) auf die Ausbeute an Stahl (Merkmal Y). Die erhaltenen Messwertpaare sind in der nachfolgenden Tabelle zusammengefasst[2]:
Stellen Sie die Messwertpaare grafisch dar! Welcher tendenzielle Zusammenhang lässt sich aus der grafischen Darstellung entnehmen? Ermitteln Sie die Gleichung der linearen Regressionsfunktion, die den funktionalen Zusammenhang näherungsweise beschreibt!

Siliziumabbrand x_i in %	Stahlausbeute y_i in %
7,9	70,3
0,9	85,0
3,7	100,0
8,1	78,1
6,9	77,9
0,8	98,4
6,0	59,2
7,2	86,8
8,8	70,1
10,2	42,2
11,2	81,9
0,5	97,1
4,6	68,2
9,7	92,1
1,0	91,2

F 2 Fragen der Näherungsrechnung

FA 25 Stellen Sie für die nachfolgend gegebenen Funktionen f_i eine Wertetabelle auf, die bei dem x-Wert x_0 beginnt und zehn weitere x-Werte x_1 bis x_{10} jeweils mit dem Abstand h enthält! Für die Stützstellen x_0 bis x_{10} sollen anhand der Wertetabelle näherungsweise 1. Ableitungen ermittelt werden. Als Näherung für $f'(x_0)$ wird der rechtsseitige, als Näherung für $f'(x_{10})$ wird der linksseitige Differenzenquotient verwendet, sonst der beidseitige. Vergleichen Sie den Näherungswert mit dem exakten Wert – falls bekannt – der ersten Ableitung! Nutzen Sie ein geeignetes Rechenhilfsmittel!

[1] Die Daten wurden entnommen aus: Doerfel, K.: Statistik in der analytischen Chemie. Deutscher Verlag für Grundstoffindustrie, Leipzig 1966.

[2] Die Daten wurden entnommen aus: Storm, R.: Wahrscheinlichkeitsrechnung, mathematische Statistik, Qualitätskontrolle. Fachbuchverlag, Leipzig 1986.

a) $f_1(x) = 3x - 2,\ x_0 = 0,\ h = 0{,}3$
b) $f_2(x) = x^2 - 2x - 8,\ x_0 = 0,\ h = 0{,}2$
c) $f_3(x) = x^3 - 3x,\ x_0 = 0{,}5,\ h = 0{,}1$
d) $f_4(x) = x^6 - 14x^4 + 49x^2 - 36,\ x_0 = -4,\ h = 0{,}8$
e) $f_5(x) = x^6 - 14x^4 + 49x^2 - 36,\ x_0 = -3,\ h = 0{,}2$
f) $f_6(x) = \sin(x),\ x_0 = 0,\ h = \frac{\pi}{10}$
g) $f_7(x) = e^{\frac{1}{x}},\ x_0 = 0{,}5,\ h = 0{,}05$
h) $f_8(x) = \ln(2x - 1),\ x_0 = 1,\ h = 0{,}2$
i) $f_9(x) = \sqrt{x^3 - 4x},\ x_0 = -2,\ h = 0{,}2$

FA 26 Ermitteln Sie für die Funktion $y = \sin(x)$ näherungsweise die zweite Ableitung im Intervall von 0 bis π! Arbeiten Sie wie in Aufgabe ***FA 25*** mit einer Wertetabelle, die jetzt allerdings 21 Stützwerte gleichen Abstands aufweist und auf die exakten Ableitungswerte verzichtet! Die Näherungswerte für die erste Ableitung bilden die Ausgangsbasis zur Bildung der zweiten Ableitung.

FA 27 Bilden Sie näherungsweise die 3. Ableitung der Funktion $y = x^3 - 3x$ im Intervall von 0,5 bis 1,5! Gehen Sie von 21 Stützstellen für die Funktion aus. Folgen Sie dem in Aufgabe ***FA 26*** verfolgten Lösungsweg! Vergleichen Sie die Ergebnisse mit den exakten Werten der 3. Ableitung! Welche Schlussfolgerungen lassen sich über den Umgang mit Randwerten ziehen?

FA 28 Für folgende Funktionen sind nur Stützpunkte (mit nicht konstanten Abständen) in Form einer Wertetabelle gegeben. Ermitteln Sie Näherungswerte (ohne Randwerte) der ersten Ableitung! Verwenden Sie ein geeignetes Rechenhilfsmittel!

a)

x	– 3	– 1	0	2	5	6	8
y	– 11	– 5	– 2	4	13	16	22

b)

x	– 4	– 3	– 1	0	3	4	7	10
y	0	0,7071	1,2247	1,4142	1,8708	2,0000	2,3452	2,6458

c)

x	– 1	0	0,5	0,8	1	1,3	1,8	2,5	3
y	2	0	– 1,375	– 1,888	– 2	– 1,703	0,432	8,125	18

Ermitteln Sie auch die 2. Ableitung näherungsweise.

FA 29 Berechnen Sie das bestimmte Integral $\int_1^2 \frac{e^x}{x}\,dx$ mit Hilfe der Rechteckformeln für n = 5 näherungsweise!

FA 30 Ermitteln Sie einen Näherungswert mit Hilfe der Rechteckformeln für das Integral $\int_0^{\frac{\pi}{2}} \sqrt{\cos x}\,dx$ für n = 10 !

FA 31 Ermitteln Sie nach der Trapezmethode einen Näherungswert für das Integral $\int_0^3 e^{2x}\,dx$ für n = 10 !

FA 32 Berechnen Sie für nachfolgende Integrale nach der Trapezmethode für n = 8 und nach der Parabelmethode (SIMPSONregel) für n = 4 und vergleichen Sie diese Näherungswerte mit den exakten Werten:

a) $\int_1^2 x^3\,dx$ b) $\int_1^2 \frac{1}{x^2}\,dx$

FA 33 Berechnen Sie nach der SIMPSONregel für n = 10 folgende Integrale und vergleichen Sie mit den exakten Werten:

a) $\int_1^2 \frac{1}{x}\,dx$ b) $\int_1^3 \frac{1}{x}\,dx$ c) $\int_1^7 \frac{1}{x}\,dx$

FA 34 Von einer stetigen Funktion f sind folgende geordnete Paare bekannt:

x	−2	−1,5	−1	−0,5	0	0,5	1	1,5	2
f(x)	0	2,1	5,2	9	11,2	7,1	4,8	1,2	0

Bestimmen Sie einen Näherungswert für das bestimmte Integral $\int_{-2}^{2} f(x)dx$!

FA 35 Von einer stetigen Funktion f sind im Intervall [0; 1] die folgenden Funktionswerte bekannt:

x	0	0,1	0,2	0,3	0,4	0,5	0,6	0,7	0,8	0,9	1
f(x)	1,375	1,923	0,736	0,841	1,613	3,445	4,502	4,933	5,155	4,112	3,814

Berechnen Sie das Integral $\int_{0}^{1} f(x)dx$ nach der SIMPSONregel!

FA 36 Berechnen Sie nach der Trapezmethode näherungsweise das Integral $\int_{1}^{2} \frac{dx}{x}$ für $n = 4$ und $n = 8$! Vergleichen Sie!

FA 37 Bestimmen Sie mittels eines geeigneten Rechenhilfsmittels auf 3 Stellen nach dem Komma genau eine Nullstelle der Funktion $y = f(x) = 2\sin x - x$ im Intervall $(0; \pi)$!

Hinweis: Bei den Aufgaben dieses Komplexes soll „auf n Stellen nach dem Komma genau" heißen, dass sich bei mehreren aufeinander folgenden Näherungen die Ziffernfolge bis zur (n + 1)-ten Stelle nach dem Komma nicht ändert.

FA 38 Bestimmen Sie mittels eines geeigneten Rechenhilfsmittels auf 3 Stellen nach dem Komma genau eine Nullstelle folgender Funktionen:

a) $y = f_1(x) = \cos x - x$ im Intervall $]0; \frac{\pi}{2}]$

b) $y = f_2(x) = \tan x - 2x$ im Intervall $]0; \frac{\pi}{2}[$

FA 39 Bestimmen Sie für die folgenden Funktionen in den jeweils angegebenen Intervallen Nullstellen nach dem NEWTON-Verfahren auf 6 Stellen nach dem Komma genau! Verwenden Sie ein geeignetes Rechenhilfsmittel!

a) $y = f_1(x) = \ln x - \frac{x}{4}$ in [0,1; 10]

b) $y = f_2(x) = x^3 - 0{,}26x^2 - 0{,}28x + 5{,}568$ in [−3; 2]

FA 40 Für die Funktion $y = f(x) = 2e^{0,5x} - 4\sin x$ ist die Lage der lokalen Maximumstelle im Intervall [−2; −1] nach dem NEWTON-Verfahren auf 6 Stellen nach dem Komma genau zu bestimmen.

FA 41

a) Bestimmen Sie die Schnittpunkte der Graphen der Funktionen $f_1(x) = e^x$ und $f_2(x) = 3x$ nach dem NEWTON-Verfahren auf 6 Stellen nach dem Komma genau!

b) Wie muss der reelle Parameter a gewählt werden, damit die Funktionen $f_1(x) = e^x$ und $f_3(x) = a \cdot x$ $(a > 0)$ nur genau einen gemeinsamen Punkt besitzen? (Lösung ohne Näherungsverfahren!)

FA 42 Wie hoch stehen 500 Liter Flüssigkeit in einem kugelförmigen Behälter, dessen innerer Radius $r = 1$ m beträgt? Die Höhe h ist durch Näherung auf Zentimeter genau zu bestimmen.

FA 43 Ein Behälter besitzt die Form eines Kreiszylinders (mit quadratischem Achsenschnitt) mit aufgesetztem Kreiskegel. Die Gesamthöhe beträgt 12,00 m, das Volumen 192π m³. Wie groß sind der Radius und die Höhe von Zylinder bzw. Kegel? (Näherung auf Zentimeter genau)

FA 44 Für eine nach oben offene Halbkugel als Vorratsbehälter ist eine Füllstandskala zu berechnen, auf der in 10er-Schritten der Füllstand in Prozent (von 0% bis 100%) angegeben wird. Berechnen Sie für diese Prozentsätze die jeweilige Höhe als Vielfaches des Halbkugelradius!

FA 45 Ein Bauer will seine runde Wiese von einer Ziege, die an einem Pfahl am Rande der Wiese angebunden wird, zur Hälfte abfressen lassen. Wie lang muss die Leine sein, wenn die Wiese einen Durchmesser von 20 m hat?

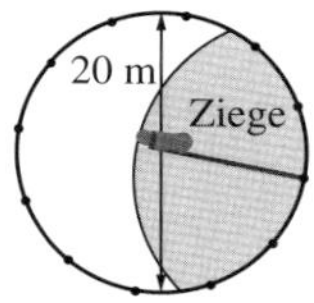

F 3 Extremwertprobleme

FA 46 Vor einer Werkhalle soll ein rechteckiger Lagerplatz mit einer Fläche von 450 m^2 angelegt werden. Dazu ist der Platz an 3 Seiten zu umzäunen, an der 4. Seite begrenzt ihn die Werkhalle. Die Abmessungen des Lagerplatzes sollen so gewählt werden, dass die Gesamtlänge des Zaunes minimal wird. Berechnen Sie für diesen Fall Länge und Breite des Platzes und die Gesamtlänge des Zaunes!

FA 47 Ein Zaun von 40 m Länge soll dazu verwendet werden, eine rechteckige Fläche mit größtmöglichem Inhalt einzuschließen. Man ermittle die Länge a, die Breite b und den maximalen Flächeninhalt dieses Rechtecks.

FA 48 Es sind quaderförmige Behälter mit einem Volumen von 12 m^3 herzustellen, bei denen die Breite halb so groß wie ihre Länge ist. Welche Maße muss ein solcher Behälter haben, damit zu seiner Herstellung möglichst wenig Material verbraucht wird?

FA 49 Auf einem Baugrundstück, das die Form eines rechtwinkligen Dreiecks mit den Kathetenlängen 80 m und 100 m hat, soll eine Halle mit rechteckiger Grundfläche errichtet werden. Bei welchen Abmessungen wird die Hallenfläche am größten?

FA 50 Von einer rechteckigen Marmorplatte ist an einer Ecke ein Stück abgebrochen. Aus dieser Restplatte soll wieder ein rechteckiges Stück mit möglichst großer Fläche geschnitten werden. Wie groß sind dabei die Seiten zu wählen? (Maße siehe Abbildung!)

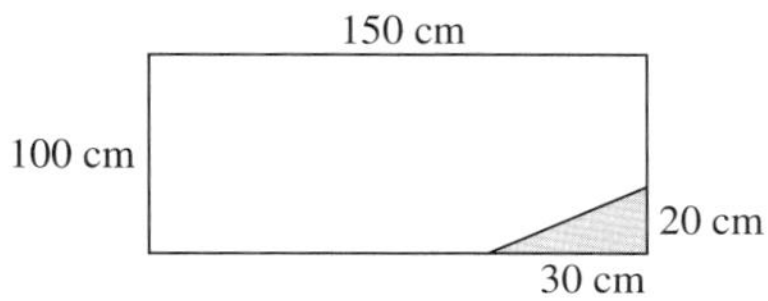

FA 51 Der Querschnitt eines 25 m langen Tunnels besteht aus einem Rechteck mit aufgesetztem Halbkreis (siehe Abbildung). Der Umfang der Querschnittsfläche beträgt 18 m. Wie ist der Radius des Halbkreises zu wählen, damit das Tunnelvolumen möglichst groß ist?

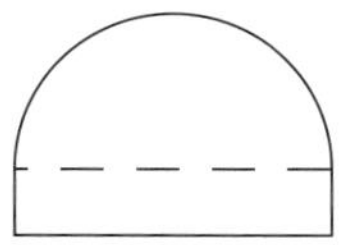

FA 52 Ein Kreisausschnitt PQM habe einen Flächeninhalt von $A = 100\ cm^2$. Bestimmen Sie den Radius r und die Länge des Kreisausschnitts b für den Fall, dass der Umfang des Kreisausschnitts minimal wird!

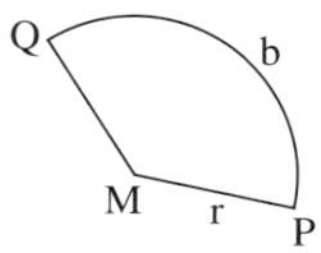

FA 53 An zwei geradlinig verlaufenden Straßen, die sich unter einem Winkel von 60° schneiden, liegen die Orte A 30 km und B 45 km von der Kreuzung S entfernt. Von A fährt ein Radfahrer R_1 mit einer Geschwindigkeit $v_1 = 10\ km \cdot h^{-1}$ in Richtung der Kreuzung. Von B fährt ein Radfahrer R_2 mit einer Geschwindigkeit $v_2 = 12\ km \cdot h^{-1}$ in Richtung der Kreuzung (s. Abbildung S. 113 links).

a) Bestimmen Sie die Abstände der beiden Radfahrer von der Kreuzung und den Abstand voneinander nach 40 Minuten!

b) Nach welcher Zeit ist der Abstand der Radfahrer voneinander am geringsten? Geben Sie diesen Abstand an! (Auf einen Nachweis der Art des lokalen Extremums wird verzichtet.)

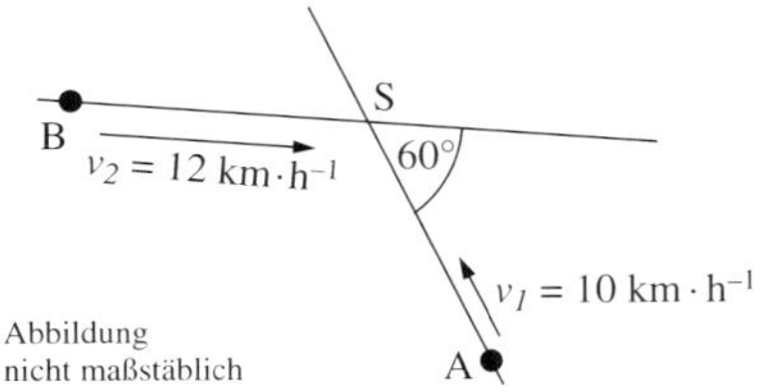

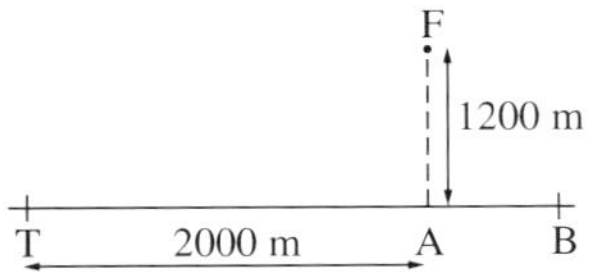

FA 54 Ein Firmenneubau F soll durch ein Erdkabel an die nächstgelegene Trafostation T angeschlossen werden. Von T über A nach B verläuft eine Straße, F befindet sich abseits einer Straße. Die Verlegungskosten längs der Straße betragen 150 €/m, im unerschlossenen Gelände 250 €/m (s. Abb. oben rechts). Berechnen Sie die Kosten, die entstehen, wenn die Verlegung des Kabels

a) geradlinig von T nach F nur im Gelände,
b) geradlinig von T nach A längs der Straße und dann nach F im Gelände erfolgt!

Nach welcher Strecke sollte man die Straße verlassen, um die Kosten so gering wie möglich zu halten? Wie hoch sind sie dann? (Auf den Nachweis der Art des Extremums wird hier verzichtet.)

FA 55 Aus quadratischen Kartonstücken mit den Seitenlängen a sollen an den Ecken gleiche Quadrate herausgeschnitten werden, so dass aus den Restflächen durch Falten oben offene Schachteln entstehen. Wie muss die Seitenlänge der herauszuschneidenden Quadrate gewählt werden, damit das Schachtelvolumen maximal wird?

FA 56 Aus trapezförmigen Blechabfällen sollen Rechtecke größter Fläche zur weiteren Verwendung herausgeschnitten werden. Berechnen Sie die Seitenlängen des geforderten Rechtecks! (Maße siehe Abbildung!)

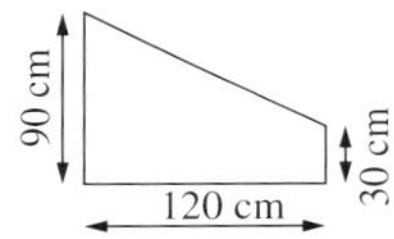

FA 57 Einem geraden Kreiskegel mit gegebenem Grundkreisdurchmesser d und Höhe h soll der gerade Kreiszylinder mit größtmöglichem Volumen einbeschrieben werden, so dass sein Grundkreis auf dem des Kreiskegels liegt.
Bestimmen Sie für diesen Fall den Grundkreisradius, die Höhe des Kreiskegels und das Volumen!

FA 58 Einem geraden Kreiszylinder mit gegebenem Grundkreisdurchmesser d und Höhe h soll der Kreiskegel mit dem kleinsten Volumen umbeschrieben werden. Bestimmen Sie für diesen Fall Grundkreisradius, Höhe und Volumen des Kegels!

FA 59 Bestimmen Sie Grundkreisradius, Höhe und Volumen des Zylinders mit dem größtmöglichen Volumen, der sich in eine Kugel mit gegebenem Radius R einbeschreiben lässt!

FA 60 Ein Stück Draht, das den Umfang eines Kreises mit einem Radius von 12 cm bildet, soll so zerschnitten werden, dass mit ihm zwei Kreise geformt werden können. Wie groß sind die Radien dieser beiden Kreise, wenn die Summe der Flächeninhalte dieser beiden Kreise ein Minimum werden soll?

FA 61 Aus einem Silberdraht der Länge s soll ein Ohrgehänge angefertigt werden, welches aus einem Kreis mit angelötetem Quadrat besteht. Wie verhält sich der Durchmesser des Kreises zur Seitenlänge des Quadrates, wenn die Summe der Flächeninhalte von Kreis und Quadrat möglichst klein sein soll? (Der Drahtdurchmesser bleibt unberücksichtigt.)

FA 62 Drei Bretter, die die gleiche Breite b haben, sollen zu einer Wasserrinne zusammengebaut werden, deren Querschnitt ein gleichschenkliges Trapez ist. Unter welchem Winkel müssen die Bretter zusammenstoßen, wenn das Fassungsvermögen maximal werden soll?

FA 63 Eine oben offene Rinne hat als Querschnitt ein gleichschenkliges Trapez. $|\overline{AB}| = 6{,}8$ dm; $|\overline{BC}| = |\overline{AD}| = 4{,}0$ dm $x = |\overline{DE}|$; $\alpha = \sphericalangle ADE$

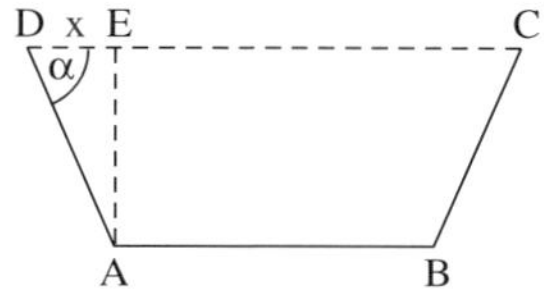

Berechnen Sie x oder α für den Fall, dass der Flächeninhalt des Querschnitts maximal wird! Berechnen Sie auch den maximalen Flächeninhalt!

FA 64 Gegeben ist die Funktion $f(x) = 3\sqrt{x} - x$. Skizzieren Sie den Graphen von f! Es soll ein Punkt $P(x_p; f(x_p))$ im 1. Quadranten so bestimmt werden, dass das Dreieck OPP′ mit $P'(x_p; 0)$, $O(0; 0)$ maximalen Flächeninhalt besitzt.

FA 65 Der Graph der Funktion $f(x) = \frac{1}{5}\sqrt{225 - 9x^2}$ ist die Hälfte einer Ellipse, deren Mittelpunkt im Koordinatenursprung liegt. Skizzieren Sie den Graphen von f!

a) Ein Rechteck soll so einbeschrieben werden, dass eine Seite auf der x-Achse liegt. Ermitteln Sie die Seitenlängen des Rechtecks, das maximalen Flächeninhalt hat!

b) Ein gleichschenkliges Trapez soll so einbeschrieben werden, dass eine der parallelen Seiten auf der x-Achse liegt. Bestimmen Sie die Maße der Seitenlängen des Trapezes, das maximalen Flächeninhalt hat!

FA 66 Einem Rotationsparaboloiden (Körper, der bei Rotation einer Parabel um ihre Achse entsteht) soll ein gerader Kreiszylinder mit maximaler Oberfläche einbeschrieben werden. Die Skizze zeigt seinen Achsenschnitt, der eine quadratische Parabel darstellt. Berechnen Sie die Maße des Zylinders!

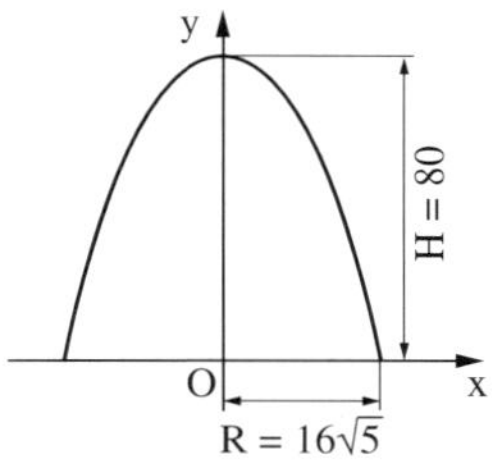

FA 67 Gegeben ist die Funktion f durch $y = f(x) = \frac{x}{(\ln x)^2}$ $(x \in D_f)$.

a) Geben Sie den größtmöglichen Definitionsbereich der Funktion f an! **GTA**
Der Graph der Funktion f besitzt genau einen lokalen Minimumpunkt. Berechnen Sie dessen Koordinaten!

b) Es existiert genau ein Punkt $P(x; f(x))$ $(x \in \mathbb{R}, x > 1)$, dessen Abstand zum Koordinatenursprung minimal ist. Berechnen Sie die Koordinaten dieses Punktes P!

FA 68 Gegeben ist die Funktion f mit $f(x) = \frac{x}{(\ln x)^3}$ $(x \in \mathbb{R}, x > 1)$. **GTA**

Berechnen Sie die Koordinaten desjenigen Punktes M auf dem Graphen von f, der vom Koordinatenursprung den kleinsten Abstand hat! Berechnen Sie diesen minimalen Abstand!

FA 69 Gegeben ist die Funktion f mit $f(x) = e^{4x} + e^{-4x}$; $0 \leq x \leq 4$ **GTA**

Die Punkte $A(x; 0)$, $B(x; f(x))$, $C(4; 0)$ bilden ein Dreieck. Untersuchen Sie, für welches x der Flächeninhalt des Dreiecks ABC maximal wird! Berechnen Sie A_{max}!

FA 70 Gegeben sind die Funktionen $f(x) = e^x + e^{-x}$ und $g(x) = e \cdot x$.
An welcher Stelle x wird der Abstand $d(x) = f(x) - g(x)$ minimal?

FA 71 Bei einem Wettbewerb für Modellflugzeuge mit Verbrennungsmotoren wird ermittelt, welches Flugzeug mit einer vorgegebenen Tankfüllung am weitesten fliegen kann. Bei gleichförmigen Flug hängt die pro Stunde „verbrauchte“ Energie E (in MJ pro Stunde) von der Geschwindigkeit v (in $\frac{km}{h}$) des Flugzeugs nach folgendem Gesetz ab: **GTA**

$E(v) = Av^2 + Bv + C.$

Dabei sind A, B und C Konstanten, die vom Flugzeugtyp abhängen. Durch Messung mögen für ein zweimotoriges Modell folgende Werte festgestellt worden sein:

Geschwindigkeit in $\frac{km}{h}$	20	50	90
Leistung in kW	1,144	2,153	3,73
„Energieverbrauch" pro Stunde in MJ	4,12	7,75	13,43

Untersuchen Sie, für welche Fluggeschwindigkeit das Modellflugzeug bei gegebener Kraftstoffmenge maximale Reichweite hat!

FA 72 Gegeben ist die Funktion $f(x) = e^{a \cdot x}$; $a \in R$, $a \neq 0$
Durch die Punkte $P_1(0; f(0))$ und $P_2(1; f(1))$ ist die Lage einer Geraden g eindeutig bestimmt. Untersuchen Sie, für welches $x \in [0; 1]$ der Abstand d der Graphen von f und g ($d(x) = |g(x) - f(x)|$) maximal wird!

FA 73 Ein Abschnitt der positiven x-Achse und die Graphen der Funktionen $f(x) = \frac{1}{x^2}$ und $g(x) = \frac{1}{8}x$ begrenzen über einem Intervall $I = [a, b]$ der Länge 1 eine Fläche A.
Ermitteln Sie die Intervallgrenzen a und b, so dass der Flächeninhalt von A ein Maximum annimmt! Berechnen Sie A_{max}!

FA 74 Eine Firma stellt Mikrochips her, wobei für x Produktionseinheiten (jeweils 100 Stück) Gesamtkosten in Höhe von k(x) Geldeinheiten (jeweils 1 000 €) entstehen. Diese Kosten lassen sich mit der Funktion $k(x) = \frac{1}{24}x^3 - \frac{1}{4}x^2 + \frac{x}{2} + \frac{4}{3}$ modellieren. Jede Produktionseinheit wird zum Preis von p Geldeinheiten verkauft.

a) Wie viele Bauteile müssen mindestens hergestellt werden bzw. wie viele dürfen höchstens produziert werden, damit die Firma für $p = \frac{5}{6}$ mit Gewinn arbeitet?
b) Wie viele Bauteile müssen produziert werden, damit für $p = \frac{5}{6}$ der Gewinn maximal wird? Berechnen Sie den maximalen Gewinn.
c) Wie groß muss der Mindestpreis p_0 pro Produktionseinheit sein, damit die Firma ohne Verlust arbeitet?

F 4 Weitere Anwendungen der Integralrechnung

F 4.1 Volumen und Mantelfläche von Rotationskörpern; Bogenlänge von Kurven

FA 75 Die Fläche unter dem Graphen der Funktion $f(x) = \sqrt{2x}$ rotiert im Intervall [1; 4] um die x-Achse. Fertigen Sie eine Skizze an und berechnen Sie das Volumen des entstehenden Rotationskörpers!

FA 76 Die Fläche unter dem Graphen der Funktion f_i rotiert im angegebenen Intervall um die x-Achse. Berechnen Sie das Volumen des Rotationskörpers! Fertigen Sie jeweils eine Skizze an! Welche der Ihnen bekannten Körper entstehen durch die Rotation?

a) $f_1(x) = 2$;	[0; 5]	b) $f_2(x) = \frac{2}{5}x$;	[0; 5]
c) $f_3(x) = \sqrt{4 - x^2}$;	[−2; 2]	d) $f_4(x) = \frac{2}{3}x + 1$;	[2; 6]
e) $f_5(x) = x^2 - 3x$;	[0; 3]	f) $f_6(x) = x^2 - 1$;	[1; 3]
g) $f_7(x) = \frac{1}{2}x$;	[1; 4]	h) $f_8(x) = \sqrt{x}$;	[0; 4]
i) $f_9(x) = \sqrt[4]{x - 1}$;	[1; 2]	j) $f_{10}(x) = (x - 1)(x + 1)$;	[−1; 1]

FA 77 Leiten Sie die Formel für das Volumen eines geraden Kreiskegels mit der Höhe h und dem Radius r durch geeignete Integration her!

FA 78 Leiten Sie die Formel für das Volumen eines Kegelstumpfes her!

FA 79 Durch die Gleichung $\frac{x^2}{a^2} + \frac{y^2}{b^2} = 1$ ist eine Ellipse mit den Halbachsen a und b gegeben. Die Ellipse mit $a = 5$ und $b = 5$ rotiere um die x-Achse. Berechnen Sie das Volumen des entstehenden Ellipsoids!

FA 80 Die Fläche zwischen dem Graphen der Funktion f_i und der y-Achse rotiere im (auf der x-Achse) angegebenen Intervall um die y-Achse. Berechnen Sie das Volumen des entstehenden Rotationskörpers!

a) $f_1(x) = \frac{5}{3}x$ [0; 3] b) $f_2(x) = \frac{1}{4}x^2$ [1; 3] c) $f_3(x) = \sqrt{1 + x^2}$ [1; 2] d) $f_4(x) = x^3$ [0; 2]

FA 81 Leiten Sie die Formel für das Volumen einer Kugel mit dem Radius r mit Hilfe der Integralrechnung her!
(Wählen Sie eine geeignete Lage des entsprechenden Funktionsgraphen im Koordinatensystem!)

FA 82 Gegeben ist die Funktion $f(x) = \frac{3}{4}x$.

a) Skizzieren Sie den Graphen der Funktion im Intervall [0; 4]!
b) Bei Rotation um die x-Achse entsteht ein Rotationskörper. Berechnen Sie dessen Volumen!
c) In diesen Rotationskörper wird ein Zylinder einbeschrieben. Wie groß sind dessen Höhe h und der Radius r, damit sein Volumen maximal wird?

FA 83 Die Graphen der Funktionen f_i und g_i und die x-Achse begrenzen eine Fläche. Diese Fläche rotiert um die x-Achse. Bestimmen Sie das Volumen des Rotationskörpers!

a) $f_1(x) = x^2$; $g_1(x) = -x + 2$ b) $f_2(x) = \frac{1}{2}x^2$; $g_2(x) = -\frac{1}{2}x + 3$

FA 84 Welches Volumen hat der Rotationskörper, der entsteht, wenn die Fläche zwischen den Graphen der folgenden Funktionen f_i und g_i um die x-Achse rotiert?

a) $f_1(x) = \frac{1}{2}x$; $g_1(x) = \sqrt{x}$ b) $f_2(x) = x^3$; $g_2(x) = 4x$

FA 85 Ein Behälter zur Herstellung von Eis hat ein parabelförmiges Profil mit den nebenstehenden Maßen.

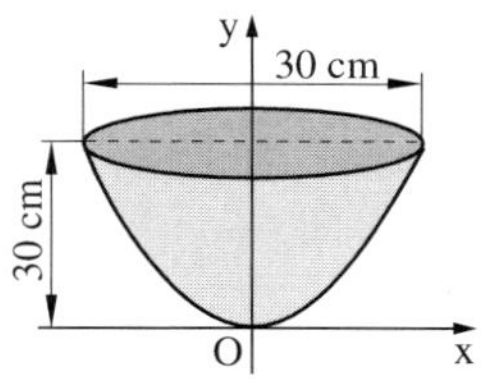

a) Stellen Sie die Gleichung der Parabel auf!
b) Berechnen Sie das Volumen des Behälters!

FA 86 Ein Kupferkessel entsteht durch Rotation der markierten Fläche um die x-Achse. (Einheit: 1 dm)

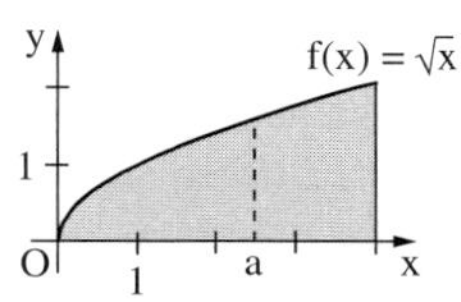

a) Berechnen Sie das Fassungsvermögen!
b) Für welchen Wert a ist der Kessel halb gefüllt?

FA 87 Der Graph der nachfolgenden Funktion und die x-Achse schließen ein Flächenstück ein. Durch Drehung um die x-Achse entsteht ein Rotationskörper. Berechnen Sie dessen Volumen!

a) $g(x) = \frac{x}{3}\sqrt{9 - x}$ b) $h(x) = \sqrt{x(4 - x^2)}$ $x \geq 0$

FA 88 Gegeben ist die Funktion $y = f(x) = e^{\sqrt{x}}$.

a) Skizzieren Sie den Graphen dieser Funktion!
b) Der Graph der Funktion f begrenzt mit der x-Achse im Intervall [0; 2] eine Fläche vollständig. Diese Fläche rotiere um die x-Achse. Berechnen Sie das Volumen des Rotationskörpers!

FA 89 Der Graph der Funktion $f(x) = 2 - \sqrt{x + 1}$ schließt mit den Koordinatenachsen eine Fläche ein.

a) Fertigen Sie eine Skizze an!
b) Berechnen Sie den Inhalt dieser Fläche!
c) Berechnen Sie das Volumen des Körpers, der bei Rotation dieser Fläche um die x-Achse entsteht!
d) Berechnen Sie das Volumen des Körpers, der bei Rotation dieser Fläche um die y-Achse entsteht!

FA 90 Ein Rotationskörper entsteht durch Drehung der Fläche unter dem Graphen der Funktion $f(x) = \cos^2 x$ um die x-Achse $(-\frac{\pi}{2} \leq x \leq \frac{\pi}{2})$. Berechnen Sie das Volumen des Rotationskörpers!

FA 91 Gegeben sei eine Funktion f mit $f(x) = 2e^{-tx}$.

a) Ermitteln Sie den Inhalt der Fläche unter dem Graphen von f im Intervall $[0; \frac{1}{t}]$!
b) Diese Fläche rotiere um die x-Achse. Berechnen Sie das Volumen des Rotationskörpers in Abhängigkeit von t!
c) Für welchen Wert von t beträgt das Volumen 5,432 (VE)?

FA 92 Gegeben ist die Funktionenschar $f_a(x) = 2 \cdot \sqrt{a - x}$

a) Ermitteln Sie den (maximalen) Definitions- sowie den Wertebereich von f_a und zeigen Sie, dass alle Funktionen der Schar streng monoton fallend sind!
b) Die Graphen der Funktionenschar f_a sowie die Koordinatenachsen schließen jeweils ein Flächenstück ein. Berechnen Sie dessen Inhalt in Abhängigkeit von a!
c) Diese Flächenstücke rotieren um die x-Achse. Welches Volumen besitzen die dabei entstehenden Rotationskörper?

FA 93 Gegeben ist die Funktionenschar $f_a(x) = a\sqrt{x + 2}$ $(a \neq 0)$.

a) Bestimmen Sie den maximalen Definitionsbereich von f_a! Geben Sie die Nullstellen der Scharelemente an und weisen Sie nach, dass die Funktionen f_a keine Extremstellen besitzen!
b) Fertigen Sie eine Skizze des Graphen von f_1 im Intervall [–2; 1] an!
c) Der Graph der Funktion f_1 schließt mit den Koordinatenachsen ein Flächenstück ein. Berechnen Sie dessen Inhalt sowie das Volumen des Körpers, der bei Rotation dieses Flächenstück um die x-Achse entsteht!

FA 94 Gegeben ist die Funktion f mit $f(x) = \frac{4 - 2x}{x + 1}$.

a) Bestimmen Sie die Schnittpunkte des Graphen von f mit den Koordinatenachsen sowie die Gleichungen von dessen Asymptoten!
b) Untersuchen Sie das Monotonieverhalten von f und fertigen Sie eine Skizze des Graphens im Intervall $-1 < x \leq 11$ an!
c) Der Graph von f und die Koordinatenachsen begrenzen ein Flächenstück. Berechnen Sie das Volumen des Rotationskörpers, der bei Drehung dieses Flächenstücks um die x-Achse entsteht!

FA 95 Gegeben sei die Funktionenschar f_r mit $f_r(x) = r \cdot \sqrt{2x} - x$ $(r, x \in \mathbb{R}; r > 0; x > 0)$.
Die Graphen der Funktionen $f_r(x)$ und die y-Achse schließen jeweils eine Fläche vollständig ein.

Zeigen Sie, dass das Volumen der bei Rotation dieser Flächen um die x-Achse entstehenden Körpers $\frac{4}{15}\pi r^6$ VE beträgt!

FA 96 Gegeben ist die Funktionenschar f_a mit $f_a(x) = a \cdot \ln\sqrt{x^2+1}$ $(x, a \in \mathbb{R};\ a \neq 0)$.

a) Untersuchen Sie das Symmetrieverhalten und bestimmen Sie die Nullstellen sowie die Extremstellen der Funktionenschar!
b) Fertigen Sie eine Skizze für die Graphen von f_4 und f_{-4} an!
c) Ermitteln Sie die Umkehrfunktionen f_a^{-1} zu f_a!
d) Berechnen Sie das Volumen des Körpers, der entsteht, wenn die Fläche unter dem Graphen von f_a^{-1} im Intervall $[0;\ 4]$ um die y-Achse rotiert!

FA 97 Gegeben ist die Funktionenschar f_a mit $f_a(x) = a \sin x$ $(0 \leq x \leq \pi;\ a > 0)$

a) Untersuchen Sie das Symmetrieverhalten und bestimmen Sie die Null- und Extremstellen von f_a!
b) Fertigen Sie eine Skizze des Graphen f_2 an!
c) Der Graph von f_2 und die x-Achse schließen ein Flächenstück ein. Berechnen Sie dessen Inhalt!
d) Rotiert der Graph von f_2 im Intervall $[0;\ \pi]$ um die x-Achse, so entsteht ein Rotationskörper. Wie groß ist dessen Volumen? Welche Masse besitzt er, wenn er aus Glas der mit Dichte 2,5 $\frac{g}{cm^3}$ hergestellt wird? (Koordinateneinheit: 1 cm)

FA 98 Bestimmen Sie die Mantelfläche eines geraden Kreiskegels, der durch Rotation des Graphen der Funktion $y = f(x) = mx$ um die x-Achse im Intervall $[0;\ h]$ entsteht!

FA 99

a) Die Formel für die Mantelfläche eines Kegelstumpfes ist mit Hilfe der Integralrechnung zu bestätigen.
b) Berechnen Sie den Inhalt der Mantelfläche für den Kegelstumpf, der durch Rotation des Graphen der Funktion $y = -x + 5$ um die x-Achse im Intervall $[0;\ 4]$ entsteht!

FA 100 Die Asteroide (Sternkurve) rotiere um die x-Achse (s. Beispiel F 24, S. 207). Berechnen Sie die Oberfläche dieses Rotationskörpers!

FA 101 Der Graph der Funktion f mit $f(x) = \frac{1}{2}(e^x + e^{-x})$ heißt Kettenlinie. Wie groß ist die Mantelfläche des Körpers, der bei Rotation der Kettenlinie um die x-Achse über dem Intervall $[-1;\ 1]$ entsteht?

FA 102 Der Graph der Funktion mit der Gleichung $y^2 = 2x$ (eine Parabel) rotiere um die x-Achse. Berechnen Sie die Mantelfläche des entstehenden Paraboloids über dem Intervall $[0;\ 2]$!

FA 103 Berechnen Sie die Mantelfläche des Rotationsparaboloids, das durch Rotation der Parabel $y^2 = 2px$ um die x-Achse im Intervall $[0;\ h]$ entsteht!

FA 104 Berechnen Sie die Länge der Kettenlinie (Graph der Funktion mit der Gleichung $y = f(x) = \frac{1}{2}(e^x + e^{-x})$ – vgl. ***FA 101***) im Intervall $[-a;\ a]$!

FA 105 Die NEILsche Parabel ist der Graph der Funktion $f(x) = \sqrt{x^3}$. Berechnen Sie die Bogenlänge der NEILschen Parabel im Intervall $[0;\ b]$!

FA 106 Berechnen Sie die Bogenlänge eines Halbkreises mit dem Radius 1!

FA 107 Berechnen Sie die Länge des Graphen der Funktion $f(x) = \frac{2}{3}(x-1)^{\frac{3}{2}}$ über dem Intervall $[1;\ 4]$!

FA 108 Berechnen Sie für die lineare Funktion $f(x) = 3x + 1$ die Bogenlänge über dem Intervall [0; 3]! Überprüfen Sie das Ergebnis, indem Sie die Streckenlänge elementar berechnen!

FA 109 Gegeben ist die Funktion f mit $f(x) = \frac{1}{3}(2x + 2)^{\frac{3}{2}}$.

a) Berechnen Sie die Schnittpunkte der Graphen von f mit den Koordinatenachsen und fertigen Sie eine Skizze dieses Graphen an!
b) Berechnen Sie den Inhalt der Fläche, die der Graph der Funktion mit den Koordinatenachsen einschließt!
c) Wie groß ist das Volumen des Rotationskörpers, der bei der Rotation dieser Fläche um die x-Achse entsteht?
d) Wie lang ist der zwischen den Koordinaten verlaufende Bogen des Graphen der Funktion?

GTA **FA 110** Gegeben ist die Funktion f mit $f(x) = \frac{1}{4}x^2 - \ln x$.

a) Der Graph der Funktion, die x-Achse und die Geraden mit den Gleichungen $x = 1$ und $x = e^2$ begrenzen ein Flächenstück. Berechnen Sie dessen Inhalt!
b) Die berechnete Fläche rotiert um die x-Achse. Wie groß ist das Volumen des entstehenden Körpers?
c) Berechnen Sie die Bogenlänge der Kurve im Intervall $[1; e^2]$!

F 4.2 Physikalische Probleme

FA 111 Berechnen Sie die Spannarbeit, die beim Spannen einer Schraubenfeder (Federkonstante $D = 0{,}2\ \mathrm{N \cdot cm^{-1}}$) von folgenden Dehnungen aufgebracht werden muss:

a) von 0 auf 10 cm, b) von 5 auf 15 cm, c) von 15 auf 30 cm.

FA 112 Berechnen Sie die Arbeit, die beim Transport eines 10 Tonnen schweren Satelliten in eine 5000 km hohe Bahn verrichtet werden muss!

FA 113 Welche Arbeit ist aufzuwenden, um ein Raumschiff mit der Masse $m = 10^4$ kg bis zum Abstand R von der Erdoberfläche zu bringen?

FA 114 Welche Arbeit ist erforderlich, um eine 500 kg schwere Sonde von der Mondoberfläche in 100 km Höhe zu bringen?

FA 115 Auf einem Weg von 25 m wirkt eine konstante Kraft von 20 N auf einen Körper. Berechnen Sie die verrichtete Arbeit!

FA 116 Ein Fahrstuhl fährt über fünf Stockwerke und hält in jedem. Es steigen jeweils Personen ein und aus, wodurch sich die jeweilige Belastung ändert. Der Höhenabstand zwischen zwei Stockwerken sei Δs. Fertigen Sie ein mögliches Kraft-Weg-Diagramm an und berechnen Sie die verrichtete Arbeit!

FA 117 Ein Körper, der zur Zeit $t_0 = 0$ die Geschwindigkeit $v_0 = 4\ \mathrm{ms^{-1}}$ besitzt, erfährt 3 s lang eine linear zunehmende Beschleunigung von 0 auf $6\ \mathrm{ms^{-2}}$. Wie ändert sich in dieser Zeit seine Geschwindigkeit und wie weit kommt er?

FA 118 Berechnen Sie den Schwerpunkt der folgenden Flächen:

a) Halbkreis

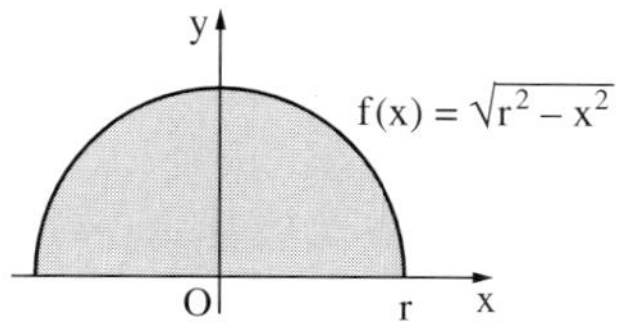

b) Parabelfläche

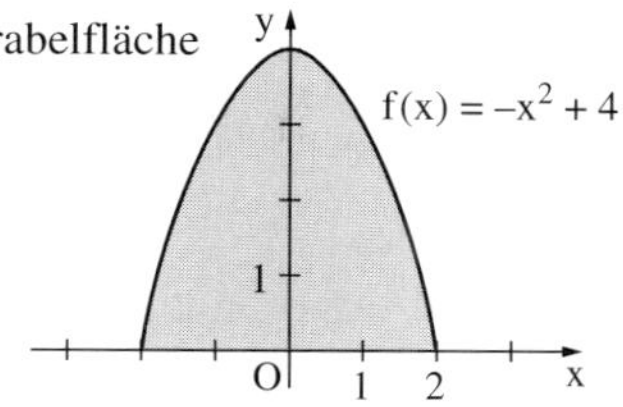

FA 119 Berechnen Sie den Schwerpunkt eines gleichschenkligen Dreiecks! (*Hinweis:* Legen Sie das Dreieck symmetrisch zur x-Achse in ein Koordinatensystem!)

FA 120 Berechnen Sie die Schwerpunktskoordinaten eines Viertelkreises! (*Hinweis:* Wählen Sie den Viertelkreis im I. Quadranten! Beachten Sie die Symmetrie zur Geraden $y = x$!)

FA 121 Für einen Kondensator lässt sich die Entladungsstromstärke als Funktion der Zeit durch folgende Gleichung angeben: $I(t) = I_0 \cdot e^{-0{,}4t}$ $(t > 0;\ t \in \mathbb{R})$
Berechnen Sie die Ladung, die der Kondensator in den ersten 5 s des Entladevorgangs abgibt, wenn zum Zeitpunkt $t_0 = 0$ gilt: $I_0 = 2{,}4$ mA.

FA 122 Ein Kondensator wird über einen Widerstand entladen. Für ihn gilt $U(t) = U_0 \cdot e^{-0{,}5t}$ $(t \geq 0)$. Zum Zeitpunkt $t = 0$ sei $U_0 = 800$ V. Der Mittelwert der Spannung U_M kann berechnet werden durch die Gleichung $U_M = \frac{1}{t_2 - t_1} \int_{t_1}^{t_2} U(t)\,dt$. Berechnen Sie U_M für $0 \leq t \leq 4$!

FA 123 Bei der Entladung eines Kondensators ändert sich als Funktion der Zeit t auch die Stromstärke I.
Für die Ladung Q gilt $Q = \int_{t_1}^{t_2} I(t)\,dt$.

a) Stellen Sie den funktionalen Zusammenhang zwischen I und t für $I(t) = 0{,}2t^4 \frac{\text{A}}{\text{s}^4}$ grafisch dar!
b) Welche Ladung fließt zwischen der 1. und der 3. Sekunde?

FA 124 Ein zylindrisches Reagenzglas (Querschnittsfläche A, Höhe h) ist im unteren Teil mit Bleischrot beschwert und besitzt die Gesamtmasse m. Das Glas taucht in der Gleichgewichtslage mit der Eintauchtiefe h_0 in Wasser der Dichte ρ ein (s. Abbildung). Drückt man dieses Glas um eine weitere Strecke s etwas tiefer in das Wasser ein und lässt es anschließend wieder los, führt es Schwingungen um die Gleichgewichtslage aus. Beim Eintauchen wirkt die Auftriebskraft F_A, die ihrem Betrage nach gleich der Gewichtskraft F_G der verdrängten Flüssigkeit ist. Reibungseffekte sind zu vernachlässigen.

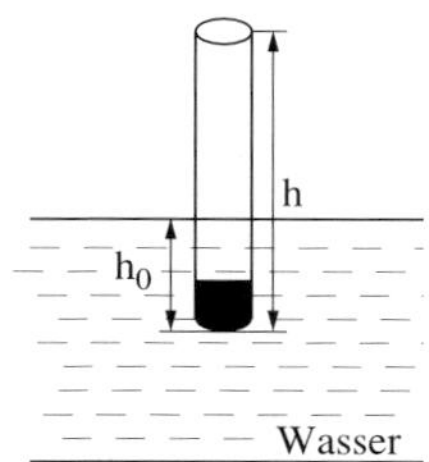

Leiten Sie eine Gleichung für die potentielle Energie des schwingungsfähigen Systems her und interpretieren Sie die Gleichung für diese Anordnung!

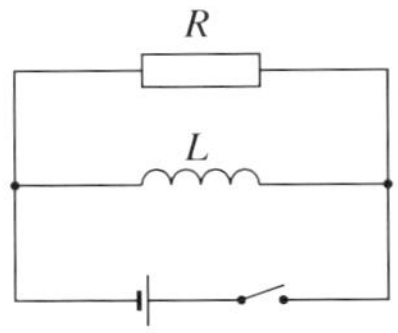

FA 125 In einem Wechselstromkreis mit einem OHMschen Widerstand R und einem induktiven Widerstand L fließt ein Strom I_0. Beim Ausschalten des Stroms wird an den Enden der Spule eine Spannung $U = -L\frac{\mathrm{d}I}{\mathrm{d}t}$ induziert.

a) Welche Stromstärke I tritt in Abhängigkeit von der Zeit t auf?

b) Stellen Sie den Verlauf der Stromstärke für $U_0 = 100$ V, $R = 20\ \Omega$ und $L = 5$ H dar!

c) Welche Stärke hat der Strom 0,1 s nach dem Ausschalten?

FA 126 Ein mit Flüssigkeit gefüllter Zylinder (Radius r) rotiere mit der Winkelgeschwindigkeit ω um die Längsachse (y-Achse). Welche Gestalt nimmt die Flüssigkeitsoberfläche an?

FA 127 Im Wechselstromkreis ist die sinusförmige Spannung $u = U \cdot \sin\varphi$ mit $\varphi = \omega \cdot t$ im Allgemeinen gegenüber der Stromstärke $i = I \cdot \sin(\varphi - \alpha)$ mit α phasenverschoben.
Geben Sie eine Formel zur Berechnung der Leistung des Wechselstromes an!

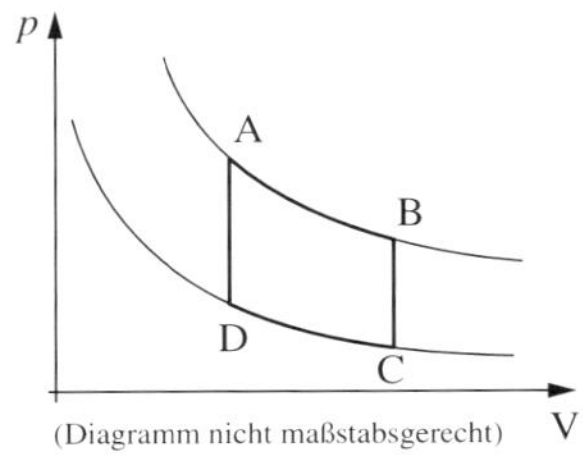

(Diagramm nicht maßstabsgerecht)

FA 128 Unter einem Heißluftmotor versteht man eine Wärmekraftmaschine mit geschlossenem Wärmespeicher. Das Volumen der im Zylinderraum eingeschlossenen Luft kann näherungsweise durch den STIRLINGschen Kreisprozess beschrieben werden. Die Luft durchläuft zwei isotherme und zwei isochore Zustandsänderungen. Im Punkt A hat das Gas eine Temperatur von 350 K, einen Druck von 5,0 bar und ein Volumen von 1,5 dm^3. Während der ersten Zustandsänderung wird das Volumen verdreifacht. Anschließend sinkt die Temperatur um 90 K.
Berechnen Sie die vom Motor in einem Zyklus verrichtete Volumenarbeit!

FA 129 Eine abgeschlossene Menge Stickstoff (spezifische Gaskonstante 297 $\frac{\mathrm{J}}{\mathrm{kg} \cdot \mathrm{K}}$ durchlaufe folgenden Kreisprozess:

(1) isotherme Kompression auf den dreifachen Druck zum Zustand B,

(2) isobare Expansion auf das Ausgangsvolumen zum Zustand C,

(3) isochore Abkühlung zum Ausgangszustand A.

Im Ausgangszustand A besitzt das Gas einen Druck von 0,10 MPa, ein Volumen von 2,40 dm^3 und ein Temperatur von 300 K.
Ermitteln Sie für jede Zustandänderung die über die Systemgrenze übertragenen Volumenarbeiten!

F 5 Differentialgleichungen

F 5.1 Der Begriff *Differentialgleichung*

F 5.2 Arten von Differentialgleichungen

FA 130 Bestimmen Sie für die nachfolgenden Differentialgleichungen die Ordnung und geben Sie jeweils an, ob die Gleichung linear oder nichtlinear ist! Bestimmen Sie die Inhomogenität der linearen Gleichungen!

a) $f'(x) + 2f(x) - 5 = 0$

b) $f''(x) = [f(x)]^2$

c) $g'(z) = 1$

d) $f(x) = f'(x) \cdot x$

e) $\frac{\mathrm{d}^2 f(x)}{\mathrm{d}x^2} = 5f(x)$

f) $h'(k)h(k) = k$

g) $f'''(x) = f'(x) + f''(x)$

h) $f'(x) = f(x)$

F 5.3 Zum Lösungsverhalten von Differentialgleichungen

FA 131 Untersuchen Sie, ob die jeweils angegebene Funktion f_i eine Lösung der Differentialgleichung $f'(x) + 3xf(x) + x = 0$ ist:

a) $y = f(x) = -\frac{1}{3}$ b) $y = f(x) = c \cdot e^{-\frac{3}{2}x^2}$ c) $y = f(x) = -\frac{1}{3} + c \cdot e^{-\frac{3}{2}x^2}$, $c \in \mathbb{R}$ bel.

Bestimmen Sie den Parameter c aus Aufgabe c) so, dass $y(1) = 0$ gilt!

FA 132 Zeigen Sie, dass die Funktion f_i die jeweilige Differentialgleichung löst!

a) $f_1'(x) + \frac{2f_1(x)}{x} + x = 0,\ f_1(x) = \frac{1}{4x^2} - \frac{x^2}{4}$ b) $x^2 \cdot f_2'(x) - (x-1) \cdot f_2(x) = 0,\ f_2(x) = c \cdot x \cdot e^{\frac{1}{x}}$

c) $f_3'(x) = (x + f_3(x))^2,\ f_3(x) = -x + \tan(x + c)$ d) $f_4'(x) + f_4(x) \cdot \sin x = \sin x,\ f_4(x) = c \cdot e^{\cos x} + 1$

FA 133 Untersuchen Sie, ob die jeweils angegebene Funktion eine Lösung der Differentialgleichung $f''(x) + 2f'(x) + 2f(x) = 0$ ist:

a) $y = f(x) = \cos x$ b) $y = f(x) = e^{-x}$ c) $y = f(x) = e^{-x}(c_1 \cos x + c_2 \sin x)$, $c_1, c_2 \in \mathbb{R}$

Bestimmen Sie die Parameter c_1 und c_2 in Aufgabe c) so, dass gilt: $f(0) = 1$, $f'(0) = -1$

FA 134 Zeigen Sie, dass die Funktion f_i die jeweilige Differentialgleichung löst!

a) $f_1''(x) - 3f_1'(x) + 2f_1(x) = x^2 + 1,$ $f_1(x) = \frac{1}{2}x^2 + \frac{3}{2}x + \frac{9}{4} + \frac{3}{4}e^{2x} - 3e^x$

b) $x^2 \cdot f_2''(x) + x \cdot f_2'(x) - f_2(x) = 0,$ $f_2(x) = c_1 \cdot x + c_2 \cdot \frac{1}{x}$

c) $f_3''(x) + 4f_3(x) = -4f_3'(x),$ $f_3(x) = c_1 \cdot e^{-2x} + c_2 \cdot x \cdot e^{-2x}$

d) $f_4''(x) = 6 \cdot f_4'(x) - 7 \cdot f_4(x),$ $f_4(x) = c_1 \cdot e^{(3+\sqrt{2})x} + c_2 \cdot e^{(3-\sqrt{2})x}$

F 5.4 Geometrische Veranschaulichung von Differentialgleichungen 1. Ordnung

F 5.5 Lösungsverfahren für Differentialgleichungen 1. Ordnung

FA 135 Lösen Sie folgende Differentialgleichungen durch Trennen der Variablen und bestimmen Sie die Lösungen für die jeweils angegebenen Anfangswerte:

a) $f_1'(x) = -\frac{f_1(x)}{x}$, $x_0 = 1;\ y_0 = 1$ b) $\cos x \cdot f_2'(x) = f_2(x) \cdot \sin x$, $x_0 = 0;\ y_0 = 2$ c) $f_3'(x) = x^2 \cdot [f_3(x)]^2$, $x_0 = 0;\ y_0 = -\frac{1}{2}$ d) $[f_4(x)]^2 + x^2 \cdot f_4'(x) = 0$, $x_0 = 2;\ y_0 = 2$

e) $f_5'(x) = \frac{x}{[f_5(x)]^2}$, $x_0 = 2;\ y_0 = 2$ f) $x \cdot f_6'(x) - f_6(x) = 4$, $x_0 = 1;\ y_0 = 0$ g) $f_7'(x) \cdot f_7(x) - x^3 = 1$, $x_0 = 0;\ y_0 = 1$ h) $f_8'(x) \cdot (x-3) = \frac{1}{f_8(x) - 5}$, $x_0 = 4;\ y_0 = 7$

FA 136 Lösen Sie folgende lineare Differentialgleichungen 1. Ordnung mit den angegebenen Anfangswerten:

a) $f_1'(x) + \frac{1}{2}f_1(x) = 1$, $x_0 = 2;\ y_0 = 3$ b) $f_2'(x) - 6 = 3f_2(x)$, $x_0 = 0;\ y_0 = 0$ c) $f_3(x) + \frac{1}{10}f_3'(x) = 0$, $x_0 = 0;\ y_0 = 2$ d) $f_4'(x) + \frac{1}{5} = \frac{1}{3}f_4(x)$, $x_0 = 0;\ y_0 = 1$

F 5.6 Näherungsverfahren zur Lösung von Differentialgleichungen 1. Ordnung

FA 137 Lösen Sie folgende Differentialgleichungen mit Anfangsbedingung im angegebenen Intervall und mit der angegebenen Schrittweite h näherungsweise nach dem Polygonzugverfahren! Nutzen Sie dazu geeignete Rechenhilfsmittel! Geben Sie zum Vergleich jeweils den Näherungswert am rechten Intervallende an! Stellen Sie die erhaltene Näherungslösung im angegebenen Intervall grafisch dar und vergleichen Sie sie mit der exakten Lösung aus der jeweils angegebenen Aufgabenstellung!

a) $f_1'(x) = -\frac{f_1(x)}{x}$	$x_0 = 1; y_0 = 1$	$x \in [1; 5], h = 0{,}5, h = 0{,}05$	(vgl. ***FA 134 a)***)
b) $[f_2(x)]^2 + x^2 \cdot f_2'(x) = 0$	$x_0 = 2; y_0 = 2$	$x \in [2; 12], h = 1, h = 0{,}1$	(vgl. ***FA 134 d)***)
c) $f_3'(x) = \frac{x}{[f_3(x)]^2}$	$x_0 = 2; y_0 = 2$	$x \in [2; 5], h = 0{,}3, h = 0{,}03$	(vgl. ***FA 134 e)***)
d) $f_4'(x) \cdot (x - 3) = \frac{1}{f_4(x) - 5}$	$x_0 = 4; y_0 = 7$	$x \in [4; 10], h = 0{,}2, h = 0{,}02$	(vgl. ***FA 134 h)***)
e) $f_5'(x) + \frac{1}{2} f_5(x) = 1$	$x_0 = 2; y_0 = 3$	$x \in [2; 3], h = 0{,}2, h = 0{,}01$	(vgl. ***FA 135 a)***)
f) $f_6'(x) - 6 = 3f_6(x)$	$x_0 = 0; y_0 = 0$	$x \in [0; 1], h = 0{,}2, h = 0{,}01$	(vgl. ***FA 135 b)***)
g) $f_7(x) + \frac{1}{10} f_7'(x) = 0$	$x_0 = 0; y_0 = 2$	$x \in [0; 1], h = 0{,}2, h = 0{,}01$	(vgl. ***FA 135 c)***)
h) $f_8'(x) = (x + f_8(x))^2$	$x_0 = 0; y_0 = 0$	$x \in [0; \frac{7}{16}\pi], h = \frac{\pi}{160}$	(vgl. ***FA 131 c)***)

FA 138 Lösen Sie folgende lineare Differentialgleichungen 1. Ordnung im angegebenen Intervall näherungsweise nach dem Polygonzugverfahren und stellen Sie die Näherungslösung grafisch dar! Nutzen Sie dazu geeignete Rechenhilfsmittel! Geben Sie zum Vergleich jeweils den Näherungswert am rechten Intervallende an!

a) $f_1'(x) - 2f_1(x) = e^{-x}$,	$x_0 = 0, y_0 = 1$,	$x \in [0; 2], h = 0{,}02$
b) $f_2'(x) + 2f_2(x) = 3x + 4$,	$x_0 = 0, y_0 = 1$,	$x \in [0; 5], h = 0{,}1$
c) $f_3'(x) + \frac{2f_3(x)}{x} + x = 0$,	$x_0 = -2, y_0 = -\frac{15}{16}$,	$x \in [-2; -1], h = 0{,}05$
d) $x^2 f_4'(x) - (x - 1)f_4(x) = 0$,	$x_0 = 0{,}5, y_0 = 0{,}5$,	$x \in [0{,}5; 5], h = 0{,}1$
e) $f_5'(x) + f_5(x)\sin x = \sin x$,	$x_0 = -\pi, y_0 = 0$,	$x \in [-\pi; \pi], h = \frac{\pi}{50}$

FA 139 Ermitteln Sie für die Differentialgleichung $f'(x) + f(x) - x = 0$ und für die Startpunkte $P_0(0; 1)$, $P_1(0; 0)$, $P_2(0; -1)$ sowie $P_4(0; -2)$ Näherungslösungen im Intervall $0 \le x \le 4$ nach dem Polygonzugverfahren! Berechnen Sie außer dem Startpunkt 100 weitere Punkte für jede Kurve und stellen Sie die vier Lösungen in einem Koordinatensystem grafisch dar! Geben Sie zum Vergleich jeweils den Näherungswert am rechten Intervallende an!

FA 140 Lösen Sie die Vertreter folgender Differentialgleichungstypen 1. Ordnung näherungsweise ausgehend vom Anfangspunkt P_0 im angegebenen Intervall! Berechnen Sie jeweils außer dem Startpunkt 20 Stützpunkte, geben Sie den Näherungswert der Lösungsfunktion am rechten Intervallende an und stellen Sie die Näherungslösung grafisch dar! Verwenden Sie ein geeignetes Rechenhilfsmittel!

a) Eine homogene Differentialgleichungen hat die Gestalt $f'(x) = g(\frac{y}{x})$. Ein Vertreter ist die Differentialgleichung $f'(x) = \frac{1 + \frac{y}{x}}{1 - \frac{y}{x}}$ (Differentialgleichung einer logarithmischen Spirale). Sie soll für den Anfangspunkt $P_0(-2; 0)$ im Intervall $[-2; 0{,}2]$ näherungsweise gelöst werden.

b) Eine BERNOULLIsche Differentialgleichung hat die Gestalt $f'(x) + p(x)f(x) = q(x)f^n(x)$. Ein Vertreter ist die Differentialgleichung $f'(x) - \frac{f(x)}{x} = -\frac{f^2(x)}{x}$. Sie soll für den Anfangspunkt $P_0(1; 0{,}5)$ im Intervall $[1; 10]$ näherungsweise gelöst werden.

F 5.7 Lösen linearer homogener Differentialgleichungen 2. Ordnung mit konstanten Koeffizienten

FA 141 Lösen Sie folgende lineare Differentialgleichungen 2. Ordnung:

a) $f_1''(x) + 6f_1'(x) + 4f_1(x) = 0$ b) $f_2''(x) + 4f_2'(x) + 4f_2(x) = 0$ c) $f_3''(x) + 2f_3'(x) + 4f_3(x) = 0$
d) $f_4''(x) + f_4'(x) = 2f_4(x)$ e) $f_5''(x) + 2f_5(x) = 2f_5'(x)$ f) $f_6''(x) = 3f_6'(x) + 4f_6(x)$
g) $4f_7'(x) = f_7(x) + 4f_7''(x)$ h) $2f_8''(x) + 2f_8'(x) + f_8(x) = 0$

F 5.8 Anwendungen zu Differentialgleichungen

Hinweis: *Die Differentialgleichungen der Aufgaben **FA 145** bis **FA 148** können alternativ auch näherungsweise unter Verwendung des Polygonzugverfahrens und geeigneter Rechenhilfsmitteln gelöst werden. Dazu müssen die konkreten Zahlenwerte der enthaltenen Parameter genutzt werden, allgemeine Lösungen sind nicht möglich.*

FA 142 Die Kerne radioaktiver Nuklide zerfallen mit der Zeit. Dabei ist die Zahl der in einer Zeit Δt zerfallenden Kerne proportional zu ihrer Anzahl $N(t)$.
(*Hinweis:* Da die Anzahl *kleiner* wird, ist ΔN negativ, die Zahl der zerfallenden Kerne also $-\Delta N$.)

a) Stellen Sie eine Differentialgleichung für $N(t)$ auf und lösen Sie diese!
b) Bestimmen Sie den Proportionalitätsfaktor (hier Zerfallskonstante genannt) für den Zerfall von U-234, das mit einer Halbwertszeit[1)] von $2{,}44 \cdot 10^5$ Jahren zerfällt!

FA 143 In einer Stadt verfügen immer mehr Haushalte über einen Internet-Zugang. Man nimmt an, dass sich in ferner Zukunft maximal 10 000 Haushalte einen Internet-Zugang anschaffen wollen. Heute sind 1 000 Haushalte „online“ und jeden Monat beantragen ca. 1 % der noch nicht darüber verfügenden Haushalte einen Internet-Zugang.

a) Wie viele Haushalte mit Internet-Zugang sind es nach einem Monat, wie viele nach zwei Monaten?
b) Geben Sie eine Differentialgleichung an, welche die Anzahl N der Internet-Zugänge beschreibt.
c) Zeigen Sie, dass $N(t) = 10\,000 - 9\,000\, e^{-0{,}01\,t}$ eine Lösung der Differentialgleichung ist. Bestimmen Sie damit die Anzahl der Internet-Zugänge nach 1, 2 und nach 20 Monaten.
d) Nach welcher Zeit $t_{0,5}$ ist etwa die Hälfte, nach welcher Zeit t ca. 90 % der Sättigungsgrenze erreicht?
e) Nachdem die Hälfte aller erwarteten Internetteilnehmer vorhanden ist, will man durch Werbemaßnahmen erreichen, dass die Anzahl der Neuteilnehmer in den folgenden Monaten linear mit der zu diesem Zeitpunkt erreichten Zunahme weiter wächst. Nach welcher Zeit ist unter dieser Annahme mit dem Erreichen der ursprünglich erwarteten Internet-Zugänge zu rechnen?

FA 144 Der Luftdruck nimmt mit abnehmender Höhe zu, da eine immer höher werdende Luftsäule auf eine darunter liegende Fläche drückt (vgl. Abb.).

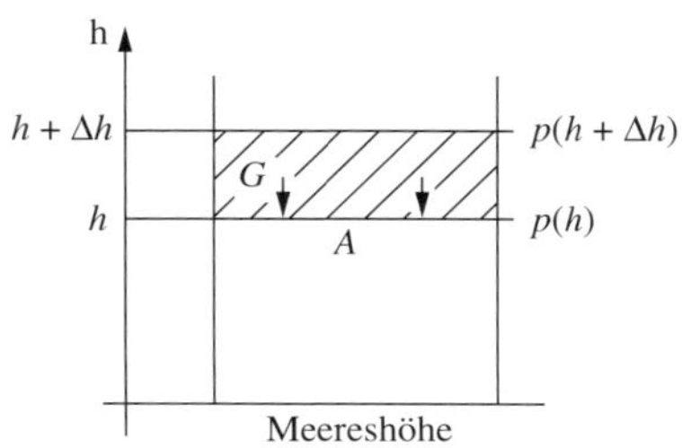

a) Berechnen Sie den Druck, den die schraffiert dargestellte Luftschicht auf die darunter gedachte Fläche A zusätzlich zum Druck $p(h + \Delta h)$ ausübt!
b) Leiten Sie eine Differentialgleichung für den Druck her und lösen Sie diese!

Hinweis: Mittels des BOYLE-MARIOTTEschen Gesetzes muss die Luftdichte in der Höhe h ermittelt werden (wobei hier zur Vereinfachung vorausgesetzt sei, dass die Temperatur konstant ist und dieses Gesetz demzufolge gilt).

1) Als Halbwertszeit versteht man die Zeit, in der jeweils die Hälfte der vorhandenen Kerne zerfallen.

FA 145 Ein Fahrzeug bewege sich geradlinig und lege in einer bestimmten Zeit t den Weg $s = s(t)$ zurück. Der Fahrer kann die Geschwindigkeit v des Fahrzeugs jederzeit ablesen und verändern. Sie wird beschrieben durch die Funktion $v = v(t)$. Für verschiedene Fahrsituationen – dargestellt durch eine konkrete Gleichung für $v = v(t)$ und durch eine Anfangsbedingung $s_0 = s(t_0)$ – ist die zugehörige Funktion $s = s(t)$ zu ermitteln. Als Lösungsansatz wird die aus der Physik bekannte Differentialgleichung $s'(t) = v(t)$ (*) verwendet.

a) Bewegung mit konstanter Geschwindigkeit
Stellen Sie die Differentialgleichung (*) für $v(t) = v_0 = \text{const}$ auf und lösen Sie diese allgemein für die Anfangsbedingung $s_0 = s(t_0)$!
Geben Sie die partikuläre Lösung für $v_0 = 20\ \frac{\text{m}}{\text{s}}$, $t_0 = 10$ s und $s_0 = 200$ m an und stellen Sie die Funktionen $v = v(t)$ sowie $s = s(t)$ im Intervall von 10 s bis 40 s grafisch dar!
Wie groß ist s nach 40 s?

b) Bewegung mit zunehmender und abnehmender Geschwindigkeit
Im normalen Fahrbetrieb ist die Geschwindigkeit nicht immer konstant, häufig muss beschleunigt oder gebremst werden. Die Geschwindigkeit eines Fahrzeugs möge in dem Zeitintervall $10\text{ s} \le t \le 40\text{ s}$ durch die Funktion $v = v(t) = \text{k} \cdot t^2 + \text{n} \cdot t + \text{q}$ mit $\text{k} = -\frac{1}{20}\ \frac{\text{m}}{\text{s}^3}$, $\text{n} = 3\ \frac{\text{m}}{\text{s}^2}$ und $\text{q} = -15\ \frac{\text{m}}{\text{s}}$ beschrieben werden. Die Anfangsbedingung lautet $s(10\text{ s}) = 200$ m. Stellen Sie die Differentialgleichung (*) auf, lösen Sie diese unter Beachtung der Anfangsbedingung, stellen Sie die Funktionen s und v im oben angegebenen Intervall grafisch dar und berechnen Sie $s(40\text{ s})$ und $v(40\text{ s})$!

c) Geschwindigkeit ist umgekehrt proportional zum Weg
Das Fahrzeug wird im Zeitintervall $10\text{ s} \le t \le 40\text{ s}$ mit zunehmendem Weg stark und dann immer schwächer abgebremst. Diese Fahrsituation soll durch $v = v(t) = \frac{p}{s(t)}$ mit $p = 6000\ \frac{\text{m}^2}{\text{s}}$ beschrieben werden. Die Anfangsbedingung lautet $s(10\text{ s}) = 200$ m.
Stellen Sie die Differentialgleichung (*) auf, lösen Sie diese unter Beachtung der Anfangsbedingung, stellen Sie die Funktionen s und v im angegebenen Intervall grafisch dar und berechnen Sie $s(40\text{ s})$ und $v(40\text{ s})$!

FA 146 Der freie Fall eines Körpers in der Nähe der Erdoberfläche wird beschrieben durch die Gleichung $F = m \cdot v'(t) = m \cdot \text{g}$ (m … Masse des Körpers, g … Erdbeschleunigung). Unter Beachtung des Luftwiderstandes verändert sich die Gleichung zu $m \cdot v'(t) = m \cdot \text{g} - \text{c} \cdot v^2(t)$ (c … körperspezifischer Widerstandskoeffizient).

a) Lösen Sie diese Differentialgleichung für die Anfangsbedingung $v(0) = 0$!

b) Für einen Fallschirmspringer im freien Flug gelte $m = 75$ kg und $\text{c} = 0{,}243\frac{\text{kg}}{\text{m}}$. Zeichnen Sie das v-t-Diagramm! Welche Geschwindigkeit erreicht der Springer maximal und nach welcher Zeit? (*Hinweis:* Lösen Sie die Differentialgleichung durch Trennen der Variablen unter Zuhilfenahme der Partialbruchzerlegung!)

FA 147 Im zweiten Beispiel des Lehrbuchabschnittes F 5.8 wird der Zusammenhang zwischen der Wasserzufuhr und dem Füllstand einer Talsperre erläutert. Für eine Talsperre mit einem Fassungsvermögen von 10 000 m³, die zu Beginn ($t = 0$) nur mit $V_0 = 4\,000\ \text{m}^3$ Wasser gefüllt ist, werden nachfolgend verschiedene Situationen bezüglich der Wasserzufuhr $Z = Z(t)$ betrachtet. Ermitteln Sie jeweils $V = V(t)$ und untersuchen Sie,
ob die Talsperre überläuft! Wie viel Zeit würde in diesem Fall bis zum Überlaufen vergehen? (t in h)

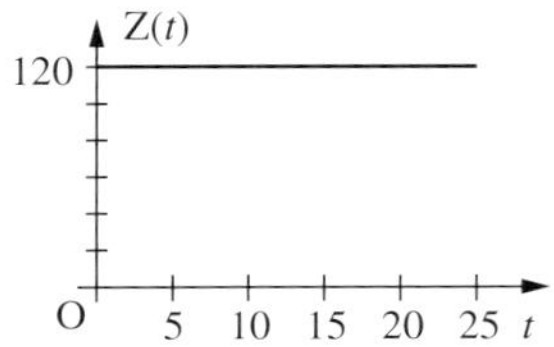

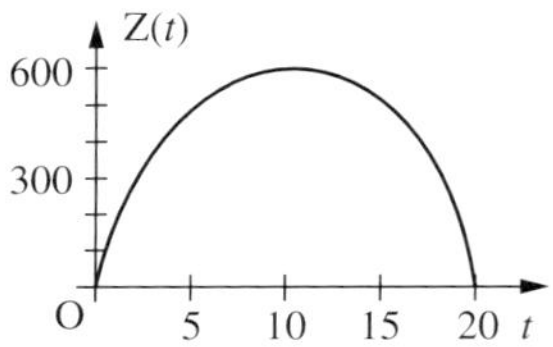

a) Konstante Wasserzufuhr $Z(t) = z = 120\ \frac{\text{m}^3}{\text{h}}$

b) Hochwasserschwall $Z(t) = -6\ \frac{\text{m}^3}{\text{h}^3}\,\text{t}^2 + 120\frac{\text{m}^3}{\text{h}^2}\ \text{t}$, $0\text{ h} \le \text{t} \le 20\text{ h}$

c) Zufuhrsteuerung I

Je geringer der Füllstand, desto stärker wird die Zufuhr eingestellt. Als Ansatz für die Steuerung verwendet man $Z(t) = \frac{600000}{V(t)}\ \frac{\mathrm{m}^6}{\mathrm{h}}$. Ist die Talsperre beispielsweise halb geleert ($V = 5000\ \mathrm{m}^3$), wird Z auf 120 $\frac{\mathrm{m}^3}{\mathrm{h}}$ eingestellt, ist dagegen $V = 1000\ \mathrm{m}^3$, so wird Z auf 600 $\frac{\mathrm{m}^3}{\mathrm{h}}$ eingestellt. Da $V(t)$ nicht bekannt ist, kann $Z(t)$ erst nach der Lösung der Differentialgleichung grafisch dargestellt werden.

d) Zufuhrsteuerung II

Der vorausgegangene Steuerungsansatz ist verbesserungsbedürftig, denn selbst bei voller Talsperre wird eine Zufuhr von 60 $\frac{\mathrm{m}^3}{\mathrm{h}}$ eingestellt. Die Zufuhr wird deshalb so geregelt, dass sie proportional zum freien Stauraum ist. Hier gelte $Z(t) = 0{,}024\ \frac{1}{\mathrm{h}}\ (10000\ \mathrm{m}^3 - V(t)) = -0{,}024\ \frac{1}{\mathrm{h}}\ V(t) + 240\ \frac{\mathrm{m}^3}{\mathrm{h}}$.

Wie groß ist das Stauvolumen nach einem Tag, nach drei und zehn Tagen?

FA 148 In einem Gleichstromkreis befindet sich eine Spannungsquelle mit der Spannung U_0, ein OHMscher Widerstand R und ein Kondensator mit der Kapazität C. Wird die Spannungsquelle eingeschaltet, so fließt über den Widerstand R ein Strom I zum Kondensator und lädt ihn auf. Dabei wächst die Kondensatorspannung $U_C = \frac{Q}{C}$. Beim Stromfluss fällt am Widerstand die Spannung $U_R = IR$ ab. Spannungsabfall am OHMschen Widerstand und die Kondensatorspannung sind zusammen immer so groß wie die Spannung der Spannungsquelle. Es gilt also

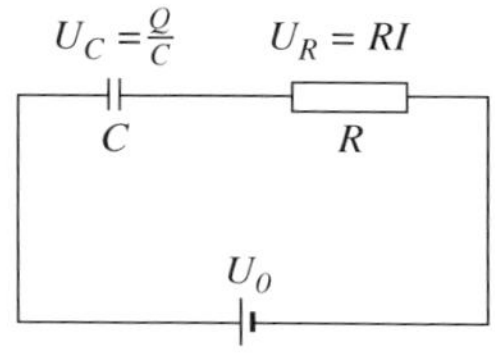

$U_0 = U_R + U_C = IR + \frac{Q}{C}$, woraus mit $I = \frac{\mathrm{d}Q}{\mathrm{d}t}$ (vgl. *Formeln und Tabellen*, S. 83) folgt:

$U_0 = R\frac{\mathrm{d}Q}{\mathrm{d}t} + \frac{Q}{C}$ bzw. $\frac{\mathrm{d}Q}{\mathrm{d}t} + \frac{Q}{RC} = \frac{U_0}{R}$ (*). Dabei ist $Q = Q(t)$.

a) Lösen Sie die Differentialgleichung (*) allgemein!

b) Lösen Sie das Anfangswertproblem für den Lade- und den Entladevorgang des Kondensators! Für den Ladevorgang gilt $U_0 \neq 0$ und $Q(0) = 0$. Für den Entladevorgang gilt $U_0 = 0$ und $Q(0) = Q_0 = U_{C0} \cdot C$

c) Dividiert man die erhaltenen Gleichungen für $Q(t)$ durch C, so ergeben sich die Zeitverläufe $U_C(t)$ für die Kondensatorladung.

Stellen Sie in einem Koordinatensystem für $0 \leq t \leq 400$ ms die Zeitverläufe der Kondensatorspannung für den Lade- und den Entladevorgang für folgende Werte grafisch dar: $R = 1000\ \mathrm{k}\Omega$, $C = 100\mathrm{nF}$, $U_0 = 40\mathrm{V}$ und $U_{C0} = 40\mathrm{V}$. Nach welcher Zeit erreicht die Spannung die Hälfte des Maximalwertes?

FA 149 Stellen Sie in Analogie zum dritten Beispiel aus Lehrbuchabschnitt F 5.8 die Schwingungsgleichung für einen Federschwinger auf, bei dem die Reibungskraft vernachlässigbar klein ist! Die Masse des schwingenden Körpers beträgt $m = 0{,}2$ kg, die Federkonstante $D = 40\ \frac{\mathrm{N}}{\mathrm{m}}$; $y(0) = 0{,}1$ m und $y'(0) = 0$.

Lösen Sie die Differentialgleichung und stellen Sie die Ortskoordinate $y = y(t)$ im Intervall von 0 bis 1 s grafisch dar! Wie lange dauert eine volle Schwingung?

FA 150 Ein elektromagnetischer Schwingkreis ist ein geschlossener Stromkreis, in dem ein Kondensator, eine Induktivität und ein OHMscher Widerstand in Reihe geschaltet sind (vgl. nebenstehende Abb.). Da es sich um einen geschlossenen Stromkreis ohne Spannungsquelle handelt, gilt:

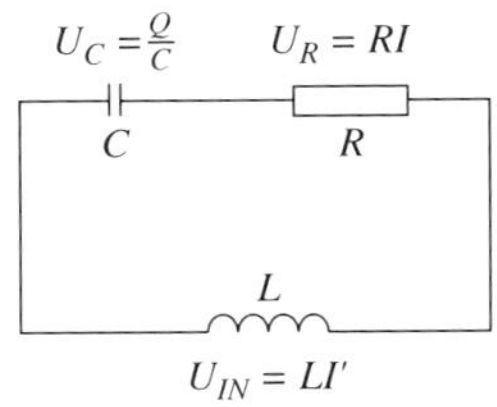

$U_{IN} + U_R + U_C = 0$ bzw. $L \cdot I'(t) + R \cdot I(t) + \frac{Q(t)}{C} = 0$

Da Q'(t) = I(t) gilt, erhält man durch Differenzieren der Gleichung die folgende Differentialgleichung:

$L \cdot I''(t) + R \cdot I'(t) + \frac{I(t)}{C} = 0$ bzw. $I''(t) + \frac{R}{L} I'(t) + \frac{1}{LC} I(t) = 0$

Ermitteln Sie für einen Schwingkreis mit den Werten mit $L = 0{,}1\ \text{H} = 0{,}1\ \frac{\text{Vs}}{\text{A}}$, $C = 10\ \mu\text{F} = 10^{-5}\ \frac{\text{As}}{\text{V}}$ sowie den Anfangsbedingungen $I(0) = 0$ und $I'(0) = -100\ \frac{\text{A}}{\text{s}}$ die Lösungen $I = I(t)$, wenn gilt:

a) $R = 0\ \Omega$ b) $R = 50\ \Omega$ c) $R = 200\ \Omega$ d) $R = 800\ \Omega$

Stellen sie die vier Lösungen in einem Koordinatensystem grafisch dar!

Komplexe Aufgaben zu den Kapiteln A bis F

FA 151 Gegeben sind die Funktionen $f(x) = \frac{3x}{x+2} + 2$ und $g(x) = \cos(x)$. Wie viele gemeinsame Punkte können die Graphen dieser Funktionen haben? Begründen Sie Ihre Antwort! Bestimmen Sie ggf. die Schnittpunkte!

FA 152 Gegeben sind die Funktion f und die Funktionenschar g_m mit $f(x) = x^2 - 4x + 5$ und $g_m(x) = mx - 4$ $(x, m \in \mathbb{R})$.

a) Skizzieren Sie die Graphen von f und $g_{1,5}$ in ein und dasselbe Koordinatensystem! Ermitteln Sie das globale Minimum der Differenzfunktion $d_{1,5}$ mit $d_{1,5}(x) = f(x) - g_{1,5}(x)$!

b) Für einen anderen Anstieg m der Geraden hat das globale Minimum den Wert $d_m = \frac{11}{4}$. Berechnen Sie dafür alle Werte des Parameters m!

c) Nebenstehende Abbildung zeigt den Graphen von d_{min} mit $d_{min}(m) = -\frac{m^2}{4} - 2m + 5$. Ermitteln Sie die Koordinaten der Punkte A und B und interpretieren Sie jeweils die besondere Lagebeziehung der Geraden g_m zur Parabel f!

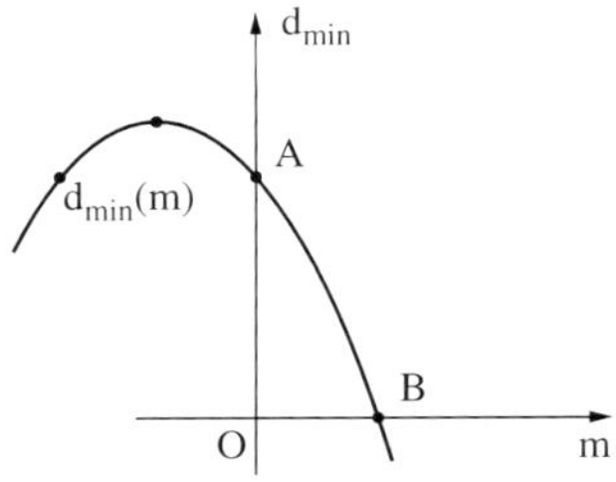

d) Jede Gerade g_m $(m \neq 0)$ schneidet die Koordinatenachsen in R und S. Diese Punkte sowie der Ursprung bilden das Dreieck ΔORS. Untersuchen Sie, ob die folgenden Sachverhalte für spezielle Parameter m lösbar sind:
   (1) Das Dreieck ist gleichschenklig.
   (2) Das Dreieck ist gleichseitig.
   (3) Der Umfang u des Dreiecks beträgt 15 Längeneinheiten.
   (4) Der Umfang u und der Flächeninhalt des Dreiecks ΔORS sind ganzzahlig.

e) Für welchen Wert des Parameters m schließen die Graphen von g_m und f ein Flächenstück A $(A \neq 0)$ vollständig ein? Berechnen Sie für einen geeigneten Wert des Anstieges der Gerade g_m den Inhalt A eines solchen Flächenstückes!

FA 153 Für jede reelle Zahl a $(a \neq 0)$ ist eine Funktion f_a gegeben durch $f_a(x) = a(2 - \ln ax) \cdot \ln ax$.

a) Geben Sie den Definitionsbereich für f_a in Abhängigkeit von a an! Zeigen Sie, dass $f_a'(x) = \frac{2a}{x}(1 - \ln ax)$ gilt! Untersuchen Sie den Graphen von f_a auf Schnittpunkte mit der x-Achse, Extrem- und Wendepunkte!

(Auf den Nachweis der Wendepunkteigenschaft wird verzichtet.) Geben Sie gegebenenfalls deren Koordinaten an! Untersuchen Sie für $a > 0$ das Verhalten des Graphen von f_a an den Grenzen seines Definitionsbereiches!

b) Die lokalen Extrempunkte der Graphen aller Funktionen f_a mit $a > 0$ liegen auf einer Kurve. Geben Sie deren Gleichung an! Skizzieren Sie diese Kurve sowie die Graphen von f_1 und f_3 im Intervall $0 < x \leq 8$ in ein und dasselbe Koordinatensystem!

c) Weisen Sie nach, dass $F_a(x) = -ax \cdot (\ln ax - 2)^2$ mit $a > 0$ eine Stammfunktion von f_a ist! Der Graph der Funktion f_a und die x-Achse begrenzen eine Fläche vollständig. Zeigen Sie, dass der Inhalt dieser Fläche von a unabhängig ist!

d) Zeigen Sie, dass es für jede reelle Zahl a ($a \neq 0$) genau zwei Punkte des Graphen der Funktion f_a gibt, in denen die Tangente durch den Koordinatenursprung O verläuft!

e) Ermitteln Sie die Gleichung der Tangenten t_a an den Graphen von f_a im Punkt $P(\frac{e^2}{a}; f_a(\frac{e^2}{a}))$!

FA 154 Gegeben ist die Funktion f mit $f(x) = -\frac{1}{8}x^3 + \frac{3}{4}x^2$; $x \in \mathbb{R}$. $P(-2; f(-2))$ und $Q(3; f(3))$ sind zwei Punkte auf dem Graphen von f.

a) Bestimmen Sie die Schnittpunkte des Graphen von f mit den Koordinatenachsen sowie seine Extrem- und Wendepunkte! Geben Sie die Gleichung der Verbindungsgeraden von P und Q an!

b) Der Graph von f beschreibe im Intervall $[-2; 4]$ das Profil eines Flusses. Das Profil des anschließenden Geländes verläuft vom Hochpunkt aus horizontal von P aus in Richtung Q. Zeichnen Sie das Profil des Flusstales und des angrenzenden Geländes!

c) Kann ein Gleitschirmflieger, der sich im Punkt $R(5; 5)$ befindet, den Punkt $S(-1; \frac{7}{8})$ sehen?

d) Vom Punkt $T(4; f(4))$ aus soll eine unterirdische gerade Leitung ausgehen und im Punkt $U(x; f(x))$ mit $0 < x < 4$ im Tal münden. Bestimmen Sie U so, dass die Leitung möglichst steil verläuft!

e) Das Tal wird bei einem Bergrutsch bis zur Linie PQ mit Geröll gefüllt. Welchen Winkel bildet die Linie PQ mit dem noch offen liegenden Hang des Tales? Wie viel Prozent des Tales wurden zugeschüttet?

FA 155 In einem Land wird eine größere Menge Erdöl entdeckt. Im Jahr „0“ soll mit der Ölförderung begonnen werden. Für die Fördermenge gehen die Fachleute von einem exponentiellen Wachstum aus, das von der Funktion f mit $f(x) = f_0 e^{kt}$ beschrieben wird. Dabei ist f_0 die am Produktionsbeginn geförderte Ölmenge. Die Fördermenge wird jeweils in 100 000 Tonnen pro Jahr angegeben.

a) Zu Produktionsbeginn soll die Fördermenge 500 000 t pro Jahr betragen. Ferner ist geplant, die Förderung nach 10 Jahren auf das Doppelte des Anfangswertes zu steigern. Bestimmen Sie f_0 und k! Wie groß ist die Fördermenge am Ende des 1., 2. und 5. Jahres? Skizzieren Sie den Funktionsverlauf!

b) Berechnen Sie die in den ersten 5 Jahren geförderte Ölmenge! Nach einem geologischen Gutachten soll das Ölfeld 10^8 t Erdöl speichern. Wie lange kann gefördert werden, wenn man annimmt, dass bis zur völligen Ausbeutung die Produktion durch die Funktion f beschrieben wird? Um wie viele Jahre verzögert sich das Ende der Ölförderung, wenn ein neueres Gutachten Recht hat, nach dem das Ölvorkommen auf $2 \cdot 10^8$ t geschätzt wird.

c) Von der Annahme ausgehend, dass der Ölvorrat 10^8 t beträgt, stellt man nach 5 Produktionsjahren die Förderung so um, dass der Produktionsanstieg nunmehr linear erfolgt. Die Produktionsrate wird nun beschrieben durch

$$g(x) = \begin{cases} 5e^{0{,}072x}, & 0 \leq x \leq 5 \\ mx + n, & 5 < x \end{cases}$$

. Bestimmen Sie m und n so, dass g in x = 5 stetig und differenzierbar ist!

Wie lange reichen nun die Ölvorräte?

d) Zeigen Sie, dass die Funktion H mit $H(x) = (\frac{550}{9} - \frac{10}{9}x)e^{0{,}1x}$ Stammfunktion von h mit $h(x) = (5 - \frac{1}{9}x)e^{0{,}1x}$ ist! Bestimmen Sie die Schnittpunkte des Graphen von h mit den Koordinatenachsen, seine Extrem- und Wendestellen und zeichnen Sie den Graphen im Intervall $[0; 45]$! Die Funktion h beschreibt ebenfalls eine Ölproduktion, wobei x in Jahren und h(x) in 10^5 t angegeben wird. Beschreiben

Sie die Entwicklung der Ölförderung unter besonderer Berücksichtigung der berechneten Punkte! Wie groß war der Ölvorrat?

FA 156 Gegeben sei die Funktionenschar $f_a(x) = \frac{15}{x^2 + a}$ mit $x \in \mathbb{R}$ und $a \in \mathbb{R}^+$.

a) Untersuchen Sie die Graphen von f_a auf Symmetrie, Extrem- und Wendestelle und Asymptoten! Zeichnen Sie den Graphen von f_5 im Intervall $[-4; 4]$!

b) Beim Dachausbau eines Hauses wird eine Gaube eingebaut. Die Funktionen f_a beschreiben in guter Näherung den Verlauf einer so genannten Schleppgaube. Für welches t beträgt die Höhe der Gaube genau 3 LE (Fußboden im Dach entspricht $f_a(x) = 0$)? In welchem Bereich innerhalb dieser Gaube besteht eine Kopffreiheit von mehr als 2 LE?

c) Der Zimmermann habe für die Gaubenform die Randfunktion f_5 gewählt. In der Höhe von 2 m wird ein Querbalken eingezogen. Die darüber liegende Fläche soll in einem Stück verglast werden. Der Glaser ersetzt zur Berechnung der Fläche die zugehörige Randfunktion f_5 durch eine Parabel zweiter Ordnung. Wie lautet die Gleichung für diese Parabel g und welche Glasfläche wird benötigt? Zeichnen Sie g in das Schaubild aus Aufgabenteil a) ein!

FA 157 Für $k \in \mathbb{R}$ ist die Funktion f_k gegeben durch $f_k(x) = x^5 + x - k$, $x \in \mathbb{R}$. Der Graph von f_k sei G_k.

a) Bestimmen Sie das Monotonieverhalten von G_k und zeigen Sie, dass f_k genau eine Nullstelle besitzt!

b) Zeichnen Sie die Graphen für k = –3, 0 und 3!

Ferner ist für jedes $k \in \mathbb{R}$ eine Funktion $h_k(x) = 2x^6 - 401x^5 + 2x^2 - (2k + 401)x + 401k$ gegeben. H_k sei der Graph von h_k.

c) Bestimmen Sie die Funktion p(x), die für alle $x \in \mathbb{R}$ die Gleichung $h_k(x) = f_k(x) \cdot p(x)$ hat!

d) Zeichnen Sie den Graphen H_{-3}!

e) Bestimmen Sie näherungsweise die negative Nullstelle von h_{-3}!

f) Bestimmen Sie das Minimum von h_{-3} näherungsweise!

g) Zeigen Sie: Eine Gleichung der Form $x^4 - ax^3 + b = 0$ mit $a > 0$ besitzt genau dann zwei verschiedene Nullstellen, wenn $b < \frac{27a^4}{256}$ gilt. Zeigen Sie auch, dass die Wendepunkte aller Graphen H_k auf genau zwei verschiedenen Parallelen zur y-Achse liegen!

FA 158

a) Das Krankheitsbild einer Virusinfektion lässt sich u. a. durch den Verlauf der Fieberkurve beschreiben. Der Verlauf des Fiebers möge durch die Funktion $f(t) = 37 + \frac{1}{9} t^2 \sqrt{18 - t^2}$ modelliert werden, wobei f in °C und t in Tagen gemessen wird.
Berechnen Sie, wann der Höchstwert des Fiebers erreicht wird und wann die Körpertemperatur wieder normal ist! Zeichnen Sie die Fieberkurve!

b) Es wird angenommen, dass das Fieber im Anstiegsbereich exponentiell steigt. Bestimmen Sie die zugehörige Funktionsgleichung! Zeichnen Sie diese Kurve und geben Sie den absoluten und den prozentualen Fehler bei der Messung nach 2 Tagen an!

c) Vergleichen Sie diesen Fehler mit dem bei einer linearen Anstiegsannahme! Bestätigen Sie rechnerisch, dass etwa nach zwei Tagen der Unterschied der absoluten Fehler bei diesen beiden Anstiegsannahmen maximal ist!

FA 159 Seit vielen Generationen untersucht die Försterfamilie Waldschrat das Wachstum der Dicke einer Fichte, indem sie jährlich den Stammumfang misst. In der folgenden Tabelle ist ein Auszug dieser Messdaten gegeben.

Jahre	0	25	50	75	100	125	150	175	200
Umfang [in m]	0,157	0,471	1,288	2,482	3,362	3,738	3,864	3,896	3,927

a) Zeichnen Sie die zugehörigen Messpunkte in ein geeignetes Koordinatensystem ein! Schätzen Sie mit Hilfe der Zeichnung, welchen Umfang der Baum maximal erreichen kann!
b) Förster Waldschrat versucht den Umfang des Baumes als exponentielles Wachstum zu beschreiben. In welcher Zeitspanne verdoppelt sich demnach die Dicke des Baumes? Warum ist seine Beschreibung für den gesamten Wachstumsvorgang nicht geeignet?
c) Seine Tochter Diana behauptet, dass mit der Funktion f mit $f(t) = \frac{3{,}95}{25{,}6 \cdot e^{-0{,}05\,t} + 1}$ für $t \in [0;\ 200]$ der gesamte Wachstumsvorgang beschrieben werden kann. Zeigen Sie, dass die Funktion f die obige Wertetabelle liefert und zeichnen Sie den Funktionsgraphen!
d) Zu welchem Zeitpunkt hatte der Baum einen Umfang von 1 m?
e) Bestimmen Sie den Zeitpunkt, an dem der Umfang des Baumes am schnellsten zunimmt!
f) Das Wachstum des Umfangs einer benachbarten Fichte wird mit dem Term $\frac{3{,}95}{12{,}8 \cdot e^{-0{,}05\,t} + 1}$ beschrieben. Was kann man über das Wachstum dieses Baumes aussagen?

FA 160 Auf einer Teststrecke werden bei trockener Fahrbahn für ein Kraftfahrzeug zu verschiedenen Geschwindigkeiten die Längen der zugehörigen Bremswege gemessen. Es ergaben sich folgende Messergebnisse:

Geschwindigkeit x in $\frac{km}{h}$	20	40	60	80	100
Länge des Bremsweges y (in m)	4	14	33	55	88

a) Zeichnen Sie den Graphen der Zuordnung $x \to y$!
b) Drücken Sie den Zusammenhang zwischen x und y in Form einer Gleichung aus!
c) Berechnen Sie mithilfe der Gleichung die Bremswege für 30 $\frac{km}{h}$ [50, 70; 90; 110 $\frac{km}{h}$]!
d) Die zulässige Höchstgeschwindigkeit von 130 $\frac{km}{h}$ soll nicht überschritten werden. Wie lang kann der Bremsweg höchstens sein? Wie lang ist er, wenn das Fahrzeug seine Höchstgeschwindigkeit von 192 $\frac{km}{h}$ erreicht?

FA 161 Welche Familie von Funktion kann die folgende Datenreihe am besten modellieren? In Frage kommen lineare, quadratische, rationale, trigonometrische, exponentielle, ... Funktionen.

a)

0	1	2	3	4	5	6	7	8
12	9,5	5	2	0	2	5	9,5	12

b)

1	2	3	4	9	10	9,3	9,4	9,35
1,64	1,512	1,4096	1,30768	1,10737	1,0858	1,1004	1,0982	1,0993

FA 162 In der folgenden Tabelle ist die Welt-Bevölkerungszahl in den Jahren 1905 bis 2000 aufgeführt:

Jahr	1905	1910	1915	1920	1925	1930	1935	1940	1945	1950	1955	1960
Einw. in Mio	1683	1741	1800	1861	1963	2070	2180	2296	2404	2517	2752	3019

Jahr	1965	1970	1975	1980	1985	1990	1995	2000
Einw. in Mio	3337	3698	4078	4448	4852	5292	5770	6100

a) Approximieren Sie die Daten durch eine Kurve und geben Sie die Gleichung der zugehörigen Funktion f an!
b) Bestimmen Sie mit der gefundenen Funktion f, wann die Anzahl der Erdbevölkerung die 10-Milliardengrenze übersteigt!
c) Wie viele Menschen würden nach dieser Funktion im Jahre 2100 [2500] auf der Erde leben?
d) Ist es sinnvoll, mit der Funktion f Voraussagen für die Zeit zwischen 2000 und 2200 zu machen? Begründen Sie Ihre Antwort!

e) Das Modell, das das Wachstum der Weltbevölkerung am besten wiedergibt, lässt sich mit der Funktion $g(t) = \frac{14}{1 + 3{,}19e^{-0{,}028(t-1965)}}$ beschreiben. Zeichnen Sie das Schaubild der Funktion g(t)!

f) Wie verhält sich die Funktion g für $t \to \infty$? Wie kann man dieses Verhalten interpretieren?

g) Wie viele Einwohner wird die Erde nach diesem Modell im Jahr 2100 [2500] haben?

h) Wann wird die 10-Milliarden-Grenze überschritten?

i) Erstellen Sie eine Wertetabelle für das Wachstum der Weltbevölkerung für die Jahre 2000 bis 2100!

FA 163 Bei einem Sportwagen wird folgender Zusammenhang zwischen Drehzahl und Benzinverbrauch pro 100 km ermittelt:

Drehzahl (in U/min)	1000	2000	3000	4000	5000	6000
Benzinverbrauch (in *l*)	7	7,2	7,9	9,6	11,5	13

a) Stellen Sie den Zusammenhang zwischen Drehzahl und Benzinverbrauch grafisch dar!

b) Ermitteln Sie den Benzinverbrauch bei 4500 U/min!

c) Für welche Drehzahl ist der Verbrauch 7,5 *l* (10 *l*; 12 *l*)?

G Analytische Geometrie und lineare Algebra

G 1 Vektoren im Anschauungsraum

G 1.1 Pfeile und Vektoren

GA 1 Im Parallelogramm ABCD bezeichnen E, F, G und H die Seitenmitten und S den Diagonalenschnittpunkt. Stellen Sie alle diejenigen Pfeile zusammen, die den bezeichneten Vektor repräsentieren!

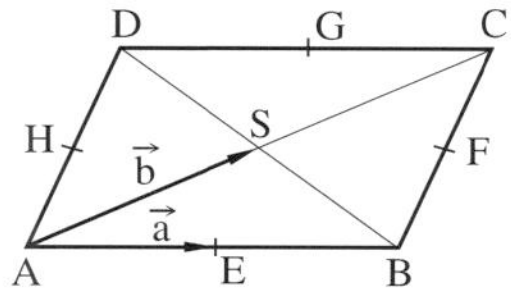

a) $\vec{a} = \overrightarrow{AE}$ b) $\vec{b} = \overrightarrow{AS}$

GA 2 Geben Sie an, welche der auf dem Quader eingezeichneten Pfeile jeweils den Vektor $\vec{a}$ repräsentieren!

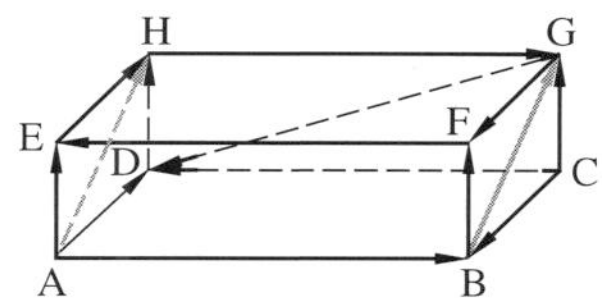

a) $\vec{a} = \overrightarrow{EH}$ b) $\vec{a} = \overrightarrow{DH}$ c) $\vec{a} = \overrightarrow{CD}$

d) $\vec{a} = \overrightarrow{AH}$ e) $\vec{a} = \overrightarrow{HG}$ f) $\vec{a} = \overrightarrow{AF}$

Begründen Sie außerdem, warum die Pfeile $\overrightarrow{AB}$ und $\overrightarrow{FE}$ nicht den gleichen Vektor repräsentieren!

GA 3 Geben Sie in dem dargestellten regelmäßigen Sechseck ABCDEF mithilfe der sieben Punkte alle Pfeile an, die bezüglich $\overrightarrow{EF}$ gleich lang, parallel und gleich orientiert sind!

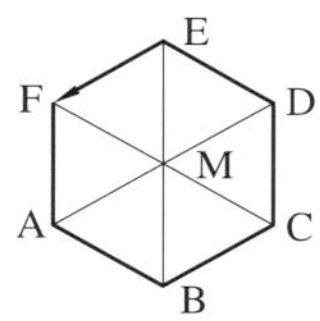

GA 4 Die nebenstehende Figur ist ein Ausschnitt aus einem Parkettmuster.

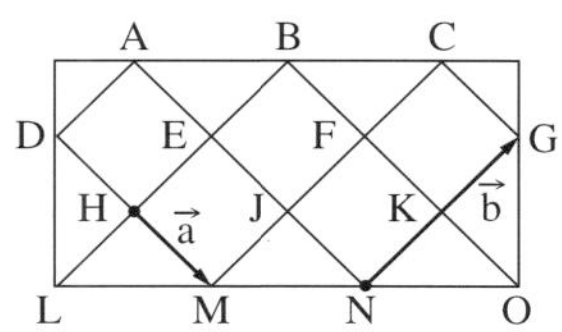

a) Geben Sie weitere Pfeile an, die zum Vektor $\vec{a} = \overrightarrow{HM}$ (bzw. zu $\vec{b} = \overrightarrow{NG}$) gehören!

b) Welche Pfeile sind bezüglich des Vektors $\vec{b} = \overrightarrow{NG}$ gleich lang, parallel und zu $\vec{b}$ entgegengesetzt orientiert?

c) Geben Sie mindestens 10 Vektoren – jeweils durch Pfeile repräsentiert – in dem Ausschnitt des Parkettmusters an, die paarweise verschieden sind!

GA 5 Gegeben sei ein Würfel ABCDEFGH. Geben Sie mithilfe der Eckpunkte des Würfels alle weiteren gerichteten Strecken an, die die nachfolgenden Vektoren repräsentieren:

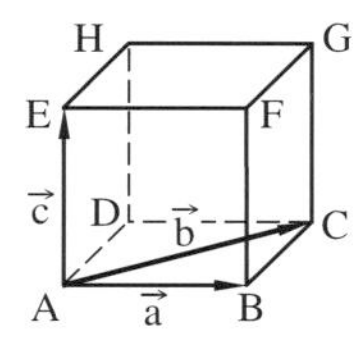

$\vec{a} = \overrightarrow{AB}$ $\vec{b} = \overrightarrow{AC}$ $\vec{c} = \overrightarrow{AE}$

GA 6 Durch die Verschiebung $\vec{v}$ der Ebene wird der Punkt P in den Punkt P' überführt. Konstruieren Sie zu den Punkten A, B, C und Q die Bildpunkte A', B', C' und Q' bei dieser Verschiebung! Beschreiben Sie eine Bildpunktkonstruktion!

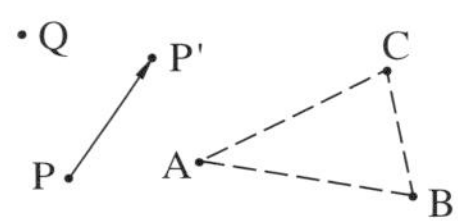

G 1.2 Addition und Vervielfachung von Vektoren

GA 7 Gegeben sei das zur Aufgabe dargestellte Dreieck ABC.

a) Bezeichnen Sie in diesem Dreieck die Vektoren $\vec{a} = \overrightarrow{AB}$, $\vec{b} = \overrightarrow{AC}$, $\vec{c} = \overrightarrow{BC}$ und $\vec{d} = \overrightarrow{CB}$ und veranschaulichen Sie durch Pfeile folgende Summenvektoren:
$\vec{a} + \vec{b}$, $\vec{a} + \vec{c}$, $\vec{b} + \vec{d}$, $\vec{b} + \vec{c}$ und $\vec{a} + \vec{d}$

b) Geben Sie $\vec{c}$ und $\vec{d}$ jeweils mithilfe von $\vec{a}$ und $\vec{b}$ an!

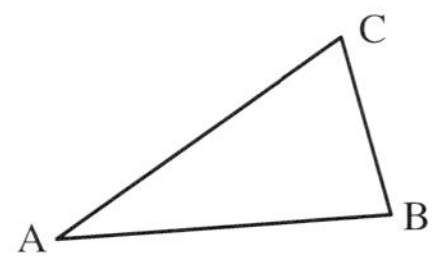

GA 8 Gegeben seien in der abgebildeten Figur die Vektoren $\vec{a} = \overrightarrow{BC}$ und $\vec{b} = \overrightarrow{AB}$.

Stellen Sie für die folgenden Vektoren mithilfe von $\vec{a} = \overrightarrow{BC}$ und $\vec{b} = \overrightarrow{AB}$ jeweils eine Vektorkette auf und vereinfachen Sie gegebenenfalls den Term:
$\overrightarrow{BK}$, $\overrightarrow{BD}$, $\overrightarrow{BE}$, $\overrightarrow{AD}$, $\overrightarrow{HK}$, $\overrightarrow{CG}$, $\overrightarrow{BH}$, $\overrightarrow{JD}$, $\overrightarrow{GC}$, $\overrightarrow{LD}$ und $\overrightarrow{LA}$.

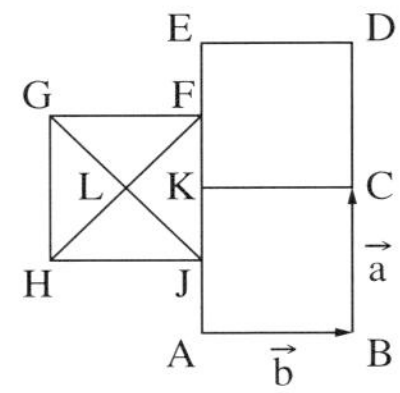

GA 9 Gegeben seien die Vektoren $\vec{u}$, $\vec{v}$ und $\vec{w}$. Übertragen Sie die Figur in Ihr Heft und zeichnen Sie folgende Vektoren ein:

a) $\vec{u} + \vec{v}$	b) $\vec{u} + \vec{w}$	c) $\vec{v} + \vec{w}$
d) $(\vec{u} + \vec{v}) + \vec{w}$	e) $\vec{u} + \vec{u}$	f) $\vec{w} + \vec{w} + \vec{w}$
g) $\vec{u} - \vec{v}$	h) $\vec{u} - \vec{w}$	i) $\vec{v} - \vec{w}$
j) $\vec{v} - \vec{u}$	k) $\vec{u} - \vec{w} + \vec{v}$	l) $\vec{v} + \vec{v} + \vec{w}$

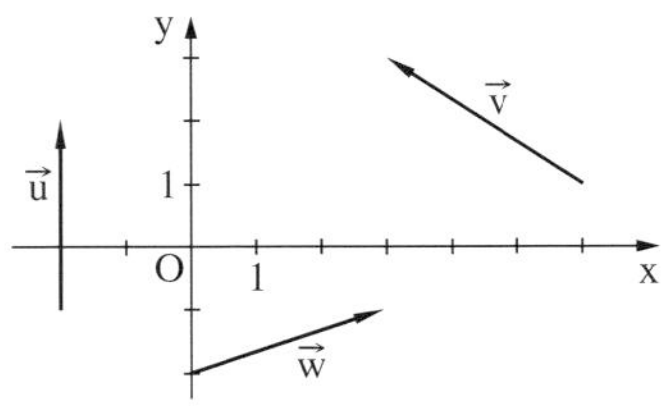

GA 10 Ein Tetraeder OABC wird durch die drei Vektoren $\vec{a} = \overrightarrow{OA}$, $\vec{b} = \overrightarrow{OB}$ und $\vec{c} = \overrightarrow{OC}$ aufgespannt. Beschreiben Sie die im Bild angegebenen Vektoren $\vec{u}$, $\vec{v}$ und $\vec{w}$ der Seitenfläche ABC mithilfe von $\vec{a}$, $\vec{b}$ und $\vec{c}$!

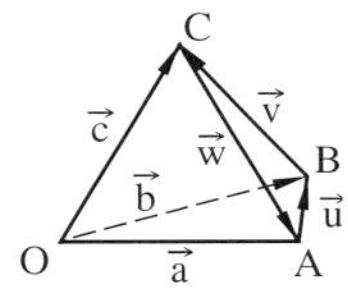

GA 11 Gegeben sei ein Quader ABCDEFGH durch die Vektoren $\vec{a} = \overrightarrow{AB}$, $\vec{b} = \overrightarrow{AD}$ und $\vec{c} = \overrightarrow{AE}$.
Drücken Sie die Vektoren $\overrightarrow{AF}$, $\overrightarrow{CH}$, $\overrightarrow{FH}$, $\overrightarrow{FD}$ und $\overrightarrow{HB}$ durch $\vec{a}$, $\vec{b}$ und $\vec{c}$ aus!

GA 12 Gegeben sei ein Dreieck ABC mit $\overrightarrow{AB} = \vec{u}$, $\overrightarrow{BC} = \vec{v}$ und $\overrightarrow{CA} = \vec{w}$. Dann ist $\vec{u} + \vec{v} + \vec{w} = \vec{o}$. Zeichnen Sie in eine entsprechende Abbildung Pfeile ein, die folgende Vektoren beschreiben:

a) $\vec{u} + (-\vec{w})$ b) $\vec{u} + \vec{v}$ c) $\vec{u} - \vec{v}$ d) $\vec{u} + \vec{w}$

GA 13 In einem Parallelogramm ABCD sei $\vec{a} = \overrightarrow{AB}$ und $\vec{b} = \overrightarrow{AD}$. Geben Sie die folgenden Vektoren mithilfe von $\vec{a}$ und $\vec{b}$ an:

a) $\overrightarrow{AC}$ b) $\overrightarrow{BD}$ c) $\overrightarrow{CB}$ d) $\overrightarrow{CD}$ e) $\overrightarrow{CA}$ f) $\overrightarrow{DB}$

GA 14 Gegeben sei eine Pyramide OAPBC mit einem Parallelogramm OAPB als Grundfläche.
Das Parallelogramm werde durch die Vektoren $\vec{a} = \overrightarrow{OA}$ und $\vec{b} = \overrightarrow{OB}$ aufgespannt. Die Spitze der Pyramide beschreibt $\vec{c} = \overrightarrow{OC}$. Beschreiben Sie die restlichen im Bild veranschaulichten Vektoren, die dort noch nicht bezeichnet sind, durch $\vec{a}$, $\vec{b}$ und $\vec{c}$!

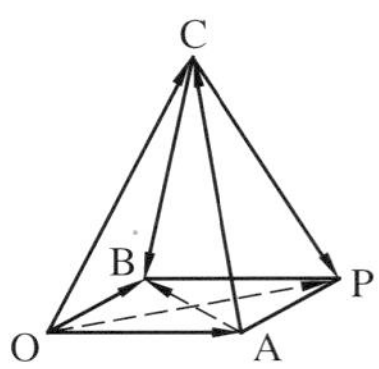

GA 15 Zwei Kräfte F_1 und F_2 greifen in einem gemeinsamen Punkt unter einem Winkel von 140° an, wobei $F_1 = F_2 = 30$ N ist. Berechnen Sie den Betrag F_r der resultierenden Kraft $\vec{F}_r$ und konstruieren Sie $\vec{F}_r$ im entspechenden Kräfteparallelogramm (maßstabsgerecht)!

GA 16 In der Ebene seien die Vektoren $\vec{a} = \overrightarrow{OA}$, $\vec{b} = \overrightarrow{OB}$, $\vec{c} = \overrightarrow{OC}$ und $\vec{d} = \overrightarrow{OD}$ gegeben. Konstruieren Sie in der Abbildung die Pfeile $\overrightarrow{OP}$ und $\overrightarrow{OQ}$ für folgende Vektoren:

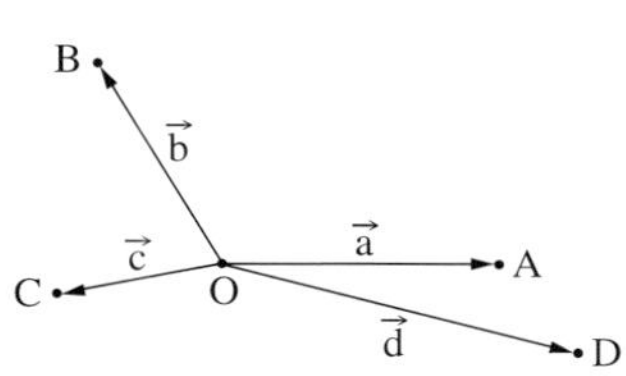

a) $\overrightarrow{OP} = \vec{p} = \vec{a} + \vec{b} - \vec{c} - \vec{d}$ b) $\overrightarrow{OQ} = \vec{q} = \frac{1}{2}\vec{a} + \frac{1}{3}\vec{b} - 2\vec{c}$

GA 17 Gegeben sei ein Dreieck mit c = 6 cm, a = 3 cm und $\gamma = 90°$ sowie darin die Vektoren $\vec{a} = \overrightarrow{AB}$ und $\vec{b} = \overrightarrow{AC}$.

Konstruieren Sie das Dreieck ABC und veranschaulichen Sie durch Pfeile die folgenden Vektoren:

$\vec{x} = 2\vec{b}$, $\vec{x} = \frac{1}{3}\vec{a}$, $\vec{x} = \frac{3}{2}\vec{b}$, $\vec{x} = 0{,}5\vec{a} + 0{,}5\vec{b}$, $\vec{x} = \frac{1}{2}\vec{a} + \vec{b}$.

GA 18 Die Vektoren $\vec{a} = \overrightarrow{AB}$ und $\vec{b} = \overrightarrow{AD}$ spannen ein Parallelogramm ABCD auf.

a) Ermitteln Sie in einer dazu selbst gewählten Abbildung konstruktiv die Lage der Punkte E und F mit $\overrightarrow{AE} = \frac{3}{5}\overrightarrow{AB}$ und $\overrightarrow{BF} = 1{,}5\,\overrightarrow{BC}$!

b) Drücken Sie den Vektor $\overrightarrow{EF}$ durch die Vektoren $\vec{a}$ und $\vec{b}$ aus!

GA 19 Gegeben sei ein Dreieck ABC mit $\vec{a} = \overrightarrow{AB}$ und $\vec{b} = \overrightarrow{AC}$. Verwenden Sie für Ihre Zeichnung a = 4 cm, b = 5 cm, c = 6 cm. Veranschaulichen Sie durch Pfeile die folgenden Vektoren:

a) $2\vec{b}$; $\frac{1}{2}\vec{a}$; $\frac{1}{2}\vec{a} + 2\vec{b}$; $2\vec{b} - \frac{1}{2}\vec{a}$; $\frac{1}{2}\vec{a} - \frac{1}{2}\vec{b}$ b) $\frac{3}{2}\vec{b}$; $\frac{2}{5}\vec{a}$; $\frac{3}{2}\vec{b} - \frac{2}{5}\vec{a}$

GA 20 Gegeben seien die Vektoren $\vec{a} = \overrightarrow{AB}$ und $\vec{b} = \overrightarrow{AC}$ mit

a) $|\vec{a}| = 4$ $|\vec{b}| = 7$ $|\sphericalangle CAB| = 90°$ b) $|\vec{a}| = 3$ $|\vec{b}| = 5$ $|\sphericalangle CAB| = 60°$

c) $|\vec{a}| = \sqrt{8}$ $|\vec{b}| = 2$ $|\sphericalangle CAB| = 45°$

Berechnen Sie den Betrag des Vektors $\vec{a} + \vec{b} = \overrightarrow{AD}$ sowie die Größen der Winkel $\sphericalangle DAB$ und $\sphericalangle CAD$! Kontrollieren Sie jeweils durch eine Zeichnung Ihre errechneten Ergebnisse!

GA 21 Berechnen Sie zur Aufgabe ***GA 20 b)*** und ***c)*** die Beträge der Vektoren $\vec{a} - \vec{b}$ und $\vec{b} - \vec{a}$ sowie die Größen der Winkel $\sphericalangle AEC$ und $\sphericalangle BEA$, wobei E durch $\frac{1}{2}(\vec{a} + \vec{b}) = \overrightarrow{AE}$ bestimmt ist!

GA 22 Ermitteln Sie den Vektor $\vec{x}$ aus folgenden Gleichungen:

a) $2\vec{a} + \vec{x} = 3\vec{b}$ b) $3\vec{x} + \vec{d} = \vec{e}$ c) $\vec{x} + \vec{a} - 2\vec{c} = \vec{o}$ d) $4\vec{e} + \vec{x} = \vec{a} - \vec{e}$

e) $\vec{x} + 3\vec{a} = 2\vec{c} - 2\vec{x}$ f) $-2\vec{p} + 4\vec{x} + \vec{q} = 4(\vec{p} - \vec{x})$ g) $\vec{r} + 2\vec{x} = \vec{s} + 2\vec{x}$

G 1.3 Vektoren in der Ebene und im Raum: Basis; Komponentenzerlegung

GA 23 Gegeben sei ein Parallelogramm ABCD ($|\overline{AB}| = 4$ cm, $|\overline{AD}| = 2$ cm, $|\sphericalangle DAB| = 60°$). Es seien weiterhin $\vec{a}_1 = \overrightarrow{AB}$ und $\vec{a}_2 = \overrightarrow{AD}$ sowie $\vec{a}_3 = \overrightarrow{AM}$ (M – Mittelpunkt von $\overline{AB}$).

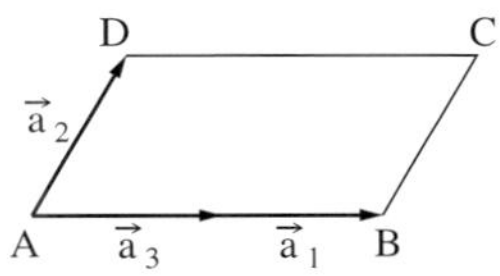

a) Stellen Sie den Nullvektor $\vec{o}$ als Linearkombination von $\vec{a}_1$ und $\vec{a}_2$ dar!

b) Stellen Sie den Nullvektor $\vec{o}$ als Linearkombination von $\vec{a}_1$ und $\vec{a}_3$ dar! Geben Sie alle Möglichkeiten dafür an!

c) Zu den mit den Pfeilen $\overrightarrow{AB}$ und $\overrightarrow{AD}$ gezeichneten Vektoren $\vec{a}_1$ und $\vec{a}_2$ tragen Sie die folgenden Pfeile, die als Linearkombinationen von $\vec{a}_1$ und $\vec{a}_2$ gegeben sind, in die Abbildung ein:

$\overrightarrow{AE} = \frac{1}{2}\vec{a}_1 + 2\vec{a}_2$ $\overrightarrow{AF} = \frac{3}{4}\vec{a}_1 + \frac{3}{2}\vec{a}_2$ $\overrightarrow{AG} = \frac{7}{5}\vec{a}_1$

$\overrightarrow{AH} = -\frac{1}{2}\vec{a}_1 + 2\vec{a}_2$ $\overrightarrow{AI} = \vec{a}_1 - \frac{3}{2}\vec{a}_2$

GA 24 In einem Parallelogramm ABCD sei E der Punkt auf der Seite $\overline{AD}$ mit $\overrightarrow{AE} = \frac{2}{3}\overrightarrow{AD}$, F der Mittelpunkt von $\overline{DC}$ und M der Mittelpunkt von $\overline{EF}$.
Stellen Sie den Vektor $\overrightarrow{BM}$ als Linearkombination der Vektoren $\vec{a} = \overrightarrow{AB}$ und $\vec{b} = \overrightarrow{AD}$ dar!

GA 25 Gegeben sei ein Quader ABCDEFGH.
Entscheiden und begründen Sie, welche der gegebenen Vektoren komplanar sind:

a) $\overrightarrow{AF}$, $\overrightarrow{DC}$, $\overrightarrow{EA}$ b) $\overrightarrow{HG}$, $\overrightarrow{CG}$, $\overrightarrow{DA}$ c) $\overrightarrow{AD}$, $\overrightarrow{EH}$, $\overrightarrow{DC}$

d) $\overrightarrow{CA}$, $\overrightarrow{HG}$, $\overrightarrow{FG}$ e) $\overrightarrow{BD}$, $\overrightarrow{FG}$, $\overrightarrow{AE}$

GA 26 Die Vektoren $\vec{a}$, $\vec{b}$ und $\vec{c}$ seien Einheitsvektoren in den Kantenrichtungen eines Quaders ABCDEFGH mit $\overrightarrow{AB} = 4\vec{a}$, $\overrightarrow{BC} = 3\vec{b}$ und $\overrightarrow{CG} = 5\vec{c}$ (vgl. Abbildung).

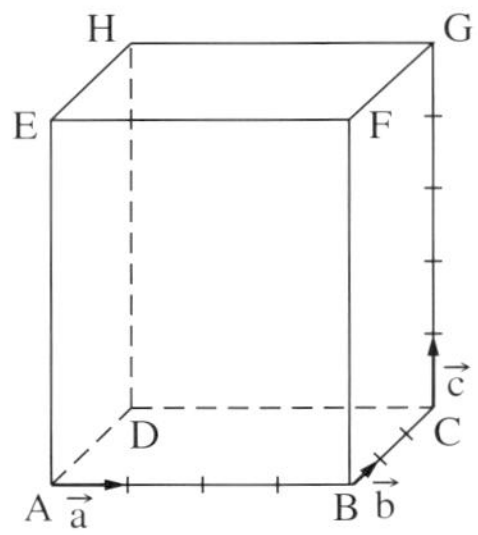

a) Welche der nachfolgend angegebenen Vektoren sind kollinear?
   a_1) $4\vec{a}, -2\vec{a}, 0\vec{a}$ a_2) $\vec{a}, 4\vec{a}, \vec{b}, 3\vec{b}$ a_3) $4\vec{a} + 3\vec{b}, 2\vec{a} + 1{,}5\vec{b}$
   a_4) $3\vec{b} + 5\vec{c}, 4\vec{a} + \vec{b}$
b) Untersuchen Sie, ob die Vektoren unter a_1) bis a_4) jeweils komplanar sind!
c) Welche der nachfolgend jeweils angegebenen Vektoren sind komplanar?
   c_1) $\vec{a}, \vec{b}, 4\vec{a} + 3\vec{b}$ c_2) $\vec{a}, \vec{b}, 3\vec{b} + 5\vec{c}$ c_3) $4\vec{a} + 3\vec{b} + 5\vec{c}, 4\vec{a} + 5\vec{c}$
d) Welche der nachfolgend jeweils angegebenen Vektoren sind nicht komplanar?
   d_1) $\vec{a}, \vec{b}, 0\vec{c}$ d_2) $\vec{a}, \vec{b}, \vec{c}$ d_3) $\vec{a}, \vec{a} + \frac{3}{4}\vec{b} + \frac{5}{4}\vec{c}, \overrightarrow{AG}$

Begründen Sie in jedem Fall Ihre Antwort!

GA 27 Zwei Vektoren $\vec{b}_1$ und $\vec{b}_2$ sind als Spaltenvektoren bezüglich einer Basis $\{\vec{a}_1, \vec{a}_2\}$ in der Ebene gegeben:

a) $\vec{b}_1 = \begin{pmatrix} 4 \\ -1 \end{pmatrix}$ $\vec{b}_2 = \begin{pmatrix} -1 \\ 4 \end{pmatrix}$ b) $\vec{b}_1 = \begin{pmatrix} -1 \\ -2 \end{pmatrix}$ $\vec{b}_2 = \begin{pmatrix} 2 \\ 4 \end{pmatrix}$ c) $\vec{b}_1 = \begin{pmatrix} 3 \\ 0 \end{pmatrix}$ $\vec{b}_2 = \begin{pmatrix} 1{,}5 \\ 1{,}5 \end{pmatrix}$

Prüfen Sie mithilfe der Definition G 8, ob $\vec{b}_1$ und $\vec{b}_2$ parallel sind oder nicht! Veranschaulichen Sie zeichnerisch zu selbst gewählten nicht kollinearen Vektoren $\vec{a}_1$ und $\vec{a}_2$ jeweils die Vektoren $\vec{b}_1$ und $\vec{b}_2$!

GA 28 Zwei Vektoren $\vec{b}_1$ und $\vec{b}_2$ sind als Spaltenvektoren bezüglich einer Basis $\{\vec{a}_1, \vec{a}_2, \vec{a}_3\}$ im Raum gegeben:

a) $\vec{b}_1 = \begin{pmatrix} 3 \\ -2 \\ 4 \end{pmatrix}$ $\vec{b}_2 = \begin{pmatrix} 3 \\ 2 \\ -4 \end{pmatrix}$ b) $\vec{b}_1 = \begin{pmatrix} 2 \\ 1 \\ -5 \end{pmatrix}$ $\vec{b}_2 = \begin{pmatrix} -4 \\ -2 \\ 10 \end{pmatrix}$ c) $\vec{b}_1 = \begin{pmatrix} 3 \\ 1 \\ 4 \end{pmatrix}$ $\vec{b}_2 = \begin{pmatrix} 1 \\ 3 \\ 5 \end{pmatrix}$

Prüfen Sie mithilfe der Definition G 8, ob $\vec{b}_1$ und $\vec{b}_2$ parallel sind oder nicht! Veranschaulichen Sie in einem Schrägbild zu selbst gewählten nicht komplanaren Vektoren $\vec{a}_1$, $\vec{a}_2$ und $\vec{a}_3$ jeweils die Vektoren $\vec{b}_1$ und $\vec{b}_2$!

GA 29 Weisen Sie die Parallelität oder Nichtparallelität von $\vec{b}_1$ und $\vec{b}_2$ aus ***GA 28*** unter Verwendung des Satzes G 5 nach!

GA 30 Untersuchen Sie die folgenden Vektoren auf Parallelität:

a) $\vec{i} = \begin{pmatrix} 12 \\ 16 \end{pmatrix}$ und $\vec{j} = \begin{pmatrix} 3 \\ 4 \end{pmatrix}$ b) $\vec{k} = \begin{pmatrix} 15 \\ 45 \end{pmatrix}$ und $\vec{l} = \begin{pmatrix} 1 \\ 3 \end{pmatrix}$ c) $\vec{p} = \begin{pmatrix} 9 \\ 2 \end{pmatrix}$ und $\vec{q} = \begin{pmatrix} 3 \\ 6 \end{pmatrix}$

d) $\vec{e} = \begin{pmatrix} -1{,}5 \\ 3{,}2 \end{pmatrix}$ und $\vec{f} = \begin{pmatrix} 7{,}5 \\ -16 \end{pmatrix}$ e) $\vec{g} = \begin{pmatrix} 4{,}5 \\ -10{,}5 \end{pmatrix}$ und $\vec{h} = \begin{pmatrix} 3 \\ -7 \end{pmatrix}$ f) $\vec{r} = \begin{pmatrix} 2 \\ 1{,}5 \end{pmatrix}$ und $\vec{t} = \begin{pmatrix} -6 \\ 4{,}5 \end{pmatrix}$

g) $\vec{a} = \begin{pmatrix} 2 \\ -1 \\ 3 \end{pmatrix}$ und $\vec{b} = \begin{pmatrix} -6 \\ 3 \\ -9 \end{pmatrix}$ h) $\vec{m} = \begin{pmatrix} 3{,}5 \\ 1 \\ -1{,}5 \end{pmatrix}$ und $\vec{n} = \begin{pmatrix} 0{,}7 \\ 5 \\ -0{,}3 \end{pmatrix}$ i) $\vec{c} = \begin{pmatrix} 4 \\ -8 \\ -4 \end{pmatrix}$ und $\vec{d} = \begin{pmatrix} 1 \\ 2 \\ -1 \end{pmatrix}$

GA 31 Überprüfen Sie, ob folgende Vektoren zueinander parallel sind:

a) $\begin{pmatrix} 3 \\ 6 \end{pmatrix}, \begin{pmatrix} 1{,}5 \\ 3 \end{pmatrix}$ und $\begin{pmatrix} -1 \\ -3 \end{pmatrix}$ b) $\begin{pmatrix} -10 \\ -8 \end{pmatrix}, \begin{pmatrix} 5 \\ -4 \end{pmatrix}$ und $\begin{pmatrix} 2{,}5 \\ 4 \end{pmatrix}$ c) $\begin{pmatrix} 3 \\ 1 \\ -2 \end{pmatrix}, \begin{pmatrix} 4{,}5 \\ 1{,}5 \\ -3 \end{pmatrix}$ und $\begin{pmatrix} -1{,}5 \\ -0{,}5 \\ -1 \end{pmatrix}$

GA 32 Bestimmen Sie die jeweiligen Parameter so, dass die Vektoren zueinander parallel sind:

a) $\begin{pmatrix} 1 \\ 2 \\ 3 \end{pmatrix}, \begin{pmatrix} 3 \\ r \\ s \end{pmatrix}, \begin{pmatrix} t \\ -4 \\ u \end{pmatrix}, \begin{pmatrix} v \\ z \\ w \end{pmatrix}$ b) $\begin{pmatrix} -2 \\ 1 \\ 0 \end{pmatrix}, \begin{pmatrix} 1 \\ 1 \\ m \end{pmatrix}, \begin{pmatrix} 4 \\ n \\ p \end{pmatrix}, \begin{pmatrix} q \\ -3 \\ 0 \end{pmatrix}$

G 1.4 Basen und Koordinatensysteme

GA 33 Gegeben seien die Punkte $A_1(4; -3)$, $A_2(3; 2)$, $B_1(2; 3)$, $B_2(4; 6)$, $C_1(-3; 1)$, $C_2(-2; -3)$, $D_1(1; 3)$ und $D_2(-1; -3)$ in einem kartesischen Koordinatensystem.

Tragen Sie durch Pfeile mit dem Anfangspunkt O (Ursprung) die folgenden Ortsvektoren für die angegebenen Punkte in das Koordinatensystem ein:

$\vec{a}_1 = \overrightarrow{OA_1}$, $\vec{a}_2 = \overrightarrow{OA_2}$, $\vec{b}_1 = \overrightarrow{OB_1}$, $\vec{b}_2 = \overrightarrow{OB_2}$,

$\vec{c}_1 = \overrightarrow{OC_1}$, $\vec{c}_2 = \overrightarrow{OC_2}$, $\vec{d}_1 = \overrightarrow{OD_1}$, $\vec{d}_2 = \overrightarrow{OD_2}$

Überprüfen Sie, welche der folgenden Zweiermengen von Vektoren Basen für die Vektoren der Ebene sind und begründen Sie knapp Ihre Entscheidung!

$\{\vec{a}_1, \vec{a}_2\}$; $\{\vec{b}_1, \vec{b}_2\}$; $\{\vec{c}_1, \vec{c}_2\}$; $\{\vec{d}_1, \vec{d}_2\}$.

GA 34 Die Punkte A_1 und A_2 mit $A_1(4; 1)$ und $A_2(\frac{1}{2}; 3)$ seien bezüglich eines kartesischen Koordinatensystems gegeben. Durch $\overrightarrow{OA_1}$ und $\overrightarrow{OA_2}$ sind dann zwei Vektoren $\vec{a}_1$ bzw. $\vec{a}_2$ bestimmt.

a) Prüfen Sie, ob sich einer der Vektoren $\vec{a}_1$ bzw. $\vec{a}_2$ als Linearkombination des anderen darstellen lässt! Stellen Sie den Nullvektor $\vec{o}$ als Linearkombination von $\vec{a}_1$ und $\vec{a}_2$ dar!

b) Tragen Sie die Punkte P_1 bis P_6 mit $P_1(8; 2)$, $P_2(1; 6)$, $P_3(6{,}5; 4{,}5)$, $P_4(3; 6{,}5)$, $P_5(-\frac{1}{2}; -3)$, und $P_6(-3{,}5; 2)$ in das Koordinatensystem ein und stellen Sie die Vektoren $\vec{p}_i = \overrightarrow{OP_i}$ für $i = 1, \ldots, 6$ als Linearkombinationen der Vektoren $\vec{a}_1$ und $\vec{a}_2$ dar!

GA 35 Gegeben sei ein Parallelogramm ABCD mit $|\overline{AB}| = 4$ cm, $|\overline{AD}| = 2$ cm und $|\sphericalangle DAB| = 60°$.

Es seien weiterhin

- M der Mittelpunkt von $\overline{AB}$, N der Mittelpunkt von $\overline{BC}$;
- E der Bildpunkt von A bei der Spiegelung an N;
- F der Bildpunkt von D bei der Spiegelung an M;
- G der Bildpunkt von N bei der Spiegelung an C.

a) Konstruieren Sie das Parallelogramm ABCD und bezeichnen Sie alle weiteren beschriebenen Punkte!

b) Geben Sie die Ortsvektoren der Punkte M, N, C, E, F und G sowohl durch Pfeile mit dem Anfangspunkt A in der Konstruktion als auch als Linearkombinationen der Vektoren $\vec{a}_1 = \overrightarrow{AB}$ und $\vec{a}_2 = \overrightarrow{AD}$ an!

c) Geben Sie die Koordinaten und die Komponenten der Ortsvektoren $\overrightarrow{AF}$ und $\overrightarrow{AG}$ bezüglich $\{\vec{a}_1, \vec{a}_2\}$ an!

GA 36 Gegeben seien die Punkte A(1; 3), B(4; 1) und C(5; 6) bezüglich eines kartesischen Koordinatensystems $(O; \vec{e}_1, \vec{e}_2)$.

a) Stellen Sie die Vektoren $\overrightarrow{OA}$, $\overrightarrow{OB}$, und $\overrightarrow{OC}$ als Linearkombinationen von $\vec{e}_1$ und $\vec{e}_2$ dar!

b) Stellen Sie die Vektoren $\overrightarrow{AB}$, $\overrightarrow{BC}$, und $\overrightarrow{AC}$ als Linearkombinationen von $\vec{e}_1$ und $\vec{e}_2$ dar!
Geben Sie die Koordinaten der Punkte P_1, P_2 und P_3 mit $\overrightarrow{OP_1} = \overrightarrow{AB}$, $\overrightarrow{OP_2} = \overrightarrow{BC}$ und $\overrightarrow{OP_3} = \overrightarrow{AC}$ an!

GA 37 Die Punkte A, B, C sind mit A(–2; 1), B(3; 2) und C(4; 6) durch ihre Koordinaten bezüglich eines kartesischen Koordinatensystems $(O; \vec{e}_1, \vec{e}_2)$ gegeben.

a) Stellen Sie die Vektoren $\overrightarrow{OB}$, $\overrightarrow{OC}$ und $\overrightarrow{BC}$ als Linearkombinationen von $\vec{e}_1$ und $\vec{e}_2$ dar!

b) Bestimmen Sie die Koordinaten des Punktes D mit $\overrightarrow{AD} = \overrightarrow{BC}$!
Überprüfen Sie, ob $\overrightarrow{DC} = \overrightarrow{AB}$ ist!

GA 38 Gegeben seien die Punkte P(2; 4; 0) und Q(5; 1; 6) bezüglich eines kartesischen Koordinatensystems $(O; \vec{e}_1, \vec{e}_2, \vec{e}_3)$.

a) Veranschaulichen Sie in einem Schrägbild des Koordinatensystems die Ortsvektoren $\overrightarrow{OP}$ und $\overrightarrow{OQ}$ und schreiben Sie diese als Linearkombination von $\vec{e}_1$, $\vec{e}_2$ und $\vec{e}_3$ auf!

b) Geben Sie den Vektor $\vec{a} = \overrightarrow{PQ}$ als Linearkombination von $\vec{e}_1$, $\vec{e}_2$ und $\vec{e}_3$ an!

GA 39 Gegeben seien die Punkte A, B und C bezüglich eines kartesischen Koordinatensystems $(O; \vec{e}_1, \vec{e}_2)$ bzw. $(O; \vec{e}_1, \vec{e}_2, \vec{e}_3)$. Bestimmen Sie mithilfe der Ortsvektoren $\vec{a}$, $\vec{b}$ und $\vec{c}$ von A, B bzw. C die Vektoren $\overrightarrow{AB}$, $\overrightarrow{BC}$ und $\overrightarrow{AC}$!

a) A(5; 1), B(7; 3), C(–1; –5)
b) A(0; 3), B(3; 0), C(0; 0)
c) A(4; 1; 2), B(0; –1; 3), C(–2; –5; –7)
d) A(1; 1; 1), B(2; 2; 2), C(3; 3; 3)

GA 40 Vereinfachen Sie folgende Linearkombinationen durch Anwendung von Rechengesetzen!

a) $2(\vec{a} + 3\vec{b}) - (\vec{a} + \vec{b})$
b) $-3(-\vec{a} - \vec{b}) + 5(2\vec{a} - 3\vec{b})$
c) $\begin{pmatrix} 1 \\ 3 \end{pmatrix} + \begin{pmatrix} 1 \\ -1 \end{pmatrix}$
d) $3\begin{pmatrix} 2 \\ -1 \end{pmatrix} + 2\begin{pmatrix} 1 \\ 3 \end{pmatrix} - 4\begin{pmatrix} -1 \\ 1 \end{pmatrix}$
e) $2\begin{pmatrix} 1 \\ 2 \\ 3 \end{pmatrix} + 3\begin{pmatrix} 1 \\ 1 \\ -1 \end{pmatrix}$
f) $\begin{pmatrix} 15 \\ 20 \\ 10 \end{pmatrix} - 3\begin{pmatrix} 2 \\ 1 \\ 2 \end{pmatrix}$

GA 41 Bestimmen Sie in den folgenden Gleichungen jeweils den Vektor $\vec{x}$:

a) $\vec{x} = \begin{pmatrix} 9 \\ 6 \end{pmatrix} + \begin{pmatrix} 3 \\ 5 \end{pmatrix}$
b) $\vec{x} = 3\begin{pmatrix} 2 \\ -3 \end{pmatrix} + 2\begin{pmatrix} -2 \\ 1 \end{pmatrix}$
c) $\begin{pmatrix} -12 \\ 3 \end{pmatrix} + \vec{x} = \begin{pmatrix} -8 \\ 4 \end{pmatrix}$
d) $4\begin{pmatrix} 2 \\ 3 \end{pmatrix} + 3\begin{pmatrix} 1 \\ -1 \end{pmatrix} = 2\vec{x} - \begin{pmatrix} -1 \\ 1 \end{pmatrix}$
e) $\vec{x} + \begin{pmatrix} 3 \\ -1 \\ 1 \end{pmatrix} = \begin{pmatrix} 13 \\ 11 \\ 7 \end{pmatrix}$
f) $2\begin{pmatrix} 2 \\ -2 \\ 3 \end{pmatrix} + 3\vec{x} = 5\begin{pmatrix} 2 \\ 1 \\ 3 \end{pmatrix}$

GA 42 Ermitteln Sie den Vektor $\vec{x}$ aus folgenden Gleichungen:

a) $\begin{pmatrix} 2 \\ -3 \end{pmatrix} = \vec{x} + \begin{pmatrix} 1 \\ 2 \end{pmatrix}$
b) $\begin{pmatrix} 1 \\ 2 \end{pmatrix} + 3\vec{x} = \begin{pmatrix} -2 \\ 5 \end{pmatrix}$
c) $-2\begin{pmatrix} 1 \\ 2 \end{pmatrix} + 3\begin{pmatrix} -1 \\ 1 \end{pmatrix} = 2\vec{x} + \begin{pmatrix} 1 \\ 1 \end{pmatrix}$
d) $\vec{x} + \begin{pmatrix} 1 \\ 2 \\ -1 \end{pmatrix} = \begin{pmatrix} 3 \\ -2 \\ 0 \end{pmatrix}$
e) $4\begin{pmatrix} 1 \\ 2 \\ 1 \end{pmatrix} + 3\vec{x} = \begin{pmatrix} 3 \\ -2 \\ 1 \end{pmatrix} + \begin{pmatrix} 7 \\ 7 \\ 6 \end{pmatrix}$

GA 43 Gegeben seien die Vektoren $\vec{a} = \begin{pmatrix} 1 \\ 2 \\ 4 \end{pmatrix}$, $\vec{b} = \begin{pmatrix} 1 \\ -2 \\ 3 \end{pmatrix}$ und $\vec{c} = \begin{pmatrix} 4 \\ 0 \\ -2 \end{pmatrix}$. Berechnen Sie:

a) $2\vec{a} + 3\vec{b}$ b) $4\vec{a} - 2\vec{c}$ c) $2\vec{a} + 3\vec{b} - 4\vec{c}$
d) $-3\vec{a} + \vec{b} - 2\vec{c}$ e) $2{,}5\vec{a} - \vec{b}$ f) $0{,}1\vec{a} + \vec{b} + \vec{c}$

GA 44 Gegeben sind die Vektoren

$\vec{a} = \begin{pmatrix} 1 \\ -2 \\ 6 \end{pmatrix}$ $\vec{b} = \begin{pmatrix} -2 \\ 5 \\ -7 \end{pmatrix}$ $\vec{c} = \begin{pmatrix} -1{,}5 \\ 2{,}4 \\ -1{,}2 \end{pmatrix}$ $\vec{d} = \begin{pmatrix} -4{,}2 \\ 1{,}8 \\ 0{,}7 \end{pmatrix}$ $\vec{e} = \begin{pmatrix} 3 \\ 4 \end{pmatrix}$

Berechnen Sie:
a) $\vec{a} + \vec{b}$, $\vec{a} + \vec{d}$, $\vec{c} + \vec{d}$, $\vec{b} + \vec{c}$, $\vec{d} - \vec{b}$, $\vec{b} - \vec{d}$, $\vec{a} + \vec{e}$, $\vec{a} - \vec{b} + \vec{c}$, $\vec{c} - \vec{a} + \vec{d}$, $\vec{a} - (\vec{c} + \vec{b})$, $-(\vec{d} + \vec{b}) + \vec{c}$
b) $2\vec{a} + 3\vec{b}$, $\frac{1}{2}\vec{b} + (-2\vec{c} - \vec{d})$, $\frac{3}{2}\vec{b} - \vec{c} + 2\vec{d}$

GA 45 Gegeben sind die Vektoren $\vec{a} = \begin{pmatrix} 3 \\ 2 \end{pmatrix}$, $\vec{b} = \begin{pmatrix} -1 \\ 1 \end{pmatrix}$, $\vec{c} = \begin{pmatrix} -3 \\ 0 \end{pmatrix}$ und $\vec{d} = \begin{pmatrix} 1 \\ 2 \end{pmatrix}$.

Ermitteln Sie zeichnerisch und rechnerisch den Vektor $\vec{x}$ aus der Gleichung $\vec{x} = \vec{a} - 2\vec{b} + \vec{c} + 3\vec{d}$!

GA 46 Untersuchen Sie, welche der folgenden Vektoren bezüglich der Koordinatenachsen bzw. der Koordinatenebenen im kartesischen Koordinatensystem eine spezielle Lage besitzen:

$\vec{a} = \begin{pmatrix} 1 \\ 2 \\ 0 \end{pmatrix}$, $\vec{b} = \begin{pmatrix} 0 \\ 0 \\ 4 \end{pmatrix}$, $\vec{c} = \begin{pmatrix} -2 \\ 0 \\ 0 \end{pmatrix}$, $\vec{d} = \begin{pmatrix} -3 \\ 0 \\ 2 \end{pmatrix}$, $\vec{e} = \begin{pmatrix} 0 \\ -4 \\ 4 \end{pmatrix}$, $\vec{f} = \begin{pmatrix} 2 \\ 2 \\ 2 \end{pmatrix}$, $\vec{g} = \begin{pmatrix} 1 \\ 2 \\ 3 \end{pmatrix}$, $\vec{h} = \begin{pmatrix} 3 \\ 3 \\ 10 \end{pmatrix}$

GA 47 Stellen Sie den Vektor $\vec{x}$ jeweils als Linearkombination der Vektoren $\vec{a}_1$ und $\vec{a}_2$ dar (sofern dies möglich ist)!

a) $\vec{x} = \begin{pmatrix} 2 \\ 5 \end{pmatrix}$, $\vec{a}_1 = \begin{pmatrix} 1 \\ 0 \end{pmatrix}$, $\vec{a}_2 = \begin{pmatrix} 0 \\ 1 \end{pmatrix}$ b) $\vec{x} = \begin{pmatrix} 2 \\ -3 \end{pmatrix}$, $\vec{a}_1 = \begin{pmatrix} 1 \\ -1 \end{pmatrix}$, $\vec{a}_2 = \begin{pmatrix} 2 \\ 1 \end{pmatrix}$

c) $\vec{x} = \begin{pmatrix} -3 \\ 4 \end{pmatrix}$, $\vec{a}_1 = \begin{pmatrix} 2 \\ 6 \end{pmatrix}$, $\vec{a}_2 = \begin{pmatrix} 5 \\ 15 \end{pmatrix}$ d) $\vec{x} = \begin{pmatrix} -3 \\ -9 \end{pmatrix}$, $\vec{a}_1 = \begin{pmatrix} 2 \\ 6 \end{pmatrix}$, $\vec{a}_2 = \begin{pmatrix} 5 \\ 15 \end{pmatrix}$

e) $\vec{x} = \begin{pmatrix} 0 \\ 0 \end{pmatrix}$, $\vec{a}_1 = \begin{pmatrix} 1 \\ -2 \end{pmatrix}$, $\vec{a}_2 = \begin{pmatrix} 3 \\ 4 \end{pmatrix}$ f) $\vec{x} = \begin{pmatrix} 5 \\ 5 \end{pmatrix}$, $\vec{a}_1 = \begin{pmatrix} 1 \\ 2 \end{pmatrix}$, $\vec{a}_2 = \begin{pmatrix} 3 \\ 2 \end{pmatrix}$

GA 48 Prüfen Sie jeweils, ob das Viereck ABCD ein Trapez ist!

a) A(1; 1), B(7; 5), C(4; 6), D(1; 4) b) A(0; 3), B(2; 1), C(8; 3), D(0; 8)
c) A(3; 1), B(8; 3), C(9; 6), D(6; 10)

GA 49 Stellen Sie den Vektor $\vec{x}$ jeweils als Linearkombination der Vektoren $\vec{a}_1$ und $\vec{a}_2$ dar (sofern dies möglich ist):

a) $\vec{x} = \begin{pmatrix} -1 \\ -6 \\ 8 \end{pmatrix}$, $\vec{a}_1 = \begin{pmatrix} -2 \\ 3 \\ 7 \end{pmatrix}$, $\vec{a}_2 = \begin{pmatrix} -3 \\ 7 \\ 9 \end{pmatrix}$ b) $\vec{x} = \begin{pmatrix} 4 \\ 5 \\ 2 \end{pmatrix}$, $\vec{a}_1 = \begin{pmatrix} 2 \\ 4 \\ 6 \end{pmatrix}$, $\vec{a}_2 = \begin{pmatrix} 7 \\ 8 \\ 1 \end{pmatrix}$

c) $\vec{x} = \begin{pmatrix} -3 \\ 1 \\ 5 \end{pmatrix}$, $\vec{a}_1 = \begin{pmatrix} 5 \\ 3 \\ 1 \end{pmatrix}$, $\vec{a}_2 = \begin{pmatrix} 1 \\ 1 \\ -3 \end{pmatrix}$

GA 50 Stellen Sie den Vektor $\vec{x}$ jeweils als Linearkombination der Vektoren $\vec{a}_1$, $\vec{a}_2$ und $\vec{a}_3$ dar (sofern dies möglich ist)!

a) $\vec{x} = \begin{pmatrix} 1 \\ 2 \\ 5 \end{pmatrix}$, $\vec{a}_1 = \begin{pmatrix} 1 \\ 0 \\ 0 \end{pmatrix}$, $\vec{a}_2 = \begin{pmatrix} 0 \\ 1 \\ 0 \end{pmatrix}$, $\vec{a}_3 = \begin{pmatrix} 0 \\ 0 \\ 1 \end{pmatrix}$ b) $\vec{x} = \begin{pmatrix} 3 \\ -3 \\ 4 \end{pmatrix}$, $\vec{a}_1 = \begin{pmatrix} 1 \\ -2 \\ 1 \end{pmatrix}$, $\vec{a}_2 = \begin{pmatrix} 1 \\ 0 \\ 1 \end{pmatrix}$, $\vec{a}_3 = \begin{pmatrix} 0 \\ 1 \\ -1 \end{pmatrix}$

c) $\vec{x} = \begin{pmatrix} 6 \\ 4 \\ 2 \end{pmatrix}$, $\vec{a}_1 = \begin{pmatrix} 1 \\ 0 \\ 0 \end{pmatrix}$, $\vec{a}_2 = \begin{pmatrix} 1 \\ 1 \\ 0 \end{pmatrix}$, $\vec{a}_3 = \begin{pmatrix} 1 \\ 1 \\ 1 \end{pmatrix}$

GA 51 In einem kartesischen Koordinatensystem sei ein Dreieck ABC mit A(–2; –1), B(3; 2) und C(0; 3) gegeben. A'B'C' sei das zum Dreieck ABC in Bezug auf die x-Achse symmetrische Dreieck. Zeichnen Sie ABC und A'B'C' in ein Koordinatensystem und geben Sie die Koordinaten von A', B' und C' an!

GA 52 Gegeben seien die Punkte A und B mit A(1; 0) und B(4; 1). Zeichnen Sie in ein Koordinatensystem die Bildpunkte von A und B bei folgenden Spiegelungen ein:

a) Spiegelung an der x-Achse,
b) Spiegelung an der y-Achse,
c) Spiegelung am Koordinatenursprung.

Ermitteln Sie aus der Abbildung die Koordinaten der entsprechenden Bildpunkte!

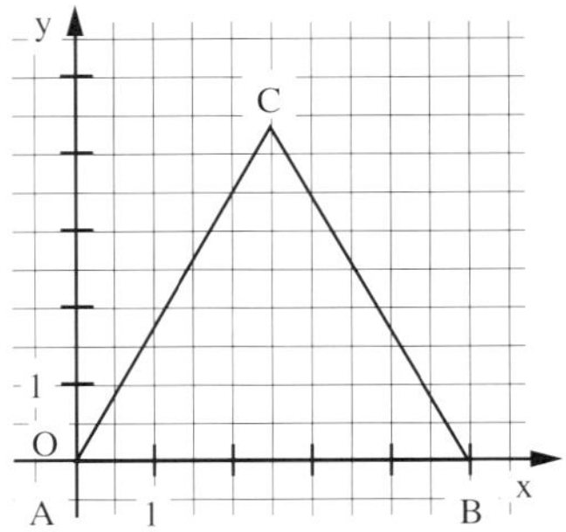

GA 53 Ein gleichseitiges Dreieck ABC der Seitenlänge 5 (LE) hat die in der Abbildung dargestellte Lage.
Welche Koordinaten haben die Eckpunkte des Dreiecks?

GA 54 Die Abbildung unten links zeigt die Lage eines regelmäßigen Sechseckes ABCDEF mit der Seitenlänge 6 (LE) in einem kartesischen Koordinatensystem.
Welche Koordinaten haben die Eckpunkte des Sechsecks und sein Mittelpunkt M?

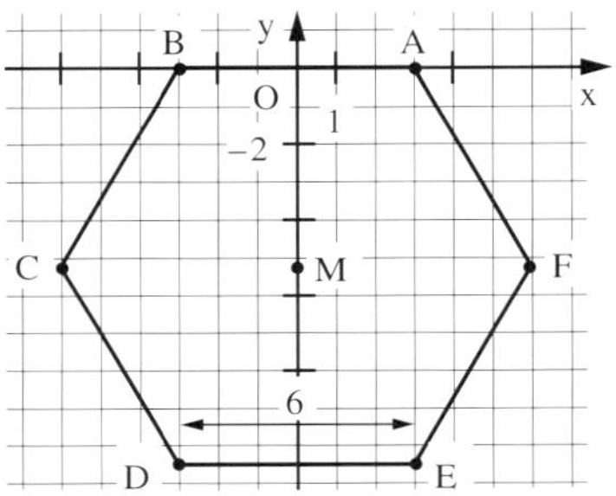

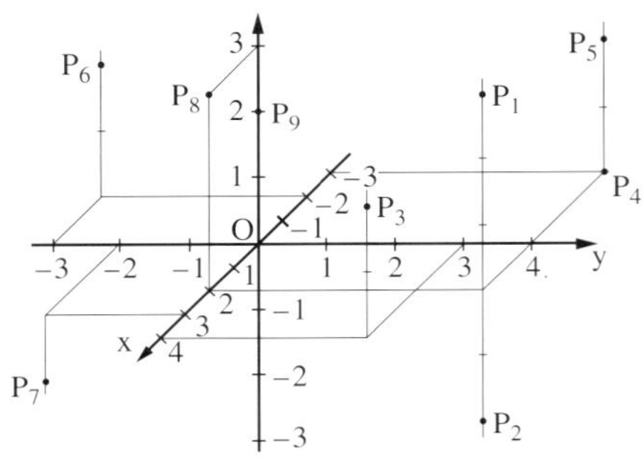

GA 55 Die Abbildung oben rechts zeigt die Lage von 9 Punkten $P_1, P_2, \ldots, P_9$ in einem räumlichen kartesischen Koordinatensystem. Geben Sie die Koordinaten dieser Punkte an!

GA 56 Die Abbildungen zeigen in einem kartesischen Koordinatensystem ein Prisma und einen Turm, der die Form eines Würfels mit aufgesetzter Pyramide hat.

a) Bestimmen Sie die Koordinaten der Eckpunkte des Prismas!
b) Bestimmen Sie die Koordinaten der Eckpunkte des Turmes!

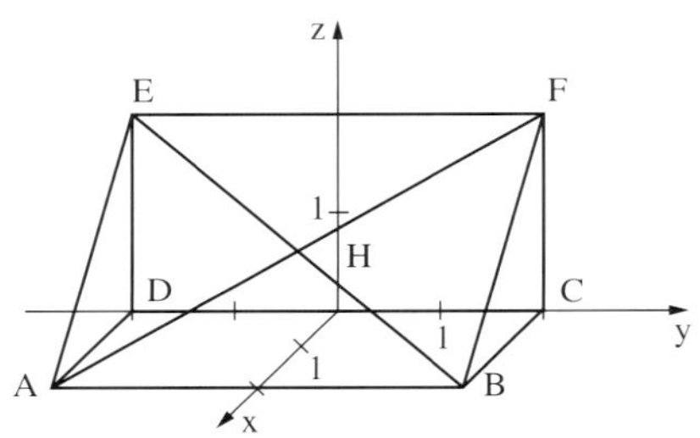

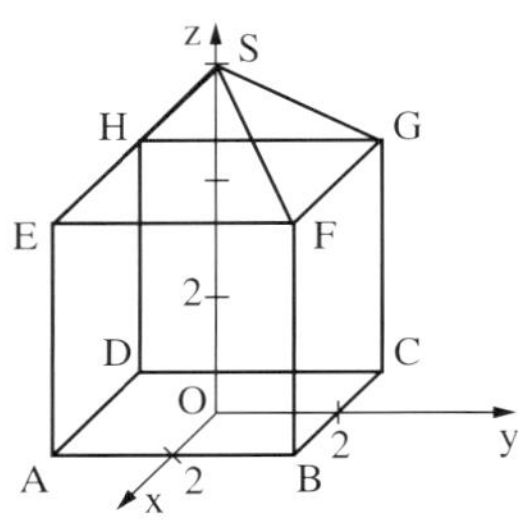

GA 57 Zeichnen Sie entsprechend der Abbildung zu ***GA 55*** das Schrägbild eines kartesischen Koordinatensystems im Raum und tragen Sie die folgenden Punkte ein:
$Q_1(0;\ 0;\ 2)$, $Q_2(0;\ -2;\ 3)$, $Q_3(2;\ 3;\ 2)$, $Q_4(-3;\ -2;\ 1)$, $Q_5(2;\ -2;\ -1)$, $Q_6(3;\ 0;\ 2)$, $Q_7(4;\ 1;\ -1)$

GA 58 Zeichnen Sie in ein räumliches Koordinatensystem (Kavalierperspektive, x-Achse nach vorn) einen Würfel, dessen vordere untere Kante von $A(2;\ -2;\ -1)$ nach $B(2;\ 3;\ -1)$ geht und dessen Kanten achsenparallel verlaufen!
Geben Sie die Koordinaten der anderen Eckpunkte dieses Würfels an!

GA 59 Welche Bedingungen müssen die Koordinaten der Punkte erfüllen, die in einem Würfel (als Körper betrachtet) mit der Kantenlänge 2 liegen, wenn von den acht Eckpunkten dieses Würfels jeweils die folgenden vier gegeben sind:

a) $P_1(2;\ 0;\ 0)$ $P_2(2;\ 2;\ 0)$ $P_3(0;\ 2;\ 0)$ $P_4(2;\ 0;\ 2)$
b) $P_1(-2;\ 1;\ 0)$ $P_2(-2;\ 3;\ 0)$ $P_3(-4;\ 3;\ 0)$ $P_4(-2;\ 1;\ -2)$

GA 60 Die Abbildung zeigt ein Gebäude mit Walmdach in Grund- und Aufriss (1 LE ≙ 1 m).

a) Geben Sie die Koordinaten der Punkte P_1 bis P_8 und F_1, F_2 ($\overline{F_1F_2}$ ist der First) an!
b) Zeichnen Sie das Gebäude mit Walmdach in einem Schrägbild entsprechend der Abbildung in ***GA 55***! Hierbei soll P_1 im Koordinatenursprung, P_2 auf der positiven x-Achse, P_4 auf der positiven y-Achse und P_5 auf der positiven z-Achse liegen. Bevor Sie die entsprechenden Punkte in ein vorgegebenes Koordinatensystem eintragen, notieren Sie sich die Koordinaten der neuen Punkte $\overline{P_1}$ bis $\overline{P_8}$ und $\overline{F_1}$, $\overline{F_2}$, die durch die Verschiebung, die $P_1(1;\ 1;\ 1)$ in $O(0;\ 0;\ 0)$ abbildet, bestimmt sind.

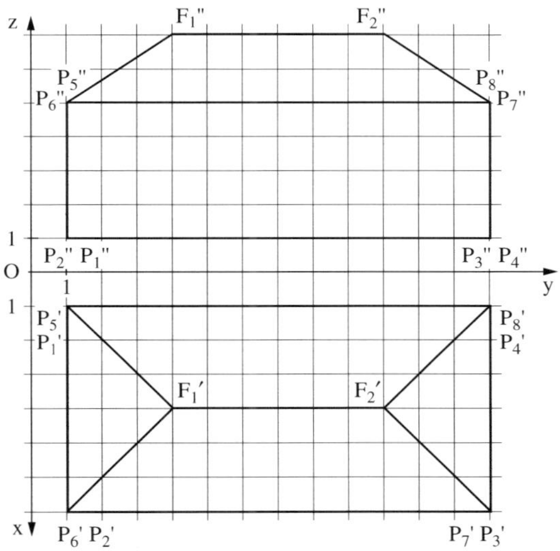

G 1.5 Punkte, Strecken und Dreiecke in einem Koordinatensystem

* *Mittelpunkt M einer Strecke $\overline{P_1P_2}$ in der Ebene und im Raum*

GA 61 Geben Sie die Koordinaten des Mittelpunktes M der Strecke $\overline{P_1P_2}$ mit $P_1(1;\ 1)$ und $P_2(5;\ 3)$ an!
Zeichnen Sie die Punkte P_1 und P_2 in ein Koordinatensystem und konstruieren Sie den Mittelpunkt M der Strecken $\overline{P_1P_2}$!

GA 62 Geben Sie jeweils die Koordinaten des Mittelpunktes M der Strecken $\overline{P_1P_2}$ an!

a) $P_1(-1;\ 3)$, $P_2(7;\ 3)$
b) $P_1(10;\ 2)$, $P_2(5;\ 6)$
c) $P_1(-2;\ -5)$, $P_2(6;\ -1)$
d) $P_1(\frac{1}{4};\ \frac{2}{3})$, $P_2(\frac{1}{3};\ -\frac{1}{6})$

GA 63 Gegeben seien die Punkte A und B mit $A(6;\ 5)$ und $B(-7;\ 3{,}5)$. Konstruieren Sie die Mittelpunkte der Strecken zwischen dem Koordinatenursprung O und den Punkten A bzw. B und geben Sie die Koordinaten der Mittelpunkte an!

GA 64 M sei der Mittelpunkt der Strecke $\overline{AB}$. Bestimmen Sie die fehlenden Koordinaten!

a) $A(8; -5)$, $B(-2; 7)$, $M(x_M; y_M)$
b) $A(0{,}5; -1)$, $B(4{,}3; 6{,}6)$, $M(x_M; y_M)$
c) $A(2; 4)$, $B(x_B; y_B)$, $M(3; 6)$
d) $A(x_A; y_A)$, $B(-1; -2)$, $M(2; -4)$
e) $A(-3; 4)$, $B(x_B; y_B)$, $M(-4; -2)$
f) $A(7; y_A)$, $B(x_B; -1)$, $M(0; 0)$

GA 65 Gegeben sei ein Dreieck ABC mit $A(-5; 0)$, $B(-1; -3)$ und $C(2; 4)$. Berechnen Sie die Koordinaten der Bildpunkte von A, B bzw. C bei der Spiegelung am Koordinatenursprung O! Prüfen Sie Ihr Ergebnis zeichnerisch!

GA 66 Von einer Strecke $\overline{P_1P_2}$ sind die Koordinaten des Mittelpunktes M und die eines Endpunktes gegeben. Berechnen Sie jeweils die Koordinaten des zweiten Endpunktes!

a) $M(2; -3)$, $P_1(1; -5)$
b) $M(0; 0)$, $P_1(3; -2)$
c) $M(-2; 1)$, $P_2(3; 2)$

GA 67 Berechnen Sie die Koordinaten der Bildpunkte von $A(-3; -1)$, $B(0; -2)$, $C(2; 4)$ und $D(-2; 2)$ bei der Spiegelung am Punkt $M(1; 2)$! Stellen Sie den Punkt M, das Viereck ABCD und das Bildviereck A'B'C'D' in einem Koordinatensystem dar!

GA 68 Die Mittelpunkte der Seiten eines Dreiecks seien $M_a(1; 2)$, $M_b(-3; 0)$ und $M_c(3; -2)$. Ermitteln Sie die Koordinaten der Eckpunkte dieses Dreiecks!

GA 69 Gegeben sei ein Parallelogramm ABCD mit $A(0; 0)$, $B(a; 0)$, $C(x_C; y_C)$ und $D(x_C - a; y_C)$. Berechnen Sie die Mittelpunkte von $\overline{AC}$ sowie von $\overline{BD}$ und vergleichen Sie die Ergebnisse!

GA 70 Ein Parallelogramm habe die Eckpunkte A_i, B_i, C_i und D_i. Bestimmen Sie jeweils die Koordinaten des Mittelpunktes und des vierten Eckpunktes des Parallelogramms!

a) $A_1(-2; -2)$, $B_1(4; 1)$, $C_1(2; 6)$
b) $A_2(1; 0)$, $B_2(7; 3)$, $C_2(6; 5)$

GA 71 Geben Sie jeweils die Koordinaten des Mittelpunktes M der Strecke $\overline{P_1P_2}$ an!

a) $P_1(-1; -4; 2)$, $P_2(5; 6; 4)$
b) $P_1(-4; -5; -3)$, $P_2(0; 0; 0)$
c) $P_1(3; \frac{5}{2}; \frac{9}{2})$, $P_2(-3; -\frac{5}{2}; \frac{9}{2})$
d) $P_1(1; 1; 1)$, $P_2(7; -\frac{5}{7}; \frac{7}{2})$

GA 72 Gegeben sei der Punkt P mit $P(1; 1; 1)$ in einem kartesischen Koordinatensystem. Betrachten Sie diesen Punkt in einem Schrägbild des Koordinatensystems und geben Sie die Koordinaten der Bildpunkte von P bei der Spiegelung an O, bei der Spiegelung an der x-Achse bzw. bei der Spiegelung an der yz-Ebene an! Zeichnen Sie die Bildpunkte auch in das Koordinatensystem ein!

* *Länge einer Strecke/Betrag eines Vektors*

GA 73 Berechnen Sie die Länge s_1 der Strecke $\overline{P_1P_2}$ mit $P_1(1; 2)$ und $P_2(9; 8)$ und die Länge s_2 der Strecke $\overline{P_3P_4}$ mit $P_3(-2; 4)$ und $P_4(7; -2)$! Zeichnen Sie die Strecken in ein Koordinatensystem und prüfen Sie durch Messen Ihr Ergebnis!

GA 74 Berechnen Sie die Längen der Strecken, die jeweils durch folgende Punkte begrenzt sind:

a) $P_1(-5; 2)$, $P_2(0; 0)$
b) $P_3(-2; 1)$, $P_4(7; 1)$
c) $P_5(-4; -3)$, $P_6(-7; -5)$
d) $P_7(\frac{1}{4}; -\frac{1}{3})$, $P_8(\frac{4}{5}; \frac{2}{3})$

GA 75 Gegeben sei ein Dreieck ABC mit $A(0; 0)$, $B(10; 0)$ und $C(7; 4)$. Berechnen Sie seinen Umfang!

GA 76 Berechnen Sie die Längen der Seiten und die Längen der Diagonalen des Vierecks ABCD!

a) $A(-4; 1)$, $B(-1; -3)$, $C(11; 2)$, $D(3; 6)$ b) $A(1; -3)$, $B(9; -3)$, $C(13; 0)$, $D(1; 9)$

GA 77 Gegeben seien der Punkt A(5; 2) und die Koordinate $x_B = -3$ eines Punktes B. Ermitteln Sie die Koordinate y_B von B, so dass A und B den Abstand 10 (LE) haben!

GA 78 Gegeben seien die Punkte A(0; 1) und B(2; 5). Berechnen Sie die Koordinaten eines Punktes C auf der x-Achse, der von A und B gleich weit entfernt ist!

GA 79 Gegeben seien die Punkte A und B mit A(0; 0) und B(1; 1). Ermitteln Sie die Koordinaten von Punkten C_i so, dass die Dreiecke ABC_i gleichseitig sind!

GA 80 Zeigen Sie, dass das Dreieck ABC mit A(–2; –1), B(6; 0) und C(0; 3) ein bei C rechtwinkliges Dreieck ist! (*Hinweis:* Benutzen Sie die Umkehrung des Satzes des PYTHAGORAS!)

GA 81 Zeigen Sie, dass das Dreieck ABC mit A(0; 0), B(6; 0) und C(5; $\sqrt{5}$) ein bei C rechtwinkliges Dreieck ist!

Hinweis: Benutzen Sie die Umkehrung des Satzes des PYTHAGORAS oder verwenden Sie den Satz des THALES (M(3; 0) ist der Mittelpunkt von $\overline{AB}$)!

GA 82 Gegeben seien die Punkte A und B mit A(0; 0) und B(10; 0). Ermitteln Sie die Koordinaten eines Punktes C im ersten Quadranten so, dass das Dreieck ABC sowohl gleichschenklig als auch bei C rechtwinklig ist!

GA 83 Gegeben sei das Dreieck ABC mit A(–2; –3), B(5; –2) und C(1; 6). Berechnen Sie die Koordinaten des Mittelpunktes U des Umkreises von Dreieck ABC und seinen Radius R!

Hinweis: Der Umkreismittelpunkt (Schnittpunkt der Mittelsenkrechten) von Dreieck ABC ist von allen drei Eckpunkten gleich weit entfernt.

GA 84 Gegeben seien die Punkte $P_1(8; 9; 5)$ und $P_2(5; 3; -1)$.

a) Bestimmen Sie die Länge s der Strecke $\overline{P_1P_2}$!
b) Welchen Abstand haben die Punkte P_1 und P_2 jeweils vom Koordinatenursprung?
c) Der Abstand des Punktes $P_3(8; 3; z_3)$ von P_1 sei 10 (LE). Ermitteln Sie z_3!

GA 85 Gegeben seien die Punkte P(–1; 2; 0), Q(1; 5; –1) und R(a; 0; –1) mit $a \in \mathbb{R}$.

a) Welche Bedingung muss a erfüllen, damit der Punkt P vom Punkt Q genau so weit entfernt ist wie vom Punkt R?
b) Welche Bedingung muss a erfüllen, damit der Punkt P vom Punkt Q weiter entfernt ist als vom Punkt R?

GA 86 Entnehmen Sie aus der nebenstehenden Abbildung die Koordinaten der Punkte B, G und O und bestätigen Sie, dass

$|\overline{BG}|^2 + |\overline{GO}|^2 = |\overline{OB}|^2$ ist!

Welche Schlussfolgerung können Sie für das Dreieck OBG ziehen?

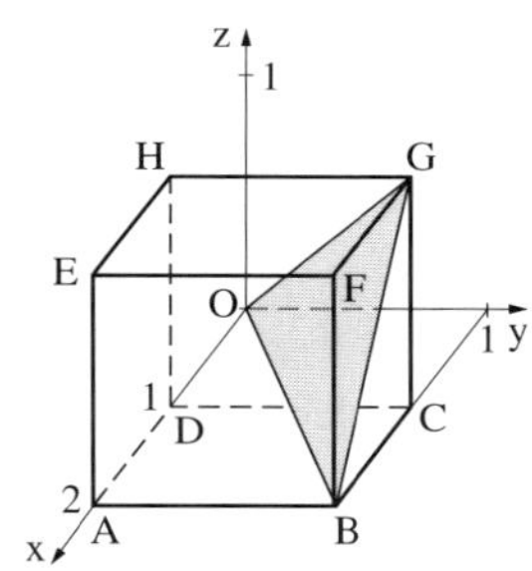

GA 87 Gegeben sei ein Dreieck ABC mit A(0; –3), B(7; 0) und C(–1; 6).

a) Berechnen Sie die Länge der Seitenhalbierenden s_a im Dreieck ABC! Bestimmen Sie dafür zuerst die Koordinaten des Mittelpunktes der Seite a!

b) Geben Sie die Länge der Seitenhalbierenden s_b an!
c) Geben Sie die Länge der Seitenhalbierenden s_c an!

GA 88 Bestimmen Sie die Beträge der folgenden Vektoren:

a) $\vec{a}_1 = \begin{pmatrix} -3 \\ 4 \end{pmatrix}$, $\vec{a}_2 = \begin{pmatrix} 8 \\ -6 \end{pmatrix}$, $\vec{a}_3 = \begin{pmatrix} 5 \\ 4 \end{pmatrix}$, $\vec{a}_4 = \vec{a}_2 - \vec{a}_1$

b) $\vec{b}_1 = \begin{pmatrix} 0 \\ 2 \\ 0 \end{pmatrix}$, $\vec{b}_2 = \begin{pmatrix} 3 \\ 2 \\ 6 \end{pmatrix}$, $\vec{b}_3 = \begin{pmatrix} 1 \\ 1 \\ 1 \end{pmatrix}$, $\vec{b}_4 = \vec{b}_2 - \vec{b}_1$

GA 89 Ermitteln Sie den Betrag folgender Vektoren:

$\vec{a} = \begin{pmatrix} 4 \\ 5 \end{pmatrix}$ $\vec{b} = \begin{pmatrix} -1 \\ 2 \end{pmatrix}$ $\vec{c} = \begin{pmatrix} 2 \\ 0{,}5 \cdot \sqrt{2} \end{pmatrix}$ $\vec{d} = \begin{pmatrix} 1 \\ 2 \\ 3 \end{pmatrix}$ $\vec{e} = \begin{pmatrix} -1{,}5 \\ 2{,}5 \\ -1{,}5 \end{pmatrix}$ $\vec{f} = \begin{pmatrix} 3 \\ 2{,}5 \\ -1{,}6 \end{pmatrix}$

GA 90 Überprüfen Sie, welche der folgenden Vektoren den gleichen Betrag besitzen:

a) $\vec{a} = \begin{pmatrix} -4 \\ 3 \end{pmatrix}$ $\vec{b} = \begin{pmatrix} 0 \\ 5 \end{pmatrix}$ $\vec{c} = \begin{pmatrix} 3{,}5 \\ 2{,}5 \end{pmatrix}$ $\vec{d} = \begin{pmatrix} 12 \\ 13 \end{pmatrix}$

b) $\vec{a} = \begin{pmatrix} 1 \\ -2 \\ 3 \end{pmatrix}$ $\vec{b} = \begin{pmatrix} 6 \\ -7 \\ 1 \end{pmatrix}$ $\vec{c} = \begin{pmatrix} 1{,}5 \\ -2{,}5 \\ -5 \end{pmatrix}$ $\vec{d} = \begin{pmatrix} 0 \\ 14 \\ 0 \end{pmatrix}$ $\vec{e} = \begin{pmatrix} 2 \\ 0 \\ 4 \end{pmatrix}$

GA 91 Berechnen Sie die Einheitsvektoren $\vec{a}^\circ$, $\vec{b}^\circ$ und $\vec{c}^\circ$, die zu den Vektoren $\vec{a}$, $\vec{b}$ und $\vec{c}$ gehören:

a) $\vec{a} = \begin{pmatrix} 2 \\ -3 \end{pmatrix}$ b) $\vec{b} = \begin{pmatrix} 2 \\ 2 \\ 1 \end{pmatrix}$ c) $\vec{c} = \begin{pmatrix} 1 \\ 0 \\ 1 \end{pmatrix}$

GA 92 Bestimmen Sie alle reellen Zahlen r so, dass die folgenden Vektoren Einheitsvektoren sind:

a) $\begin{pmatrix} 1 \\ r \end{pmatrix}$ b) $\begin{pmatrix} r \\ r \end{pmatrix}$ c) $\begin{pmatrix} r \\ 0 \end{pmatrix}$ d) $\begin{pmatrix} 1 \\ 1 \\ r \end{pmatrix}$ e) $\begin{pmatrix} r \\ r \\ r \end{pmatrix}$ f) $\begin{pmatrix} r \\ r \\ 0 \end{pmatrix}$

GA 93 Stellen Sie fest, für welche reellen Zahlen t die folgenden Bedingungen erfüllt sind:

a) $\vec{a} = \begin{pmatrix} 2 \\ t \\ -1 \end{pmatrix}$ und $|\vec{a}| = 6$ b) $\vec{a} = \begin{pmatrix} 1 \\ 2t \\ -t \end{pmatrix}$ und $|\vec{a}| = \sqrt{21}$ c) $\vec{a} = \begin{pmatrix} t \\ -t \end{pmatrix}$ und $|\vec{a}| = t^2$

* *Flächeninhalt eines Dreiecks*

GA 94 Gegeben sei ein Dreieck $P_1P_2P_3$ mit $P_1(1; 1)$, $P_2(5; 2)$, $P_3(2; 4)$. Berechnen Sie den Flächeninhalt A des Dreiecks $P_1P_2P_3$!

GA 95 Berechnen Sie die Seitenlängen und die Flächeninhalte der Dreiecke mit den folgenden Eckpunkten:

a) $P_1(0; 0)$, $P_2(4; 3)$, $P_3(1; 5)$
b) $P_1(3; 4)$, $P_2(-3; -4)$, $P_3(3; -4)$
c) $P_1(-1; -1)$, $P_2(5; -3)$, $P_3(2; 2)$

GA 96 Geben Sie eine Formel für den Flächeninhalt eines Dreiecks an, welches von den Punkten $P_1(x_1; y_1)$, $P_2(x_2; y_2)$ und dem Koordinatenursprung gebildet wird!
Unter welcher Bedingung liegen P_1 und P_2 auf einer Geraden durch O?

GA 97 Ein Streckenzug ist durch die Punkte $P_0(0; 2)$, $P_1(1; 3)$, $P_2(3; 1)$ und $P_3(4; 5)$ gegeben. Wie groß ist das Flächenstück, das von dem Streckenzug, der y-Achse und der x-Achse sowie dem Lot von P_3 auf die x-Achse begrenzt wird?

GA 98 Untersuchen Sie, ob die Punkte P_1, P_2 und P_3 jeweils auf einer Geraden liegen:

a) $P_1(2; 2)$, $P_2(4; 3)$, $P_3(-4; -1)$ b) $P_1(-2; 7)$, $P_2(-1; 5)$, $P_3(5; -8)$

c) $P_1(-\frac{1}{3}\sqrt{12}; 3)$, $P_2(\sqrt{3}; 8)$, $P_3(-2\sqrt{3}; -1)$

GA 99 Gegeben seien die Punkte P_1 und P_2:

a) $P_1(7; 7)$, $P_2(\frac{1}{2}; \frac{1}{2})$ b) $P_1(-1; 4)$, $P_2(5; -2)$ c) $P_1(7; 0)$, $P_2(-3; -5)$

Bestimmen Sie jeweils vom Punkt $P(1; y)$ die y-Koordinate so, dass P_1, P_2 und P kollinear sind!

G 1.6 Lineare Abhängigkeit und lineare Unabhängigkeit

GA 100 Prüfen Sie jeweils, ob die folgenden Vektoren $\vec{a}_1$ und $\vec{a}_2$ linear abhängig sind:

a) $\vec{a}_1 = \begin{pmatrix} 4 \\ 2 \end{pmatrix}, \vec{a}_2 = \begin{pmatrix} 8 \\ 4 \end{pmatrix}$ b) $\vec{a}_1 = \begin{pmatrix} 3 \\ 5 \end{pmatrix}, \vec{a}_2 = \begin{pmatrix} 1 \\ 1 \end{pmatrix}$ c) $\vec{a}_1 = \begin{pmatrix} 2 \\ -3 \end{pmatrix}, \vec{a}_2 = \begin{pmatrix} 0 \\ 0 \end{pmatrix}$

d) $\vec{a}_1 = \begin{pmatrix} 1 \\ -2 \\ 3 \end{pmatrix}, \vec{a}_2 = \begin{pmatrix} -4 \\ 8 \\ -12 \end{pmatrix}$ e) $\vec{a}_1 = \begin{pmatrix} 6 \\ 16 \\ 4 \end{pmatrix}, \vec{a}_2 = \begin{pmatrix} 14 \\ 40 \\ 10 \end{pmatrix}$ f) $\vec{a}_1 = \begin{pmatrix} 3 \\ 0 \\ 4 \end{pmatrix}, \vec{a}_2 = \begin{pmatrix} 4 \\ 1 \\ 2 \end{pmatrix}$

GA 101 Prüfen Sie jeweils, ob die Vektoren $\vec{a}_1$, $\vec{a}_2$ und $\vec{a}_3$ linear abhängig sind!

a) $\vec{a}_1 = \begin{pmatrix} 1 \\ -2 \\ 3 \end{pmatrix}, \vec{a}_2 = \begin{pmatrix} 1 \\ 2 \\ 1 \end{pmatrix}, \vec{a}_3 = \begin{pmatrix} 1 \\ 0 \\ 1 \end{pmatrix}$ b) $\vec{a}_1 = \begin{pmatrix} 1 \\ 7 \\ 2 \end{pmatrix}, \vec{a}_2 = \begin{pmatrix} 1 \\ 2 \\ 1 \end{pmatrix}, \vec{a}_3 = \begin{pmatrix} 2 \\ -1 \\ 1 \end{pmatrix}$

c) $\vec{a}_1 = \begin{pmatrix} 1 \\ 0 \\ 1 \end{pmatrix}, \vec{a}_2 = \begin{pmatrix} 0 \\ 1 \\ 0 \end{pmatrix}, \vec{a}_3 = \begin{pmatrix} 2 \\ 1 \\ 2 \end{pmatrix}$

GA 102 Untersuchen Sie, ob die jeweils drei gegebenen Vektoren des Raumes linear abhängig oder linear unabhängig sind: GTA

a) $\begin{pmatrix} 3 \\ -2 \\ 8 \end{pmatrix}, \begin{pmatrix} 2 \\ 1 \\ 3 \end{pmatrix}, \begin{pmatrix} 1 \\ 4 \\ 2 \end{pmatrix}$ b) $\begin{pmatrix} 1 \\ 1 \\ 0 \end{pmatrix}, \begin{pmatrix} 1 \\ 1 \\ 1 \end{pmatrix}, \begin{pmatrix} 2 \\ 0 \\ 1 \end{pmatrix}$ c) $\begin{pmatrix} -1 \\ 3 \\ -2 \end{pmatrix}, \begin{pmatrix} 1 \\ 0 \\ 2 \end{pmatrix}, \begin{pmatrix} 0 \\ 1 \\ 0 \end{pmatrix}$

d) $\begin{pmatrix} 0 \\ 0 \\ 1 \end{pmatrix}, \begin{pmatrix} 1 \\ 0 \\ 0 \end{pmatrix}, \begin{pmatrix} 0 \\ 1 \\ 0 \end{pmatrix}$ e) $\begin{pmatrix} 1 \\ 1 \\ -1 \end{pmatrix}, \begin{pmatrix} 1 \\ 1 \\ 0 \end{pmatrix}, \begin{pmatrix} 1 \\ 1 \\ 1 \end{pmatrix}$ f) $\begin{pmatrix} 1 \\ 0 \\ 2 \end{pmatrix}, \begin{pmatrix} 2 \\ 2 \\ 3 \end{pmatrix}, \begin{pmatrix} -1 \\ -4 \\ 0 \end{pmatrix}$

(Nach Aufstellung eines Gleichungssystems kann die Entscheidung über die lineare Unabhängigkeit oder Abhängigkeit mithilfe eines GTA ermittelt werden.)

GA 103 Gegeben seien die Punkte $A(4; 1; 0)$, $B(2; 3; 2)$ und $C(2; 0; 3)$ in einem kartesischen Koordinatensystem.

a) Zeigen Sie, dass die Ortsvektoren $\vec{a}$, $\vec{b}$ und $\vec{c}$ der Punkte A, B bzw. C linear unabhängig sind!
b) Zeichnen Sie in einem Schrägbild des Koordinatensystems die Ortsvektoren von A, B und C ein!
c) Im kartesischen Koordinatensystem hat der Punkt D die Koordinaten $x_D = 7$, $y_D = 2$ und $z_D = 7$. Bestimmen Sie die Koordinaten r_a, r_b und r_c des Punktes D bezüglich der Basis $\{\vec{a}, \vec{b}, \vec{c}\}$!
d) Ergänzen Sie Ihr Schrägbild aus b) durch Einzeichnen des Punktes D und der Vektorkette $r_a\,\vec{a} + r_b\,\vec{b} + r_c\,\vec{c}$!

G 1.7 Beweise unter Verwendung von Vektoren

GA 104 Beweisen Sie folgende Aussage: Die Diagonalen eines Parallelogramms halbieren einander.

GA 105 Beweisen Sie die Aussage: Halbieren in einem Viereck ABCD die Diagonalen einander, so ist ABCD ein Parallelogramm.

GA 106 Beweisen Sie: Die Mittelpunkte der Seiten eines beliebigen Vierecks bilden die Eckpunkte eines Parallelogramms.

GA 107 Beweisen Sie: Im Trapez ist die Mittellinie parallel zu den Grundseiten und halb so groß wie deren Summe.

GA 108 Es sei ABCD ein beliebiges Tetraeder. Die Punkte M_1 und M_2 seien die Mittelpunkte von $\overline{AB}$ bzw. $\overline{AC}$, die Punkte M_3 und M_4 die Mittelpunkte von $\overline{BD}$ bzw. $\overline{CD}$. Zeigen Sie, dass $\overrightarrow{M_1M_2} = \overrightarrow{M_3M_4}$ und $\overrightarrow{M_1M_3} = \overrightarrow{M_2M_4}$ gilt!

GA 109 Beweisen Sie: Ist M der Mittelpunkt der Strecke $\overline{AB}$ und sind $\vec{a}$, $\vec{b}$, und $\vec{m}$ die Ortsvektoren von A, B bzw. M bezüglich eines beliebigen Punktes O ($\vec{a} = \overrightarrow{OA}$, $\vec{b} = \overrightarrow{OB}$, $\vec{m} = \overrightarrow{OM}$), so gilt $\vec{m} = \frac{1}{2}(\vec{a} + \vec{b}) = \frac{\vec{a} + \vec{b}}{2}$.

GA 110 Beweisen Sie: Die Summe der von den Eckpunkten eines Dreiecks ABC zu den Mittelpunkten M_a, M_b und M_c der gegenüberliegenden Seiten führenden Vektoren $\vec{s}_a$, $\vec{s}_b$ bzw. $\vec{s}_c$ ist gleich dem Nullvektor $\vec{o}$.

GA 111 Weisen Sie vektoriell nach, dass die Seitenhalbierenden eines Dreiecks ABC einander in einem Punkt S schneiden und dass dieser Schnittpunkt (der Schwerpunkt des Dreiecks genannt wird) eine Seitenhalbierende im Verhältnis 2:1 teilt! Zeigen Sie dabei, dass $\vec{s} = \frac{1}{3}(\vec{a} + \vec{b} + \vec{c})$ für die Ortsvektoren der Punkte S, A, B bzw. C bezüglich eines Punktes O gilt!

GA 112

a) Beweisen Sie: Die Summe der von den Ecken eines Tetraeders ABCD zu den Schwerpunkten S_A, S_B, S_C und S_D der gegenüberliegenden Seitenflächen führenden Vektoren $\vec{t}_A$, $\vec{t}_B$, $\vec{t}_C$ bzw. $\vec{t}_D$ ist gleich dem Nullvektor $\vec{o}$.
b) Weisen Sie vektoriell nach, dass die Strecken $\overline{AS_A}$, $\overline{BS_B}$, $\overline{CS_C}$ und $\overline{DS_D}$ einander in einem Punkt S schneiden und dass der Punkt S jede dieser Strecken im Verhältnis 3:1 teilt!
Zeigen Sie dabei, dass $\vec{s} = \frac{1}{4}(\vec{a} + \vec{b} + \vec{c} + \vec{d})$ für die Ortsvektoren $\vec{s}$, $\vec{a}$, $\vec{b}$, $\vec{c}$ und $\vec{d}$ der Punkte S, A, B, C bzw. D bezüglich eines Punktes O gilt!

GA 113 Es sei ABCD ein Tetraeder. Verbindet man die Mittelpunkte zweier gegenüberliegender Kanten, so entsteht eine Strecke, die Mittellinie des Tetraeders genannt wird.

a) Beweisen Sie, dass alle drei Mittellinien von ABCD einander in einem Punkt P schneiden und von P halbiert werden!
b) Zeigen Sie, dass der Schnittpunkt P der Mittellinien zugleich der Schwerpunkt des Tetraeders ist!

G 1.8 Praktische Anwendungen

GA 114 Ein Körper mit der Gewichtskraft 10000 N soll 10 m über dem Punkt O an drei Seilen aufgehängt werden. Die drei Aufhängepunkte P_1, P_2 und P_3 sowie die Lage des Körpers im Punkt P werden mithilfe eines kartesischen Koordinatensystems beschrieben:

$P_1(-5; 10; 15)$, $P_2(-10; -10; 15)$, $P_3(20; -10; 15)$ und $P(0; 0; 10)$ (Angaben in m).

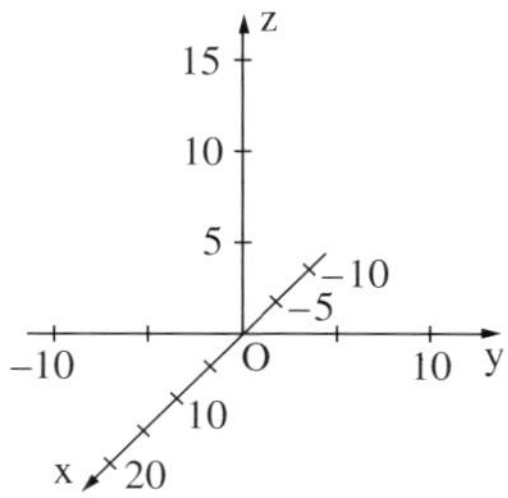

a) Berechnen Sie die Kräfte $\overrightarrow{F_1}$, $\overrightarrow{F_2}$ und $\overrightarrow{F_3}$, die in Richtung der Seile wirken und geben Sie ihre Beträge an!

b) Übernehmen Sie das Koordinatensystem in Ihr Heft, tragen Sie die Punkte P_1, P_2, P_3 und P ein und zeichnen Sie mit dem Maßstab 10000 N ≙ 10 m auch die Pfeile mit Anfangspunkt P ein, die die Kräfte $\overrightarrow{F_1}$, $\overrightarrow{F_2}$, $\overrightarrow{F_3}$ und $\vec{F}$ (Gewichtskraft) veranschaulichen!

GA 115 Bezüglich eines ebenen kartesischen Koordinatensystems wird der Verlauf eines Lichtstrahls untersucht: Im Punkt P mit P(4; 3) befindet sich eine punktförmige Lichtquelle. Ein von dort ausgehender Lichtstrahl mit der Richtung $\vec{u} = \begin{pmatrix} -1 \\ -1{,}5 \end{pmatrix}$ fällt auf einen Spiegel (x-Achse) und wird von dort reflektiert.

a) Ermitteln Sie die Koordinaten des Auftreffpunktes S auf den Spiegel (die x-Achse) und die Richtung des reflektierten Strahls!

b) Der reflektierte Strahl trifft anschließend auf einen zweiten Spiegel, der durch die y-Achse dargestellt wird. Geben Sie die Richtung des Strahls nach der zweiten Reflexion an!

GA 116 Ein in einem kartesischen Koordinatensystem dargestellter Körper sei ein Werkstück aus Stahl mit den Eckpunkten O(0; 0; 0), A(3; 0; 0), B(3; 4; 0), C(0; 4; 0), D(3; 0; 4), E(3; 4; 4), F(0; 4; 5) und G(0; 0; 5). Die Grundfläche OABC und die Deckfläche DEFG sind Vierecksflächen.

a) Zeigen Sie, dass die Grundfläche OABC rechteckig ist!
Überprüfen Sie, ob Grund- und Deckfläche parallel zueinander liegen!

b) Zeichnen Sie den Körper in ein kartesisches Koordinatensystem!

c) Das Werkstück soll so abgefeilt werden, dass es die Form eines Prismas OABCDEF'G' erhält. Geben Sie die Koordinaten der Punkte F' und G' an!
Berechnen Sie die Masse des bearbeiteten Werkstückes, wenn eine Längeneinheit auf der x- und y-Achse jeweils 1 cm und eine Längeneinheit auf der z-Achse 10 cm entspricht und die Dichte des Materials $\rho = 7{,}8\ \frac{g}{cm^3}$ beträgt!

d) Das abgefeilte Werkstück soll noch eine zentrische Bohrung erhalten. Dazu muss der Mittelpunkt der Grundfläche und (zur Kontrolle) der Deckfläche markiert werden.
Berechnen Sie die Koordinaten dieser Mittelpunkte!

GA 117 Auf die Spitze S eines Dreibeins mit den Stangen $\overline{S_1S}$, $\overline{S_2S}$ und $\overline{S_3S}$ wirkt am Ende eines Seiles in P eine Kraft $\vec{F}$. Die Koordinaten der Punkte sind der nebenstehenden Abbildung zu entnehmen.

Beschreiben Sie durch Untersuchung der Kräftezerlegung die Beanspruchung der Stangen!

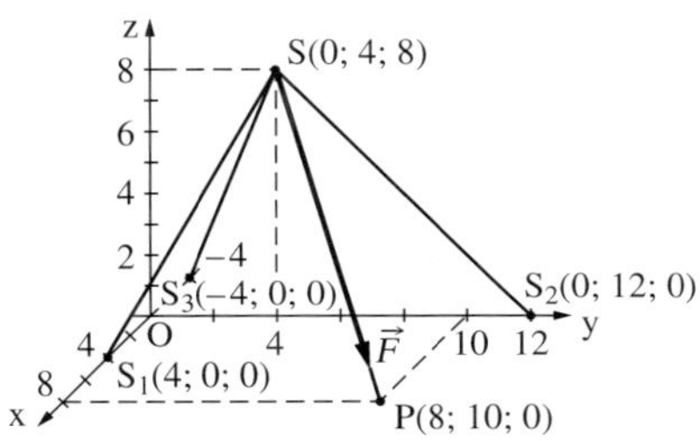

GA 118 Ein Gewicht hängt in der Mitte eines Seiles und bewirkt eine Gewichtskraft $\vec{F}$ von $|\vec{F}| = 300$ N.

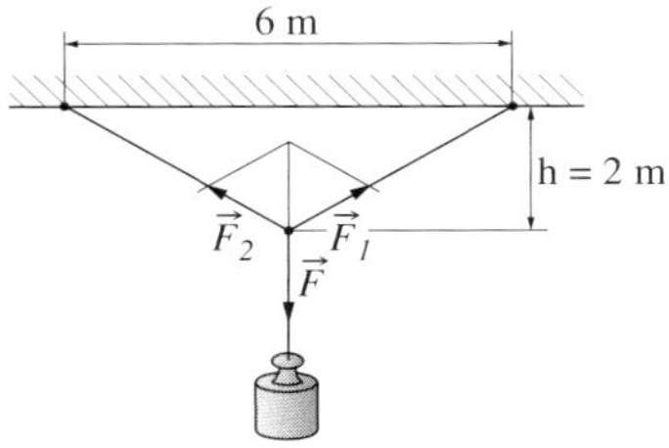

a) Berechnen Sie die horizontalen und vertikalen Komponenten der Zugkräfte $\vec{F}_1$ und $\vec{F}_2$ sowie ihre Beträge!
b) Wie ändern sich die Zugkräfte $\vec{F}_1$ und $\vec{F}_2$, wenn das Gewicht von 300 N auf 500 N erhöht wird?
c) Berechnen Sie die Zugkräfte $\vec{F}_1$ und $\vec{F}_2$, falls durch Verlängerung des Seiles die Höhe h sich verdoppelt!
d) Für welche Höhe h haben Horizontal- und Vertikalkomponente von $\vec{F}_1$ (und $\vec{F}_2$) den gleichen Betrag?
e) Bestimmen Sie die Höhe h, für die $|\vec{F}_1| = |\vec{F}_2| = |\vec{F}|$ (= 300 N) gilt!

GA 119 Bei einem Kran werden im Wesentlichen die Stahlkonstruktionen in Richtung der Strecken $\overline{AC}$ und $\overline{BC}$ belastet.

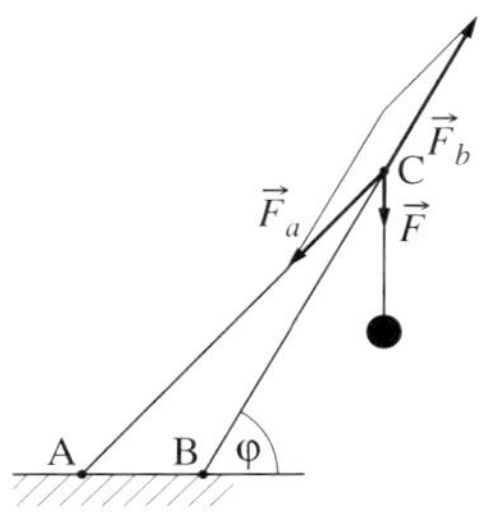

Die Maße sind $|\overline{AB}| = 4$ m, $|\overline{BC}| = 12$ m und $\varphi = 60°$ (vgl. Fig.).
a) Bestimmen Sie die Kräfte $\vec{F}_a$ und $\vec{F}_b$, die in Richtung $\overline{AC}$ und $\overline{BC}$ wirken, wenn der Kran ein Gewicht mit einer Gewichtskraft $\vec{F}$ mit $|\vec{F}| = 5$ kN hält und die Gleichsgewichtsbedingung durch $\vec{F}_a + \vec{F}_b + \vec{F} = \vec{o}$ beschrieben ist!
b) Die Gewichtskraft $\vec{F}$ ist für den Kran auf 8 kN beschränkt. Weiterhin ist für den Winkel φ mit $\varphi_0 = 45°$ eine untere Schranke angegeben.
Bestimmen Sie mit den angegebenen Werten die maximale Kraft $\vec{F}_a{}^*$, die auf die Stahlkonstruktion entlang der Strecke $\overline{AC}$ wirken kann!

GA 120 Eine Last $|\vec{F}| = 360$ N wird von zwei auf reibungsfreien Rollen gelagerten Seilen gehalten (Gleichgewicht). An den Seilenden befinden sich Gewichte mit $|\vec{F}_1| = 300$ N und $|\vec{F}_2| = 320$ N. Durch $\vec{F}_1 + \vec{F}_2 + \vec{F} = \vec{o}$ ist das Gleichgewicht beschrieben.
a) Berechnen Sie die in der Fig. 1 gekennzeichneten Winkel α und β, indem Sie Beziehungen im Kräftedreieck $\vec{F}_1 + \vec{F}_2 + \vec{F}$ (geschlossene Vektorkette unter Gleichsgewichtsbedingung) ausnutzen!
b) Eine Koordinatisierung wie in Fig. 2 ermöglicht die Angabe von Koordinaten für die Vektoren $\vec{F}_1$, $\vec{F}_2$ und $\vec{F}$. Bestimmen Sie mit diesem Ansatz die Winkel α und β!
(*Hinweis:* Verwenden Sie die Gleichung $\vec{F}_1 + \vec{F}_2 + \vec{F} = \vec{o}$ in Koordinatendarstellung und setzen Sie die trigonometrische Beziehung $\sin^2\varphi + \cos^2\varphi = 1$ ein!)
c) Der Abstand der Rollen beträgt 3 m. Idealisiert nehmen wir die Rollen als Punkte P_1 bzw. P_2 an. Es sei O' die senkrechte Projektion des Aufhängepunktes O der Last auf $\overline{P_1P_2}$ und die Höhe $h = |\overline{OO'}|$.
Berechnen Sie die Längen $|\overline{P_1O'}|$, $|\overline{O'P_2}|$ und die Höhe h!

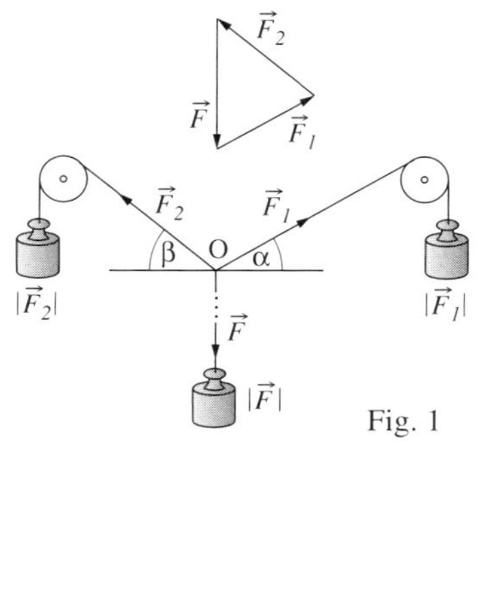

Fig. 1

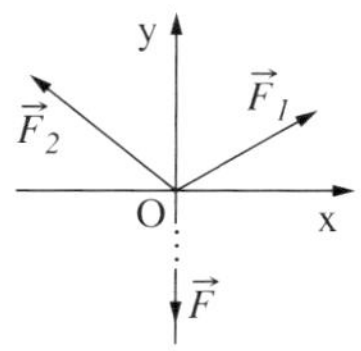

Fig. 2

GA 121 Durch ein Rohr mit dem Radius 1 strömt eine Flüssigkeit. In einem räumlichen kartesischen Koordinatensystem sei die z-Achse die Achse des (unendlich langen) Zylinders, der das Rohr beschreibt. Durch die Funktion $z = f(x) = \sqrt{1 - x^2}$ $(-1 < x < 1)$ ist in der xz-Ebene das (im Raum rotationssymmetrische) Strömungsprofil (vgl. Beispiel G 23) gegeben.

a) Welche Kurve wird in der xz-Ebene durch $z = f(x)$ beschrieben?

b) Zeichnen Sie den Graphen von f!

c) Geben Sie die Geschwindigkeitsvektoren $\vec{v}(P) = \vec{v}(x)$ für die Punkte auf der x-Achse im Intervall $(-1; 1)$ durch ihre drei Koordinaten an und zeichnen Sie einige Geschwindigkeitsvektoren (Pfeile) in Ihre Zeichnung aus b) ein!

d) Interpretieren Sie die analytische Beschreibung der Geschwindigkeitsvektoren für Teilchen der xy – Ebene innerhalb des Kreises $x^2 + y^2 < 1$ durch

$$\vec{v}(P) = \vec{v}(x; y; z) = \begin{pmatrix} 0 \\ 0 \\ \sqrt{1 - x^2 - y^2} \end{pmatrix}$$

GA 122 Analog zur Aufgabe ***GA 121*** und zum Beispiel G 23 wird ein räumliches Strömungsprofil in einem Zylinder mit der Ungleichung $x^2 + y^2 < 1$ analytisch beschrieben durch

$$\vec{v}(x; y; z) = \begin{pmatrix} 0 \\ 0 \\ z(1 - x^2 - y^2) \end{pmatrix}$$

a) Geben Sie jeweils für die Punkte in der Ebene mit $z = 1$, in der Ebene mit $z = 2$ und in der Ebene mit $z = \frac{1}{4}$ die Vektoren $\vec{v}(x; 0; z)$ an, wobei $-1 < x < 1$ gelte! (Die drei Funktionen beschreiben für das jeweilige z das Strömungsprofil in der xz-Ebene.)

b) Geben Sie auf den drei zur z-Achse senkrechten Ebenen ($z = 1$, $z = 2$, $z = \frac{1}{4}$) eingeschränkt auf die xz-Ebene die drei Strömungsprofile in einer Zeichnung an!
Beschreiben Sie verbal das Geschwindigkeitsverhalten der Flüssigkeit im Rohr $(z > 0)$!

GA 123 Analog zum Beispiel G 24 werden Vektoren bezüglich eines kartesischen Koordinatensystems betrachtet, und zwar wird jedem vom Koordinatenursprung O verschiedenen Punkt P(x; y) der Ebene wie folgt ein Vektor $\vec{v}(P)$ zugeordnet:

$$\vec{v}(P) = \vec{v}(x; y; z) = -\frac{1}{(x^2 + y^2)^{\frac{3}{2}}} \begin{pmatrix} x \\ y \end{pmatrix}, \quad (x; y) \neq (0; 0).$$

Vereinbart sei noch, dass r den Abstand des Punktes P von O bezeichnet, also $r = |\overline{OP}| = \sqrt{x^2 + y^2}$ ist.

a) Berechnen Sie den Betrag $|\vec{v}(P)|$ des Vektors $\vec{v}(P)$ und drücken Sie ihn als Funktion von r aus! Interpretieren Sie das Ergebnis!

b) Vergleichen Sie den Vektor $|\vec{v}(P)|$ mit dem Ortsvektor $\overrightarrow{OP}$ des Punktes P (Richtung, Orientierung)!

c) Für welche Punkte P haben die Vektoren $\vec{v}(P)$ den Betrag 1 bzw. den Betrag $\frac{1}{2}$? Veranschaulichen Sie die Ergebnisse!

d) Zeichnen Sie in die Abbildung den Kreis $x^2 + y^2 = 4$ sowie für einige Punkte dieses Kreises die Vektoren $\vec{v}(P) = \vec{v}(x; y)$ ein!
Geben Sie für die Punkte $P_1(2; 0)$, $P_2(5; 0)$ und $P_3(10; 0)$ die zugehörigen Vektoren $\vec{v}(P_i)$ und ihre Beträge an!

e) Zeichnen Sie für selbst gewählte Punkte innerhalb des Kreises $x^2 + y^2 = 1$ in eine weitere Abbildung die zu $\vec{v}(P)$ entgegengesetzten Vektoren $-\vec{v}(P)$ ein! Ermitteln Sie zuvor deren Beträge!

G 2 Geraden in der Ebene und im Raum

G 2.1 Punktrichtungsgleichung einer Geraden

GA 124 Geben Sie in expliziter Form die Gleichung der Geraden g an, die

a) durch den Punkt A(1; –1) und den Anstieg m = 3,
b) durch den Punkt B(0; 0) und den Steigungswinkel $\alpha = 30°$
bestimmt ist!

GA 125 Geben Sie in expliziter Form die Gleichung der Geraden g_i an, die jeweils durch einen Punkt und ihren Anstieg bzw. ihren Steigungswinkel bestimmt ist!

a) g_1: A(0; –2), $m = \frac{1}{2}$ b) g_2: B(–1; 3), m = –1 c) g_3: C(2; 0), $\alpha = 120°$ d) g_4: D(–3; –2), $\alpha = 0°$

GA 126 Geben Sie den Steigungswinkel α_i (falls möglich) und die Schnittpunkte S_x und S_y von g_i mit der x- bzw. y-Achse an!

a) g_1: $y = 3x + 2$ b) g_2: $y = x - \frac{4}{3}$ c) g_3: $y = -1$ d) g_4: $y = -2x + 6$
e) g_5: $y = -x - 2$ f) g_6: $x = 2$ g) g_7: $y = -\frac{1}{3}\sqrt{3}\,x + 2$ h) g_8: $y = \sqrt{3}\,x + \sqrt{3}$

GA 127 Welche der Punkte $P_1(-8; 3)$, $P_2(2; -2)$, $P_3(-1; -4)$, $P_4(-4; -7)$, $P_5(-4; 4)$, $P_6(1; 5)$, $P_7(0{,}8; -2{,}2)$ sind Punkte der Geraden g_i mit der folgenden Gleichung:

a) g_1: $-x + y + 3 = 0$ b) g_2: $y = 2{,}4x + 2{,}6$ c) g_3: $y = \frac{x}{4} + 5$
d) g_4: $x + 2y + 2 = 0$ e) g_5: $y = -3x + 2$ f) g_6: $x + y = 0$

Zeichnen Sie die Geraden in ein Koordinatensystem und bestimmen Sie die Schnittpunkte S_x und S_y von g_i mit der x- bzw. y-Achse!

GA 128 Geben Sie eine Gleichung für die Gerade g_i an, die durch den Punkt $P_0(-2; 3)$ geht und

a) den Anstieg m = 1 hat, b) parallel zur x-Achse ist,
c) parallel zur y-Achse ist, d) parallel zur Geraden h mit der Gleichung h: y = 3x verläuft!

GA 129 Von einer Geraden g_i sind der Schnittpunkt S_y mit der y-Achse und ein weiterer Punkt bekannt.

a) $S_y(0; 2)$, $P_0(-2; -4)$ b) $S_y(0; -3)$, $P_0(1; 3)$ c) $S_y(0; 0)$, $P_0(-2; 4)$ d) $S_y(0; -2)$, $P_0(2; 0)$
Ermitteln Sie den Schnittpunkt S_x der Geraden g mit der x-Achse!

GA 130 Ermitteln Sie jeweils eine Gleichung für die Parallele h_i zur Geraden g_i, die den Punkt P_i enthält!

a) g_1: $y = \frac{1}{2}x + 3$, $P_1(1; -1)$ b) g_2: $y = -2x - 4$, $P_2(1; 2)$
c) g_3: $y = -\frac{1}{3}x + 5$, $P_3(0; 0)$ d) g_4: $y = \frac{1}{4}x$, $P_4(4; -2)$

Zeichnen Sie die Geraden in ein Koordinatensystem und konstruieren Sie die zugehörigen Parallelen!

GA 131 Notieren Sie jeweils die Gleichungen der Parallelen zu den Koordinatenachsen durch den angegebenen Punkt!

a) $P_1(3; 4)$ b) $P_2(0; -\frac{5}{7})$ c) $P_3(-\frac{4}{9}; 0)$ d) $P_4(0; 0)$ e) $P_5(-2; -3)$ f) $P_6(0{,}5; -\frac{1}{3})$

GA 132 In der Ebene seien bezüglich eines Koordinatensystems der Punkt $P_0(-2; 1)$ und der Vektor $\vec{a} = \begin{pmatrix} 1 \\ 2 \end{pmatrix}$ gegeben. Bestimmen Sie die Koordinaten der Punkte U, V, W mit den Ortsvektoren

$\vec{u} = \vec{p}_0 + 2\vec{a}$, $\vec{v} = \vec{p}_0 - 2\vec{a}$, $\vec{w} = \vec{p}_0 + \vec{a}$! Tragen Sie diese Punkte in dem Koordinatensystem ein und überprüfen Sie auch rechnerisch, ob U, V, W auf einer Geraden durch P_0 liegen!

GA 133 Bestimmen Sie die Koordinaten der Punkte mit den zugehörigen Parameterwerten auf den gegebenen Geraden!

	Gleichung der Geraden	t = 1	t = – 1	t = 0	$t = \frac{1}{2}$	t = – 3	t = 20
a)	$\vec{x} = \begin{pmatrix} 0 \\ 3 \end{pmatrix} + t\begin{pmatrix} -1 \\ -3 \end{pmatrix}$						
b)	$\vec{x} = \begin{pmatrix} 4 \\ -2 \end{pmatrix} + t\begin{pmatrix} 0 \\ 2 \end{pmatrix}$						
c)	$\vec{x} = \begin{pmatrix} 1 \\ 1 \end{pmatrix} + t\begin{pmatrix} 5 \\ -5 \end{pmatrix}$						
d)	$\vec{x} = \begin{pmatrix} 0 \\ 0 \end{pmatrix} + t\begin{pmatrix} -3 \\ 0 \end{pmatrix}$						
e)	$\vec{x} = \begin{pmatrix} 2 \\ 0 \end{pmatrix} + t\begin{pmatrix} \frac{1}{2} \\ 3 \end{pmatrix}$						

GA 134 Beschreiben Sie die Menge der Punkte einer Geraden g, die durch die folgenden Einschränkungen für den Parameter t bestimmt sind: $g: \vec{x} = \begin{pmatrix} -2 \\ 3 \end{pmatrix} + t\begin{pmatrix} 1 \\ -2 \end{pmatrix}$

a) $t = -1$ b) $t \le 0$ c) $t \ge 0$ d) $-2 \le t \le 2$ e) $-2 < t < 2$ f) $-2 < t \le 2$

GA 135 Gegeben sind die drei Punkte A(2; 3; 5), B(1; 5; 2) und C(3; 4; 3).
Bestimmen Sie alle Punkte P, so dass $|\overline{AP}| = |\overline{BP}| = |\overline{CP}|$ gilt!

GA 136 Gegeben sind die folgenden Gleichungen von Geraden g_i der Ebene in vektorieller Form:

a) $g_1: \vec{x} = \begin{pmatrix} 4 \\ 5 \end{pmatrix} + t\begin{pmatrix} 1 \\ 0 \end{pmatrix}$ b) $g_2: \vec{x} = \begin{pmatrix} -2 \\ 1 \end{pmatrix} + t\begin{pmatrix} 1 \\ -3 \end{pmatrix}$ c) $g_3: \vec{x} = \begin{pmatrix} 3 \\ 0 \end{pmatrix} + t\begin{pmatrix} 2 \\ 2 \end{pmatrix}$

d) $g_4: \vec{x} = \begin{pmatrix} 2{,}5 \\ -2{,}5 \end{pmatrix} + t\begin{pmatrix} 5 \\ -1 \end{pmatrix}$ e) $g_5: \vec{x} = \begin{pmatrix} 4 \\ 1 \end{pmatrix} + t\begin{pmatrix} 0 \\ 2 \end{pmatrix}$ f) $g_6: \vec{x} = \begin{pmatrix} 3 \\ 0 \end{pmatrix} + t\begin{pmatrix} 2 \\ -2 \end{pmatrix}$

Bestimmen Sie eine parameterfreie Gleichung jeder dieser Geraden!

GA 137 Im Raum seien bezüglich eines Koordinatensystems der Punkt $P_0(-3; 2; 2)$ und der Vektor $\begin{pmatrix} 1{,}5 \\ -1 \\ 2 \end{pmatrix}$ gegeben.

Bestimmen Sie die Koordinaten der Punkte U, V, W mit den zugehörigen Ortsvektoren $\vec{u} = \vec{p}_0 + 2\vec{a}$, $\vec{v} = \vec{p}_0 - 2\vec{a}$, $\vec{w} = \vec{p}_0 + \vec{a}$! Tragen Sie diese Punkte in ein Koordinatensystem ein!

GA 138 Gegeben sei im Raum die Gerade n durch ihre Gleichung $n: \vec{x} = \begin{pmatrix} 2 \\ 4 \\ -2 \end{pmatrix} + t\begin{pmatrix} -1 \\ -2 \\ 1 \end{pmatrix}$.

a) Zeigen Sie für zwei verschiedene Punkte von n, dass diese auch die Gleichung $x + y + 3z = 0$ erfüllen! Finden Sie zwei weitere Punkte, die diese Gleichung erfüllen, aber nicht auf der Geraden n liegen!

b) Lösen Sie den Teil a) auch für die Gleichung $x + z = 0$!

GA 139 Geben Sie die Lagebeziehungen der Punkte A(1; 2), B(3; 6), C(0; 0) und D(–2; 1) bezüglich der folgenden Geraden an:

a) $g_1: 2x - y = 0$ b) $g_2: \vec{x} = \begin{pmatrix} 3 \\ 0 \end{pmatrix} + t\begin{pmatrix} 2 \\ 2 \end{pmatrix}$ c) $g_3: y = \frac{1}{3}x + \frac{1}{2}$

d) $g_4: x + 3y + 15 = 0$ e) $g_5: \vec{x} = \begin{pmatrix} -1 \\ -2 \end{pmatrix} + t\begin{pmatrix} 1 \\ 2 \end{pmatrix}$

GTA **GA 140** Bestimmen Sie die Anstiege der folgenden Geraden, die jeweils durch einen Punkt P_0 und einem Richtungsvektor $\vec{a}$ gegeben sind!

a) $P_0(2; 3),\ \vec{a} = \begin{pmatrix} 1 \\ 3 \end{pmatrix}$ b) $P_0(-2; 1),\ \vec{a} = \begin{pmatrix} 4 \\ 7 \end{pmatrix}$ c) $P_0(0; 0),\ \vec{a} = \begin{pmatrix} \frac{3}{2} \\ 4 \end{pmatrix}$

d) $P_0(2; 2),\ \vec{a} = \begin{pmatrix} -4 \\ -2 \end{pmatrix}$ e) $P_0(-2; -3),\ \vec{a} = \begin{pmatrix} -\frac{5}{2} \\ \frac{3}{4} \end{pmatrix}$ f) $P_0(13; -\frac{14}{3}),\ \vec{a} = \begin{pmatrix} 0 \\ -2 \end{pmatrix}$

g) $P_0(-5; 0),\ \vec{a} = \begin{pmatrix} \frac{4}{3} \\ 0 \end{pmatrix}$ h) $P_0(0; 0),\ \vec{a} = \begin{pmatrix} -2 \\ 2 \end{pmatrix}$ i) $P_0(0; 0),\ \vec{a} = \begin{pmatrix} -3 \\ -3 \end{pmatrix}$

G 2.2 Zweipunktegleichung einer Geraden

GA 141 Eine Gerade g sei durch zwei Punkte $P_1(-3; 2)$ und $P_2(1; 1)$ bestimmt. Ermitteln Sie eine Gleichung der Geraden g und geben Sie diese Gleichung in der expliziten Form $y = mx + n$ an! Zeichnen Sie die Gerade in ein Koordinatensystem und geben Sie deren Achsenabschnittsgleichung an!

GA 142 Eine Gerade g_i sei durch zwei Punkte P_m und P_n bestimmt. Ermitteln Sie eine Gleichung der Geraden g_i und geben Sie diese Gleichung in der expliziten Form $y = mx + n$ an! Zeichnen Sie die Gerade in ein Koordinatensystem und geben Sie deren Achsenabschnittsgleichung an!

a) g_1: $P_1(6; 5)$, $P_2(8; 7)$ b) g_2: $P_3(\frac{3}{2}; 1)$, $P_4(6; -2)$

c) g_3: $P_5(2; -\frac{1}{2})$, $P_6(-3; \frac{1}{3})$ d) g_4: $P_7(-1; -2)$, $P_8(1; 4)$

GA 143 Stellen Sie eine Gleichung der Geraden g_i auf, die durch den Koordinatenursprung und den nachfolgend jeweils angegebenen Punkt P_i verläuft! Ermitteln Sie den Anstieg m_i und den Steigungswinkel α_i der Geraden g_i:

a) $P_1(7; \frac{7}{2})$ b) $P_2(-2; -6)$ c) $P_3(3; -3)$ d) $P_4(-2; 2 \cdot \sqrt{3})$

GA 144 Eine Gerade g_i sei jeweils durch zwei Punkte P_1 und P_2 bestimmt. Ermitteln Sie die Achsenabschnittsgleichung von g_i sowie die Schnittpunkte S_x und S_y von g_i mit der x- bzw. y-Achse!

a) $P_1(-3; 16)$, $P_2(2; \frac{8}{3})$ b) $P_1(-5; 2)$, $P_2(\frac{5}{2}; \frac{1}{2})$

c) $P_1(-1; \frac{3}{2})$, $P_2(0; 3)$ d) $P_1(-1; 2{,}5)$, $P_2(0{,}5; -5)$

GA 145 Prüfen Sie, ob die nachfolgend jeweils angegebenen drei Punkte auf derselben Geraden liegen:

a) A(4,3; 5,2), B(5,9; 7,6), C(6,7; 8,8) b) A(–4,5; –1,9), B(–2,1; –0,3), C(–0,1; 0,9)

GA 146 Bestimmen Sie den Anstieg m_i sowie eine parameterfreie Gleichung für die Gerade g_i, die durch folgende Punkte bestimmt ist:

a) A(1; 0) und B(3; –1) b) C(0; 0) und D(2; 0) c) U(2; 3) und V(2; –1)

GA 147 Gegeben sind die Geraden g_1 durch die Gleichung $\vec{x} = \begin{pmatrix} 2 \\ 3 \\ 5 \end{pmatrix} + t \begin{pmatrix} 1 \\ -2 \\ 1 \end{pmatrix}$, $t \in \mathbb{R}$, und g_2 durch die beiden Punkte P(–1; 3; 2) und Q(5; 9; 8). Prüfen Sie, welcher der Punkte A(0; 2; 0), B(3; 7; 6), C(1; 5; 4), D(0; 7; 3) und E(4; –1; 9) auf welcher der gegebenen Geraden liegt!

GA 148 Im Bild sind fünf Geraden bezüglich eines Koordinatensystems eingezeichnet. Bestimmen Sie jeweils eine parameterfreie und eine vektorielle Form der Gleichung für jede Gerade!

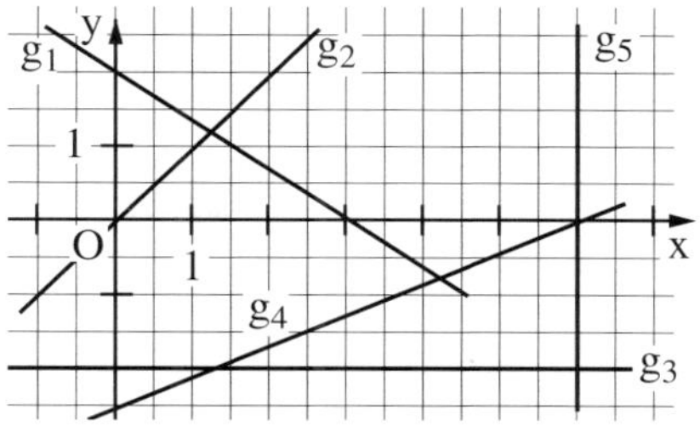

GA 149 Gegeben sei die Gerade h durch die beiden Punkte U(1; 2; 2) und V(3; 6; 4). Bestimmen Sie den Neigungswinkel der senkrechten Projektion h' von h in die xy-Ebene gegenüber der x-Achse!

GA 150 Eine Gerade g im Raum geht durch den Punkt P(4: 2; 3), ihre senkrechte Projektion g' in die xy-Ebene durch P'(4; 2; 0) und A'(6; 4; 0) sowie ihre senkrechte Projektion g'' in die yz-Ebene durch die Punkte P''(0; 2; 3) und B''(0; 3; 4). Bestimmen Sie eine Gleichung von g!

GA 151 Bestimmen Sie auf der Geraden durch die Punkte A(1; 2; 3) und B(4; –2; 9) alle Punkte T so, dass $\frac{|\overline{AT}|}{|\overline{BT}|} = \frac{1}{2}$ ist!

GA 152 Gegeben seien die Punkte $P_1(-5; 0)$ und $P_2(5; 0)$. Berechnen Sie die x-Koordinaten des Teilpunktes T, der die gerichtete Strecke $\overrightarrow{P_1P_2}$ im folgenden Verhältnis teilt:

a) $\lambda_1 = 9$, b) $\lambda_2 = -9$, c) $\lambda_3 = \frac{1}{4}$, d) $\lambda_4 = -\frac{1}{4}$.

Überprüfen Sie durch eine Zeichnung die Ergebnisse!

GA 153 Gegeben seien die Punkte $P_1(-5; 0)$ und $P_2(5; 0)$. Ermitteln Sie, in welchem Verhältnis jeweils T_i die gerichtete Strecke $\overrightarrow{P_1P_2}$ teilt:

a) $T_1(0; 0)$, b) $T_2(1; 0)$, c) $T_3(-10; 0)$, d) $T_4(20; 0)$

Prüfen Sie durch eine Zeichnung die Ergebnisse nach!

GA 154 Gegeben seien die Koordinaten der Eckpunkte eines Dreiecks $P_1P_2P_3$:

a) $P_1(1; 1)$, $P_2(9; 3)$, $P_3(5; 8)$ b) $P_1(1; -3)$, $P_2(3; 1)$, $P_3(-4; 2)$

Berechnen Sie die Koordinaten des Schwerpunktes von $P_1P_2P_3$ und überprüfen Sie jeweils durch eine Zeichnung das erhaltene Ergebnis!

GA 155 Es sei $P_1P_2P_3P_4$ ein Tetraeder mit $P_i(x_i; y_i; z_i)$ für i =1, 2, 3, 4. Weiterhin seien M_1, N_1 die Mittelpunkte von $\overline{P_1P_2}$ bzw. $\overline{P_3P_4}$ und M_2, N_2 die Mittelpunkte von $\overline{P_1P_3}$ bzw. $\overline{P_2P_4}$ (z. B. ist $\overline{P_1P_2}$ und $\overline{P_3P_4}$ ein *Paar gegenüberliegender Kanten* im Tetraeder $P_1P_2P_3P_4$ und M_1N_1 eine *Mittellinie* dieses Tetraeders). Skizzieren Sie den Sachverhalt, bestimmen Sie allgemein

a) die Koordinaten des Mittelpunktes von $\overline{M_1N_1}$, b) die Koordinaten des Mittelpunktes von $\overline{M_2N_2}$

und vergleichen Sie die Ergebnisse!

Welche Aussage können Sie über die dritte Mittellinie des Tetraeders machen?

GA 156 Beschreiben Sie die Menge aller Punkte P(x; y), deren Koordinaten die Gleichung $|x| + |y| = 1$ erfüllen und veranschaulichen Sie diese Menge in einem Koordinatensystem!

GA 157 Gegeben sind in der Ebene drei Punkte A(2; 5), B(4; 8) und C(8; 2).
Bestimmen Sie die Gleichungen aller Geraden, so dass A, B und C zu jeder dieser Geraden den selben Abstand (gemeint ist hier der Betrag!) haben!

GA 158 Bestimmen Sie die Gleichung einer Geraden in vektorieller Form, die

a) den Punkt A(–4; 3);
b) die Strecke $\overline{PQ}$ mit P(–2; 3) und Q(1; 4);
c) den Strahl mit dem Anfangspunkt M(–4; 7) durch den Punkt U(12; 15)

enthält! Geben Sie für diese geometrischen Objekte die jeweilige Einschränkung für den Parameter ihrer Gleichung an!

GA 159 Die Gerade g_i sei durch die Punkte A_i und B_i bestimmt. Ergänzen Sie die fehlenden Koordinaten des Punktes C_i so, dass C_i auf der Geraden g_i liegt!

a) $A_1(5; 1)$, $B_1(8; 3)$, $C_1(2; y_{C_1})$
b) $A_2(-3; 5)$, $B_2(-1; 4)$, $C_2(x_{C_2}; -6)$
c) $A_3(8; -3; -9)$, $B_3(5; -2; -4)$, $C_3(2; y_{C_3}; z_{C_3})$
d) $A_4(-5; 2; 10)$, $B_4(-15; 17; 40)$, $C_4(x_{C_4}; -13; z_{C_4})$
e) $A_5(7; -1; 15)$, $B_5(4; -3; 10)$, $C_5(x_{C_5}; y_{C_5}; 20)$

GTA **GA 160** Überprüfen Sie, ob der gegebene Punkt X_i auf der durch $P_1(3; 4; -2)$ und $P_2(1{,}5; 2; 0)$ bestimmten Geraden liegt!

a) $X_1(2; 2; 1)$
b) $X_2(2; \frac{8}{3}; -\frac{2}{3})$
c) $X_3(4{,}5; 6; -4)$
d) $X_4(0; 0; 2)$

Falls X_i auf der Geraden durch P_1 und P_2 liegt, bestimmen Sie auch das Teilverhältnis, in dem X_i die Strecke $\overline{P_1P_2}$ teilt!

Hinweis: Überlegen Sie, wie der Ortsvektor $\vec{x}_i$ eines Punktes X_i der Strecke $\overline{P_1P_2}$ mittels $\vec{p}_1$ und $\vec{p}_2$ ausgedrückt werden kann, wenn X_i diese Strecke im Verhältnis t: (1 – t) teilt!

GA 161 Untersuchen Sie rechnerisch und zeichnerisch, ob die drei Punkte L(1; 2), M(3; 4) und N(–2; 0) auf einer gemeinsamen Geraden liegen!

GA 162 Geben Sie jeweils eine Parametergleichung (Vektorschreibweise) und eine parameterfreie Gleichung (Koordinatenschreibweise) der folgenden Geraden der Ebene an:

a) g hat den Richtungsvektor $\begin{pmatrix} -4 \\ 2 \end{pmatrix}$ und geht durch O.
b) *l* geht durch die beiden Punkte A(–2; 1) und B(–1; –2).
c) m ist eine Parallele zur Geraden mit der Gleichung 2x – y = 3 durch den Punkt P(1; –3).
d) n liegt auf der x-Achse des Koordinatensystems.

GA 163 Geben Sie eine Gleichung der folgenden Geraden des Raumes an:

a) g hat den Richtungsvektor $\begin{pmatrix} -2 \\ 3 \\ -1 \end{pmatrix}$ und geht durch den Koordinatenursprung O;
b) *l* geht durch die beiden Punkte A(–2; 1; 3) und B(–1; –2; 3) (Beschreiben Sie in diesem Fall auch anschaulich die Lage von *l* im Koordinatensystem!);
c) m ist die Parallele zur Geraden mit der Gleichung $\vec{x} = \begin{pmatrix} 2 \\ -1 \\ 1 \end{pmatrix} + t \begin{pmatrix} -1 \\ 1 \\ 3 \end{pmatrix}$ durch P(1; –3; 3);
d) n liegt auf der x-Achse des (räumlichen) Koordinatensystems.

GA 164 Im Raum bewegt sich ein Punkt P geradlinig mit konstanter Geschwindigkeit. Zum Zeitpunkt t = 1 (s) befindet er sich im Punkt $P_1(5; -4; 7)$, zum Zeitpunkt t = 3 (s) im Punkt $P_3(1; 2; 4)$.

a) Bestimmen Sie die Koordinaten des Punktes zum Zeitpunkt t = 0 (s)!
b) Wo und wann erreicht P die xy-Ebene?

GA 165 Gegeben seien die vier Punkte A(0; 0; 0), B(0; 3; 0), C(3; 1; 0) und D(2; 1; 4), die ein Tetraeder bilden.

a) Bestimmen Sie den Schwerpunkt jeder Seitenfläche! Bezeichnen Sie diese Punkte mit S_A, S_B, S_C und S_D!
b) Zeigen Sie, dass alle Verbindungsgeraden, die durch eine Tetraederecke und dem gegenüberliegenden Seitenflächenschwerpunkt gehen, sich in einem Punkt P schneiden!
c) Zeigen Sie, dass dieser Punkt P alle vier Strecken im Verhältnis 1 : 3 teilt!

GA 166 Beweisen Sie, dass $\vec{s} = \dfrac{\vec{a} + \vec{b} + \vec{c} + \vec{d}}{4}$ der Ortsvektor zum Schwerpunkt des Tetraeders ABCD ist!
Dabei ist der Schwerpunkt eines Tetraeders der Schnittpunkt der Verbindungsstrecken von den Ecken zu den Schwerpunkten der gegenüberliegenden Seitenflächen (vgl. Beispiel G 12, S. 245).

GA 167 Gegeben ist ein Dreieck ABC durch seine Eckpunkte A(1; 1), B(4; $\frac{3}{2}$) und C(2; 4).
Geben Sie die Gleichung der drei Geraden, die durch die Dreiecksseiten gebildet werden, sowohl in vektorieller Form als auch in parameterfreier Form an!

GA 168 Bestimmen Sie auf der Geraden g durch A(–9; 15; –2) und B(–12; – 6; 4) zwei Punkte P_1 und P_2, so dass $\overline{AB}$ in drei gleiche Teile geteilt wird!

GA 169 Gegeben ist ein Dreieck ABC durch seine Eckpunkte A(1; 1), B(4; $\frac{3}{2}$) und C(2; 4) (vgl. Aufgabe *GA 167*) sowie ein Punkt P($\frac{13}{2}$; $\frac{1}{2}$).

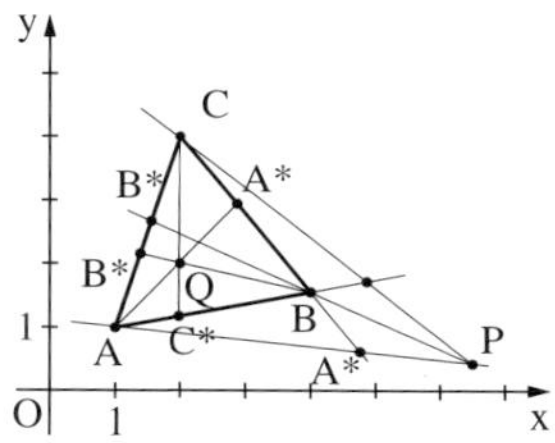

a) Berechnen Sie die Schnittpunkte A*, B*, C*, für die $\{A^*\} = g(PA) \cup g(BC)$, $\{B^*\} = g(PB) \cup g(CA)$, $\{C^*\} = g(PC) \cup g(AB)$ gilt!
b) Bestätigen Sie die Gültigkeit von $\dfrac{|AC^*|}{|BC^*|} \cdot \dfrac{|BA^*|}{|CA^*|} \cdot \dfrac{|CB^*|}{|AB^*|} = 1$!
c) Untersuchen Sie b) auch für den Punkt Q(2; 2)!
d) Informieren Sie sich über den „Satz von CEVA“ in einem mathematischen Nachschlagewerk!

G 2.3 Lagebeziehungen von Geraden

GA 170 Berechnen Sie die Koordinaten des Schnittpunktes der Geraden g_1 und g_2, sofern die Geraden g_1 und g_2 nicht parallel sind! Ermitteln Sie eine Gleichung für die Parallele h zur Geraden g_1, die durch den Koordinatenursprung verläuft!

g_1: $x + \frac{1}{4}y - 4 = 0$ g_2: $x - y + 1 = 0$

GA 171 Welche zwei der jeweils vier Geraden g_1, g_2, g_3 und g_4 mit

a) g_1: $y = -\frac{1}{4}x + 4$ g_2: $x + 4y = -4$ g_3: $x - y = 1$ g_4: $\frac{1}{2}x + 2y = 8$
b) g_1: $y - 2x = 4$ g_2: $y = -2x + 4$ g_3: $2y - x = 4$ g_4: $y = \frac{1}{2}x$

schneiden einander, sind echt parallel zueinander oder fallen zusammen? Begründen Sie Ihre Entscheidung!

GA 172

a) Welcher der Punkte A(5; –1,5), B(–7; 4), C(–1; 1,5) liegt auf der durch $\vec{x} = \begin{pmatrix} 1 \\ 0{,}5 \end{pmatrix} + t\begin{pmatrix} -2 \\ 1 \end{pmatrix}$ bestimmten Geraden g_1?
b) Welcher der Punkte U(2; –1; 3), V(2; –1; 9), W(0; 2; –3) liegt auf der durch $\vec{x} = \begin{pmatrix} 1 \\ -1 \\ 0 \end{pmatrix} + t\begin{pmatrix} -1 \\ 0 \\ -3 \end{pmatrix}$ bestimmten Geraden g_2?
c) Ermitteln Sie jeweils vier weitere Punkte, die auf g_1 bzw. g_2 liegen!

GA 173 Welcher der Punkte A(7; –3; 6), B(–3; 2; –6), C(1; 0; –3) liegt sowohl auf der Geraden g, die durch die beiden Punkte U(1; 0; –3) und V(3; –1; 0) bestimmt ist, als auch auf der Geraden n mit der Gleichung $\vec{x} = \begin{pmatrix} 7 \\ 2 \\ -5 \end{pmatrix} + t \begin{pmatrix} 3 \\ 1 \\ -1 \end{pmatrix}$?

GA 174 Im Bild sind fünf Geraden bezüglich eines Koordinatensystems eingezeichnet. Bestimmen Sie jeweils eine parameterfreie und eine vektorielle Form der Gleichung für jede Gerade!

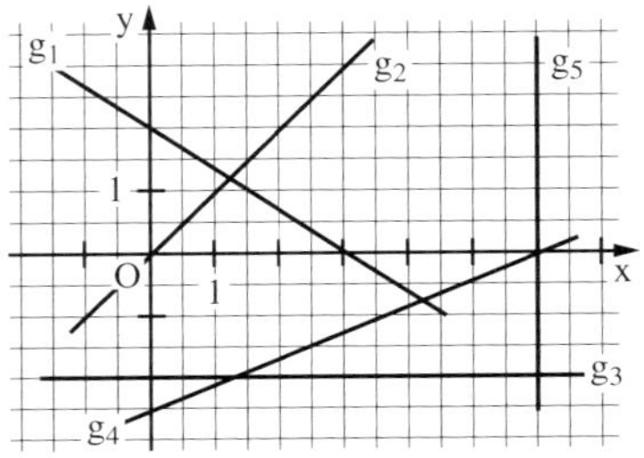

GA 175 Gegeben seien die beiden Geraden g_1 und g_2 im Raum: g_1 habe den Richtungsvektor $\vec{a} = \begin{pmatrix} 2 \\ 1 \\ 1 \end{pmatrix}$ und gehe durch $P_1(1;\ 1;\ 1)$, g_2 gehe durch die beiden Punkte $P_2(-4;\ 0;\ 1)$ und $P_3(-2;\ -2;\ -3)$. Untersuchen Sie die Lagebeziehung von g_1 und g_2!

GTA **GA 176** Bestimmen Sie jeweils die Lagebeziehungen der Geraden g_1 und g_2, für die gilt:

a) g_1: $\vec{x} = \begin{pmatrix} 1 \\ 2 \end{pmatrix} + t \begin{pmatrix} -1 \\ 3 \end{pmatrix}$

g_2: $\vec{x} = \begin{pmatrix} 5 \\ -6 \end{pmatrix} + t \begin{pmatrix} 2 \\ -2 \end{pmatrix}$

b) g_1 ist durch die beiden Punkte A(1; 2) und B(0; 4) bestimmt. g_2 geht durch den Punkt P(2; –6) und hat den Richtungsvektor $\vec{a} = \begin{pmatrix} 1 \\ -2 \end{pmatrix}$.

c) g_1: $2x + y - 4{,}5 = 0$

g_2: $\vec{x} = \begin{pmatrix} 1{,}5 \\ 1{,}5 \end{pmatrix} + t \begin{pmatrix} -3 \\ 6 \end{pmatrix}$

d) g_1: $\vec{x} = \begin{pmatrix} 0 \\ 1 \end{pmatrix} + t \begin{pmatrix} 1 \\ -3 \end{pmatrix}$

g_2: $\vec{x} = \begin{pmatrix} 2 \\ -3 \end{pmatrix} + t \begin{pmatrix} -3 \\ 9 \end{pmatrix}$

e) g_1: $\vec{x} = \begin{pmatrix} 1 \\ 4 \end{pmatrix} + t \begin{pmatrix} 1 \\ -1 \end{pmatrix}$

g_2: $\vec{x} = \begin{pmatrix} -2 \\ 3 \end{pmatrix} + t \begin{pmatrix} 5 \\ -1 \end{pmatrix}$

f) g_1: $\vec{x} = \begin{pmatrix} 1 \\ -2 \end{pmatrix} + t \begin{pmatrix} 0 \\ 6 \end{pmatrix}$

g_2: $\vec{x} = \begin{pmatrix} 2 \\ -1 \end{pmatrix} + t \begin{pmatrix} 14 \\ 10{,}5 \end{pmatrix}$

g) g_1: $\vec{x} = \begin{pmatrix} 3 \\ 0 \end{pmatrix} + t \begin{pmatrix} -4 \\ 8 \end{pmatrix}$

g_2: $\vec{x} = \begin{pmatrix} 0 \\ 6 \end{pmatrix} + t \begin{pmatrix} 4 \\ -4 \end{pmatrix}$

h) g_1: $\vec{x} = \begin{pmatrix} 2 \\ -1 \\ 3 \end{pmatrix} + t \begin{pmatrix} 2 \\ 3 \\ -1 \end{pmatrix}$

g_2 verläuft durch die Punkte A(1; 2; 5) und B(–2; 2; –1)

i) g_1: $\vec{x} = \begin{pmatrix} 2 \\ 1 \\ -1 \end{pmatrix} + t \begin{pmatrix} -4 \\ 1 \\ 4 \end{pmatrix}$

g_2: $\vec{x} = \begin{pmatrix} 1 \\ 1 \\ 1 \end{pmatrix} + t \begin{pmatrix} 5 \\ 3 \\ -6 \end{pmatrix}$

j) g_1: $\vec{x} = \begin{pmatrix} 1 \\ 2 \\ -4 \end{pmatrix} + t \begin{pmatrix} 8 \\ -4 \\ 2 \end{pmatrix}$

g_2: $\vec{x} = \begin{pmatrix} 3 \\ -2 \\ -5 \end{pmatrix} + t \begin{pmatrix} 20 \\ -10 \\ 5 \end{pmatrix}$

k) g_1: $\vec{x} = \begin{pmatrix} 1 \\ 1 \\ -1 \end{pmatrix} + t \begin{pmatrix} 1 \\ 2 \\ 1 \end{pmatrix}$

g_2: $\vec{x} = \begin{pmatrix} 0 \\ 1 \\ 1 \end{pmatrix} + t \begin{pmatrix} 1 \\ 1 \\ 1 \end{pmatrix}$

l) g_1: $\vec{x} = \begin{pmatrix} 1 \\ 0 \\ 1 \end{pmatrix} + t \begin{pmatrix} 1 \\ 1 \\ -2 \end{pmatrix}$

g_2: $\vec{x} = \begin{pmatrix} 1 \\ 0 \\ 0 \end{pmatrix} + t \begin{pmatrix} 2 \\ 2 \\ -3 \end{pmatrix}$

m) g_1: $\vec{x} = \begin{pmatrix} 3 \\ -5 \\ 4 \end{pmatrix} + t \begin{pmatrix} -2 \\ 4 \\ -6 \end{pmatrix}$

g_2 verläuft durch die Punkte A(5; –9; 10) und B(4; –7; 7)

GA 177 Untersuchen Sie die Lagebeziehungen der folgenden Geraden g_1 und g_2 und bestimmen Sie gegebenenfalls Schnittpunkte! **GTA**

Machen Sie anschließend Aussagen über die Lagebeziehung der senkrechten Projektionen von g_1 und g_2 in die xy-Ebene. Bestimmen Sie gegebenenfalls Schnittpunkte!

a) $g_1: \vec{x} = \begin{pmatrix} 2 \\ 0 \\ 1 \end{pmatrix} + t \begin{pmatrix} 1 \\ 2 \\ 3 \end{pmatrix}$; $g_2: \vec{x} = \begin{pmatrix} 2 \\ 3 \\ 0 \end{pmatrix} + t \begin{pmatrix} 2 \\ -2 \\ 8 \end{pmatrix}$ b) $g_1: \vec{x} = \begin{pmatrix} 2 \\ 0 \\ 1 \end{pmatrix} + t \begin{pmatrix} 1 \\ 2 \\ 3 \end{pmatrix}$; g_2: A(2; 3; 0), B(3; 2; 2)

c) $g_1: \vec{x} = \begin{pmatrix} 2 \\ 0 \\ 1 \end{pmatrix} + t \begin{pmatrix} 1 \\ 2 \\ 3 \end{pmatrix}$; g_2: $P_0(4; 1; 2)$, $\vec{a} = \begin{pmatrix} 1 \\ 2 \\ 5 \end{pmatrix}$

d) Geben Sie zwei parallele Geraden g_1 und g_2 im Raum an, so dass die senkrechten Projektionen g_1' und g_2' in die xy-Ebene zusammenfallen!

GA 178 Gegeben sind die folgenden acht Punkte A(0; 0; 0), B(2; 2; 2), C(0; 4; 2), D(–2; 2; 0), $E(-\frac{5}{2}; -\frac{3}{2}; \frac{11}{2})$, $F(-\frac{3}{2}; -\frac{1}{2}; \frac{13}{2})$, $G(-\frac{5}{2}; \frac{1}{2}; \frac{13}{2})$ und $H(-\frac{7}{2}; -\frac{1}{2}; \frac{11}{2})$. **GTA**

Zeigen Sie, dass diese Punkte einen Pyramidenstumpf bilden!

G 2.4 Schnittpunkte von zwei Geraden

GA 179 Berechnen Sie jeweils die Koordinaten des Schnittpunktes der Geraden g_1 und g_2, sofern die Geraden g_1 und g_2 nicht parallel sind! Ermitteln Sie eine Gleichung für die Parallele h_1 zur jeweiligen Geraden g_1, die durch den Koordinatenursprung verläuft!

a) $g_1: y = -\frac{1}{4}x - 1$ b) $g_1: 4x - y + 10 = 0$ c) $g_1: y = -x + \frac{5}{2}$

$g_2: y = \frac{1}{2}x - 4$ $g_2: 2x - \frac{1}{2}y + 5 = 0$ $g_2: y = -2x + 5$

d) $g_1: y = \frac{7}{3}x + 2$ e) $g_1: 3x - y = -24$ f) $g_1: 2x - 3y = -6$

$g_2: y = \frac{7}{3}x - 2$ $g_2: x - 3y = 0$ $g_2: y = \frac{2}{3}x + 2$

GA 180 Die Gerade g hat den Anstieg m und verläuft durch den Punkt P_1. Die Gerade h verläuft durch die Punkte P_2 und P_3. Bestimmen Sie jeweils die gegenseitige Lage von g und h! Berechnen Sie gegebenenfalls den Schnittpunkt!

a) $m = \frac{1}{2}$, $P_1(6; 0)$, $P_2(5; -2)$, $P_3(-1; 4)$ b) $m = 8$, $P_1(1; 1)$, $P_2(-1; -15)$, $P_3(1{,}7; 6{,}6)$

c) $m = -\frac{2}{3}$, $P_1(3; 3)$, $P_2(-3; -3)$, $P_3(0; -5)$ d) $m = -\frac{1}{3}$, $P_1(3; -2)$, $P_2(1; 2{,}4)$, $P_3(\sqrt{5}; \frac{12}{5})$

GA 181 Die Seiten eines Dreiecks werden durch die Geraden g_1, g_2 und g_3 mit $g_1: y = \frac{1}{3}x$, $g_2: y = -x + 8$, $g_3: y = 5x + 14$ gebildet.

a) Ermitteln Sie die Koordinaten der Eckpunkte des Dreiecks!
b) Bestimmen Sie die Gleichungen der Geraden, auf denen die Seitenhalbierenden liegen!
c) Geben Sie die Koordinaten des Schnittpunktes der Seitenhalbierenden an!

Die Rechnungen unter a) – c) sind durch eine Zeichnung zu überprüfen.

GA 182 Eine Gerade g sei durch die Punkte A und B, eine Gerade h durch die Punkte C und D bestimmt. Überprüfen Sie, ob g und h einander schneiden und berechnen Sie die Koordinaten des Schnittpunkts S!

a) A(1; 4), B(2; 3); C(3; 3), D(5; 10) b) A(3; 1; 2), B(5; 3; 4); C(2; 1; 1), D(3; 3; 2)

c) A(4; 1; 5), B(6; 0; 6); C(−3; −6; 0), D(−2; −3; 1)

GTA **GA 183** Gegeben seien die vier Geraden g_1: y = x − 1; g_2: P(6; −3), $\vec{a} = \begin{pmatrix} -1 \\ 2 \end{pmatrix}$, g_3: A(4; 0), B(0; 4), g_4: y = 3.

a) Berechnen Sie alle möglichen Schnittpunkte!

b) Betrachten wir nun die Verbindungsstrecken zwischen den Schnittpunkten aus a), die nicht auf den Geraden $g_1, \ldots, g_4$ liegen. Zeigen Sie, dass die Mittelpunkte dieser Verbindungsstrecken auf einer Geraden liegen!

GA 184 In einem räumlichen Koordinatensystem sei ein Spat durch seine Eckpunkte gegeben: A(0; 0; 0), D(0; 5; 0), C(3; 7; 0), B(3; 2; 0), E(1; 1; 4), H(1; 6; 4), G(4; 8; 4), F(4; 3; 4). Berechnen Sie die Schnittpunkte folgender Raumdiagonalen! (Skizzieren Sie zuvor den Sachverhalt in einem räumlichen Koordinatensystem!)

a) $\overline{AG}$ und $\overline{BH}$ b) $\overline{AG}$ und $\overline{EC}$ c) $\overline{BH}$ und $\overline{EC}$

GA 185 Prüfen Sie, ob das Viereck ABCD eben ist!
(*Hinweis*: In einem ebenen Viereck schneiden die Diagonalen einander.)

a) A(2; 1; 2), B(5; 2; 1), C(6; 5; 3), D(0; 3; 5) b) A(2; 2; 4), B(5; 3; 2), C(6; 9; 1), D(3; 8; 5)

GA 186 Bestimmen Sie die Schnittpunkte der Geraden g: $\vec{x} = \begin{pmatrix} 1 \\ 2 \\ 1 \end{pmatrix} + t \begin{pmatrix} -1 \\ -1 \\ 1 \end{pmatrix}$ mit den drei Koordinatenebenen!

GA 187 Gegeben sind ein Punkt $P_0(3; 4{,}5; 1)$ und ein Vektor $\vec{a} = \begin{pmatrix} 2 \\ 3 \\ -1 \end{pmatrix}$.

a) Geben Sie eine Gleichung der durch P_0 und $\vec{a}$ bestimmten Geraden an!

b) Bestimmen Sie den Schnittpunkt von g mit der xy-Ebene!

c) Zeigen Sie, dass g die z-Achse schneidet. Bestimmen Sie diesen Schnittpunkt!

GTA **GA 188** Gegeben sind zwei Dreiecke ABC und A'B'C' durch die Koordinaten ihrer Eckpunkte A(−1; $\frac{1}{2}$), B(0; 1), C(−1; 2), A'(2; −1), B'(3; 1) und C'(0; 3).

a) Zeigen Sie, dass die Schnittpunkte von g(AA'), g(BB') und g(CC') durch einen Punkt gehen!

b) Zeigen Sie, dass die Schnittpunkte von g(AB) mit g(A'B'), g(BC) mit g(B'C') und g(CA) mit g(C'A') auf einer Geraden liegen!

c) Wählen Sie zwei neue Dreiecke ABC und A'B'C' so dass g(AA'), g(BB') und g(CC') durch einen Punkt gehen. Überprüfen Sie anschließend für diese Dreiecke die Teilaussage b)!

GTA **GA 189** In Aufgabe ***GA 178*** wurde ein Pyramidenstumpf betrachtet.

a) Zeigen Sie rechnerisch, dass die Diagonalenschnittpunkte der Flächen ABCD und EFGH zusammen mit der Pyramidenspitze auf einer Geraden, der Achse des Pyramidenstumpfes, liegen.

b) Berechnen Sie den Durchstoßpunkt der Achse des Pyramidenstumpfes mit der xy-Ebene!

GTA **GA 190** Gegeben ist ein Dreieck ABC durch seine Eckpunkte A(1; 1), B(4; $\frac{3}{2}$) und C(2; 4) sowie eine Gerade g durch ihre Gleichung g: $y = \frac{13}{10}x + \frac{31}{10}$ (vgl. Aufgabe ***GA 167***)!

a) Berechnen Sie die Schnittpunkte von g mit den Geraden g(AB) (Schnittpunkt C*), g(BC) (Schnittpunkt A*) und g(AC) (Schnittpunkt B*)!

b) Zeigen Sie, dass $\frac{|AC^*|}{|BC^*|} \cdot \frac{|BA^*|}{|CA^*|} \cdot \frac{|CB^*|}{|AB^*|} = 1$ gilt!

c) Bestätigen Sie die Gültigkeit von b) auch für die Gerade h: $y = \frac{4}{7}x + \frac{23}{14}$

d) Informieren Sie sich über den „Satz des MENELAOS" in einem mathematischen Nachschlagewerk!

GA 191 Gegeben sind A(2; 0; 0), B(4; 5; 0), C(0; 4; 0) sowie die Gleichungen zweier Geraden

$$a: \vec{x} = \begin{pmatrix} 2 \\ 2 \\ 5 \end{pmatrix} + t \begin{pmatrix} 0 \\ -2 \\ -5 \end{pmatrix} \quad \text{und} \quad c: \vec{x} = \begin{pmatrix} 4 \\ 0 \\ 10 \end{pmatrix} + t \begin{pmatrix} 2 \\ -2 \\ 5 \end{pmatrix}.$$

a) Zeigen Sie, dass A auf a und C auf c liegt!

b) Bestimmen Sie den Schnittpunkt D von a und c!

c) Geben Sie die Gleichung der Geraden durch B und D an!

GA 192 Gegeben sind die folgenden sechs Geraden **GTA**

g_1: $y = x + 3$, g_2: A(–1; 5), B(4; 5) g_3: P(–1; –1), $\vec{a} = \begin{pmatrix} 1 \\ 2 \end{pmatrix}$

g_4: $x + 2y - 12 = 0$ h: $y = \frac{3}{4}x + 2$ h': $y = -\frac{1}{3}x + 4$

a) Zeigen Sie, dass $g_1, \ldots, g_4$ durch einen Punkt S gehen.

b) Berechnen Sie die Schnittpunkte P_1, P_2, P_3, P_4 von h mit $g_1, \ldots, g_4$ und die Schnittpunkte P'_1, P'_2, P'_3, P'_4 von h' mit $g_1, \ldots, g_4$.

c) Zeigen Sie, dass $\frac{|P_1P_3|}{|P_2P_3|} : \frac{|P_1P_4|}{|P_2P_4|} = \frac{|P'_1P'_3|}{|P'_2P'_3|} : \frac{|P'_1P'_4|}{|P'_2P'_4|}$ gilt!

d) Experimentieren Sie mit anderen Geraden $g_1, \ldots, g_4$ und h, h'! Formulieren Sie eine Vermutung und versuchen Sie einen allgemeinen Beweis!

G 2.5 Schnittwinkel von zwei Geraden in der Ebene

GA 193 Bestimmen Sie die Anstiege m_1, m_2 und die Steigungswinkel α_1, α_2 der Geraden g_1 und g_2 mit folgenden Gleichungen:

g_1: $y = \frac{1}{3}x + 1$ g_2: $y = \frac{3}{2}x - 2$ Wie groß ist der Schnittwinkel der Geraden g_1 und g_2?

GA 194 Die Gerade g hat den Anstieg m_1. Bestimmen Sie den Anstieg m_2 einer Orthogonalen zu g!

a) $m_1 = \frac{3}{5}$ b) $m_1 = -\frac{1}{4}$ c) $m_1 = \sqrt{2}$ d) $m_1 = -3$ e) $m_1 = -0{,}75$ f) $m_1 = -0{,}1$

GA 195 Welche zwei der vier Geraden g_1, g_2, g_3 und g_4 mit folgenden Gleichungen sind zueinander parallel bzw. orthogonal?

g_1: $y = \frac{1}{2}x - \frac{3}{2}$ g_2: $y = -2x - 4$ g_3: $y = 3x - 4$ g_4: $y = -2x + 1$

GA 196 Gegeben seien die Gerade g mit g: $y = 3x - 4$ und der auf g liegende Punkt $P_0(2; 2)$. Ermitteln Sie eine Gleichung der in P_0 auf g errichteten Senkrechten!

GA 197 Geben Sie jeweils eine Gleichung für das Lot vom Punkt P_i auf die Gerade g_i an! Berechnen Sie jeweils die Koordinaten des Lotfußpunktes!

a) $P_1(1; 2)$, g_1: $2x - y + 4 = 0$

b) $P_2(4; 0)$, g_2: $x + 4y - 4 = 0$

c) $P_3(2; \frac{5}{8})$, g_3: $y = -\frac{4}{3}x - 4$

d) $P_4(2{,}5; -1{,}5)$, g_4: $y = -3$

GA 198 Berechnen Sie jeweils den Abstand des Koordinatenursprungs von der Geraden g_i!

a) $g_1\colon y = \frac{1}{2}x - 3$ b) $g_2\colon y = -\frac{5}{4}x + 5$ c) $g_3\colon y = 4$ d) $g_4\colon \frac{x}{4} + \frac{y}{3} = 1$

GA 199 Gegeben seien Dreiecke $A_iB_iC_i$ mit den folgenden Koordinaten der Eckpunkte:

a) $A_1(-4;\,1)$, $B_1(2;\,-2)$, $C_1(2;\,5)$ b) $A_2(0;\,0)$, $B_2(5;\,1)$, $C_2(1;\,5)$

Berechnen Sie die Koordinaten des Höhenschnittpunktes von $A_iB_iC_i$!

GA 200 Gegeben seien jeweils zwei einander schneidende Geraden g_1 und g_2. Berechnen Sie den Schnittwinkel ψ von g_1 und g_2!

a) $g_1\colon y = \frac{1}{2}x - \frac{1}{2}$; $g_2\colon y = \frac{3}{2}x - \frac{3}{2}$ b) $g_1\colon y = 4x + 6$; $g_2\colon y = \frac{1}{3}x + \frac{7}{3}$

c) $g_1\colon y = -0{,}1x + 3$; $g_2\colon y = \frac{1}{3}x - 2$ d) $g_1\colon y = \frac{2}{3}x - 2$; $g_2\colon y = 0{,}01x + 3$

e) $g_1\colon y = -2x + 1$; $g_2\colon y = \frac{1}{5}x - 2$ f) $g_1\colon y = -\frac{1}{5}x + 1$; $g_2\colon y = x - 3$

GA 201 Geben Sie eine Gleichung für die Gerade g_2 an, welche die Gerade g_1 mit $g_1\colon y = 1$ im Punkt $P_0(2;\,1)$ unter einem Winkel von $\alpha_1 = 30°$, $\alpha_2 = 45°$, $\alpha_3 = 60°$ schneidet!

G 3 Lineare Gleichungssysteme

G 3.1 Lineare Gleichungssysteme mit drei Variablen; GAUSSsches Eliminierungsverfahren

GA 202 Lösen Sie mit dem GAUSSschen Eliminierungsverfahren das nebenstehende lineare Gleichungssystem:

$$\begin{array}{lrcr} \text{(I)} & x + 2y + z &=& 9 \\ \text{(II)} & x - y + 2z &=& 2 \\ \text{(III)} & 2x - 3y + 3z &=& -1 \end{array}$$

Arbeitsschritte:

(1) Ermitteln Sie zunächst das Ergebnis aus einer Dreiecksform des Gleichungssystems!

(2) Mithilfe des GAUSSschen Verfahrens ist das Gleichungssystem in Diagonalform zu überführen.

GTA (3) Lösen Sie das Gleichungssystem mit einem GTA und vergleichen Sie Rechenergebnisse mit der Darstellung auf dem Schirmbild!

GA 203 Lösen Sie mit dem GAUSSschen Eliminierungsverfahren folgende lineare Gleichungssysteme; führen Sie gegebenenfalls die in ***GA 202*** angegebenen Arbeitsschritte aus:

a) $$\begin{array}{rcl} 2x + 2y + z &=& 2 \\ x + \frac{1}{2}y + z &=& 1 \\ \frac{3}{2}x - 3y + z &=& 3 \end{array}$$

b) $$\begin{array}{rcl} x - 4y + 2z &=& -6 \\ 2x + 3y + z &=& 5 \\ -3x + 6y + z &=& -2 \end{array}$$

c) $$\begin{array}{rcl} 2y + z &=& 2 \\ 2x + 5y - 2z &=& -1 \\ x + 3y - 3z &=& -4 \end{array}$$

d) $$\begin{array}{rcl} 2x + y - z &=& 0 \\ x + 3z &=& -1 \\ 4x + z &=& 7 \end{array}$$

e) $$\begin{array}{rcl} 5x + 2y &=& -2 \\ 2x + 3z &=& 0 \\ 6y + 3z &=& 11 \end{array}$$

f) $$\begin{array}{rcl} 3x + 2y + z &=& 40 \\ -5x - 5y - 2z &=& -81 \\ x + 4y + 3z &=& 58 \end{array}$$

g) $$\begin{array}{rcl} 0{,}4x + 0{,}3y + 0{,}6z &=& 0{,}7 \\ 0{,}2x + 0{,}6y + 0{,}3z &=& 0{,}5 \\ 0{,}4x + 0{,}1y + 0{,}1z &=& 0{,}3 \end{array}$$

h) $$\begin{array}{rcl} \frac{1}{5}x + y + \frac{1}{10}z &=& \frac{5}{3} \\ -5x + \frac{1}{2}y + \frac{3}{2}z &=& -\frac{2}{3} \\ \frac{1}{3}x + \frac{1}{2}y + z &=& 7 \end{array}$$

GA 204 Lösen Sie die folgenden linearen Gleichungssysteme; führen Sie gegebenenfalls die in ***GA 202*** angegebenen Arbeitsschritte aus:

a) $\begin{aligned} 8x + 2y &= 0 \\ y - 3z &= 13 \\ 2x &= 4 \end{aligned}$ b) $\begin{aligned} x - y + 2z &= 5 \\ -3y &= 18 \\ x - 3y + 7z &= 7 \end{aligned}$ c) $\begin{aligned} 2x - 3y + 3z &= 0 \\ x + z &= 0 \\ 3x + 6y + z &= 0 \end{aligned}$ d) $\begin{aligned} x + y &= 1 \\ 3x + y - 2z &= -1 \\ x + 2y - z &= -3 \end{aligned}$

G 3.2 Lösbarkeit und Lösungsmenge von Gleichungssystemen

Für das Lösen der nachstehenden Aufgaben zum Abschnitt G 3.2 sind folgende Arbeitsschritte zu empfehlen:

(1) Schriftliches Lösen des Gleichungssystems/ bei einem lösbaren Gleichungssystem Darstellung in Diagonalform.

(2) Lösen des Gleichungssystems mit einem GTA.

(3) Vergleichen von Schirmbild und Niederschrift sowie Interpretation (vgl. Beispiele G 18, G 41, G 43 des Lehrbuchs).

GA 205 Lösen Sie mit dem GAUSSschen Eliminierungsverfahren die folgenden beiden linearen Gleichungssysteme:

a) $\begin{aligned} &(I) & x + y - z &= 2 \\ &(II) & 3x + 4y - 6z &= 4 \end{aligned}$ b) $\begin{aligned} &(I) & 2x + 3y - 5z &= 2 \\ &(II) & x + 2z &= 4 \\ &(III) & 3x + 2y &= 8 \end{aligned}$

Vergleichen Sie in beiden Fällen jeweils das gegebene Gleichungssystem mit der erhaltenen Lösungsmenge!

GA 206 Lösen Sie mit dem GAUSSschen Eliminierungsverfahren folgende lineare Gleichungssysteme: **GTA**

a) $\begin{aligned} 3x + 2y - 3z &= 4 \\ -x + 2y - 3z &= 2 \\ 3x - 4y + 6z &= -2 \end{aligned}$ b) $\begin{aligned} x - 2z &= -1 \\ 2x + 4y - z &= 0 \\ -3x - 4y + 3z &= 1 \end{aligned}$ c) $\begin{aligned} 2x + 4y - 4z &= 8 \\ -x - 2y + 2z &= -4 \end{aligned}$ d) $\begin{aligned} 2x + y - z &= 3 \\ -x + 2y - z &= -5 \\ 3x + y - 3z &= -2 \\ -2x + 2y - z &= -8 \end{aligned}$

GA 207 Lösen Sie folgende Gleichungssysteme! (Geben Sie alle Lösungen an!) **GTA**

a) $\begin{aligned} 3x - y + 2z &= 0 \\ -2x + 2y + z &= 0 \\ -4x + 4y + 2z &= 0 \end{aligned}$ b) $\begin{aligned} x + y + z &= 0 \\ -9x - y - 3z &= 0 \\ -3x + 5y + 3z &= 0 \end{aligned}$ c) $\begin{aligned} -2x + 11y + 3z &= 0 \\ 3x + 11y + z &= 0 \\ 4x - 2y - 2z &= 0 \end{aligned}$ d) $\begin{aligned} x - y + z &= 0 \\ 4x - y + 2z &= 0 \\ 2x + y + z &= 0 \end{aligned}$

GA 208 Lösen Sie mit dem GAUSSschen Eliminierungsverfahren folgende lineare Gleichungssysteme: **GTA**

a) $\begin{aligned} x_1 + 2x_2 - x_3 + x_4 &= 6 \\ -2x_1 + 2x_2 + 6x_3 + 4x_4 &= -2 \\ x_1 + 5x_2 - 4x_3 + 2x_4 &= 15 \\ x_1 + 5x_2 + 6x_3 + 5x_4 &= 4 \end{aligned}$ b) $\begin{aligned} x_1 + 2x_2 + x_3 - 2x_4 &= 8 \\ x_1 + x_2 - x_3 + x_4 &= 0 \\ 2x_1 + x_2 - x_3 - x_4 &= 1 \\ x_1 + x_2 + x_3 - 3x_4 &= 6 \end{aligned}$

c) $\begin{aligned} 2x_1 + 3x_2 - 5x_3 + 4x_4 &= 0 \\ x_1 + 2x_2 + x_3 - 3x_4 &= 5 \end{aligned}$ d) $\begin{aligned} x_2 + x_3 + 2x_4 - 3x_5 &= 6 \\ x_1 + 2x_2 - x_3 - 3x_4 - 2x_5 &= 1 \\ 2x_3 + 6x_4 - 2x_5 &= 4 \end{aligned}$

G 3.3 Determinanten; Regel von CRAMER

GA 209 Lösen Sie das nebenstehende lineare Gleichungssystem mithilfe der Regel von CRAMER:

$\begin{aligned} &(I) & 3x_1 - 5x_2 &= 14 \\ &(II) & 2x_1 + x_2 &= 5 \end{aligned}$

GA 210 Berechnen Sie die folgenden Determinanten:

a) $\det\begin{pmatrix} 7 & 1 \\ 3 & 2 \end{pmatrix}$ b) $\det\begin{pmatrix} 0 & 1 \\ 3 & 8 \end{pmatrix}$ c) $\det\begin{pmatrix} 7 & -1 \\ -5 & -3 \end{pmatrix}$ d) $\det\begin{pmatrix} 3 & 5 \\ 1 & 8 \end{pmatrix}$

e) $\det\begin{pmatrix} 1 & 0 \\ 0 & 1 \end{pmatrix}$ f) $\det\begin{pmatrix} a & a^2 \\ -5 & a \end{pmatrix}$ g) $\det\begin{pmatrix} b & b \\ a & a \end{pmatrix}$ h) $\det\begin{pmatrix} e-1 & e+1 \\ e & 5 \end{pmatrix}$

GA 211 Lösen Sie die folgenden linearen Gleichungssysteme mithilfe der Regel von CRAMER:

a) $\begin{aligned} x_1 - 5x_2 &= 25 \\ 3x_1 + 4x_2 &= -1 \end{aligned}$ b) $\begin{aligned} -4x_1 + 3x_2 &= 9 \\ x_1 + x_2 &= 10 \end{aligned}$ c) $\begin{aligned} 3x_1 + 2x_2 &= 0 \\ x_1 + 4x_2 &= 30 \end{aligned}$

d) $\begin{aligned} 5x_1 - 2x_2 &= 8 \\ -2x_1 + 8x_2 &= 6 \end{aligned}$ e) $\begin{aligned} 3x_1 + 2x_2 &= 7 \\ 10x_1 - 8x_2 &= 50 \end{aligned}$ f) $\begin{aligned} 8x_1 - 2x_2 &= 4 \\ \frac{1}{2}x_1 - \frac{1}{8}x_2 &= \frac{1}{4} \end{aligned}$

g) $\begin{aligned} -5x_1 + 6x_2 &= 8 \\ 2x_1 - \frac{12}{5}x_2 &= 2 \end{aligned}$ h) $\begin{aligned} x_1 - x_2 &= 1 \\ -x_1 + x_2 &= 1 \end{aligned}$ i) $\begin{aligned} 2x_1 + 4x_2 &= -8 \\ -3x_1 - 5x_2 &= 11 \end{aligned}$

GA 212 Welche der folgenden linearen Gleichungssysteme haben genau eine Lösung? Begründen Sie Ihre Entscheidung mithilfe der Determinante der Koeffizientenmatrix und geben Sie (falls möglich) die Lösung an!

a) $\begin{aligned} 5x_1 - 2x_2 &= 4 \\ 2x_1 - x_2 &= 0 \end{aligned}$ b) $\begin{aligned} 3x_1 - 18x_2 &= 2 \\ -\frac{1}{3}x_1 + 2x_2 &= 3 \end{aligned}$ c) $\begin{aligned} \frac{1}{2}x_1 + \frac{4}{5}x_2 &= 0 \\ \frac{1}{3}x_1 + \frac{5}{6}x_2 &= 4 \end{aligned}$ d) $\begin{aligned} 8x_1 + 2x_2 &= 52 \\ 5x_1 + 3x_2 &= 29 \end{aligned}$

GA 213 Lösen Sie die Gleichungssysteme aus der Aufgabe ***GA 204*** mithilfe der CRAMERschen Regel!

G 3.4 Praktische Anwendungen

GA 214 Für die Herstellung von Kupferlegierungen stehen Legierungen L_1, L_2 und L_3 mit den in der Tabelle angegebenen Zusammen setzungen zur Verfügung. Prüfen Sie, ob die Herstellung einer Kupferlegierung L, die

	L_1	L_2	L_3
Kupfer	80	80	95
Zink	10	0	5
Zinn	10	20	0

a) 90% Kupfer, 5% Zink und 5% Zinn, b) 85% Kupfer, 10% Zink und 5% Zinn

enthält, aus den Legierungen L_1, L_2 und L_3 möglich ist, und geben Sie gegebenenfalls an, in welchem Verhältnis diese drei Legierungen eingeschmolzen werden müssen!

GA 215 In einem Vorratslager befinden sich Flaschen zu jeweils 1 kg mit 14%iger, 11%iger, 8%iger, 5%iger Essigsäure in ausreichender Anzahl. Wie viel Flaschen von diesen Lösungen müssen gemischt werden, um 30 kg mit 13%iger Essigsäure zu erhalten? (Es sind alle Möglichkeiten anzugeben.)

GA 216 In der chemischen Industrie tritt häufig der Fall ein, dass bei der Produktion ein Teil des Fertigprodukts in die laufende Produktion zurückgeführt werden muss. Es seien F das Fertigprodukt, Z das Zwischenprodukt und R_1, R_2 die Rohprodukte. Das Zwischenprodukt Z besteht zu 70% aus R_1, zu 20% aus R_2 und zu 10% aus F. Vom Zwischenprodukt Z fallen 80% als Fertigprodukt F an. Wie viel Mengeneinheiten (ME) der Rohprodukte R_1und R_2 sind erforderlich, um 1 ME des Fertigprodukts herzustellen? Wie viel ME von dem zunächst entstehenden Fertigprodukt müssen in die Produktion zurückgeführt werden?

GA 217 In einem Laborexperiment enthält eine Population Fliegen mit 3 verschiedenen Merkmalen A, B, C (z. B. krankhafte Veränderungen o. ä.). Bei der Vermehrung werden diese Merkmale an die nachfolgenden Generationen so weitergegeben, dass auf lange Sicht immer die gleiche Endverteilung der Merkmale A, B, C entsteht, gleich wie die Merkmale am Anfang des Laborexperiments in der ersten Generation verteilt sind. Im vorliegenden Experiment wird die Weitergabe der Merkmale im statistischen Mittel mit den Übergangswahrscheinlichkeiten aus der nebenstehenden Tabelle angegeben. So haben z. B. Fliegen mit dem Merkmal B mit 40 % Wahrscheinlichkeit Nachkommen mit Merkmal A usw.[1])

von / zu	A	B	C
A	0,7	0,4	0,4
B	0,1	0,5	0,2
C	0,2	0,1	0,4

Berechnen Sie die Endverteilung der Merkmale A, B, C der Fliegenpopulation nach hinreichend vielen Generationen!

GA 218 Gegeben ist ein Gleichstromkreis (vgl. Abb.) mit drei Widerständen $R_1 = 5\ \Omega$, $R_2 = 10\ \Omega$ und $R = 15\ \Omega$ sowie der anliegenden Spannung $U = 12$ V.

Berechnen Sie den Gesamtstrom I und die Teilströme I_1 und I_2!

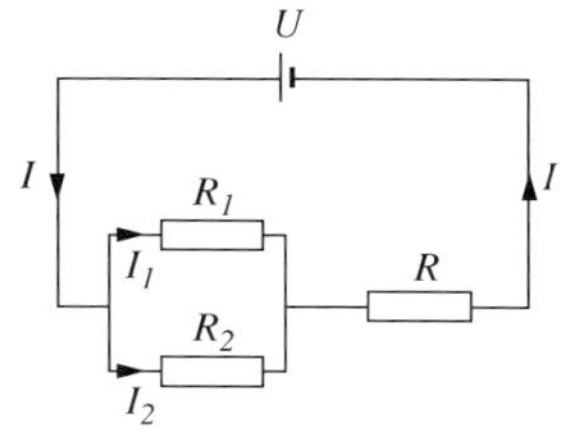

GA 219 Im Gleichstromkreis der Aufgabe ***GA 218*** werden die Widerstände mit den Größen 5, 10 und 15 Ω vertauscht.

Geben Sie für alle Möglichkeiten jeweils den Gesamtstrom I und die Teilströme in der Verzweigung an!

G 4 Ebenen im Raum

G 4.1 Parametergleichung einer Ebene

GA 220 Gegeben sei eine Ebene ε durch die drei Punkte A(1; 4; 0), B(–1; 2; 3) und C(1; 0; 0). Geben Sie eine Gleichung dieser Ebene in Vektorform an!

GA 221 Gegeben seien die Punkte A_i, B_i und C_i. Bestimmen Sie jeweils die Gleichung der Ebene ε_i, die diese Punkte enthält!

a) $A_1(5; -3; 0)$, $B_1(7; 1; 5)$, $C_1(-2; 0; 1)$
b) $A_2(0; 0; -2)$, $B_2(3; 5; 7)$, $C_2(-1; -2; -3)$
c) $A_3(0; 4; -1)$, $B_3(3; 8; -2)$, $C_3(-7; -1; -6)$

GA 222 Gegeben seien ein Punkt P_i und ein Vektor $\vec{u}_i$. Bestimmen Sie jeweils einen Vektor $\vec{v}_i$ so, dass durch P_i, $\vec{u}_i$ und $\vec{v}_i$ eine Ebene ε_i eindeutig festgelegt ist! Stellen Sie die Gleichung der Ebene auf!

a) $P_1(7; 3; 4)$, $\vec{u}_1 = \begin{pmatrix} 3 \\ 1 \\ 2 \end{pmatrix}$
b) $P_2(0; 3; 0)$, $\vec{u}_2 = \begin{pmatrix} 2 \\ -1 \\ 0 \end{pmatrix}$
c) $P_3(4; -1; 2)$, $\vec{u}_3 = \begin{pmatrix} 3 \\ 4 \\ -1 \end{pmatrix}$

GA 223 Welcher der vier Punkte T(2; 5; 3), U(16; 12; –5), V(–6; –4; 3), W(–6; 3; 4) liegt auf der Ebene

$\varepsilon\colon \vec{x} = \begin{pmatrix} -2 \\ -2 \\ 1 \end{pmatrix} + r\begin{pmatrix} 1 \\ 3 \\ 2 \end{pmatrix} + s\begin{pmatrix} 3 \\ 4 \\ 1 \end{pmatrix}$?

GA 224 Gegeben sind die beiden Geraden $g\colon \vec{x} = \begin{pmatrix} 1 \\ 4 \\ -1 \end{pmatrix} + t\begin{pmatrix} 1 \\ -2 \\ 3 \end{pmatrix}$ und $h\colon \vec{x} = \begin{pmatrix} 1 \\ 4 \\ 5 \end{pmatrix} + t\begin{pmatrix} -1 \\ 2 \\ 3 \end{pmatrix}$, die einander im Punkt S(2; 2; 2) schneiden. Bestimmen Sie eine Gleichung der durch g und h eindeutig bestimmten Ebene!

[1]) Solche Prozesse heißen MARKOW-Ketten, benannt nach A. A. MARKOW (1866–1922), einem der Begründer der modernen Wahrscheinlichkeitsrechnung.

GA 225 Gegeben seien eine Gerade $g: \vec{x} = \begin{pmatrix} 1 \\ 1 \\ -2 \end{pmatrix} + r\begin{pmatrix} -2 \\ 1 \\ 3 \end{pmatrix}$ und ein Punkt P(– 4; 3; –2). Bestimmen Sie eine Gleichung der durch g und P eindeutig bestimmten Ebene!

GA 226 Gegeben sei eine Ebene ε durch die Gleichung $\varepsilon: \vec{x} = \begin{pmatrix} -2 \\ 1 \\ 2 \end{pmatrix} + r\begin{pmatrix} 4 \\ -1 \\ 2 \end{pmatrix} + s\begin{pmatrix} 1 \\ 2 \\ 3 \end{pmatrix}$. Bestimmen Sie die Punktmengen, die durch die folgenden Einschränkungen der Parameter bestimmt sind:

a) $r = 2,\ s = -1$ b) $r = 1,\ s \in \mathbb{R}$ c) $r = 1,\ -2 \le s \le 2$ d) $1 \le r \le 3,\ -2 \le s \le 2$

GA 227 Gegeben sind im Raum die vier Punkte A(2; 3; 5), B(1; 5; 2),C(3; 4; 3) und D(1; 3; 3). Bestimmen Sie diejenigen Ebenen, die zu den Punkten A, B, C, D denselben Abstand (gemeint ist hier der Betrag!) haben!

G 4.2 Parameterfreie Gleichung einer Ebene

GA 228 Gegeben sei eine Ebene η durch $\vec{x} = \begin{pmatrix} 1 \\ 4 \\ 0 \end{pmatrix} + r\begin{pmatrix} -2 \\ -2 \\ 3 \end{pmatrix} + s\begin{pmatrix} 0 \\ -4 \\ 0 \end{pmatrix}$.

a) Ermitteln Sie eine parameterfreie Gleichung dieser Ebene!
b) Berechnen Sie die Koordinaten der Schnittpunkte von η mit den Achsen des Koordinatensystems!

GA 229 Gegeben seien die folgenden Gleichungen von Ebenen im Raum in vektorieller Form:

a) $\varepsilon_1: \vec{x} = \begin{pmatrix} -2 \\ 3 \\ 1 \end{pmatrix} + r\begin{pmatrix} 1 \\ 2 \\ 3 \end{pmatrix} + s\begin{pmatrix} -3 \\ 1 \\ 2 \end{pmatrix}$ b) $\varepsilon_2: \vec{x} = \begin{pmatrix} 1 \\ 2 \\ 5 \end{pmatrix} + r\begin{pmatrix} 0 \\ 1 \\ 4 \end{pmatrix} + s\begin{pmatrix} 0 \\ -2 \\ 1 \end{pmatrix}$

c) $\varepsilon_3: \vec{x} = \begin{pmatrix} 2 \\ 3 \\ 2 \end{pmatrix} + r\begin{pmatrix} 2 \\ 0 \\ 2 \end{pmatrix} + s\begin{pmatrix} 1 \\ 3 \\ 1 \end{pmatrix}$ d) $\varepsilon_4: \vec{x} = \begin{pmatrix} 0 \\ 0 \\ 0 \end{pmatrix} + r\begin{pmatrix} 1 \\ 1 \\ 1 \end{pmatrix} + s\begin{pmatrix} 1 \\ -1 \\ 1 \end{pmatrix}$

e) $\varepsilon_5: \vec{x} = \begin{pmatrix} -3 \\ -2 \\ 1 \end{pmatrix} + r\begin{pmatrix} 0 \\ 0 \\ 1 \end{pmatrix} + s\begin{pmatrix} 1 \\ 0 \\ 0 \end{pmatrix}$

Bestimmen Sie zu jeder Ebene eine parameterfreie Form der Ebenengleichung!

GA 230 Bestimmen Sie zu den folgenden parameterfreien Gleichungen von Ebenen im Raum jeweils eine vektorielle Gleichung!

a) $2x - 3y + 4z + 2 = 0$ b) $3x + 4z - 5 = 0$ c) $-4x - 3y + 2z - 1 = 0$
d) $4x - 5 = 0$ e) $z = 0$ f) $x - 2y + 3z = 4$

GA 231 Untersuchen Sie die Lagebeziehungen der Punkte U(1; 1; 1), V(3; 4; 5) und W(–2; 3; –1) bezüglich der beiden Ebenen

$\eta: 2x + 4y - 4z - 2 = 0,$ $\varepsilon: \vec{x} = \begin{pmatrix} -2 \\ -2 \\ 1 \end{pmatrix} + r\begin{pmatrix} 1 \\ 3 \\ 2 \end{pmatrix} + s\begin{pmatrix} 3 \\ 4 \\ 1 \end{pmatrix}$!

GA 232 Sind P_0, P_1 und P_2 drei Punkte, die eine Ebene bestimmen, so ist $\vec{x} = \vec{p}_0 + r(\vec{p}_1 - \vec{p}_0) + s(\vec{p}_2 - \vec{p}_0)$ eine Gleichung dieser Ebene. Bestimmen Sie die Parameter r und s jeweils so, dass die Punkte P_0, P_1 und P_2 beschrieben werden!

GA 233 Gegeben sei eine Ebene ε durch ihre Gleichung $\vec{x} = \begin{pmatrix} 0 \\ 1 \\ 2 \end{pmatrix} + r\begin{pmatrix} -1,5 \\ 0 \\ 2 \end{pmatrix} + s\begin{pmatrix} 1,5 \\ -1 \\ 0 \end{pmatrix}$.

Geben Sie eine Achsenabschnittsgleichung dieser Ebene an und veranschaulichen Sie diese Ebene in einem Koordinatensystem!

GA 234 Gegeben seien eine Ebene ε durch die Gleichung $\varepsilon\colon \frac{x}{3} - \frac{y}{2} + \frac{z}{3} = 1$ und eine Gerade g durch die Gleichung $g\colon \vec{x} = \begin{pmatrix} 4 \\ 1 \\ 0{,}5 \end{pmatrix} + t\begin{pmatrix} 4 \\ 2 \\ -1 \end{pmatrix}$. Zeigen Sie, dass g in ε liegt! (*Hinweis:* Zeigen Sie, dass zwei Punkte von g in ε liegen!)

GA 235 Gegeben sei eine Ebene ε_i. Bestimmen Sie die Gleichungen der Schnittgeraden (falls vorhanden) von ε_i mit den Koordinatenebenen!

a) $\varepsilon_1\colon \vec{x} = \begin{pmatrix} 4 \\ 2 \\ 2 \end{pmatrix} + r\begin{pmatrix} 8 \\ -4 \\ 0 \end{pmatrix} + s\begin{pmatrix} 8 \\ -4 \\ 6 \end{pmatrix}$ b) $\varepsilon_2\colon 3x + 6y + 4z = 24$ c) $\varepsilon_3\colon \vec{x} = \begin{pmatrix} 2 \\ 2 \\ 2 \end{pmatrix} + r\begin{pmatrix} 1 \\ 2 \\ 3 \end{pmatrix} + s\begin{pmatrix} -2 \\ 2 \\ 1 \end{pmatrix}$

G 4.3 Spezielle Ebenen

GA 236 Bestimmen Sie in allgemeiner Form die Gleichung einer Ebene, die senkrecht auf der xy-Ebene steht und den Punkt $P_0(2;\,3;\,5)$ enthält!

GA 237 Bestimmen Sie jeweils die Gleichung einer Ebene, die

a) parallel zur xy-Ebene ist und die z-Achse im Punkt $Z(0;\,0;\,z_0)$schneidet,
b) parallel zur yz-Ebene ist und die x-Achse im Punkt $X(x_0;\,0;\,0)$schneidet,
c) parallel zur zx-Ebene ist und die y-Achse im Punkt $Y(0;\,y_0;\,0)$schneidet.

GA 238 Bestimmen Sie die Schnittpunkte der Geraden $g\colon \vec{x} = \begin{pmatrix} 1 \\ 2 \\ 3 \end{pmatrix} + t\begin{pmatrix} -2 \\ 2 \\ 0 \end{pmatrix}$ mit den Ebenen ε_i **GTA**

a) $\varepsilon_1\colon 2x - y + 3 = 0$ b) $\varepsilon_2\colon x + y - 3 = 0$ c) $\varepsilon_3\colon -y + z + 2 = 0$

GA 239 Bestimmen Sie die Gleichungen der drei Ebenen ε_1, ε_2 und ε_3, die die Gerade g mit der Gleichung $\vec{x} = \begin{pmatrix} 2 \\ 2 \\ 1 \end{pmatrix} + t\begin{pmatrix} 1 \\ 3 \\ -2 \end{pmatrix}$ enthalten und jeweils senkrecht zu den Koordinatenebenen sind!

GA 240 Bestimmen Sie die Gleichungen der Schnittgeraden der folgenden Ebenen mit den Koordinatenebenen, falls diese Schnittgeraden existieren:

a) $y + 2z - 3 = 0$ b) $2x - 3y + 9 = 0$ c) $2x - 37 = 0$
d) $6x + 3y + 2z - 6 = 0$ e) $z + 3 = 0$

G 4.4 Lagebeziehungen von Gerade und Ebene

GA 241 Gegeben seien eine Ebene $\varepsilon\colon \vec{x} = \begin{pmatrix} 2 \\ 1 \\ 6 \end{pmatrix} + r\begin{pmatrix} -3 \\ 0 \\ 4 \end{pmatrix} + s\begin{pmatrix} -2 \\ 1 \\ 3 \end{pmatrix}$ und die Gerade $g\colon \vec{x} = \begin{pmatrix} 1 \\ 0 \\ 2 \end{pmatrix} + r\begin{pmatrix} -1 \\ -1 \\ -1 \end{pmatrix}$.
Bestimmen Sie den Schnittpunkt von g und ε!

GA 242 Bestimmen Sie die Schnittpunkte der Geraden $g\colon \vec{x} = \begin{pmatrix} 2 \\ -1 \\ 3 \end{pmatrix} + t\begin{pmatrix} -1 \\ 0 \\ 3 \end{pmatrix}$ mit den Koordinatenebenen!

GA 243 Bestimmen Sie die Gleichung der Ebene, die die Koordinatenachsen in den Punkten $P_x(-3;\,0;\,0)$, $P_y(0;\,-1;\,0)$, $P_z(0;\,0;\,-2)$ schneidet!

GA 244 Wie liegen die Geraden g, h, l und m bezüglich der Ebene ε: $\frac{x}{2} + \frac{y}{3} + \frac{z}{4} = 1$?

$g: \vec{x} = \begin{pmatrix} -1 \\ -1 \\ 2 \end{pmatrix} + t \begin{pmatrix} 1 \\ -3 \\ 2 \end{pmatrix}$ $\quad h: \vec{x} = \begin{pmatrix} 3 \\ 4 \\ -2 \end{pmatrix} + t \begin{pmatrix} 1 \\ 1 \\ 2 \end{pmatrix}$ $\quad l: \vec{x} = \begin{pmatrix} 0 \\ 4 \\ -5 \end{pmatrix} + t \begin{pmatrix} 2 \\ -1 \\ 1 \end{pmatrix}$ $\quad m: \vec{x} = \begin{pmatrix} 2 \\ 1{,}5 \\ -2 \end{pmatrix} + t \begin{pmatrix} 1 \\ 1{,}5 \\ -4 \end{pmatrix}$

Bestimmen Sie gegebenenfalls die Durchstoßpunkte!

GA 245 Untersuchen Sie die Lagebeziehungen der Geraden g_1, g_2, g_3 bezüglich der Ebene ε mit der Gleichung ε: $2x + 3y - z + 2 = 0$:

a) $g_1: \vec{x} = \begin{pmatrix} 1 \\ -2 \\ -2 \end{pmatrix} + t \begin{pmatrix} 1 \\ 2 \\ 3 \end{pmatrix}$ b) $g_2: \vec{x} = \begin{pmatrix} 0 \\ 0 \\ 2 \end{pmatrix} + t \begin{pmatrix} -1 \\ 0 \\ -2 \end{pmatrix}$ c) $g_3: \vec{x} = \begin{pmatrix} 1 \\ -2 \\ 2 \end{pmatrix} + t \begin{pmatrix} -1 \\ -1 \\ -5 \end{pmatrix}$

Bestimmen Sie gegebenenfalls die Durchstoßpunkte!

GA 246

a) Geben Sie eine Gleichung einer Ebene ε an, die zur Geraden $g: \vec{x} = \begin{pmatrix} 1 \\ 4 \\ 1 \end{pmatrix} + t \begin{pmatrix} 1 \\ 1 \\ 2 \end{pmatrix}$ echt parallel ist!

b) Geben Sie eine Gleichung einer Geraden g an, die zur Ebene ε: $2x - 3y + z - 4 = 0$ echt parallel ist!

GA 247 Welche spezielle Lage zu den Koordinatenebenen und Koordinatenachsen besitzen die Geraden mit den folgenden Gleichungen:

a) $g_1: \vec{x} = \begin{pmatrix} 1 \\ 2 \\ -3 \end{pmatrix} + t \begin{pmatrix} 0 \\ 2 \\ 1 \end{pmatrix}$ b) $g_2: \vec{x} = \begin{pmatrix} 2 \\ 0 \\ -5 \end{pmatrix} + t \begin{pmatrix} 3 \\ 0 \\ 2 \end{pmatrix}$ c) $g_3: \vec{x} = \begin{pmatrix} 1 \\ 2 \\ -1 \end{pmatrix} + t \begin{pmatrix} 0 \\ 0 \\ 1 \end{pmatrix}$

GA 248 Ein Würfel der Kantenlänge 2 liegt so in einem kartesischen Koordinatensystem, wie es in der nebenstehenden Abbildung gezeigt ist. Berechnen Sie den Durchstoßpunkt der Strecke $\overline{BH}$ durch die Ebene, die durch die Punkte D, E und G geht!

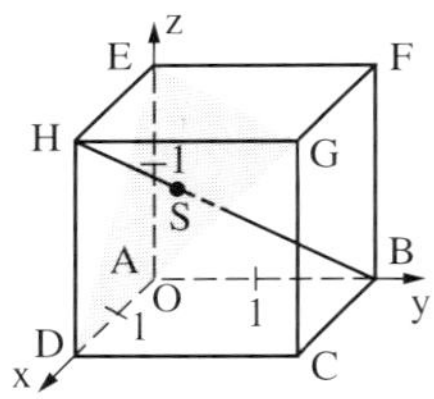

GTA **GA 249** Gegeben sei ein Quader, wie er im Bild gezeigt ist. Weiterhin seien drei Punkte P, Q, R gegeben, die eine Ebene ε bestimmen:

a) P(3; 2; 3), Q(4; 5; 2), R(0; 5; 2)
b) P(3; 0; 3), Q(4; 5; 1), R(0; 5; 2)
c) P(1; 4; 3), Q(2; 5; 3), R(0; 5; 1)
d) P(1; 1; 3), Q(4; 5; 1), R(0; 5; 2)
e) P(1; 1; $\frac{3}{2}$), Q(4; 3; 0), R(0; 5; 2)

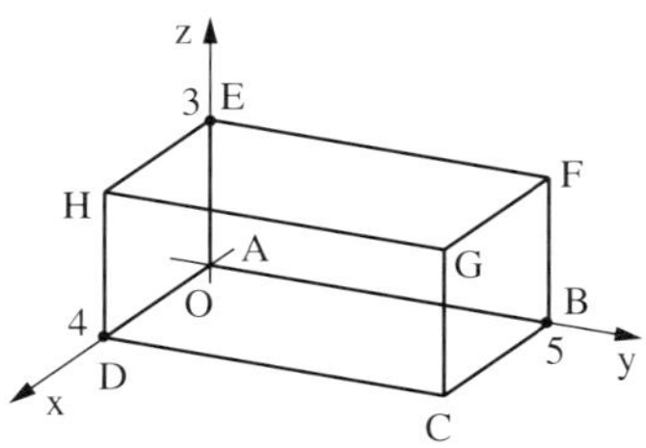

Bestimmen Sie jeweils die Schnittpunkte von ε mit den Kanten des Quaders und zeichnen Sie die Schnittfigur im Schrägbild des Quaders ein!

GTA **GA 250** Im Bild ist ein regelmäßiges Tetraeder mit der Kantenlänge 4 cm dargestellt. U, V und W sind die Mittelpunkte der Kanten $\overline{BC}$, $\overline{CD}$ und $\overline{AD}$.

a) Zeigen Sie, dass g(AC) parallel zur Ebene durch U, V, W ist!
b) Bestimmen Sie die Schnittpunkte dieser Ebene mit den restlichen Tetraederkanten!

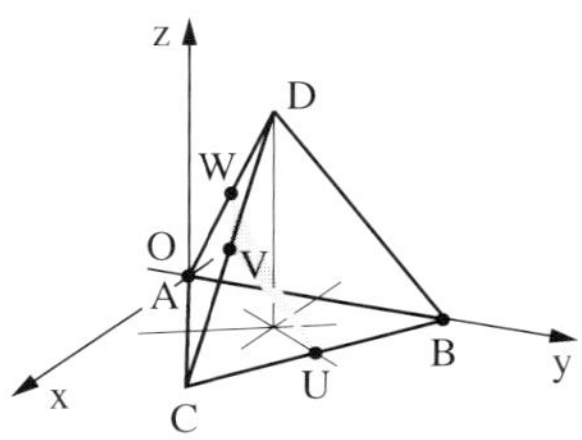

GA 251 Durch die drei linear unabhängigen Vektoren $\vec{a}$, $\vec{b}$, $\vec{c}$ wird ein Parallelepiped bestimmt. Berechnen Sie den Schnittpunkt S der Raumdiagonalen $\overline{OD}$ mit der Ebene durch A, B, C! In welchem Verhältnis teilt S die Raumdiagonale?

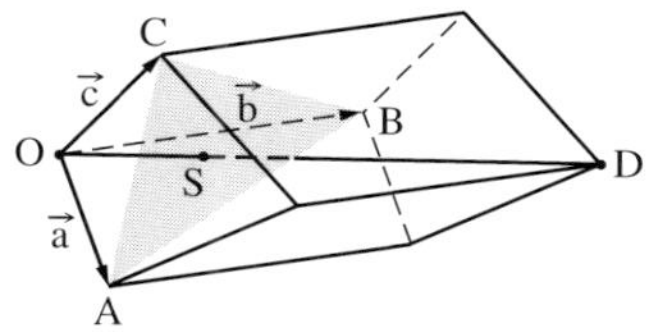

GA 252 Untersuchen Sie, in Bezug auf Beispiel G 49, die Lage der Punkte P_i, i = 1, 2, …, 6, die sich durch Permutation der Koordinaten von **GTA**

a) A(2; 4; 6), b) B(2; 3; 6)

jeweils ergeben!

GA 253 Beweisen Sie, dass die Punkte, die sich durch Permutation der Koordinaten des Punktes P(a; b; c) ergeben, auf einem Kreis liegen!

G 4.5 Lagebeziehungen von zwei Ebenen

GA 254 Gegeben seien im Raum vier Ebenen ε, η_1, η_2 und η_3.

$$\varepsilon:\ \vec{x} = \begin{pmatrix}3\\0\\1\end{pmatrix} + r\begin{pmatrix}-1\\3\\3\end{pmatrix} + s\begin{pmatrix}2\\-1\\0\end{pmatrix}, \qquad \eta_1:\ \vec{x} = \begin{pmatrix}0\\2\\3\end{pmatrix} + r\begin{pmatrix}-1\\1\\2\end{pmatrix} + s\begin{pmatrix}-2\\-1\\-1\end{pmatrix},$$

η_2: $6x + 12y - 10z - 8 = 0$ $\qquad$ η_3: $P_1(2; 2; 2)$, $P_2(4; 6; 8)$, $P_3(6; 0; 2)$

Untersuchen Sie das Schnittverhalten der drei Ebenen η_1, η_2 und η_3 bezüglich der Ebene ε!

GA 255 Untersuchen Sie die gegenseitige Lage der Ebenen ε_1, ε_2 und ε_3 und berechnen Sie eventuelle Schnittgeraden zweier Ebenen! Besitzen die drei Ebenen einen gemeinsamen Schnittpunkt?

$$\varepsilon_1:\ 4x - 5y - z - 14 = 0 \qquad \varepsilon_2:\ \vec{x} = \begin{pmatrix}5\\3\\2\end{pmatrix} + r\begin{pmatrix}2\\1\\3\end{pmatrix} + s\begin{pmatrix}5\\4\\0\end{pmatrix} \qquad \varepsilon_3:\ \vec{x} = \begin{pmatrix}2\\0\\3\end{pmatrix} + r\begin{pmatrix}4\\-5\\-4\end{pmatrix} + s\begin{pmatrix}1\\1\\-1\end{pmatrix}$$

GA 256 Geben Sie eine Gleichung einer Ebene η_1 an, welche die Ebene ε: $x + 2y - z + 4 = 0$ schneidet, sowie die Gleichung einer Ebene η_2, die zu ε echt parallel ist! Geben Sie für den ersten Fall eine Gleichung der Schnittgeraden an!

GA 257 Bestimmen Sie die Lagebeziehung der beiden Ebenen ε: $x + y + 3z = 0$ und η: $x + z = 0$!

Vergleichen Sie das Ergebnis mit der Aufgabenstellung ***GA 138*** und ziehen Sie eine Folgerung bezüglich der parameterfreien Darstellung der Gleichung einer Geraden im Raum!

G 5 Lineare Gleichungssysteme und Matrizen

G 5.1 Struktur der Lösungsmenge eines homogenen linearen Gleichungssystems

GA 258 Lösen Sie mit dem GAUSSschen Eliminierungsverfahren das nebenstehende homogene lineare Gleichungssystem und geben Sie die Lösungsmenge übersichtlich als Summe von 4-Tupeln an!

$$x_1 - x_2 - 3x_3 + 2x_4 = 0$$
$$x_1 - 2x_2 - 7x_3 + 7x_4 = 0$$

GA 259 Lösen Sie die folgenden homogenen linearen Gleichungssysteme und stellen Sie die Lösungsmenge mithilfe ganzzahliger Lösungen dar!

Beachte: Ein Vielfaches von beispielsweise $(\frac{4}{3}; \frac{1}{2}; \frac{1}{5})$ ist auch ein Vielfaches von (40; 15; 6).

a) $x_1 + 2x_2 - x_3 = 0$
$3x_1 + 9x_2 - x_3 = 0$

b) $2x_1 - \frac{2}{3}x_2 + \frac{1}{2}x_3 = 0$
$x_1 + \frac{1}{2}x_2 + \frac{1}{3}x_3 = 0$

c) $\frac{1}{2}x_1 + x_2 - x_3 + 2x_4 = 0$
$x_1 + \frac{1}{3}x_2 + \frac{2}{3}x_3 + x_4 = 0$

GA 260 Die 4-Tupel (1; –2; 2; 1), (3; –1; 1; 3) und (–2; 1; –1; –2) sind Lösungen des nebenstehenden Gleichungssystems:

$$x_1 + x_2 + x_3 - x_4 = 0$$
$$-x_1 + x_2 + x_3 + x_4 = 0$$

Überprüfen Sie dies und stellen Sie dann jede dieser Lösungen als eine Summe von Vielfachen der beiden anderen Lösungen dar!

G 5.2 Lineare Gleichungssysteme in Vektorschreibweise

GA 261 Gegeben sei das lineare Gleichungssystem

(I) $2x_1 + 3x_2 + 4x_3 = 3$
(II) $2x_1 + 3x_2 + 4x_3 = -2$
(III) $5x_1 + 3x_2 = 2$

a) Geben Sie dieses Gleichungssystem in Vektorschreibweise an!
b) Lösen Sie das Gleichungssystem in einem Schema nach dem GAUSSschen Verfahren bzw. mit einem GTA!
c) Zeichnen Sie die sich aus der Vektorschreibweise $x_1\vec{a}_1 + x_2\vec{a}_2 + x_3\vec{a}_3 = \vec{b}$ ergebenen Vektoren $\vec{a}_1$, $\vec{a}_2$, $\vec{a}_3$ und $\vec{b}$ in einem Schrägbild (Kavalierperspektive) ein! Interpretieren Sie das unter b) erhaltene Ergebnis mit Argumenten über die Lage der Vektoren $\vec{a}_1$, $\vec{a}_2$, $\vec{a}_3$ und $\vec{b}$!
d) Die Vektoren $\vec{a}_1$, $\vec{a}_2$ und $\vec{a}_3$ sind Ortsvektoren $\vec{a}_i = \overrightarrow{OA_i}$ einer Ebene ε mit O, A_1, A_2, $A_3 \in \varepsilon$.
Geben Sie eine parameterfreie Gleichung von ε an und beschreiben Sie $\vec{a}_3$ als Linearkombination von $\vec{a}_1$ und $\vec{a}_2$!
e) Wir interpretieren die Gleichungen (I) bis (III) des Systems als Ebenengleichungen:
Welche Lagebeziehung besteht zwischen der Ebene ε_1 mit der Gleichung (I) und der Ebene ε_2 mit der Gleichung (II)?
Ermitteln Sie jeweils eine Gleichung für die Schnittgerade von ε_1 und ε_3 bzw. ε_2 und ε_3, wobei ε_3 die Gleichung (III) hat!

GA 262 Lösen Sie die folgenden linearen Gleichungssysteme:

a) $2x_1 + 6x_2 + 7x_3 = 0$
$-x_1 + 2x_2 = 0$
$2x_1 + x_2 + 5x_3 = 0$

b) $x_1\begin{pmatrix}2\\3\\1\end{pmatrix} + x_2\begin{pmatrix}0\\1\\5\end{pmatrix} + x_3\begin{pmatrix}1\\1\\-2\end{pmatrix} = \vec{b}_i$; $\vec{b}_1 = \begin{pmatrix}3\\4\\2\end{pmatrix}$, $\vec{b}_2 = \begin{pmatrix}1\\1\\1\end{pmatrix}$

Welche Konsequenzen hat das jeweilige Ergebnis für die drei Vektoren $\vec{a}_1$, $\vec{a}_2$ und $\vec{a}_3$ der Koeffizienten der entsprechenden Variablen?

GA 263 Gegeben seien die Vektoren

$\vec{a}_1 = \begin{pmatrix}1\\0\\0\end{pmatrix}$ $\vec{a}_2 = \begin{pmatrix}1\\1\\0\end{pmatrix}$ $\vec{a}_3 = \begin{pmatrix}0\\1\\1\end{pmatrix}$ $\vec{a}_4 = \begin{pmatrix}1\\0\\1\end{pmatrix}$ $\vec{a}_5 = \begin{pmatrix}1\\1\\1\end{pmatrix}$

Bilden Sie mithilfe dieser Vektoren $\vec{a}_i$, i = 1, 2, …, 5 als Koeffizientenvektoren für Variable ein Gleichungssystem mit 3 Variablen, das
a) genau eine Lösung, b) keine Lösung, c) unendlich viele Lösungen
besitzt! Begründen Sie jeweils, dass das von Ihnen angegebene Beispiel die geforderte Eigenschaft besitzt! (Eine Lösung des Systems ist hier nicht notwendig.)

GA 264 Gegeben seien die folgenden Vektoren:

$\vec{a}_1 = \begin{pmatrix} 1 \\ 0 \\ 0 \\ 0 \end{pmatrix}$ $\vec{a}_2 = \begin{pmatrix} 1 \\ 1 \\ 0 \\ 0 \end{pmatrix}$ $\vec{a}_3 = \begin{pmatrix} 0 \\ 0 \\ 1 \\ 1 \end{pmatrix}$ $\vec{a}_4 = \begin{pmatrix} 1 \\ 0 \\ 1 \\ 1 \end{pmatrix}$ $\vec{a}_5 = \begin{pmatrix} 0 \\ 1 \\ 1 \\ 1 \end{pmatrix}$ $\vec{a}_6 = \begin{pmatrix} 0 \\ 0 \\ 0 \\ 1 \end{pmatrix}$

Bilden Sie mithilfe dieser Vektoren a_i, als Koeffizientenvektoren für Variable ein Gleichungssystem mit 4 Variablen, das

a) genau eine Lösung, b) keine Lösung, c) unendlich viele Lösungen

besitzt! Begründen Sie jeweils, dass das von Ihnen angegebene Beispiel die geforderte Eigenschaft besitzt! (Eine Lösung des Systems ist hier nicht notwendig.)

G 5.3 Lösungsmenge eines inhomogenen linearen Gleichungssystems

GA 265 Gegeben sei das nebenstehende homogene lineare Gleichungssystem:

$$\begin{aligned} 10x_1 + 2x_2 + 9x_3 &= 0 \\ -2x_1 + 2x_2 + 3x_3 &= 0 \\ 2x_1 - x_2 - x_3 &= 0 \end{aligned}$$

a) Lösen Sie das Gleichungssystem!
b) Das obige homogene Gleichungssystem gehört zu einem inhomogenen Gleichungssystem mit $x_1 = x_2 = x_3 = 1$ als einer Lösung. Geben Sie das inhomogene System und seine Lösungsmenge an!

GA 266 Gegeben sei das lineare Gleichungssystem mit 4 Variablen und 4 Gleichungen:

$$\begin{aligned} x_1 + x_2 + x_3 + x_4 &= 4 \\ -x_1 + 2x_2 - 10x_3 - 4x_4 &= -13 \\ -3x_1 - 5x_2 + 3x_3 - x_4 &= -6 \\ 2x_1 + 3x_2 - x_3 + x_4 &= 5 \end{aligned}$$

a) Überprüfen Sie, ob $(x_1; x_2; x_3; x_4) = (1; 1; 1; 1)$ eine Lösung des Gleichungssystems ist!
b) Ermitteln Sie alle Lösungen des zum gegebenen System gehörenden homogenen linearen Gleichungssystems!
c) Geben Sie alle Lösungen des gegebenen inhomogenen linearen Gleichungssystems an!

G 5.4 Koeffizientenmatrix; Vektoren und Matrizen

G 5.5 Weitere Rechenoperationen mit Matrizen; Rechenregeln

GA 267 Für das folgende lineare Gleichungssystem kann die Lösungsmenge durch eine Vektorgleichung angegeben werden.

Gleichungssystem:

$$\begin{aligned} x - y + 2z &= -1 \\ -x + 2y - 3z &= 3 \\ x + z &= 1 \end{aligned}$$

Lösungsmenge:

$$\begin{pmatrix} x \\ y \\ z \end{pmatrix} = \begin{pmatrix} 1 \\ 2 \\ 0 \end{pmatrix} + t \begin{pmatrix} -1 \\ 1 \\ 1 \end{pmatrix}$$

a) Überprüfen Sie die Lösungsangabe!
b) Schreiben Sie das obige Gleichungssystem in Matrizendarstellung!
c) $(x; y; z) = (0; 3; 1)$ und $(x; y; z) = (2; 1; -1)$ sind spezielle Lösungen des Gleichungssystems ($t = 1$ bzw. $t = -1$).
Multiplizieren Sie die Koeffizientenmatrix des Gleichungssystems mit dem Spaltenvektor
$\begin{pmatrix} 0 \\ 3 \\ 1 \end{pmatrix}$ bzw. $\begin{pmatrix} 2 \\ 1 \\ -1 \end{pmatrix}$!

GA 268 Schreiben Sie die folgenden Gleichungssysteme jeweils in Matrizendarstellung:

a) $\begin{aligned} 3x + y - 5z &= 1 \\ -2x - 2y + 3z &= -1 \\ 5x + 3y - 7z &= 3 \end{aligned}$

b) $\begin{aligned} 2x - 3y + z &= 1 \\ -5x + 2y - 8z &= 2 \\ -x + 3y + z &= 1 \end{aligned}$

c) $\begin{aligned} 5x + y + 8z &= 7 \\ 4x - 3y - 5z &= 17 \\ -x + 2y + 5z &= -8 \end{aligned}$

d) $\begin{aligned} 2x + 3y - z &= 3 \\ x + 2z &= 4 \\ x - y &= 2 \end{aligned}$

GA 269 Ermitteln Sie die Spaltenvektoren, die aus der nachfolgenden Multiplikation einer Matrix mit einem Vektor hervorgehen!

a) $\begin{pmatrix} 2 & 0 & -1 \\ 3 & 1 & 2 \\ 1 & 2 & 1 \end{pmatrix} \cdot \begin{pmatrix} 1 \\ 4 \\ -1 \end{pmatrix}$

b) $\begin{pmatrix} 1 & 2 & 3 \\ -1 & 0 & 1 \end{pmatrix} \cdot \begin{pmatrix} 3 \\ 2 \\ 1 \end{pmatrix}$

c) $\begin{pmatrix} 5 & 3 \\ 2 & 1 \end{pmatrix} \cdot \begin{pmatrix} 2 \\ 1 \end{pmatrix}$

d) $\begin{pmatrix} 3 & 4 \\ 2 & -1 \\ -2 & 5 \end{pmatrix} \cdot \begin{pmatrix} 3 \\ -1 \end{pmatrix}$

e) $\begin{pmatrix} 3 & 8 & -1 \\ 0 & 5 & 3 \\ -1 & -1 & 2 \end{pmatrix} \cdot \begin{pmatrix} 1 \\ 2 \\ -1 \end{pmatrix}$

f) $\begin{pmatrix} 1 & 0 \\ 0 & 1 \end{pmatrix} \cdot \begin{pmatrix} 7 \\ 4 \end{pmatrix}$

GA 270 Multiplizieren Sie die Matrix $\begin{pmatrix} 0 & -5 \\ -2 & 3 \\ 4 & -1 \\ -6 & 0 \end{pmatrix}$ mit den Vektoren $\vec{x}_1 = \begin{pmatrix} 1 \\ 0 \end{pmatrix}, \vec{x}_2 = \begin{pmatrix} 0 \\ 1 \end{pmatrix}, \vec{x}_3 = \begin{pmatrix} 7 \\ 1 \end{pmatrix},$

$\vec{x}_4 = \begin{pmatrix} 2 \\ -1 \end{pmatrix}, \vec{x}_5 = \begin{pmatrix} -1 \\ -1 \end{pmatrix}, \vec{x}_6 = \begin{pmatrix} 10 \\ -2 \end{pmatrix}$!

GA 271

a) Multiplizieren Sie die Matrix $\begin{pmatrix} 5 & 3 & 1 \\ 4 & 6 & 5 \\ 7 & 9 & 2 \end{pmatrix}$ mit dem Vektor $\begin{pmatrix} 1 \\ 1 \\ 1 \end{pmatrix}$ und deuten Sie das Ergebnis!

b) Durch welche Multiplikation kann man die Summe der jeweiligen Spaltenelemente (Spaltensumme) der Matrix unter a) ermitteln?

GA 272 Es sei $\begin{pmatrix} 2 & -1 & -2 & -1 \\ 3 & -4 & 1 & 4 \\ 1 & 1 & -1 & 1 \end{pmatrix}$ die erweiterte Koeffizientenmatrix eines linearen Gleichungssystems. Das Gleichungssystem ist genau dann lösbar, wenn der Vektor $\vec{b} = \begin{pmatrix} -1 \\ 4 \\ 1 \end{pmatrix}$ der Absolutglieder eine Linearkombination der „Spaltenvektoren“ $\begin{pmatrix} 2 \\ 3 \\ 1 \end{pmatrix}$, $\begin{pmatrix} -1 \\ -4 \\ 1 \end{pmatrix}$ und $\begin{pmatrix} -2 \\ 1 \\ -1 \end{pmatrix}$ der Koeffizientenmatrix ist. Lösen Sie das Gleichungssystem und geben Sie (falls möglich) eine solche Linearkombination von $\vec{b}$ an!

GA 273 In einer Firma werden vier Legierungen L_1, L_2, L_3 und L_4 in 40, 25, 30 bzw. 50 Mengeneinheiten (ME) benötigt. Eine Tabelle weist die Materialkosten pro ME in Geldeinheiten von drei Anbietern (Ab) aus. Ermitteln Sie den/die Anbieter, der/die für den gesamten Bedarf an Legierungen das kostengünstigste Angebot machte/ten.

	L_1	L_2	L_3	L_4
Ab 1	6	7	5	4
Ab 2	7	5	6	4
Ab 3	5	6	7	5

GA 274 Für die Sanierung eines Hauses benötigt eine Baufirma Fenster in 3 verschiedenen Größen und Türen in 2 verschiedenen Größen. Die Anzahl der Fenster F_1, F_2, F_3 ist 30, 22 bzw. 12 und die Anzahl der Türen T_1, T_2 ist 15 bzw. 8. Die Baufirma lässt von 3 Herstellern (Hst) Kostenvoranschläge anfertigen. Die Tabelle gibt die Kosten pro Stück in Euro an. Welcher Hersteller unterbreitet das günstigste Angebot?

	F_1	F_2	F_3	T_1	T_2
Hst 1	120	150	180	320	500
Hst 2	100	150	200	430	630
Hst 3	90	120	170	820	940

GA 275 Die beiden Tabellen geben an, mit welchen Mengeneinheiten dreier Rohstoffe zwei Zwischenprodukte erzeugt werden, aus denen zwei Endprodukte entstehen. Ermitteln Sie, wie viel Rohstoffeinheiten zur Herstellung von je einer Einheit der Endprodukte E_1 bzw. E_2 benötigt werden!

	R_1	R_2	R_3
Z_1	2	1	2
Z_2	1	3	1

	Z_1	Z_2
E_1	6	4
E_2	3	7

GA 276 In einem Produktionsprozess werden aus drei Rohstoffen R_1, R_2 und R_3 zwei Zwischenprodukte Z_1 und Z_2 mit nebenstehender Zusammensetzung hergestellt. Anschließend entstehen aus den beiden Rohstoffen mit den zwei Zwischenprodukten Z_1 und Z_2 in der angegebenen Zusammensetzung zwei verschiedene Endprodukte. Ermitteln Sie, wie viel Rohstoffeinheiten zur Herstellung von je einer Einheit der Endprodukte E_1 bzw. E_2 benötigt werden!

	R_1	R_2	R_3
Z_1	2	1	2
Z_2	1	3	1

	R_1	R_2	Z_1	Z_2
E_1	1	2	4	3
E_2	3	1	1	5

GA 277 Gegeben seien die folgenden Martrizen:

$$A = \begin{pmatrix} 3 & 1 \\ 2 & 4 \end{pmatrix} \qquad B = \begin{pmatrix} 1 & -2 & 5 \\ -3 & 4 & 1 \end{pmatrix} \qquad C = \begin{pmatrix} 3 & 6 \\ 1 & 2 \\ 2 & 4 \end{pmatrix} \qquad D = \begin{pmatrix} 2 & 1 \\ 0 & -3 \end{pmatrix}$$

a) Berechnen Sie $A \cdot D$, $D \cdot A$, $A \cdot B$, $C \cdot D$, $B \cdot C$ und $C \cdot B$!
b) Warum sind die Produktmatrizen $A \cdot C$, $B \cdot D$ und $D \cdot C$ nicht definiert?

GA 278 Gegeben seien die Matrizen $A = \begin{pmatrix} 1 & 3 & 5 \\ 2 & 4 & 6 \\ 1 & 1 & 1 \end{pmatrix}$ $B = \begin{pmatrix} 0 & 1 & 0 \\ 0 & 0 & 1 \\ 1 & 0 & 0 \end{pmatrix}$

a) Bilden Sie die Produktmatrizen $B \cdot A$ und $A \cdot B$!
b) Interpretieren Sie die Ergebnisse aus Aufgabe a): Was bewirkt die Multiplikation von A mit B von links ($B \cdot A$) bzw. von rechts ($A \cdot B$)?

GA 279 Bestimmen Sie alle Matrizen A mit $A \cdot A = \begin{pmatrix} 4 & -4 \\ 0 & 4 \end{pmatrix}$!

GA 280 Für eine quadratische Matrix A und für natürliche Zahlen n mit $n \geq 1$ wird induktiv definiert:

$$A^1 = A$$
$$A^{n+1} = A^n \cdot A$$

a) Beweisen Sie mittels vollständiger Induktion, dass für $n \geq 1$ gilt: $\begin{pmatrix} 1 & 1 \\ 0 & 1 \end{pmatrix}^n = \begin{pmatrix} 1 & n \\ 0 & 1 \end{pmatrix}$

b) Beweisen Sie mittels vollständiger Induktion, dass für $n \geq 1$ gilt: $\begin{pmatrix} 1 & 1 & 1 \\ 0 & 1 & 1 \\ 0 & 0 & 1 \end{pmatrix}^n = \begin{pmatrix} 1 & n & \frac{n(n+1)}{2} \\ 0 & 1 & n \\ 0 & 0 & 1 \end{pmatrix}$

GA 281 Gegeben ist eine Matrix $A = \begin{pmatrix} a_1 & 0 & 0 \\ 0 & a_2 & 0 \\ 0 & 0 & a_3 \end{pmatrix}$ mit von null verschiedenen und paarweise

verschiedenen Einträgen auf der Diagonalen.
Ermitteln Sie alle 3-reihigen Matrizen B mit der Eigenschaft $A \cdot B = B \cdot A$ (d.h. alle Matrizen B, die mit der Matrix A vertauschbar sind)!

GA 282 Gegeben sind folgende Matrizen:

$A = \begin{pmatrix} 2 & 3 \\ 1 & 4 \end{pmatrix}$ $B = \begin{pmatrix} -1 & 0 \\ 0 & -1 \end{pmatrix}$ $C = \begin{pmatrix} 7 & 5 \\ 9 & 3 \end{pmatrix}$ $D = \begin{pmatrix} 10 & 5 & 15 \\ 3 & 9 & 1 \end{pmatrix}$ $E = \begin{pmatrix} -5 & 5 & 1 \\ 1 & 2 & 3 \end{pmatrix}$

a) Berechnen Sie $A + B$, $B + C$, $(A + B) + C$, $(B + C) + A$, $5A$, $5A + 3B$!
b) Berechnen Sie $D + E$, $2D + 3E$!
c) Warum kann die Summe $A + D$ nicht gebildet werden?

GA 283 Gegeben sind folgende Matrizen:

$A = \begin{pmatrix} -5 & 10 \\ -5 & 8 \end{pmatrix}$ $B = \begin{pmatrix} 2 & -3 \\ 1 & -3 \end{pmatrix}$ $E = \begin{pmatrix} 1 & 0 \\ 0 & 1 \end{pmatrix}$

Berechnen Sie die Matrix X aus der Matrizengleichung $A \cdot X + 3B \cdot X = E$!

GA 284 Gegeben sind folgende Matrizen:

$A = \begin{pmatrix} 9 & 1 & -1 \\ 3 & 2 & 2 \\ 1 & 2 & 0 \end{pmatrix}$ $B = \begin{pmatrix} 4 & 3 & -2 \\ 1 & 3 & 1 \\ 5 & 0 & 1 \end{pmatrix}$ $E = \begin{pmatrix} 1 & 0 & 0 \\ 0 & 1 & 0 \\ 0 & 0 & 1 \end{pmatrix}$

Berechnen Sie die Matrix X aus der Matrizengleichung $A \cdot X - B \cdot X = E$!

GA 285 Gegeben sind folgende Matrizen:

$A = \begin{pmatrix} 1 & 2 \\ 0 & 1 \end{pmatrix}$ $B = \begin{pmatrix} 2 & 1 \\ 1 & 0 \end{pmatrix}$ $C = \begin{pmatrix} 12 & -7 \\ 5 & -7 \end{pmatrix}$

Berechnen Sie die Matrix X aus der Matrizengleichung $A \cdot X - 2B \cdot X = 2C - X$!

GA 286 Ermitteln Sie zur Matrix A jeweils die inverse Matrix A^{-1}, falls diese existiert:

a) $A = \begin{pmatrix} -1 & -1 \\ 2 & 1 \end{pmatrix}$ b) $A = \begin{pmatrix} 2 & -2 \\ -1 & 3 \end{pmatrix}$ c) $A = \begin{pmatrix} 1 & 0 & 1 \\ 2 & 1 & 3 \\ 0 & 2 & 1 \end{pmatrix}$

d) $A = \begin{pmatrix} 2 & 3 & -1 \\ 1 & 3 & 1 \\ -1 & -1 & 2 \end{pmatrix}$ e) $A = \begin{pmatrix} 2 & 3 & -1 \\ 1 & 3 & 1 \\ -2 & -2 & 4 \end{pmatrix}$

GA 287 Gegeben sei die Matrix $A = \begin{pmatrix} 2 & 3 & 1 \\ 0 & 2 & a \\ 1-a & 3 & 1 \end{pmatrix}$ mit $a \in \mathbb{R}$.

a) Für welche reellen Zahlen a ist das Gleichungssystem $A \cdot \vec{x} = \vec{o}$ $\left(\vec{x} = \begin{pmatrix} x \\ y \\ z \end{pmatrix}, \vec{o} = \begin{pmatrix} 0 \\ 0 \\ 0 \end{pmatrix}\right)$ nur trivial lösbar (ist die Matrix A also regulär)?
b) Bilden Sie für a = 1 die zu A inverse Matrix A^{-1}!
Lösen Sie das Gleichungssystem $\begin{pmatrix} 2 & 3 & 1 \\ 0 & 2 & 1 \\ 0 & 3 & 1 \end{pmatrix} \begin{pmatrix} x \\ y \\ z \end{pmatrix} = \begin{pmatrix} 2 \\ 1 \\ 4 \end{pmatrix}$!
c) Ermitteln Sie A^{-1} zu $A = \begin{pmatrix} 2 & 3 & 1 \\ 0 & 2 & -1 \\ 2 & 3 & 1 \end{pmatrix}$, falls A^{-1} existiert!

G 5.6 Lösen von Anwendungsproblemen

GA 288 Im Knotenpunkt P eines Bockgerüstes (räumliches Fachwerk) mit den Knotenpunkten A(2; 3; 0), B(–2; 5; 1), C(–3; –6; 2) und P(0; 0; 7) greift eine Kraft $\vec{F}$ an.

Es gilt: $\vec{F} = \begin{pmatrix} F_x \\ F_y \\ F_z \end{pmatrix}$ mit $F_x = -0{,}25$ kN, $F_y = 8$ kN und $F_z = -8{,}25$ kN.

In den Richtungen der Stäbe, die durch die Vektoren $\vec{a} = \overrightarrow{PA}$, $\vec{b} = \overrightarrow{PB}$ und $\vec{c} = \overrightarrow{PC}$ beschrieben werden, wirken die Kräfte $\vec{F}_a$, $\vec{F}_b$ und $\vec{F}_c$. Für diese Kräfte und für $\vec{F}$ gilt die Gleichsgewichtsbedingung $\vec{F}_a + \vec{F}_b + \vec{F}_c + \vec{F} = \vec{o}$.

a) Veranschaulichen Sie das Bockgerüst in einem Schrägbild!

b) Berechnen Sie die Kräfte $\vec{F}_a$, $\vec{F}_b$ und $\vec{F}_c$! Welche Stäbe werden durch eine Druckkraft und welche durch eine Zugkraft belastet?

GA 289 Auf die Spitze S eines Dreibeins mit den Stangen $\overline{SS_1}$, $\overline{SS_2}$ und $\overline{SS_3}$ wirkt eine Kraft $\vec{F}$. Gegeben sind die Koordinaten der Punkte S(–2; 1,6; 2,4), S_1(–1,6; 0; 0), S_2(–3,2; 2,4; 0) und

S_3(–0,4; 3,2; 0) sowie $\vec{F} = \begin{pmatrix} F_x \\ F_y \\ F_z \end{pmatrix}$ mit $F_x = 500$ N, $F_y = -500$ N und $F_z = -900$ N.

a) Veranschaulichen Sie die Lage des Dreibeins im Koordinatensystem!

b) Berechnen Sie die in den Richtungen der Stangen wirkenden Kräfte $\vec{F}_1$, $\vec{F}_2$ und $\vec{F}_3$ und unterscheiden Sie zwischen Zug- und Druckkraft!

GA 290 In einem landwirtschaftlichen Betrieb soll aus drei Futtermitteln ein Mischfutter hergestellt werden. Die drei Futtermittel F_1, F_2 und F_3 enthalten nach der folgenden Tabelle Anteile (in Mengeneinheiten (ME) pro kg) an Kohlehydraten, Eiweiß und Fett:

	Kohlehydrate	Eiweiß	Fett
F_1	4	3	1
F_2	6	4	1
F_3	5	2	1

a) Wieviel Kilogramm von F_1, F_2 und F_3 sind für die Mischung zu verwenden, wenn das Mischfutter 290 ME Kohlehydrate, 180 ME Eiweiß und 62 ME Fett enthalten soll?

b) Prüfen Sie, ob mit den vorhandenen Futtermitteln F_1, F_2 und F_3 ein Mischfutter mit 250 ME Kohlehydraten, 150 ME Eiweiß und 40 ME Fett hergestellt werden kann!

c) Die Futtermittel G_1, G_2 und G_3 haben im Unterschied zu F_1, F_2 und F_3 einen gestaffelten Fettgehalt von 1, 2 bzw. 3 ME pro kg:

	Kohlehydrate	Eiweiß	Fett
G_1	4	3	1
G_2	6	4	2
G_3	5	2	3

Prüfen Sie, ob aus G_1, G_2 und G_3 ein Mischfutter mit 290 ME Kohlehydraten, 180 ME Eiweiß und 110 ME Fett hergestellt werden kann! (Die Mischung soll in ganzen Kilogramm-Einheiten erfolgen.)
Kann der Einsatz des Futtermittels G_3 minimiert werden, falls diese Mischung realisierbar ist?

GA 291 Für die Ernährung eines Menschen soll der tägliche Bedarf an Eiweiß, Kohlehydraten, Fett und Kalorien nur mit Kartoffeln, Schweinefleisch, Karotten und Äpfeln abgedeckt werden.
In der nachfolgenden Tabelle ist der Nährstoffgehalt der einzelnen Lebensmittel angegeben. Außerdem ist der Tagesbedarf der einzelnen Bestandteile (als Richtwerte) verzeichnet.

Nahrungsmittel	Gehalt an Eiweiß	Fettgehalt	Kohlehydratgehalt	Kilokalorien
Kartoffeln (100g)	2	0,2	14	58
Karotten (100g)	1	0,2	8	36
Schweinefleisch (100g)	16	32	0,5	380
Äpfel (Stück)	0,3	0,4	11	50
Tagesbedarf 1	76,8	101,8	263,5	2 272
Tagesbedarf 2	77	102	264	2 270
Tagesbedarf 3	77	102	264	2 272

a) Ermitteln Sie nach dem GAUSSschen Eliminierungsverfahren bzw. mittels GTA die aufzunehmenden Nahrungsmittel in Gramm bzw. Stück, wobei hier die Zeile „Tagesbedarf 1" zugrunde gelegt werden soll! Warum ist die Matrix

$$A = \begin{pmatrix} 2 & 1 & 16 & 0{,}3 \\ 0{,}2 & 0{,}2 & 32 & 0{,}4 \\ 14 & 8 & 0{,}5 & 11 \\ 58 & 36 & 380 & 50 \end{pmatrix} \text{ eine reguläre Matrix?}$$

GTA b) Berechnen Sie mittels GTA die aufzunehmenden Nahrungsmittel auf der Grundlage der gerundeten Werte, also einmal bezogen auf die Zeile „Tagesbedarf 2" und zu anderen bezogen auf die Zeile „Tagesbedarf 3" (ergänzend noch mit den Werten 77 / 102 / 263,5 / 2 272 für den Tagesbedarf)! Vergleichen Sie die drei (bzw. vier) Lösungsvektoren!

c) Berechnen Sie mit den Angaben aus der Tabelle und unter Verwendung der Koeffizientenmatrix A bei Aufnahme von 200 g Kartoffeln, 50 g Karotten, 175 g Schweinefleisch und 2 Äpfel den Gehalt an Nährstoffen und die Zahl der Kilokalorien!

GTA d) Bestätigen Sie mit einem GTA die Gleichungen

$$A^{-1} \cdot \begin{pmatrix} 76{,}8 \\ 101{,}8 \\ 263{,}5 \\ 2\,272 \end{pmatrix} = \begin{pmatrix} 10 \\ 7 \\ 3 \\ 6 \end{pmatrix} \quad \text{bzw.} \quad A^{-1} \cdot \begin{pmatrix} 33{,}1 \\ 57{,}3 \\ 54{,}875 \\ 899 \end{pmatrix} = \begin{pmatrix} 2 \\ 0{,}5 \\ 1{,}75 \\ 2 \end{pmatrix}$$

Ermitteln Sie für die Werte 15, 18 und 80 bei Eiweiß-, Fett- bzw. Kohlehydratgehalt sowie für 540 Kilokalorien die dafür benötigten Mengen Kartoffeln, Karotten, Schweinefleisch und Äpfel!

G 6 Skalarprodukt von Vektoren

G 6.1 Definition und Eigenschaften

GA 292 Zwei Vektoren $\vec{a}$ und $\vec{b}$ besitzen die Beträge $|\vec{a}| = 4$ bzw. $|\vec{b}| = \sqrt{3}$ und schließen einen Winkel von 60° ein. Berechnen Sie das Skalarprodukt dieser beiden Vektoren!

GA 293 Berechnen Sie das Skalarprodukt der folgenden Vektoren:

a) $\vec{a} = \begin{pmatrix} 1 \\ 2 \end{pmatrix}$, $\vec{b} = \begin{pmatrix} 3 \\ 2 \end{pmatrix}$ b) $\vec{u} = \begin{pmatrix} -2 \\ 3 \end{pmatrix}$, $\vec{v} = \begin{pmatrix} -1 \\ 4 \end{pmatrix}$ c) $\vec{p} = \begin{pmatrix} 1 \\ 3 \\ 2 \end{pmatrix}$, $\vec{l} = \begin{pmatrix} -2 \\ 1 \\ 0 \end{pmatrix}$

d) $\vec{f} = \begin{pmatrix} 2 \\ -3 \\ -1 \end{pmatrix}$, $\vec{v} = \begin{pmatrix} -3 \\ 2 \\ 0 \end{pmatrix}$ e) $\vec{f} = \begin{pmatrix} 7 \\ -3 \\ 5 \end{pmatrix}$, $\vec{k} = \begin{pmatrix} 0 \\ 0 \\ -2 \end{pmatrix}$ f) $\vec{u} = \begin{pmatrix} -4 \\ 9 \end{pmatrix}$, $\vec{v} = \begin{pmatrix} 3 \\ 1 \end{pmatrix}$

GA 294 Gegeben seien die Punkte A(2; –1; 4), B(2; 2; –3), C(0; 1; 2) und D(2; –3; 1). Berechnen Sie:

a) $\overrightarrow{AB} \cdot \overrightarrow{BC}$ b) $\overrightarrow{AC} \cdot \overrightarrow{BD}$ c) $\overrightarrow{DA} \cdot \overrightarrow{BD}$ d) $\overrightarrow{BC} \cdot \overrightarrow{BD}$ e) $\overrightarrow{CD} \cdot \overrightarrow{DB}$ f) $\overrightarrow{CD} \cdot \overrightarrow{AD}$

GA 295 Von zwei Vektoren $\vec{a}$ und $\vec{b}$ ist $\vec{a}^2 = 9$, $\vec{b}^2 = 16$ und $\vec{a} \cdot \vec{b} = -6$ bekannt. Berechnen Sie den Winkel α, den $\vec{a}$ und $\vec{b}$ einschließen!

GA 296 Gegeben sind zwei Vektoren $\vec{a}$ und $\vec{b}$ mit $|\vec{a}| = 3$ und $\vec{a} \cdot \vec{b} = 6$. Was können Sie über den Vektor $\vec{b}$ aussagen?

GA 297 Von zwei Vektoren $\vec{a}$ und $\vec{b}$ ist Folgendes bekannt:

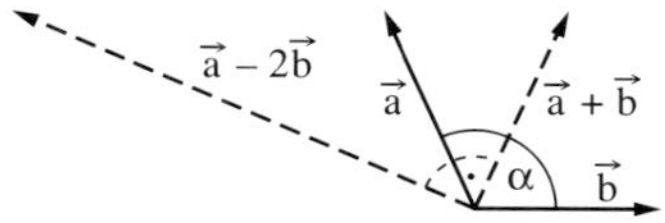

a) $|\vec{a}| = 4$ b) $\vec{a} - 2\vec{b} \perp \vec{a} + \vec{b}$ c) $|\vec{a} - 2\vec{b}| = 2 \cdot |\vec{a} + \vec{b}|$.
Berechnen Sie $|\vec{b}|$, $\vec{a} \cdot \vec{b}$ und den Winkel α, den $\vec{a}$ und $\vec{b}$ einschließen!

GA 298 Zeigen Sie an einem Beispiel, dass bei der Skalarmultiplikation im Allgemeinen $(\vec{a} \cdot \vec{b})^2 \neq \vec{a}^2 \cdot \vec{b}^2$ ist, d.h., dass das Assoziativgesetz im Allgemeinen nicht gilt. In welchem speziellen Fall trifft das Assoziativgesetz zu?

GA 299 Gegeben sind zwei Vektoren $\vec{a} = \begin{pmatrix} 2 \\ 3 \\ 1 \end{pmatrix}$ und $\vec{b} = \begin{pmatrix} -2 \\ 1 \\ -3 \end{pmatrix}$.

Bestimmen Sie zwei reelle Zahlen u und v so, dass $\vec{v} = \begin{pmatrix} u \\ 3 \\ v \end{pmatrix}$ senkrecht auf $\vec{a}$ und $\vec{b}$ steht!

GA 300 Beweisen Sie, dass $(\vec{a} \cdot \vec{b})^2 \neq \vec{a}^2 \cdot \vec{b}^2$!

GA 301

a) Der Vektor $\vec{i} = \begin{pmatrix} 2 \\ 1 \\ 3 \end{pmatrix}$ soll in eine Parallel- und eine Normalkomponente bezüglich der x-Achse zerlegt werden.

b) Der Vektor $\vec{k} = \begin{pmatrix} 2 \\ 1 \end{pmatrix}$ soll in eine Parallel- und eine Normalkomponente bezüglich des Vektors $\vec{u} = \begin{pmatrix} 3 \\ 4 \end{pmatrix}$ zerlegt werden.

GA 302 Wie muss t jeweils gewählt werden, damit die angegebene Gleichung erfüllt ist?

a) $\begin{pmatrix} t \\ 2 \\ 4 \end{pmatrix} \cdot \begin{pmatrix} 2t \\ 1 \\ t \end{pmatrix} = 0$ b) $\begin{pmatrix} 1 \\ 2 \\ 1 \end{pmatrix} \cdot \begin{pmatrix} -t \\ 2t \\ t \end{pmatrix} = 1$ c) $\begin{pmatrix} 2 \\ 1 \\ t \end{pmatrix} \cdot \begin{pmatrix} t \\ -2 \\ 1 \end{pmatrix} = 7$

d) $\begin{pmatrix} 3 \\ -t \\ 1 \end{pmatrix} \cdot \begin{pmatrix} t \\ -2t \\ 1 \end{pmatrix} = 0$ e) $\begin{pmatrix} t \\ 3 \\ 3t \end{pmatrix}^2 = 1$ f) $\begin{pmatrix} 3 \\ t \\ t \end{pmatrix}^2 = \begin{pmatrix} -1 \\ t-2 \\ 2t \end{pmatrix}^2$

GA 303 Beschreiben Sie jeweils die Menge der Punkte X mit dem Ortsvektor $\vec{x}$, für die gilt:

a) $\vec{x} \cdot \begin{pmatrix} 3 \\ 2 \end{pmatrix} = 0$ b) $\begin{pmatrix} 1 \\ 1 \end{pmatrix} \cdot \vec{x} = 4$ c) $\begin{pmatrix} 1 \\ 1 \\ 1 \end{pmatrix} \cdot \vec{x} = 0$

d) $\begin{pmatrix} 1 \\ 0 \end{pmatrix} \cdot \vec{x} = -2$ e) $\begin{pmatrix} 4 \\ 0 \\ 0 \end{pmatrix} \cdot \vec{x} = -4$ f) $\begin{pmatrix} 5 \\ 1 \\ 3 \end{pmatrix} \cdot \vec{x} = 0$

GA 304 Bestimmen Sie zu dem Vektor $\vec{a}_i$ einen Vektor $\vec{b}_i$, der senkrecht zu $\vec{a}_i$ verläuft!

a) $\vec{a}_1 = \begin{pmatrix} 1 \\ 2 \end{pmatrix}$ b) $\vec{a}_2 = \begin{pmatrix} 0 \\ -1 \end{pmatrix}$ c) $\vec{a}_3 = \begin{pmatrix} 1 \\ -2 \\ 3 \end{pmatrix}$ d) $\vec{a}_4 = \begin{pmatrix} 3 \\ -\sqrt{5} \\ 1 \end{pmatrix}$ e) $\vec{a}_5 = \begin{pmatrix} \sqrt{3} \\ 2 \\ \sqrt{3} \end{pmatrix}$

GA 305 Bestimmen Sie jeweils die Koordinaten eines Punktes C so, dass $\overrightarrow{AB}$ und $\overrightarrow{AC}$ zueinander orthogonal sind!

a) A(2; 2; 1), B(3; 3; 2) b) A(–3; 2; 5), B(8; 2; –5) c) A(7; –4; 1), B(9; –1; 3)

GA 306 Bestimmen Sie jeweils die Koordinaten eines Punktes C so, dass das Dreieck ABC bei C rechtwinklig ist!

a) A(0; 0; 1), B(3; 3; –1) b) A(–2; 3; 1), B(2; –1; 0) c) A(2; 2; 0), B(–1; –3; 2)

G 6.2 Anwendungen des Skalarprodukts

GA 307 Ein Segelboot wird so gesteuert, dass der Wind in einem Winkel von 20° zur Fahrtrichtung einfällt. Der Wind übt auf das Segel eine Kraft von 2,1 kN aus. Wie groß ist die nach einer Fahrstrecke von 10 km am Boot verrichtete Arbeit?

GA 308 Berechnen Sie den Winkel, den die folgenden Vektoren einschließen:

a) $\vec{a} = \begin{pmatrix} 4 \\ 0 \end{pmatrix}$, $\vec{b} = \begin{pmatrix} 4 \\ 4\sqrt{3} \end{pmatrix}$ b) $\vec{u} = \begin{pmatrix} 2 \\ 2\sqrt{3} \end{pmatrix}$, $\vec{v} = \begin{pmatrix} 4 \\ -4\sqrt{3} \end{pmatrix}$ c) $\vec{l} = \begin{pmatrix} \sqrt{5} \\ -2 \\ 4 \end{pmatrix}$, $\vec{m} = \begin{pmatrix} \sqrt{6} \\ 3 \\ 1 \end{pmatrix}$

d) $\vec{f} = \begin{pmatrix} 1 \\ 3 \\ -2 \end{pmatrix}$, $\vec{s} = \begin{pmatrix} -2\sqrt{2} \\ -6\sqrt{2} \\ 4\sqrt{2} \end{pmatrix}$ e) $\vec{g} = \begin{pmatrix} 2 \\ 2\sqrt{3} \end{pmatrix}$, $\vec{w} = \begin{pmatrix} -4\sqrt{3} \\ -4 \end{pmatrix}$ f) $\vec{u} = \begin{pmatrix} 7 \\ 1 \\ -3 \end{pmatrix}$, $\vec{v} = \begin{pmatrix} 3 \\ -1 \\ 5 \end{pmatrix}$

GA 309 Berechnen Sie die Innenwinkel des Dreiecks mit den Eckpunkten:

a) $A_1(2; 3)$, $B_1(6; 1)$, $C_1(3; 6)$ b) $A_2(1; 0; 1)$, $B_2(7; 4; 3)$, $C_2(-3; 2; 3)$

c) $A_3(1; 1; 0)$, $B_3(5; 8; 2)$, $C_3(2; 6; 4)$

GA 310 Berechnen Sie die Innenwinkel der Flächen der dreiseitigen Pyramide ABCD mit A(0; 0; 0), B(4; 3; 0), C(0; 5; 0) und D(4; 3; 5)!

GA 311 Berechnen Sie den Winkel zwischen den Strecken $\overline{AK}$ und $\overline{KC}$ in dem nebenstehend skizzierten Behälter!

$|\overline{AG}| = 250$ mm, $|\overline{GK}| = 300$ mm, $|\overline{KI}| = 520$ mm, $|\overline{BL}| = 70$ mm, $|\overline{LE}| = 150$ mm

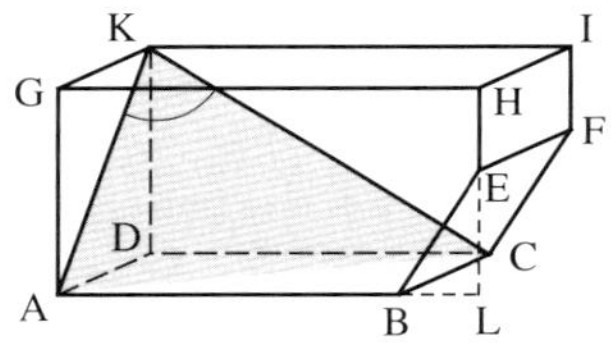

GA 312 Bestimmen Sie jeweils den Schnittwinkel der beiden angegebenen Geraden:

a) g: x – 3y + 2 = 0, h: 4x + 2y – 1 = 0 b) g: $\vec{x} = \begin{pmatrix} -1 \\ -1 \\ -1 \end{pmatrix} + t\begin{pmatrix} 2 \\ 2 \\ 2 \end{pmatrix}$, h: $\vec{x} = \begin{pmatrix} -2 \\ -2 \\ 0 \end{pmatrix} + t\begin{pmatrix} 3 \\ 3 \\ 0 \end{pmatrix}$

c) g: 5x + 2y + 3 = 0, h: –2x + 8y + 3 = 0 d) g: $\vec{x} = \begin{pmatrix} 2 \\ -1 \end{pmatrix} + t\begin{pmatrix} 8 \\ 4 \end{pmatrix}$, h: $\vec{x} = \begin{pmatrix} 1 \\ -1 \end{pmatrix} + t\begin{pmatrix} -1 \\ 0 \end{pmatrix}$

GA 313 Bestimmen Sie jeweils Schnittpunkt und Schnittwinkel der Geraden durch A und B bzw. C und D!

a) A(2; 1; 1), B(3; 2; 2), C(2; 7; –2), D(4; 5; 2)

b) A(3; 2; 5), B(5; 6; 3), C(4; 3; 7), D(–2; –6; 4)

c) A(3; 4; 0), B(6; –2; 3), C(4; 5; 4), D(6; 3; 8)

GA 314 Welche Winkel schließt jeweils die Gerade g_i durch den Ursprung und den Punkt P_i mit den Koordinatenachsen ein?

a) $P_1(3; 3; 1)$ b) $P_2(-4; 5; -2)$ c) $P_3(4; -1; 5)$

GA 315 Bestimmen Sie den Schnittwinkel zweier Raumdiagonalen eines Würfels!

GA 316 Gegeben sei der achsenparallele Quader ABCDEFGH mit der Ecke D im Koordinatenursprung und der gegenüberliegenden Ecke im Punkt F(4; 5; 3). Berechnen Sie die Größe der im Bild angegebenen Winkel α, β und γ!

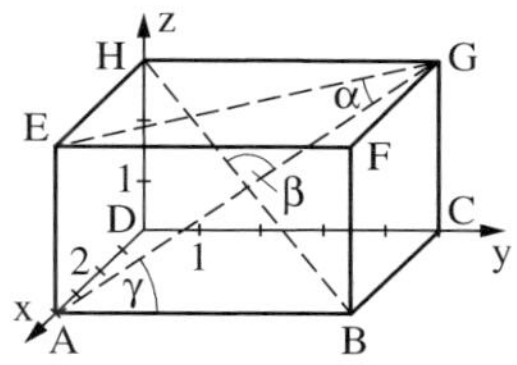

GA 317 α und β sind zwei Nebenwinkel. Beweisen Sie rechnerisch, dass die zugehörigen Winkelhalbierenden senkrecht aufeinander stehen! Beweisen Sie diesen Sachverhalt auch elementargeometrisch!

GA 318 Ein Vektor $\vec{a}$ schließt mit der x-Achse und der y-Achse eines räumlichen kartesischen Koordinatensystems einen Winkel von jeweils 60° ein. Welchen Winkel schließt $\vec{a}$ mit der z-Achse ein?

GA 319 Beweisen Sie, dass für die Neigungswinkel α, β und γ, die ein Vektor mit den Achsen eines räumlichen kartesischen Koordinatensystems einschließt, $\cos^2\alpha + \cos^2\beta + \cos^2\gamma = 1$ gilt!

GA 320 Ein rechtwinkliges Dreieck werde von den zueinander orthogonalen Vektoren $\vec{a}$ und $\vec{b}$ aufgespannt. Beweisen Sie die drei Sätze der Satzgruppe des PYTHAGORAS mithilfe der Vektorrechnung!

GA 321 Ein rechtwinkliges Dreieck werde von den zueinander orthogonalen Vektoren $\vec{a}$ und $\vec{b}$ aufgespannt. M sei der Mittelpunkt der Hypotenuse und es gelte $\vec{c} = \vec{b} - \vec{a}$.

Beweisen Sie: $\overrightarrow{CM}^2 = \frac{1}{2}\left(\vec{a}^2 + \vec{b}^2 + \frac{1}{2}\vec{c}^2\right)$

GA 322 Beweisen Sie, dass im Rhombus (einem Parallelogramm mit vier gleich langen Seiten) die Diagonalen senkrecht aufeinander stehen!

GA 323 Beweisen Sie, dass die Höhen eines Dreiecks einander in einem Punkt schneiden!

GA 324 Beweisen Sie die Umkehrung des Satzes des PYTHAGORAS!

GA 325 Beweisen Sie den Satz des THALES vektoriell! Verwenden Sie dazu die Bezeichnungen aus nebenstehender Figur!

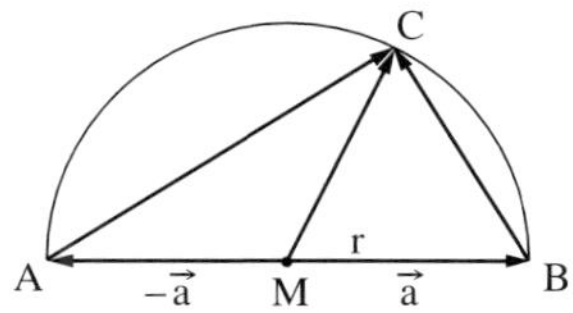

GA 326 Beweisen Sie, dass ein Parallelogramm genau dann ein Rechteck ist, wenn die Diagonalen gleich lang sind!

GA 327 Formulieren Sie die Umkehrung

a) des Höhensatzes, b) des Kathetensatzes

und beweisen Sie (ggf.) die Gültigkeit dieser Umkehrungen!

GA 328 In einem Tetraeder ABCD (s. Fig.) sind $\overrightarrow{DA}$, $\overrightarrow{DB}$, $\overrightarrow{DC}$ Repräsentanten der Vektoren $\vec{a}, \vec{b}, \vec{c}$. Die Vektoren $\vec{u}, \vec{v}, \vec{w}$ werden durch $\overrightarrow{AB}$, $\overrightarrow{BC}$, $\overrightarrow{CA}$ repräsentiert. Beweisen Sie, dass $\vec{a}\cdot\vec{v} + \vec{b}\cdot\vec{w} + \vec{c}\cdot\vec{u} = 0$ gilt!

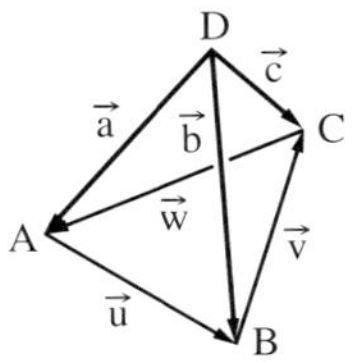

GA 329 In einem Tetraeder ABCD werden durch die Kanten Vektoren so repräsentiert, wie die nachfolgende Figur darstellt. Beweisen Sie: Ist $\vec{a} \perp \vec{v}$ und $\vec{b} \perp \vec{w}$, dann ist auch $\vec{c} \perp \vec{u}$. Sind also in einem Tetraeder zwei Gegenkantenpaare orthogonal, dann gilt dies auch für das dritte Gegenkantenpaar.

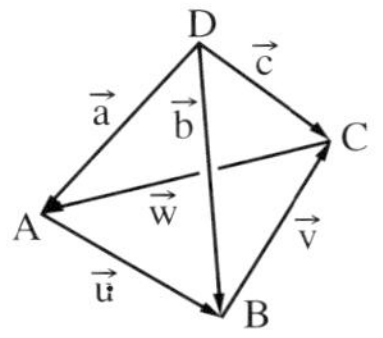

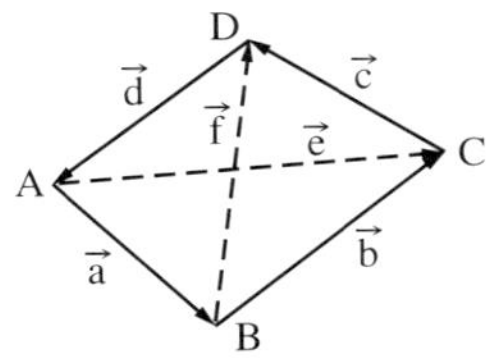

GA 330 Ist ABCD ein Tetraeder, in dem die Richtungsvektoren von g(AD) und g(BC) sowie von g(AB) und g(CD) zueinander senkrecht sind, dann sind auch die Richtungsvektoren von g(BD) und g(AC) zueinander senkrecht.

GA 331 ABCD sei ein Viereck in der Ebene oder im Raum und $\vec{a}, \vec{b}, \vec{c}, \vec{d}$ seien Vektoren, die durch die Viereckseiten repräsentiert werden (s. oben rechts stehende Fig.). Die Diagonalen des Vierecks mögen die Vektoren $\vec{e}$ und $\vec{f}$ repräsentieren. Beweisen Sie, dass dann gilt: $\vec{e}\cdot\vec{f} = \frac{1}{2}(\vec{b}^2 + \vec{d}^2 - \vec{a}^2 - \vec{c}^2)$

GA 332

a) Beweisen Sie, dass im Parallelogramm stets $e^2 + f^2 = 2(a^2 + b^2)$ gilt (s. Fig.)!

b) Beweisen Sie, dass im Parallelepiped stets $d^2 + e^2 + f^2 + g^2 = 4(a^2 + b^2 + c^2)$ gilt (s. Fig.)!

(Wir bezeichnen in dieser Aufgabe den Betrag des Vektors $\vec{x}$ mit x.)

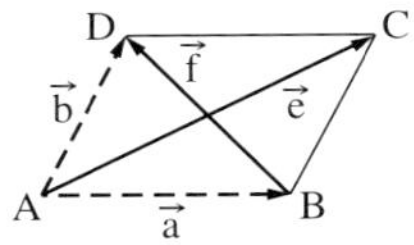

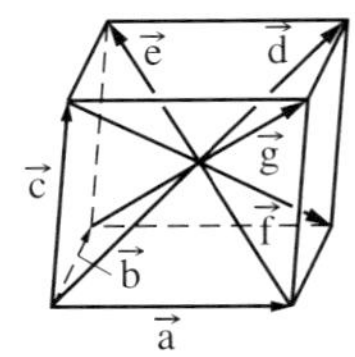

G 6.3 Abstand eines Punktes von einer Geraden bzw. Ebene; HESSEsche Normalformen

GA 333 Gegeben sei eine Gerade g_i in der Ebene durch den Punkt P_i und den Richtungsvektor $\vec{a}_i$:

a) $P_1(1; -2)$, $\vec{a}_1 = \begin{pmatrix}4\\5\end{pmatrix}$ b) $P_2(0; 0)$, $\vec{a}_2 = \begin{pmatrix}-2\\1\end{pmatrix}$ c) $P_3(-2; 3)$, $\vec{a}_3 = \begin{pmatrix}1\\2\end{pmatrix}$

Geben Sie die HESSEsche Normalform von g_i in Koordinaten- und Vektorschreibweise an!

GA 334 Gegeben sei eine Ebene ε_i im Raum durch den Punkt P_i und die Richtungsvektoren $\vec{a}_i$ und $\vec{b}_i$:

a) $P_1(2; 2; 2)$, $\vec{a}_1 = \begin{pmatrix}2\\1\\0\end{pmatrix}$, $\vec{b}_1 = \begin{pmatrix}-2\\2\\2\end{pmatrix}$ b) $P_2(-1; -1; 2)$, $\vec{a}_2 = \begin{pmatrix}-6\\-4\\0\end{pmatrix}$, $\vec{b}_2 = \begin{pmatrix}-3\\0\\-2\end{pmatrix}$

c) $P_3(0; 0; 0)$, $\vec{a}_3 = \begin{pmatrix}1\\0\\2\end{pmatrix}$, $\vec{b}_1 = \begin{pmatrix}2\\2\\2\end{pmatrix}$

Geben Sie die HESSEsche Normalform der Gleichung von ε_i in Koordinaten- und Vektorschreibweise an!

GA 335 Gegeben sind in der Ebene die Gerade g mit der Gleichung $y = 2x + 3$ und der Punkt $P(2; -1)$. Berechnen Sie den Abstand des Punktes P von der Geraden g!

GA 336 Bestimmen Sie zu jeder der angegebenen Geraden in der Ebene einen Normalenvektor:

a) g_1: $5x - 2y + 3 = 0$ b) g_2: $-x + \frac{1}{2}y - 1 = 0$ c) g_3: $y = -2x - 6$

d) g_4: $y = -\frac{1}{3}x - 2$ e) g_5: $y = 7$ f) g_6: $x = -3$

g) g_7: $\vec{x} = \begin{pmatrix} 2 \\ 1 \end{pmatrix} + t\begin{pmatrix} 5 \\ -1 \end{pmatrix}$ h) g_8: $\vec{x} = \begin{pmatrix} 2 \\ 0{,}5 \end{pmatrix} + t\begin{pmatrix} -1 \\ -3 \end{pmatrix}$ i) g_9: $\vec{x} = \begin{pmatrix} 0 \\ 1 \end{pmatrix} + t\begin{pmatrix} -1 \\ 0 \end{pmatrix}$

k) g_{10}: $\vec{x} = \begin{pmatrix} 0{,}2 \\ 0{,}3 \end{pmatrix} + t\begin{pmatrix} 0{,}4 \\ 1{,}2 \end{pmatrix}$

GA 337 Berechnen Sie jeweils den Abstand des Punktes P_i von der Geraden g_i:

a) $P_1(1; 2)$, g_1: $2x - 3y + 1 = 0$ b) $P_2(-1; 6)$, g_2: $y = 4x - 1$

c) $P_3(2; -4)$, g_3: $y = -3x + 2$ d) $P_4(0; 0)$, g_4: $\vec{x} = \begin{pmatrix} 5 \\ 1 \end{pmatrix} + t\begin{pmatrix} 1 \\ 2 \end{pmatrix}$

e) $P_5(-2; 1)$, g_5: $\vec{x} = \begin{pmatrix} -1 \\ -2 \end{pmatrix} + t\begin{pmatrix} -3 \\ 2 \end{pmatrix}$ f) $P_6(1; -1)$, g_6: $\vec{x} = \begin{pmatrix} 3 \\ -2 \end{pmatrix} + t\begin{pmatrix} 6 \\ 2 \end{pmatrix}$

GA 338 Berechnen Sie jeweils die Längen der Höhen der folgenden Dreiecke ABC:

a) $A(-4; 1)$, $B(5; 4)$, $C(1; 1)$ b) $A(-2; -1)$, $B(5; -2)$, $C(1; -5)$ c) $A(-2; -3)$, $B(2; 3)$, $C(-2; 3)$

GA 339 Berechnen Sie jeweils den Abstand der nachfolgenden zueinander parallelen Geraden g_i und h_i in der Ebene:

a) g_1: $5x + 2y - 3 = 0$, h_1: $5x + 2y + 1 = 0$ b) g_2: $2x - y - 6 = 0$, h_2: $y = 2x$

c) g_3: $\vec{x} = \begin{pmatrix} 1 \\ 0 \end{pmatrix} + t\begin{pmatrix} 2 \\ 1 \end{pmatrix}$, h_3: $x - 2y + 4 = 0$ d) g_4: $\vec{x} = \begin{pmatrix} 0 \\ 1 \end{pmatrix} + t\begin{pmatrix} 3 \\ 1 \end{pmatrix}$, h_4: $y = \frac{1}{3}x - 1$

e) g_5: $\vec{x} = \begin{pmatrix} 2 \\ 1 \end{pmatrix} + s\begin{pmatrix} 1 \\ 2 \end{pmatrix}$, h_5: $\vec{x} = \begin{pmatrix} 3 \\ 5 \end{pmatrix} + t\begin{pmatrix} 1 \\ 2 \end{pmatrix}$ f) g_6: $\vec{x} = \begin{pmatrix} 0 \\ 1 \end{pmatrix} + s\begin{pmatrix} -3 \\ 2 \end{pmatrix}$, h_6: $\vec{x} = \begin{pmatrix} 6 \\ 5 \end{pmatrix} + t\begin{pmatrix} 6 \\ -4 \end{pmatrix}$

GA 340 Bestimmen Sie in der Ebene jeweils den Punkt D_i so, dass die Punkte A_i, B_i, C_i und D_i ein Parallelogramm bilden! Berechnen Sie die Abstände der gegenüberliegenden Seiten (die Längen der Höhen) des Parallelogramms!

a) $A_1(2; 4)$, $B_1(8; 2)$, $C_1(11; 5)$ b) $A_2(-2; 1)$, $B_2(1; -3)$, $C_2(6; 0)$

GA 341 Gegeben sei in der Ebene ein Dreieck mit den Eckpunkten $A(0; 8)$, $B(3; -1)$ und $C(7; 7)$.

a) Berechnen Sie den Schnittpunkt M zweier Mittelsenkrechten des Dreiecks!
b) Zeigen Sie, dass $|\overline{MA}| = |\overline{MB}| = |\overline{MC}|$ ist und geben Sie die Gleichung des Umkreises des Dreiecks an!
c) Zeigen Sie, dass der Koordinatenursprung auf diesem Umkreis liegt!
d) Bestimmen Sie die Fußpunkte der Lote von O auf die durch die Seiten des Dreiecks bestimmten Geraden!
e) Zeigen Sie, dass die Lotfußpunkte aus d) auf einer Geraden liegen!

GA 342 Berechnen Sie die Kantenlänge eines Würfels bzw. eines regelmäßigen Tetraeders, wenn der Körper einer Kugel mit dem Radius 1

a) umbeschrieben b) einbeschrieben

ist!

GA 343 Gegeben sei eine Ebene ε: $3x + 6y - 2z - 14 = 0$. Bestimmen Sie die Abstände der Punkte $A(-2; 9; 3)$, $B(1; 2; 4)$, $C(2; 3; 5)$ und $D(0; 0; 0)$ von ε!

GA 344 Gegeben sei die Ebene ε: $x = \begin{pmatrix}3\\0\\0\end{pmatrix} + r\begin{pmatrix}3\\3\\0\end{pmatrix} + s\begin{pmatrix}3\\0\\-3\end{pmatrix}$. Bestimmen Sie die Abstände der Punkte $U(1; 3; 5)$; $V(-2; 3; 5)$; $W(0; 0; 0)$; $R(3; 2\sqrt{3}; 4\sqrt{3})$ und $S(6; 2; 2)$ von ε!

GA 345 Gegeben seien eine Ebene ε: $\vec{x} = \begin{pmatrix}1\\1\\2\end{pmatrix} + r\begin{pmatrix}2\\1\\5\end{pmatrix} + s\begin{pmatrix}-4\\0\\-6\end{pmatrix}$ und zwei Punkte $P_1(-3; -6; 11)$ und $P_2(15; 18; -1)$. Bestimmen Sie die Abstände der Punkte P_1, P_2 von ε sowie deren Entfernung $|\overline{P_1P_2}|$! Welche Schlussfolgerung lässt sich aus diesen drei Ergebnissen ziehen?

GTA **GA 346** ABCD ist ein regelmäßiges Tetraeder mit der Kantenlänge 4 cm (Bild, vgl. Aufgabe ***GA 250***). $P(1; \frac{3}{2}; 1)$, $Q(1; 2; 2)$ und $R(1; 2; 1)$ sind drei Punkte im Inneren, $S(3; 3; 2)$ und $T(2; -1; -1)$ zwei Punkte im Äußeren des Tetraeders.

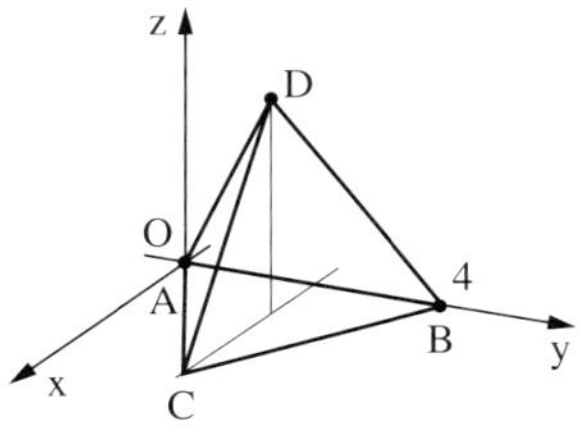

a) Bestimmen Sie die Höhe des Tetraeders!
b) Berechnen Sie jeweils für P, Q, R, S, T die Summe der Abstände (Hier sind immer die Beträge des Abstandes gemeint.) zu den Seitenflächen und vergleichen Sie!

GA 347 Gegeben seien eine Ebene ε: $\vec{x} = \begin{pmatrix}2\\-3\\1\end{pmatrix} + r\begin{pmatrix}-1\\-2\\5\end{pmatrix} + s\begin{pmatrix}2\\2\\1\end{pmatrix}$ und ein Punkt $P_0(12; 9; -4)$. Bestimmen Sie die Gleichung der Ebene η, die P_0 enthält und zu ε parallel ist! Ermitteln Sie den Abstand der Ebenen ε und η!

GA 348 Gegeben seien die Ebene ε: $3x + 4y - 2z - 3 = 0$ und der Punkt $P(-3; -6; 11)$.

a) Bestimmen Sie die Gleichung einer Geraden g durch P, die zu ε parallel ist!
b) Bestimmen Sie die Gleichung einer Geraden h durch P, die zu ε senkrecht ist!

GA 349 Gegeben seien eine Ebene ε: $\vec{x} = \begin{pmatrix}1\\0\\0\end{pmatrix} + r\begin{pmatrix}0\\1\\0\end{pmatrix} + s\begin{pmatrix}0\\0\\1\end{pmatrix}$ sowie ein Punkt P_i. Bestimmen Sie den Abstand von P_i zu ε und den jeweiligen Lotfußpunkt L_i!

a) $P_1(1; 3; 4)$ b) $P_2(3; 7; 5)$

GA 350 Gegeben sei eine Ebene ε: $10x + 14y - z = 34$. Bestimmen Sie die Abstände der Punkte $P(9; 17; -3)$, $Q(-9; -12; 5)$ und $R(\frac{16}{3}; \frac{17}{3}; -\frac{1}{3})$ von ε sowie die zugehörigen Lotfußpunkte!

GA 351 Gegeben seien eine Ebene ε: $\vec{x} = \begin{pmatrix}1\\3\\1\end{pmatrix} + r\begin{pmatrix}1\\2\\0\end{pmatrix} + s\begin{pmatrix}1\\-1\\-1\end{pmatrix}$ und eine Gerade g_i. Bestimmen Sie den Durchstoßpunkt von g_i durch ε, falls dieser vorhanden ist!

a) g_1: $\vec{x} = \begin{pmatrix}2\\4\\2\end{pmatrix} + t\begin{pmatrix}3\\0\\-2\end{pmatrix}$ b) g_2: $\vec{x} = \begin{pmatrix}2\\4\\2\end{pmatrix} + t\begin{pmatrix}0\\4\\4\end{pmatrix}$ c) g_3: $\vec{x} = \begin{pmatrix}0\\1\\1\end{pmatrix} + t\begin{pmatrix}2\\1\\-1\end{pmatrix}$

GA 352 Gegeben seien ein Vektor $\vec{a} = \begin{pmatrix}2\\3\\6\end{pmatrix}$ und ein Punkt $P_1(2; 3; 1)$.

a) Geben Sie eine Gleichung der Ebene ε_1 an, die durch P_0 geht und senkrecht zu $\vec{a}$ ist!
b) Bestimmen Sie den Abstand von $O(0; 0; 0)$ zu dieser Ebene ε_1 und den zugehörigen Lotfußpunkt L_1!
c) Bestimmen Sie eine Gleichung der Ebene ε_2, die parallel zu ε_1 ist und den Abstand 7 von O hat!
d) Bestimmen Sie die Koordinaten des Punktes Q so, dass Q Spiegelbild von O an ε_2 ist!

GA 353

a) Gegeben seien ein Punkt M(4; 5; 1) und eine Ebene ε: $\vec{x} = \begin{pmatrix} -2 \\ 0 \\ 2 \end{pmatrix} + r\begin{pmatrix} -2 \\ -1 \\ -2 \end{pmatrix} + s\begin{pmatrix} 0 \\ 1 \\ 1 \end{pmatrix}$.

Bestimmen Sie eine Gleichung der Kugel k, die M als Mittelpunkt und ε als Tangentialebene hat!

b) Zeigen Sie, dass die Gerade g: $\vec{x} = \begin{pmatrix} 9 \\ 3 \\ 1 \end{pmatrix} + t\begin{pmatrix} -1 \\ 4 \\ 4 \end{pmatrix}$ mit der Kugel k genau zwei Punkte gemeinsam hat!

GA 354 Gegeben seien eine Gerade g: $\vec{x} = \begin{pmatrix} 7 \\ 0 \\ -1 \end{pmatrix} + t\begin{pmatrix} 2 \\ -1 \\ -2 \end{pmatrix}$ und ein Punkt $P_1(6; 4; 5)$ im Raum.

a) Bestimmen Sie den Abstand des Punktes P_1 von g, indem Sie entsprechend den Erläuterungen im Lehrbuch, S. 321, vorgehen!

b) Bestimmen Sie den Abstand von P_1 zu g, indem Sie den Abstand $|\overline{XP_1}|$ für einen beliebigen Punkt X von g bestimmen und dann unter diesen Streckenlängen die Kleinste ermitteln!

G 6.4 Schnittwinkel zweier Ebenen

GA 355 Gegeben seien zwei Ebenen ε_1 und ε_2. Bestimmen Sie jeweils ihren Schnittwinkel!

a) ε_1: $2x + y + 2z - 8 = 0$, $\quad \varepsilon_2$: $6x - 3y + 2z - 12 = 0$

b) ε_1: $x + y + z = 0$, $\quad \varepsilon_2$: $\vec{x} = \begin{pmatrix} -2 \\ 0 \\ -3 \end{pmatrix} + r\begin{pmatrix} 2 \\ 0 \\ -2 \end{pmatrix} + s\begin{pmatrix} 2 \\ 1 \\ 3 \end{pmatrix}$

GA 356 Durch A(6; 0; 0), B(0; 8; 0) und C(0; 0; 2) ist eine Ebene ε gegeben. Bestimmen Sie die Schnittwinkel dieser Ebene ε mit den Koordinatenebenen!

GA 357 Gegeben seien die drei Punkte A(2; 0; 0), B(2; 2; 2) und C(0; 0; 2).

a) Zeigen Sie, dass ABC ein regelmäßiges Dreieck ist!

b) Bestimmen Sie alle Punkte D, so dass ABCD ein regelmäßiges Tetraeder ist!

GA 358 Gegeben sind die Punkte A(2; 0; 0), B(2; 2; 2), C(0; 0; 2), $D_1(0; 2; 0)$ und $D_2(\frac{8}{3}; -\frac{2}{3}; \frac{8}{3})$.
Nach Aufgabe ***GA 357*** sind $ABCD_1$ und $ABCD_2$ regelmäßige Tetraeder.

a) Bestimmen Sie die Gleichung der Ebenen ε_1 und ε_2, die den Mittelpunkt von $\overline{AB}$ enthalten und die senkrecht auf $g(CD_1)$ bzw. $g(CD_2)$ stehen!

b) Berechnen Sie den Schnittwinkel dieser beiden Ebenen!

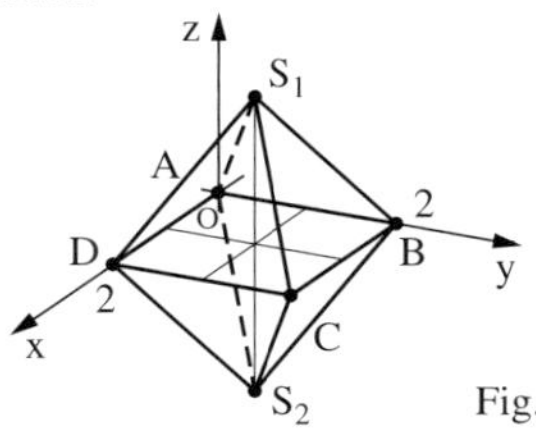

Fig. 1

GA 359 Fig. 1 zeigt ein regelmäßiges Oktaeder mit der Kantenlänge 2 in einem räumlichen Koordinatensystem.

a) Bestimmen Sie die Koordinaten der Eckpunkte!

b) Berechnen Sie den Neigungswinkel der durch A, D, S_1 und A, D, S_2 bestimmten Seitenflächen!

c) Berechnen Sie die Koordinaten von T_1 und T_2, so dass ADS_1T_1 und BCS_2T_2 (s. Fig. 2) regelmäßige Tetraeder sind!

d) Zeigen Sie, dass T_1 in den durch A, B, S_1; D, C, S_1 und A, D, S_2 bestimmten Ebenen liegt! Zeigen Sie, dass T_2 in den durch B, C, S_1; D, C, S_2 und A, B, S_2 bestimmten Ebenen liegt! Machen Sie sich damit klar, dass der zusammengesetzte Körper ein Parallelepiped ist.

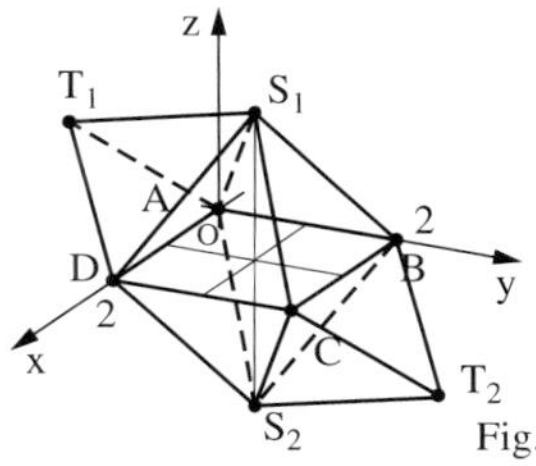

Fig. 2

G 7 Kreise und Kugeln

G 7.1 Gleichungen von Kreis und Kugel

GA 360 Nachstehend sind fünf Kreise durch ihre Mittelpunkte und Radien (in LE) gegeben. Notieren Sie eine Gleichung zu jedem der fünf Kreise und untersuchen Sie die Lage des Punktes P(1; 3) bezüglich jedes dieser Kreise!

k_1: $M_1(3; 4)$, $r_1 = 3$; k_2: $M_2(0; 0)$, $r_2 = \sqrt{10}$; k_3: $M_3(3; -2)$, $r_3 = 4$;
k_4: $M_4(-2; -1)$, $r_4 = \sqrt{37}$; k_5: $M_5(-1; 4)$, $r_5 = \sqrt{17}$

GA 361 Notieren Sie eine Gleichung des Kreises k_i mit dem Mittelpunkt M_i und dem Radius r_i! Untersuchen Sie die Lage der Punkte $P(-\frac{1}{2}; 2)$, Q (0; 2), R (2; −2) bezüglich jedes Kreises k_i!

a) $M_1(0; -2)$; $r_1 = 4$ b) $M_2(4; 2)$; $r_2 = 2 \cdot \sqrt{5}$ c) $M_3(-4; 5)$; $r_3 = 5$

GA 362 Durch die drei Punkte P_1, P_2 und P_3 sei jeweils genau ein Kreis k bestimmt. Geben Sie den Mittelpunkt, den Radius sowie eine Gleichung des Kreises k an!

a) $P_1(0; 0)$, $P_2(6; -8)$, $P_3(7; -1)$ b) $P_1(-18; 6)$, $P_2(-1; 13)$, $P_3(6; -4)$
c) $P_1(5; 9)$, $P_2(7; -5)$, $P_3(-9; 7)$

GA 363 P_i und Q(−6; 8) seien Punkte ein und desselben Kreises um den Koordinatenursprung. Bestimmen Sie jeweils die Koordinaten von P_i!

a) $P_1(x_{P_1}; 5 \cdot \sqrt{2})$ b) $P_2(-5; y_{P_2})$ c) $P_3(5 \cdot \sqrt{3}; y_{P_3})$ d) $P_4(\sqrt{91}; y_{P_4})$

GA 364 Geben Sie die Gleichung von jeweils einem Kreis an, der folgender Bedingung genügt:

	P_i ist Punkt des Kreises	P_i ist innerer Punkt des Kreises	P_i ist äußerer Punkt des Kreises
a) $P_1(-3; 7)$			
b) $P_2(\sqrt{2}; \sqrt{3})$			
c) $P_3(-\frac{1}{3}; \frac{4}{5})$			

GA 365 Geben Sie die Gleichung von jeweils einem Kreis (Mittelpunkt (c; d)) an, der folgenden Bedingungen genügt:

	P_i ist Punkt des Kreises	P_i ist innerer Punkt des Kreises	P_i ist äußerer Punkt des Kreises
a) $P_1(-1; -1)$, $c > 0, d > 0$			
b) $P_2(2; -1)$, $c < 0, d < 0$			

GA 366 Geben Sie die Gleichung eines Kreises k mit dem Radius 4,5 (LE) an, dessen Mittelpunkt auf der y-Achse liegt und der die x-Achse berührt!

GA 367 Bestimmen Sie die Koordinaten der Schnittpunkte des Kreises k: $(x - 3)^2 + (y + 2)^2 = 16$ mit der x-Achse und der y-Achse!

GA 368 Geben Sie die Gleichung des Kreises k an, der durch den Punkt P(−4; 2) geht und den Mittelpunkt M(1; 1) hat!

GA 369 Bestimmen Sie die Gleichung eines Kreises k_i, der den Kreis mit der Gleichung $x^2 + y^2 - 10 = 0$

a) in seinem Innern enthält; b) von innen berührt;
c) von außen berührt; d) in zwei Punkten schneidet!

GA 370 Beschreiben die folgenden Gleichungen Kreise? Geben Sie im Fall eines Kreises den Mittelpunkt und den Radius an!

a) $x^2 + y^2 - 4x + 2y - 4 = 0$
b) $x^2 + y^2 - 8x + 6y + 25 = 0$
c) $x^2 + y^2 + 2x + 2y + 1 = 0$
d) $x^2 + y^2 + 2x + 2y + 3 = 0$

GA 371 Ermitteln Sie jeweils eine parameterfreie Gleichung der Kreise, die durch folgende Parametergleichungen gegeben sind:

a) k_1: $x = 4\cos\varphi$; $y = 4\sin\varphi$
b) k_2: $x = 2\cos\varphi + 1$; $y = 2\sin\varphi + 3$
c) k_3: $x = -2 + 3\cos\varphi$; $y = 1 + 3\sin\varphi$
d) k_4: $x = -17 + \sqrt{2}\cos\varphi$; $y = -5 + \sqrt{2}\sin\varphi$
e) k_5: $x = 2\cos\varphi$; $y = 2\sin\varphi + 3$
f) k_6: $x = -4 + 2\cos\varphi$; $y = 2\sin\varphi$
g) k_7: $x = -4 + 2\cos\varphi$; $y = 4 + 2\sin\varphi$;
h) k_8: $x = 9\cos\varphi + 1$; $y = -1 + 9\sin\varphi$

GA 372 Ermitteln Sie jeweils eine Parametergleichung der Kreise, die durch folgende parameterfreie Gleichungen gegeben sind:

a) k_1: $(x + 1)^2 + y^2 = 4$
b) k_2: $(x - 3)^2 + (y + 2)^2 = 11$
c) k_3: $(x + 3)^2 + (y - 2)^2 = 11$
d) k_4: $(x - 9)^2 + (y - 1)^2 = 3$
e) k_5: $x^2 + (y + 2)^2 = 4$
f) k_6: $x^2 + y^2 = 6$
g) k_7: $(x - 3)^2 + y^2 = 9$
h) k_8: $(x + 3)^2 + y^2 = 9$

GA 373 Untersuchen Sie die Lagebeziehungen der Punkte A_1, A_2, A_3 bezüglich der Kugel k:

k: $(x - 3)^2 + (y + 1)^2 + (z - 2)^2 = 16$, $A_1(2; 0; 1)$; $A_2(6; -1; 2)$; $A_3(0; 0; 0)$

GA 374 Geben Sie die Gleichungen der folgenden Kugeln an, die durch Mittelpunkt und Radius gegeben sind:

a) $M_1(-1; 3; 2)$, $r_1 = 4$
b) $M_2(-2; -2; 0)$, $r_2 = \sqrt{8}$
c) $M_3(1; 0; -2)$, $r_3 = 1$

GA 375 Bestimmen Sie den Radius r der Kugel k mit dem Mittelpunkt M(2; –3; 2) so, dass k die y-Achse berührt! Bestimmen Sie gegebenenfalls auch die Schnittpunkte dieser Kugel mit den beiden anderen Koordinatenachsen!

GA 376 Geben Sie die Gleichung der Kugel um den Koordinatenursprung mit dem Radius $r = 5$ in Polarkoordinaten an! Bestimmen Sie anschließend die (kartesischen) Koordinaten des Punktes der Kugel, für den $\varphi = 45°$ und $\lambda = 30°$ ist!

GA 377 Ermitteln Sie die geographischen Koordinaten Ihres Heimatortes aus einem Atlas!

GA 378 Geben Sie die Gleichung eines Kreises mit dem Mittelpunkt M(3; 4) und dem Radius $r = 2$ in der Ebene in vektorieller Form und in Koordinatenschreibweise an!

GA 379 Geben Sie die Gleichung einer Kugel k_i mit dem Mittelpunkt M_i und dem Radius r_i in vektorieller Form und in Koordinatenschreibweise an!

a) $M_1(-2; 3; 1)$, $r_1 = 2$
b) $M_2(0; 0; 0)$, $r_2 = 2$
c) $M_3(0; 0; 0)$, $r_3 = \frac{1}{2}\sqrt{3}$
d) $M_4(1,2; -0,3; 0,1)$, $r_4 = 0,25$

GA 380 Gegeben seien der Mittelpunkt M_i und ein Punkt P_i einer Kugel. Geben Sie jeweils die Gleichung der Kugel k_i in vektorieller Form und in Koordinatenschreibweise an!

a) $M_1(2; 1; -3)$, $P_1(5; -8; 3)$
b) $M_2(-1; -1; -1)$, $P_2(-2; -2; -2)$
c) $M_3(5; 8; -1)$, $P_3(0; 0; 0)$

GA 381 Geben Sie die vektorielle Gleichung jeweils einer Kugel an, die folgender Bedingung genügt:

		P_i ist Punkt der Kugel	P_i ist innerer Punkt der Kugel	P_i ist äußerer Punkt der Kugel
a)	$P_1(1; -1; 2)$			
b)	$P_2(-1; 0; 3)$			
c)	$P_3(\sqrt{2}; 1; 1)$			

GA 382 Beschreiben Sie die Menge der Punkte X (mit dem Ortsvektor $\vec{x}$), für die gilt:

– in der Ebene: a) $\vec{x}^2 = 2$ b) $[\vec{x} - \begin{pmatrix}1\\2\end{pmatrix}]^2 = 2$ c) $\vec{x}^2 = -1$

– im Raum: d) $\vec{x}^2 = 3$ e) $[\vec{x} - \begin{pmatrix}1\\2\\3\end{pmatrix}]^2 = 1$ f) $\vec{x}^2 = -1$

GA 383 Gegeben sind die beiden Kreise k_1: $(x-2)^2 + y^2 = 9$ und k_2: $(x+2)^2 + (y-5)^2 = 1$. Berechnen Sie den kleinsten Abstand zwischen zwei Punkten dieser Kreise!

GA 384 Gegeben sind zwei Punkte A(0; 0) und B(2; 0), sowie eine reelle Zahl $k_0 > 2$. Beweisen Sie, dass alle Punkte $C(c_x; c_y)$ mit $|\overline{AC}|^2 + |\overline{BC}|^2 = k_0$ auf einem Kreis um den Mittelpunkt von $\overline{AB}$ liegen. Berechnen Sie den Radius dieses Kreises!

G 7.2 Kreis und Gerade

GA 385 Berechnen Sie die Schnittpunkte der Geraden g mit dem Kreis k!

g: $y = -\frac{11}{3}x + \frac{9}{2}$ k: $(x+2)^2 + (y-1)^2 = 16{,}25$

GA 386 Gesucht sind die Schnittpunkte der Geraden g_i mit dem Kreis k_i:

a) g_1: $y = 0{,}5x + 2$; k_1: $x^2 + y^2 = 16$ b) g_2: $4x - 3y - 8 = 0$; k_2: $(x+4)^2 + (y-2)^2 = 36$
c) g_3: $y = 0{,}5x + 2$; k_3: $x^2 - 8x + y^2 = 0$ d) g_4: $6x + 7y = 42$; k_4: $x^2 + y^2 = 16$
e) g_5: $y = 3$; k_5: $x^2 + (y+1)^2 = 25$

GA 387

a) Wie lauten die Gleichungen der Tangenten an den Kreis k: $x^2 + y^2 - 2x - 24 = 0$ in den Punkten A(4; 4) und B(−3; 3)?
b) Bestimmen Sie das Produkt $m_1 \cdot m_2$ der Anstiege dieser beiden Tangenten! Was schlussfolgern Sie daraus?

GA 388 Bestimmen Sie die Gleichungen der Tangenten an den Kreis k: $(x+2)^2 + (y-1)^2 = 16{,}25$ in den Kreispunkten mit der Koordinate $x = 0$!

GA 389 Geben Sie die Gleichungen der vier Tangenten an den Kreis k: $(x-2)^2 + (y+1)^2 = 25$ an, die parallel zur x-Achse bzw. zur y-Achse verlaufen!

GA 390 Leiten Sie die Gleichung der Tangente an einen Kreis k in einem Kreispunkt P mithilfe der Differentialrechnung her!

GA 391 $k_1: (x-3)^2 + (y-4)^2 = 25$ und $k_2: x^2 + (y-2)^2 = 4$ sind zwei Kreise, die einander im Ursprung O eines kartesischen Koordinatensystems schneiden. Dann liegt auf der Geraden durch O und den zweiten Schnittpunkt eine Sehne, die zu beiden Kreisen gehört.
Zeigen Sie, dass es eine weitere Gerade durch O so gibt, dass die Sehnen, die k_1 und k_2 mit dieser Geraden bestimmen, gleiche Längen haben!

GA 392 Bestimmen Sie die Gleichungen der Tangenten von P an den Kreis k: $(x-4)^2 + (x-3)^2 = 9$!

a) P(0; 0), b) P(2; $3 + \sqrt{5}$) c) P(4; 8)

G 7.3 Zwei Kreise

GA 393 Berechnen Sie die Schnittpunkte der beiden Kreise:

$k_1: (x+2)^2 + (y-3)^2 = 13$ $k_2: (x-1)^2 + (y+12)^2 = 169$

GA 394 Untersuchen Sie, ob die beiden nachfolgend jeweils durch ihre Gleichungen angegebenen Kreise k_1 und k_2 gemeinsame Punkte besitzen! Wenn dies der Fall ist, dann berechnen Sie die Koordinaten dieser Punkte!

a) $k_1: (x-1)^2 + (y-2)^2 = 5$; $k_2: (x-6)^2 + (y+3)^2 = 25$
b) $k_1: (x-1)^2 + (y-2)^2 = 5$; $k_2: (x-5)^2 + (y-10)^2 = 45$
c) $k_1: (x+3)^2 + (y+2)^2 = 13$; $k_2: (x-1)^2 + (y-2)^2 = 5$
d) $k_1: (x+2)^2 + (y+1)^2 = 10$; $k_2: (x-4)^2 + (y-3)^2 = 9$
e) $k_1: x^2 + y^2 = 10$; $k_2: (x-4)^2 + (y-3)^2 = 9$
f) $k_1: (x-\frac{1}{2})^2 + (y-\frac{3}{2})^2 = 1$; $k_2: x^2 - x + y^2 - 3y = 3$

GA 395 Bestimmen Sie die Gleichungen der Tangenten an die beiden Kreise k_1 und k_2 jeweils im Punkt P (2; 4)!

$k_1: (x-1)^2 + (y-2)^2 = 5$, $k_2: (x-1{,}5)^2 + (y-3)^2 = 1{,}25$

Welche Schlussfolgerung ziehen Sie bezüglich des Schnittverhaltens dieser beiden Kreise?

GA 396 Untersuchen Sie jeweils das Schnittverhalten der folgenden beiden Kreise k_1 und k_2:

a) $k_1: M_1(3; 0)$, $r_1 = \sqrt{8}$; $k_2: x^2 + (y-3)^2 = 2$
b) $k_1: (x+2)^2 + (y-1)^2 = 4$; $k_2: (x-3)^2 + (y+1)^2 = 9$
c) $k_1: (x+2{,}5)^2 + (y-2)^2 = \frac{85}{4}$; $k_2: (x-5{,}5)^2 + y^2 = \frac{85}{4}$
d) $k_1: x^2 + y^2 - 2x - 4y + 1 = 0$; $k_2: (x-1)^2 + (y-2)^2 = 4$

GA 397 Gegeben seien zwei Kreise k_1 und k_2 mit den Mittelpunkten M_1 bzw. M_2 und den Radien r_1 bzw. r_2. Geben Sie Bedingungen für die verschiedenen Lagebeziehungen der beiden Kreise zueinander an! (*Hinweis:* Skizzieren Sie den Sachverhalt! Untersuchen Sie die Beziehungen zwischen den Radien und Mittelpunktsabständen!)

GA 398 Unter dem Schnittwinkel zweier Kreise versteht man den (spitzen) Schnittwinkel der beiden Tangenten im betrachteten Schnittpunkt.
Bestimmen Sie die Schnittpunkte der beiden Kreise und die zugehörigen Schnittwinkel!

a) $k_1: x^2 + y^2 = 16$ und $k_2: (x-5)^2 + y^2 = 9$
b) $k_1: (x+1)^2 + (y+7)^2 = 25$ und $k_2: (x-1)^2 + (y-7)^2 = 125$.

GA 399 Gegeben seien zwei Kreise durch ihre Mittelpunkte und Radien:
$k_1: M_1(2; 1), r_1 = 2$ und $k_2: M_2(5; 4); r_2 = 1$

Berechnen Sie den Schnittpunkt der gemeinsamen äußeren Tangenten beider Kreise. Gehen Sie dazu analog Beispiel G 82 vor und benutzen Sie die Konstruktionsskizze!

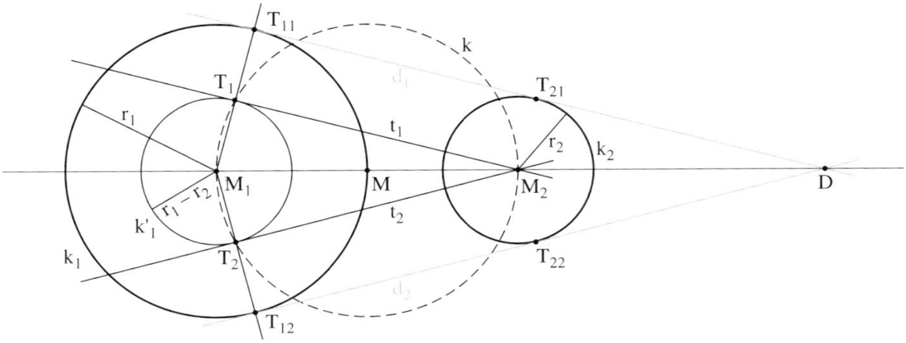

GA 400 Gegeben sind drei Kreise durch ihre Mittelpunkte und Radien:
k_1: $M_1(2; 1)$, $r_1 = 2$, k_2: $M_2(5; 4)$, $r_2 = 1$ und k_3: $M_3(9; 0)$, $r_3 = 4$.

a) Berechnen Sie unter Verwendung der Vorgehensweise aus Aufgabe ***GA 399*** die Schnittpunkte der äußeren Tangenten: D_1 für k_1 und k_2, D_2 für k_2 und k_3, D_3 für k_3 und k_1.
Zeigen Sie, dass D_1, D_2 und D_3 auf einer Geraden liegen.

GTA b) Die gegebenen Kreise k_1, k_2 und k_3 sind nun Kreise in der xy-Ebene eines räumlichen Koordinatensystems. Bestimmen Sie die Gleichung einer (beliebigen) Ebene ε, die die Punkte D_1, D_2 und D_3 aus a) enthält. Bestimmen Sie anschließend die Schnittpunkte S_1, S_2 und S_3 von ε mit den Senkrechten auf der xy-Ebene in den Punkten M_1, M_2 und M_3!
Bezeichnen h_1, h_2, h_3 die z-Koordinaten dieser drei Schnittpunkte, so berechnen Sie zum Abschluss die Verhältnisse $h_1 : r_1$, $h_2 : r_2$ und $h_3 : r_3$!

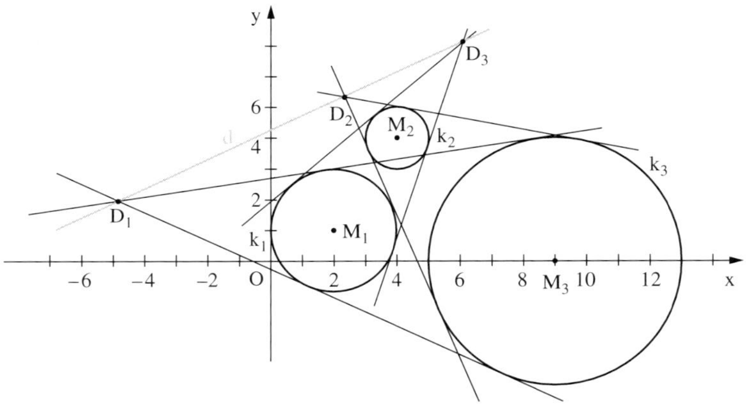

GTA **GA 401** Gegeben sind drei Kreise durch ihre Mittelpunkte und Radien:
k_1: $M_1(2; 1)$, $r_1 = 2$, k_2: $M_2(6; 0)$, $r_2 = 3$ und k_3: $M_3(4; 5)$, $r_3 = \frac{7}{2}$.

Diese drei Kreise schneiden einander paarweise.

a) Bestimmen Sie alle sechs Schnittpunkte!

b) Zeigen Sie, dass die gemeinsamen Sekanten je zweier Kreise durch einen Punkt S gehen!

GA 402 Gegeben sind drei Kreise durch ihre Mittelpunkte und Radien:
k_1: $M_1(0; 1)$, $r_1 = 2$, k_2: $M_2(2 + \sqrt{3}; 0)$, $r_2 = 2$ und k_3: $M_3(3; 1 + \sqrt{3})$, $r_3 = 2$

a) Zeigen Sie, dass $P_0(2; 1)$ zu allen drei Kreisen gehört!

b) Bestimmen Sie die weiteren Schnittpunkte P_1, P_2, P_3 von k_2 mit k_3, k_3 mit k_1, k_1 mit k_2!

c) Berechnen Sie den Radius des Kreises durch P_1, P_2, P_3!
d) Versuchen Sie die Vermutung, die Sie aus c) gewinnen, allgemein für drei kongruente Kreise, die einen gemeinsamen Punkt haben, zu beweisen!

G 7.4 Kugel und Gerade

GA 403 Bestimmen Sie die Länge der Schnittstrecke, die von einer Kugel mit dem Radius r = 10 cm und einer Geraden g gebildet wird, wenn die Gerade zum Kugelmittelpunkt einen Abstand von 3 cm hat!

GA 404 Gegeben sind zwei Punkte A(2; 2; 3) und B(4; 4; 5). Bestimmen Sie alle Punkte P der Geraden g durch die Punkte U(2; 3; 3) und V(5; 7; 4), so dass das Dreieck APB bei P rechtwinklig ist!

GA 405 Bestimmen Sie die Gleichungen derjenigen Tangenten von P(2; –2; 2) an die Kugel k mit der Gleichung $(x-3)^2 + (y-5)^2 + (z-8)^2 = 36$, die parallel zu den Koordinatenebenen verlaufen, falls solche Tangenten existieren!

GA 406 Gegeben sei eine Kugel k durch ihre Gleichung $\left[\begin{pmatrix} x \\ y \\ z \end{pmatrix} - \begin{pmatrix} 2 \\ 3 \\ 4 \end{pmatrix}\right]^2 = 20.$

Bestimmen Sie die Schnittpunkte von k mit den Koordinatenachsen, falls diese Schnittpunkte existieren!

GA 407 Gegeben ist der Mittelpunkt M(2; 3; 4) einer Kugel k.
Bestimmen Sie den Radius r so, dass die x-Achse Tangente an k ist!

G 7.5 Kugel und Ebene

GA 408 Gegeben sei eine Kugel k durch ihren Mittelpunkt M(2; 3; 0) und einen Punkt $P_0(3; 0; 0)$.

a) Bestimmen Sie eine Gleichung der Tangentialebene ε an k in P_0!
b) Beschreiben Sie die Lage dieser Ebene bezüglich der Koordinatenebenen und geben Sie eine Gleichung der Schnittgeraden von ε mit der xy-Ebene an!

GA 409 Gegeben ist eine Kugel k durch ihren Mittelpunkt M(2; 3; 5) und ihren Radius r = 5, sowie eine Ebene ε: $2x + 4y - 5z = 0$.

Bestimmen Sie die Gleichungen der Tangentialebenen an k, die zu ε parallel sind!

GA 410 Gegeben sei ein Punkt $P_0(3; 2; 2)$. Bestimmen Sie die Gleichungen aller derjenigen Kugeln mit r = 4, für welche die Tangentialebene in P_0 an diese Kugeln parallel zur xy-Ebene verläuft!

GA 411 Durch die vier Punkte O(0; 0; 0), $P_x(x_0; 0; 0)$, $P_y(0; y_0; 0)$ und $P_z(0; 0; z_0)$ ist genau eine Kugel k bestimmt.

a) Zeigen Sie, dass $M(\frac{x_0}{2}; \frac{y_0}{2}; \frac{z_0}{2})$ der Mittelpunkt dieser Kugel ist!
b) Geben Sie die Gleichung dieser Kugel an!
c) Bestimmen Sie auf k den diametralen Punkt O* zu O!
d) Geben Sie eine Gleichung der Tangentialebene ε an k in O* an!
e) Bestimmen Sie die Schnittpunkte von ε mit den Achsen des Koordinatensystems!

GA 412 Gegeben seien ein Punkt M(–2; 2; 1) und eine Ebene ε: $\vec{x} = \begin{pmatrix} 3 \\ 0 \\ 0 \end{pmatrix} + r\begin{pmatrix} 3 \\ 3 \\ 0 \end{pmatrix} + s\begin{pmatrix} 3 \\ 0 \\ -3 \end{pmatrix}$.

a) Bestimmen Sie die Gleichung einer Kugel k, die M als Mittelpunkt hat und aus ε einen Kreis mit dem Radius $r' = 1$ ausschneidet!
b) Geben Sie die Gleichung einer Geraden g an, die parallel zu ε und Tangente an die Kugel ist!

GA 413 Gegeben sei eine Kugel k durch ihren Mittelpunkt M(2; 3; 5) und ihren Radius r = 5. Bestimmen Sie die Mittelpunkte und die Radien der Schnittkreise von k mit den Koordinatenebenen, falls vorhanden!

GA 414

a) Bestimmen Sie Mittelpunkt und Radius der Kugel k_1 mit der Gleichung $x^2 + y^2 + z^2 - 4x - 12y + 6z + 45 = 0$!
b) Zeigen Sie, dass die Kugel k_2: $x^2 + y^2 + z^2 = 81$ die Kugel k_1 berührt, und bestimmen Sie den Berührungspunkt!
c) Bestimmen Sie die Gleichung der gemeinsamen Tangentialebene!

GA 415

a) In welchen Punkten schneidet die Gerade g durch die Punkte U(6; 0; 3) und V(10; –1; 4) die Kugel k: $x^2 + y^2 + z^2 = 9$?
b) Bestimmen Sie in den Schnittpunkten die Gleichungen der zugehörigen Tangentialebenen an k!
c) Bestimmen Sie die Schnittwinkel von g mit diesen Tangentialebenen!
d) Unter welchem Winkel schneiden sich die Tangentialebenen?

GTA **GA 416** Gegeben ist die Kugel k: $(x - 2)^2 + (y - 3)^2 + (z - 4)^2 = 20$.

a) Zeigen Sie, dass $P_1(0; 0; 4 + \sqrt{7})$ und $P_2(0; 0; 4 - \sqrt{7})$ Punkte von k sind!
b) Bestimmen Sie die Gleichungen der Tangentialebenen ϑ_1 und ϑ_2 in P_1 und P_2 an k!
c) Bestimmen Sie die Gleichung der Schnittgeraden von ϑ_1 und ϑ_2!
d) Geben Sie die Gleichung derjenigen Ebene ε an, die g und M enthält!
e) Bestimmen Sie die Schnittwinkel φ_1 und φ_2 von ϑ_1 und ε sowie von ϑ_2 und ε!

GA 417 Gegeben ist eine Kugel k: $(x - 2)^2 + (y - 3)^2 + (z - 5)^2 = 25$.
Berechen Sie Mittelpunkte und Radien der Schnittkreise von k mit den Koordinatenebenen, falls diese Schnittkreise existieren!

G 7.6 Zwei Kugeln

GA 418 Gegeben seien jeweils zwei Kugeln k_1 und k_2 durch ihren Mittelpunkt und ihren Radius.
Bestimmen Sie jeweils die Lagebeziehung beider Kugeln und geben Sie gegebenenfalls den Radius des Schnittkreises an!

a) k_1: $M_1(1; 3; -2)$, $r_1 = 4$; k_2: $M_2(0; -2; 5)$, $r_2 = 2$
b) k_1: $M_1(1; 3; -2)$, $r_1 = 7$; k_2: $M_2(4; 7; 10)$, $r_2 = 6$
c) k_1: $M_1(1; 3; -2)$, $r_1 = 4$; k_2: $M_2(3; -1; -1)$, $r_2 = 2$

GA 419 Gegeben seien zwei Kugeln k_1 und k_2 mit

k_1: $(x - 3)^2 + (y + 2)^2 + (z - 3)^2 = 16$, k_2: $M_2(2; 1; -2)$, Radius r_2.
Bestimmen Sie alle Radien r_2 so, dass k_1 und k_2 genau einen Punkt gemeinsam haben!

GA 420 Führen Sie die Überlegungen aus Aufgabe ***GA 397*** für zwei Kugeln durch!

GA 421 Gegeben sind drei Kugeln durch ihre Mittelpunkte und Radien:
k_1: $M_1(0; 0; 0)$, $r_1 = 4$, k_2: $M_2(4; 0; 0)$, $r_2 = 6$ und k_3: $M_3(0; 0; 5)$, $r_3 = 2$
Bestimmen Sie die gemeinsamen Punkte dieser drei Kugeln!

G 8 Das Vektorprodukt

G 8.1 Definition und Eigenschaften

GA 422 Berechnen Sie jeweils das Vektorprodukt der beiden Vektoren $\vec{a}_i$ und $\vec{b}_i$:

a) $\vec{a}_1 = \begin{pmatrix} 1 \\ -7 \\ 3 \end{pmatrix}$, $\vec{b}_1 = \begin{pmatrix} 2 \\ 2 \\ -1 \end{pmatrix}$ b) $\vec{a}_2 = \begin{pmatrix} 2 \\ 1 \\ 0 \end{pmatrix}$, $\vec{b}_2 = \begin{pmatrix} -3 \\ 1 \\ 0 \end{pmatrix}$

c) $\vec{a}_3 = \begin{pmatrix} -3 \\ 1 \\ 0 \end{pmatrix}$, $\vec{b}_3 = \begin{pmatrix} 2 \\ 1 \\ 0 \end{pmatrix}$ d) $\vec{a}_4 = \begin{pmatrix} -3 \\ -2 \\ 1 \end{pmatrix}$, $\vec{b}_4 = \begin{pmatrix} 6 \\ 4 \\ -2 \end{pmatrix}$

GA 423 Berechnen Sie jeweils den Flächeninhalt des durch P_i, $\vec{a}_i$ und $\vec{b}_i$ bestimmten Parallelogramms:

a) $P_1(1; 3; -2)$, $\vec{a}_1 = \begin{pmatrix} -2 \\ 1 \\ 0 \end{pmatrix}$, $\vec{b}_1 = \begin{pmatrix} 2 \\ 3 \\ -2 \end{pmatrix}$ b) $P_2(4; -2; 3)$, $\vec{a}_2 = \begin{pmatrix} 2 \\ 1 \\ -3 \end{pmatrix}$, $\vec{b}_2 = \begin{pmatrix} -4 \\ -2 \\ 6 \end{pmatrix}$

c) $P_3(0; 0; 0)$, $\vec{a}_3 = \begin{pmatrix} 0 \\ 1 \\ -2 \end{pmatrix}$, $\vec{b}_3 = \begin{pmatrix} 0 \\ 2 \\ -1 \end{pmatrix}$

GA 424 Berechnen Sie das Volumen eines Parallelepipeds ABCDEFGH (s. Fig.), wenn gegeben ist:

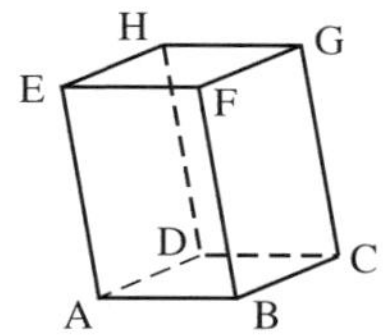

a) $\overrightarrow{A_1B_1} = \begin{pmatrix} 1 \\ 0 \\ 1 \end{pmatrix}$ $\overrightarrow{A_1D_1} = \begin{pmatrix} -1 \\ 1 \\ 2 \end{pmatrix}$ $\overrightarrow{A_1E_1} = \begin{pmatrix} 0 \\ -1 \\ 4 \end{pmatrix}$

b) $A_2(1; 2; 3)$, $B_2(4; 4; 3)$, $C_2(5; 8; 4)$, $E_2(1; 4; 6)$

c) $B_3(4; 3; 2)$, $C_3(3; 5; 2)$, $\overrightarrow{A_3B_3} = \begin{pmatrix} -1 \\ 0 \\ -1 \end{pmatrix}$ $\overrightarrow{D_3H_3} = \begin{pmatrix} -3 \\ 2 \\ 6 \end{pmatrix}$

GA 425 Gegeben sind die drei Vektoren $\vec{a} = \begin{pmatrix} 2 \\ -3 \\ 0 \end{pmatrix}$, $\vec{b} = \begin{pmatrix} 1 \\ y_0 \\ 0 \end{pmatrix}$ und $\vec{c} = \begin{pmatrix} 1 \\ 1 \\ -3 \end{pmatrix}$.

Bestimmen Sie y_0 so, dass das Volumen $V(\vec{a}, \vec{b}, \vec{c})$ des Parallelepipeds, das von $\vec{a}$, $\vec{b}$, $\vec{c}$ gebildet wird, positiv, 0 bzw. negativ ist. Erläutern Sie in jedem Fall die Lage der Vektoren!

GA 426 Bestimmen Sie den Abstand des Punktes P(2; 3; 5) von der Ebene ε: $\vec{x} = \begin{pmatrix} 1 \\ -2 \\ 2 \end{pmatrix} + u\begin{pmatrix} 1 \\ 1 \\ 2 \end{pmatrix} + v\begin{pmatrix} -1 \\ 2 \\ 2 \end{pmatrix}$!
(*Hinweis:* Benutzen Sie dazu das Volumen eines Parallelepipeds!)

GA 427 Gegeben seien eine Ebene ε: $\vec{x} = \begin{pmatrix} 1 \\ -2 \\ 2 \end{pmatrix} + u\begin{pmatrix} 1 \\ 1 \\ 2 \end{pmatrix} + v\begin{pmatrix} -1 \\ 2 \\ 2 \end{pmatrix}$ und ein Punkt P(2; 3; 5).

Bestimmen sie den Fußpunkt L des Lotes von P auf ε! (Nutzen sie dazu einen Normalenvektor (↗ Beispiel G 88, S. 383) der Ebene.)

GA 428 ε_1 und ε_2 sind zwei Ebenen, die ε_1: $\vec{x} = \begin{pmatrix} 1 \\ -2 \\ 2 \end{pmatrix} + u \begin{pmatrix} 1 \\ 1 \\ 2 \end{pmatrix} + v \begin{pmatrix} -1 \\ 1 \\ 2 \end{pmatrix}$ ε_2: $3x - 2y + z - 8 = 0$
durch ihre Gleichungen gegeben sind:
Bestimmen Sie den Schnittwinkel φ beider Ebenen!

GA 429 Lösen Sie Aufgabe ***GA 354*** unter Verwendung des Vektorprodukts!

GA 430 Berechnen Sie den Flächeninhalt des Dreiecks, das durch die Punkte A(2; 3; 1), B(1; 1; 1) und C(3; 2; 2) im Raum gegeben ist!

GA 431 In einem räumlichen kartesischen Koordinatensystem mit dem Ursprung O sind drei Punkte A(a; 0; 0), B(0; b; 0) und C(0; 0; c) auf den Koordinatenachsen gegeben. Beweisen Sie, dass für a, b, c $\neq 0$ stets $|OAB|^2 + |OBC|^2 + |OCA|^2 = |ABC|^2$ gilt!

GA 432 Gegeben sei ein Punkt $P_0(1; 2; 1)$ sowie zwei Ebenen ε_1: $2x - y + 3z + 4 = 0$ und ε_2: $x + y - 2z - 3 = 0$. Bestimmen Sie die Gleichung einer Geraden durch P_0, die parallel zu ε_1 und ε_2 verläuft!

GA 433 Gegeben sind ein Punkt $P_0(2; -1; 2)$ und zwei Geraden g_1: $\vec{x} = \begin{pmatrix} 2 \\ 1 \\ 3 \end{pmatrix} + t \begin{pmatrix} 2 \\ -1 \\ 1 \end{pmatrix}$ und g_2: $\vec{x} = \begin{pmatrix} -2 \\ 1 \\ 1 \end{pmatrix} + t \begin{pmatrix} 2 \\ 2 \\ 1 \end{pmatrix}$.
Bestimmen Sie die Gleichung einer Geraden durch P_0, die senkrecht auf der durch g_1 und g_2 bestimmten Ebene steht!

GA 434 Unter einem Flächeninhaltsnormalenvektor versteht man einen Vektor, der auf einer ebenen Fläche senkrecht steht und dessen Betrag dem Inhalt der betrachteten Fläche entspricht. Zum Beispiel ist das Vektorprodukt $\vec{a} \times \vec{b}$ der Flächeninhaltsnormalenvektor des von $\vec{a}$ und $\vec{b}$ erzeugten Parallelogramms. Beweisen Sie: Die Summe der nach außen gerichteten Flächennormalenvektoren der Seiten eines Tetraeders ABCD ist der Nullvektor.

G 8.2 Abstand zweier Geraden

GA 435 Eine Gerade g_1 ist durch die Punkte A(0; 0; 2) und B(0; 4; 0) und eine Gerade g_2 ist durch die Punkte C(3; 0; 0) und D(3; 4; 2) gegeben. Berechnen Sie den Abstand dieser beiden Geraden!

GA 436 Untersuchen Sie jeweils, ob die Geraden g_1, g_2 windschief zueinander sind und berechnen Sie den Abstand:

a) g_1: $\vec{x} = \begin{pmatrix} 3 \\ -8 \\ 13 \end{pmatrix} + r \begin{pmatrix} 2 \\ -2 \\ 3 \end{pmatrix}$
g_2: $\vec{x} = \begin{pmatrix} 1 \\ -6 \\ 6 \end{pmatrix} + s \begin{pmatrix} -2 \\ 2 \\ -1 \end{pmatrix}$

b) g_1: $\vec{x} = \begin{pmatrix} -2 \\ 4 \\ 2 \end{pmatrix} + r \begin{pmatrix} 3 \\ -1 \\ 2 \end{pmatrix}$
g_2: $\vec{x} = \begin{pmatrix} 4 \\ 1 \\ 1 \end{pmatrix} + s \begin{pmatrix} -1{,}5 \\ 0{,}5 \\ -1 \end{pmatrix}$

c) g_1: $\vec{x} = \begin{pmatrix} 3 \\ 0 \\ 0 \end{pmatrix} + r \begin{pmatrix} 4 \\ 3 \\ -1 \end{pmatrix}$
g_2: $\vec{x} = \begin{pmatrix} 3 \\ 1 \\ 5 \end{pmatrix} + s \begin{pmatrix} -2 \\ 4 \\ 2 \end{pmatrix}$

GA 437 Berechnen Sie den Abstand des Punktes $P_0(2; 4; 5)$ von der Geraden g mit

a) g: $3x - 2y + z - 4 = 0$ b) g: $x - y + 5 = 0$

G 9 Vektorräume

G 9.1 Der Begriff *Vektorraum*

G 9.2 Beispiele für Vektorräume

G 9.3 Unterräume und Erzeugendensysteme

G 9.4 Basen und Dimension von Unterräumen eines Vektorraums

GA 438 In der Menge der Nullfolgen seien mit der Addition $\oplus$ und der Multiplikation $\odot$ mit einer reellen Zahl r zwei Rechenoperationen wie folgt definiert: $(a_n) \oplus (b_n) = (a_n + b_n)$, $r \odot (a_n) = (ra_n)$. Begründen Sie mithilfe der Grenzwertsätze, dass die Menge der Nullfolgen bezüglich dieser Rechenoperationen einen Vektorraum bildet!

GA 439 Analog zur Erklärung in ***GA 438*** definieren wir die Addition $\oplus$ und die Multiplikation $\odot$ mit einer reellen Zahl r in der Menge der konvergenten Zahlenfolgen:
$(a_n) \oplus (b_n) = (a_n + b_n)$, $r \odot (a_n) = (ra_n)$.

a) Begründen Sie, warum alle konvergenten Zahlenfolgen, die keine Nullfolgen sind, bezüglich dieser Rechenoperationen *keinen* Vektorraum bilden!

b) Warum bildet die Menge aller konvergenten Zahlenfolgen einen Vektorraum?

GA 440 Die Menge aller reellen Zahlenfolgen bildet bezüglich $\oplus$ und $\odot$ mit $(a_n) \oplus (b_n) = (a_n + b_n)$, $r \odot (a_n) = (ra_n)$ einen Vektorraum ZF.

a) Zeigen Sie, dass die Menge ZFb aller beschränkten reellen Zahlenfolgen einen Unterraum des Vektorraumes ZF bildet!

b) Begründen Sie, dass die Menge ZFk aller konvergenten reellen Zahlenfolgen einen Unterraum des Vektorraumes ZFb der beschränkten Zahlenfolgen bildet!

GA 441 Im Vektorraum $\mathbb{R}^3$ seien die Vektoren $\vec{a}_1 = \begin{pmatrix} 3 \\ 4 \\ 1 \end{pmatrix}$, $\vec{a}_2 = \begin{pmatrix} -1 \\ 2 \\ 3 \end{pmatrix}$ und $\vec{a}_3 = \begin{pmatrix} 4 \\ -2 \\ 2 \end{pmatrix}$ gegeben.

a) Zeigen Sie, dass $\vec{a}_1$, $\vec{a}_2$ und $\vec{a}_3$ linear unabhängig sind!

b) Stellen Sie den Vektor $\vec{b} = \begin{pmatrix} 6 \\ 4 \\ 6 \end{pmatrix}$ als Linearkombination der Vektoren $\vec{a}_1$, $\vec{a}_2$ und $\vec{a}_3$ dar!

c) Begründen Sie, warum $\{\vec{a}_1, \vec{a}_2, \vec{b}\}$ ebenfalls eine Basis des $\mathbb{R}^3$ ist!

GA 442 Im Vektorraum $\mathbb{R}^3$ seien die Vektoren $\vec{a}_1 = \begin{pmatrix} 3 \\ -2 \\ -5 \end{pmatrix}$, $\vec{a}_2 = \begin{pmatrix} 1 \\ 5 \\ -2 \end{pmatrix}$ und $\vec{a}_3 = \begin{pmatrix} -2 \\ 7 \\ 3 \end{pmatrix}$ gegeben.

a) Prüfen Sie, ob die Vektoren $\vec{a}_1$, $\vec{a}_2$ und $\vec{a}_3$ linear unabhängig sind! Falls die Vektoren linear abhängig sind, so stellen Sie einen der Vektoren als Linearkombination der anderen dar!

b) Prüfen Sie, ob die Vektoren $\vec{a}_1$, $\vec{a}_2$ und $\vec{a}_3{}' = 3\vec{e}_1 = \begin{pmatrix} 3 \\ 0 \\ 0 \end{pmatrix}$ linear unabhängig sind!

c) Stellen Sie den Vektor $\vec{b} = \begin{pmatrix} 6 \\ -9 \\ -8 \end{pmatrix}$ als Linearkombination der Vektoren $\vec{a}_1$, $\vec{a}_2$ und $\vec{a}_3{}' = 3\vec{e}_1$ dar!

GA 443 Im Vektorraum $\mathbb{R}^3$ seien die Vektoren $\vec{a}_1 = \begin{pmatrix} 2 \\ -3 \\ 3 \end{pmatrix}$, $\vec{a}_2 = \begin{pmatrix} 1 \\ 0 \\ 4 \end{pmatrix}$, $\vec{a}_3 = \begin{pmatrix} -1 \\ 3 \\ 1 \end{pmatrix}$ und $\vec{a}_4 = \begin{pmatrix} -3 \\ 3 \\ -7 \end{pmatrix}$ gegeben.

a) Untersuchen Sie, ob die Vektoren $\vec{a}_1$, $\vec{a}_2$, $\vec{a}_3$ und $\vec{a}_4$ linear unabhängig oder linear abhängig sind!

b) Bestimmen Sie den Unterraum des $\mathbb{R}^3$, der von dem Erzeugendensystem $\{\vec{a}_1, \vec{a}_2, \vec{a}_3, \vec{a}_4\}$ aufgespannt wird!
c) Geben Sie für den von $\vec{a}_1$, $\vec{a}_2$, $\vec{a}_3$ und $\vec{a}_4$ aufgespannten Unterraum eine Basis an!

GA 444 Ermitteln Sie jeweils den Lösungsraum der folgenden homogenen linearen Gleichungssysteme! Geben Sie jeweils für den Lösungsraum ein minimales Erzeugendensystem (also eine Basis) und die Dimension an!

a) $$\begin{aligned} 2x_1 - 5x_2 + 4x_3 &= 0 \\ 6x_1 - 13x_2 + 8x_3 &= 0 \\ -2x_1 + 8x_2 - 10x_3 &= 0 \end{aligned}$$

b) $$\begin{aligned} 5x_1 + x_2 - 3x_3 &= 0 \\ -10x_1 + 2x_2 + 6x_3 &= 0 \end{aligned}$$

c) $$\begin{aligned} 3x_1 - x_2 + x_3 &= 0 \\ -3x_1 + 5x_2 + 9x_3 &= 0 \\ 6x_1 + 2x_2 + 13x_3 &= 0 \end{aligned}$$

GA 445 Ermitteln Sie jeweils den Lösungsraum der folgenden homogenen linearen Gleichungssysteme! Geben Sie jeweils für den Lösungsraum ein minimales Erzeugendensystem (also eine Basis) und die Dimension an!

a) $$\begin{aligned} 2x_1 - 3x_2 + x_3 - x_4 &= 0 \\ -2x_1 + 5x_2 - 3x_3 + 7x_4 &= 0 \\ 4x_1 - 5x_2 + 3x_3 - 3x_4 &= 0 \\ -6x_1 + 9x_2 - 5x_3 + 7x_4 &= 0 \end{aligned}$$

b) $$\begin{aligned} x_1 + 5x_2 - 3x_3 + 4x_4 &= 0 \\ -x_1 - 3x_2 + x_3 - 5x_4 &= 0 \\ -2x_1 - 4x_2 - 11x_4 &= 0 \\ 3x_1 + 13x_2 - 7x_3 + 13x_4 &= 0 \end{aligned}$$

c) $$\begin{aligned} 3x_1 - 5x_2 + x_3 - 2x_4 &= 0 \\ -9x_1 + 15x_2 - 3x_3 + 6x_4 &= 0 \end{aligned}$$

d) $$\begin{aligned} x_1 + x_2 + x_3 + x_4 &= 0 \\ 2x_1 - x_2 - x_3 - x_4 &= 0 \\ -x_1 - x_2 + 2x_3 + x_4 &= 0 \\ -2x_1 + x_2 - x_3 + 2x_4 &= 0 \end{aligned}$$

GA 446 Die zweireihigen Matrizen bilden bezüglich der üblichen Addition und der Vervielfachung mit reellen Zahlen einen Vektorraum (vgl. Abschnitt G 9.1 des Lehrbuchs).
Zeigen Sie, dass folgende Mengen jeweils einen Unterraum dieses Vektorraumes bilden!

a) $\left\{\begin{pmatrix} a & b \\ b & -a \end{pmatrix} \mid a, b \in \mathbb{R}\right\}$ b) $\left\{\begin{pmatrix} a & 0 \\ 0 & b \end{pmatrix} \mid a, b \in \mathbb{R}, a + b = 0\right\}$ c) $\left\{\begin{pmatrix} a & a \\ b & a-b \end{pmatrix} \mid a, b \in \mathbb{R}\right\}$

GA 447

a) Stellen Sie im Vektorraum P_2 der Polynome höchstens 2. Grades das Polynom $p(x) = 3x^2 + 10x + 5$ als Linearkombination der Polynome $p_1(x) = x^2 + x + 1$, $p_2(x) = x + 1$ und $p_3(x) = 1$ dar!
b) Zeigen Sie, dass die Polynome p_1, p_2 und p_3 linear unabhängig sind!
c) Begründen Sie, dass $\{p_1, p_2, p_3\}$ eine Basis des Vektorraumes P_2 ist!

GA 448 Im Vektorraum P_4 der Polynome, deren Grad höchstens 4 ist, seien die Polynome $p_1(x) = x^4 + x^2 + 1$, $p_2(x) = x^3 + x$, $p_3(x) = x^2 + 1$, $p_4(x) = x$ und $p_5(x) = 1$ gegeben.

a) Prüfen Sie, ob $\{p_1, p_2, p_3, p_4, p_5\}$ eine Basis des Vektorraumes P_4 ist!
b) Stellen Sie das Polynom $p(x) = 5x^4 + 4x^3 + 3x^2 + 2x + 1$ als Linearkombination von $p_1(x), \ldots, p_5(x)$ dar!
c) Begründen Sie, warum $\{p_2, p_3, p_4, p_5\}$ eine Basis des Vektorraumes P_3 der Polynome höchstens 3. Grades ist!

Komplexe Aufgaben zu Kapitel G

GA 449 In einem Koordinatensystem $(O; \vec{e}_1, \vec{e}_2, \vec{e}_3)$ sind der Punkt $A(2; 2; -4)$ und die Punkte $B_k(4; k; -2)$ und $C_k(k; 2; -6)$ mit $k \in \mathbb{R}$ sowie die Gerade g mit $g: \vec{x} = \begin{pmatrix} 2 \\ 0 \\ 1 \end{pmatrix} + t\begin{pmatrix} 2 \\ 2 \\ -1 \end{pmatrix}$, $t \in \mathbb{R}$ gegeben.

(1) Für $k = 1$ erhält man die Punkte B_1 und C_1.

a) Weisen Sie nach, dass die Punkte A, B_1 und C_1 nicht auf einer Geraden liegen!
Stellen Sie eine parameterfreie Gleichung der Ebene ε_1 auf, die A, B_1 und C_1 enthält, und geben Sie für ε_1 einen Normalenvektor an! Weisen Sie nach, dass die Gerade g senkrecht zur Ebene ε_1 ist!
Berechnen Sie die Koordinaten des Schnittpunkts S der Geraden g mit der Ebene ε_1 und geben Sie den Schnittwinkel von g und ε_1 an!

b) Die Ebene ε_1 schneidet die xy-Ebene in der Geraden s.
Ermitteln Sie eine Gleichung von s und bestimmen Sie den Schnittwinkel dieser beiden Ebenen!

(2) Alle Punkte B_k mit $k \in \mathbb{R}$ liegen auf einer Geraden g_1 und alle Punkte C_k auf einer Geraden g_2.

a) Ermitteln Sie je eine Gleichung für g_1 und g_2!

b) Zeigen Sie, dass die Geraden g_1 und g_2 windschief zueinander sind! Bestimmen Sie ihren Abstand!

(3) Die Punkte A, B_k, C_k und der Koordinatenursprung O sind Eckpunkte einer Pyramide.
Bestimmen Sie k derart, dass das Volumen der Pyramide ein Minimum annimmt, und geben Sie das minimale Volumen der Pyramide an!

GA 450 Betrachtet wird in einem kartesischen Koordinatensystem ein Quader ABCDEFGH.

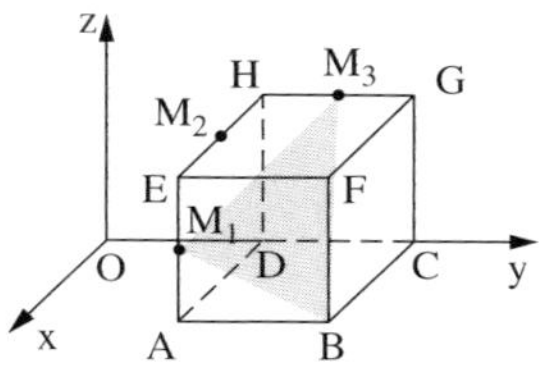

Gegeben seien der Eckpunkt F(12; 8; 4) und die Kantenlänge $|\overline{AB}| = 6$ LE. Weiterhin wird vorausgesetzt, dass die Kante $\overline{DC}$ auf der y-Achse liegt und jede Kante jeweils zu einer Koordinatenachse parallel ist. Mit M_1, M_2 und M_3 bezeichnen wir die Mittelpunkte der Kanten $\overline{AE}$, $\overline{EH}$ und $\overline{HG}$ (vgl. Abb.).

a) Stellen Sie eine Gleichung für die Ebene ε durch die Punkte B, M_1 und M_3 auf!

b) Berechnen Sie den Abstand des Punktes F von der Ebene ε!

c) Ermitteln Sie das Volumen der Pyramide BM_1M_3F!

d) Weisen Sie nach, dass die Ortsvektoren $\vec{a} = \overrightarrow{OM_2}$, $\vec{b} = \overrightarrow{OF}$ und $\vec{c} = \overrightarrow{OB}$ linear unabhängig sind!
Stellen Sie den Vektor $\overrightarrow{OG}$ als Linearkombination der Vektoren $\vec{a}$, $\vec{b}$ und $\vec{c}$ dar!

e) Der Quader werde in Richtung der y-Achse um p Längeneinheiten verschoben. Dabei werden die Punkte M_2, F und B in die Punkte M_2', F' und B' überführt.
Für welches p sind die Ortsvektoren $\vec{a}\,' = \overrightarrow{OM_2'}$, $\vec{b}\,' = \overrightarrow{OF}\,'$ und $\vec{c}\,' = \overrightarrow{OB}\,'$ linear abhängig?

GA 451 In einem kartesischen Koordinatensystem sind Geraden $g_{a,\,b}$ durch

$$g_{a,\,b}\colon \vec{x} = \begin{pmatrix} 4a \\ b \\ 0 \end{pmatrix} + t\begin{pmatrix} 1 \\ a \\ 1 \end{pmatrix} \quad \text{mit } a, b, t \in \mathbb{R}$$

sowie die Punkte A(1; –1; 1), B(0; 2; –4) und C(4; –3; 2) gegeben.

a) Geben Sie eine parameterfreie Gleichung für die Ebene ε an, welche die Punkte A, B und C enthält!
Weisen Sie nach, dass die Gerade $g_{2,\,b}$ orthogonal zur Ebene ε ist!

b) Berechnen Sie die Koordinaten des Schnittpunktes S, in dem die Gerade $g_{2,\,b}$ die Ebene ε schneidet!

c) Weisen Sie nach, dass es kein b ($b \in \mathbb{R}$) gibt, so dass alle Koordinaten des Schnittpunktes S positiv sind!

d) Die Gerade $g_{2,\,b}$ schneidet die yz-Koordinatenebene in einem Punkt T, der die Spitze einer Pyramide mit den Eckpunkten A, B, C und T bildet. Das Volumen dieser Pyramide beträgt 7 Volumeneinheiten.
Ermitteln Sie aus diesen Angaben den Wert des Parameters b!

e) Untersuchen Sie allgemein, für welche $a, b \in \mathbb{R}$ jeweils die folgende Lagebeziehung zwischen $g_{a,\,b}$ und der Ebene ε besteht:

(1) $g_{a,\,b}$ schneidet ε in genau einem Punkt,

(2) $g_{a,\,b}$ liegt in der Ebene ε,

(3) $g_{a,\,b}$ ist parallel zur Ebene ε und hat mit ε keinen Punkt gemeinsam!

GA 452 In einem kartesischen Koordinatensystem sind für jedes t mit $t \in \mathbb{R}$ die Punkte $A_t(-t; -8; 1)$, $B_t(4; -4; -2t)$ und C(0; –8; 4) gegeben. Die Ebene ε_t geht durch die Punkte A_t, B_t und C.

a) Zeigen Sie, dass für alle $t \in \mathbb{R}$ der Punkt C nie auf der Geraden $g(A_tB_t)$ liegt!
b) Geben Sie eine Gleichung der Schnittgeraden s der Ebenen ε_3 und ε_{-2} an und bestimmen Sie den Winkel, in dem die beiden Ebenen einander schneiden!
c) Für welche reellen Zahlen t nimmt das Volumen der Pyramide OA_tB_tC den Wert $\frac{32}{3}$ Volumeneinheiten an?
d) Welchen Abstand hat die Ebene ε_3 vom Koordinatenursprung?

GA 453 In einem kartesischen Koordinatensystem sind die Punkte A(1; 3; 2) und B(3; 5; 10) sowie die Ebenenschar ε_t: $3tx + (t-3)y + tz = 12t + 1$, $t \in \mathbb{R}$ gegeben.
a) Die Gerade g, die durch die Punkte A und B verläuft, durchstößt die Ebene ε_1 in einem Punkt D. Berechnen Sie die Koordinaten des Punktes D und die Größe des Winkels, unter dem die Gerade g die Ebene ε_1 schneidet!
b) Berechnen Sie die Koordinaten des Punktes A', der durch die Spiegelung des Punktes A an der Ebene ε_1 entsteht!
c) Berechnen Sie den Flächeninhalt des Dreiecks ADA' !
d) Alle Ebenen der Schar ε_t schneiden einander in einer Geraden s. Geben Sie eine Gleichung für die Gerade s an!
e) Gegeben ist eine weitere Gerade h durch h: $\vec{x} = \begin{pmatrix} 8 \\ 4 \\ 13 \end{pmatrix} + r\begin{pmatrix} 3 \\ 3 \\ 7 \end{pmatrix}$, $r \in \mathbb{R}$.
Zeigen Sie, dass die Geraden h und g (g aus Teilaufgabe a) windschief zueinander sind, und bestimmen Sie den Abstand dieser Geraden! Ermitteln Sie die Koordinaten der Punkte G auf g und H auf h so, dass $|\overline{GH}|$ der Abstand der Geraden g und h ist!

GA 454 In einem kartesischen Koordinatensystem sind die Punkte A(8; 0; 0), B(8; 3; 0), $C_t(4t + 5; 3; -3t)$ mit $t \in \mathbb{R}$ und D(0; 0; 6) gegeben.
a) Geben Sie eine Gleichung der Geraden g an, auf der alle Punkte $C_t(t \in \mathbb{R})$ liegen! Stellen Sie eine parameterfreie Gleichung derjenigen Ebene auf, die A und B enthält und zu der g parallel verläuft!
b) Für welche Werte von t hat das Dreieck ABC_t einen rechten Winkel?
c) Für welche Werte von t ist das Dreieck ABC_t gleichschenklig?
d) Zeichnen Sie ein Schrägbild für die beiden in Teilaufgabe c ermittelten gleichschenkligen Dreiecke! (Schraffieren Sie die beiden Dreiecke und vervollständigen Sie die Zeichnung im weiteren Verlauf der Aufgabenlösung!)
e) Weisen Sie nach, dass das Volumen der Pyramide ABC_tD die Maßzahl 9 besitzt! Geben Sie eine geometrische Deutung dafür, dass dieses Ergebnis von t unabhängig ist!
f) Ermitteln Sie den Abstand d der Punkte C_t von der Ebene ABD!
g) Bestimmen Sie den Parameter t für den Fall, dass die Entfernung BC_t minimal wird! Bestimmen Sie den Wert dieses Minimums und deuten Sie das Ergebnis raumgeometrisch!

GA 455 Familie Baumann hat sich ein Grundstück gekauft und möchte darauf ein Eigenheim errichten. Das ebene, viereckige Grundstück wird durch die Grenzsteine $P_1(25; 0; 0)$, $P_2(x_2; y_2; 0)$, $P_3(-2; 36; 0)$ und $P_4(-5; 15; 0)$ markiert (1 LE ≘ 1 m). Die Grenzsteine P_2 und P_4 liegen axialsymmetrisch zur Diagonalen $\overline{P_1P_3}$.

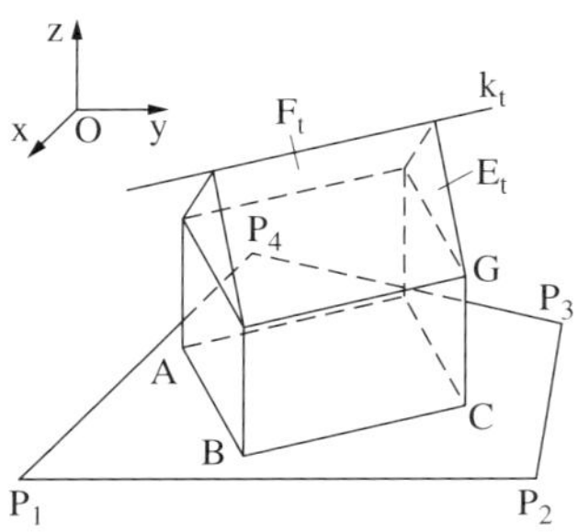

a) Berechnen Sie die Standortkoordinaten des Grenzsteines P_2! Welchen Grundstückspreis musste Familie Baumann bezahlen, wenn der Quadratmeterpreis 73,00 € beträgt?

Das Eigenheim kann als Quader mit einem aufgesetzten dreiseitigen, geraden Prisma angenommen werden. Der Punkt C(4; 33; 0) ist ein Eckpunkt der Fundamentplatte. Jedes Haus des gewählten Typs hat eine Breite

$|\overline{AB}| = 10$ m und eine Länge $|\overline{BC}| = 15$ m. Die beiden Rechtecke des Daches liegen in Ebenen:

E_t: $3tx + 4ty + 25z = 144t + 200$ bzw.

F_t: $3tx + 4ty - 25z = 94t - 200$ $(t \in \mathbb{R}, t > 0)$.

b) Zeigen Sie, dass die Seitenwandhöhe $|\overline{CG}|$ jedes solchen Hauses von der Wahl des Parameters t unabhängig ist, und berechnen Sie diese!

c) In einer speziellen Ausführung des Projektes liegen die Dachflächen in den Ebenen E_5 bzw. F_5. Ermitteln Sie eine Gleichung der Dachfirstgeraden k_5! Weisen Sie nach, dass die Dachebenen E_5 und F_5 orthogonal zueinander sind!
Für die Finanzierung des Hauses wird der umbaute Raum (Gesamtvolumen des Hauses ohne Berücksichtigung der Wandstärke) benötigt. Berechnen Sie für dieses spezielle Projekt den umbauten Raum!

d) Zum Bau des Hauses wird ein Turmdrehkran mit horizontalem Ausleger verwendet. Der Kran soll so aufgestellt werden, dass die Grenzsteine P_1, P_3 und P_4 gleich weit vom Standort des Kranes entfernt sind. Berechnen Sie die Koordinaten des Kranstandortes und die erforderliche Auslegerlänge!

GA 456 Ein Edelstahlkörper hat die Form eines Spats ABCDEFGH (auch Parallelepiped genannt). Dieser Körper sei gegeben durch den Punkt A(6; 0; 0) sowie durch drei linear unabhängige Vektoren

$$\vec{a} = \overrightarrow{AB} = \begin{pmatrix} 0 \\ 8 \\ 2 \end{pmatrix}, \quad \vec{b} = \overrightarrow{AD} = \begin{pmatrix} -6 \\ 2 \\ 0 \end{pmatrix} \quad \text{und} \quad \vec{c} = \overrightarrow{AE} = \begin{pmatrix} -3 \\ 1 \\ 4 \end{pmatrix}.$$

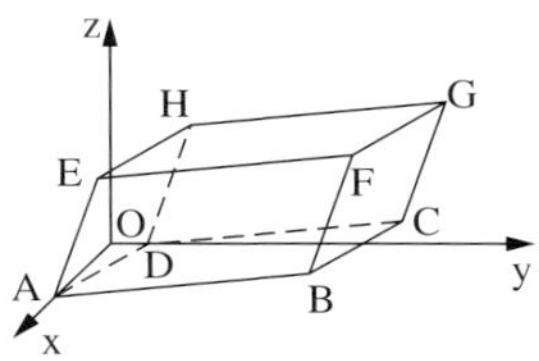

a) Berechnen Sie die Koordinaten der fehlenden Eckpunkte des Spats!

Der Edelstahlkörper wird durch einen Laserstrahl in zwei Teilkörper zerschnitten. Die Schnittebene ε_1 verläuft durch den Mittelpunkt M_1 der Kante $\overline{AB}$, durch den Mittelpunkt M_2 der Kante $\overline{EH}$ sowie durch den Punkt C.

b) Geben Sie eine parameterfreie Gleichung der Schnittebene ε_1 an!

c) Eine zweite Ebene ε_2 wird durch die Punkte A, B und F bestimmt. Die Ebenen ε_1 und ε_2 schneiden einander. Bestimmen Sie eine Gleichung der Schnittgeraden und den Schnittwinkel der beiden Ebenen!

d) Ein vom Punkt U der xz-Ebene kommender Laserstrahl verläuft in Richtung des Vektors $\overrightarrow{M_1C}$ und trifft im Punkt $S(4; \frac{2}{3}; \frac{8}{3})$ auf die Körperkante $\overline{AE}$. Berechnen Sie die Koordinaten des Punktes U!

e) Ein weiterer Laserstrahl, der ebenfalls durch S verläuft, hat den Richtungsvektor $\vec{v} = \begin{pmatrix} 3 \\ -5 \\ 3 \end{pmatrix}$.

Überprüfen Sie, ob dieser Laserstrahl das Parallelogramm ABCD im Innern durchbohrt!

GA 457 An einem Steilhang wird ein Beobachtungsturm errichtet. Dieser Turm kann als von einer Ebene geschnittener Quader mit aufgesetzter gerader Pyramide aufgefasst werden. Die Höhe der aufgesetzten Pyramide beträgt k Meter $(k \in \mathbb{R}, k > 0)$; ihre Spitze wird mit S_k bezeichnet. Aus der Bauzeichnung sind die Koordinaten (1 LE = 1 m) der folgenden Punkte bekannt:
A(4; 0; 0), B(4; 4; 0), D(0; 0; 3), E(4; 0; 10), F(4; 4; 10) und H(0; 0; 10).

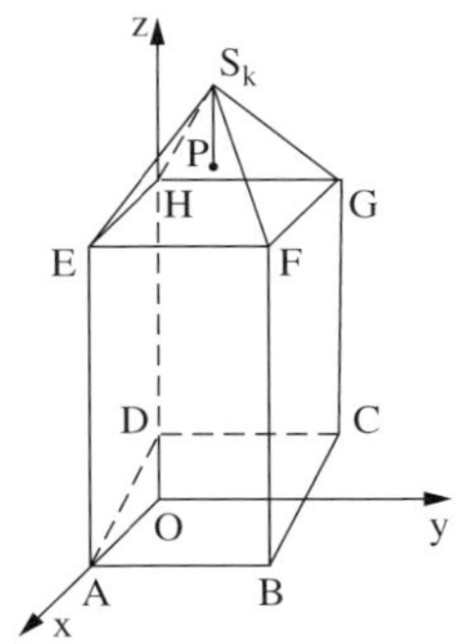

a) Der Steilhang liegt in einer Ebene, die durch die Punkte A, B, C und D verläuft. Stellen Sie eine Gleichung dieser Ebene auf!

b) Ein Sonnenstrahl, dessen Richtung durch den Vektor $\vec{a} = \begin{pmatrix} -2 \\ 1 \\ -1 \end{pmatrix}$ beschrieben werden kann, erzeugt auf dem Hang im Punkt S_4' einen Schatten der Turmspitze S_4. Ermitteln Sie die Koordinaten dieses Punktes S_4'!
Unter welchem Winkel trifft der Sonnenstrahl auf dem Hang auf?

c) In der Turmspitze S_4 soll ein Pendel so angebracht werden, dass der Pendelkörper P von allen Eckpunkten der Pyramide den gleichen Abstand hat. Wie lang muss dieses Pendel sein?

d) Die Turmkanten $\overline{AE}$ und $\overline{FS_4}$ liegen auf den Geraden g und h. Zeigen Sie, dass g und h windschief zueinander sind, und berechnen Sie den Abstand dieser Geraden!

e) Untersuchen Sie, ob es ein k gibt, so dass das Volumen des Daches (Pyramide $EFGHS_k$) ein Maximum annimmt!

GA 458 Das Dach eines Turmes hat die Form einer geraden quadratischen Pyramide (s. Abb.). Die Seitenlänge des Quadrates PQRT und die Höhe $\overline{OU}$ der Pyramide betragen jeweils 6 m.

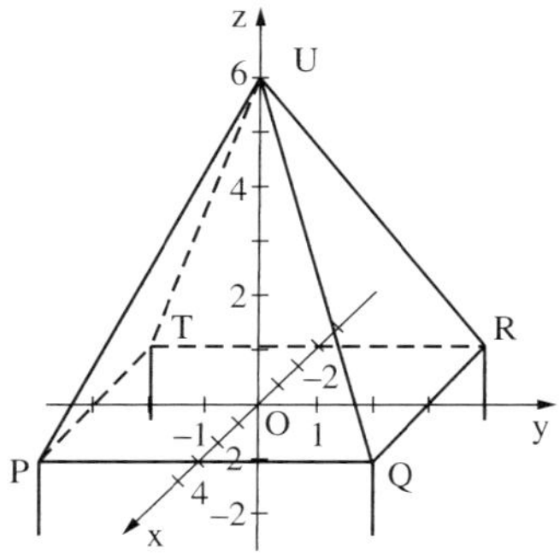

a) Die Ebene ε enthält die Dachfläche QRU. Bestimmen Sie eine parameterfreie Gleichung von ε! Wie groß ist der Winkel zwischen der Dachkante $\overline{PU}$ und der Ebene ε (der Dachfläche QRU)? Wie groß ist der Winkel zwischen zwei benachbarten Dachflächen, beispielsweise zwischen den Dachflächen QRU und QPU?

b) Zur Verstärkung des Dachstuhls werden Stützstäbe eingezogen (von ihrer Dicke ist in der Rechnung abzusehen). Ein Stab b_1 geht von der Mitte F der Kante $\overline{PT}$ aus und stützt die Dachfläche QRU senkrecht ab. Berechnen Sie seine Länge! Ein zweiter Stab b_2 geht von R aus und stützt die Kante $\overline{PU}$ senkrecht ab. Berechnen Sie seine Länge!

c) Bestimmen Sie die Koordinaten der Punkte, die von der Bodenfläche PQRT und den vier Dachflächenebenen gleichen Abstand haben! Welcher dieser Punkte liegt im Innern des Dachraumes?

GA 459 In einem kartesischen Koordinatensystem sind die Punkte A(7; –3; 2), B(0; 2; –1) sowie $P_r(r;\ 2;\ r+3)$ mit $r \in \mathbb{R}$ und ein Vektor $\vec{v}$ mit $\vec{v} = \begin{pmatrix} 3 \\ -2{,}5 \\ -1 \end{pmatrix}$ gegeben. Es sei g die Gerade durch die Punkte A und B und h_r die Gerade durch den Punkt P_r mit dem Richtungsvektor $\vec{v}$.

a) Es gibt genau eine Gerade h_r, die die Gerade g schneidet. Ermitteln Sie die Koordinaten des Schnittpunktes S und den Schnittwinkel α der beiden Geraden!

b) Beweisen Sie die Richtigkeit folgender Aussage:
„Durch die Punkte A, B und P_r ist für jedes r ($r \in \mathbb{R}$) genau eine Ebene ε_r bestimmt."

c) Die windschiefen Geraden g und h_{-2} liegen in zwei verschiedenen zueinander parallelen Ebenen η_1 und η_2. Geben Sie je eine parameterfreie Gleichung für diese Ebenen an und berechnen Sie deren Abstand a!

Für jedes Paar reeller Zahlen c und d ist durch $3x + y + dz = 6 + c - d$ eine Ebene $\varepsilon_{c,\,d}$ gegeben.

d) Bestimmen Sie die Koordinaten aller Punkte T auf der Geraden g, die zur Ebene $\varepsilon_{c,\,d}$ mit $c = \frac{1}{2}$ und $d = -\frac{3}{4}$ einen Abstand von 2 LE haben!

e) Untersuchen Sie die Anzahl der gemeinsamen Punkte der Geraden g mit der Ebene $\varepsilon_{c,\,d}$ in Abhängigkeit von c und d!

GA 460 Gegeben seien die Gerade g: $\vec{x} = \begin{pmatrix} 0 \\ 0 \\ -2 \end{pmatrix} + t\begin{pmatrix} 6 \\ -3 \\ 2 \end{pmatrix}$, $t \in \mathbb{R}$, und der Punkt P(0; 3; –1).

a) Geben Sie für die Verbindungsebene ε von g und P ($P \in \varepsilon$, $g \subset \varepsilon$) eine Parameterdarstellung, eine parameterfreie Gleichung sowie einen Normaleneinheitsvektor an!

b) Bestimmen Sie zum Vektor $\vec{a} = \begin{pmatrix} 6 \\ -3 \\ 2 \end{pmatrix}$ der Ebene ε einen Vektor $\vec{b}'$ der Ebene ε mit $\vec{b}' \perp \vec{a}$!
(Erläuterung: ε: $\vec{x} = \vec{x}_0 + r\vec{a} + s\vec{b}'$)

c) Prüfen Sie, ob mit dem von Ihnen ermittelten Vektor $\vec{b}'$ das Tripel $(\vec{a}, \vec{b}', \vec{n})$ ein Rechtssystem ist! (Vgl. Definition des Vektorprodukts)

GA 461 Gegeben sei die Ebene ε: $\vec{x} = \begin{pmatrix} 0 \\ 2 \\ 1 \end{pmatrix} + r \begin{pmatrix} 2 \\ 1 \\ -1 \end{pmatrix} + s \begin{pmatrix} 1 \\ -1 \\ 0 \end{pmatrix}$; $r, s \in \mathbb{R}$.

a) Geben Sie einen Normalenvektor von ε an!
b) Geben Sie eine HESSEsche Normalform der Gleichung von ε an!
c) Ermitteln Sie die Koordinaten eines Punktes A, der zu ε den Abstand 3 hat!
d) Geben Sie für die Ebene durch den Punkt A (vgl. c), die parallel zu ε ist, eine Gleichung an!
e) Ermitteln Sie die Koordinaten eines Punktes P_1, der von ε den Abstand 3 hat und dessen Lotfußpunkt auf ε der Punkt $P_0(0; 2; 1)$ ist und die Koordinaten eines Punktes P_2, der von ε den Abstand $\sqrt{11}$ hat und dessen Lotfußpunkt auf ε ebenenfalls P_0 ist! Welche Lagebeziehungen zwischen den Punkten P_0, P_1 und P_2 sind möglich (Man betrachte alle Fälle!)?

GA 462 Gegeben sei die Ebene ε: $6x + 2y + 3z - 10 = 0$.

a) Geben Sie einen Normalenvektor für ε sowie die HESSEsche Normalform der Gleichung von ε in Koordinaten- und Vektorschreibweise an!
b) Geben Sie für die zwei Ebenen, die zu ε parallel sind und von $P(1; 1; 1)$ den Abstand 1 haben, je eine Gleichung an!

GA 463 Gegeben sei die Ebene ε mit der Gleichung ε: $2x + 6y + 9z - 36 = 0$.

a) Geben Sie die Achsenabschnittsform und eine HESSEsche Normalform der Gleichung von ε an!
b) Bestimmen Sie den Abstand des Punktes $P(3; 6; 3)$ von ε und geben Sie die Koordinaten des Fußpunktes des Lotes von P auf ε an!
c) Ermitteln Sie die Koordinaten des Bildpunktes P' von P bei der Spiegelung an ε!
d) Die Ebene ε_0: $2x + 6y + 9z = 0$ ist parallel zu ε und enthält den Koordinatenursprung O. Bestimmen Sie den Abstand des Punktes $P(3; 6; 3)$ von ε_0! Ermitteln Sie eine Gleichung für die zu ε_0 parallele Ebene ε_1, die zu ε_0 den Abstand 10 hat und die so liegt, dass sich P zwischen ε_0 und ε_1 befindet!
e) Vom Punkt $P(3; 6; 3)$ geht ein Strahl PA durch den Punkt $A(0; 0; 4)$ der Ebene ε ($A \in \varepsilon$). Bestimmen Sie den Winkel zwischen dem Strahl PA und ε!

GA 464 Im Raum seien die Geraden g und g_a gegeben:

$$g: \vec{x} = \begin{pmatrix} 0 \\ 0 \\ 3 \end{pmatrix} + t_1 \begin{pmatrix} 2 \\ 1 \\ -2 \end{pmatrix}, \qquad g_a: \vec{x} = \begin{pmatrix} 0 \\ a \\ 0 \end{pmatrix} + t_2 \begin{pmatrix} 1 \\ -1 \\ 1 \end{pmatrix}, \quad t_1, t_2 \in \mathbb{R}.$$

Dabei sei a eine beliebige reelle Zahl.
a) Für welche Werte von a schneiden g und g_a einander?
b) Welche Koordinaten hat der Schnittpunkt und unter welchem Winkel schneiden die Geraden einander?
c) Bestimmen Sie für die dann von g und g_a aufgespannte Ebene eine parameterfreie Gleichung!
d) Geben Sie Werte für a in der Gleichung von g_a so an, dass die Gerade g_a von g den Abstand 1 hat!
Hinweis: Veranschaulichen Sie die Situation in einem Schrägbild und tragen Sie auch erhaltene Ergebnisse ein!

GA 465 Im Raum seien eine Gerade g und eine Ebene ε_a gegeben:

$$g: \vec{x} = t \begin{pmatrix} 4 \\ 3 \\ 6 \end{pmatrix}, \quad t \in \mathbb{R} \qquad \varepsilon_a: \frac{1}{a}x + 2y + 5z = 10$$

a sei eine beliebige von null verschiedene reelle Zahl.

a) Veranschaulichen Sie in einem Schrägbild den angegebenen Richtungsvektor von g und die Ebenen ε_a mit $a = \frac{1}{2}$ und $a = -\frac{1}{2}$!
b) Für welche Werte von a ist g parallel zu ε_a?
c) Ermitteln Sie für g $\nparallel$ ε_a die Koordinaten des Schnittpunktes von g und ε_a (in Abhängigkeit von a)!

GA 466 In einem kartesischen Koordinatensystem sind die Punkte A(0; 0; 0), B(1; 1; 0), C(1; 0; 1) und D(0; 1; 1) gegeben.

a) Zeigen Sie, dass der Körper ABCD ein regelmäßiges Tetraeder ist. Stellen Sie das Tetraeder in einem kartesischen Koordinatensystem dar! (1 LE ≘ 5 cm; Verkürzung für die x-Achse ist $\frac{1}{2}$).
b) Welchen Abstand hat der Punkt C von der Ebene E_1(A, B, D)? Ermitteln Sie die Koordinaten des Lotfußpunktes C' von C auf die Ebene E_1!
c) Berechnen Sie das Volumen und den Oberflächeninhalt des Tetraeders ABCD!
d) Punkt X sei der Mittelpunkt der Kante [AD], Punkt Y sei der Mittelpunkt der Kante [AC], Punkt Z sei der Mittelpunkt der Kante [BC], Punkt W sei der Mittelpunkt der Kante [BD]. Zeichnen Sie das Viereck XYZW in die Darstellung aus a) ein! Beweisen Sie: Das Viereck XYZW ist ein Quadrat.
e) Bestimmen Sie den Winkel zwischen zwei Seitenflächen des Tetraeders ABCD!
f) Die Gerade g durch die Punkte C und C' durchstößt die Ebene E_2(X, Y, Z) im Punkt S. Ermitteln Sie die Koordinaten von S! In welchem Verhältnis teilt Punkt S die Strecke [CC']?

GA 467 In einem kartesischen Koordinatensystem sind die Geraden

$$g: \vec{x} = \begin{pmatrix} 0 \\ 1 \\ 1 \end{pmatrix} + s\begin{pmatrix} 1 \\ 2 \\ 0 \end{pmatrix} \text{ mit } s \in \mathbb{R} \text{ und } h_a: \vec{x} = \begin{pmatrix} a \\ 7 \\ 6 \end{pmatrix} + t\begin{pmatrix} 2 \\ 1 \\ 2 \end{pmatrix} \quad a \in \mathbb{R} \quad \text{und } t \in \mathbb{R} \quad \text{gegeben.}$$

a) Entscheiden Sie, ob eine der Geraden h_a durch den Koordinatenursprung geht!
b) Untersuchen Sie die gegenseitige Lage der Geraden g und h_a in Abhängigkeit von a! Berechnen Sie gegebenenfalls den Schnittwinkel.
c) Bestimmen Sie den Punkt P auf g und den Punkt Q auf h_2 so, dass sie die kürzeste Entfernung der beiden Geraden bilden!
d) Begründen Sie, dass es eine Ebene ε gibt, in der alle Geraden h_a liegen. Geben Sie eine parameterfreie Gleichung dieser Ebene an und beschreiben Sieihre Lage in einem kartesischen Koordinatensystem!
e) Gegeben ist der Punkt $C_k(k + 5; 2; 1)$ mit $k \in \mathbb{R}$. Für welche Werte des Parameters k bestimmen die Gerade g und der Punkt C_k eine Ebene E_k? Beschreiben Sie die Lage der Ebenen E_k im Koordinatensystem!

GA 468 Gegeben sind die Punkte A(–3,5; 0,5), B(7; –1) und C(3,5; 7,5).

a) Ermitteln Sie die Gleichungen der Geraden, auf denen die Dreiecksseiten liegen!
b) Die Mittelpunkte der Ankreise eines Dreiecks sind die Schnittpunkte der entsprechenden Winkelhalbierenden der Außenwinkel. Die unter a) ermittelten Geraden sind Tangenten der Ankreise. Berechnen Sie die Winkelhalbierenden der Außenwinkel des Dreiecks ABC an den Eckpunkten A und B, den Mittelpunkt, den Radius und die Gleichung des Ankreises k!
c) Berechnen Sie den Winkel, unter dem sich die Winkelhalbierenden von Aufgabe b) schneiden!
d) Vom Punkt P(0; 4) sind die Tangenten an den Kreis k gelegt. Berechnen Sie Die Gleichung dieser Tangenten!
e) Berechnen Sie die Koordinaten des Schwerpunktes des Dreiecks ABC!

GA 469 Von einem Punkt A auf einem Berg soll durch Richtfunk der Kontakt zu Stationen unterhalten werden, die sich im Gelände in den Punkten der Punktmenge P_a befinden. Die Lage der Punkte wird in einem kartesischen Koordinatensystem beschrieben (1 LE ≘ 1000 m im Gelände).
A(0; 0; 1,5); $P_a(2a; a^2 - 3; 0,5)$, $(a \in \mathbb{N})$

Der Richtfunk wird so installiert, dass nur Stationen erreicht werden können, die sich auf den Geraden AP_a befinden.

a) Berechnen Sie den Winkel zwischen den Geraden durch A und P_1 bzw. durch A und P_2!

b) Geben Sie eine Gleichung der Geradenschar an, die die Geraden durch A und P_a enthält!
Prüfen Sie, ob durch den Richtfunk eine Station erreicht würde, die sich im Mittelpunkt der Strecke $\overline{P_1P_3}$ befindet!

c) Der Punkt P_4 ist durch den Richtfunk wegen eines Geländehindernisses vom Punkt A nicht direkt erreichbar. Für die Aufstellung eines Reflektors kommen zwei Standorte in Frage, für die jeweils die Koordinaten zu ermitteln sind.

Standort 1:
Schnittpunkt der Geraden durch A und P_3 und der Geraden, die durch den Punkt P_4 und den Richtungsvektor $v = \begin{pmatrix} -2 \\ 8 \\ 1 \end{pmatrix}$ gegeben ist.

Standort 2:
Punkt auf der Geraden AP_1 durch A und P_1, der sich 1,5 km von A in Richtung P_1 entfernt befindet.

GA 470 Eine unterirdische geschlossene Sondermülldeponie hat die Form eines ebenflächig begrenzten Körpers mit den Eckpunkten A, B, C, D, E, F, G und H, deren Koordinaten in einem kartesischen Koordinatensystem (1 LE ≙ 10 m) gegeben seien (s. Abbildung). Zu Überwachungszwecken sollen folgende geradlinige Bohrungen durchgeführt werden:

- Vom Punkt A in Richtung des Punktes M_1 (Punkt M_1 sei der Mittelpunkt der Diagonale $\overline{BG}$ des Vierecks BCGF);
- vom Punkt B in Richtung des Punktes H.

a) Berechnen Sie die Koordinaten des Punktes M_1 und stellen Sie je eine Gleichung der Geraden durch A und M_1 sowie durch B und H auf!
Zeigen Sie, dass diese Geraden einander schneiden, und berechnen Sie die Koordinaten des Schnittpunktes S!
Zum Schnittpunkt S der Bohrungen sollen entweder vom Punkt A oder vom Punkt B Versorgungsleitungen für eine Sonde installiert werden. Die Kosten vom Punkt A betragen 300 €/m und vom Punkt B 500 €/m. Ermitteln Sie durch eine Kostenrechnung die billigere Variante!
Untersuchen Sie, ob die Gerade durch D und F auch die Gerade durch A und M_1 schneidet!

b) Für Vermessungsarbeiten sind Markierungspunkte auf der Oberfläche der Deponie so angebracht, dass ihre Lage durch eine Geradenschar g_a charakterisiert werden kann, deren Geraden durch diese Markierungspunkte und den Punkt P (s. Abbildung) verlaufen:

$$g_a: \vec{x} = \overrightarrow{AP} + k \begin{pmatrix} -3 \\ a \\ 1 \end{pmatrix}, \quad (k \in \mathbb{R},\ a \in \mathbb{R})$$

Weisen Sie nach, dass die Gerade durch B und H zur Geradenschar g_a gehört, und geben Sie für diesen Fall den Wert des Parameters a an! Berechnen Sie den Wert des Parameters a für die Gerade der Schar g_a, die durch den Mittelpunkt M_2 der Strecke $\overline{AB}$ geht!

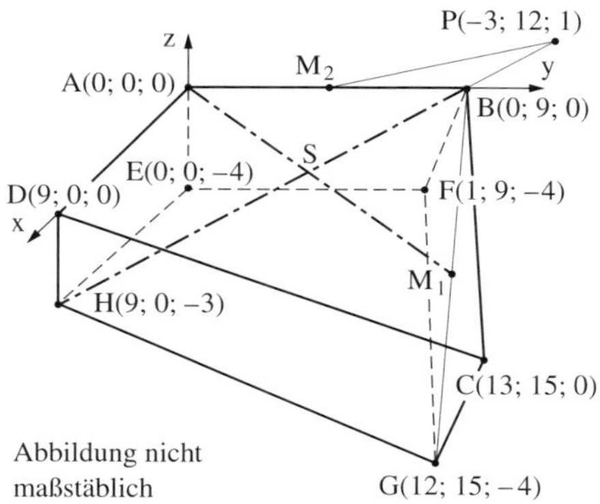

Abbildung nicht maßstäblich

c) Für eine neue Versiegelung der Fläche des Vierecks ADHE muss deren Inhalt berechnet werden.
Zeigen Sie, dass das Viereck ADHE kein Parallelogramm, aber ein Trapez ist, und berechnen Sie die Maßzahl des Flächeninhaltes!

GA 471 Ein Laserstrahl trifft vom Punkt P(−6; 5; 4) in Richtung des Vektors $\vec{v} = \begin{pmatrix} 3 \\ -1 \\ -1 \end{pmatrix}$ auf einen Spiegel.

Der Spiegel hat die Form eines Parallelogramms ABCD, das durch folgende Eckpunkte gegeben ist:
A(6; –2; 0), B(4; 5; 5), und C(0; 6; 2)

a) Stellen sie eine Koordinatengleichung der Ebene auf, in der der Spiegel liegt, und zeigen Sie, dass der Laserstrahl den Spiegel im Schnittpunkt der Diagonalen trifft!
Welche Richtung hätte der Laserstrahl, wenn er im Punkt D den Spiegel trifft?

b) Der Laserstrahl mit der Richtung $\vec{v}$ wird durch den Spiegel reflektiert. Untersuchen Sie, welche der Punkte $P_1(8; -13; 6)$, $P_2(2; 5; 0)$, $P_3(6; -1; 10)$ und $P_4(5; -4; 3)$ durch den reflektierten Strahl getroffen werden! Geben Sie eine Gleichung an, welche die Lage aller Punkte beschreibt, die durch den reflektierenden Strahl getroffen werden!

GA 472 Zwei Flugzeuge F_1 und F_2 befinden sich auf geradlinigen Kursen. Ihre Positionen werden durch Punkte in einem kartesischen Koordinatensystem (1 LE ≙ 1 000 m) beschrieben, wobei die Erdoberfläche in dem zu betrachtenden Bereich als xy-Ebene anzusehen ist. Das Flugzeug F_1 ist auf dem Landeanflug vom Punkt $A_1(36; 56; 7)$ zum Punkt $B_1(1; 0; 0)$. Das Flugzeug F_2 ist im Steigflug vom Punkt $A_2(-1; 3; 1)$ zum Punkt $B_2(23; 39; 7)$.

a) Zeigen Sie, dass die Geraden durch A_1 und B_1 sowie durch A_2 und B_2 (Geraden, auf denen die Flugstrecken liegen) windschief zueinander sind! Berechnen Sie den Abstand dieser Geraden!
Ermitteln Sie das Verhältnis der Geschwindigkeiten beider Flugzeuge, wenn sich diese zum gleichen Zeitpunkt in den Punkten A_1 bzw. A_2 befinden und auf ihren Flugstrecken $\overline{A_1B_1}$ und $\overline{A_2B_2}$ gleichzeitig den Punkt erreichen, wo ihr Abstand minimal ist!

b) Das Flugzeug F_2 soll den Steigflug bis in 1 000 m Höhe fortsetzen und anschließend den Kurs so ändern, dass in konstanter Höhe eine Richtfunkstation überflogen wird, die sich im Punkt C(70; 50; 0) befindet. Ermitteln Sie die Koordinaten des Punktes, ab dem der neue Kurs zu fliegen ist, und das Gradmaß des Winkels für die Kursänderung!

GA 473 Die Lage einer aus zwei Seitenteilen bestehenden Rinne wird in einem kartesischen Koordinatensystem durch die folgenden Gleichungen zweier Ebenen beschrieben:

ε_1: $6x - 2y - 3z - 55 = 0$ $\qquad$ ε_2: $2x - 6y - 3z - 39 = 0$

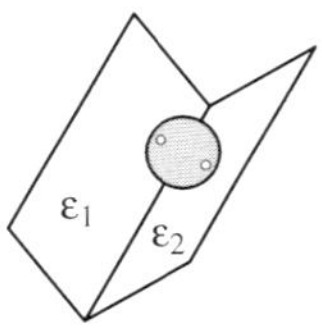

In dieser Rinne soll eine Kugel rollen (s. Abbildung). Sie berührt in der Ausgangslage die Ebene ε_1 im Punkt $B_1(7; 1; -5)$ und die Ebene ε_2 im Punkt $B_2(3; -3; -5)$.

a) Stellen Sie eine Gleichung der Kugel auf!

b) Geben Sie je eine Gleichung der Geraden an, auf der beim Rollen die Berührungspunkte der Kugel mit den Seitenflächen liegen! Berechnen Sie das Gefälle (Neigungswinkel) der Rinne bzw. der xy-Ebene!

c) Berechnen Sie den Abstand der Kugel von der Schnittlinie der Seitenflächen!

H Wahrscheinlichkeitstheorie und Grundfragen ihrer Anwendung

H 1 Zufallsexperimente

H 1.1 Ein- und mehrstufige Zufallsexperimente; Ergebnismengen; Baumdiagramme

HA 1 Unter welchen Gesichtspunkten ist es gerechtfertigt, den nachfolgend genannten Vorgang als Zufallsexperiment zu bezeichnen:

a) Einschlag eines Meteoriten auf der nördlichen Erdhalbkugel
b) Gütekontrolle von der laufenden Produktion entnommenen Bauteilen
c) Umfrage bezüglich des Wahlverhaltens der Befragten bei der anstehenden Landratswahl
d) Ziehung der Lotto-Zahlen
e) Trinkgeldeinnahmen einer Kellnerin
f) Geburt eines Kindes
g) Größe einer angesetzten Pilzkultur
h) Füllmenge einer 0,7-*l*-Flasche
i) Spielansetzungen des Fußballvereins Rodatal für die kommende Saison

HA 2 Entscheiden Sie, welche der nachfolgend genannten Mengen als Ergebnismengen Ω ungeeignet sind! (Begründen Sie kurz Ihre Entscheidung!)

Zufallsexperiment: Einmaliges Werfen eines Tetraeders mit den vier Augenzahlen 1, 2, 3 und 4

$\Omega_1 = \{1; 2; 3; 4\}$; $\Omega_2 = \{1; 3; \text{keine } 1\}$; $\Omega_3 = \{\text{Primzahl}; 4\}$
$\Omega_4 = \{\text{Primzahl}; 4; \text{Zahl, die weder prim noch gerade ist}\}$; $\Omega_5 = \{1; 4; \text{weder 1 noch 4}\}$;
$\Omega_6 = \{0; 1; 2; 3; 4\}$; $\Omega_7 = \{3; 1; 2; 4\}$; $\Omega_8 = \{3; \text{keine } 3\}$;
$\Omega_9 = \{\text{gerade Zahl}; \text{ungerade Zahl}\}$; $\Omega_{10} = \{\text{Teiler von 4}; \text{kein Teiler von 4}\}$;
$\Omega_{11} = \{\text{Teiler von 12}\}$

HA 3 Entscheiden Sie, welche der nachfolgend genannten Mengen als Ergebnismenge Ω geeignet und welche ungeeignet sind:

a) In einem Gymnasium soll die „beliebteste Lehrerin" bzw. der „beliebteste Lehrer" gewählt werden. In Vorbereitung dieser Wahl führt der Schülersprecherrat eine Vorabumfrage durch: „Welchen Lehrer J, K, L, M würdest du wählen?"
$\Omega_1 = \{J; K; L; M; \text{keinen dieser Lehrer}\}$ $\Omega_2 = \{J; K \text{ oder } L; \text{keinen dieser Lehrer}\}$
$\Omega_3 = \{J; K; \text{weder J noch K}\}$ $\Omega_4 = \{J \text{ oder } L; \text{weder J noch K}; \text{keinen dieser Lehrer}\}$
$\Omega_5 = \{J; K; L; M; \text{einen anderen Lehrer}; \text{gar keinen Lehrer}\}$

b) Es werden ein rotes und ein grünes, jeweils mit den Augenzahlen 1 bis 4 beschriftetes Tetraeder geworfen.
$\Omega_1 = \{(x; y) \mid x, y \in \{1; 2; 3; 4\}\}$
$\Omega_2 = \{(i; k) \mid i, k \in \{1; 2; 3; 4\} \text{ und } i < k\}$
$\Omega_3 = \{2; 3; 4; 5; 6; 7; 8\}$
$\Omega_4 = \{\text{Augensumme ist prim}; \text{Augensumme ist gerade und nicht kleiner als vier}\}$
$\Omega_5 = \{\text{Augensumme ist gerade}; \text{Augensumme ist durch 3 teilbar}\}$
$\Omega_6 = \{\text{Augensumme ist kleiner 5}; \text{Augensumme ist größer 5}\}$
$\Omega_7 = \{11; 12; 13; 14; 22; 23; 24; 33; 34; 44\}$
$\Omega_8 = \{\text{keine Vier}; \text{genau eine Vier}; \text{zwei Vieren}\}$

HA 4 Geben Sie zu den folgenden Zufallsexperimenten jeweils eine geeignete Ergebnismenge Ω an und bestimmen Sie die Anzahl $|\Omega|$ der Elemente von Ω:

a) Eine Münze mit den Seiten Wappen (W) und Zahl (Z) wird zweimal geworfen. Beobachtet wird, welche Seite bei welchem Wurf oben liegt.
b) Eine Münze mit den Seiten Wappen (W) und Zahl (Z) wird dreimal geworfen. Beobachtet wird, wie oft die Zahl oben liegt.
c) Zwei nicht unterscheidbare Tetraeder werden gleichzeitig geworfen. Beobachtet wird, welche Augenzahlen fallen.
d) Aus einer Urne mit genau drei Kugeln (zwei weißen und einer roten) werden genau drei Kugeln nacheinander entnommen, ohne dass eine Kugel wieder zurückgelegt wird. Beobachtet wird die Farbe der jeweils gezogenen Kugel.
e) Aus einer Urne mit genau drei Kugeln (zwei weißen und einer roten) werden genau drei Kugeln nacheinander entnommen. Von der entnommenen Kugel wird die Farbe registriert und die Kugel vor der nächsten Entnahme wieder zurückgelegt.
f) Ein Tetraeder mit den Augenzahlen 1, 2, 3 und 4 wird so lange geworfen, bis zum ersten mal die gefallene Augenzahl ein Teiler von 10 ist, höchstens aber fünfmal.
g) Zwei Schüler, die die letzte Klausur im Fach Mathematik mitgeschrieben haben, werden nach ihrer dabei erhaltenen Zensur befragt.
h) Aus fünf Personen P_1, P_2, P_3, P_4, P_5 soll eine Kommission aus drei Personen gewählt werden.
i) Bei einer Mathematikklausur hat ein Schüler von den Aufgaben 1.1 und 1.2 genau eine und von den Aufgaben 2.1, 2.2 und 2.3 genau zwei zur Bearbeitung auszuwählen.
k) Ein mit den Augenzahlen 1, 2, 3 und 4 beschrifteter Tetraeder wird so oft geworfen bis die Augensumme erstmalig mindestens fünf beträgt, höchstens jedoch dreimal.
l) Bei einem Wettrennen von fünf Pferden interessiere nur, welches der Pferde als erstes und welches als zweites – „Unentschieden" sei ausgeschlossen – ins Ziel kommt.
m) Einem vollständigen Skatblatt sollen genau zwei Karten für den „Skat" entnommen werden.

HA 5 Geben Sie mehrere geeignete Ergebnismengen an!

a) Während einer Verkehrskontrolle werden bei PKWs Fahrzeugpapiere, Beleuchtung und Sanitätskasten kontrolliert.
b) Vom Statistischen Bundesamt werden regelmäßig Erhebungen zur Größe der Haushalte (Anzahl der im Haushalt lebenden Personen, Anzahl der im Haushalt lebenden Kinder) durchgeführt.
c) Petra soll den Anteil der Marzahner Schüler unter den Berliner Schülern ihrer Schule ermitteln, indem sie in ihrer Untersuchung alle Schüler ihrer Schule erfasst.
d) Bei einer Leistungskontrolle gibt es für die zwei Aufgaben jeweils genau eine richtige der drei Antwortmöglichkeiten A, B, C.
   d1) Der Lehrer kontrolliert, zu welcher der beiden Aufgaben welche Antwortmöglichkeit gewählt wird.
   d2) Der Lehrer kontrolliert die Anzahl der richtig ausgewählten Antworten.
e) Bei einer Umfrage innerhalb eines Gymnasiums soll die Religionszugehörigkeit aller Schüler erfragt werden.
f) In einem Fragebogen soll der Familienstand erfasst werden.
g) Durch eine Umfrage sollen die Fremdsprachen ermittelt werden, die der Befragte in der Schule gelernt hat.

HA 6 Ermitteln Sie mit einem Baumdiagramm der Ergebnisse eine möglichst „feine" Ergebnismenge Ω für folgende Zufallsexperimente:

a) Anita und Barbara spielen gegeneinander, jedoch nur so lange, bis der Sieger feststeht. Sieger ist derjenige, der zuerst drei Spiele gewonnen hat. Von jedem Spiel wird der Gewinner notiert; ein Remis gibt es nicht.
b) Zuerst wird ein Tetraeder mit den Begrenzungsflächen 1, 2, 3 und 4, dann eine Münze (mit Wappen W und Zahl Z) und anschließend noch eine Münze geworfen.

c) Es wird eine Münze mit Wappen und Zahl einmal geworfen. Genau dann, wenn ihr Wappen fällt, wird ein Tetraeder mit den Augenzahlen 1, 2, 3, und 4 geworfen. Genau dann, wenn hierbei eine Primzahl fällt, wird nochmals eine Münze geworfen.

d) Ein Tetraeder mit den Begrenzungsflächen 1, 2, 3 und 4 wird so oft geworfen, bis die Augensumme erstmalig mindestens drei beträgt.

e) Ein Tetraeder mit den Begrenzungsflächen 1, 2, 3 und 4 wird geworfen. Das „Tetraedern" ist beendet, wenn erstmalig eine gerade Zahl geworfen oder wenn erstmalig die Gesamtaugenzahl (Summe der geworfenen Augenzahlen) 6 erreicht bzw. überschritten ist oder wenn viermal das Tetraeder geworfen ist.

f) Spieler Vorsicht geht mit 1 € an einen Spielautomaten, bei dem er je Spiel entweder 1 € hinzugewinnen oder 1 € verlieren kann. Spieler Vorsicht hört auf zu spielen, wenn er kein Geld mehr hat oder 4 € besitzt oder fünfmal gespielt hat.

HA 7 Zufälliger Vorgang: Einmaliges Werfen eines normal mit den Augenzahlen 1, 2, 3, 4, 5 und 6 beschrifteten Würfels.

Geben Sie für jedes $i \in \{1; 2; 3; 4; 5; 6\}$ jeweils eine (genau) i-elementige Ergebnismenge Ω_i an!

HA 8 Eine Urne enthalte genau vier Kugeln (eine rote (r), zwei weiße (w) und eine grüne (g)). Beschreiben Sie ein Zufallsexperiment in Worten, das durch die Ergebnismenge $\Omega = \{r, (w; r), (g; r), (w; w; r), (w; g; r), (g; w; r), (w; w; g; r), (w; g; w; r), (g; w; w; r)\}$ charakterisiert wird!

HA 9 In einer Freizeitgruppe von 18 Kindern sollen fünf Eintrittskarten verlost werden. Beschreiben Sie jeweils ein praktikables Verfahren, so dass jedes der Kinder dieselbe Chance bei der Verlosung besitzt!

a) Es handelt sich um fünf verschiedenartige Karten; die Kinder dürfen auch mehr als eine Karte bekommen.

b) Es handelt sich um fünf verschiedenartige Karten; keines der Kinder darf mehr als eine Karte bekommen.

c) Es handelt sich um fünf gleichartige Karten; keines der Kinder darf mehr als eine Karte bekommen.

H 1.2 Zufällige Ereignisse; Verknüpfen von Ereignissen

HA 10 Ergänzen Sie zu wahren Aussagen!

Ergebnismenge: $\Omega = \{0; 1\}$ Ereignisraum: $2^\Omega = \ldots$

Anzahl der Ergebnisse: $|\Omega| = \ldots$ Anzahl der Ereignisse: $|2^\Omega| = \ldots$

Tritt das Ergebnis 1 ein, so treten genau die folgenden Ereignisse nicht ein: …

HA 11 Besitzt Ω genau n Elemente ($|\Omega| = n, n \in \mathbb{N} \setminus \{0; 1\}$), so gibt es 2^n verschiedene Teilmengen von Ω, d.h. 2^n unterschiedliche Ereignisse in 2^Ω. Es gilt also: $|2^\Omega| = 2^{|\Omega|}$.

Beweisen Sie diesen Satz!

HA 12 Zufallsexperiment: Einmaliges Werfen eines mit den Augenzahlen 1, 2, 3, 4, 5 und 6 beschrifteten Würfels

Ereignisse:

$A = \{$es wird eine Primzahl geworfen$\}$ $E = A \cap C$

$B = \{$es wird ein Teiler von 10 geworfen$\}$ $F = A \cup B$

$C = \{$es wird ein Teiler von 12 geworfen$\}$ $G = \overline{A \cup C}$

$D = A \cap B$

Welche der Ereignisse A bis G sind eingetreten, wenn das Ergebnis e_i eintritt?

a) $e_1 = 5$ b) $e_2 = 1$ c) $e_3 = 6$

HA 13 Es werden 400 Personen zufällig ausgewählt. Welche der folgenden Ereignisse A, B, C sind sicher, welche sind unmöglich:

A = {mindestens eine dieser Personen ist am Sonntag geboren}
B = {mindestens zwei Personen haben den gleichen Geburtstag, d.h.: am gleichen Tag/im gleichen Monat}
C = {jede der Personen hat einen anderen Geburtstag}

HA 14 Für ein Zufallsexperiment, das durch die Ergebnismenge $\Omega = \{1; 2; 3; 4; 5\}$ beschrieben wird, seien die Ereignisse $A = \{1; 3; 5\}$, $B = \{2; 3; 4\}$ und $C = \{1; 2\}$ definiert.
Geben Sie das Ereignis als Teilmenge von Ω in aufzählender Schreibweise an!

a) $A \cup C$ b) $A \cup B$ c) $\overline{A}$ d) $A \cap B$
e) $A \cup \overline{C}$ f) $\overline{A \cap B} \cap C$ g) $(\overline{A \cup B}) \cap \overline{C}$ h) $A \setminus C$

Untersuchen Sie die Ereignisse i) $A, B, C, \overline{A}, \overline{B}, \overline{C}$ hinsichtlich der Unvereinbarkeit!

HA 15 A und B seien Ereignisse aus dem Ereignisraum 2^{Ω}. Geben Sie die folgenden Ereignisse E_1 bis E_{10} in Mengenschreibweise an und stellen Sie die Ereignisse in einem VENN-Diagramm sowie in einer Vierfeldertafel dar!

E_1 = {A tritt nicht ein}
E_2 = {sowohl A als auch B treten ein}
E_3 = {weder A noch B tritt ein}
E_4 = {entweder A oder B tritt ein}
E_5 = {A und B treten nicht gleichzeitig ein}
E_6 = {genau eins der Ereignisse A, B tritt ein}
E_7 = {mindestens eins der Ereignisse A, B tritt ein}
E_8 = {höchstens eins der Ereignisse A, B tritt ein}
E_9 = {keines der Ereignisse A, B tritt ein}
E_{10} = {beide Ereignisse A, B treten ein}

HA 16 Ergänzen Sie zu wahren Aussagen:

a) Für den zur Ergebnismenge $\Omega = \{1; 2; 3\}$ gehörenden Ereignisraum gilt $2^{\Omega} = \ldots$
b) Der zu $\Omega = \{(i; k) \mid i, k \in \{0; 1; \ldots; 17\}\}$ gehörende Ereignisraum 2^{Ω} besitzt ... Elemente.
c) Wenn A und B zwei Ereignisse eines Zufallsexperiments sind, so versteht man unter $A \cap B$ das Ereignis, das genau dann eintritt, wenn ...
d) Wenn A und B zwei Ereignisse eines Zufallsexperiments sind, so versteht man unter $A \cup B$ ...
e) Wenn $A \in 2^{\Omega}$, so versteht man unter $\overline{A}$ ...
f) Das Ereignis {es tritt B nicht ein, aber A} stellt man in einem VENN-Diagramm folgendermaßen dar: ...
g) Dem Ereignis {wenigstens eines der beiden Ereignisse A und B tritt ein} entspricht die Verknüpfung ... der Ereignisse A und B.
h) Dem in der Vierfeldertafel dargestellten Ereignis entsprechen das folgende VENN-Diagramm ..., die verbale Beschreibung {es tritt nicht genau ...} sowie die Mengenverknüpfung ....

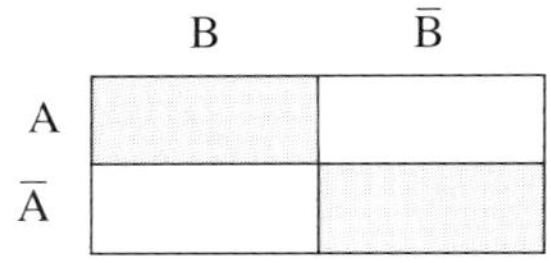

i) Dem in der Achtfeldertafel dargestellten Ereignis entspricht das folgende VENN-Diagramm ..., die verbale Beschreibung {es treten ... und ...} sowie die Mengenverknüpfung ...
Dem Ereignis {Es tritt das Ereignis A ein und es tritt das Ereignis B oder das Komplementäre von C ein} entspricht die Markierung ... in der Achtfeldertafel.

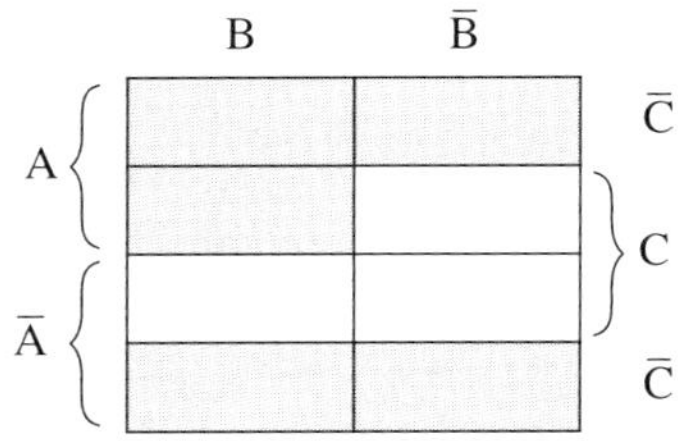

j) Wenn $A \cap B = \ldots$, so gilt $A \subseteq B$.
k) Wenn $A \cap B = \overline{A}$, so gilt $A = \ldots$ und $B = \ldots$.
l) Die Unvereinbarkeit der Ereignisse A und B wird mithilfe der Mengensymbolik durch ... charakterisiert.
m) Ein Ereignisraum mit genau fünf atomaren Ereignissen enthält ... nicht-atomare Ereignisse.

HA 17 Gegeben sind die Ereignisse A, B und C aus 2^{Ω}. Stellen Sie die Ereignisse D bis N sowohl als Verknüpfungen dieser drei gegebenen Ereignisse A, B und C als auch in einer Achtfeldertafel (vgl. ***HA 16 i)***) dar!

D = Alle drei gegebenen Ereignisse treten ein.
E = Genau zwei der drei gegebenen Ereignisse treten ein.
F = Genau eines der drei gegebenen Ereignisse tritt ein.
G = Keines der drei gegebenen Ereignisse tritt ein.
H = Mindestens eines der drei gegebenen Ereignisse tritt ein.
J = Höchstens eines der drei gegebenen Ereignisse tritt ein.
K = Die Ereignisse A, B und nur diese treten ein.
L = Genau das Ereignis A tritt ein.
M = Wenigstens das Ereignis A tritt ein.
N = Höchstens das Ereignis A tritt ein.

HA 18 Während der Informatik-Grundausbildung soll ein ausgedruckter Text hinsichtlich des Auftretens bzw. Nichtauftretens von drei Formatierungsfehlern untersucht werden, und zwar beim Setzen von Tabstopps, beim Verwenden von Initialen, beim Gebrauch von Rahmen und Schattierung. Geben Sie eine hinreichend feine Ergebnismenge Ω an und stellen Sie nachfolgende Ereignisse A bis E als unterschiedliche Teilmengen von Ω in aufzählender Schreibweise dar:

A = {der Text ist fehlerhaft}
B = {der Text weist höchstens Fehler beim Tabstopp-Setzen auf}
C = {der Text hat entweder Fehler beim Verwenden von Initialen oder Fehler beim Gebrauch von Rahmen und Schattierung}
D = {der Text enthält genau eine der drei Fehlerarten}
E = {im Text sind alle Tabstopps richtig gesetzt}

HA 19 100-m-Sprinterin Marlies, Hürdenläuferin Karin und 200-m-Läuferin Bärbel starten in den jeweiligen Finalläufen. Folgende Ereignisse werden definiert:

A = {Marlies gewinnt} B = {Karin gewinnt nicht} C = {Bärbel gewinnt}

a) Beschreiben Sie die folgenden Ereignisse über den Ausgang der Finalläufe nur durch A, B, C und die entsprechenden Mengenoperationszeichen:
F_1 = {Marlies gewinnt nicht}
F_2 = {eine der drei Läuferinnen gewinnt}
F_3 = {eine der drei Läuferinnen gewinnt nicht}
F_4 = {genau eine der drei Läuferinnen gewinnt nicht}
F_5 = {höchstens eine der drei Läuferinnen gewinnt nicht}
F_6 = {zwei der drei Läuferinnen gewinnen}
F_7 = {genau zwei der drei Läuferinnen gewinnen}

b) Beschreiben Sie die folgenden Ereignisse möglichst kurz in Worten:
$Z_1 = F_2 \cup F_3$ $Z_2 = A \cap B \cap C$
$Z_3 = A \cup C$ $Z_4 = \overline{\overline{B}}$
$Z_5 = B \cap \overline{C}$ $Z_6 = (A \cap B) \cup (\overline{A} \cap \overline{B})$

c) Beim zufälligen Ausgang der Finalläufe interessiert nur,
c1) ob Marlies, Karin bzw. Bärbel gewinnt oder nicht,
c2) wie viele der Läuferinnen Marlies, Karin, Bärbel gewinnen.
Definieren Sie eine entsprechende Ergebnismenge Ω_1 bzw. Ω_2 und stellen Sie die unter Aufgabenteil a) beschriebenen Ereignisse F_1 bis F_7 als Teilmengen von Ω_1 bzw. von Ω_2 in aufzählender Schreibweise dar!

HA 20 $\Omega = \{1; 2; 3; 4; 5; 6\}$ wird als Ergebnismenge des einmaligen Werfens eines Würfels mit den Augenzahlen 1, 2, 3, 4, 5 und 6 interpretiert.

Schreiben Sie die nachfolgenden Ereignisse als Elemente von 2^Ω:

A = {Augenzahl ist nicht 3} B = {Augenzahl ist prim}
C = {Augenzahl ist weder ungerade noch prim} D = {Augenzahl ist größer als 7}

E = {Augenzahl ist kleiner als 9}
F = {Augenzahl ist ein Teiler von 6}
G = {Augenzahl ist 3}
H = {Augenzahl ist eine Zweierpotenz}
I = $\overline{B}$
J = $(A \cup B) \setminus (A \cap B)$
K = {keines der Ereignisse B, C tritt ein}

Welche der Ereignisse A bis H sind paarweise unvereinbar?

HA 21 Zufallsexperiment: Einmaliges Werfen eines Tetraeders
Ergebnismenge: $\Omega = \{1; 2; 3; 4\}$

a) Geben Sie jedes der nachfolgenden Ereignisse als Teilmengen von Ω in aufzählender Form an:
A = {die Augenzahl ist eine Primzahl}
B = {die Augenzahl ist eine Quadratzahl}
C = {die Augenzahl ist kleiner als 1}
D = {die Augenzahl ist größer als 3}
E = {die Augenzahl ist nicht größer als 2}
F = {die Augenzahl ist ungerade und prim}
G = {die Augenzahl ist ungerade oder prim}
H = {die Augenzahl ist entweder ungerade oder prim}
I = {die Augenzahl ist weder ungerade noch prim}

b) Wie viele Ereignisse aus dem zu Ω gehörenden Ereignisraum sind nicht atomar?

c) Welche Ereignisse aus 2^{Ω} sind eingetreten, wenn die Augenzahl 1 geworfen wird?

d) Geben Sie zu dem Zufallsexperiment eine möglichst kleine Ergebnismenge Ω' an, wenn nur interessiert, ob eine „2" geworfen wird!

HA 22 Beim zweimaligen Werfen eines mit den Augenzahlen 1 bis 4 beschrifteten Tetraeders wird die Summe der geworfenen Augenzahlen beobachtet. Geben Sie die zugehörige Ergebnismenge Ω an!

Schreiben Sie die folgenden Ereignisse als Teilmengen von Ω:
A = {die Augensumme ist nicht 3}
B = {die Augensumme ist ungerade}
C = {die Augensumme ist größer als 9}
D = {die Augensumme ist kleiner als 13}
E = $\overline{A}$
F = $A \cap B$
G = $B \cap C$
H = $\overline{A \cup \overline{A}}$

Welche der Ereignisse A bis D sind unvereinbar?

HA 23 Zufallsexperiment: Einmaliges Werfen zweier mit den Augenzahlen 1, 2, 3, 4 beschrifteter Tetraeder
Ergebnismenge: $\Omega = \{(a_1; a_2) \mid a_1 \le a_2 \text{ und } a_1, a_2 \in \{1; 2; 3; 4\}\}$

a) Interpretieren Sie das Ergebnis (3; 4)!

b) Interpretieren Sie das Ergebnis (3; 3)!

c) Interpretieren Sie das Ergebnis (4; 3)!

d) Schreiben Sie die folgenden Ereignisse A bis H als Teilmengen von Ω:
A = {zwei ungeradzahlige Augenzahlen werden geworfen}
B = {zwei gleiche Augenzahlen werden geworfen}
C = {die Augensumme 6 wird geworfen}
D = {das Produkt der Augenzahlen ist nicht größer als 4}
E = {es gilt $|a_1 - a_2| \ge 2$}
F = {sowohl A als auch B treten ein}
G = $\overline{B} \cap C$
H = $C \setminus A$

e) Interpretieren Sie folgende Ereignisse I bis L:
I = {(1; 2), (2; 2), (2; 3), (2; 4)}
J = {(1; 2), (2; 3), (2; 4)}
K = {(2; 2)}
L = $J \cap K$

HA 24 Zufallsexperiment: Einmaliges Werfen zweier mit den Augenzahlen 1, 2, 3, 4 beschrifteter Tetraeder, und zwar eines roten und eines grünen
Ergebnismenge: $\Omega_1 = \{\{a_1; a_2\} \mid a_1, a_2 \in \{1; 2; 3; 4\}\}$

a) Interpretieren Sie das Ergebnis {3; 4}!

b) Interpretieren Sie das Ergebnis {3}!

c) Interpretieren Sie das Ergebnis {4; 3}!

d) Schreiben Sie die Ereignisse A bis F als Teilmengen von Ω_1!
A = {zwei ungeradzahlige Augenzahlen werden geworfen}
B = {zwei gleiche Augenzahlen werden geworfen}
C = {die Augensumme 6 wird geworfen}

$D = A \cap B$
$E = \overline{B} \cap C$
$F = \{C$ tritt ein aber A nicht$\}$

e) Interpretieren Sie die folgenden Ereignisse G bis I:
$G = \{\{1; 2\}, \{2\}, \{2; 3\}, \{2; 4\}\}$ $H = \{\{1; 2\}, \{2; 3\}, \{2; 4\}\}$ $I = \{\{2\}\}$

f) Ω_2 sei eine möglichst feine, das Zufallsexperiment möglichst genau beschreibende Ergebnismenge. Wie viele Ergebnisse enthält Ω_2? Schreiben Sie das Ereignis G (aus Aufgabenteil e) als Teilmenge von Ω_2!

HA 25 Zufallsexperiment: Zuerst wird eine Münze mit Wappen (W) und Zahl (Z), dann ein grünes und zum Abschluss ein rotes jeweils mit den Augenzahlen 1, 2, 3, 4 beschriftetes Tetraeder geworfen.

a) Geben Sie eine möglichst „feine" (eine dieses Zufallsexperiment möglichst genau beschreibende) Ergebnismenge Ω an!

b) Nennen Sie alle Ergebnisse aus Ω, die eintreten können, wenn jeweils eines der folgenden Ereignisse eintritt:
A = {die Münze zeigt Wappen, ein Tetraeder zeigt 2, das andere 4}
B = {beide Tetraeder zeigen die Augenzahl 3}
C = {die Münze zeigt kein Wappen und beide Tetraeder zeigen keine Primzahl}
$D = B \cap C$

HA 26 Die Leitung der Theatergruppe des Caroline-Neuber-Gymnasiums hat von fünf Bewerbern (a, b, c, d, e) genau drei für die Bühnentechnik (und zwar ohne spezielle Aufgabenbereiche und damit ohne Beachtung der Reihenfolge) auszuwählen.
Ermitteln Sie die entsprechende Ergebnismenge Ω und geben Sie die Ereignisse
A = {a wird ausgewählt},
B = {b und d werden ausgewählt},
C = {wenn b ausgewählt wird, so wird auch d ausgewählt},
D = {es werden nicht sowohl b als auch d ausgewählt} und
E = {wenn a nicht gewählt wird, wird auch e nicht gewählt}
als Teilmengen von Ω in aufzählender Form an!

HA 27 Beate entnimmt einer Lostrommel nacheinander genau drei Lose. Dabei kann sie jeweils entweder einen Gewinn (g) oder eine Niete (n) ziehen. Ω sei eine möglichst „feine", dieses Zufallsexperiment möglichst genau beschreibende Ergebnismenge. Betrachtet werden folgende Ereignisse:
A = {mindestens ein Los ist ein Gewinn} B = {genau ein Los ist ein Gewinn}
C = {höchstens ein Los ist ein Gewinn} D = {das erste Los ist ein Gewinn}
E = {nur das erste Los ist ein Gewinn} F = {ein Los ist eine Niete}

a) Ermitteln Sie Ω und die Anzahl der Elemente von 2^{Ω}!
b) Schreiben Sie die Ereignisse A bis F als Teilmengen von Ω!
c) Welche der Ereignisse A bis F treten ein, wenn Beate zuerst eine Niete und dann zwei Gewinne zieht?
d) Schreiben Sie mithilfe der Ereignisse A, B, C, D, E, F die Ereignisse
G = {Beate zieht drei Gewinne} und
H = {Beate zieht weder drei Gewinne noch drei Nieten}!
e) Welche Ergebnisse aus Ω können eintreten, wenn das Ereignis
J = {Beate zieht genau zwei gleichartige Lose} eintritt?
f) Geben Sie die Ereignisse $\overline{A}$, $A \cap C$, $A \cup C$, $A \cap \overline{B}$ und $D \setminus E$ als Teilmengen von Ω an und interpretieren Sie diese Ereignisse!
g) Überprüfen Sie die Ereignisse A und C auf Unvereinbarkeit!
h) Geben Sie zu dem beschriebenen Zufallsexperiment eine weitere Ergebnismenge Ω' an, die eine Vergröberung von Ω darstellt!

HA 28 Aus einer großen Produktionsserie von Transistoren werden nacheinander „auf gut Glück" drei Stück entnommen, wobei jeweils nur registriert wird, ob der entnommene Transistor defekt oder nicht defekt ist.

a) Ermitteln Sie mittels Baumdiagramm eine (für die Untersuchung nachfolgender Ereignisse geeignete) Ergebnismenge Ω!

b) Geben Sie die Ereignisse A bis L als Teilmengen von Ω an!

A = {der zuerst entnommene Transistor ist defekt}
B = {der zuerst entnommene Transistor und nur dieser ist defekt}
C = {alle entnommenen Transistoren sind defekt}
D = {nicht alle entnommenen Transistoren sind defekt}
E = {genau zwei entnommene Transistoren sind defekt}
F = {mindestens zwei der entnommenen Transistoren sind in Ordnung}
G = {höchstens zwei der entnommenen Transistoren sind in Ordnung}
H = {der erste oder der dritte entnommene Transistor ist defekt}
I = {nur der zweite Transistor ist intakt}
K = {weder der erste noch der dritte entnommene Transistor ist defekt}
L = {es sind weder alle entnommenen Transistoren in Ordnung noch alle defekt}

c) Geben Sie die Ereignisse $A \cap F$, $L \setminus F$, $C \cup D$ als Teilmengen von Ω an! Beschreiben Sie diese drei Ereignisse möglichst kurz mit Worten!

d) Untersuchen Sie die Ereignisse C und F auf Unvereinbarkeit!

e) Wie viele Elemente hätte eine möglichst „feine", das Zufallsexperiment möglichst genau beschreibende Ergebnismenge Ω_n, wenn anstatt der drei jeweils n Transistoren entnommen werden?

HA 29 Ein Würfel wird zweimal hintereinander geworfen und das zugehörige Augenzahlpaar notiert. Folgende Ereignisse werden betrachtet:

A = {Pasch} (d.h. zweimal dieselbe Augenzahl)
B = {Doppelsechs wird geworfen}
C = {beide Male wird eine gerade Zahl gewürfelt}
D = {Augensumme mindestens 10}
E = {Augensumme ist (genau) 7}

a) Wie viele Elemente enthält die zugehörige Ergebnismenge Ω?

b) Schreiben Sie die obigen Ereignisse A bis E als Teilmengen von Ω!

c) Zeichnen Sie den zum Ereignis D gehörigen Teil des Baumdiagramms der Ergebnisse!

d) Geben Sie die Ereignisse $\overline{C}$, $B \cup E$, $C \cap D$ und $E \setminus A$ als Teilmengen von Ω sowie in Worten an!

e) Geben Sie eine „gröbere" Ergebnismenge Ω_g an, die für die Ereignisse B, D und E geeignet wäre! Schreiben Sie diese drei Ereignisse als Teilmengen von Ω_g!

HA 30 An einem Wettbewerb nehmen vier Sportler teil.
A_i = {der Sportler mit der Startnummer i erreicht den i-ten Platz} $(i \in \{1; 2; 3; 4\})$

Interpretieren Sie die folgenden Ereignisse B, C und D:

$B = A_1 \cap A_2 \cap A_3 \cap A_4$ $C = A_1 \cup A_2 \cup A_3 \cup A_4$ $D = \overline{A}_1 \cap \overline{A}_2 \cap \overline{A}_3 \cap \overline{A}_4$

HA 31 Für eine Lieferung von zehn Computern seien die Ereignisse

A = {mindestens ein Computer ist defekt} und B = {höchstens ein Computer ist defekt} definiert.

a) Schreiben Sie die folgenden Ereignisse C bis G nur mithilfe von A und B einschließlich entsprechender Mengenoperationszeichen:

C = {zehn Computer sind intakt}, D = {mindestens zwei Computer sind defekt},
E = {genau ein Computer ist defekt}, F = {kein Computer ist defekt},
G = {keiner der Computer ist defekt oder mindestens zwei sind defekt}

b) Vereinfachen Sie folgende Terme so weit wie möglich:

$A \cup B$, $A \cup \overline{B}$, $\overline{A} \cup B$, $\overline{A} \cap \overline{B}$, $B \setminus A$

HA 32 Eine Anlage, die aus zwei Kesseln und einer Maschine besteht, ist nur dann arbeitsfähig, wenn die Maschine und mindestens einer der beiden Kessel intakt sind.
Wir betrachten die Ereignisse:
M = {die Maschine ist intakt}, K_i = {der i-te Kessel ist intakt} (mit i = 1, 2),
A = {die Anlage ist arbeitsfähig}.
Drücken Sie die Ereignisse A und $\overline{A}$ durch die Ereignisse M, K_1 und K_2 aus!

HA 33 Es seien die drei Ereignisse B = {die Maschine b arbeitet}, C = {die Maschine c arbeitet} und D = {die Maschine d arbeitet} definiert. Interpretieren Sie die zusammengesetzten Ereignisse $V = C \cup D$, $W = \overline{B} \cup \overline{C}$, $X = (\overline{B} \cap C) \cup (B \cap D)$, $Y = (B \cup C) \cap (B \cup \overline{C}) \cap (\overline{B} \cup C)$, wenn
a) B und C unvereinbar sind, b) $B \subset C$ gilt!

HA 34 Brunhilde, Gunhilde und Ruthilde „würfelten" mit einem Ikosaeder, dessen zwanzig kongruente Dreiecksflächen so mit den Augenzahlen 1 bis 10 beschriftet sind, dass genau zwei dieser Begrenzungsflächen jeweils dieselbe Zahl tragen. Bezüglich der Ergebnismenge $\Omega = \{1; 2; 3; \ldots; 9; 10\}$ seien die Ereignisse $X = \{1; 2; 3; 4\}$, $Y = \{8; 9; 10\}$ und $Z = \{3; 4; 5\}$ definiert. Beim ersten Spiel setzt Brunhilde auf das Ereignis $B_1 = X \cup Y$, Gunhilde auf $G_1 = Y \cup Z$ und Ruthilde auf $R_1 = (X \cap \overline{Z}) \cup \overline{Z}$.

a) Welche Ergebnisse bringen allen drei Spielerinnen gleichzeitig einen Gewinn?
b) Beim zweiten Spiel hatte Brunhilde auf das Ereignis $B_2 = (X \cap \overline{Z}) \cup Y$ und Gunhilde auf das Ereignis $G_2 = (\overline{X} \cap \overline{Y}) \cup Z$ gesetzt, da behauptete Ruthilde, dass bei diesem Spiel Brunhilde und Ruthilde entweder beide gewinnen oder beide verlieren werden. Werten Sie diese Behauptung, begründen Sie dabei Ihre Meinung!
c) Hinsichtlich der weiteren Abendgestaltung haben die drei Spielerinnen unterschiedliche Auffassungen:
Brunhilde vertritt die Ansicht: „Entweder wir gehen ins Theater und essen zu Hause, oder wir gehen zum Essen aus".
Gunhilde ist der Meinung: „Entweder wir gehen ins Theater und essen auswärts, oder wir gehen nicht ins Theater und essen zu Hause".
Ruthilde meint: „Ich bin dagegen, dass wir weder ins Theater gehen noch auswärts essen".
Existiert ein Kompromiss, der allen drei Auffassungen gerecht wird? Begründen Sie Ihre Meinung!

H 1.3 Absolute und relative Häufigkeiten; Empirisches Gesetz der großen Zahlen

HA 35 Zufallsexperiment: Einmaliges Werfen eines normalen, mit den Augenzahlen 1 bis 6 beschrifteten Würfels
Führen Sie dieses Zufallsexperiment 30-mal durch und erstellen Sie die dazugehörige Urliste! Bestimmen Sie sowohl die absoluten als auch die relativen Häufigkeiten für das Fallen der einzelnen Augenzahlen!

HA 36 Für ein Würfelexperiment sind folgende so genannte RIEMER-Würfel und eine dazugehörige Häufigkeitstabelle gegeben:

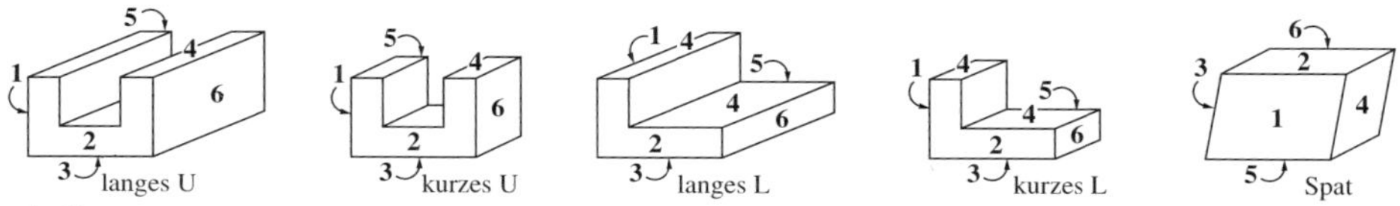

Häufigkeitstabelle

Würfel\ Augenzahl	1	2	3	4	5	6
langes U	0,082	0,066	0,25	0,43	0,066	0,10
kurzes U	0,032	0,19	0,15	0,34	0,24	0,052
langes L	0,0031	0,0554	0,3138	0,4738	0,04	0,12
kurzes L	0,0038	0,15	0,23	0,38	0,17	0,068
Spat	0,26	0,21	0,051	0,050	0,25	0,19

a) Petra hat für einen der RIEMER-Würfel die nachfolgende Tabelle angelegt.

1	2	3	4	5	6	
0,00	0,16	0,32	0,26	0,16	0,10	Z1
0,00	0,11	0,32	0,26	0,21	0,09	Z2

Hat Petra mit einem L- oder einem U-Würfel geworfen? Begründen Sie Ihre Entscheidung!

b) Beim normalen, ungezinkten Spielwürfel würfelt man eine gerade Augenzahl mit der gleichen Wahrscheinlichkeit wie eine ungerade. Untersuchen Sie, wie dies jeweils beim Spat, beim kurzen L-Würfel und beim kurzen U-Würfel ist!

c) Robert hat folgende absoluten Häufigkeiten beim „Würfeln" mit jeweils nur einem der RIEMER-Würfel erhalten:

Würfel \ Augenzahl	1	2	3	4	5	6
	5	42	36	78	38	10
	1	33	67	84	31	19

Untersuchen Sie, zu welcher Wurfserie welcher „Würfel" gehört!

HA 37 Begründen Sie, dass die Gleichung $h_n(A \cup B) = h_n(A) + h_n(B) - h_n(A \cap B)$ für alle Ereignisse A, B aus einem Ereignisraum 2^Ω gilt!

HA 38 Zufallsexperiment: Bestimmen des RANDOM-Funktionswertes rand(5)
Bestimmen Sie die relativen Häufigkeiten $h_n(A)$, $h_n(B)$ und $h_n(C)$ für
A = {der angezeigte Funktionswert ist eine Primzahl},
B = {der angezeigte Funktionswert ist nicht kleiner als 3},
C = {der angezeigte Funktionswert ist kein Teiler von 6}!

GTA a) $n = 30$

GTA b) $n = 100$

c) Es seien $h_{100}(B) = 0{,}59$ und $h_{100}(C) = 0{,}45$. Berechnen Sie die zugehörige absolute Häufigkeit $H_{100}(\{rand(5) = 3\})$

HA 39 Ein und dasselbe Zufallsexperiment „Bestimmen des RANDOM-Funktionswertes rand(7)" wurde mehrmals wiederholt und es wurden die absoluten Häufigkeiten des Annehmens der verschiedenen Funktionswerte registriert. In der i-ten Liste ($i \in \{1; 2; \ldots; 8\}$) wurden dabei

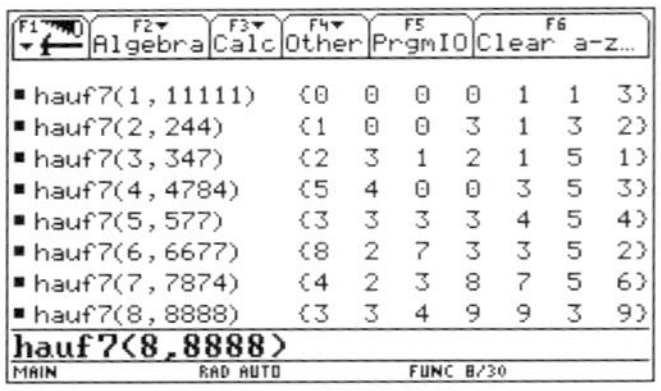

$H_{5i}(\{1\})$ bis $H_{5i}(\{7\})$ erfasst, und zwar bezüglich der $(\sum_{k=0}^{i-1} 5k + 1)$-ten bis $(\sum_{k=0}^{i-1} 5k + 5i)$-ten Realisierung des Zufallsexperiments.

a) Bestimmen Sie die relativen Häufigkeiten $h_{\sum_{k=0}^{8} 5k}(\{a\})$ für $a \in \{1; 2; \ldots; 7\}$ sowie die zugehörigen $h_{\sum_{k=0}^{8} 5k}(\{rand(7) \text{ ist eine Primzahl}\})$!

GTA b) Erstellen Sie mit möglichst weitgehender Hilfe des Taschenrechners derartige Listen der absoluten Häufigkeiten von verschiedenen Realisierungsserien sowie eine Liste der entsprechenden relativen Häufigkeiten der Gesamtserie!

HA 40 Ein Zufallsexperiment mit der Ergebnismenge $\Omega = \{1; 2; 3\}$ wird 100-mal realisiert. Dabei trat 44-mal das Ergebnis 1 ein; die Ergebnisse 2 und 3 traten gleich häufig ein.
Bestimmen Sie die relative Häufigkeit aller möglichen Ereignisse aus 2^Ω!

HA 41

GTA

a) Zufallsexperiment: Einmaliges Werfen der „Taschenrechner-Münze", d.h. Bestimmen des RANDOM-Funktionswertes **rand(2) – 1**
Bestimmen Sie den stabilen Wert der relativen Häufigkeiten $h_n(A)$ für
A = {es fällt Zahl, d.h., es wird der Funktionswert 1 angezeigt}!

b) Zufallsexperiment: Bestimmen des RANDOM-Funktionswertes rand(5)
Bestimmen Sie den stabilen Wert der relativen Häufigkeiten $h_n(A)$ für
A = {der Funktionswert ist ungeradzahlig}!

HA 42

Zufallsexperiment: Gleichzeitiges Werfen von zwei roten und einem grünen jeweils mit den Augenzahlen 1, 2, 3, 4, 5, und 6 beschrifteten Spielwürfeln
Beobachtetes Ereignis: A = {die Augenzahlsumme der beiden roten Würfel dividiert durch die Augenzahl des grünen Würfels ist kleiner als zwei}

a) • Realisieren Sie dieses Zufallsexperiment mindestens 20-mal und protokollieren Sie Ihre Beobachtung in einer Tabelle der folgenden Art:

Wurfnummer i	1	2	3	…	20
Augensumme s der roten Würfel	8	7	5		
Augenzahl a des grünen Würfels	5	3	6		
Quotient $\frac{s}{a}$	1,6	$2,\overline{3}$	$0,8\overline{3}$		
Gilt $\frac{s}{a} < 2$?	ja	nein	ja		
$h_i(A)$	1	0,5	$0,\overline{6}$		

• Formulieren Sie eine Hypothese über den stabilen Wert der relativen Häufigkeiten $h_i(A)$!
• Analysieren Sie, welche Schritte Sie beim Ausfüllen der Tabelle durchgeführt haben, und schreiben Sie einen Algorithmus auf, der (nach Übersetzung in eine entsprechende Programmiersprache) vom Computer ausgeführt werden kann!

b) Realisieren Sie dieses Zufallsexperiment mit dem Taschenrechner-Würfel des TI-92! GTA
Als Hilfe kann das als Lückentext gegebene Programm einer geeigneten Funktion ***spiel 1*** dienen.

```
spiel1(n, m, x)
Func
  Local …
  RandSeed x
  0 → anz
  For i, 1, n
     (rand(6) + rand(6)) : rand(6) → quot
     If quot < m
       anz …
  EndFor
  approx ( … ) → relh
  relh
EndFunc
```

c) Beschreiben Sie ein Spiel, für das Sie Ihre Spielstrategie von den Ergebnissen der Aufgabenteile a und b ableiten, um dieses Spiel zu gewinnen! GTA

d) Ändern Sie das beobachtete Ereignis A dahingehend zum Ereignis B ab, dass Sie „Augenzahlsumme" durch „Augenzahlprodukt" ersetzen! Führen Sie den Arbeitsauftrag b) entsprechend mithilfe einer zu programmierenden Funktion ***spiel 2*** durch! GTA

e) Erfinden Sie selbst ein Spiel der betrachteten Art und diskutieren Sie die entsprechende Spielstrategie! GTA

HA 43 Lehrer Lämpel-Aufgabe

Lehrer Lämpel hat wegen eines überraschenden Frühlingseinbruchs auch in diesem Jahr wieder keine Zeit, die Statistikklausur exakt zu korrigieren. Im vergangenen Schuljahr hat er in ähnlicher Situation die Zensuren mit einem normalen Spielwürfel ausgewürfelt – der Ärger mit seinen Schülern, deren Eltern und auch der Schulleitung wegen dem ungefähren Drittel an Fünfen und Sechsen war vorprogrammiert. Lehrer Lämpel kreiert daher einen neuen Plan: Um die Zensuren zu bestimmen wirft er für jede Klausur fünf ungezinkte Münzen, ermittelt die Anzahl der dabei gefallenen „Zahlen“, addiert 1 hinzu und schreibt das Ergebnis als Zensur unter die Klausur. Wird sich Lehrer Lämpel mit seinem neuen Plan weniger Ärger einhandeln?

a) Äußern Sie eine Hypothese zur Häufigkeit des Auftretens der einzelnen Zensuren!

GTA b) Ermitteln Sie mit der „Taschenrechner-Münze“ auf eine Dezimale gerundete stabile Werte für die relativen Häufigkeiten des Vergebens der einzelnen Zensuren!

c) Interpretieren Sie!
mean(seq(sum(seq(rand(2) – 1, i, 1, 5)) + 1, k, 1, 200))

H 1.4 Wahrscheinlichkeitsverteilung; KOLMOGOROWsches Axiomensystem; Additionssatz

HA 44 Beweisen Sie nur mittels der drei KOLMOGOROWschen Axiome, dass für alle $A, B \in 2^\Omega$ gilt:

a) $P(A) \leq 1$ b) $P(\overline{A}) = 1 - P(A)$ c) $A \subseteq B \Rightarrow P(A) \leq P(B)$

d) $A \cap B = \emptyset \Rightarrow P(A) \leq P(\overline{B})$ e) $P(A) = \sum_{e_i \in A} P(\{e_i\})$

HA 45 A, B und C seien drei Ereignisse eines Zufallsexperiments.

a) Was versteht man unter $A \cap B$ bzw. $A \cup B$?

b) Welcher Zusammenhang besteht zwischen den Wahrscheinlichkeiten von A, B, $A \cap B$ und $A \cup B$?

c) Wie kann man die Formel zur Berechnung von $P(A \cup B)$ auf $P(A \cup B \cup C)$ verallgemeinern?

HA 46 Untersuchen Sie, ob durch das folgende Merkmalssystem dieselbe Wahrscheinlichkeitsfunktion P wie durch das KOLMOGOROWsche Axiomensystem definiert wird:

a) System 1:
(I) $A \in 2^\Omega \Rightarrow 0 \leq P(A)$ (II) $P(\emptyset) = 0$ (III) $A, B \in 2^\Omega$ und $A \cap B = \emptyset \Rightarrow P(A \cup B) = P(A) + P(B)$

b) System 2:
(I) $A \subseteq \Omega \Rightarrow 0 \leq P(A)$ (II) $P(\Omega) = 1$ (III) $A, B \subseteq \Omega \Rightarrow P(A \cup B) = P(A) + P(B) - P(A \cap B)$

HA 47 P_1 und P_2 seien zwei Wahrscheinlichkeitsverteilungen auf dem Ereignisraum 2^Ω. Weisen Sie nach, dass dann auch P_3 mit $P_3(A) = r \cdot P_1(A) + s \cdot P_2(A)$ für alle $A \in 2^\Omega$ mit $r + s = 1$, $r > 0, s > 0$ eine Wahrscheinlichkeitsverteilung auf 2^Ω ist!

HA 48 Für die Ereignisse A und B gelte $P(A) + P(B) > 1$. Unter welchen Bedingungen sind A und B unvereinbar?

HA 49 Für das einmalige Werfen eines gezinkten und mit den Augenzahlen 1 bis 6 beschrifteten Würfels gelte folgende Wahrscheinlichkeitstabelle:

Augenzahl i	1	2	3	4	5
P({i})	$\frac{1}{5}$	$\frac{1}{6}$	$\frac{2}{15}$	$\frac{2}{15}$	$\frac{1}{6}$

Berechnen Sie die Wahrscheinlichkeiten folgender Ereignisse:

a) A = {keine gerade Augenzahl} b) B = {Augenzahl größer als 4}

c) C = {Augenzahl, deren Quadrat kleiner als 20 und nicht durch 3 teilbar ist}

d) $\overline{A}$ e) $A \cap B$ f) $A \cup B$ g) $\overline{A} \cup B$ h) $A \setminus B$

HA 50 Beim einmaligen Werfen eines Würfels, dessen Seitenflächen mit den Augenzahlen 1 bis 6 durchnummeriert sind, fällt jede Augenzahl mit derselben Wahrscheinlichkeit. Modellieren Sie diesen zufälligen Vorgang für den Fall, dass nur das Ereignis A = {die gefallene Augenzahl ist durch 3 teilbar} interessiert, durch einen minimalen Ereignisraum und die entsprechende Wahrscheinlichkeitsverteilung!

HA 51 Eine Urne enthalte nur rote, grüne, gelbe und blaue Kugeln. Ihre Anzahlen verhalten sich (in dieser Reihenfolge) wie 17 : 11 : 5 : 13. Bei der Entnahme einer Kugel aus dieser Urne habe jede Kugel dieselbe Chance, herausgenommen zu werden. Das Zufallsexperiment bestehe darin, dass dieser Urne eine Kugel entnommen und ihre Farbe registriert wird.

a) Erstellen Sie eine Wahrscheinlichkeitstabelle für dieses Zufallsexperiment!
b) Bestimmen Sie die Wahrscheinlichkeit P(A) = P({die entnommene Kugel hat nicht die Komplementärfarbe von blau})!

HA 52 Überprüfen Sie, ob P_i eine Wahrscheinlichkeitsverteilung eines zufälligen Vorgangs mit der 3-elementigen Ergebnismenge $\Omega = \{a; b; c\}$ ist!

a) $P_1(\{a\}) = 0{,}8;\ \ P_1(\{b\}) = -0{,}2;\ \ P_1(\{c\}) = \frac{2}{5}$
b) $P_2\{a\}) = 0{,}3;\ \ P_2(\{b\}) = 0{,}4;\ \ P_2(\{c\}) = 0{,}03$
c) $P_3(\{a\}) = \frac{2}{3};\ \ P_3(\{b\}) = \frac{1}{12};\ \ P_3(\{c\}) = \frac{1}{4}$
d) $P_4(\{a; b\}) = 1{,}2;\ \ P_4(\{c\}) = 0{,}8$

HA 53 Ein Zufallsexperiment sei beschrieben durch die Ergebnismenge $\Omega = \{1; 2; 3; 4\}$ und seine Wahrscheinlichkeitsverteilung P_i. Berechnen Sie jeweils $P(\{1\})$!

a) $P_1(\{2\}) = 0{,}50;\ \ P_1(\{3\}) = 0{,}25;\ \ P_1(\{4\})\ 0{,}08\overline{3}$
b) $P_2(\{3\}) = 0{,}1\overline{6};\ \ P_2(\{4\}) = 0{,}125;\ \ P_2(\{1\}) = 3 \cdot P(\{2\})$
c) $P_3(\{2; 3\}) = 0{,}50;\ \ P_3(\{4\}) = 0{,}1\overline{6}$
d) $P_4(\{2; 3\}) = 0{,}60;\ \ P_4(\{3; 4\}) = 0{,}75;\ \ P_4(\{2\}) = 0{,}1\overline{6}$

HA 54 Das einmalige Drehen eines Glücksrades wird durch die Ergebnismenge $\Omega = \{1; 2; 3; 4\}$ beschrieben.

a) Mit welcher Wahrscheinlichkeit wird die Eins erdreht, wenn das Chancen-Verhältnis[1] von {3} 1 : 1 und das von {2; 4} 17 : 83 beträgt?
b) Die Wahrscheinlichkeit, die Zwei oder die Drei zu erdrehen, beträgt 0,75. Mit der Wahrscheinlichkeit 0,60 erdreht man die Drei oder die Vier und mit der Wahrscheinlichkeit $0{,}1\overline{6}$ die Zwei. Berechnen Sie $P(\{1\})$, $P(\{3\})$, $P(\{4\})$ und $P(\overline{\{2\}})$!

HA 55 Bei einem Glücksrad mit den Feldern 1, 2, 3, 4, 5 treten alle ungeraden Felder mit derselben Häufigkeit auf, das Feld 4 kommt bei 1000 Spielen etwa 100-mal vor, das Feld 2 kommt dreimal so oft vor wie das Feld 3.

a) Geben Sie eine naheliegende Wahrscheinlichkeitsverteilung der atomaren Ereignisse an!
b) Wie könnte die Felderaufteilung bei diesem Glücksrad aussehen?
c) Was ist günstiger: Auf das Ereignis {ungerade Zahl} oder auf das Ereignis {gerade Zahl} zu setzen?

HA 56 Zufallsexperiment: Einmaliges Werfen eines „gezinkten" Tetraeders
Ergebnismenge: $\Omega = \{1; 2; 3; 4\}$
Wahrscheinlichkeitsverteilung: $P(\{1; 2\}) = 0{,}40;\ \ P(\{1; 4\}) = 0{,}55;\ \ P(\{2\}) = 0{,}10$
Berechnen Sie die Wahrscheinlichkeit dafür, dass mit diesem Tetraeder

a) die Augenzahl 3,
b) eine ungerade Augenzahl gewürfelt wird!

[1] Das Chancen-Verhältnis beträgt $m : (n-m) = \frac{m}{n-m} = \frac{\frac{m}{n}}{\frac{n-m}{n}} = \frac{\frac{m}{n}}{1-\frac{m}{n}} = \frac{P(A)}{1-P(A)} = \frac{P(A)}{P(\overline{A})}$.

HA 57 Bei einem Glücksrad stellen sich die Zahlen 1, 2, …, 9 mit folgenden Wahrscheinlichkeiten ein:

Zahl k	1	2	3	4	5	6	7	8	9
P({k})	0,10	0,20	0,15	0,05	0,12	0,10	0,03	0,10	0,10

Berechnen Sie die Wahrscheinlichkeiten folgender Ereignisse:

a) G = {die eingestellte Zahl ist gerade} b) U = {die eingestellte Zahl ist ungerade}

c) Z = {die eingestellte Zahl ist nicht kleiner als 2}

HA 58 Das einmalige Werfen eines manipulierten und mit den Augenzahlen 1, 2, 3, 4 beschrifteten Tetraeders werde durch die Ergebnismenge $\Omega = \{1; 2; 3; 4\}$ beschrieben. Die Wahrscheinlichkeiten P({i}) der atomaren Ereignisse seien jeweils indirekt proportional zu i. Berechnen Sie die Wahrscheinlichkeit

a) p_1, dass die Augenzahl 3 geworfen wird, b) p_2, dass die Augenzahl eine Primzahl ist,

c) p_3, dass die Augenzahl eine ungerade Zahl ist!

HA 59 Das einmalige Werfen eines Ikosaeders (regelmäßiges Zwanzigflach), dessen 20 gleichseitige Dreiecke seiner Oberfläche mit den Augenzahlen 1 bis 20 beschriftet sind, werde durch die Ergebnismenge $\Omega = \{i \mid i \in \mathbb{N} \text{ und } 1 \le i \le 20\}$ beschrieben. Die Wahrscheinlichkeiten P({i}) seiner atomaren Ereignisse aus 2^{Ω} seien jeweils direkt proportional zu i. Berechnen Sie die Wahrscheinlichkeit

a) p_1, dass die Augenzahl 7 geworfen wird,

b) p_2, dass die geworfene Augenzahl höchstens 13 beträgt!

HA 60 Ein Stammgast eines Spielsalons beobachtete 6 000 Würfe eines Würfels. Er protokollierte, dass eine Eins 900-mal, die Zwei 1000-mal, die Drei 600-mal, die Vier 1500-mal und die Fünf genau so oft wie die Vier geworfen wurde.

a) Welche Wahrscheinlichkeitsverteilung wird der Stammgast für die atomaren Ereignisse des Würfelns festlegen?

b) Welches Chancen-Verhältnis wird der Stammgast dem Ereignis E = {eine Primzahl wird gewürfelt} zuordnen?

c) Der Stammgast bietet einem Neuankömmling folgende Wette an: Erscheint beim nächsten Wurf dieses Würfels eine Primzahl, so geben Sie mir 10 €, wenn nicht, so erhalten Sie von mir 10 €. Würden Sie diese Wette eingehen? Begründen Sie Ihre Meinung vom mathematischen Standpunkt aus!

H 1.5 Vier- und Mehrfeldertafeln; Zerlegungen der Ergebnismenge

HA 61

a) Bestimmen Sie zum Ereignis A = {1; 3; 5} noch zwei weitere Ereignisse B und C, so dass A, B, C eine Zerlegung der Ergebnismenge $\Omega = \{1; 2; 3; 4; 5; 6\}$ ergeben!

b) Untersuchen Sie, ob die Ereignisse A, $\overline{A \cup B}$ und $\overline{A} \cap B$ eine Zerlegung von Ω bilden, wenn A und B beliebige Elemente von 2^{Ω} mit positiver Wahrscheinlichkeit sind!

HA 62 Es gelte $A, B \in 2^{\Omega}$.

a) Vervollständigen Sie die nebenstehende Vierfeldertafel!

b) Schraffieren Sie jeweils die zugehörigen Felder in entsprechenden Vierfeldertafeln und berechnen Sie die folgenden Wahrscheinlichkeiten:
P(A), P($\overline{B}$), P($A \cup B$), P($A \cap B$), P($A \cap \overline{B}$), P($A \cup \overline{B}$), P($\overline{A} \cup \overline{B}$), P($\overline{A \cap B}$), P(($\overline{A} \cup \overline{B}$) ∪ ($A \cap B$)) und P(($A \cap \overline{B}$) ∪ ($B \cap \overline{A}$))

	B		
A		0,10	
			0,80
	0,40		

HA 63 Von einem Zufallsexperiment seien für $A, B \in 2^{\Omega}$ die folgenden Wahrscheinlichkeiten gegeben:
$P(A) = 0{,}35 \quad P(B) = 0{,}45 \quad P(\overline{A} \cap \overline{B}) = 0{,}25$

Berechnen Sie folgende Wahrscheinlichkeiten:
$P(\overline{A})$, $P(\overline{B})$, $P(A \cup B)$, $P(A \cap B)$, $P(\overline{A} \cup \overline{B})$, $P(\overline{A \cap B})$, $P(\overline{A} \cap B)$, $P(\overline{A} \cup B)$, $P(A \setminus B)$, $P(B \setminus A)$,
$P((A \cap \overline{B}) \cup (B \cap \overline{A}))$, $P((\overline{A} \cup \overline{B}) \cup (A \cap B))$, $P((\overline{\overline{A} \cap B}) \cup B)$ und $P(\overline{(A \cap B) \cup \overline{A}})$

HA 64 Gegeben: $A, B \in 2^{\Omega}$ mit $P(A) = 0{,}3$, $P(\overline{B}) = 0{,}6$, $P(\overline{A} \cap B) = 0{,}1$
Gesucht: $P(\overline{A})$, $P(A \cap \overline{B})$, $P(A \cap B)$, $P(A \cup B)$, $P(A \cup \overline{B})$

HA 65 Es gelte $A, B \in 2^{\Omega}$.

a) Gegeben: $P(A) = 0{,}8 \quad P((A \cup B) \setminus A) = 0{,}3 \quad P(A \cap B) = 0{,}05$
Gesucht: $P(B)$

b) Gegeben: $P(A) = 0{,}4$; $P(B) = 0{,}3$; $P(A \cap B) = 0{,}5$
Gesucht: Wahrscheinlichkeiten weiterer Ereignisse aus 2^{Ω}

HA 66 Es gelte $A, B \in 2^{\Omega}$.

Gegeben: $P(A) = 0{,}75$; $P(\{\text{weder A noch B}\}) = 0{,}20$; $P(\{\text{B tritt nicht ein}\}) = 0{,}40$
Gesucht: $P(\overline{A})$; $P(A \cup B)$; $P(A \cap \overline{B})$; $P(A \cup \overline{B})$; $P(\overline{A} \cup \overline{B})$; $P(\{\text{entweder A oder B}\})$

HA 67 Ermitteln Sie aufgrund der in der Vierfeldertafel gegebenen Werte die Wahrscheinlichkeiten folgender Ereignisse:

$E = \{\text{von A und B tritt nur A ein}\}$
$F = \{\text{weder A noch } \overline{B} \text{ tritt ein}\}$
$G = \{\text{sowohl } \overline{A} \text{ als auch } \overline{B} \text{ tritt ein}\}$
$H = \{\overline{A} \text{ oder } \overline{B} \text{ tritt ein}\}$
$I = \{\text{entweder A oder B tritt ein}\}$
$K = \{\text{entweder tritt A nicht ein oder A und B treten ein}\}$

	A	
B	0,03	0,01
		0,17

HA 68 Gegeben: $P(A) = 0{,}65$
$P(\overline{B}) = 0{,}30$

Gesucht: Obere und untere Schranken für $P(A \cup B)$, $P((A \cap B) \cup (\overline{A} \cap \overline{B}))$

HA 69 Erstellen Sie für die nachfolgend beschriebenen Zufallsexperimente jeweils eine vollständige Vierfeldertafel und beantworten Sie die Frage!

a) In 0,4 % der Fälle treten die Ereignisse A und B gleichzeitig ein und in $\frac{2}{3}$ der Fälle tritt das Ereignis A nicht ein. Erfahrungsgemäß tritt bei 7 von 8 Realisierungen wenigstens eines der Ereignisse A und B ein.
In wie vielen von wie vielen Fällen tritt weder A noch B ein?

b) Einem Verkehrskontrollprotokoll ist zu entnehmen, dass in jedem dritten PKW eine nicht angegurtete Person saß, dass 65 % der PKWs von einer Person über 35 Jahren am Steuer gefahren wurden und dass im Schnitt zwei von neun PKWs sowohl von einer Person über 35 Jahre gelenkt wurden als auch mindestens eine nicht angegurtete Person aufwiesen. Auf lange Sicht gesehen rechnet man mit wie vielen PKWs, deren Fahrer ein Alter von höchstens 35 Jahren aufweisen und in denen alle Insassen angegurtet sind, wenn unter gleichenartigen Versuchsbedingungen jeweils 80 PKWs kontrolliert werden?

c) Wie zuverlässig arbeitet das abgebildete System elektronischer Bauelemente, wenn $P(X) = 0{,}2$, $P(X \cup Y) = 0{,}7$ und $P(X \cap Y) = 0{,}1$ gilt?
Zur Beantwortung dieser Frage ist die Wahrscheinlichkeit
$P((\overline{X} \cup \overline{Y}) \cap (\overline{X} \cup Y) \cap (X \cup \overline{Y}))$ zu berechnen.

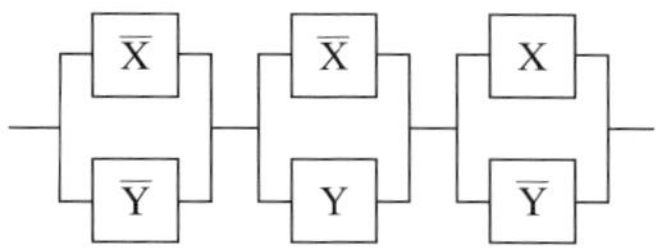

HA 70 Eine Zuverlässigkeitsuntersuchung der Zahnräder und Wellen von Getrieben ergibt: 95 % der Getriebe haben fehlerfreie Zahnräder oder fehlerfreie Wellen (oder beides), 10 % der Getriebe

haben fehlerfreie Wellen, aber fehlerhafte Zahnräder. Wie groß ist die Wahrscheinlichkeit dafür, dass ein „auf gut Glück" entnommenes Getriebe ein fehlerhaftes Zahnrad besitzt?
Interpretation: W = {Welle ist fehlerfrei} Z = {Zahnrad ist fehlerfrei}

HA 71 Bei einer Maschine, die Teile in zwei Arbeitsgängen produziert, werden in einer relativ großen Anzahl von Durchläufen die Defekte registriert (siehe nebenstehende Tabelle). Ermitteln Sie die Wahrscheinlichkeit dafür, dass diese Maschine ein „auf gut Glück" ausgewähltes Teil einwandfrei bearbeitet!

		2. Arbeitsgang	
		intakt	defekt
1. Arbeitsgang	intakt	2343	137
	defekt	507	13

HA 72 An einem großen Gymnasium haben sich von den Kursteilnehmern rd. 62,4 % für den Leistungskurs Mathematik, rd. 41,2 % für den Leistungskurs Englisch und genau 40 % für den Leistungskurs Mathematik, aber nicht für den Leistungskurs Englisch entschieden.
Mir welcher Wahrscheinlichkeit hat ein rein zufällig aus dieser Schülergruppe ausgewählter Schüler
a) beide, b) mindestens einen, c) höchstens einen,
d) genau einen, e) keinen
dieser zwei Leistungskurse belegt?

HA 73 Für den Oberstufenbereich eines Gymnasiums werden nur die beiden fakultativen Kurse Skilaufen und Tennis angeboten. Der aktuellen Schulstatistik ist zu entnehmen, dass von den betreffenden Schülern 70% mindestens einen dieser Kurse, 35% den Skikurs, aber nicht den Tenniskurs sowie 90% höchstens einen dieser Kurse gewählt haben. Berechnen Sie die Wahrscheinlichkeit dafür, dass ein rein zufällig ausgewählter Oberstufenschüler dieses Gymnasiums
a) den Tenniskurs, b) den Skikurs,
c) keinen der beiden Kurse, d) entweder den Tenniskurs oder den Skikurs,
e) entweder nicht den Tenniskurs oder sowohl den Tennis- als auch den Skikurs
gewählt hat!

HA 74 Gegeben: Sechsfeldertafel

a) Gesucht: $P(\overline{D})$, $P(\overline{B})$, $P(A \cup C)$, $P(\overline{A} \cap D)$, $P(\overline{D} \cap (B \cup C))$, $P(D \cap A \cap B)$, P({weder A noch B noch D treten ein})
b) Beschreiben Sie ein Zufallsexperiment, das durch die gegebene unvollständige Sechsfeldertafel sinnvoll modelliert werden kann!

	A	B	C	
D				0,49
$\overline{D}$	0,25		0,05	
	0,37	0,28		

HA 75 Bei der Einwahl ins Kurssystem müssen sich die Schüler des GAUSS-Gymnasiums ihre beiden Leistungskurse (LK) so auswählen, dass sie aus jedem der beiden Fächerbänder genau einen Kurs belegen. Dabei bilden Deutsch (D), Mathematik (M) das erste Fächerband und die erste bzw. zweite Fremdsprache, Physik, Chemie, Biologie, Geschichte (G) das zweite. Von den jetzigen 226 Oberstufenschülern entschieden sich dabei 118 für Mathematik, 95 für eine Naturwissenschaft (N), 82 für eine Fremdsprache (F); 86 wählten sowohl Mathematik als auch eine Naturwissenschaft; 35 besuchen einen Deutsch- und einen Geschichtsleistungskurs.
Berechnen Sie die Wahrscheinlichkeiten der folgenden Ereignisse A, B und C, wenn es sich bei dem Schüler jeweils um einen „rein zufällig" aus den oben betrachteten 226 Oberstufenschülern ausgewählten Schüler handelt:
A = {Schüler wählt Mathematik und nicht Geschichte}
B = {Schüler wählt keinen mathematisch-naturwissenschaftlichen Leistungskurs}
C = {Schüler wählt einen naturwissenschaftlichen Leistungskurs und nicht Mathematik}

HA 76 Mit der Technik der Schulfunkanlage kennen sich die Schüler **A**rnd, **B**irk und **C**ord aus. Für ihren Einsatz gibt es folgende Festlegung:

(1) Es werden höchstens zwei dieser Schüler gleichzeitig eingesetzt.
(2) Arnd darf die Anlage noch nicht allein bedienen.
(3) Wenn Arnd nicht eingesetzt wird, muss Birk eingesetzt werden.

Den Bedienungsplänen ist zu entnehmen, dass bei den bisherigen 400 Einsätzen, die entsprechend dieser Festlegung durchgeführt worden sind, Arnd 200-mal, Birk 280-mal und Cord 180-mal beteiligt waren.
Geben Sie eine möglichst „feine" Ergebnismenge Ω an!
Stellen Sie eine entsprechende Mehrfeldertafel für die Wahrscheinlichkeitsverteilung auf!

HA 77 Ein Unternehmen sucht für seine Auslandsvertretungen Fachexperten mit guten Sprachkenntnissen in mindestens einer der drei Sprachen Deutsch, Englisch und Russisch. Den zahlreichen diesbezüglichen Bewerbungsunterlagen ist unter anderem zu entnehmen: Die Wahrscheinlichkeit dafür, dass ein rein zufällig herausgegriffener Bewerber Deutsch spricht, beträgt 0,75; dass er Englisch spricht 0,60; dass er nur Russisch spricht 0,10; dass er nur Deutsch spricht 0,05; dass er nur Englisch und Russisch spricht 0,10; und dass er alle drei Sprachen beherrscht 0,25.
Berechnen Sie die Wahrscheinlichkeit, dass ein „rein zufällig" herausgegriffener Bewerber

a) Deutsch und Englisch,
b) mindestens eine der beiden Sprachen Deutsch und Englisch,
c) nur eine der beiden Sprachen Deutsch und Englisch,
d) mindestens zwei der drei Sprachen,
e) nur eine der drei Sprachen

spricht!

HA 78 Die Überprüfung eines Medikaments ergab, dass es mit der Wahrscheinlichkeit

- 0,15 heilend wirkt, aber gleichzeitig unerwünschte Nebenwirkungen zeigt;
- 0,05 unerwünschte Nebenwirkungen zeigt, ohne gleichzeitig heilend zu wirken;
- 0,10 keinerlei Wirkung zeigt.

Wie groß ist die Wahrscheinlichkeit p, dass das Medikament

a) heilend wirkt,
b) irgendeine Wirkung zeigt,
c) keine unerwünschten Nebenwirkungen verursacht?

HA 79 Wissen ist gut - Kontrolle ist besser: Aufgaben zur Selbstkontrolle

Entscheiden Sie, ob die folgende Aussage für eine endliche Ergebnismenge Ω wahr oder falsch ist:

a) 2^Ω ist die Menge aller Teilmengen von Ω.
b) 2^Ω enthält nur Elementarereignisse.
c) 2^Ω enthält das sichere Ereignis.
d) $|2^\Omega|$ ist stets durch 4 teilbar.

Zu welcher wahren Aussage ist der Lückentext zu vervollständigen, wenn A, B Teilmengen der endlichen Ergebnismenge Ω sind?

e) Die Vereinigung der unvereinbaren Ereignisse A und B ist das sichere Ereignis, wenn …
f) Die Vereinigung der unvereinbaren Ereignisse A und B ist das unmögliche Ereignis, wenn …
g) Zwei atomare Ereignisse A und B sind unvereinbar, wenn …
h) Wenn 2^Ω genau n atomare Ereignisse enthält, dann sind … Elemente von 2^Ω keine atomaren Ereignisse.
i) … unvereinbarer Ereignisse ist stets das unmögliche Ereignis.

Beantworten Sie die folgenden Fragen:

j) Was versteht man unter der Ergebnismenge, was unter dem Ereignisraum eines Zufallsexperiments? Welcher Zusammenhang besteht zwischen den Anzahlen der Elemente beider Mengen?
k) Was versteht man unter den Begriffen „Elementarereignis", „sicheres Ereignis", „unmögliches Ereignis", „atomares Ereignis"?

Beschreiben Sie das Ereignis für beliebige A, $B \in 2^{\Omega}$ möglichst kurz in Worten! Verwenden Sie dabei das Wort „oder"!

l) $A \cup B$ m) $(A \cap \bar{B}) \cup (\bar{A} \cap B)$ n) $\bar{A} \cap \bar{B}$ o) $\overline{A \cap B}$

Äußern Sie sich zum Wahrheitswert der Aussage!

p) $0 \leq P(A) \leq 1$

q) $P(A) = h_n(A)$

r) $P(A \cup B) = P(A) + P(B)$

s) $A \subseteq B \Rightarrow P(A) \subset P(B)$

t) $P(\Omega) \leq 1$

u) $P(A) = \sum_{i=1}^{k} P(\{e_i\})$ für $A = \{e_1; e_2; \ldots; e_k\}$

H 2 Gleichverteilung

H 2.1 Der Begriff *Gleichverteilung* (LAPLACE-Experimente)

HA 80 Zufallsexperiment: Einmaliges Werfen eines ungezinkten Würfels.
Entscheiden Sie, welche der angegebenen Mengen Ergebnismengen sind, für die die LAPLACE-Annahme gerechtfertigt ist!

$\Omega_1 = \{1; 2; 3; 4; 5; 6\}$

$\Omega_2 = \{$gerade Augenzahl; 1; 3; 5$\}$

$\Omega_3 = \{1;$ Augenzahl kleiner als 3; 3; 4; 5; 6$\}$

$\Omega_4 = \{$gerade Augenzahl; ungerade Augenzahl$\}$

$\Omega_5 = \{1; 3;$ keine ungerade Augenzahl$\}$

$\Omega_6 = \{6;$ keine 6$\}$

HA 81 Ein Glücksrad sei in vier gleich große Sektoren geteilt, von denen einer nur mit 2, einer nur mit 4 und zwei jeweils nur mit 5 beschriftet sind. Bei jeder Drehung des Glücksrades wird genau einer dieser Sektoren markiert. Entscheiden Sie, welche der jeweils angegebenen Mengen Ergebnismengen sind, für die die LAPLACE-Annahme gerechtfertigt ist!

a) Zufallsexperiment: Einmaliges Drehen des Glücksrades

$\Omega_1 = \{2; 4; 5\}$

$\Omega_2 = \{2$ oder 4; 5$\}$

$\Omega_3 = \{$ungerade Augenzahl; gerade Augenzahl$\}$

$\Omega_4 = \{$Primzahl; keine Primzahl$\}$

$\Omega_5 = \{$Augenzahl größer 4; Augenzahl kleiner 4$\}$

$\Omega_6 = \{5;$ keine 5$\}$

b) Zufallsexperiment: Zweimaliges Drehen des Glücksrades und Registrieren der Augensumme

$\Omega_7 = \{4; 6; 7; 8; 9; 10\}$

$\Omega_8 = \{$Quadratzahl; Kubik- oder Primzahl; Zahl mit genau zwei Primteilern$\}$

HA 82 Zufallsexperiment: Einmaliges Werfen eines fairen Tetraeders, das einmal mit der Augenzahl 1, zweimal mit 2 und einmal mit 3 beschriftet ist.

Entscheiden Sie, welche der beiden Ergebnismengen die LAPLACE-Annahme rechtfertigt!

$\Omega_1 = \{1; 2; 3\}$

$\Omega_2 = \{1; 2_1; 2_2; 3\}$

HA 83 Zufallsexperiment: Einmaliges Werfen eines fairen Würfels, der einmal mit der Augenzahl 1, zweimal mit der Augenzahl 2, dreimal mit der Augenzahl 3 beschriftet ist.

a) Geben Sie für dieses Zufallsexperiment eine Ergebnismenge Ω an, die die LAPLACE-Annahme rechtfertigt!

b) Geben Sie die Wahrscheinlichkeiten aller bezüglich Ω atomaren Ereignisse an!

H 2.2 Rechenregel für die Gleichverteilung (LAPLACE-Regel)

HA 84 Ein zufälliger Vorgang bestehe im einmaligen Werfen eines LAPLACE-Würfels. Es seien folgende Ereignisse definiert:

$A = \{$Augenzahl ist 5$\}$

$B = \{$Augenzahl ist gerade$\}$

$C = \{$Augenzahl ist größer als 2$\}$

$D = \{$Augenzahl ist Teiler von 60$\}$

$E = \{$Augenzahl ist weder gerade noch prim$\}$

Berechnen Sie die Wahrscheinlichkeiten der Ereignisse A, B, C, D, E, $A \cup B$, $A \cap B$, $B \cup C$, $B \cap C$, $\overline{B} \cup C$, $\overline{B} \cap C$, $\overline{A} \cap B \cap \overline{C}$, $A \cup \overline{B} \cup C$ und $B \setminus \overline{C}$!

HA 85 Ein L-Würfel, dessen Seitenflächen mit den Augenzahlen 1; 3; 5; 7; 9; 11 durchnummeriert sind, wird einmal geworfen.

Berechnen Sie die Wahrscheinlichkeit des Ereignisses $A \setminus \overline{B}$ für A = {5; 9; 11} und B = {1; 3; 9}!

HA 86 Zufälliger Vorgang: Einmaliges Werfen zweier unterscheidbarer, idealer Tetraeder, deren Seitenflächen jeweils mit 1 bis 4 durchnummeriert sind.

Ereignisse: A = {Pasch}; B = {geradzahlige Augensumme}; C = {mindestens ein Tetraeder zeigt eine 4}

a) Interpretieren Sie die Ereignisse $A \cap C$, $B \cap C$, $A \cap B$, $(A \cup B) \cap C$, $A \cap \overline{B}$, $A \cap \overline{C}$ und berechnen Sie deren Wahrscheinlichkeiten!

b) Stellen Sie das Ereignis D = {das Produkt der geworfenen Augenzahl beträgt 8} als zusammengesetztes Ereignis aus A, B, C dar und berechnen Sie seine Wahrscheinlichkeit!

HA 87 Zufallsexperiment: Gleichzeitiges Werfen zweier mit den Augenzahlen 1, 2, 3, 4 beschrifteter (und nicht weiter unterscheidbarer) L-Tetraeder.

Berechnen Sie die Wahrscheinlichkeiten

a) einen Pasch, d.h. zwei gleiche Augenzahlen,
b) keinen Pasch,
c) zwei aufeinander folgende Augenzahlen,
d) zwei ungerade Augenzahlen

zu werfen!

HA 88 Zum Werfen mit zwei ungezinkten und jeweils mit den Augenzahlen 1 bis 6 beschrifteten Würfeln bietet Ihnen Lars Spielmann folgende Wetten bei gleichem Einsatz an:

Wette 1: Die Augensumme 6 fällt eher als die Augensumme 7.

Wette 2: Die Augensumme 8 fällt eher als die Augensumme 7.

Würden Sie, um zu gewinnen, für das beschriebene Ereignis oder gegen dieses setzen? Begründen Sie Ihre Entscheidung!

HA 89 Bei einem Ikosaeder (regelmäßiges Zwanzigflach) sind von den 20 gleichseitigen Dreiecken seiner Oberfläche zwei nur mit 1, vier nur mit 2, sechs nur mit 3 und acht nur mit 4 beschriftet. Beim einmaligen Werfen dieses Ikosaeders gilt die Augenzahl als geworfen, die die waagrecht oben liegende Dreiecksfläche trägt.

a) Geben Sie die Wahrscheinlichkeiten der Ereignisse {es fällt die Augenzahl i} für alle $i \in \{1; 2; 3; 4\}$ für den Fall an, dass das Ikosaeder nicht gezinkt ist!

b) Erscheint Ihnen die Wette „Augenzahl prim" gegen „Augenzahl nicht prim" fair zu sein, wenn Sie davon ausgehen können, dass es ein LAPLACE-Ikosaeder ist? Begründen Sie Ihre Entscheidung!

c) Das Ikosaeder wurde gezinkt und bei einer langen Wurfserie wurde beobachtet, dass die Augenzahlen 2, 3 und 4 gleich oft erscheinen, und zwar jeweils dreimal so oft wie die Augenzahl 1. Berechnen Sie in diesem Fall die Wahrscheinlichkeiten der Ereignisse {es fällt die Augenzahl i} für alle $i \in \{1; 2; 3; 4\}$!

HA 90 Im Halbfinale einer im K.-o.-System ausgetragenen Schulmeisterschaft im Schachspiel stehen zwei Schülerinnen und zwei Schüler. Die Aufteilung dieser vier Personen auf die beiden zu bildenden Besetzungen am Schachbrett soll „auf gut Glück" erfolgen. Dazu mischt man vier Zettel mit den Namen der vier Teilnehmer und zieht nacheinander „blind" zwei Zettel. Die Personen, deren Namen die beiden gezogenen Zettel tragen, bilden die eine Besetzung, die beiden übrigen die andere. Wie groß ist die Wahrscheinlichkeit dafür, dass das Halbfinale in einer Mädchen- und einer Jungenbesetzung ausgetragen wird, dass also die beiden Schülerinnen gegeneinander und die beiden Schüler gegeneinander zu spielen haben?

H 2.3 Verschiedene Modelle für ein und dasselbe Zufallsexperiment

HA 91 Zufallsexperiment: Einmaliges Werfen eines fairen Würfels, von dessen Seitenflächen jeweils genau i mit der Augenzahl i ($i \in \{1; 2; 3\}$) beschriftet sind.

a) Ermitteln Sie zwei Ergebnismengen Ω_1 und Ω_2 mit $|\Omega_1| \neq |\Omega_2|$ so, dass jeweils die LAPLACE-Annahme gerechtfertigt ist!

b) Ermitteln Sie eine Ergebnismenge Ω_3, für die die LAPLACE-Annahme nicht gerechtfertigt ist, und bestimmen Sie die Wahrscheinlichkeiten all ihrer atomaren Ereignisse!

HA 92 Ein L-Tetraeder, dessen Seitenflächen mit den Augenzahlen 1 bis 4 durchnummeriert sind, wird zweimal geworfen. Bestimmen Sie die Wahrscheinlichkeiten aller atomaren Ereignisse aus 2^Ω mit

a) $\Omega = \{(i; k) \mid i, k \in \{1; 2; 3; 4\}\}$, b) $\Omega = \{\{i; k\} \mid i, k \in \{1; 2; 3; 4\} \text{ und } i < k\} \cup \{\{1\}; \{2\}; \{3\}; \{4\}\}$,

c) $\Omega = \{2; 3; 4; 5; 6; 7; 8\}$, d) $\Omega = \{1; 2; 3; 4; 6; 8; 9; 12; 16\}$

Bestimmen sie die Wahrscheinlichkeit des Ereignisses A = {bei beiden Würfen wird eine gerade Augenzahl geworfen}, indem Sie A als Teilmenge von Ω darstellen!

H 2.4 Baumdiagramme; Pfadregeln

HA 93 Zufallsexperiment: Einmaliges Werfen einer LAPLACE-Münze mit Wappen (W) und Zahl (Z) sowie eines mit den Augenzahlen 1, 2, 3, 4 beschrifteten LAPLACE-Tetraeders.

Berechnen Sie mithilfe der ersten bzw. der zweiten Pfadregel die Wahrscheinlichkeiten folgender Ereignisse:

A = {die Münze zeigt Zahl, das Tetraeder zeigt 1}, B = {das Tetraeder zeigt 3},

C = {die Münze zeigt kein Wappen und das Tetraeder keine Primzahl},

$D = B \cup C$ und $E = B \setminus A$

HA 94 Es sei das folgende Einbahnstraßensystem gegeben.

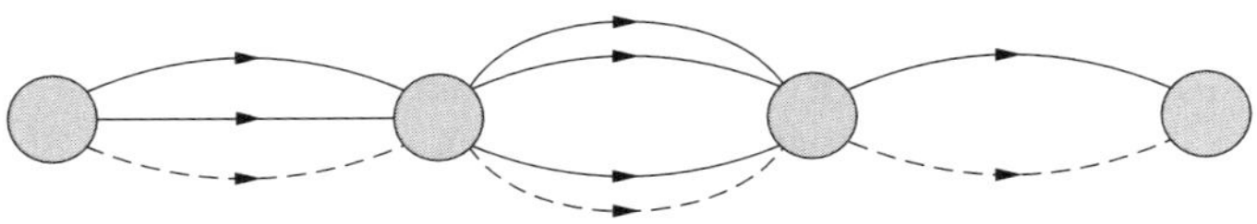

An jeder Wegegabelung wird „auf gut Glück" das nächste Wegestück ausgewählt. Wie groß ist die Wahrscheinlichkeit, dass der gestrichelt markierte Gesamtweg gewählt wird? (Fertigen Sie ein Baumdiagramm an!)

HA 95 Aus einer Urne mit genau drei Kugeln, von denen eine nur mit 1, eine nur mit 2 sowie eine nur mit 3 beschriftet ist, werden nacheinander „auf gut Glück" und ohne Zurücklegen die Kugeln entnommen. In diesem Zusammenhang werden die Ereignisse

E_i = {als i-te Kugel wird die Kugel mit der Aufschrift i gezogen} für $i \in \{1; 2; 3\}$ betrachtet.

a) Geben Sie die entsprechende Ergebnismenge Ω an!

b) Berechnen Sie die Wahrscheinlichkeiten folgender Ereignisse:
$A = E_1 \cap E_2 \cap E_3$ und $B = \bar{E}_1 \cap \bar{E}_2 \cap \bar{E}_3$

c) Interpretieren Sie das Ereignis $C = (E_1 \cap E_2) \cup (\bar{E}_2 \cap E_3)$!

HA 96 Zufallsexperiment: Gleichzeitiges Werfen von n ($n \in \mathbb{N} \setminus \{0\}$) fairen Münzen mit jeweils den Seiten Wappen und Zahl

Ermitteln Sie die Wahrscheinlichkeit p dafür, dass alle n Münzen die gleiche Seite zeigen!

HA 97 Aus einer großen Urne mit genau 30 Kugeln (18 roten, 12 weißen), einer mittleren mit genau 20 Kugeln (10 roten, 10 weißen) sowie einer kleinen Urne mit genau 10 Kugeln (4 roten, 3 weißen,

3 blauen) werde jeweils eine Kugel „auf gut Glück" entnommen. Berechnen Sie die Wahrscheinlichkeiten der folgenden Ereignisse A bis F:

A = {drei weiße Kugeln entnommen}
B = {drei gleichfarbige Kugeln entnommen}
C = {genau eine weiße Kugel entnommen}
D = {höchstens eine weiße Kugel entnommen}
E = {mindestens eine weiße Kugel entnommen}
F = {eine weiße Kugel nur aus der mittleren Urne entnommen}

HA 98 In der Klasse 9c sind 15 Mädchen und 12 Jungen. Die Chemielehrerin lässt jede Woche durch Los einen Schüler bestimmen, der ihr beim Wegräumen der Geräte hilft. Wie groß ist die Wahrscheinlichkeit, dass zweimal (unmittelbar) hintereinander ein Junge ausgewählt wird, falls derselbe Schüler

a) nicht zweimal,
b) zweimal

(unmittelbar) hintereinander ausgewählt werden darf?

HA 99 Eine Urne enthalte genau sieben Kugeln (drei blaue und vier weiße). Es wird dreimal je eine Kugel gezogen. Nach jedem Zug werden dem Urneninhalt zwei Kugeln der gezogenen Farbe hinzugefügt. Zeichnen Sie ein entsprechendes Baumdiagramm!
Berechnen Sie die Wahrscheinlichkeiten der folgenden Ereignisse A, B und C:
A = {drei weiße Kugeln gezogen}
B = {zuerst wird eine blaue Kugel und dann werden zwei weiße Kugeln gezogen}
C = {genau zwei weiße Kugeln werden gezogen}

HA 100 Lehrer Stochasius wählte einmal die Schüler seines Kurses zu verschiedenartigen Leistungskontrollen nach folgendem Modus aus: Zuerst „würfelte" er sich einen der 20 Schüler mit einem Ikosaeder aus. Dieser Schüler durfte nun den Zufall etwas beeinflussen. Er sollte genau vier Kugeln (zwei schwarze und zwei rote), die bis auf die Farbe nicht weiter unterscheidbar waren, auf zwei Beutel verteilen. Lehrer Stochasius wählte dann rein zufällig einen dieser Beutel und darin wiederum rein zufällig eine der enthaltenen Kugeln aus. War es eine schwarze Kugel, so kam der Schüler zur Leistungskontrolle. Wie würden Sie die Kugeln auf die beiden Beutel verteilen, um möglichst nicht zur Leistungskontrolle dran zu kommen? Begründen Sie Ihre Meinung!

HA 101 In einem Behälter befinden sich genau drei Kugeln, zwei davon sind schwarz, eine ist weiß (ansonsten sind die Kugeln nicht unterscheidbar). Der Spielleiter entnimmt „auf gut Glück" und mit einem Griff zwei der drei Kugeln. Dabei können die beiden entnommenen Kugeln von gleicher Farbe (Ereignis A) oder von unterschiedlicher Farbe (Ereignis B) sein. An dem Spiel können sich beliebig viele Spieler beteiligen. Jeder Mitspieler muss vor der Feststellung, welches der Ereignisse A und B tatsächlich eingetreten ist, raten, welches Ereignis eintreten wird. Jeder Mitspieler, der richtig geraten hat, erhält einen Punkt. Das Ziel besteht darin, möglichst viele Punkte zu erhalten.

a) Für die Wahl einer (für den Spieler) günstigen Spielstrategie ist die Frage zu beantworten, auf welches Ereignis – auf A oder auf B – man setzen sollte, wenn man sich an dem Spiel beteiligen und möglichst viele Punkte erhalten will.
b) Welche Farbe muss eine Kugel haben, die man den bisher vorhandenen Kugeln (zwei schwarze, eine weiße) hinzufügt, damit die Ereignisse A und B die gleiche Wahrscheinlichkeit besitzen?

HA 102 Erfahrungsgemäß gewinnt Beate beim Tennisspiel gegen Anja einen Satz mit der Wahrscheinlichkeit $p = 0{,}75$. Beide vereinbaren, ein Match über zwei Gewinnsätze zu spielen, d. h., das Match hat derjenige gewonnen, der zuerst zwei Sätze siegreich beenden konnte.

a) Wie groß ist die Wahrscheinlichkeit, dass Beate das Tennismatch mit 2 : 1 gewinnt?
b) Wie groß ist die Wahrscheinlichkeit, dass Anja das Tennismatch gewinnt?
c) Bestimmen Sie die Wahrscheinlichkeit für einen Zweisatzsieg von Beate in Abhängigkeit von ihrer Satzgewinnwahrscheinlichkeit p! Stellen Sie diese mit F_2 bezeichnete Funktion für $0 \leq p \leq 1$ grafisch dar! Interpretieren Sie den Verlauf des Graphen von F_2 für $p > 0{,}5$! **GTA**

Beate und Anja wollen nun ein Tennismatch über drei Gewinnsätze spielen.

d) Vergleichen Sie die Wahrscheinlichkeit, dass Beate ein derartiges Tennismatch mit drei Gewinnsätzen gewinnt, mit der Wahrscheinlichkeit, dass sie es bei zwei Gewinnsätzen gewinnt!

GTA e) Bestimmen Sie die Wahrscheinlichkeit für einen Dreisatzsieg von Beate in Abhängigkeit von ihrer Satzgewinnwahrscheinlichkeit p! Stellen Sie diese mit F_3 bezeichnete Funktion grafisch dar! Vergleichen Sie die Graphen von F_2 und F_3 hinsichtlich der Siegchancen der spielstärkeren Spielerin!

H 2.5 Zählprinzip bei k-Tupeln

HA 103 Wie viele Ergebnisse sind möglich?

a) Gleichzeitiges Werfen von drei unterscheidbaren LAPLACE-Würfeln
b) Gleichzeitiges Werfen von fünf paarweise verschiedenfarbigen, ungezinkten Tetraedern
c) Erstellen eines fünfbuchstabigen „Wortes“ aus den 26 Buchstaben des Alphabets
d) Bilden von vierstelligen natürlichen Zahlen nur aus den vier Ziffern 0, 1, 2 und 3
e) Bilden von vierstelligen natürlichen Zahlen nur aus den vier Ziffern 0, 1, 2 und 3, ohne dass sich eine Ziffer wiederholt
f) Bilden von zweistelligen natürlichen Zahlen nur aus den fünf Ziffern 1, 2, 3, 4 und 5
g) Bilden von zweistelligen natürlichen Zahlen nur aus den fünf Ziffern 1, 2, 3, 4 und 5, ohne dass sich eine Ziffer wiederholt
h) Bilden von neunstelligen natürlichen Zahlen nur aus den fünf Ziffern 1, 2, 3, 4 und 5, die genau viermal die Vier, genau dreimal die Drei und genau einmal die Eins enthalten
i) Bilden von elfstelligen natürlichen Zahlen nur aus den sechs Ziffern 1, 2, 3, 4, 5 und 6 so, dass die Ziffer 1 nur einmal und die restlichen jeweils genau zweimal enthalten sind, und zwar so, dass die Eins unmittelbar zwischen den beiden Dreien steht
j) Bilden von fünfstelligen natürlichen Zahlen, in denen keine Ziffer mehrmals auftritt
k) Bilden von vierbuchstabigen „Wörtern“ aus allen Buchstaben von ZAHL
l) Bilden von sechsbuchstabigen „Wörtern“ aus allen Buchstaben von ZIFFER
m) Platzieren von sieben Personen auf eine Stuhlreihe mit genau sieben Plätzen so, dass stets genau zwei bestimmte Personen nebeneinander sitzen
n) Platzieren von sieben Personen an einen runden Tisch mit genau sieben Stühlen so, dass stets genau zwei bestimmte Personen nebeneinander sitzen
o) Bilden von „Wort“-Paaren aus paarweise verschiedenen Buchstaben so, dass das erste „Wort“ alle Konsonanten und das zweite „Wort“ alle Vokale des Wortes VEKTORSUBTRAKTION enthält

HA 104 Bestimmen Sie die Summe der Quersummen aller fünfstelligen natürlichen Zahlen, die nur und ohne Wiederholung aus den Ziffern 9, 7, 6, 4 und 0 bestehen!

HA 105 Der Blindenlehrer Louis BRAILLE (1809–1852), selbst schon mit drei Jahren erblindet, entwickelte eine noch heute gebräuchliche Blindenschrift. Jeder „Buchstabe“ (Buchstaben, Satzzeichen, Zahlenzeichen, …) der Schrift besteht aus drei Zeilen mit jeweils zwei Zeichen. Diese sechs Stellen sind jeweils entweder mit einer Erhebung versehen oder flach. Wie viele verschiedene „Buchstaben“ sind auf diese Weise darstellbar?

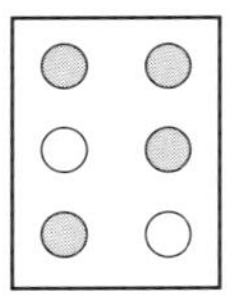

HA 106 Axel, Bernd, Christian, Dieter, Ernst und Frank wollen in einem Kaufhaus die Rolltreppe zur nächsten Etage benutzen, und zwar alle unmittelbar hintereinander (ohne freie Stufe dazwischen), jedoch jeder auf einer anderen Stufe. Auf wie viele Arten ist dies möglich, wenn

a) jeweils Axel unmittelbar vor Bernd und Bernd unmittelbar vor Christian stehen sollen,
b) Axel, Bernd und Christian unmittelbar vor- oder hintereinander stehen wollen,
c) Axel als erster und Frank als letzter mit der Rolltreppe fahren wollen?

HA 107 Aus den neun von Schülergruppen verschiedenartig gestalteten „Postervorträgen“ sollen genau fünf im Mathematikraum in einer Reihe ausgehängt werden. Wie viele verschiedene (sinnvolle) Möglichkeiten für die Auswahl der Poster gibt es, wenn

a) keine weitere Bedingung gestellt wird,
b) ein bestimmtes Poster stets in der Mitte hängen soll,
c) genau vier der Poster nur für die drei mittleren Plätze in Frage kommen?

HA 108 Wie groß ist die Wahrscheinlichkeit beim Werfen mit je zwei idealen Würfeln, die jeweils die Augenzahlen 1 bis 6 tragen,

a) zweimal hintereinander einen Pasch,
b) zweimal hintereinander eine Sequenz,
c) zuerst einen Pasch und dann eine Sequenz,
d) dreimal hintereinander nur ungerade Augenzahlen,
e) hintereinander und in dieser Reihenfolge die Augensumme 6, 7, 8

zu erreichen?

HA 109 Eine Firma sieht eine Zwischen- und eine Endkontrolle all ihrer Erzeugnisse vor. In der Zwischenkontrolle arbeiten genau zwei, in der Endkontrolle genau drei Prüfautomaten. Auf jeder Kontrollstufe wird jeweils „auf gut Glück“ ausgewählt, von welchem der zwei bzw. drei Automaten die Kontrolle übernommen wird. Genau je ein Automat der Zwischen- und der Endkontrolle werden aus technischen Gründen abgeschaltet. Die Erzeugnisse passieren diese Automaten unkontrolliert.

a) Zeichnen Sie ein vollständiges Baumdiagramm, so dass für die zugehörige Ergebnismenge die LAPLACE-Annahme zutrifft!
b) Mit welchen Wahrscheinlichkeiten treten die Ereignisse A, B und C ein, wenn es sich jeweils um ein „auf gut Glück“ ausgewähltes Erzeugnis handelt:
A = {Erzeugnis wird genau einmal kontrolliert}; B = {Erzeugnis wird zweimal kontrolliert};
C = {Erzeugnis wird gar nicht kontrolliert}
Wenden Sie zur Berechnung von P(A), P(B) und P(C) sowohl den Ansatz „LAPLACE-Regel“ als auch den Ansatz „Pfadregel“ an!
c) Wie können Sie die unter b) berechneten Wahrscheinlichkeiten P(A), P(B), P(C) kontrollieren?

HA 110

a) Bei einem 100-m-Lauf starten acht Läufer, unter denen sich genau zwei Läufer desselben Sportclubs befinden. Die Startplätze werden ausgelost. Geben Sie eine geeignete Ergebnismenge Ω an und berechnen Sie, mit welcher Wahrscheinlichkeit p die Läufer desselben Clubs nebeneinander starten!
b) Ein Tresor besitzt fünf Ziffernscheiben zu je sechs Ziffern und lässt sich nur bei Einstellung einer einzigen Ziffernfolge öffnen. Geben Sie eine geeignete Ergebnismenge Ω an und berechnen Sie, mit welcher Wahrscheinlichkeit p sich der Tresor öffnen lässt, wenn man die Ziffern auf jeder Scheibe „auf gut Glück“ einstellt!
c) Aus jeder der nebenstehenden drei Urnen wird eine Zahl „auf gut Glück“ gezogen. Geben Sie eine geeignete Ergebnismenge Ω an und berechnen Sie die Wahrscheinlichkeit p dafür, dass die aus den Zahlen gebildete Summe gerade ist!

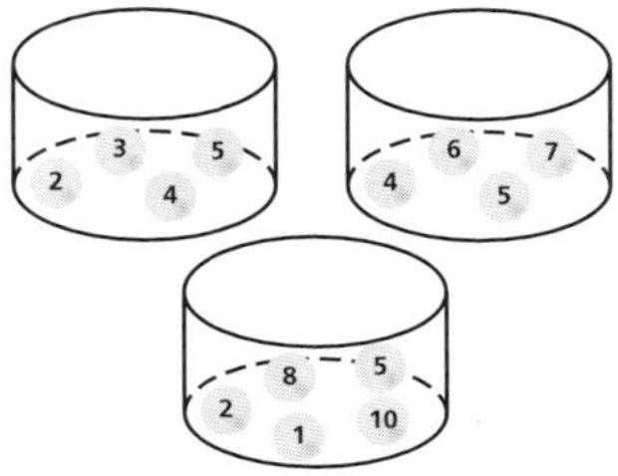

d) Es seien fünf Strecken gegeben, deren Längen jeweils 1, 3, 5, 7 und 9 LE betragen. Geben Sie eine geeignete Ergebnismenge Ω an und berechnen Sie die Wahrscheinlichkeit p dafür, dass mithilfe von drei „auf gut Glück“ ausgewählten Strecken ein Dreieck gebildet werden kann!
e) „Auf gut Glück“ wird eine vierstellige natürlichen Zahlen ausgewählt. Geben Sie eine geeignete Ergebnismenge Ω an und berechnen Sie die Wahrscheinlichkeit p dafür, dass diese Zahl nur aus ungeraden Ziffern besteht!

f) Eine Hausfrau kauft zwei Schachteln mit weißen und zwei Schachteln mit gelben Kerzen. Um aus den äußerlich gleichen Schachteln alle gelben Kerzen herauszufinden, muss sie eine Schachtel nach der anderen öffnen. Geben Sie eine geeignete Ergebnismenge Ω an und berechnen Sie die Wahrscheinlichkeit p dafür, dass man alle gelben Kerzen nach dem Öffnen der zweiten Schachtel herausgefunden hat!

g) Unter zwanzig Perlen befinden sich drei unechte, die sich jedoch durch bloßes Ansehen von den echten nicht unterscheiden lassen. Die 20 Perlen werden in „rein zufälliger" Reihenfolge zu einer geschlossenen, verschlusslosen Kette aufgezogen. Geben Sie eine geeignete Ergebnismenge Ω an und berechnen Sie die Wahrscheinlichkeit p dafür, dass sich die drei falschen Perlen nebeneinander befinden!

HA 111

a) Beweisen Sie, dass für alle positiven natürlichen Zahlen n gilt: $\sum_{k=1}^{n} k \cdot k! = (n+1)! - 1$

GTA b) Bestimmen Sie die Lösungsmengen der Gleichungen!

(1) $x! = (x+1)!$ (2) $x! \cdot y! = 144$ (3) $x! \cdot y! = 60$

(4) $x! + y! = 2$ (5) $2 \cdot x! - (x+1)! = -20 \cdot (x-1)!$ (6) $x! - 9 \cdot (x-1)! + 12 \cdot (x-2)! = 0$

c) Aus organisatorischen Gründen soll bei einem Schachturnier die Anzahl der Spiele auf 150 beschränkt werden. Wie viele Personen können am Turnier teilnehmen, wenn jeder gegen jeden genau einmal spielen soll?

HA 112 Aus dem Wort STOCHASTIK lassen sich durch Umstellen der Buchstaben neue „Wörter" bilden. Die Zuordnung der Buchstaben zu den entsprechenden Plätzen erfolge jeweils „auf gut Glück". Eine geeignete Ergebnismenge wäre $\Omega = \{(b_1; \ldots; b_{10}) \mid b_1, \ldots, b_{10} \in \{S_1; T_1; O; C; H; A; S_2; T_2; I; K\}$ und $|\{b_1; \ldots; b_{10}\}| = 10\}$.

Mit welcher Wahrscheinlichkeit p

a) beginnt ein solches „Wort" mit T,

b) beginnt ein solches „Wort" mit I,

c) beginnt und endet ein solches „Wort" mit T,

d) stehen in einem solchem „Wort" die beiden T nebeneinander?

HA 113 Von den zehn Buchstaben des Wortes STOCHASTIK werden „auf gut Glück" genau drei nacheinander und ohne Zurücklegen ausgewählt und in dieser Reihenfolge wieder zu einem „Wort" von links nach rechts gelegt. Geben Sie eine geeignete Ergebnismenge an! Mit welcher Wahrscheinlichkeit p

a) wird OST gelegt,

b) wird TAT gelegt,

c) beginnt das „Wort" mit O und endet mit T,

d) enthält das „Wort" nur Vokale,

e) beginnt das „Wort" mit einem Konsonanten,

f) beginnt und endet das „Wort" mit gleichlautenden Buchstaben,

g) enthält das „Wort" ein O,

h) enthält das „Wort" ein T?

i) Wie viel verschiedene „Wörter" sind auf diese Weise legbar?

HA 114 Aus dem Wort KLAUSURANGST lassen sich durch Umstellen der Buchstaben neue „Wörter" bilden. Die Zuordnung der Buchstaben zu den entsprechenden Plätzen erfolgt jeweils „auf gut Glück". Eine geeignete Ergebnismenge ist

$\Omega = \{(b_1; b_2; \ldots; b_{12}) \mid b_1, b_2, \ldots, b_{12} \in \{K; L; A_1; U_1; S_1; U_2; R; A_2; N; G; S_2; T\}$ und $|\{b_1; b_2; \ldots; b_{12}\}| = 12\}$.

Mit welcher Wahrscheinlichkeit p

a) beginnt ein solches „Wort" mit U,

b) beginnt ein solches „Wort" mit T,

c) beginnt und endet ein solches „Wort" mit A,

d) stehen in einem solchen „Wort" die beiden U nebeneinander?

e) Wie viel verschiedene „Wörter" lassen sich auf diese Weise bilden?

HA 115 Von den zwölf Buchstaben des Wortes KLAUSURANGST werden „auf gut Glück" genau vier nacheinander (ohne Zurücklegen) ausgewählt und in dieser Reihenfolge wieder zu einem „Wort" von links nach rechts gelegt. Mit welcher Wahrscheinlichkeit p

a) wird KUSS gelegt,
b) beginnt ein solches „Wort“ mit S und endet mit U,
c) enthält das „Wort“ einen Vokal,
d) beginnt und endet das „Wort“ mit gleichlautenden Buchstaben,
e) enthält das „Wort“ ein R,
f) enthält das „Wort“ ein A,
g) enthält das „Wort“ ein U und zwei Konsonanten?

HA 116 Bei einer Modelleisenbahn sollen Züge „auf gut Glück“ aus genau vier Wagen 2.Klasse, zwei Wagen 1.Klasse, zwei Schlafwagen und einem Speisewagen zusammengestellt werden.
Wie groß ist die Wahrscheinlichkeit p dafür, dass dabei ein Zug mit der Wagenreihung
1. Klasse – Speisewagen – 1. Klasse – 2. Klasse – 2. Klasse – 2. Klasse – 2. Klasse – Schlafwagen – Schlafwagen entsteht?

HA 117 Man erzählt sich, dass zu Beginn unseres Jahrhunderts zehn Schüler, die gerade das Gymnasium in Sankt Petersburg absolviert hatten, beschlossen, dieses Ereignis in einem der besten Restaurants auf dem Newski Prospekt zu feiern. In diesem Restaurant bestellten sie ein vorzügliches Abendessen. Sie stritten sich aber plötzlich darum, wo jeder sitzen sollte. Einer wollte unbedingt mit dem Gesicht zur Bühne sitzen, auf der eine bekannte Sängerin auftrat, ein anderer wollte nicht am Durchgang sitzen, dem dritten gefiel der Platz in der Ecke nicht. Außerdem wollte jeder einen bestimmten linken und rechten Nachbarn haben.
„Was ist los, Herrschaften?“, wollte der auf diesem Lärm herbeikommende Wirt wissen. Die jungen Leute erklärten es ihm. „Sie können sich also nicht einigen, wie sie sitzen wollen“, lachte der Wirt, „nehmen Sie doch jeweils diejenigen Plätze ein, an denen Sie sich gerade befinden. Morgen nehmen Sie dann dieselben zehn Plätze in einer anderen Reihenfolge ein, übermorgen wieder in einer anderen usw. Wenn Sie alle Möglichkeiten der Sitzreihenfolge ausprobiert haben, dann erhält jeder von Ihnen für sein ganzes Leben eine Blanco-Karte für mein Restaurant.“ Es war für die jungen Leute natürlich verlockend, ihre Eltern nicht um Geld bitten zu müssen und trotzdem täglich in einem der besten Petersburger Restaurants unentgeltlich essen zu können. Von nun an trafen sie sich regelmäßig jeden Tag auf dem Newski. Manchmal kamen sie auch zum Mittagessen. Eine kostenlose Bewirtung ergab sich jedoch nicht. Das lag aber nicht daran, dass der Wirt sein Versprechen nicht einhielt. Klären Sie die Sachlage!

HA 118 In einer Urne befinden sich genau zehn Kugeln, sechs weiße und vier schwarze. Der Urne werden nacheinander (genau) zwei Kugeln entnommen. Bestimmen Sie die Wahrscheinlichkeit, dabei mindestens eine weiße Kugel zu erhalten!

HA 119 Neun Karten werden paarweise verschieden beschriftet, und zwar jeweils mit genau einer der Ziffern 0, 1, …, 8. Aus der Menge dieser Karten werden nacheinander zwei Karten willkürlich gezogen, in der Reihenfolge der Entnahme nebeneinandergelegt (von links nach rechts) und die sich daraus ergebende Zahl festgestellt (z.B. 07 = sieben, 14 = vierzehn).
Bestimmen Sie die Wahrscheinlichkeit dafür, dass diese Zahl folgende Bedingung erfüllt:
a) Es ist die 23.
b) Es ist die 44.
c) Die Zahl ist gerade.

HA 120 Thomas und Peter planen Radtouren. Die möglichen Etappenorte sind A, B, C und D, die möglichen, jeweils „auf gut Glück“ auszuwählenden Verbindungsstraßen wurden in der Skizze eingetragen.

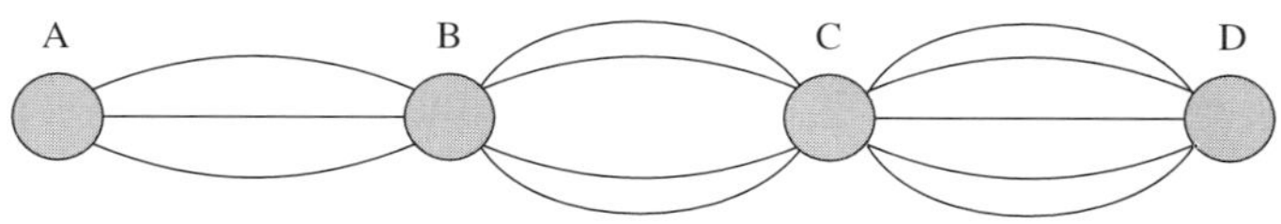

a) Wie groß ist die Wahrscheinlichkeit p, dass Thomas denselben Weg von A nach D auswählt, den bereits Peter wählte?
b) Wie groß ist die Wahrscheinlichkeit p, dass Peter und Thomas denselben Weg für die Route A – B – C – D – C – B – A wählen?

c) Peter unternimmt eine Rundreise von A über D zurück nach A. Mit welcher Wahrscheinlichkeit p befährt er kein Wegstück zweimal?

HA 121 N Personen (N > 2) setzen sich auf willkürliche Weise an einen Tisch. Bestimmen Sie die Wahrscheinlichkeit dafür, dass zwei vorher bestimmte Personen A und B von ihnen nebeneinander zu sitzen kommen!

HA 122 Lohnt es sich zu wetten, dass bei viermaligem Werfen eines (ungezinkten) und mit den Augenzahlen 1 bis 6 beschrifteten Würfels mindestens eine „6" fällt?

HA 123 Scheck- und Kreditkarten besitzen jeweils eine Geheimnummer. Jede persönliche Identifikationsnummer (kurz PIN genannt) besteht aus einer vierziffrigen Zahl. Berechnen Sie die Chance, nach maximal drei Eingabeversuchen „auf gut Glück" die richtige Geheimnummer eingegeben zu haben!

H 2.6 Zählprinzip bei n-elementigen Mengen

HA 124 Wie viele Möglichkeiten gibt es,

a) aus einer zwanzigelementigen Menge eine achtzehnelementige Teilmenge auszuwählen,
b) aus einer zwanzigelementigen Menge eine mindestens achtzehnelementige Teilmenge auszuwählen,
c) aus genau sieben Läuferinnen eine 4 × 100-m Staffel zusammen zu stellen,
d) die Einstellung an einem Ziffernschloss mit genau fünf Einstellrädern zu je 10 Ziffern zu wählen,
e) 15 verschiedene Fragen mit jeweils zwei Antwortmöglichkeiten zu beantworten?
f) Bei der Einweihung der neuen transportablen Bühne in der Turnhalle sind in der ersten Reihe noch genau 20 Plätze frei, als die sieben Hauptsponsoren eintreffen. Wie viele Möglichkeiten hätten diese sieben Personen sich hinzusetzen, wenn ihre sieben Sitzplatznummern aus den 20 ausgelost würden?
g) Wie viele verschiedene Steine gehören zu einem vollständigen Domino-Spiel?

HA 125 Gesine, Heike, Inka, Jörn, Konstantin und Leonhard wollen eine Drehtür eines Kaufhauses passieren. Auf wie viele Arten können sie dies tun, wenn

a) jeder die Drehtür alleine passiert,
b) alle einzeln durch die Drehtür gehen und die Jungen zuerst,
c) sie die Drehtür jeweils in einer Zweiergruppe passieren,
d) sie die Drehtür in genau zwei (nichtleeren) Gruppen begehen?

HA 126 Bei einer Mathematikklausur hat ein Schüler von genau zehn Aufgaben genau acht zu bearbeiten. Wie viele Auswahlmöglichkeiten hat er, wenn

a) keine weiteren Einschränkungen gemacht werden,
b) aus den ersten fünf höchstens vier bearbeitet werden dürfen,
c) die ersten beiden Aufgaben und von den letzten beiden mindestens eine bearbeitet werden müssen?

HA 127 Vereinfachen Sie – ohne Taschenrechner o. Ä. – so weit wie möglich:

a) $\binom{7}{4}$ b) $\binom{n}{0}$ c) $\frac{(n-1)!}{n!}$ d) $\binom{n}{n+1}$ e) $\binom{n+1}{n}$ f) $\binom{n}{k} - \binom{n}{n-k}$

g) $\binom{n}{k} + \binom{n}{n-k}$ h) $\binom{n-1}{k-1} + \binom{n-1}{k}$

HA 128 Aus den einhundert natürlichen Zahlen 1 bis 100 werden genau zwei „auf gut Glück" ausgewählt. Mit welcher Wahrscheinlichkeit p ist die Summe der beiden ausgewählten Zahlen gerade?

HA 129 Ein Lehrer gibt vor einer Prüfung einen Fragenkatalog mit genau 50 Fragen heraus, von denen dann dem Prüfling genau fünf vorgelegt werden. Schüler Halbwegs bereitet sich nur auf 30 der Fragen vor. Mit welcher Wahrscheinlichkeit erhält er

a) genau zwei, b) höchstens zwei, c) mindestens zwei

der von ihm vorbereiteten Fragen?

HA 130 Eine aus (genau) 16 Teilen bestehende Warenpartie enthält genau sechs defekte Teile. Dieser Partie wird „auf gut Glück" eine Stichprobe von genau sieben Teilen entnommen, ohne dass dabei ein Teil wieder zurückgelegt wird.

Bestimmen Sie die Wahrscheinlichkeit p dafür, dass

a) genau vier Teile b) höchstens zwei Teile c) mindestens zwei Teile

in der Stichprobe defekt sind!

HA 131 Lars Spielmann bietet Ihnen zwei Wetten an:

Wette 1: Ich wette, dass ich aus genau 40 Spielkarten, von denen je 10 von gleicher Farbe sind, beim Ziehen von genau vier Karten „auf gut Glück" und ohne Zurücklegen vier verschiedenfarbige Karten erhalte.

Wette 2: Ich wette, dass ich beim „blinden" Herausgreifen von genau sieben Steinen mit einem Griff aus genau 12 Steinen (vier weißen und acht roten) genau drei weiße erhalte.

Begründen Sie, welche der Wetten Sie annehmen würden, indem Sie das Verhältnis der Gewinnchancen der beiden Wettparteien berechnen!

HA 132 In einer Urne befinden sich genau 30 Kugeln, und zwar 15 rote, neun weiße und sechs grüne. Dieser Urne werden „auf gut Glück" genau sechs Kugeln gleichzeitig entnommen. Mit welcher Wahrscheinlichkeit p erfasst man dabei

a) nur rote, b) nur weiße, c) nur grüne,

d) zwei grüne und vier weiße, e) von den roten genau drei und von den weißen genau zwei Kugeln?

f) Verallgemeinern Sie obige Problemstellung auf insgesamt genau k Kugeln in genau r Farben, ermitteln Sie deren allgemeine Lösung und eine entsprechende Ergebnismenge Ω!

HA 133 An einem Handballturnier nehmen (genau) 18 Mannschaften teil, aus denen durch Los zwei Gruppen zu je 9 Mannschaften gebildet werden. Unter den teilnehmenden Mannschaften befinden sich (genau) fünf Mannschaften der höchsten Spielklasse. Bestimmen Sie die Wahrscheinlichkeiten der folgenden Ereignisse:

A = {alle Mannschaften der höchsten Spielklasse befinden sich in derselben Gruppe}

B = {in einer Gruppe befinden sich zwei Mannschaften der höchsten Spielklasse, in der anderen drei}

HA 134 Die Seitenflächen eines „ungezinkten" Tetraeders sind mit den Ziffern 1, 2, 3 und 4 durchnummeriert. Als Ergebnis eines Wurfes zählt die Ziffer auf der Fläche, auf der das Tetraeder liegt. Das Tetraeder wird viermal geworfen. Aus den geworfenen Ziffern wird unter Beachtung der Wurfreihenfolge eine vierstellige Zahl gebildet.

a) Das Ereignis $A \subseteq \Omega = \{1; 2; 3; 4\}$ enthalte genau k Elemente. Wie viele mit A unvereinbare Ereignisse enthält der zugehörige Ereignisraum 2^{Ω}?

b) Bestimmen Sie die Anzahl n der verschiedenen Zahlen, die beim einleitend genannten Zufallsexperiment auftreten können!

c) Bestimmen Sie die Anzahl m der möglichen Zahlen, die genau drei gleiche Ziffern aufweisen!

d) Mit welcher Wahrscheinlichkeit p tritt eine Zahl mit vier verschiedenen Ziffern auf?

e) Mit welcher Wahrscheinlichkeit p wird eine Zahl mit genau zwei Dreien gebildet?

HA 135 Zufallsexperiment: Gleichzeitiges Werfen dreier mit den Augenzahlen 1, 2, 3, 4 beschrifteter (und nicht weiter unterscheidbarer) L-Tetraeder

Berechnen Sie die Wahrscheinlichkeit

a) drei gleiche Augenzahlen,
b) zwei gleiche Augenzahlen,
c) genau zwei gleiche Augenzahlen,
d) eine Sequenz, d.h. (drei) aufeinanderfolgende Zahlen,
e) lauter gerade Augenzahlen,
f) eine Augensumme unter 6,
g) eine Augensumme über 9,
h) wenigstens eine Drei,
i) eine Eins, eine Drei und eine andere Augenzahl zu werfen!

HA 136 In einer Klasse sind unter den 29 Schülern genau fünf Nichtschwimmer. Berechnen Sie die Wahrscheinlichkeit dafür, dass unter sieben „auf gut Glück" ausgewählten Schülern dieser Klasse

a) kein Nichtschwimmer,
b) kein Schwimmer ist,
c) mindestens ein Nichtschwimmer ist,
d) genau drei Nichtschwimmer sind,

und zwar sowohl auf der Grundlage einer Ergebnismenge Ω_T aus Tupeln als auch auf der Grundlage einer Ergebnismenge Ω_M aus Mengen!

HA 137 Zum Thema „Lösen quadratischer Gleichungen" beschreibt der Lehrer genau sechs entsprechende Problemsituationen, von denen genau drei auf eine leere Lösungsmenge führen. Mit welcher Wahrscheinlichkeit p wird ein Schüler, der dies weiß, aber ansonsten nur blind rät, die drei unlösbaren Probleme herausfinden?
Berechnen Sie diese Wahrscheinlichkeit auf der Grundlage möglichst verschiedenartiger geeigneter Ergebnismengen Ω!

HA 138 k Kugeln sind so auf n Fächer zu verteilen, dass in jedem Fach höchstens eine Kugel liegt. Wie viele verschiedene Verteilungen gibt es?

HA 139 k Kugeln, die von 1 bis k durchnummeriert sind, sind auf n Fächer zu verteilen. Wie viele verschiedene Verteilungen gibt es?

HA 140 Torsten, Thomas und Tobias spielen Skat mit einem französischen Blatt (32 Karten; 4 Farben). Jeder von ihnen erhält 10 Karten, die zwei restlichen werden in den „Skat gelegt".

a) Mit welcher Wahrscheinlichkeit erhält Torsten genau drei Buben und zwei Asse?
b) Mit welcher Wahrscheinlichkeit liegen im Skat zwei Buben?
c) Mit welcher Wahrscheinlichkeit erhält Tobias alle vier Buben?
d) Thomas hat sechs Karo-Karten und vier Karten anderer Farbe auf der Hand. Er reizt am höchsten und erhält den „Skat". Bestimmen Sie die Wahrscheinlichkeit dafür, dass die Karten im „Skat" beides Karo-Karten sind!
e) Formulieren Sie zu den Ansätzen $P(A) = 1 - \frac{32 \cdot 31 \cdot \ldots \cdot 23}{32^{10}}$ und $P(B) = \frac{\binom{2}{1} \cdot \binom{4}{1} \cdot \binom{28}{15}}{\binom{32}{16}}$ jeweils eine passende eingekleidete Aufgabe im Zusammenhang mit dem Ziehen von Skatkarten!
f) Aus dem vollständigen Skatspiel wird n-mal „auf gut Glück" und mit Zurücklegen genau eine Karte gezogen. Wie groß muss dabei n mindestens gewählt werden, um mit 99,9 %iger Sicherheit mindestens einmal den Karo-Buben zu ziehen?
g) Wie viele Karten sind „auf gut Glück" mit einem Griff zu ziehen, um mit 50 %iger Sicherheit behaupten zu können, dass unter ihnen mindestens zwei Karten die gleiche Farbe haben?

HA 141

a) Wodurch unterscheiden sich die beiden Glücksspiele „Zahlenlotto" und „Fußballtoto" als Zufallsexperimente wesentlich voneinander?

Wie viele verschiedene

b) Fußballtoto-Tippscheine, c) Zahlenlotto-Tippscheine
muss man abgeben, um mit Sicherheit einen vollständig richtigen Tipp dabei zu haben?

HA 142 Aus einer großen Urne mit genau 40 Kugeln (27 roten, 13 weißen), einer mittleren mit genau 20 Kugeln (10 roten, 10 weißen) sowie einer kleinen Urne mit genau 10 Kugeln (5 roten, 3 weißen und 2 blauen) werde jeweils nur eine Kugel „auf gut Glück" entnommen. Berechnen Sie die Wahrscheinlichkeiten der folgenden Ereignisse A bis F:

A = {drei rote Kugeln entnommen}
B = {drei gleichfarbige Kugeln entnommen}
C = {genau eine rote Kugel entnommen}
D = {höchstens eine rote Kugel entnommen}
E = {mindestens eine rote Kugel entnommen}
F = {nur eine rote Kugel, und zwar aus der mittleren Urne entnommen}

HA 143 Einer Urne mit genau zehn Kugeln (vier weißen und sechs blauen) werden „auf gut Glück" nacheinander und ohne Zurücklegen genau drei Kugeln entnommen. Bezüglich dieses Zufallsexperiments sind die Ereignisse A = {genau eine blaue Kugel gezogen} und B = {mindestens zwei blaue Kugeln gezogen} definiert.

a) Bestimmen Sie eine möglichst feine Ergebnismenge Ω_T aus Tripeln und eine möglichst feine Ergebnismenge Ω_M aus Dreiermengen, für die jeweils die LAPLACE-Annahme gerechtfertigt ist!

Lösen Sie die nachfolgenden Aufgabenteile b) und e) bezüglich der im Aufgabenteil a) definierten Ergebnismengen Ω, d.h. sowohl auf der Grundlage von Ω_T als auch auf der Grundlage von Ω_M!

b) Stellen Sie die Ereignisse A und B als Teilmengen von Ω dar!
c) Formulieren Sie das Ereignis $C = \overline{A} \cap \overline{B}$ möglichst kurz in Worten!
d) Stellen Sie das Ereignis D = {wenigstens eine blaue Kugel gezogen} mithilfe von A und B dar!
e) Berechnen Sie die Wahrscheinlichkeiten der folgenden Ereignisse E, F und G:
E = {genau zwei blaue Kugeln gezogen}; F = {nur weiße Kugeln gezogen};
G = {mindestens eine weiße Kugel gezogen}

HA 144 Es wird mit vier Würfeln gewürfelt. Jeder Mitspieler hat das Recht, dreimal zu würfeln; er muss dabei nicht stets alle vier Würfel verwenden. Das Ziel besteht darin, vier Sechsen zu würfeln. Mit welcher Wahrscheinlichkeit erreicht ein Mitspieler sein Ziel, wenn er die für das Ziel optimale Strategie verfolgt?

HA 145 Wie groß ist beim Lotto „6 aus 49" (ohne Zusatzzahl) die Wahrscheinlichkeit

a) P(A) dafür, dass die sechs Gewinnzahlen in absteigender Reihenfolge gezogen werden,
b) P(B) dafür, dass die sechs Gewinnzahlen 1, 2, 4, 8, 16, 32 lauten,
c) P(C) dafür, dass zwei Gewinnzahlen aus der Menge {1; 2; ...; 15} und vier Gewinnzahlen aus der Menge {16; 17; ...; 49} gezogen werden,
d) P(D) dafür, dass die zuerst gezogene Gewinnzahl aus der Menge {1; 2; ...; 15} und die beiden zuletzt gezogenen Gewinnzahlen aus der Menge {16; 17; ...; 49} stammen,
e) P(E) dafür, dass mindestens ein Paar benachbarter Zahlen gezogen wird?

HA 146 Beim Mittwoch-Lotto „6 aus 49" wurden am 15. März 2000 bei der Ziehung A die Glückszahlen 6, 24, 25, 26, 29 und 32 gezogen.

a) Mit welcher Wahrscheinlichkeit werden bei einer derartigen Ziehung genau fünf aufeinander folgende Zahlen, d.h. ein echter Fünfling, gezogen?
b) Mit welcher Wahrscheinlichkeit wird ein echter Vierling gezogen?
c) Mit welcher Wahrscheinlichkeit wird ein echter Drilling gezogen?
d) Die Wahrscheinlichkeit dafür, dass bei den zwei Mittwoch-Ziehungen „6 aus 49" eine oder mehrere Zahlen in beiden Ziehungen gezogen werden, beträgt ca. 0,5640. Begründen Sie diese Behauptung!

HA 147 Aus 52 Karten (4 Farben zu je 13 verschiedenen Wertkarten) werden fünf Karten „auf gut Glück" und ohne Zurücklegen gezogen. Berechnen Sie die Wahrscheinlichkeiten, dass dabei

a) genau 1 Paar (genau zwei Karten gleichen Wertes),
b) genau 2 Paare (zweimal genau zwei Karten gleichen Wertes und eine Karte besitzt einen dritten Wert),
c) genau 3 Gleiche (genau drei Karten mit demselben Wert und zwei weitere Karten mit unterschiedlichem Wert),
d) 5 Karten in Reihe, aber nicht von ein und derselben Farbe,
e) Karten von einer Farbe, aber nicht in einer Reihe,
f) 3 Gleiche und 1 Paar (drei wertgleiche und zwei weitere wertgleiche Karten),
g) 4 Gleiche (genau vier Karten mit demselben Wert)
h) 5 Karten einer Farbe in einer Reihe

entnommen werden!

H 2.7 Urnenmodelle; Ziehen mit und ohne Zurücklegen; hypergeometrische Verteilung

HA 148 In einer Freizeitgruppe von 18 Kindern sollen Sie fünf Eintrittskarten verlosen. Beschreiben Sie jeweils ein praktikables Urnenmodellverfahren, so dass jedes der Kinder dieselbe Chance bei der Verlosung besitzt!

Fall 1: Es handelt sich um fünf verschiedenartige Karten; die Kinder dürfen auch mehr als eine Karte bekommen.
Fall 2: Es handelt sich um fünf verschiedenartige Karten; keines der Kinder darf mehr als eine Karte bekommen.
Fall 3: Es handelt sich um fünf gleichartige Karten; keines der Kinder darf mehr als eine Karte bekommen.

HA 149 Beschreiben Sie für das Werfen eines L-Tetraeders ein möglichst einfaches Urnenmodell mit Kugeln

a) in genau vier verschiedenen Farben,
b) in genau zwei verschiedenen Farben,
c) in genau fünf verschiedenen Farben,
d) in genau acht verschiedenen Farben!

HA 150 Beschreiben Sie für das Werfen eines idealen Ikosaeders ein möglichst einfaches Urnenmodell mit

a) genau zwanzig Kugeln in weniger als fünf Farben,
b) genau sechs paarweise verschiedenfarbigen Kugeln,
c) genau sechs Kugeln in nur zwei Farben!

HA 151

a) Einer Tagesproduktion von 50 Bauteilen, die genau sechs defekte enthält, werden genau fünf Bauteile entnommen. Mit welcher Wahrscheinlichkeit p ist höchstens eines dieser Bauteile defekt?
b) Eine aus genau k Erzeugnissen bestehende Partie enthält genau m defekte Erzeugnisse. Der Partie wird zur Kontrolle eine Stichprobe ohne Zurücklegen aus genau r Erzeugnissen entnommen. Bestimmen Sie die Wahrscheinlichkeit p dafür, dass genau s Erzeugnisse dieser Stichprobe defekt sind!

HA 152 In einer Lieferung von 50 Teilen befinden sich genau fünf Ausschussteile. Zwischen Hersteller und Käufer wurde vereinbart, dass die Sendung nur dann angenommen wird, wenn sich in einer (ohne Zurücklegen entnommenen) Stichprobe von vier Teilen nicht mehr als ein Ausschussteil befindet. Mit welcher Wahrscheinlichkeit p wird diese Sendung angenommen?

HA 153 Einer Lostrommel, die genau zehn Lose (zwei Gewinnlose und acht Nieten) enthält, werden „auf gut Glück" zwei Lose gleichzeitig entnommen. Geben Sie eine geeignete Ergebnismenge an! Berechnen Sie die Wahrscheinlichkeiten der folgenden Ereignisse!

A = {es wird kein Gewinnlos gezogen} B = {es wird genau ein Gewinnlos gezogen}
C = {es wird ein Gewinnlos gezogen}

HA 154 Bei den acht Teilnehmern eines Informatikkurses hat sich ein Vertreter der Softwarefirma *All Right* angesagt, der Raubkopien aufspüren soll. Genau zwei der Teilnehmer besitzen Raubkopien von *All Right*. Als sie vom Vertreter befragt werden, sind natürlich alle acht Teilnehmer ohne eine solche Raubkopie. Daraufhin wählt der Vertreter „auf gut Glück" - alle hinterlassen bei ihm denselben ehrlichen Eindruck - (genau) drei von ihnen aus, um ihre Software zu kontrollieren.
Wie groß ist die Wahrscheinlichkeit dafür, dass der Vertreter (vorausgesetzt, er übersieht keine Raubkopie) bei dieser Vorgehensweise mindestens einen „Räuber" erwischt?

HA 155 Auf einem Tisch liegen verdeckt vier Spielkarten, zwei Kreuz- und zwei Herz-Karten. Ein Spieler wird aufgefordert, nacheinander „auf gut Glück" auf zwei Spielkarten zu zeigen. Die als zweite gewählte Karte wird aufgedeckt. Es ist eine Herz-Karte. Wie groß ist die Wahrscheinlichkeit, dass auch die zuerst gewählte Karte eine Herz-Karte ist?

HA 156 Es soll Verliebte geben, die sich an ihrem gemeinsamen Geburtstag kennen gelernt haben. Bereits den gemeinsamen Geburtstag betrachten sie als Wink des Schicksals. Und dass sie sich gerade an diesem Tag kennen lernen, war ein doppeltes Omen.

Katlens Wettabgebot: Ich zahle 5 €, wenn unter den Lehrern eurer Schule nicht wenigstens zwei Lehrer gemeinsam Geburtstag haben. Ansonsten zahlt ihr mir 5 €.

a) Simulieren Sie dieses Zufallsexperiment „gemeinsamer Geburtstag"! **GTA**
b) Diskutieren Sie, ob diese Wette fair ist!

Karstens Wettangebot: Ich zahle 5 €, wenn unter den Schülern eurer Schule nicht wenigstens ein Schüler am 22. September Geburtstag hat. Ansonsten zahlt ihr mir 5 €.

c) Simulieren Sie dieses Zufallsexperiment „bestimmter Geburtstag" **GTA**
d) Diskutieren Sie, ob diese Wette fair ist!
e) Wie viele Personen müsste man nach ihrem Geburtstag befragen, damit mit einer Sicherheit von mehr als 90 % mindestens eine der Befragten am 22. September Geburtstag hat?
f) Berechnen Sie in Abhängigkeit von n die Wahrscheinlichkeit dafür, dass mindestens zwei von n Personen im gleichen Monat Geburtstag haben!

HA 157 Zufallsexperiment: Einmaliges Werfen eines L-Würfels mit $\Omega = \{1; 2; 3; 4; 5; 6\}$
Konstruieren Sie zu diesem Zufallsexperiment ein Urnenmodell

a) mit genau sechs Kugeln und nur zwei Kugelfarben,
b) mit genau drei Kugeln und drei Kugelfarben,
c) mit genau vier Kugeln und zwei Kugelfarben!

Ermitteln Sie dabei im Urnenmodell die Ereignisse, die den atomaren Ereignissen {1} bis {6} aus 2^Ω entsprechen und begründen Sie, dass deren Wahrscheinlichkeit jeweils $\frac{1}{6}$ beträgt!

HA 158 Zufallsexperiment: Einmaliges Werfen eines L-Ikosaeders mit $\Omega = \{1; 2; \ldots; 20\}$
Konstruieren Sie zu diesem Zufallsexperiment ein Urnenmodell mit genau sechs Kugeln und nur zwei Kugelfarben! Ermitteln Sie dabei im Urnenmodell das Ereignis, das dem atomaren Ereignis {3} entspricht, und begründen Sie, dass deren Wahrscheinlichkeit jeweils $\frac{1}{20}$ beträgt!

HA 159 Erstellen Sie ein Urnenmodell zur

a) ersten MENDELschen Regel ($RR \times rr$),
b) zweiten MENDELschen Regel ($Rr \times Rr$),
c) Rückkreuzung ($Rr \times rr$)

bei einem dominant-rezessiven Erbvorgang!
Berechnen Sie die Wahrscheinlichkeiten für das Entstehen jedes möglichen Phänotyps!

HA 160 Erstellen Sie ein Urnenmodell zur Kreuzung der Genotypen

a) rr und ww, b) rw und wr

bei einem intermediären Erbgang! Berechnen Sie die Wahrscheinlichkeiten für das Entstehen jedes möglichen Phänotyps!

HA 161 Die Wahrscheinlichkeit, dass bei einer Verlosung unter den vier gewinnenden Losen

a) meine beiden sind, ist $\frac{1}{63}$;

GTA b) genau zwei von meinen dreien sind, ist $\frac{4}{91}$.

Wie viele Lose sind ausgegeben worden?

HA 162 Eine Firma will drei offene Stellen besetzen. Zwölf Personen (sieben Männer und fünf Frauen) haben sich hierfür als gleich qualifiziert erwiesen. Daher entschließt sich die Firma, per Los genau drei Bewerber unter diesen zwölf auszuwählen.
Mit welcher Wahrscheinlichkeit stellt die Firma

a) zwei Frauen, b) genau zwei Frauen, c) höchstens eine Frau,
d) mindestens eine Frau, e) mehr Männer als Frauen ein?

HA 163 Ein Kartenspiel bestehe zur Hälfte aus roten und zur anderen Hälfte aus schwarzen Karten. Die Wahrscheinlichkeit,

a) beim zweimaligen Ziehen ohne Zurücklegen zwei rote Karten zu ziehen, beträgt $\frac{7}{29}$,
b) beim dreimaligen Ziehen ohne Zurücklegen drei rote Karten zu ziehen, beträgt $\frac{2}{19}$.

Wie viele Karten hat das Spiel?

HA 164 Berechnen Sie die Wahrscheinlichkeit dafür, dass beim Zahlenlotto „6 aus 49“ ein „auf gut Glück“ ausgewählter Mitspieler

a) „3 Richtige“, b) „4 Richtige“,
c) „5 Richtige ohne Zusatzzahl“, d) „5 Richtige mit Zusatzzahl“

erzielt?

e) Welches der Ereignisse A = {6 Richtige bei „6 aus 49“} und B = {ein Affe, der rein zufällig genau viermal auf jeweils nur eine der 50 schwarzen Tasten des eingeschalteten TI 92 drückt, schreibt das Wort „affe“} ist wahrscheinlicher?
f) Lars Spielmann würfelt dreimal hintereinander einen „normalen“ Würfel, spielt dann zweimal Roulett (Felder 0 bis 36) und zieht schließlich noch eine Karte aus einem 52-Karten-Spiel (französisches Blatt) und notiert jeweils Augenzahl, Feldnummer bzw. Kartenart. Vergleichen Sie Lars Chance hierbei das Ergebnis (1; 1; 1; 1; 1; Herz As) zu erzielen mit der Chance für sechs Richtige im Zahlenlotto „6 aus 49“!

HA 165 Ein Händler erhält wöchentlich eine Sendung von genau 20 Computern. Jedesmal werden genau fünf dieser Geräte „auf gut Glück“ ausgewählt und überprüft. Der Händler behält die Sendung, wenn alle überprüften Computer einwandfrei sind, ansonsten geht die gesamte Sendung an den Hersteller zurück.
Beweisen Sie, dass für die Wahrscheinlichkeit p – der Händler behält die Sendung – der Term

$p = \prod_{k=16}^{20} \left(1 - \frac{M}{k}\right)$ gilt, wenn die Anzahl der defekten Computer in jeder Sendung konstant M bleibt!

HA 166 Einer Urne mit genau 20 Kugeln werden genau zehn Kugeln „auf gut Glück“ und ohne Zurücklegen entnommen. Dabei erhält man mit einer Wahrscheinlichkeit von ca. 0,24 genau vier blaue Kugeln. Wie viele blaue Kugeln befinden sich unter den 20 Kugeln der Urne? **GTA**

HA 167 Axel, Bernd, Carl, Dorothea, Esther, Friederike setzen sich „auf gut Glück“ um einen runden Tisch. Wie groß ist die Wahrscheinlichkeit P(A) = P({Carl sitzt neben Esther})?

Untersuchen Sie zur Beantwortung der Frage, wer sich verrechnet hat, wenn Axel $\frac{1}{2}$, Bernd $\frac{2}{5}$ und Carl $\frac{1}{3}$ für P(A) erhalten haben!

H 2.8 Simulation mithilfe von Zufallszahlen

HA 168 Wählen Sie aus dem Telefonbuch einer größeren Stadt „auf gut Glück“ eine der Telefonnummern-Seiten aus und schreiben Sie die jeweils vorletzte Ziffer der ersten 100 Telefonnummern dieser Seite als Folge (vereinfacht geschriebener) Fünftupel auf! Könnte es sich hierbei um Zufallszahlen handeln? Führen Sie zur Beantwortung dieser Frage

a) zwei Pokertests,
b) einen Run-Test für das Auftreten von Sequenzen der Länge 5 aus ungeraden Ziffern durch!

HA 169 Sarina hat in ihrem Schreibtisch jeweils ein Fach mit Mathematik (M), Chemie (C) und Englisch (E) beschriftet. Die drei entsprechenden Lehrbücher verteilt sie jedoch rein zufällig auf diese drei Fächer, aber so, dass in jedes Fach genau ein Buch kommt.

a) Beschreiben Sie dieses Zufallsexperiment durch ein geeignetes Urnenmodell!
b) Simulieren Sie dieses Zufallsexperiment mithilfe von Zufallszahlen! **GTA**
c) Bestimmen Sie die Wahrscheinlichkeiten der Ereignisse A_i = {genau i Bücher stehen im richtigen Fach} für $i \in \{0; 1; 2; 3\}$!

HA 170 Beschreiben Sie für einen dominant-rezessiven Erbgang

a) nach der zweiten MENDELschen Regel ([Rr] × [Rr]),
b) bei der Rückkreuzung ([Rr] × [rr])

mehrere verschiedenartige Simulationen!

HA 171 Ermitteln Sie über Simulation mit Zufallszahlen näherungsweise die Wahrscheinlichkeiten für das Entstehen jedes möglichen Phänotyps **GTA**

a) nach der ersten MENDELschen Regel ([RR] × [rr]),
b) nach der zweiten MENDELschen Regel ([Rr] × [Rr]),
c) bei der Rückkreuzung ([Rr] × [rr])

bei einem dominant-rezessiven Erbvorgang!

HA 172 Wissen ist gut – Kontrolle ist besser: Aufgaben zur Selbstkontrolle

a) Was ist unter einem LAPLACE-Experiment zu verstehen?
b) Welche spezielle Regel gilt für das Berechnen der Wahrscheinlichkeit für Ereignisse eines LAPLACE-Experiments?
c) Aus einer Urne mit genau N Kugeln, darunter genau K blauen, werden genau n Kugeln
   (1) ohne Zurücklegen,
   (2) mit Zurücklegen
   „auf gut Glück“ entnommen. Mit welcher Wahrscheinlichkeit zieht man genau k blaue Kugeln?

Entscheiden Sie, welche der folgenden Aussagen wahr und welche falsch ist:

d) Beim LAPLACE-Experiment sind alle atomaren Ereignisse gleich.

e) Ein LAPLACE-Experiment entspricht einem Urnenmodell ohne Zurücklegen.
f) Ein LAPLACE-Experiment entspricht einem Urnenmodell mit Zurücklegen.
g) Es gibt n! Möglichkeiten für das Anordnen von n verschiedenen Elementen.

Ergänzen Sie zu wahren Aussagen:
h) n! ist die Anzahl ...
j) n^k ist die Anzahl ...
k) $\binom{n}{k}$ ist die Anzahl ...
l) ... ist das Produkt und ... die Summe jeweils der ersten n positiven natürlichen Zahlen.

H 3 Bedingte Wahrscheinlichkeiten

H 3.1 Der Begriff *bedingte Wahrscheinlichkeit;* Allgemeiner Multiplikationssatz

HA 173 Dem Statistischen Jahrbuch für die Bundesrepublik Deutschland 1999 ist bez. der Wahl zum 14. Deutschen Bundestag zu entnehmen:

Land	Einheit	Wahlberechtigte	Wähler/-innen	gültige Zweitst.	Von den gültigen Zweitstimmen entfielen auf SPD	CDU	F.D.P.	Grüne	PDS
Thüringen	1000	1968,0	1618,8	1593,2	549,9	460,4	54,2	62,1	338,2

Bestimmen Sie die relative Häufigkeit für eine Person, die zu dieser Wahl in Thüringen wahlberechtigt war, dass sie
a) eine gültige Zweitstimme abgegeben hat,
b) eine gültige Zweitstimme der CDU gegeben hat!

Bestimmen Sie die relative Häufigkeit für eine bei dieser Wahl in Thüringen abgegebene gültige Zweitstimme, dass sie
c) die SPD erhielt,
d) an SPD, GRÜNE oder PDS ging!

Bestimmen Sie die relative Häufigkeit, dass eine bei dieser Wahl in Thüringen für SPD, GRÜNE oder PDS abgegebene gültige Zweitstimme
e) die SPD erhielt,
f) nicht die GRÜNEN erhielten!

Bestimmen Sie die relative Häufigkeit, dass eine in Thüringen wahlberechtigte Person aufgrund ihres persönlichen Wahlverhaltens
g) „nicht durch eine Partei vertreten wird"!

HA 174 Dem Statistischen Jahrbuch für die Bundesrepublik Deutschland 1999 ist folgende Altersgruppenstruktur für Deutschland mit dem Stand 31.12.1997 (Einheit 1000) zu entnehmen

	unter 18 Jahren	18 Jahre oder älter
weiblich	7732,0	34333,1
männlich	8154,7	31837,6

Bestimmen Sie die relativen Häufigkeiten der folgenden Ereignisse für eine Person (der Bevölkerung Deutschlands mit dem Registrierungsstand 31.12.1997)!

A = {unter 18 Jahren}
B = {weiblich und unter 18 Jahren}
C = {nicht unter 18 Jahren und nicht weiblich}
D = {entweder weiblich oder unter 18 Jahren}
E = {weiblich oder unter 18 Jahren}
F = {weder männlich noch unter 18 Jahren}
G = {männlich, wenn sie unter 18 Jahren ist}
H = {unter 18 Jahren, wenn sie männlich ist}

HA 175 Für die Ereignisse A, $B \in 2^{\Omega}$ gelte

a) $P(A) = 0{,}71$, $P(B) = 0{,}43$ und $P(A \cap B) = 0{,}37$,
b) $P(A) = 0{,}39$, $P(A \cap B) = 0{,}28$ und $P(A \cup B) = 0{,}81$.

Berechnen Sie $P_A(B)$, $P_B(A)$, $P(A \cup B)$, $P_{\overline{A}}(\overline{B})$, $P_{\overline{B}}(\overline{A})$!

c) Patrick ist 21 Jahre alt. Er hat sein Abitur am mathematisch-naturwissenschaftlichem orientierten Spezialschulteil eines Thüringer Gymnasiums mit gutem Erfolg abgelegt. In seiner Freizeit nimmt er häufig an Schachturnieren teil. Welche der folgenden beiden Aussagen ist wahrscheinlicher:
Aussage 1: Patrick ist Mitglied eines Segelclubs.
Aussage 2: Patrick ist Mitglied eines Segelclubs und studiert Informatik.

HA 176 Aus der Menge $\Omega = \{1; 2; \ldots; 50\}$ wird „auf gut Glück" eine Zahl ausgewählt. Aus dem Ereignisraum 2^{Ω} werden die Ereignisse

A = {ausgewählte Zahl ist gerade}; B = {ausgewählte Zahl ist durch 3 teilbar};
C = {ausgewählte Zahl ist durch 4 teilbar}; D = {ausgewählte Zahl ist durch 12 teilbar}

definiert.

a) Bestimmen Sie die Wahrscheinlichkeiten der Ereignisse A bis D!
b) Ermitteln Sie die Wahrscheinlichkeiten $P_A(B)$, $P_A(C)$, $P_A(D)$, $P_B(A)$, $P_B(D)$, $P_C(D)$, $P_D(B)$ und $P_A(B \setminus D)$!

HA 177 Gegenstand von Rekonstruktionsbesprechungen in einem Betrieb sei eine veraltete Maschine, die Massenartikel herstellt. Es wurde durch Kontrollen größerer Serien festgestellt, dass jeweils 5,0% der auf ihr produzierten Erzeugnisse unbrauchbar sind. Von den brauchbaren Artikeln können aber nur 25% als Qualitätserzeugnisse verkauft werden.
Wie groß ist die Wahrscheinlichkeit, dass ein beliebig herausgegriffener Artikel Qualitätsniveau aufweist?

HA 178 Die neu eingestellte Zimmerfrau der Pension „Sophie" hat noch genau fünf sich kaum voneinander unterscheidende Schlüssel in der rechten Schürzentasche und nur eine Zimmertür zu öffnen. Sie nimmt nach und nach „rein zufällig" einen Schlüssel aus ihrer rechten Schürzentasche und probiert ihn aus. Passt der Schlüssel nicht, so legt sie ihn jedesmal in die linke Schürzentasche. Berechnen Sie die Wahrscheinlichkeit dafür, dass die Zimmerfrau auf diese Weise den passenden Schlüssel

a) beim zweiten Griff, b) beim dritten Griff

zieht!

HA 179 Es sei $P(\{k\}) = \dfrac{\binom{3}{k} \cdot \binom{7}{4-k}}{\binom{10}{4}}$ für alle $k \in \{0; 1; 2; 3\}$.

a) Berechnen Sie die Wahrscheinlichkeiten $P(\{k > 2\})$ und $P_{\{k \geq 1\}}(\{k = 3\})$!
b) Interpretieren Sie die unter a) berechneten Wahrscheinlichkeiten anhand eines geeigneten Zufallsexperiments!

HA 180 Für die Einteilung zur Gruppenarbeit ziehen die 27 Schülerinnen und Schüler der Klasse 9c jeweils genau ein Los. Kerstin erhält das letzte noch verbleibende Los und meint: „Ist ja noch 'ne tolle Auswahl!" Argumentieren Sie zu Kerstins Befürchtung!

HA 181 In einer Population seien von 1000 Individuen genau 100 mit dem Genotyp AA und 400 mit dem Genotyp Aa.

a) Als wie groß ist die Wahrscheinlichkeit anzusehen, dass ein willkürlich aus dieser Population ausgewähltes Individuum ein a-Allel besitzt?
b) Als wie groß ist die Wahrscheinlichkeit anzusehen, dass ein willkürlich aus dieser Population ausgewähltes Individuum ein a-Allel besitzt, wenn bekannt ist, dass es ein A-Allel aufweist?

GTA **HA 182** Mit dem Taschenrechner wird ein einfaches Würfelspiel simuliert, bei dem Spieler 1 und Spieler 2 jeweils 100-mal mit dem Taschenrechner-Würfel rand(6) „werfen“. Die Ergebnisse der 100 Wurfpaare sollen in einer Matrix zusammengefasst werden, wobei das Element (i; k) (i, k ∈ {1; 2; …; 6}) genau dann den Wert s hat, wenn es bei diesen 100 Wurfpaaren genau s-mal vorkam, dass Spieler 1 die Augenzahl i und Spieler 2 die Augenzahl k erzielte. Die siebente Spalte bzw. Zeile der Matrix soll die jeweiligen Zeilen- bzw. Spaltensummen enthalten. So gelte z. B. $(i; 7) = \sum_{k=1}^{6} (i, k)$. Das Matrixelement (7; 7) gebe die Gesamtanzahl der Wurfpaare an. Grundlage für eine Simulation dieser Spielidee könnte die nebenstehende durch ein Programm definierte Funktion ***wuespiel***(n, x) sein.
Eine Simulation ergibt z. B. nebenstehende Matrix.

```
wuespiel(n, x)
Func
RandSeed x
Local i, mat,az,bz,k,m r
newMat(7,7)→mat
For i,1,n
  rand(6)→az
  rand(6)→bz
  mat[az,bz]+1→mat[az,bz]
EndFor
For k,1,6
  sum(seq(mat[k,m],m,1,6))→mat[k,7]
  sum(seq(mat[r,k],r,6))→mat[7,k]
EndFor
n→mat[7,7]
mat
EndFunc
```

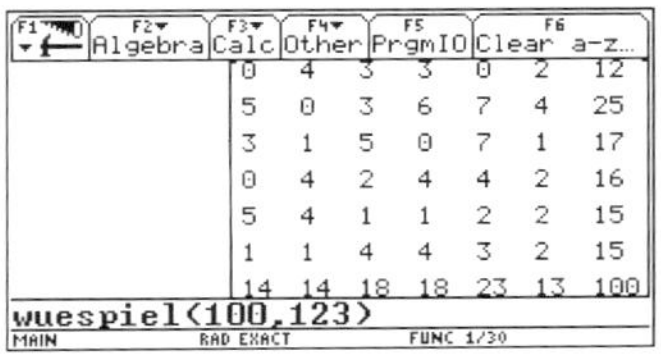

Bestimmen Sie die relativen Häufigkeiten der folgenden Ereignisse:

A = {Spieler 1 würfelt eine 5} B = {Spieler 2 würfelt eine 3}
C = {Beide Würfel zeigen eine 4} D = {Kein Würfel zeigt eine 4}
E = {Spieler 1 oder Spieler 2 würfelt eine 4}
F = {Spieler 1 und Spieler 2 würfeln die gleiche Augenzahl}
G = {Spieler 1 hat eine höhere Augenzahl als Spieler 2}
H = {Spieler 2 hat eine höhere Augenzahl als Spieler 1}
J = {Spieler 1 würfelt eine 6} unter der Bedingung, dass Spieler 1 eine höhere Augenzahl als Spieler 2 hat
K = {Spieler 2 würfelt eine 4} unter der Bedingung, dass Spieler 1 eine höhere Augenzahl als Spieler 2 hat
L = {Spieler 2 würfelt eine 4 und Spieler 1 eine 6} unter der Bedingung, dass Spieler 1 eine höhere Augenzahl als Spieler 2 hat

HA 183

a) Was können Sie über eine auf 2^{Ω} definierte Wahrscheinlichkeitsverteilung P_B aussagen, wenn $B = \emptyset$ bzw. $B = \Omega$ gewählt wird?
b) Bestimmen Sie die Wahrheitswerte folgender vier Aussagen:
Für alle $A, A_1, A_2, B \in 2^{\Omega}$ gilt
(1) $P_B(\emptyset) = 0$ (2) $P_B(\overline{A}) = 1 - P_B(A)$
(3) $P_B(A_1 \cup A_2) = P_B(A_1) + P_B(A_2) - P_B(A_1 \cap A_2)$ (4) $A_1 \subseteq A_2 \Rightarrow P_B(A_1) \leq P_B(A_2)$
c) Vervollständigen Sie zu wahren Aussagen (im Sinne von Allaussagen):
(1) $B \subseteq A \Rightarrow P_B(A) =$ (2) $A \cap B = \emptyset \Rightarrow P_B(A) =$
d) Bestimmen Sie wahre Aussagen bezüglich nachstehender Aussageformen (1), (2) und (3)!
Welche der drei Aussageformen gelten für alle $A, B \in 2^{\Omega}$?
(1) $P_B(A) < P(A)$ (2) $P_B(A) = P(A)$ (3) $P_B(A) > P(A)$
e) Untersuchen Sie, welche der drei nachfolgenden Aussagen für alle $A, B \in 2^{\Omega}$ mit $P(A) > 0$ wahr sind!
(1) $P_A(A \cap B) = P_A(B)$ (2) $P_A(A \cup B) = 1$ (3) $P_A(B) + P_A(\overline{B}) = 1$

HA 184 Einer Schulstatistik eines Gymnasiums, in dem sich jeder Schüler für genau eines der Leistungsfächer Mathematik und Deutsch sowie für eines der Grundkursfächer Englisch und Französisch zu entscheiden hat, ist zu entnehmen, dass 65 % Mathematik gewählt haben. Für Französisch entschieden sich 60 % der Deutsch- und 45 % der Mathematikleistungskursschüler.

a) Erstellen Sie ein dem Aufgabentext entsprechendes Baumdiagramm!
b) Erstellen Sie zu den gegebenen Daten eine vollständige Vierfeldertafel sowie das zweite zu dieser Vierfeldertafel gehörende Baumdiagramm 2!

c) Formulieren Sie einen dem Baumdiagramm 2 entsprechenden und damit „umgekehrten“ Aufgabentext! Dieser soll aber nur so viele der in b) zusammengetragenen Anteile enthalten wie notwendig sind, um alle weiteren Anteile berechnen zu können!

HA 185 Die stochastische Abhängigkeit zwischen Farbuntauglichkeit und Geschlecht wird in der nachfolgenden Vierfeldertafel der absoluten Häufigkeiten dargestellt!

	M männlich	W weiblich
F (farbuntauglich)	38	6
$\bar{F}$ (nicht farbuntauglich)	442	514

Bestimmen Sie die Wahrscheinlichkeit
a) für die Farbuntauglichkeit eines Menschen,
b) für die Farbuntauglichkeit unter Frauen!

HA 186 In einer Urne befinden sich genau acht Kugeln, davon genau eine schwarze und genau drei blaue. Die übrigen Kugeln sind weiß. Zwei Kugeln werden mit einem Griff „auf gut Glück“ gezogen.

a) Berechnen Sie die Wahrscheinlichkeit für folgende Ereignisse:
A = {beide Kugeln tragen die Farbe blau} B = {eine Kugel ist blau}
C = {höchstens eine Kugel ist weiß} D = {beide Kugeln haben die gleiche Farbe}
b) Ermitteln Sie die Wahrscheinlichkeit von $\bar{A} \cap B$! Formulieren Sie das Ereignis auch in Worten!
c) Berechnen Sie die bedingte Wahrscheinlichkeit $P_D(A)$!

HA 187 Einer Urne mit genau 20 weißen und 5 roten Kugeln werden nacheinander genau zwei Kugeln ohne Zurücklegen entnommen. Zeichnen Sie eine diesem Zufallsexperiment entsprechende Vierfeldertafel und beide zugehörigen Baumdiagramme!

a) Bestimmen Sie die Wahrscheinlichkeit dafür, dass zuerst eine rote und anschließend eine weiße Kugel gezogen wird!
b) Bestimmen Sie die Wahrscheinlichkeit dafür, dass die zweite gezogene Kugel rot ist, wenn bereits bekannt ist, dass nicht zwei weiße Kugeln gezogen werden!
c) Bestimmen Sie die Wahrscheinlichkeit dafür, dass zwei rote Kugeln gezogen werden, wenn bekannt ist, dass zwei gleichfarbige Kugeln gezogen worden sind!

HA 188 Einer Urne mit genau n grünen (g) und genau m weißen (w) Kugeln werden nacheinander genau zwei Kugeln ohne Zurücklegen entnommen.

a) Vergleichen Sie die Wahrscheinlichkeiten der Ereignisse
A = {zuerst wird eine grüne und dann eine weiße Kugel entnommen} und
B = {zuerst wird eine weiße und dann eine grüne Kugel entnommen}!
b) Bestimmen Sie die Wahrscheinlichkeit dafür, dass eine grüne und eine weiße Kugel gezogen wird!
c) Bestimmen Sie die Wahrscheinlichkeit dafür, dass zwei grüne Kugeln gezogen werden, wenn bekannt ist, dass zwei gleichfarbige Kugeln gezogen worden sind!

HA 189 Ein Autohändler bezieht seine Neufahrzeuge aus den Zweigwerken A, B und C einer Autofabrik, wobei sich die Stückzahlen wie 5 : 3 : 2 verhalten. Die von A gelieferten Autos überstehen die Garantiezeit zu 65 % ohne Beanstandungen, die von B zu 75 % und die von C zu 70 %. Mit welcher Wahrscheinlichkeit erhält ein Käufer ein Auto, das die Garantiezeit nicht ohne Beanstandung übersteht?
Mit welcher Wahrscheinlichkeit stammt dieses Auto aus dem Werk A?

HA 190 Eine statistische Kontrolle in einem Betrieb erbrachte die folgenden Angaben:

- 1,6% der Arbeiter trugen Sicherheitshandschuhe und verletzten sich trotzdem an der Hand.
- 2,0% der Arbeiter, die Sicherheitshandschuhe trugen, erlitten eine Handverletzung.
- 10% der Arbeiter, die keine Sicherheitshandschuhe trugen, erlitten eine Handverletzung.

Wie groß ist die Wahrscheinlichkeit p, dass ein „rein zufällig“ ausgewählter Arbeiter dieses Betriebes keine Sicherheitshandschuhe trägt und sich eine Handverletzung zuzieht?

HA 191 In einer Urne sind genau zwei rote und drei weiße Kugeln. Es wird eine Kugel „auf gut Glück“ gezogen. Diese Kugel und eine weitere derselben Farbe werden in die Urne zurückgelegt. Dieser Ziehvorgang wird mehrmals wiederholt.
Erstellen Sie ein vollständiges Baumdiagramm für die ersten drei Ziehungen!
Berechnen Sie die Wahrscheinlichkeiten dafür, dass man
a) bei den ersten beiden Ziehungen je eine rote Kugel entnimmt,
b) bei den ersten beiden Ziehungen je eine weiße Kugel entnimmt,
c) bei den ersten drei Ziehungen eine rote Kugel entnimmt,
d) bei den ersten drei Ziehungen genau eine rote Kugel entnimmt,
e) bei der dritten Ziehung eine rote Kugel entnimmt
und interpretieren Sie die ermittelten Werte hinsichtlich der Ausbreitung einer Infektionskrankheit[1)]!

HA 192 Ein Ergebnis von langjährigen Beobachtungen über die Sterberate besagt: Von 100 000 Kindern, die das zehnte Lebensjahr erreichten, wurden 82 277 älter als 40 Jahre und 37 977 älter als 70 Jahre. Berechnen Sie aufgrund dieser Angaben die Wahrscheinlichkeit dafür, dass man das 70. Lebensjahr erreicht, wenn man 40 geworden ist!

GTA **HA 193** Eine Bank will durch einen Test die drei Abiturienten ermitteln, die sie von den 37 sich bewerbenden Abiturienten in die Lehre übernimmt. Auch Alrik, Anne und Christian nehmen an diesem Test teil. Sie kommen nicht nur aus demselben Mathematikkurs, sondern haben alle dieselbe Punktzahl, und zwar die des dritten Übernahmekandidaten. Sie erfahren, dass nun per Los einer von ihnen ermittelt wurde, das Ziehungsergebnis aber erst in zwei Wochen mitgeteilt wird. Anne denkt, mit der Wahrscheinlichkeit $\frac{1}{3}$ werde ich aufgenommen. Mit ein bisschen Überredungskunst gelingt es ihr, dass auf ihren Vorschlag eingegangen wird: „Da nur einer von uns Dreien übernommen wird, wird sicher einer meiner beiden Mitschüler nicht übernommen. Meine eigene Situation ändert sich nicht, wenn Sie mir den Namen von einem der beiden Mitschüler nennen, der nicht übernommen wird.“ Anne erfährt so „ganz im Vertrauen“, dass Christian nicht übernommen wird. Daraufhin rechnet Anne nochmals: „Da nur Alrik und ich für eine Übernahme infrage kommen, ist meine Übernahmewahrscheinlichkeit jetzt 0,5.“ Hat Anne also – im Vergleich zu Christian und Alrik – doch einen Vorteil durch die Zusatzinformation? Diskutieren Sie das Problem!

HA 194 Spielregel für ein Zwei-Personen-Spiel: Person P_1 würfelt mit einem der „chinesischen Würfel“, deren Netze nachfolgend abgebildet sind, anschließend Person P_2 mit einem der verbleibenden Würfel. Wer die höhere Punktzahl wirft ist der Sieger.
Möchten Sie als P_1 oder als P_2 würfeln, um zu siegen? Begründen Sie Ihre Entscheidung!

a)
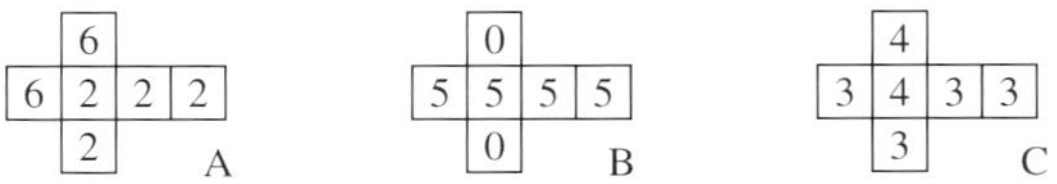

b)
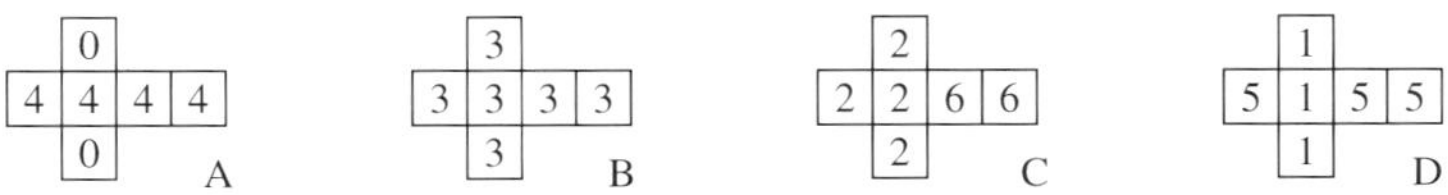

1) Solcher Art Zufallsexperiment wird als POLYA-Urnen-Experiment bezeichnet und kann als mathematisches Modell für die Ausbreitung einer Infektionskrankheit dienen. Hierzu wird die Ziehung einer Kugel als Ansteckung einer Person mit einem Krankheitserreger interpretiert, wobei das Ereignis {es wird eine rote Kugel entnommen} gedeutet wird als {die Krankheit bricht aus} und das Ereignis {es wird eine weiße Kugel entnommen} dem Ereignis {die Krankheit bricht nicht aus, da die Person durch vorbeugende Impfung immunisiert ist} entspricht. Durch das Hinzufügen von roten bzw. weißen Kugeln soll simuliert werden, dass einerseits jeder Krankheitsfall die Wahrscheinlichkeit neuer Krankheitsfälle erhöht und jeder „Immunitätsfall“ diese Wahrscheinlichkeit senkt.

c)

A	0 5 5	5 5 5	B	2 2 7	2 7 7	C	1 6 1	6 6 6	D	3 3 3	8 3 8	E	4 4 4	4 4 9

HA 195 Einige Schülerinnen und Schüler einer zehnten Klasse möchten für ihre Argumentation zu dem im Ethikunterricht behandelten Thema Moral wissen, welcher Anteil p der Schülerinnen und Schüler der 10. bis 12 Klassen ihres Gymnasiums bereits sexuellen Verkehr hatte. Bei einer so heiklen Frage erwarten sie keine wahrheitsgemäßen Antworten. Sie machen sich daher hinsichtlich einer geeigneten Umfragestrategie kundig und legen dem Direktor folgende Interviewbeschreibung zur Genehmigung vor:

Jeder Befragte erhält einen Würfel, von dem man annehmen kann, dass er ideal ist und von dessen Seitenflächen eine mit 1, zwei mit 2 und drei mit 3 beschriftet sind, mit den Worten:
„Werfe diesen 3-Augen-Würfel, ohne dass ich das Ergebnis sehen kann. Beantworte dann die Frage ‚Hast du bereits sexuellen Verkehr gehabt?'
- mit *nein,* wenn der Würfel *1* zeigt,
- mit *ja,* wenn der Würfel *2* zeigt und
- *wahrheitsgemäß* mit *ja* bzw. *nein*, wenn der Würfel *3* zeigt.

Da ich nicht weiß, welche Augenzahl du geworfen hast, kann ich deiner Antwort nicht entnehmen, ob du tatsächlich sexuellen Verkehr hattest oder nicht, d.h., die Umfrage ist anonym."

Der Direktor genehmigt die Umfrage nur unter der Bedingung, dass die Schüler einen Nachweis erbringen, dass diese Umfrage nicht „Kokolores" ist, sondern eine handhabbare Möglichkeit zur Bestimmung von p.

a) Erarbeiten Sie eine stichhaltige Argumentation zu den Bedenken des Direktors! Zeichnen Sie dazu in Abhängigkeit von p die beiden „dualen" Baumdiagramme und die Vierfeldertafel, die das beschriebene Zufallsexperiment charakterisieren!

b) Von 276 befragten Schülerinnen und Schülern (allerdings zu einer anderen Frage, aber nach demselben Modus) verweigerten 11 ihre Anwort, beantworteten 117 die Frage mit nein und 148 mit ja. Ermitteln Sie hieraus einen Näherungswert für den (entsprechenden) unbekannten Wahrscheinlichkeitswert p sowie die Wahrscheinlichkeit

$P_{\{\text{Antwort ja}\}}(\{\text{wahrheitsgemäß ist die Frage mit ja zu beantworten}\})$!

H 3.2 Satz der totalen Wahrscheinlichkeit

HA 196 Das Werk Jenchip produziert elektronische Bauelemente mit den drei Maschinen M_1, M_2, M_3 und nur mit diesen. M_1 hat an dieser Gesamtproduktion einen Anteil von 35 %, M_2 von 42 %. Die Ausschussquoten betragen 10 % bei M_1, 25 % bei M_2 und 20 % bei M_3.
Berechnen Sie die Wahrscheinlichkeit dafür, dass ein von Jenchip produziertes Teil ein Ausschussteil ist!

HA 197 Ein Elektrogeschäft werde von den drei verschiedenen Herstellern H_1, H_2 und H_3 und nur von ihnen mit Glühlampen beliefert. Erfahrungsgemäß sind 7 % derjenigen Glühlampen von H_1, 5 % derjenigen von H_2 und 12 % derjenigen von H_3 „Montagsbirnen", d.h. Glühlampen mit deutlich kürzerer als der ausgewiesenen Lebensdauer. Dieses Elektrogeschäft deckt seinen Glühlampenbedarf zu einem Drittel durch den Hersteller H_1 und zur Hälfte durch H_2.
Berechnen Sie die Wahrscheinlichkeit dafür, dass in diesem Geschäft ein Käufer von einer „auf gut Glück" herausgegriffenen Glühlampe eine „Montagsbirne" kauft?

HA 198 Unter 1 000 Würfeln befinde sich nur einer, der die Augenzahl 6 auf allen Seiten hat. Die übrigen Würfel sind korrekt mit den Augenzahlen 1 bis 6 beschriftet. Lars Spielmann wählt rein zufällig genau einen dieser Würfel aus, wirft ihn dreimal und nennt das eingetretene Ergebnis:
„Dreimal fiel die Augenzahl 6". Mit welcher Wahrscheinlichkeit hat Lars einen „korrekt" beschrifteten Würfel geworfen?

HA 199 Ein ortsunkundiger Autofahrer will auf nebenstehendem Straßenschema von O nach A fahren, wobei er sich entschließt, an jeder Wegegabelung jeweils „auf gut Glück" eine der möglichen Richtungen einzuschlagen.
Berechnen Sie – unter Zuhilfenahme der beiden zugehörigen Baumdiagramme – die Wahrscheinlichkeit, dass der Autofahrer bei dieser Fahrstrategie

a) ohne eine „Sackgasse" zu befahren nach A gelangt,
b) über G_i $(i \in \{1; 2; 3; 4\})$ gefahren ist unter der Bedingung, er ist in A angekommen!

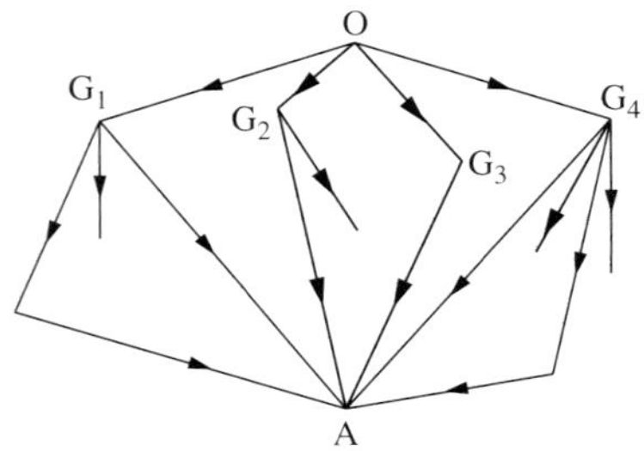

H 3.3 BAYESsche Formel

HA 200 Patienten, die an einer bestimmten Krankheit leiden, werden durch das Medikament M mit der Wahrscheinlichkeit 0,70 geheilt, ohne dass sich Nebenwirkungen zeigen. Mit der Wahrscheinlichkeit 0,15 wirkt das Medikament heilend und verursacht Nebenwirkungen. Die Einnahme dieses Medikaments verursacht mit der Wahrscheinlichkeit 0,05 Nebenwirkungen, ohne gleichzeitig heilend zu wirken. Mit welcher Wahrscheinlichkeit wird ein Patient, bei dem sich Nebenwirkungen zeigen, nicht geheilt? Als Hilfe zur Beantwortung der Frage diene der folgende Lückentext:

Wir definieren die Ereignisse:
H = {Patient wird mit M geheilt}; N = {...}
Lösungsvariante 1:
Baumdiagramm:

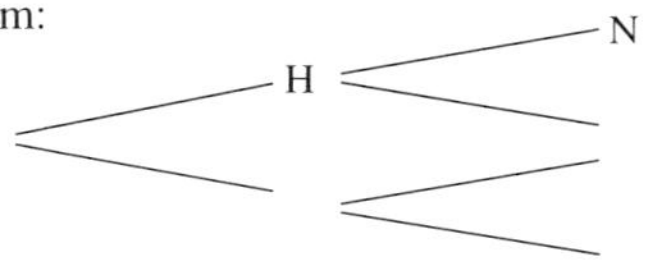

Vierfeldertafel:

		$\overline{N}$
H		0,70

$P_N(\overline{H}) = \dfrac{P(\quad \cap \quad)}{P(\quad)}$ nach Definition

$= \dfrac{\quad \cdot \quad}{P(H) \cdot P(\quad) + \quad} \approx \dfrac{}{\qquad} \approx$ nach BAYESscher Formel

Lösungsvariante 2:
Baumdiagramm 2:

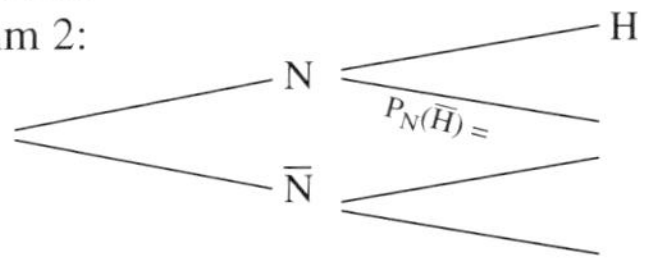

$\Rightarrow P_N(\overline{H}) =$

Die Wahrscheinlichkeit, dass das Medikament heilend wirkt, beträgt .... Mit der Wahrscheinlichkeit ... zeigt das Medikament irgendeine Wirkung. Nebenwirkungen treten mit der Wahrscheinlichkeit ... auf. Die Wahrscheinlichkeit, dass das Medikament Nebenwirkungen verursacht, wenn es heilend wirkt, ergibt sich zu .... Mit einer Wahrscheinlichkeit von ... wird ein Patient, bei dem sich Nebenwirkungen zeigen, nicht geheilt.

HA 201 Der Monatsschrift für Kriminologie und Strafreform aus dem Jahre 2000 ist folgendes Problem zu entnehmen:
„Auf der Basis des DNA-Profils der am Tatort gefundenen Blutspur erstellte der DNA-Sachverständige ein Gutachten. Darin gab er zu Protokoll, dass das DNA-Profil der DNA-Probe des Angeklagten mit dem DNA-Profil der am Tatort gefundenen Spur übereinstimmt. Zusätzlich führte er aus, dass in einer Stadt von der Größe Berlins ungefähr eine Million Männer als mögliche Täter in Frage kommen. Im Falle der Schuld des Angeklagten zeigt die verwendete DNA-Analyse mit an Sicherheit grenzender Wahrscheinlichkeit eine Übereinstimmung des DNA-Profils des Angeklagten mit dem in der Blutprobe an der Leiche sichergestellten genetischen Finger-

abdruck. Die Wahrscheinlichkeit, dass der genetische Fingerabdruck eines Unschuldigen rein zufällig mit dem DNA-Profil übereinstimmt, das in der Blutspur an der Leiche gefunden wurde, beträgt 0,000 001."

a) Mit welcher Wahrscheinlichkeit ist der Angeklagte der Verursacher der am Tatort sichergestellten DNA-Spur?
b) Berechnen Sie die unter a) gesuchte Wahrscheinlichkeit für den Fall, dass statt 1 Million nur 10^i mit $i \in \{1; 2; 3; 4; 5\}$ Männer als mögliche Täter in Frage kommen!

HA 202 Eine mithilfe des Morsealphabetes gefunkte Nachricht besteht aus den Signalen „Punkt" und „Strich". Die statistischen Eigenschaften einer Störung sind solcherart, dass im Mittel $\frac{2}{5}$ der gesendeten Punkte als Striche und $\frac{1}{3}$ der gesendeten Striche als Punkte empfangen werden. Es ist bekannt, dass die Signale „Punkt" und „Strich" im Verhältnis 5 : 3 übermittelt werden.

Berechnen Sie die Wahrscheinlichkeit dafür, dass ein gesendetes Signal richtig verstanden werden kann, wenn

a) das Signal „Punkt" empfangen wird,
b) das Signal „Strich" empfangen wird!

HA 203 Für das Frühlingsfest seines Gymnasiums hatte Lars Spielmann folgendes Spiel vorbereitet: In einer Urne liegen genau acht Oktaeder, die sich nur durch ihre Beschriftung unterscheiden. Dabei sind bei den Oktaedern des Typs I die jeweils acht Seitenflächen mit den Ziffern 1, 1, 1, 1, 2, 3, 3, 3 und bei den drei Oktaedern des Typs II mit den Ziffern 1, 1, 1, 2, 2, 2, 3, 3 beschriftet. Bei einem Spiel werden drei Oktaeder „auf gut Glück" mit einem Griff der Urne entnommen und geworfen. Als geworfen gilt stets die Ziffer der oben liegenden Seitenfläche. Gewonnen ist das Spiel, wenn bei drei Oktaedern des gleichen Typs drei gleiche Ziffern geworfen werden.

a) Welche Gewinnwahrscheinlichkeit hat dieses Spiel?
b) Anton spielt einmal und verliert. Wie groß ist dann die Wahrscheinlichkeit dafür, dass er drei Oktaeder vom Typ I aus der Urne gegriffen hatte?

HA 204 Bei einer bestimmten Patientengruppe kommen drei Krankheitsursachen U_1, U_2, U_3 infrage, die mit unterschiedlicher Wahrscheinlichkeit auftreten. Diese Wahrscheinlichkeiten betragen $P(U_1) = 0{,}05$, $P(U_2) = 0{,}35$ und $P(U_3) = 0{,}60$. Bei einem neu hinzukommenden Patienten beobachtet man ein Symptom S, welches bei der Krankheitsursache U_1 zu 25 %, bei U_2 zu 20 % und U_3 zu 10 % aller Fälle vorkommt. Welche Krankheitsursache ist bei Vorliegen dieses Symptoms die wahrscheinlichste?

HA 205 Karin möchte gern Blut spenden. In der Blutspendezentrale erfährt sie, dass bei einer Blutanalyse nicht nur die Hauptblutgruppen A, B, AB und 0 erfasst werden, sondern auch der positive und der negative Rhesusfaktor. Dazu zeigt man ihr die vom Blutspendedienst in der Bundesrepublik Deutschland erstellte Häufigkeitstabelle:

	A	B	AB	0
Rh-positiv	0,37	0,09	0,04	0,35
Rh-negativ	0,06	0,02	0,01	0,06

a) Ermitteln Sie die zwei zu dieser Mehrfeldertafel gehörenden Baumdiagramme!
b) Mit welcher Wahrscheinlichkeit besitzt Karin (als eine „auf gut Glück" ausgewählte Person aus dem Beobachtungsbereich)
   - die Blutgruppe 0,
   - die Blutgruppe 0 und ist Rh-positiv,
   - Blutgruppe 0, wenn bekannt ist, dass Karin Rh-positiv ist,
   - das Merkmal Rh-positiv, wenn bekannt ist, dass sie Blutgruppe 0 besitzt?
c) Welcher Anteil der Bevölkerung besitzt Blutgruppe AB?
   Wie groß ist unter den Personen mit Blutgruppe AB der Anteil derer, die Rh-negativ sind?

HA 206 Imke soll aus einer Lostrommel mit genau n Losen, unter denen sich der Hauptgewinn befindet, ein Los ziehen. Fälschlicherweise zieht sie drei Lose, von denen sie nun eines „auf gut Glück" auswählt. Wie erhöht sich damit Imkes Chance, den Hauptgewinn zu ziehen?

HA 207

a) Eine Urne U_1 enthält genau zwei rote und drei weiße Kugeln, eine Urne U_2 genau fünf rote und vier weiße Kugeln. Man wählt „auf gut Glück" eine der Urnen aus und entnimmt ihr „auf gut Glück" eine Kugel. Wie groß sind die Wahrscheinlichkeiten p, dass die gezogene Kugel aus U_1 und rot ist, und q, dass die gezogene Kugel aus U_2 und weiß ist?

b) Sie haben zwei Urnen, jeweils nur mit weißen und schwarzen Kugeln. Der ersten Urne entnimmt man mit der Wahrscheinlichkeit 0,75 eine weiße Kugel und der zweiten mit 0,50. „Auf gut Glück" wählen Sie eine Urne aus und dann in ihr eine Kugel. Es zeigt sich, dass sie weiß ist. Mit welcher Wahrscheinlichkeit stammt sie aus der ersten Urne?
Was ändert sich, wenn die Wahrscheinlichkeit, dass Sie die erste Urne auswählen, doppelt so groß ist wie die, die zweite auszuwählen?

HA 208 Einer Urne mit genau zehn Kugeln, die mit zehn Zahlen $\pm 1; \pm 2; \pm 3; \pm 4; \pm 5$ durchnummeriert sind, werden nacheinander zwei Kugeln entnommen und es wird das Produkt der Kugelnummern gebildet. Würden Sie auf ein positives oder auf ein negatives Produkt setzen?

HA 209 Ein Meinungsforschungsinstitut macht eine telefonische Umfrage. Aus Erfahrung weiß das Institut, dass zu der entsprechenden Zeit nur etwa $\frac{2}{7}$ der Angerufenen erreichbar sind und dass etwa die Hälfte der Erreichten die telefonische Auskunft verweigert. Das Institut nimmt weiterhin an, dass von den Nichterreichten nur $\frac{1}{3}$ die telefonische Auskunft verweigern würden. Berechnen Sie die Wahrscheinlichkeit p dafür, dass eine rein zufällig angerufene Person

a) zu Hause ist und Auskunft gibt,
b) nicht zu Hause ist, aber Auskunft geben würde!
c) Mit welcher Wahrscheinlichkeit ist eine zur telefonischen Auskunft willige Person zu dieser Zeit erreichbar?

HA 210 Ein Tennisclub bezieht seine Tennisbälle von nur zwei verschiedenen Herstellern H_1 und H_2. Erfahrungsgemäß enthält die Lieferung von H_1 7 % und die von H_2 3 % fehlerhafte Bälle, d.h. Bälle, die für Turnierspiele ungeeignet sind. 30 % aller fehlerhaften Bälle stammen vom Hersteller H_1.

a) Welchen Anteil der Bälle bezieht der Tennisclub von H_1?
b) Wie groß ist der Anteil der fehlerhaften Bälle in der Gesamtlieferung?

Zum Trainingsspiel liegen 20 „auf gut Glück" der Gesamtlieferung entnommene Bälle in einer Reihe. Wie groß ist die Wahrscheinlichkeit, dass

c) die ersten vier Bälle alle von H_1 sind,
d) die ersten zehn Bälle alle fehlerfrei sind,
e) der vierte Ball der erste fehlerhafte ist,
f) der zehnte Ball der zweite fehlerhafte ist,
g) der zehnte Ball der zweite fehlerhafte von H_1 ist?

HA 211 In einem Werk werden Disketten mit einem Anteil fehlerhafter Disketten von 5 % produziert. Ein vom Hersteller eingesetztes Prüfverfahren stuft 6 % aller produzierten Disketten als fehlerhaft ein. Dabei werden (irrtümlicherweise) von den fehlerfrei produzierten Disketten 2 % als fehlerhaft eingestuft. Berechnen Sie die Wahrscheinlichkeit dafür, dass bei diesem Prüfverfahren

a) eine fehlerhaft produzierte Diskette auch als solche erkannt wird,
b) eine fehlerhaft eingestufte Diskette fehlerfrei ist,
c) eine Diskette fehlerhaft produziert und zugleich durch das Prüfverfahren als fehlerfrei eingestuft wird,
d) eine Diskette fehlerfrei produziert und zugleich durch das Prüfverfahren als fehlerhaft eingestuft wird,
e) eine als fehlerfrei eingestufte Diskette fehlerhaft produziert worden ist!

HA 212 Es soll anhand eines Bluttests festgestellt werden, ob Patienten an der Krankheit K erkrankt sind, d.h., dass das Ereignis K eintritt. Das Ereignis [+] tritt ein, wenn der entsprechende Befund positiv ausfällt. Bei diesem Bluttest betrage die Sicherheit $P_K([+])$, einen Kranken tatsächlich als krank zu erkennen, 0,9 und die Fehlerrate $P_{\overline{K}}([+])$, einen Gesunden fälschlich als krank einzustufen, 0,01. Die Krankheit K komme in der Bevölkerung mit einem Anteil von 0,1 % vor. Berechnen Sie die Wahrscheinlichkeit, dass eine Person mit

a) positivem, b) negativem

Befund tatsächlich an K erkrankt ist!

HA 213 Aufgrund einer statistischen Erhebung geht man davon aus, dass etwa 3 % der Bevölkerung eines größeren Gebietes sogenannte „KEB-Personen" sind. Dies sind Personen, die den Erreger einer noch nicht ausgebrochenen Krankheit K im Blut haben. Bei einem Schnelltest werden 96 % der KEB-Personen als solche erkannt. Andererseits stuft der Test 10 % der Nicht-KEB-Personen irrtümlicherweise als KEB-Personen ein.

a) Berechnen Sie, mit welcher Wahrscheinlichkeit dieser Test eine Person als KEB-Person einstuft!
b) Knut unterzieht sich diesem Test und wird als KEB-Person eingestuft. Mit welcher Wahrscheinlichkeit ist er (als eine rein zufällig ausgewählte Person) dann tatsächlich eine KEB-Person?
c) Konrad unterzieht sich ebenfalls diesem Test. Er wird als Nicht-KEB-Person eingestuft. Mit welcher Wahrscheinlichkeit ist er (als eine rein zufällig ausgewählte Person) trotzdem eine KEB-Person?

HA 214 Die Krankheit K wird entweder durch den Erreger E_1 oder durch den (von E_1 schwer unterscheidbaren) Erreger E_2 verursacht. Das Medikament M_1 heilt die Krankheit K bei Vorliegen des Erregers E_1 bei 30 % der Erkrankten und bei Vorliegen des Erregers E_2 bei 90 % der Erkrankten. Das Medikament M_2 heilt K bei Vorliegen des Erregers E_1 bei 60 % und bei Vorliegen des Erregers E_2 bei 40 % der Erkrankten. Aus Erfahrungen weiß man, dass K in 40 % der Fälle von E_1 verursacht wird.

Ein Patient ist an K erkrankt; es ist nicht bekannt, ob die Krankheit durch E_1 oder E_2 verursacht wurde.

a) Mit welcher Wahrscheinlichkeit wird er bei einer Behandlung mit M_1 geheilt?
b) Ein Patient wird mit M_2 geheilt. Mit welcher Wahrscheinlichkeit hatte er den Erreger E_1?

HA 215 Ein elektronisches Gerätebauteil, bestehend aus zwei parallel geschalteten Elementen E_1 und E_2, funktioniert nur, wenn mindestens eines dieser beiden Elemente intakt ist; es arbeitet mit einer Zuverlässigkeit von 99,5 %. Fällt das Element E_1 aus, so ist die Wahrscheinlichkeit gleich 0,90, dass E_2 arbeitet. Die Wahrscheinlichkeit, dass beide Elemente arbeitsfähig sind, beträgt 0,95.

a) Mit welchen Wahrscheinlichkeiten p_1, p_2 arbeiten die Elemente E_1, E_2 jeweils zu einem rein zufälligen Zeitpunkt?
b) Wie groß ist die Wahrscheinlichkeit p_3, dass zu einem rein zufälligen Zeitpunkt genau eines der Elemente E_1, E_2 arbeitet?
c) Das Element E_2 ist defekt. Mit welcher Wahrscheinlichkeit p_4 arbeitet das Gerätebauteil noch?
d) Das Gerätebauteil arbeitet, obwohl ein Element ausgefallen ist. Mit welcher Wahrscheinlichkeit p_5 ist E_1 defekt?

HA 216 Erfahrungsgemäß können 3 % der Schulanfänger den Anforderungen der Grundschule nicht gerecht werden und wechseln innerhalb der Grundschulzeit an eine sonderpädagogische Einrichtung. An einer Universität wurde ein Test entwickelt, mit dem mit 95 %iger Sicherheit festgestellt werden kann, ob ein Kind sonderschulbedürftig ist. 8 % der normal bildungsfähigen Kinder werden durch diesen Test jedoch falsch eingestuft.

Um den lernbehinderten Kindern eine lange Schulzeit voller Misserfolge zu ersparen, weist ein Kultusminister an, alle 9 000 Schulanfänger seines Landes zu testen. So können seiner Meinung nach alle Kinder von Anfang an die ihnen gemäße Schulform besuchen und Spaß am Lernen behalten.

a) Schätzen Sie die Anweisung des Kultusministers ein!
b) Die Eltern des kleinen Thomas erhalten für ihren Sohn eine Sonderschulempfehlung, da Thomas den Test nicht bestanden hat. Wie sollen die Eltern reagieren?

HA 217 Die Gesamtanzahl $n_\lambda(t)$ aller Atome eines radioaktiven Elements nach t Zeiteinheiten betrage $n_\lambda(t) = n(0) \cdot e^{-\lambda t}$, wobei der Parameter λ charakteristisch für das jeweils betrachtete Element ist.

Berechnen Sie

a) P({ein Atom „lebt" i Zeiteinheiten}),

b) P({ein nach t Zeiteinheiten existierendes Atom „lebt" über die (t+1)-te Zeiteinheit hinaus}) und erläutern Sie in diesem Zusammenhang die Redeweise „Atome altern nicht, sie sterben plötzlich"!

GTA **HA 218** Wir betrachten die Ereignisse

A_i = {ein männliches Neugeborenes wird mindestens i Jahre alt}, wobei die jeweilige Person stets „auf gut Glück" ausgewählt sei.

Berechnen Sie die folgenden Wahrscheinlichkeiten:

a) P({ein männliches Neugeborenes wird mindestens 70 Jahre alt})

b) P({eine gegenwärtig 40-jährige männliche Person wird mindestens 60 Jahre alt})

Tabellieren Sie die folgenden Wahrscheinlichkeiten:

c) P({eine männliche Person wird mindestens 90 Jahre alt, wenn sie gegenwärtig x Jahre alt ist})

d) P({eine gegenwärtig x Jahre alte männliche Person wird noch mindestens 10 Jahre leben})

Sterbetafelauszug für die Bundesrepublik Deutschland 1995/97

Vollendetes Altersjahr	N(x)
0	100 000
10	99 231
20	98 781
30	97 827
40	96 367
50	93 020
60	85 356
70	68 037
80	38 803
90	8 676

Von 100000 männlichen Lebendgeborenen erreichen N(x) das Alter x

GTA **HA 219** Berechnen Sie mithilfe der im Statistischen Jahrbuch der Bundesrepublik Deutschland enthaltenen aktuellen Sterbetafel die Wahrscheinlichkeit für folgende Ereignisse:

a) Ein männliches Neugeborenes wird mindestens 65 Jahre alt;

b) ein gegenwärtig 20-jähriger Mann wird mindestens 75 Jahre alt;

c) eine männliche Person wird mindestens 65 Jahre alt, wenn sie gegenwärtig x Jahre alt ist;

d) eine gegenwärtig x Jahre alte männliche Person lebt noch mindestens fünf Jahre.

Tabellieren Sie die Wahrscheinlichkeiten aus den Teilaufgaben c) und d), zeichnen Sie die entsprechenden Graphen und interpretieren Sie diese!

HA 220 Karin wählte zwischen den folgenden „Würfeln" einen „auf gut Glück" aus, würfelte fünfmal mit diesem „Würfel" und teilt uns ihr Wurfergebnis 4; 1; 3; 1; 3 mit.

	1	2	3	4	5	6
N: LAPLACE	16,60 %	16,6 %	16,6 %	16,6 %	16,6 %	16,6 %
L: kurzes L	0,50 %	14,0 %	21,5 %	40,0 %	14,0 %	10,0 %
S: Spat	22,00 %	22,0 %	6,0 %	6,0 %	22,0 %	22,0 %

Berechnen Sie die Wahrscheinlichkeit dafür, dass dann Karin mit dem

a) N-Würfel b) L-Würfel c) S-Würfel

geworfen hat! Schätzen Sie zuerst, welches die größte/kleinste Wahrscheinlichkeit ist!

HA 221 In einer Wohnung wird eine Alarmanlage eingebaut. Bei einem Einbruch löst sie mit der Wahrscheinlichkeit p = 0,9 einen Alarm aus. Wenn kein Einbruch verübt wird, wird Alarm mit der Wahrscheinlichkeit 0,01 ausgelöst. Die Einbruchswahrscheinlichkeit betrage in diesem Wohngebiet 0,001.

a) Die Anlage löste soeben einen Alarm aus. Mit welcher Wahrscheinlichkeit wurde dieser Alarm durch einen Einbruch ausgelöst?

GTA b) Gehen Sie der Fragestellung aus a) für den Fall nach, dass der Güteparameter p der Alarmanlage bei ansonsten gleichbleibenden Bedingungen variiert.

HA 222 Nach einem Finalwettkampf, zu dem sich die Mannschaften A und B gegenüberstanden, werden vier Spieler „auf gut Glück" zu einer Dopingprobe ausgewählt. Beide Mannschaften bestehen aus je dreizehn Sportlern. In der Mannschaft A sei genau ein Sportler und in B seien genau zwei Sportler gedopt.
Für die Auswahl der Spieler zur Dopingprobe werden zwei verschiedene Verfahren diskutiert:
Verfahren 1: Aus jeder Mannschaft werden genau zwei Spieler ausgelost.
Verfahren 2: Aus allen 26 Sportlern werden genau vier ausgelost.

a) Untersuchen Sie, bei welchem dieser Verfahren die Chance größer ist, genau zwei Dopingsünder zu erfassen!
b) Bei der Anwendung des Verfahrens 1 werden genau zwei Dopingsünder erfasst. Mit welcher Wahrscheinlichkeit sind es die beiden aus der Mannschaft B?

HA 223 Für eine Region, in der es im Durchschnitt 60 % Schönwettertage und 40 % Schlechtwettertage gibt, wird das Wetter von den Wetterstationen I, II und III vorhergesagt.
Die Wetterstation I sagt 90 % der Schönwettertage und 60 % der Schlechtwettertage richtig vorher.
Die Wetterstation II benutzt zur Vorhersage das Ergebnis einer einmaligen Ziehung aus einer Urne mit genau zehn Kugeln, sechs weißen für die Schönwettertage und vier schwarzen Kugeln für die Schlechtwettertage.
Die Wetterstation III sagt für jeden Tag schönes Wetter vorher.
Berechnen Sie für jede Station,

a) mit welcher Wahrscheinlichkeit das Wetter für einen beliebigen Tag richtig vorhergesagt wird,
b) mit welcher Wahrscheinlichkeit es ein Schlechtwettertag war, wenn das Wetter für diesen Tag richtig vorhergesagt worden ist!

Eine Wetterstation einer anderen Region habe dieselben Vorhersagequalitäten wie die Station I. Sie trifft aber nur mit einer Wahrscheinlichkeit von 0,73 die richtige Vorhersage.

c) Auf welchen Anteil der Schönwettertage lässt das schließen?
d) Untersuchen Sie die Funktionen, die die Vorhersagequalität der Wetterstationen I, II und III beschreiben, für den Fall, dass es in dieser Region genau p % Schönwettertage gibt! Interpretieren Sie die Ergebnisse Ihrer Funktionsuntersuchung! **GTA**

HA 224 Die von einer Fabrik produzierten Geräte durchlaufen zwei Endkontrollen. Kontrolle I entdeckt fehlerhafte Geräte mit 70 % Wahrscheinlichkeit; diese werden dann sofort aussortiert. Die nicht aussortierten Geräte passieren Kontrolle II, die mit 60 % Wahrscheinlichkeit fehlerhafte Geräte entdeckt und aussortiert. Fehlerfrei produzierte Geräte passieren die Kontrollen stets ohne Beanstandung.

a) Mit welcher Wahrscheinlichkeit werden fehlerhafte Geräte aussortiert?
b) Es soll jetzt angenommen werden, dass durchschnittlich 40 von 100 Geräten fehlerhaft sind. Welcher Anteil der Gesamtproduktion gelangt in den Handel?
c) Trotz der Endkontrollen I und II seien 5% der in den Handel gelangten Geräte fehlerhaft. Welcher Anteil der produzierten Geräte ist damit fehlerhaft?

HA 225 Wirksamkeit eines Impfstoffes

a) Berechnen Sie $P_{\{\text{nicht geimpft}\}}(\{\text{erkrankt}\})$ und $P_{\{\text{geimpft}\}}(\{\text{erkrankt}\})$ für die beiden Versuchsreihen und urteilen Sie!
b) Fassen Sie die Ergebnisse der beiden Versuchsreihen zu einer Versuchsreihe zusammen und gehen Sie wie in a) vor!

	Reihe 1	Reihe 2
Probanden gesamt	260	170
geimpfte Probanden	20	50
davon erkrankt	10	40
nicht geimpfte Probanden	240	120
davon erkrankt	140	100

HA 226 Ein Brief wird gesucht, der sich mit der Wahrscheinlichkeit p in einem Schreibtisch befindet. Falls sich der Brief im Schreibtisch befindet, so liegt er in genau einem der acht Fächer, und zwar besitzen alle Fächer dafür dieselbe Chance. In sieben Fächern wurde bereits vergebens gesucht.

Bestimmen Sie die Wahrscheinlichkeit q(p) dafür, dass sich der Brief trotzdem im Schreibtisch befindet! Betrachten Sie zur Kontrolle Ihres Ergebnisses einige Spezialfälle, z. B.:

$\lim_{p \to 0} q(p), \quad \lim_{p \to 1} q(p), \quad q(p) = 0{,}5$

H 3.4 Unabhängigkeit von Ereignissen; spezieller Multiplikationssatz

HA 227 Zufallsexperiment: Dreimaliges Werfen eines LAPLACE-Würfels mit den Augenzahlen 1 bis 6

Ereignisse:
A = {beim ersten Wurf eine 3 gewürfelt}
B = {beim zweiten Wurf eine gerade Zahl gewürfelt}
C = {beim ersten Wurf eine Zahl kleiner als 5 gewürfelt}

Begründen Sie, dass
a) A und B voneinander (stochastisch) unabhängig sind,
b) A und C nicht voneinander unabhängig sind!
c) Geben Sie ein Ereignis D an, für das $P(D) = \frac{1}{36}$ gilt und das von A unabhängig ist!

HA 228 Das einmalige Werfen zweier unterscheidbarer, jeweils mit den Augenzahlen 1 bis 6 beschrifteter L-Würfel wird mit der Ergebnismenge $\Omega = \{(x; y) \mid x, y \in \{1; 2; 3; 4; 5; 6\}\}$ beschrieben. Folgende Ereignisse sind auf stochastische Unabhängigkeit zu untersuchen:

A = {x ist gerade}, B = {x + y ist gerade},
C = {y ist eine Primzahl} und D = {10x + y ist eine Primzahl}

HA 229 Zufallsexperiment: „Auf gut Glück" wird einer Urne mit genau zwölf von 1 bis 12 nummerierten Kugeln eine Kugel entnommen.

Ergebnismenge: $\Omega = \{1; 2; 3; \ldots; 11; 12\}$
Ereignisse: A = {1; 2; 3; 4; 5; 6} B = {2; 4; 10; 12}

a) Zeigen Sie, dass A und B voneinander unabhängig sind!
b) Geben Sie ein Ereignis $C \in 2^{\Omega}$ an, für das P(C) = 0,5 gilt und das von A unabhängig ist! Wie viele derartige Ereignisse C gibt es?
c) Begründen Sie, warum zwei Ereignisse D und E aus 2^{Ω} mit P(D) = P(E) = 0,75 nicht stochastisch unabhängig sein können!

HA 230 Ein Zufallsexperiment sei durch folgende Wahrscheinlichkeitsverteilung gegeben:

Ergebnis e	1	2	3	4	5	6	7	8
P({e})	0,30	0,10	0,15	0,050	0,10	0,15	0,050	0,10

Untersuchen Sie die Ereignisse A = {1; 3; 6}, B = {4; 5; 6; 7}, C = {3; 5; 6; 8} und D = {2; 5; 8} hinsichtlich ihrer stochastischen Unabhängigkeit!

HA 231 Untersuchen Sie anhand der nachfolgenden Vierfeldertafel der absoluten Häufigkeiten, ob Farbuntauglichkeit und Geschlecht voneinander stochastisch abhängig sind:

	M männlich	W weiblich
F (farbuntauglich)	38	6
$\bar{F}$ (nicht farbuntauglich)	442	514

HA 232

a) Vervollständigen Sie nebenstehende Vierfeldertafel für den Fall, dass die Ereignisse A und B voneinander unabhängig sind und berechnen Sie folgende Wahrscheinlichkeiten:
$P(B)$, $P(\overline{A} \cap B)$, $P(A \cap B)$,
$P(A \cap \overline{B})$, $P(\overline{A} \cap \overline{B})$, $P(\overline{A})$, $P_{\overline{B}}(A)$

	B	$\overline{B}$
A	0,20	
$\overline{A}$		
		0,40

b) Die Ereignisse A und B mit $P(A) = 0{,}50$, $P(B) = 0{,}30$ seien stochastisch unabhängig. Berechnen Sie die Wahrscheinlichkeiten der Ereignisse
C = {beide Ereignisse A, B treten ein} D = {höchstens eines der Ereignisse A, B tritt ein}
E = {eines der Ereignisse A, B tritt ein}!

HA 233

a) Vervollständigen Sie nachstehende Vierfeldertafeln sowohl für den Fall, dass die Ereignisse A und B voneinander unabhängig sind, als auch für den Fall, dass A und B unvereinbar sind:

(1)

	B	$\overline{B}$	
A			0,80
$\overline{A}$			
	0,30		

(2) $P(A \cup B) = 0{,}6$

	B	$\overline{B}$	
A			0,10
$\overline{A}$			

b) Erstellen Sie die Vierfeldertafel für die Ereignisse $A, B \in 2^{\Omega}$ unter der Bedingung, dass das Ereignis A mit einer positiven Wahrscheinlichkeit eintritt und die Ereignisse A, B sowohl unvereinbar als auch stochastisch unabhängig sind!

HA 234

a) Beweisen Sie, dass aus der stochastischen Unabhängigkeit der Ereignisse A, B die stochastische Unabhängigkeit von A und $\overline{B}$ sowie von $\overline{A}$ und $\overline{B}$ folgt!
b) Untersuchen Sie, inwieweit es möglich ist, dass ein Ereignis von sich selbst stochastisch unabhängig ist!
c) Die drei verschiedenen Ereignisse A, B, C treten mit derselben positiven Wahrscheinlichkeit ein. Sind diese Ereignisse paarweise unabhängig?
d) Untersuchen Sie, wie viele Gleichungen für den Nachweis zu prüfen sind, dass k Ereignisse voneinander unabhängig sind!

HA 235

Zuerst wird mit einem idealen Würfel geworfen, dessen Netz nebenstehend abgebildet ist. Danach wird ein ideales Tetraeder, dessen Netz ebenfalls nebenstehend abgebildet ist, so oft geworfen, wie die mit dem Würfel erhaltene Augenzahl angibt.

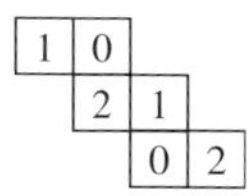

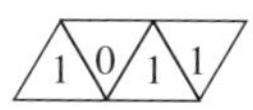

Berechnen Sie die Wahrscheinlichkeiten der folgenden Ereignisse:
A = {es wird die Gesamtaugensumme 0 geworfen}
B = {es wird als Gesamtaugensumme eine Primzahl geworfen}
C = {die mit dem Würfel geworfene Augenzahl ist größer als die mit dem Tetraeder geworfene Augensumme}

HA 236

Berechnen Sie die Wahrscheinlichkeit dafür, dass beim Zahlenlotto „6 aus 49" mit einem „auf gut Glück" ausgewählten Wettschein der Supergewinn (sechs Richtige und die Endziffer des Wettscheins stimmt mit der extra gezogenen „Superzahl" überein) erzielt wird!

HA 237 Ingrid entnimmt ihrer Statistik, dass Lehrer Lämpel in der Mathestunde mit einer Wahrscheinlichkeit von etwa 0,4 nörgelt und mit einer Wahrscheinlichkeit von etwa 0,3 eine Leistungskontrolle schreiben lässt. Mit welcher Wahrscheinlichkeit behindern weder Lehrer-Nörgeln noch eine Leistungskontrolle den Matheunterricht?

HA 238 Linsensenkblechschrauben werden in zwei unabhängig voneinander arbeitenden Aufspannungen hergestellt. Im ersten Arbeitsgang werden die Schrauben in der Länge vom Stangenmaterial abgeschnitten, der Kopf mit Kreuzschlitz und am anderen Ende die Spitze geformt. Im zweiten Arbeitsgang werden die Schraubenbolzen mit Gewinde versehen. In der ersten Aufspannung fallen durchschnittlich 3 % fehlerhafte Schraubenbolzen an, in der zweiten Aufspannung durchschnittlich 2 %.

a) Ermitteln Sie eine diesem Zufallsexperiment entsprechende Vierfeldertafel!
b) Mit welcher Wahrscheinlichkeit wurde eine defekte Schraube im ersten Arbeitsgang fehlerhaft hergestellt?
c) Mit welcher Wahrscheinlichkeit wurde eine defekte Schraube sowohl im ersten als auch im zweiten Arbeitsgang fehlerhaft hergestellt?
d) Der laufenden Produktion werden fünf Schrauben „auf gut Glück" entnommen und geprüft. Berechnen Sie für $k \in \{0; 1; 2; 3; 4; 5\}$ die Wahrscheinlichkeiten
   (1) p_k, dass genau k Schrauben im ersten Arbeitsgang fehlerhaft hergestellt wurden,
   (2) q_k, dass genau k Schrauben fehlerhaft sind!

HA 239 Bei der Wahl eines Landesparlamentes erhielten vier Parteien A, B, C und D folgenden Stimmenanteil:

A: 39 % der Stimmen   B: 34 % der Stimmen   C: 6,9 % der Stimmen   D: 5,1 % der Stimmen

Andere, im Parlament nicht vertretene Parteien bekamen 15 % der Stimmen. Die Wahlbeteiligung betrug 86 %. Mit welcher Wahrscheinlichkeit p hat ein „auf gut Glück" ausgewählter Wahlberechtigter

a) die Partei A gewählt,
b) eine Partei gewählt, die weniger als $\frac{1}{5}$ der Stimmen erhielt,
c) keinen „Vertreter" für sich im Parlament gewählt?

HA 240 In der neu errichteten Produktionshalle von Jenchip darf nur bei Luftfeuchtigkeitsverhältnissen der (disjunkten) Toleranzstufen A und B produziert werden. Der für die Qualität der hier hergestellten Produkte verantwortliche Ingenieur vermutet, dass sich Luftfeuchtigkeitsverhältnisse des Bereiches B auf die Qualität der Produkte auswirken. Um diesen intuitiven Verdacht zu überprüfen, kann er auf folgende statistische Daten zurückgreifen:

- 47 % der unter B-Verhältnissen gefertigten Produkte haben gute Qualität.
- 30 % der Produkte wurden unter B-Verhältnissen erzeugt und hatten schlechte Qualität.
- 30 % der Produkte wurden unter A-Verhältnissen erzeugt und wiesen schlechte Qualität auf.

Stimmt die Vermutung des Ingenieurs?

HA 241 Es werden Glühlampen, die eine Zuverlässigkeit von 0,95 für einen bestimmten Zeitraum T besitzen (also unabhängig voneinander mit einer Wahrscheinlichkeit von 0,95 in T nicht ausfallen), in Reihe geschaltet.

a) Mit welcher Wahrscheinlichkeit p fällt eine Reihenschaltung von drei solchen Glühlampen in T nicht aus?
b) Mit welcher Wahrscheinlichkeit p fällt eine Reihenschaltung von fünf solchen Glühlampen in T aus?
c) Mit welcher Wahscheinlichkeit p fällt eine Reihenschaltung von vier solchen Glühlampen in T aus?
d) Mit welcher Wahrscheinlichkeit p fällt in T genau eine der vier in Reihe geschalteten Glühlampen aus?
e) Wie viele derartige Glühlampen können höchstens in Reihe geschaltet werden, damit die Schaltung mit einer Wahrscheinlichkeit von höchstens 0,1 in T ausfällt?

HA 242 Ein Orchester mit 66 Musikern möge nur spielen können, wenn alle Musiker anwesend sind. Wenn jeder Musiker nur mit einer Wahrscheinlichkeit von 0,01 ausfiele, würde auf einen hinreichend langen Zeitraum bezogen jeder zweite Auftritt „ins Wasser fallen".

a) Fertigen Sie im Sinne der Zuverlässigkeitstheorie einen Schaltplan an!
b) Beweisen Sie die obige Behauptung!
c) Mit welcher Zuverlässigkeit muss jeder Musiker anwesend sein, damit die Wahrscheinlichkeit des Orchesterauftritts mindestens 0,90 beträgt?

HA 243 Eine Operation kann nur durchgeführt werden, wenn kein Stromausfall eintritt. Mit einer Wahrscheinlichkeit von 0,002 gibt es eine Störung im öffentlichen Stromnetz. Für diesen Fall hat das Krankenhaus ein Notstromaggregat, das mit einer Zuverlässigkeit von 0,95 arbeitet.
Mit welcher Wahrscheinlichkeit steht im Krankenhaus die notwendige Energie zur Verfügung?
Fertigen Sie im Sinne der Zuverlässigkeitstheorie einen Schaltplan an!

HA 244 Ein Gerät wird getestet. Bei jedem Test kann das Gerät mit der Wahrscheinlichkeit p ausfallen. Nach dem ersten Ausfall wird das Gerät repariert, nach dem zweiten Ausfall für unbrauchbar erklärt. Bestimmen Sie die Wahrscheinlichkeit dafür, dass das Gerät nach dem k-ten Test für unbrauchbar erklärt wird!

HA 245 Gegeben sei eine Anlage aus sechs (in einem bestimmten Zeitintervall T) unabhängig voneinander ausfallenden Maschinen. Für die erste betrage die Wahrscheinlichkeit ihres Ausfalls 0,60, für die zweite 0,20 und für die restlichen jeweils 0,30. Bestimmen Sie die Wahrscheinlichkeit der folgenden Ereignisse A, B, C und D:

A = {keine der Maschinen fällt aus} B = {mindestens eine Maschine fällt aus}
C = {genau eine Maschine fällt aus} D = {höchstens eine Maschine fällt aus}

Berechnen Sie die Wahrscheinlichkeit p dafür, dass die gesamte Anlage ausfällt!
Fall 1: Die Anlage arbeitet nach dem Prinzip einer Reihenschaltung, d.h., sie arbeitet dann und nur dann, wenn alle Maschinen arbeiten.
Fall 2: Die Anlage arbeitet nach der nebenstehenden kombinierten Parallel-Reihen-Schaltung.

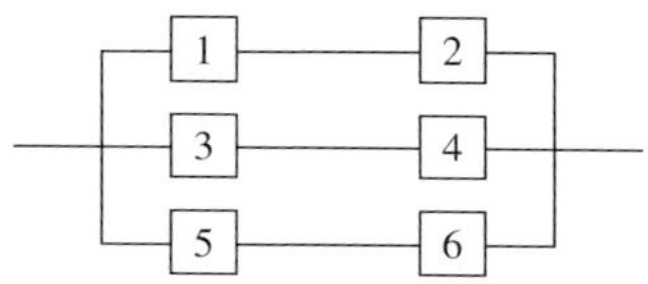

HA 246 Eine technische Anlage bestehe aus drei gleichartigen Blöcken, deren Zuverlässigkeit jeweils 0,75 betrage. Da der Ausfall eines Blocks bereits zum Ausfall der Anlage führt, hat man drei Reserveblöcke mit einer Zuverlässigkeit von ebenfalls 0,75 zur Verfügung gestellt. (Die Umschaltung auf den Reserveblock erfolge noch vor Ausfall der Anlage, und zwar über Schalter, die als absolut zuverlässig angenommen werden.) Untersuchen Sie, welche Art der Reserveschaltung zur größeren Zuverlässigkeit p der Anlage führt!

a) Jeder Block wird dubliert. b) Die gesamte Anlage wird dubliert.

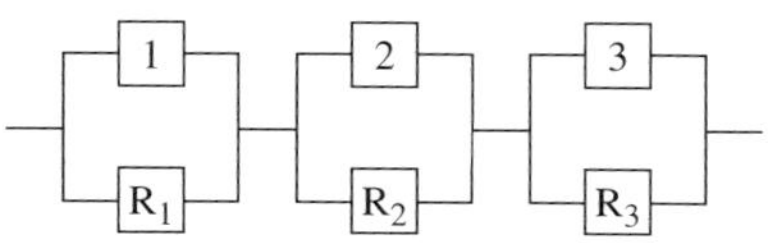

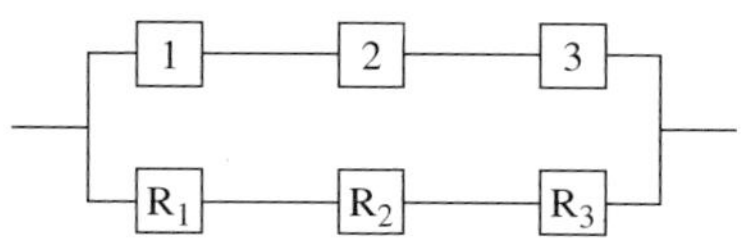

HA 247 Ein Gerät besteht aus drei Blöcken. Der erste Block besteht aus n_1, der zweite aus n_2 und der dritte aus n_3 Elementen. Für die Funktionsfähigkeit des Gerätes ist der Block 1 unbedingt erforderlich; die beiden anderen Blöcke 2 und 3 dublieren einander. Sämtliche Elemente haben dieselbe Zuverlässigkeit p. Der Ausfall eines Elements führe zum Ausfall des ganzen Blocks. Die Elemente fallen unabhängig voneinander aus. Bestimmen Sie die Zuverlässigkeit p_G des Gerätes!

HA 248 Berechnen Sie die Zuverlässigkeit des Systems im Verlaufe von 24 Stunden, wenn für die Ausfallwahrscheinlichkeit seiner einzelnen Bauteile (in diesem Zeitraum) Folgendes bekannt ist:

$P(\bar{A}) = 0{,}02$, $P(\bar{B}) = 0{,}05$, $P(\bar{C}) = 0{,}03$, $P(\bar{D}) = 0{,}01$!

a) 

b) 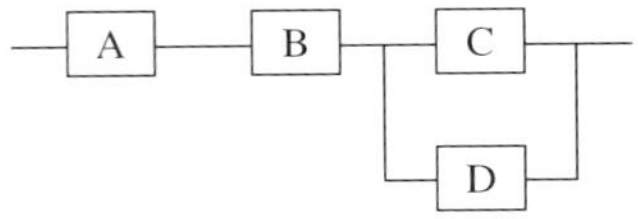

c) 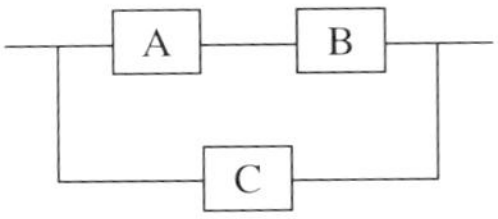

d) 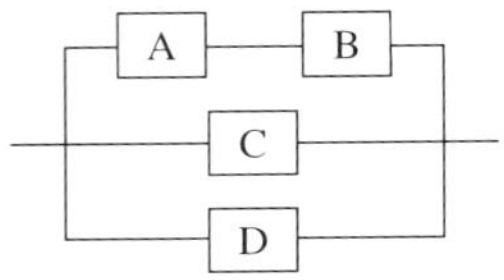

HA 249 Ein System bestehe aus zwei Elementen vom Typ 1 (Zuverlässigkeit p_1) und drei Elementen vom Typ 2 (Zuverlässigkeit p_2). Das System arbeitet genau dann, wenn mindestens ein Element vom Typ 1 und nicht weniger als zwei Elemente vom Typ 2 intakt sind.
Bestimmen Sie die Zuverlässigkeit des Systems unter der Voraussetzung, dass die einzelnen Elemente des Systems unabhängig voneinander ausfallen!

HA 250 Im abgebildeten System mögen die Bauelemente A, B und C dieselbe Zuverlässigkeit p, $0 < p < 1$, besitzen. Das Bauelement D besitzt die Zuverlässigkeit 0,8. Die Bauelemente arbeiten unabhängig voneinander.

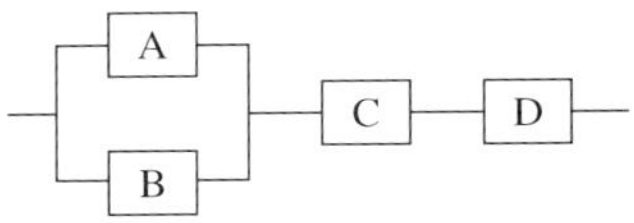

a) Wie groß ist die Zuverlässigkeit p_S des Systems?
b) Begründen Sie, dass für alle $0 < p < 1$ gilt: $p_S \leq 0{,}8$.
c) Das Bauelement D soll durch gleichartige Bauelemente dubliert werden, um die Systemzuverlässigkeit zu erhöhen. Wie viele Bauelemente müssen an der Stelle von D mindestens parallel geschaltet werden, damit die Systemzuverlässigkeit um mindestens 22 % steigt?

HA 251 Wissen ist gut – Kontrolle ist besser: Aufgaben zur Selbstkontrolle

a) Was versteht man unter einer bedingten Wahrscheinlichkeit?
b) Wie veranschaulicht man sich in einer Vierfeldertafel mit den Ereignissen A und B die bedingte Wahrscheinlichkeit $P_B(A)$ und wie die Wahrscheinlichkeit $P(A)$?
c) In welcher Größenrelation stehen die Wahrscheinlichkeiten $P(A)$ und $P_B(A)$?
d) Können die bedingten Wahrscheinlichkeiten $P_A(B)$ und $P_B(A)$ übereinstimmen?
e) Welcher Zusammenhang besteht zwischen dem allgemeinen Multiplikationssatz für bedingte Wahrscheinlichkeiten und den Rechenregeln für Baumdiagramme?
f) Welcher Zusammenhang besteht zwischen dem Satz der totalen Wahrscheinlichkeit und den Rechenregeln für Baumdiagramme?
g) Inwiefern verknüpft die BAYESsche Formel Wahrscheinlichkeiten aus zwei verschiedenen Baumdiagrammen miteinander?
h) Welche Gemeinsamkeiten und welche Unterschiede bestehen bei den Interpretationen von $P_B(A)$ und $P(A \cap B)$?
i) Was versteht man unter der Unabhängigkeit zweier Ereignisse?

Entscheiden Sie jeweils, ob folgende Aussagen wahr oder falsch sind:

k) $A \subseteq B \Rightarrow$ A und B sind nicht voneinander unabhängig.
l) Voneinander unabhängige Ereignisse mit positiver Wahrscheinlichkeit können nicht unvereinbar sein.
m) Unvereinbare Ereignisse mit positiver Wahrscheinlichkeit können nicht voneinander unabhängig sein.
n) $0 < P_B(A) < 1$.
o) Jede Wahrscheinlichkeit eines Ereignisses A lässt sich als bedingte Wahrscheinlichkeit auffassen.
p) $P(A) = P(B) \cdot P_B(A) + P(\overline{B}) \cdot P_{\overline{B}}(A)$.
q) $P_B(A) < P(A)$
r) Sind A, B stochastisch unabhängig voneinander, so gilt $P(A \cup B) = P(A) + P(B)$.

H 4 Zufallsgrößen

H 4.1 Endliche Zufallsgrößen

HA 252 Ein Zufallsexperiment sei durch die Ergebnismenge $\Omega = \{e_1; e_2; e_3; e_4; e_5; e_6\}$ und die folgende Wahrscheinlichkeitsverteilung gegeben:

e_i	e_1	e_2	e_3	e_4	e_5	e_6
$P(\{e_i\})$	0,25	0,05	0,40	0,10	0,15	0,05

Die Zufallsgröße X werde definiert durch

$$X(e_i) = \begin{cases} -2 & \text{für } i = 3 \\ 1 & \text{für } i \in \{1; 2; 5\} \\ 3 & \text{für } i \in \{4; 6\} \end{cases}$$

a) Ermitteln Sie die Wahrscheinlichkeitsverteilung der Zufallsgröße X!
b) Zeichnen Sie den Graphen der Verteilungsfunktion F der Zufallsgröße X!
c) Berechnen Sie folgende Wahrscheinlichkeiten:
$P(X \le 2)$ $P(X > 0,5)$ $P(1 < X \le 2,5)$ $P(1 \le X \le 2,5)$ $P(0,5 < X \le 3,1)$ $P(-1,5 < X \le 2,5)$

HA 253 Welcher Zusammenhang besteht zwischen Häufigkeitsverteilungen und Wahrscheinlichkeitsverteilungen einer endlichen Zufallsgröße X?

HA 254 Inwiefern kann ein deterministisches Experiment durch eine Zufallsgröße charakterisiert werden?

HA 255 Welche Zufallsgrößen bezeichnet man als Zufallsziffern?

HA 256 Das Werfen eines Kronenverschlusses werde durch die Zufallsgröße $X \mathrel{\widehat{=}} \begin{pmatrix} 1 & 2 \\ 0,72 & 0,28 \end{pmatrix}$ beschrieben, wobei X genau dann den Wert 1 annimmt, wenn der Kronenverschluss beim einmaligen Werfen nach oben geöffnet auffällt.
Beschreiben Sie, wie dieses Zufallsexperiment zu variieren ist, um durch die Zufallsgröße
a) $2X$ b) $X + X$ c) $X \cdot X$ d) X^2
beschrieben zu werden! Geben Sie die Wahrscheinlichkeitsverteilung dieser Zufallsgröße an!

HA 257 Es sollen mit einem L-Würfel (gleichverteilte) Zufallszahlen $Z \mathrel{\widehat{=}} \begin{pmatrix} 1 & 2 & \dots & 9 & 10 \\ 0,1 & 0,1 & \dots & 0,1 & 0,1 \end{pmatrix}$ erzeugt werden.
Beschreiben Sie ein geeignetes Verfahren und stellen Sie Z als Funktion von Zufallsgrößen X_i dar, wobei X_i den i-ten Würfelwurf charakterisiert!

H 4.2 Erwartungswert

HA 258 Eine Zufallsgröße X habe folgende Wahrscheinlichkeitsverteilung: $X \mathrel{\widehat{=}} \begin{pmatrix} 1 & 2 & 3 \\ 0,5 & 0,4 & 0,1 \end{pmatrix}$

a) Berechnen Sie den Erwartungswert EX!
b) Beschreiben Sie ein für X geeignetes Urnenmodell!
c) Simulieren Sie das der Zufallsgröße X zugrunde liegende Zufallsexperiment 100-mal mithilfe einer Tabelle von Zufallszahlen! Ermitteln Sie anhand des geführten Protokolls einen Näherungswert für EX!
d) Simulieren Sie X mithilfe des Taschenrechners, um einen Näherungswert für EX zu bestimmen! **GTA**

HA 259 Berechnen Sie jeweils den Erwartungswert EX der nachfolgenden Zufallsgröße X:

a) $X \triangleq \begin{pmatrix} -7 & -4 & 1 & 4 & 7 \\ 0{,}15 & 0{,}35 & 0{,}20 & 0{,}10 & 0{,}20 \end{pmatrix}$

b) Zufallsexperiment: Einmaliges Werfen eines fairen Würfels mit den Augenzahlen 1, 2, 3, 4, 5, 6
Zufallsgröße X: geworfene Augenzahl

c) Zufallsexperiment: Einmaliges Werfen eines ungezinkten Tetraeders mit den Augenzahlen 1, 2, 3, 4
Zufallsgröße X: Augenzahl der Standfläche

d)

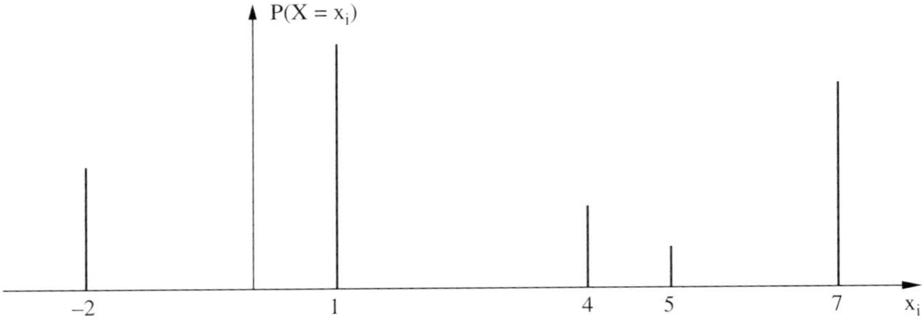

e)

x_i	– 19	– 11	0	1	3
$P(X = x_i)$	p^2	4p	p^2	0,055	2p

f) X: Gewinnbetrag beim dreimaligen Drehen des Glücksrades
Die Sektoren des Glücksrades zeigen den jeweiligen Gewinnbetrag beim einmaligen Drehen an. Der kleinste Sektor besitzt einen Zentriwinkel von 40°.

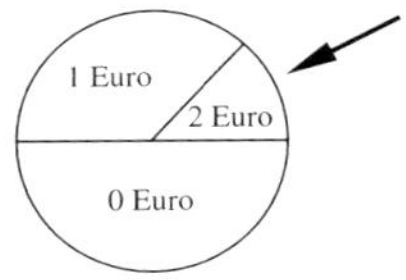

g)

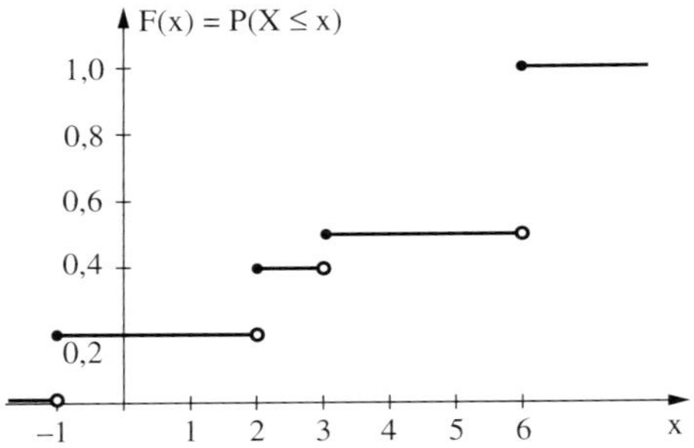

HA 260 Zufallsexperiment: Zweimaliges Werfen eines LAPLACE-Tetraeders mit den Augenzahlen 1, 2, 3, 4

Zufallsgröße X: Summe der Augenzahlen
Zufallsgröße Y: Anzahl der gewürfelten Zweien
Zufallsgröße Z: positive Differenz der gewürfelten Augenzahlen
Berechnen Sie die Erwartungswerte der Zufallsgrößen X, Y und Z!

HA 261 Ein ungezinktes, mit den Augenzahlen 1, 2, 3, 4 beschriftetes Tetraeder wird zweimal geworfen und jeweils die auf der Standfläche gewürfelte Augenzahl notiert. Die Zufallsgröße X ordne jedem der 16 möglichen Ergebnisse das Produkt der zwei gewürfelten Augenzahlen zu.

a) Berechnen Sie die folgenden Wahrscheinlichkeiten:
$P(X < 5)$ $P(X \geq 9)$ $P(3 < X \leq 17)$

b) Ermitteln Sie die folgenden Funktionswerte der Verteilungsfunktion F von X:
$F(2)$ $F(4 \cdot \sin\frac{\pi}{2})$ $F(-1)$ $F(2\pi)$ $F(5\pi)$

HA 262 Veranschaulichen Sie grafisch die Wahrscheinlichkeitsverteilung der Zufallsgröße GTA

$$X \mathrel{\hat=} \begin{pmatrix} 0 & 1 & 2 & 3 & 4 \\ a & a^2 + \frac{1}{4} & \frac{1}{4} & a^2 + a & 2a^2 + \frac{1}{18} \end{pmatrix}$$ und berechnen Sie den Erwartungswert von X !

HA 263 Ermitteln Sie den Erwartungswert einer

a) gleichverteilten Zufallsgröße $X \mathrel{\hat=} \begin{pmatrix} 1 & 2 & \dots & n \\ \frac{1}{n} & \frac{1}{n} & \dots & \frac{1}{n} \end{pmatrix}$,

b) gleichverteilten Zufallsgröße mit der n-elementigen Wertemenge $\{x_1; x_2; \dots; x_n\}$,

c) hypergeometrisch verteilten Zufallsgröße $X \mathrel{\hat=} \begin{pmatrix} 0 & 1 & 2 & \dots & n \\ p_0 & p_1 & p_2 & \dots & p_n \end{pmatrix}$ mit $p_i = \dfrac{\binom{M}{i}\binom{N-M}{n-i}}{\binom{N}{n}}$ für $i \in \{0; 1; 2; \dots; n\}$!

HA 264 In einer Werkstatt arbeiten zwei Maschinen unabhängig voneinander. Jede von ihnen fällt mit der Wahrscheinlichkeit p innerhalb eines gewissen Zeitintervalls aus.

Bestimmen Sie den Erwartungswert

a) der zufälligen Anzahl arbeitender Maschinen,

b) für die Zufallsgröße, die die Differenz „Anzahl der arbeitenden minus Anzahl der ausgefallenen Maschinen" angibt!

c) Ein Automat produziert nacheinander Teile. Die Produktion der einzelnen Teile erfolgt unabhängig voneinander, jedoch wird der Produktionsprozess sofort unterbrochen, wenn ein nicht normgerechtes Teil austritt. Mit p bezeichnen wir die Wahrscheinlichkeit dafür, dass ein Teil normgerecht produziert wird. Die diskrete, nicht endliche Zufallsgröße Z gibt die zufällige Anzahl der zwischen zwei Unterbrechungen der Produktion hergestellten normgerechten Teile an. GTA
Mit wie vielen normgerechten Teilen, die hintereinander ohne Unterbrechung der Produktion hergestellt werden, kann man etwa rechnen? Diskutieren Sie das Ergebnis für p = 0,9!

HA 265 Es werde mit einem gezinkten Tetraeder gewürfelt, dessen vier verschiedene Augenzahlen $i \in \{1; 2; 3; 4\}$ mit den zugehörigen Wahrscheinlichkeiten $p_i = \frac{2^i}{i!} \cdot q$ auftreten. Welcher Mittelwert der auf der Standfläche gewürfelten Augenzahlen ist zu erwarten?

HA 266 Eine ideale Münze mit den Seitenbeschriftungen 0 und 1 werde dreimal geworfen. Die Zufallsgröße X gebe die zufällige Anzahl der dabei gefallenen Einsen an.

a) Ermitteln Sie die Wahrscheinlichkeitsverteilung von X!

b) Interpretieren Sie X als die zufällig erdrehte Zahl eines Glücksrades und beschreiben Sie dieses!

c) Berechnen Sie den Erwartungswert EX durch Anwendung der Definition des Begriffs „Erwartungswert"!

d) Berechnen Sie den Erwartungswert EX aufgrund des Satzes E(X + Y) = EX + EY, indem Sie X als Summe geeigneter Zufallsgrößen definieren!

HA 267 Auf dem Tisch liegen fünf Karten nebeneinander, die von 1 bis 5 durchnummeriert sind. Ein zweiter Satz von Karten mit der gleichen Nummerierung wird gut gemischt und dann parallel zur ersten Kartenreihe ausgelegt. GTA

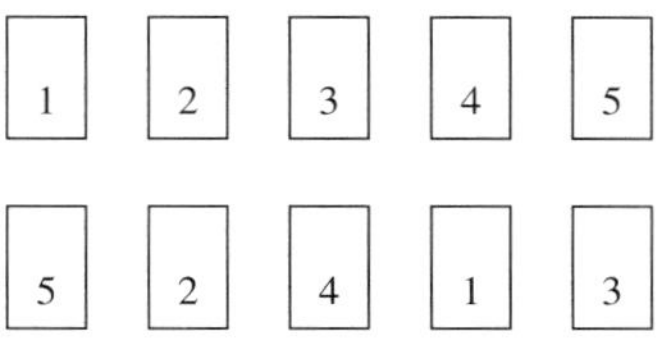

In dieser Anordnung gibt es genau eine Übereinstimmung, und zwar beim zweiten Kartenpaar.
Wie viele derartige Übereinstimmungen hat man durchschnittlich bei Kartensätzen von

a) fünf, b) n

durchnummerierten Karten zu erwarten?
Führen Sie vor der Berechnung mehrere Simulationen des beschriebenen Zufallsexperiments durch, um eine Hypothese zum gesuchten Erwartungswert zu formulieren!

HA 268 Beim Basketball werden dem Spieler, der bei einem erfolglosen Korbwurf von einem gegnerischen Spieler gefoult wurde, zwei Freiwürfe zugesprochen. Knut ist ein sicherer Werfer. Er verwandelt den ersten Freiwurf erfahrungsgemäß mit einer Wahrscheinlichkeit von 0,85. Das trifft bei ihm auch für den zweiten Freiwurf zu, wenn der erste erfolgreich war. Knut wird aber schnell nervös, wenn nicht alles wie erhofft verläuft. So beträgt seine Trefferwahrscheinlichkeit beim zweiten Freiwurf nur noch 0,70, wenn der erste Wurf misslungen war.

a) Wie groß ist die Wahrscheinlichkeit, dass Knut die ihm nach einem Foul zugesprochenen zwei Freiwürfe mit mindestens einem Treffer absolvieren kann?
b) Wie groß ist die mittlere Trefferquote von Knut bei Freiwürfen?

HA 269 Henriette und August wünschen sich nichts sehnlicher, als eine Familie mit wenigstens einem Mädchen und wenigstens einem Jungen zu werden – freilich einerseits nur mit so vielen Kindern, wie für die Erfüllung ihres Wunsches notwendig sind, und andererseits mit höchstens fünf Kindern, auch wenn dabei ihr Hauptwunsch nach einem Pärchen nicht erfüllt sein sollte.
Bestimmen Sie die mittlere Kinderzahl!

HA 270 Die voneinander (stochastisch) unabhängigen Zufallsgrößen X und Y (d.h. $P(\{X = x \text{ und } Y = y\}) = P(X = x) \cdot P(Y = y)$) haben folgende Wahrscheinlichkeitsverteilungen:

$X \triangleq \begin{pmatrix} 1 & 2 & 3 \\ 0{,}50 & 0{,}40 & 0{,}10 \end{pmatrix}$ $Y \triangleq \begin{pmatrix} 0 & 1 \\ 0{,}60 & 0{,}40 \end{pmatrix}$

a) Bestimmen Sie die Erwartungswerte EX und EY!
b) Bestimmen Sie die Wahrscheinlichkeitsverteilung der Zufallsgröße $S = X + Y$ und deren Erwartungswert!
c) Bestimmen Sie die Wahrscheinlichkeitsverteilung der Zufallsgröße $T = X \cdot Y$ und deren Erwartungswert!

HA 271 Beschreiben Sie ein nachspielbares Spiel dessen Wahrscheinlichkeit für einen positiven Reingewinn zwar echt kleiner als 0,5 ist, aber trotzdem eine positive Reingewinnerwartung besitzt!

HA 272 Beweisen Sie den Satz: „Für beliebige endliche Zufallsgrößen X und Y gilt $E(X + Y) = EX + EY$." Sollte Ihnen das nicht gleich gelingen, so betrachten Sie zuerst Spezialfälle dieses Satzes, z.B.:

a) $X \triangleq \begin{pmatrix} 3 & -4 \\ 0{,}2 & 0{,}8 \end{pmatrix}$, $Y \triangleq \begin{pmatrix} 1 & 2 & 3 \\ 0{,}3 & 0{,}6 & 0{,}1 \end{pmatrix}$ und X, Y sind unabhängig voneinander

b) $X \triangleq \begin{pmatrix} x_1 & x_2 \\ p_1 & p_2 \end{pmatrix}$, $Y \triangleq \begin{pmatrix} y_1 & y_2 & y_3 \\ q_1 & q_2 & q_3 \end{pmatrix}$ und X, Y sind unabhängig voneinander

c) $X \triangleq \begin{pmatrix} x_1 & x_2 \\ P(X = x_1) & P(X = x_2) \end{pmatrix}$, $Y \triangleq \begin{pmatrix} y_1 & y_2 & y_3 \\ P(Y = y_1) & P(Y = y_2) & P(Y = y_3) \end{pmatrix}$

HA 273 Die gemeinsame Wahrscheinlichkeitsverteilung der Zufallsgröße X und Y sei durch die folgende Sechsfeldertafel gegeben:

y_i \ x_i	1	2	3	
1				
2	0,25		0,40	0,70
	0,35	0,15		

a) Vervollständigen Sie die Sechsfeldertafel!
b) Berechnen Sie $P(X = 2 \text{ und } Y = 2)$!
c) Berechnen Sie $P(Y = 1)$!
d) Berechnen Sie $P(X + Y = 3)$!
e) Berechnen Sie $P(X \cdot Y < 3)$!
f) Berechnen Sie $E(X - Y)$!
g) Untersuchen Sie, ob X und Y stochastisch unabhängig voneinander sind!

HA 274 Eine große Tombola, bei der 0,3 % der Lose 100 €, 6 % der Lose 10 €, 12 % der Lose 5 € und 24 % der Lose 1 € gewinnen, soll einen Reingewinn von 5,50 € je Los erwarten lassen. Zu welchem Stückpreis müssen dann die Lose verkauft werden?

HA 275 Petra erhält von ihren Eltern zwei Angebote für ihr wöchentliches Taschengeld:

Angebot 1: Petra erhält jede Woche 5 €.
Angebot 2: Petra erwürfelt sich ihr wöchentliches Taschengeld mit einem (ungezinkten) Würfel und einem (ungezinkten) Tetraeder, die jeweils einmal zu werfen sind. Die Summe der beiden geworfenen Augenzahlen erhält Petra in Euro ausgezahlt.

Welches der beiden Angebote würden Sie Petra empfehlen? Begründen Sie Ihre Meinung!

HA 276 Nach Einzahlen eines bestimmten Geldbetrages an den Spielleiter darf der Spieler genau einmal folgendes Spiel durchführen: Ein LAPLACE-Tetraeder mit den Augenzahlen 1, 2, 3, 4 wird einmal geworfen. Der Spielleiter geht nach folgendem Modus vor:

Ergebnis	1	2	3	4
Auszahlungsbetrag in Euro	0	1	2	5

Berechnen Sie (unter Beachtung des Erwartungswertes des Auszahlungsbetrages X durch den Spielleiter) die Höhe des durch den Spieler einzuzahlenden Geldbetrages, der ein faires Spiel ermöglicht!

HA 277

WÜRFELN	TETRAEDERN
12 Euro Gewinn bei 12 Augen 2 Euro Gewinn bei 2 Augen	8 Euro Gewinn bei 8 Augen 2 Euro Gewinn bei 2 Augen
mit zwei Würfeln	mit zwei Tetraedern
Einsatz: 50 Cent	Einsatz: 1 Euro

a) Untersuchen Sie, welches der beiden Spiele „spieler-freundlicher“ ist!
b) Welchen Einsatz müsste der Würfelbudenbesitzer fordern, damit er auf lange Sicht denselben Gewinn pro Spiel zu erwarten hat wie der Besitzer der Tetraederbude?

HA 278 Patrick lädt Sie zu einem Spiel mit den beiden Tetraedern ein, deren Netze nebenstehend abgebildet sind.

Spielregel: Jeder wirft einmal mit seinem Tetraeder. Wer die höhere (Stand-) Augenzahl erreicht hat, zahlt dem anderen die positive Differenz der beiden gewürfelten Augenzahlen in Cent.

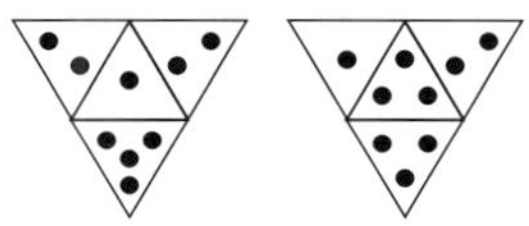
Tetraeder 1 Tetraeder 2

Würden Sie Tetraeder 1 oder Tetraeder 2 wählen, um auf lange Sicht den größeren Gewinn zu erzielen? Begründen Sie Ihre Antwort!

HA 279 Für den Einsatz von 50 ct an den Spielleiter darf der Spieler aus einer Urne mit genau 15 (zehn weißen und fünf grünen) Kugeln drei Kugeln ohne Zurücklegen entnehmen. Der Spielleiter wählt den nebenstehenden Auszahlungsmodus.

Ereignis	Auszahlungsbetrag in Euro
A = {2 grüne Kugel gezogen}	+2
B = {2 weiße Kugeln gezogen}	0
C = {weder A noch B eingetroffen}	+0,50

Die Zufallsgröße X gibt den Reingewinn des Spielers an.

a) Ermitteln Sie die Wahrscheinlichkeitsverteilung der Zufallsgröße X!

b) Untersuchen Sie, ob dieses Spiel auf lange Sicht den Spieler oder den Spielleiter bevorteilt!

c) Bei welchem Einsatz wäre das Spiel fair?

d) Annabell möchte sich am Spiel beteiligen, obwohl es unfair ist. Mit ihrem Startgeld von 50 ct will sie so lange spielen, wie sie ohne Schulden den Einsatz bezahlen kann. Mit welcher Wahrscheinlichkeit p kann sich Annabell mit dieser Strategie an vier Spielen beteiligen?

HA 280 Die Firma PEMSD stellt die neu entwickelten STOMBS zum Selbstkosten-Stückpreis von 13,75 € her und will sie zu jeweils 24,86 € verkaufen. Ein Test ergab, dass 3,1 % der produzierten STOMBS einen bestimmten Defekt aufweisen. Eine derartige Zusatzkontrolle bringt der Firma Unkosten von 1,92 € je Stück. Die Firma PEMSD kalkuliert nun nach zwei Strategien:

Variante 1: Jedes STOMBS wird vor dem Verkauf der Zusatzkontrolle unterzogen, wodurch jedwede Kundenreklamation zu diesem Defekt ausgeschlossen wird.

Variante 2: Alle STOMBS werden ohne diese Zusatzkontrolle, aber mit der Zusicherung verkauft, dass jedes defekte STOMBS vom Kunden gegen ein kostenloses STOMBS, das zu einem Sonderanfertigungs-Stückpreis von 17,53 € produziert wurde, bei gleichzeitiger Rückerstattung des Kaufpreises umgetauscht werden kann.

a) Ermitteln Sie für die Varianten 1 und 2 die Zufallsgröße G_1 und G_2 des zufälligen Firmengewinns pro Stück!

b) Untersuchen Sie, welche Strategie für die Firma PEMSD auf lange Sicht kostengünstiger ist, indem Sie EG_1 und EG_2 vergleichen!

c) Für welche Ausschussanteile ist Variante 1 für die Firma PEMSD die kostengünstigere Strategie?

d) Für welche Sonderanfertigungs-Stückpreise ist Variante 1 bei einem Ausschussanteil von 2,9 % für die Firma PEMSD die kostengünstigere Strategie?

HA 281 Einer regionalen Statistik ist zu entnehmen, dass 10 % der Autofahrer einen Unfall mit Blechschaden erleiden und damit im Mittel Reparaturkosten von 1 500 € anfallen. Ein Autofahrer dieser Region erhält von einer Versicherung folgendes Angebot: Es ist eine Jahresprämie von 125 € zu zahlen, wobei im Falle eines Unfalls mit Blechschaden hierfür pauschal 1 125 € ausgezahlt werden.
Beurteilen Sie dieses Angebot, indem Sie die Erwartungswerte der diesbezüglichen Ausgaben des Autofahrers dieser Region für die beiden Fälle „mit Versicherungsabschluss" und „ohne Versicherungsabschluss" berechnen!

HA 282 Aus der nebenstehenden Urne werde „auf gut Glück" genau ein Wort entnommen. Die Zufallsgröße X gibt die zufällige Anzahl der Buchstaben im entnommenen Wort an.

a) Bestimmen Sie EX!

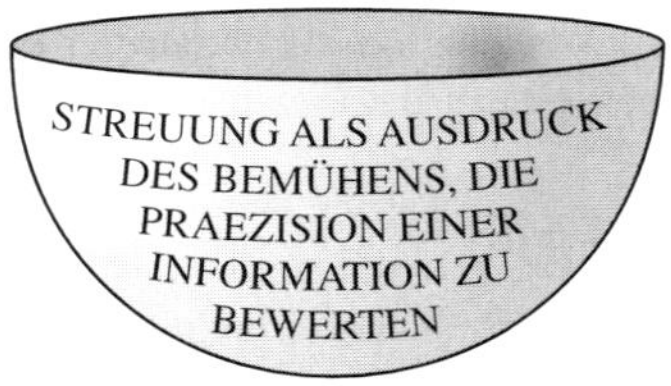

Die Zufallsgröße Y nimmt den Wert 1 genau dann an, wenn das entnommene Wort ein A enthält, ansonsten den Wert 0. Die Zufallsgröße Z nimmt den Wert 1 genau dann an, wenn das entnommene Wort ein S enthält, ansonsten den Wert 0.

b) Berechnen Sie EY und EZ!

c) Interpretieren Sie die Zufallsgröße $Y \cdot Z$ und berechnen Sie deren Erwartungswert!

HA 283 Erfahrungsgemäß werden bei einer Firma Computerbildschirme mit einem Defektanteil von p % produziert. Bei einer Gütekontrolle werden der laufenden Produktion so viele Bildschirme entnommen, bis man entweder zwei defekte oder zwei intakte Bildschirme herausgegriffen hat. Die Zufallsgröße X_p gebe die zufällige Anzahl der auf diese Weise überprüften Bildschirme an.

a) Bestimmen Sie EX_p!

b) Berechnen Sie den maximalen Erwartungswert EX_p! Für welches p wird dieser angenommen? **GTA**

HA 284

a) Die Zufallsgröße $X \triangleq \begin{pmatrix} 1 & 2 & 3 & 4 \\ 0{,}34 & 0{,}27 & 0{,}18 & 0{,}21 \end{pmatrix}$ beschreibe die zufällige Augenzahl eines gezinkten Tetraeders. Sagen Sie den Ausgang des Zufallsexperiments „einmaliges Tetraederwerfen“ so voraus, dass das Quadrat der Abweichung Ihrer Vorhersage von dem eingetretenen Ergebnis minimal wird! Begründen Sie die Wahl Ihres Vorhersagewertes!

b) Verallgemeinern Sie das im Aufgabenteil a) beschriebene Problem auf eine beliebige endliche Zufallsgröße X und begründen Sie wiederum die Wahl Ihres Vorhersagewertes!

HA 285 1 % einer Bevölkerungsgruppe habe eine Krankheit K, die durch eine Blutuntersuchung eindeutig nachgewiesen werden kann. Für eine Identifizierung der erkrankten Personen sind die folgenden zwei Testmethoden denkbar: **GTA**

(1) Einzeltest: Jede Person wird einzeln untersucht; pro Person braucht man einen Test.

(2) Gruppentest: Es wird i Personen Blut entnommen. Dieses Blut wird vermischt und untersucht. Dabei benötigt man für diese i Personen entweder nur einen Test (wenn keiner der i Personen an K erkrankt ist) oder i + 1 Tests (wenn mindestens eine der i Personen an K erkrankt ist), da dann das Blut aller i Personen einzeln untersucht werden muss.

Vergleichen Sie die beiden Testmethoden, indem Sie i so bestimmen, dass die zu erwartende Einsparung von Tests pro Person maximal wird![1)]

HA 286 Während der Sanierungsarbeiten an einem elfgeschossigen Wohnhaus wurde der Fahrstuhl so umgebaut, dass er jetzt in jeder Etage hält. Damit erhöhte sich die Anzahl der möglichen Fahrstuhlhalts. Wie oft wird der Fahrstuhl halten, wenn im Erdgeschoss fünf Personen in den Fahrstuhl einsteigen?

a) Gehen Sie bei der Untersuchung dieses Problems von der Modellannahme aus, dass jede der eingestiegenen Personen mit der Wahrscheinlichkeit 0,10 in jeder der folgenden zehn Etagen aussteigt!

b) Gehen Sie bei der Untersuchung des Problems von einer anderen als der in a) genannten Modellannahme aus (z. B. sei die Ausstiegswahrscheinlichkeit jeder Person für die i-te Etage proportional zu i für $i \in \{2; 3; \ldots; 11\}$)!

Hinweis: Um EX zu berechnen, könnte es hilfreich sein, X als Summe von Zufallsgrößen aufzufassen.

HA 287 Chuck-a-luck ist ein Spiel, das in den USA weit verbreitet ist und mit „Wirf dein Glück“ übersetzt werden könnte.

Bei Chuck-a-luck nennt der Spieler eine Augenzahl von 1 bis 6 und würfelt dann mit drei Würfeln. Je nachdem, ob die von ihm gewählte Augenzahl genau ein-, zwei- oder dreimal erscheint, gewinnt er 1 €, 2 € oder 3 €. Zeigt dagegen kein Würfel die gewählte Augenzahl, so muss er 1 € bezahlen.

a) Realisieren Sie dieses Zufallsexperiment 200-mal und ermitteln Sie daraufhin einen Näherungswert für den zu erwartenden Gewinn des Spielers! **GTA**

b) Ermitteln Sie die Wahrscheinlichkeitsverteilung der Zufallsgröße G, die die zufällige Gewinnhöhe des Spielers beschreibt und berechnen Sie den Erwartungswert EG!

1) Das Problem des Gruppentests hatte während des 2.Weltkrieges in den USA eine hohe Aktualität, als in kurzer Zeit Millionen von Rekruten auf Syphilis ärztlich zu untersuchen waren.

H 4.3 Streuung

HA 288 Berechnen Sie die

a) Streuung der Zufallsgröße $X \mathrel{\hat{=}} \begin{pmatrix} 1 & 2 & 3 \\ 0{,}5 & 0{,}4 & 0{,}1 \end{pmatrix}$,

b) Standardabweichung der Zufallsgröße $Y \mathrel{\hat{=}} \begin{pmatrix} 1 & 2 & 3 & 4 \\ 0{,}25 & 0{,}25 & 0{,}25 & 0{,}25 \end{pmatrix}$,

c) Standardabweichung der zufälligen Augenzahl beim Werfen eines fairen Würfels, dessen Seitenflächen mit 1 bis 6 durchnummeriert sind,

d) Streuung einer gleichverteilten Zufallsgröße $X \mathrel{\hat{=}} \begin{pmatrix} 1 & 2 & \dots & n \\ \frac{1}{n} & \frac{1}{n} & \dots & \frac{1}{n} \end{pmatrix}$,

e) Streuung einer gleichverteilten Zufallsgröße X mit der n-elementigen Wertemenge $\{x_1; x_2; \dots; x_n\}$!

HA 289 Ein ideales Tetraeder mit den Augenzahlen 1, 2, 3, 4 wird so oft geworfen, bis es erstmalig auf der Augenzahl 3 liegt, jedoch höchstens viermal. Die Zufallsgröße X gebe die Anzahl der Würfe an. Bestimmen Sie die Wahrscheinlichkeitsverteilung und erstellen Sie ein zugehöriges Histogramm! Berechnen Sie den Erwartungswert, die Varianz sowie die Standardabweichung von X!

HA 290 Zwei L-Würfel, deren Seitenflächen mit den Augenzahlen 1 bis 6 durchnummeriert sind, werden gleichzeitig geworfen. Die Zufallsvariable X ordnet dem Würfelergebnis den nichtnegativen Differenzwert der beiden gefallenen Augenzahlen zu.
Ermitteln Sie die Wahrscheinlichkeitsverteilung, den Erwartungswert sowie die Standardabweichung von X!

HA 291 Eine L-Münze mit den Seitenbeschriftungen 0 und 1 wird so oft geworfen, bis eine Eins oder vier Nullen erschienen sind. Die Zufallsgröße X gebe die zufällige Anzahl der dazu notwendigen Würfe an. Berechnen Sie den Erwartungswert und die Standardabweichung von X!

HA 292 Welche endlichen Zufallsgrößen X besitzen

a) einen negativen Streuungswert,

b) den Streuungswert null?

HA 293 Vergleichen Sie die Streuungen der endlichen Zufallsgrößen X und – X miteinander!

HA 294 Bestimmen Sie die Varianz der Zufallsgröße X – Y für den Fall, dass X und Y zwei voneinander stochastisch unabhängige Zufallsgrößen mit den Varianzen VarX und VarY sind!

HA 295 Die Zufallsgröße X bezeichne die auf Wochen gerundete Aufenthaltsdauer eines Patienten im Krankenhaus, der sich eine Hüfte gebrochen hat.

Aufenthaltsdauer X in Wochen	3	4	5	6	7	8	9	≥ 10
P(X = x)	0,05	0,10	0,13	0,26	0,18	0,11	0,08	0,09

a) Welche relative Häufigkeit für eine Aufenthaltsdauer von mehr als sechs Wochen ist zu erwarten?

b) Skizzieren Sie die Verteilungsfunktion von X!

c) Berechnen Sie den Erwartungswert und die Standardabweichung von X! Interpretieren Sie diese Größen!

d) Bei Patienten, die älter als 60 Jahre sind, verlängert sich die Dauer des Krankenhausaufenthalts erfahrungsgemäß um 2 Wochen. Welcher Erwartungswert und welche Standardabweichung ergeben sich daher für ältere Patienten?

HA 296 Die Zufallsgröße X gebe die zufällig gefallene Augenzahl beim einmaligen Werfen eines L-Würfels an. Die Zufallsgrößen Y und Z seien folgendermaßen definiert:

$Y = \frac{1}{4}(X + X + X + X), \quad Z = \frac{1}{4}X + \frac{3}{8}X + \frac{1}{4}X + \frac{1}{8}X.$

a) Interpretieren Sie Y und Z anhand des zu X gehörenden Zufallsexperiments!
b) Bestimmen Sie die Erwartungswerte von Y und Z!
c) Bestimmen Sie die Standardabweichungen von Y und Z!

HA 297 Gegeben seien zwei ideale Drei-Augen-Würfel W_1 und W_2 mit den Netzen

W_1 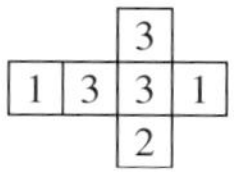

und W_2 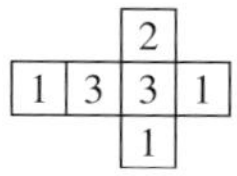

Die Zufallsgröße X_i gibt die zufällige Augenzahl beim einmaligen Werfen des Würfels W_i ($i \in \{1; 2\}$) an.

a) Bestimmen Sie EX_1 und D^2X_1!
b) Bestimmen Sie die Wahrscheinlichkeitsverteilung, den Erwartungswert und die Standardabweichung der zufälligen Augensumme Y beim gleichzeitigen Würfeln mit W_1 und W_2!
c) Berechnen Sie den Erwartungswert der zufälligen Augensumme Z, für die W_1 genau 15-mal und W_2 genau 30-mal geworfen werden!

HA 298 Gegeben sei die Zufallsgröße X durch folgende Wahrscheinlichkeitsverteilung:

x_i	0	1	2
$P(X = x_i)$	0,25	0,50	0,25

a) Berechnen Sie EX und D^2X!
b) Beschreiben Sie ein Urnenmodell zur Simulation des zu X gehörenden Zufallsexperiments!
c) Berechnen Sie auf zwei Arten $E(X + X)$!
d) Begründen Sie, dass X und 2X nicht voneinander stochastisch unabhängig sind!
e) Berechnen Sie $E(2X)$ und $D^2(2X)$!
f) Ermitteln Sie $E(X + 2 \cdot X)$ sowie die Wahrscheinlichkeitsverteilung und den Erwartungswert von $X \cdot 2X$!

HA 299 Bei einem Glücksspiel werde einmal mit zwei LAPLACE-Würfeln geworfen. Der Spielereinsatz beträgt 1 €. Wirft der Spieler einen Pasch (n; n), so erhält er den um n Euro vermehrten Einsatz zurück. Wirft er die Augensumme 7, so bekommt er nur den Einsatz zurück. In allen übrigen Fällen verliert er den Einsatz an die Bank.

Die Zufallsgröße N gebe den zufälligen Nettogewinn des Spielers bei einem Spiel an.

a) Ermitteln Sie die Wahrscheinlichkeitsverteilung von N!
b) Berechnen Sie Erwartungswert und Streuung von N!
c) Wie viel wird die Bank vermutlich bei 2000 Spielen ungefähr verdienen?
d) Bestimmen Sie die Einsatzhöhe so, dass das Spiel fair wird!

HA 300 Zum automatischen Abfüllen von 0,75 Liter-Getränkeflaschen werden der Firma GREIWA die Maschinen M_1 und M_2 angeboten. Ein Probelauf, bei der beide Maschinen auf den Sollwert 750 ml eingestellt waren, zeigte folgende Ergebnisse:

Füllmenge in ml	742	744	746	748	750	752	754	756	758
Flaschenanzahl bei M_1	0	41	62	168	498	163	54	19	0
Flaschenanzahl bei M_2	8	34	69	192	511	172	48	25	9

Welche der beiden Maschinen hält den Sollwert exakter ein?

HA 301 Einem Teehaus werden zur automatischen Abfüllung von Tee die beiden Maschinen M_1 und M_2 angeboten. Ein Test, bei dem M_1 und M_2 auf den Sollwert 200 g eingestellt waren, erbrachte folgende Daten:

Füllgewicht	194 g	196 g	198 g	200 g	202 g	204 g	206 g
absolute Häufigkeit bei M_1	10	25	95	250	80	25	15
absolute Häufigkeit bei M_2	12	42	78	330	90	36	12

Beurteilen Sie aufgrund dieser Daten die Qualität beider Maschinen!

HA 302 Ein Zeitschriftenhändler, der die Wochenzeitschriften *Rügena* und *Rügeni* führt, hat längerfristig das diesbezügliche Kaufverhalten beobachtet und legt jetzt seiner Bezugsstrategie folgende Erwartungswerte zugrunde:

Rügena	Anzahl X der verkauften Exemplare sei i	0	1	2		
	P(X = i)	0,1	0,2	0,7		
Rügeni	Anzahl Y der verkauften Exemplare sei k	0	1	2	3	4
	P(Y = k)	0,00	0,10	0,35	0,20	0,35

Der Händler bezieht wöchentlich zwei Exemplare der *Rügena* zu je 1,75 € und drei Exemplare der *Rügeni* zu je 1,45 €. Er verkauft die *Rügena* zu einem Stückpreis von 3,50 € und die *Rügeni* zu einem Stückpreis von 3 €. Der Händler geht davon aus, dass sich der Verkauf beider Zeitschriften unabhängig voneinander vollzieht. Die Zufallsgröße G gebe den zufälligen Gewinn an, den der Händler aus dem Verkauf beider Zeitschriften erzielt.

a) Ermitteln Sie die Wahrscheinlichkeitsverteilung von G!

GTA b) Welchen Gewinn EG hat der Händler zu erwarten?

GTA c) Welche Standardabweichung weist G auf?

d) Mit welcher Wahrscheinlichkeit erzielt der Händler einen Verlust, d.h. einen negativen Gewinn?

GTA e) Zeichnen Sie den Graphen der Verteilungsfunktion F der Zufallsgröße G!

f) Mit welcher Wahrscheinlichkeit beträgt der Gewinn mehr als 1 €, aber weniger als 4 €?

HA 303 Die Genetik untersucht neben den Vererbungsregeln entsprechend der MENDELschen Gesetze auch die Verteilung der Gene in der Nachkommenschaft ganzer Populationen. Das HARDY-WEINBERG-Gesetz für ideale Populationen beschreibt den Sachverhalt der Erbkonstanz durch die Formel $p^2 + 2pq + q^2 = 1$.

Eizellen \ Spermien	A	a	
A	AA	Aa	p
a	Aa	aa	q
	p	q	

a) Begründen Sie diese Formel anhand der gegebenen Vierfeldertafel!

Durch statistische Erhebungen in einer Population kann man die relative Häufigkeit $h_n(\{aa\})$ ermitteln, wenn z.B. bei den Individuen mit dem Genotyp aa eine bestimmte Krankheit stets ausbricht.
In einer Bevölkerung finde man unter 10 000 Menschen einen PKU-Kranken (PKU - Phenylketonurie; Stoffwechselkrankheit).

b) Berechnen Sie P({AA}), P({Aa}) und P({aa}) und interpretieren Sie diese Größen!

c) Ein Mann war PKU-krank, wurde jedoch durch eine Diät geheilt, besitzt aber die Allele aa. Der Mann ist mit einer gesunden Frau verheiratet, in deren Verwandtschaft kein Fall von PKU bekannt ist.
Mit welcher Wahrscheinlichkeit ist die Frau Überträgerin von PKU?
Mit welcher Wahrscheinlichkeit besitzt ein Kind dieser Eltern den Genotyp aa?
Wie groß ist die Wahrscheinlichkeit für die Geburt eines gesunden Kindes, wenn die Frau bereits ein krankes Kind geboren hat?

HA 304 Beweisen Sie durch eine formale Rechnung (ohne Sätze bezüglich Erwartungswert oder Streuung spezieller Funktionen von Zufallsgrößen anzuwenden): Wird jeder der Werte einer Zufallsgröße

$A_k \mathrel{\hat=} \begin{pmatrix} a_1 & a_2 & \dots & a_k \\ p_1 & p_2 & \dots & p_k \end{pmatrix}$ um das k-fache erhöht, so vergrößern sich Erwartungswert und Standardabweichung auf das (k + 1)-fache.

HA 305

a) Was ist (im wahrscheinlichkeitstheoretischen Sinne) unter einer „idealen Münze" zu verstehen?
b) Wie groß ist die Wahrscheinlichkeit des Ereignisses A = {bei fünfmaligen Werfen einer idealen Münze wird fünfmal „Zahl" geworfen}?
c) Interpretieren Sie die in b) berechnete Wahrscheinlichkeit P(A) im Vergleich zu den relativen Häufigkeiten $h_n(A)$!

HA 306 Beim 40-maligen Werfen eines L-Würfels, dessen Seitenflächen mit 1 bis 6 durchnummeriert sind, kann die Summe der geworfenen Augenzahlen durchaus größer als 200 sein. Praktisch wird dieser Fall jedoch nie eintreten. Begründen Sie diese Behauptung!

HA 307 Wissen ist gut – Kontrolle ist besser: Aufgaben zur Selbstkontrolle

a) Was versteht man unter einer diskreten Zufallsgröße X?
b) Welchen Wert besitzt die Summe $\sum_{i=1}^{n} P(X = x_i)$ für die Zufallsgröße $\begin{pmatrix} x_1 & x_2 & \cdots & x_n \\ p_1 & p_2 & \cdots & p_n \end{pmatrix}$?
c) Was kann man über die Monotonie der Verteilungsfunktion F mit $F(x) = P(X \le x)$ einer endlichen Zufallsgröße X aussagen?
d) Wie berechnet man den Erwartungswert einer endlichen Zufallsgröße?
e) Wie ist der Erwartungswert einer Zufallsgröße anschaulich zu interpretieren?
f) Welcher Zusammenhang besteht zwischen dem Erwartungswert einer endlichen Zufallsgröße und dem arithmetischen Mittel aller seiner möglichen Werte?
g) Für welche Zufallsgrößen gelten die folgenden Eigenschaften (1), (2) bzw. (3):
(1) $E(X + Y) = EX + EY$ (2) $E(X \cdot Y) = EX \cdot EY$ (3) $D^2(X + Y) = D^2X + D^2Y$
h) Durch welche wahrscheinlichkeitstheoretischen Aussagen kann das empirische Gesetz der großen Zahlen objektiviert werden?

Entscheiden Sie jeweils, ob die folgende Aussage wahr oder falsch ist:
i) Eine Zufallsgröße X ordnet jedem Ergebnis $e \in \Omega$ ein Ereignis $A \in 2^{\Omega}$ zu.
k) Eine Zufallsgröße X ordnet jedem Ergebnis $e \in \Omega$ eine reelle Zahl X(e) zu.
l) Wenn die Zufallsgröße X die zufällige Maßzahl der Masse eines Magdeburger Schülers angibt, so ist X diskret, weil $0 < X < 200$ gilt.
m) Für jede Zufallsgröße X gilt $X + X = 2 \cdot X$.
n) Es gibt Zufallsgrößen X, Y, für die $E(X + Y) = EX + EY$ gilt.
o) $D^2(aX) = a^2 \cdot D^2X \Rightarrow D^2X = D^2(-X)$.
p) $E(aX) = a \cdot EX \Rightarrow EX = E(-X)$
q) Die Streuung einer endlichen Zufallsgröße ist niemals kleiner als null.
r) Der Erwartungswert einer endlichen Zufallsgröße ist niemals gleich null.
s) Die Verteilungsfunktion F einer Zufallsgröße X ist stets für alle reellen Zahlen definiert.

H 5 Binomialverteilung

H 5.1 BERNOULLI-Experimente

HA 308 Zufallsexperiment: Einmaliges Werfen eines mit den Augenzahlen 1, 2, 2, 3, 3, 3 beschrifteten fairen Würfels

Interpretieren Sie dieses Zufallsexperiment auf drei verschiedene Arten als BERNOULLI-Experiment, geben Sie die zugehörige BERNOULLI-Größe sowie deren Erwartungswert und Streuung an!

Erfolg (1): Augenzahl 2 Misserfolg (0):

Erfolgswahrscheinlichkeit: p =	Misserfolgswahrscheinlichkeit:
$X \mathrel{\widehat{=}} \begin{pmatrix} 1 & 0 \\ & \end{pmatrix}$	EX = D^2X =
Misserfolg (0): prime Augenzahl	Erfolg (1):
Misserfolgswahrscheinlichkeit: 1 – p =	Erfolgswahrscheinlichkeit:
$Y \mathrel{\widehat{=}} \begin{pmatrix} 1 & 0 \\ & \end{pmatrix}$	EY = D^2Y =
Erfolg (1):	Misserfolg (0):
Erfolgswahrscheinlichkeit: $p = \frac{1}{2}$	Misserfolgswahrscheinlichkeit:
$Z \mathrel{\widehat{=}} \begin{pmatrix} & \\ & \end{pmatrix}$	EZ = D^2Z =

HA 309 Beschreiben Sie die nachfolgend angegebenen Zufallsexperimente jeweils als BERNOULLI-Größe $X \mathrel{\widehat{=}} \begin{pmatrix} 1 & 0 \\ p & 1-p \end{pmatrix}$ mit dem „Erfolg“ 1:

a) Einmaliges Werfen eines mit den Augenzahlen 1, 2, 3, 4, 5 und 6 beschrifteten L-Würfels, bei dem das Fallen der Augenzahl 6 als „Misserfolg“ bezeichnet wird.

b) Einmaliges Werfen eines mit den Augenzahlen 1, 1, 1, 2, 3, 3 beschrifteten idealen Würfels, bei dem das Fallen der Augenzahl 3 als „Erfolg“ gewertet wird.

c) Einmaliges Werfen eines Kronenverschlusses, der mit der Wahrscheinlichkeit 0,67 nach oben geöffnet auffällt und bei dem 0 als „fällt nach unten geöffnet auf“ interpretiert wird.

d) Entnehmen einer Kugel „auf gut Glück“ aus einer Urne mit genau sieben (zwei weißen und fünf roten) Kugeln, wobei das Ziehen einer roten Kugel als „Misserfolg“ registriert wird.

e) „Blindes“ Entnehmen ohne Zurücklegen von zwei Kugeln aus einer Urne mit genau dreizehn (acht weißen und fünf roten) Kugeln, wobei das Ziehen zweier gleichfarbiger Kugeln als Misserfolg angesehen wird.

f) Der laufenden Produktion von Chipkarten, deren Fehlerquote 7,5 % betrage, werde eine Karte zur Qualitätskontrolle entnommen.

g) Ausgang des Damenfinales beim diesjährigen Leipziger Tennisturniers.

HA 310 Begründen Sie, dass die nachfolgend genannten BERNOULLI-Experimente jeweils als eine Interpretation der BERNOULLI-Größe $X \mathrel{\widehat{=}} \begin{pmatrix} 1 & 0 \\ 0{,}75 & 0{,}25 \end{pmatrix}$ geeignet sind:

a) Einmaliges Werfen eines LAPLACE-Tetraeders mit den Augenzahlen 1, 1, 1 und 3, wobei das Fallen der Augenzahl 3 als „Misserfolg“ interpretiert wird.

b) Zweimaliges Werfen einer ungezinkten 1-€-Münze, wobei als „Erfolg“ zählt, wenn wenigstens einmal Zahl fällt.

c) Zweimaliges Werfen eines fairen und mit den Augenzahlen 1, 2, 3, 4, 5 und 6 beschrifteten Würfels, wobei ein Erfolg eintritt, wenn sich als gefallene Augensumme weder 5 noch 8 ergibt.

d) Zweimaliges Werfen eines idealen und mit den Augenzahlen 1, 2, 3 und 4 beschrifteten Tetraeders, wobei als Erfolg gewertet wird, wenn das Produkt der gefallenen Augenzahlen nicht größer als 8 ist.

e) Aufeinander folgendes Entnehmen „auf gut Glück“ von genau drei Kugeln ohne Zurücklegen aus einer Urne mit genau 10 (5 weißen, 3 blauen und 2 roten) Kugeln, wobei das Ziehen von einer blauen Kugel und zwei weißen Kugeln als Misserfolg angesehen wird.

f) Zwei Bauteile, die unabhängig voneinander in einem bestimmten Zeitintervall jeweils mit der Wahrscheinlichkeit 0,5 ausfallen, werden als Anlage parallel geschaltet.

H 5.2 BERNOULLI-Ketten; binomialverteilte Zufallsgrößen

HA 311 Entscheiden Sie, ob das jeweils gegebene Zufallsexperiment als eine BERNOULLI-Kette aufgefasst werden kann. Geben Sie gegebenenfalls die Länge n, den „Erfolg" sowie die Erfolgswahrscheinlichkeit p an!

a) Einer Urne mit genau 85 Kugeln (48 weißen und 37 blauen) werden nacheinander und mit Zurücklegen genau 11 Kugeln entnommen.
b) Einer Urne mit genau 100 Kugeln (64 weißen und 36 blauen) werden nacheinander genau 10 Kugeln entnommen.
c) Ein LAPLACE-Tetraeder, dessen Begrenzungsflächen mit den Augenzahlen 1, 2, 3, 4 durchnummeriert sind, wird zehnmal geworfen.
d) Ein gezinktes Tetraeder, dessen Begrenzungsflächen mit den Augenzahlen 1, 2, 3, 4 durchnummeriert sind, wird zehnmal geworfen.
e) Zehn gezinkte Tetraeder, deren Begrenzungsflächen jeweils mit den Augenzahlen 1, 2, 3, 4 durchnummeriert sind, werden gleichzeitig geworfen.
f) Aus einer Bevölkerung mit 5 % Linkshändern werden 100 Personen „auf gut Glück" ausgewählt. Es wird registriert, wer Linkshänder ist und wer nicht.

HA 312 Einer Urne mit genau 20 (8 weißen, 5 roten und 7 blauen) Kugeln werden „blind" nacheinander und mit Zurücklegen genau sieben Kugeln entnommen.

a) Ergänzen Sie die folgenden Angaben zum mathematischen Modell:

BERNOULLI-Kette: Länge n =
Erfolg:
Erfolgswahrscheinlichkeit p =
Zufallsgröße X: zufällige Anzahl der … Kugeln bei … Ziehungen
$X \sim B\ldots$

b) Mit welcher Wahrscheinlichkeit werden genau k ($k \in \{0; 1; 2; 3; 4; 5; 6; 7\}$) rote Kugeln entnommen? **GTA**
Ergänzen Sie dazu folgende Angaben:
$P(X = 0) = B\ldots(\{\ldots\}) =$
$P(X = 1) = \ldots$
$\vdots$

c) Mit welcher Wahrscheinlichkeit sind (mindestens) die dritte, fünfte und siebente entnommene Kugel rot?

HA 313 Mit welcher Wahrscheinlichkeit sind mindestens elf von dreizehn rein zufällig ausgewählten Zahlen gerade? **GTA**

HA 314 Mit welcher Wahrscheinlichkeit haben von den 784 Schülern eines Gymnasiums **GTA**

a) genau drei am 08.03. b) mindestens drei am 03.08. c) mindestens einer am 29.02.
Geburtstag?

HA 315 In einer Urne befinden sich genau 20 Kugeln (14 blaue, 6 weiße). $P(X = 7) = \binom{20}{7} \cdot 0{,}3^7 \cdot 0{,}7^{13}$

a) Berechnen Sie den auf sechs Dezimalen gerundeten Zahlenwert von $P(X = 7)$!
b) Interpretieren Sie die folgenden Termteile $\binom{20}{7}$; 0,3; $0{,}3^7$; 0,7; $0{,}7^{13}$; $\binom{20}{7} \cdot 0{,}3^7 \cdot 0{,}7^{13}$ sowie X!
c) Interpretieren Sie (im Zusammenhang mit der gegebenen Urne) die Zufallsgrößen X_7, Y, Z und ergänzen Sie die folgenden Gleichungen zu wahren Aussagen:

$P(X_7 \ldots) = 1 - 0{,}3^7 - 0{,}7^7$; $P(Y \ldots) = 1 - \binom{5}{2} \cdot 0{,}7^2 \cdot 0{,}3^3$; $P(Z \ldots) = \sum_{i=5}^{12} \binom{12}{i} \cdot 0{,}3^i \cdot 0{,}7^{12-i}$.

d) Interpretieren Sie (im Zusammenhang mit der gegebenen Urne) die Ereignisse A und B, wenn für sie die folgenden Wahrscheinlichkeiten gelten:

$P(A) = \binom{5}{2} \cdot 0{,}3^3 \cdot 0{,}7^3 \qquad P(B) = \sum_{i=0}^{4} \binom{10}{i} \cdot 0{,}7^{i+1} \cdot 0{,}3^{10-i}$

GTA e) Langjährige Statistiken eines Gymnasiums belegen, dass 70 % der in der fünften Klasse eingeschulten Schüler an diesem Gymnasium das Abitur bestehen. Frau Plan denkt sich: In meiner fünften Klasse sind genau 20 Schüler. Demzufolge beträgt die Wahrscheinlichkeit, dass von ihnen mehr als 14 das Abitur an diesem Gymnasium ablegen werden, ca. 0,42. Diskutieren Sie, inwieweit es sinnvoll ist, für dieses Problem der fünften Klasse das Modell einer binomialverteilten Zufallsgröße zu wählen!

HA 316 X sei eine binomialverteilte Zufallsgröße mit den Parametern $n = 4$ und $p = 0{,}6$.

GTA a) Geben Sie die Wahrscheinlichkeitsverteilung von X in Form einer Wertetabelle an!

b) Geben Sie für X ein sicheres Ereignis an!

c) Veranschaulichen Sie die Wahrscheinlichkeitsverteilung von X in einem Stabdiagramm und markieren Sie $P(X \in \{1; 3\})$!

GTA d) Stellen Sie die Wahrscheinlichkeitsverteilung von X als Histogramm dar und markieren Sie darin $P(X > 1)$!

GTA e) Zeichnen Sie den Graphen der Verteilungsfunktion $F_{4;\,0,6}$ von X und markieren Sie $P(X \leq 2{,}3)$!

GTA **HA 317**

a) Die Zufallsgröße X ist binomialverteilt mit den Parametern $n = 5$ und $p = \frac{1}{7}$. Berechnen Sie $P(X = 4)$, $P(X \geq 4)$, $P(X < 4)$, $P(X > 4)$, $P(X \neq 4)$, $P(2 < X \leq 4)$ sowie $P(2X \leq 4)$ auf fünf Dezimalen gerundet!

b) Berechnen Sie die Wahrscheinlichkeiten $B_{5;\,0,71}(\{3\})$, $B_{5;\,0,29}(\{2\})$, $B_{10;\,0,12}(\{2; 3\})$, $B_{10;\,0,32}(\{1; 2; \ldots; 10\})$!

c) Beim viermaligen (unabhängig voneinander erfolgenden) Realisieren eines BERNOULLI-Experiments treten genau zwei Erfolge mit der Wahrscheinlichkeit $\frac{1}{6}$ ein. Berechnen Sie die Erfolgswahrscheinlichkeit p!

d) Bei einem BERNOULLI-Experiment mit der Länge 4 und der Erfolgswahrscheinlichkeit p tritt mindestens ein Misserfolg mit einer Wahrscheinlichkeit von 0,40 ein. Berechnen Sie den auf zwei Dezimalen gerundeten Wert für p!

e) Wie oft muss ein BERNOULLI-Experiment (unabhängig voneinander) realisiert werden, damit bei einer Erfolgswahrscheinlichkeit von 0,75 mindestens ein Erfolg mit einer Wahrscheinlichkeit von mindestens 0,99 eintritt?

GTA **HA 318** Erfahrungsgemäß sei ein Speicherchip mit einer Wahrscheinlichkeit von 0,13 defekt. Mit welcher Wahrscheinlichkeit sind von 12 Chips

a) genau einer, b) genau zwei, c) höchstens einer, d) mehr als zehn

defekt?

GTA **HA 319** Erfahrungsgemäß stellt eine Maschine Unterlegscheiben mit einem Ausschussanteil von 7 % her. Der laufenden Produktion werden Unterlegscheiben zur Kontrolle entnommen.

Berechnen Sie die Wahrscheinlichkeit dafür, dass sich unter genau

a) fünf b) zehn

entnommenen Unterlegscheiben kein Ausschussteil befindet!

Berechnen Sie die Wahrscheinlichkeit dafür, dass die zehnte entnommene Unterlegscheibe

c) das erste d) das zweite

entnommene Ausschussteil ist!

Berechnen Sie die Wahrscheinlichkeit dafür, dass man

e) frühestens f) spätestens

bei der fünften Entnahme ein Ausschussteil erhält!

g) Berechnen Sie die Wahrscheinlichkeit dafür, dass man bei der zehnten Entnahme das dritte Ausschussteil erhält!

HA 320 Wie groß ist die auf drei Dezimalen gerundete Wahrscheinlichkeit beim einmaligen Werfen von **GTA**

a) zwei L-Münzen mit Wappen und Zahl genau einmal Zahl,
b) vier mit den Augenzahlen 1, 2, 3, 4 durchnummerierten L-Tetraedern genau zwei Vieren,
c) sechs L-Würfeln genau drei Sechsen

zu erzielen?

HA 321 Es werden vier unabhängige Zufallsexperimente durchgeführt, wobei in jedem das Ereignis A mit der Wahrscheinlichkeit 0,3 eintreten soll. Das Ereignis B trete mit einer Wahrscheinlichkeit ein, die gleich 1; 0,6 bzw. 0 ist, wenn A nicht weniger als zweimal, genau einmal bzw. keinmal eintrat. Bestimmen Sie die Wahrscheinlichkeit für das Eintreten des Ereignisses B!

HA 322 Ein ideales Dodekaeder mit den Augenzahlen 1, 2, …, 11, 12 wird achtmal hintereinander geworfen. Dabei wird das Fallen der Augenzahl 7 als Erfolg interpretiert.

a) Mit welchen Wahrscheinlichkeiten treten die folgenden Ereignisse A bis E ein: **GTA**
A = {genau viermal wird 7 geworfen} B = {die 7 wird weniger als dreimal geworfen}
C = {genau dreimal oder genau fünfmal wird die 7 geworfen}
D = {weder genau zweimal noch genau siebenmal wird die 7 geworfen}
E = {die 7 wird ungeradzahlig oft gewürfelt}

b) Schreiben Sie die Ereignisse F und G bezüglich der Anzahl der geworfenen Siebenen in Worten!
$P(F) = \binom{8}{2} \cdot (\frac{1}{12})^2 \cdot (\frac{11}{12})^6$ $P(G) = 1 - \frac{1}{12^8} \sum_{i=1}^{7} \binom{8}{i} \cdot 11^{8-i}$

HA 323 Bei der Korrektur der letzten Mathematikklausur stellt Lehrer Stochasius fest, dass von seinen 27 Schülern genau 14 bei Aufgabe 3 zum richtigen Ergebnis gekommen sind. Diese bestand darin, von den drei vorgegebenen Antworten diejenige anzukreuzen, die die richtige ist. Mit welcher Wahrscheinlichkeit werden mindestens 14 richtige Ergebnisse hierbei erzielt, wenn jeder der Schüler sein Kreuz „auf gut Glück“ setzt? **GTA**

HA 324 Unter den Familien mit genau drei (einzeln geborenen) Kindern wird eine Familie „auf gut Glück“ ausgewählt. Berechnen Sie die Wahrscheinlichkeiten der folgenden Ereignisse A bis H unter der Modellannahme, dass die Wahrscheinlichkeit für die Geburt eines Mädchens 0,49 und die Wahrscheinlichkeit für die Geburt eines Jungen 0,51 beträgt: **GTA**

A = {unter den drei Kindern sind genau zwei Mädchen}
B = {unter den drei Kindern sind mindestens zwei Jungen}
C = {unter den drei Kindern ist mindestens ein Junge}
D = {unter den drei Kindern ist nur das Erstgeborene ein Junge}
E = {unter den drei Kindern ist genau ein Junge}
F = {unter den drei Kindern sind mehr Mädchen als Jungen}
G = {zu keinem Zeitpunkt waren es mehr Jungen als Mädchen}
H = {die ersten beiden geborenen Kinder sind Jungen}

HA 325 Albinismus tritt genau dann auf, wenn das Individuum dem Genotyp aa angehört und einem dominant-rezessiven Erbvorgang unterliegt. **GTA**

Berechnen Sie die Wahrscheinlichkeit dafür, dass eine Albino-Mutter und ein Nicht-Albino-Vater mit drei Kindern

a) kein Albino-Kind, b) genau ein Albino-Kind, c) genau zwei Albino-Kinder,
d) mindestens ein Albino-Kind, e) höchstens ein Albino-Kind

haben sowohl für den Fall, dass der Vater vom Genotyp AA ist, als auch für den Fall, dass der Vater vom Genotyp Aa ist!

GTA **HA 326** Es werden k unterscheidbare Kugeln „rein zufällig“ auf n Fächer verteilt. Wie viele Kugeln sind mindestens zu verteilen, damit mit einer Wahrscheinlichkeit von mindestens α mindestens eine Kugel in einem „auf gut Glück“, aber fest ausgewählten Fach liegt? Berechnen Sie Ihren Lösungsterm für $n = 50$ und $\alpha = 0{,}95$!

GTA **HA 327** Ein Bäcker knetet in den Teig für 100 Rosinenbrötchen 200 Rosinen gut unter. Dann wird der Teig in 100 gleiche Teile geschnitten. Mit welcher Wahrscheinlichkeit enthält ein rein zufällig ausgewähltes Brötchen dieser Charge

a) genau zwei, b) mehr als drei

Rosinen?

Mit welcher Wahrscheinlichkeit ist das fünfte dieser Charge rein zufällig (und mit Zurücklegen) entnommene Brötchen

c) das erste, d) das dritte,

das mehr als drei Rosinen enthält?

e) Wie viele Rosinen müsste der Bäcker in den Teig für 100 Rosinenbrötchen kneten, damit ein „auf gut Glück“ ausgewähltes Brötchen mit einer Mindestwahrscheinlichkeit von 0,95 mindestens eine Rosine enthält?

GTA **HA 328** Das Werk Jenchip produziert elektronische Bauelemente mit den drei Maschinen M_1, M_2, M_3 und nur mit diesen. M_1 hat an dieser Gesamtproduktion einen Anteil von 35 %, M_2 von 42 %. Die Ausschussquoten betragen 10 % bei M_1, 25 % bei M_2 und 20 % bei M_3.

a) Berechnen Sie die Wahrscheinlichkeit q_1 dafür, dass von 10 „auf gut Glück“ der Gesamtproduktion entnommenen Bauteilen mehr als 8 keine Ausschussteile sind!

b) „Auf gut Glück“ werden der Gesamtproduktion 25 intakte Bauteile entnommen. Mit welcher Wahrscheinlichkeit q_2 stammen mehr als acht dieser Bauteile von der Maschine M_2? Mit welcher Wahrscheinlichkeit q_3 stammen höchstens 10 Bauteile von M_2 oder M_3?

HA 329 Dem Physiklehrer Herrn Kurzschluss gelingen die E-Experimente nur mit einer Wahrscheinlichkeit von 0,80. An einem Schultag mit sechs Physikstunden sollen in jeder Stunde zwei E-Experimente vorgeführt werden.

a) Mit welcher Wahrscheinlichkeit blamiert sich Herr Kurzschluss an diesem Tag nicht?

b) Mit welcher Wahrscheinlichkeit gelingt an diesem Tag keines seiner E-Experimente?

c) Mit welcher Wahrscheinlichkeit muss Herr Kurzschluss mit genau einem misslungenen E-Experiment rechnen?

d) Wie oft muss Herr Kurzschluss experimentieren, damit die Schüler mit 99%iger Sicherheit wenigstens einen misslungenen Versuch beobachten können?

GTA **HA 330** Lars Spielmann sieht in einem Spielcasino mehrere Glücksräder, die alle in einen schraffierten und einen weißen Sektor aufgeteilt sind, wobei bei jeder Glücksraddrehung der Zeiger mit der Wahrscheinlichkeit p im schraffierten Sektor stehen bleibt. Bei verschiedenen positiven p- und n-Werten ($n \geq 2$) gilt für jedes Glücksrad die ansonsten gleiche Spielregel: Der Spieler erhält genau dann einen Gewinnpunkt, wenn bei n Glücksraddrehungen der Zeiger genau einmal im schraffierten Sektor stehen bleibt.

Untersuchen Sie, wie groß p in Abhängigkeit von n sein muss, damit die Wahrscheinlichkeit, einen Gewinnpunkt zu erhalten, maximal ist! Wie groß ist diese maximale Gewinnwahrscheinlichkeit?

GTA **HA 331** Ein Betrieb liefert jeweils die vier unterschiedlichen Bauteile eines Gerätes an einen anderen Betrieb für die Endmontage. Für jeden Bauteiltyp wird eine Funktionszuverlässigkeit von 90 % zugesagt.

a) Wie groß ist die Wahrscheinlichkeit dafür, dass die vier in ein Gerät montierten Bauteile fehlerfrei arbeiten?

b) Wie groß ist die Wahrscheinlichkeit dafür, dass ein nicht funktionssicheres Gerät die Endmontage verlässt?

c) Der Endmontage wird „auf gut Glück" eine Stichprobe von 20 Geräten entnommen.
Wie groß ist die Wahrscheinlichkeit p_1, dass darunter genau ein Gerät fehlerhaft ist?
Wie groß ist die Wahrscheinlichkeit p_2, dass alle 20 Geräte fehlerfrei sind?
Wie groß ist die Wahrscheinlichkeit p_3, dass genau zwei Geräte der Stichprobe fehlerhaft sind?
Wie groß ist die Wahrscheinlichkeit p_4, dass die beiden zuerst entnommenen Geräte fehlerhaft sind?
Wie groß ist die Wahrscheinlichkeit p_5, dass mindestens ein Gerät der Stichprobe fehlerhaft ist?

d) Welche Funktionssicherheit müsste zugesagt werden, damit die Wahrscheinlichkeit für das Funktionieren des montierten Geräts 0,85 beträgt?

e) Für 30 % der Bauteile wird außer der Funktionstüchtigkeit von 90% der Einsatz in Feuchträumen zugelassen. Wie groß ist die Wahrscheinlichkeit, dass ein Gerät in Feuchträumen einsetzbar ist?

f) Beim späteren Einsatz der oben dargestellten Geräte ermittelte man statistisch die Ausfallwahrscheinlichkeiten von vier Geräten, bezogen auf einen Einsatztag. Dabei ergaben sich folgende Werte (G_i ist das Ereignis {Gerät G_i fällt aus}):
$P(G_1) = 0{,}07$; $P(G_2) = 0{,}14$; $P(G_3) = 0{,}16$; $P(G_4) = 0{,}16$
Geben Sie die Wahrscheinlichkeit folgender Ereignisse E_1, E_2 und E_3 an:
E_1 = {alle Geräte fallen aus}, E_2 = {keines der vier Geräte fällt aus}
E_3 = {wenigstens ein Gerät ist ganztägig einsetzbar}

HA 332 Eine L-Münze wird n-mal geworfen.

a) Mit welcher Wahrscheinlichkeit fällt frühestens beim k-ten Wurf das zweite Mal „Zahl"?

b) Mit welcher Wahrscheinlichkeit p_n fällt dabei (genau) ungeradzahlig oft „Zahl"? Berechnen Sie hierzu p_n für $n \in \{1; 2; 3; 4; 5\}$! Stellen Sie eine Vermutung für den Wert von p_n auf und beweisen Sie diese mittels vollständiger Induktion!

HA 333 Ist die absolute Häufigkeit X eines Ereignisses beim Ziehen ohne Zurücklegen binomialverteilt? Begründen Sie Ihre Antwort!

HA 334 Es sei X eine mit den Parametern n = 10 und p = 0,3 binomialverteilte Zufallsgröße. Berechnen Sie:

a) $P_{X<2}(X = 0)$ b) $P(|X - 3| > 4)$! **GTA**

HA 335 Berechnen Sie die Wahrscheinlichkeit dafür, dass unter 25 „auf gut Glück" ausgewählten Personen

a) mindestens eine mit der Blutgruppe B ist, **GTA**

b) höchstens zwei mit der Blutgruppe AB sind, **GTA**

c) mindestens zwei mit der Blutgruppe 0 sind, **GTA**

d) keine Rh-negativ ist!

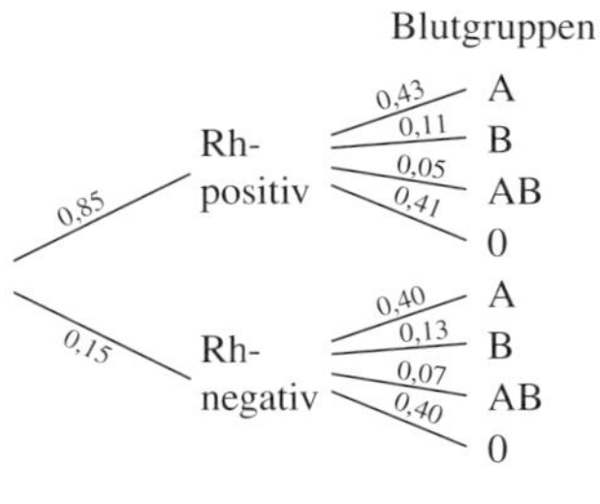

HA 336 **GTA**

a) Ein BERNOULLI-Experiment mit der Erfolgswahrscheinlichkeit p wird zehnmal realisiert.
Bei welchen Werten für p lohnt es sich darauf zu wetten, dass mindestens ein Erfolg eintritt?

b) Ein BERNOULLI-Experiment mit der Erfolgswahrscheinlichkeit von 0,05 wird n-mal realisiert.
Bei welchen Werten für n lohnt es sich darauf zu wetten, dass mindestens ein Erfolg eintritt?

HA 337 In A-Stadt haben 37,2 % der Wähler für die Partei B gestimmt. Fünf „auf gut Glück" befragte Wähler sollen Auskunft über ihr Wahlverhalten geben. **GTA**

a) Mit welcher Wahrscheinlichkeit sind die fünf Befragten Nicht-B-Wähler?
b) Welche Anzahl von B-Wählern unter den fünf Befragten besitzt die größte Wahrscheinlichkeit?

HA 338 Einer Warenlieferung von 1000 gleichartigen Teilen, unter denen sich genau 90 fehlerhafte Teile befinden, werden zehn Teile ohne Zurücklegen entnommen.
a) Berechnen Sie die Wahrscheinlichkeit, dass sich höchstens zwei fehlerhafte Teile darunter befinden!
b) Begründen Sie, dass man die Zufallsgröße X, die die zufällige Anzahl der fehlerhaften Teile unter den zehn herausgegriffenen angibt, näherungsweise als binomialverteilt ansehen kann! Geben Sie die Parameter dieser Binomialverteilung an!

HA 339 Einer Urne mit genau N Kugeln (M weißen, N – M roten) werden genau n Kugeln „auf gut Glück" entnommen. Die Zufallsgröße X gebe die zufällige Anzahl der herausgegriffenen weißen Kugeln an.
a) Unter welchen Bedingungen ist X hypergeometrisch verteilt? Geben Sie – unter diesen Bedingungen – den Term für $P(X = k)$ an!
b) Unter welchen Bedingungen ist X binomial verteilt? Geben Sie – unter diesen Bedingungen – $P(X = k)$ an!

HA 340 $F_{n;\,p}$ sei die Verteilungsfunktion einer mit den Parametern n und p binomialverteilten Zufallsgröße X. Geben Sie die Wahrscheinlichkeiten mithilfe von $F_{n;\,p}$ an (für $k, k_1, k_2 \in \mathbb{N}$, $k_1 < k_2$)!
a) $P(X \leq k)$ b) $P(X \geq k)$ c) $P(k_1 < X < k_2)$

GTA **HA 341** Jeder hergestellte Computer enthalte mit der Wahrscheinlichkeit 0,10 einen Hardwarefehler, der eine ordnungsgemäße Installation verhindert.
a) Mit welcher Wahrscheinlichkeit befinden sich unter 20 „auf gut Glück" ausgewählten Computern
• keiner, • weniger als vier, • mindestens einer, aber höchstens vier
mit einem derartigen Fehler?
b) Wie viele Computer muss man mindestens überprüfen, um mit einer Sicherheit von mehr als 50% wenigstens einen „Fehler-Computer" zu erhalten?

Der Kunde Redlich will eine Computerlieferung von 10 Stück nur annehmen, wenn drei von ihm „auf gut Glück" ausgewählte Computer der Lieferung alle ohne einen solchen Hardwarefehler sind. Mit welcher Wahrscheinlichkeit weist Herr Redlich bei fünf derartigen Lieferungen
c) genau zwei Lieferungen, d) höchstens zwei Lieferungen zurück?

Der Kunde Redlich erhält eine Lieferung von 10 Computern. Der Hersteller muss ihm allerdings die bedauerliche Mitteilung machen, dass sich in der Lieferung wissentlich genau ein Computer mit einem solchen Hardwarefehler befindet, während die anderen der laufenden Produktion entnommen wurden. Trotzdem bleibt Redlich bei seinem Testverfahren. Berechnen Sie die Wahrscheinlichkeit, dass
e) der von Herrn Redlich zuerst überprüfte Computer diesen Fehler besitzt,
f) nur der zuerst überprüfte Computer diesen Fehler besitzt,
g) genau zwei der überprüften Computer diesen Fehler besitzen,
h) der Kunde Redlich die Lieferung annimmt!

Jeder Computer werde mit einem Softwarepaket verkauft. Diese Software enthalte unabhängig vom Hardwarefehler mit der Wahrscheinlichkeit von 0,15 einen Fehler, der sich ebenfalls bei der Installation des Computers bemerkbar macht.
Mit welcher Wahrscheinlichkeit können
i) genau drei von vier, j) mehr als sechs und höchstens neun von zehn
derartigen Computern ohne Fehler auf diese Weise installiert werden?
k) Mit welcher Wahrscheinlichkeit ist ein bei der Installation eines Computers auftretender Fehler, der nur auf diesen beiden Fehlerarten beruhen kann, ein reiner Softwarefehler?

H 5.3 Tabellierungen zur Binomialverteilung

HA 342 X sei eine binomialverteilte Zufallsgröße mit den Parametern n und p. Berechnen Sie **GTA**

a) $B_{10;\,0,3}(\{2\})$, $B_{50;\,\frac{3}{4}}(\{15\})$, $B_{20;\,0,70}(\{14\})$, $B_{100;\,0,20}(\{0;\,1;\,\ldots;\,22\})$,

b) für $n = 9$, $p = 0{,}30$ $P(X \leq 3)$, $P(X < 5)$, $P(X > 7)$, $P(X \geq 2)$, $P(2 < X \leq 7)$, $P(X \geq 1)$,

c) für $n = 20$, $p = 0{,}20$: $P(X \leq 4)$, $P(X < 3)$, $P(X > 7)$, $P(X \geq 5)$, $P(5 < X \leq 15)$,

d) für $n = 200$, $p = 0{,}60$: $P(X \leq 105)$, $P(X < 111)$, $P(X \geq 115)$, $P(X > 150)$, $P(65 \leq X \leq 133)$,

e) für $n = 50$, $p = 0{,}40$: $P(|X - 20| \leq 5)$, $P(|X - 35| > 5)$, $P(|X - 18| \geq 7)$!

Lösen Sie folgende Ungleichungen:

f) $B_{50;\,0,6}(\{0;\,1;\,\ldots;\,k\}) \geq 0{,}95$ g) $B_{10;\,0,25}(\{k\}) > 0{,}10$

h) $B_{20;\,0,90}(\{k\}) \leq 0{,}05$ i) $B_{20;\,0,90}(\{0;\,1;\,\ldots;\,k\}) < 0{,}32$

HA 343 Gegeben sei eine BERNOULLI-Kette der Länge 10 und mit der Erfolgswahrscheinlichkeit 0,2. Berechnen Sie die auf vier Dezimalen gerundeten Wahrscheinlichkeiten der Ereignisse **GTA**
A = {genau siebenmal Erfolg}, B = {höchstens siebenmal Erfolg} und C = {wenigstens siebenmal Erfolg}

a) ohne eine Tabelle zur Binomialverteilung, b) mit einer Tabelle zur Binomialverteilung!

Berechnen Sie die auf vier Dezimalen gerundeten Wahrscheinlichkeiten folgender Ereignisse:

D = {weniger als siebenmal Erfolg},

E = {Anzahl der Erfolge ist nicht kleiner als 2 und nicht größer als 7},

F = {Anzahl der Erfolge ist größer als 2 und höchstens 7},

G = {Anzahl der Erfolge ist kleiner als 2 oder größer als 7} und

H = {Anzahl der Erfolge ist höchstens 2 oder mindestens 7}.

HA 344 Aus einer Urne mit genau 30 Kugeln (12 weißen und 18 blauen) werden blind nacheinander und mit Zurücklegen genau 50 Kugeln entnommen. Die Zufallsgröße X gebe die zufällige Anzahl der blauen Kugeln unter den herausgenommenen Kugeln an. **GTA**

Bestimmen Sie die auf vier Dezimalen gerundeten Wahrscheinlichkeiten folgender Ereignisse A bis G:

A = {von den herausgenommenen Kugeln sind genau 18 blau}

B = {von den herausgenommenen Kugeln sind genau 35 blau}

C = {von den herausgenommenen Kugeln sind höchstens die Hälfte blau}

D = {von den herausgenommenen Kugeln sind mehr als zwei Drittel blau}

E = {von den herausgenommenen Kugeln sind höchstens 35% weiß}

F = {von den herausgenommenen Kugeln sind höchstens 40 und mehr als 25 blau}

G = {die ersten zehn herausgenommenen Kugeln sind alle blau}

HA 345 Auf einem idealen Glücksrad ist ein Sektor von 18° schraffiert. Genau dann, wenn der angebrachte Pfeil nach dem Stillstand des Rades auf diesen schraffierten Sektor zeigt, erhält der Spieler einen Gewinnpunkt. Wie groß ist die auf zwei Dezimalen gerundete Wahrscheinlichkeit, dass der Spieler bei zehnmaligem Drehen des Glücksrades folgende Gewinnpunkte erhält: **GTA**

a) keinen Gewinnpunkt, b) genau zwei Gewinnpunkte,

c) weniger als drei Gewinnpunkte, d) nicht mehr als einen Gewinnpunkt.

HA 346 Fällt beim einmaligen Werfen eines nicht manipulierten und mit den Augenzahlen 1, 2, 3, 4 beschrifteten Tetraeders eine gerade Primzahl, so erhält der Spieler einen Gewinnpunkt. Wie groß ist die auf zwei Dezimalen gerundete Wahrscheinlichkeit p, dass der Spieler beim zwanzigmaligen Werfen dieses Tetraeders **GTA**

a) genau sieben Gewinnpunkte, b) weniger als zehn Gewinnpunkte,

c) mehr als fünf Gewinnpunkte enthält?

Wie oft muss das Tetraeder geworfen werden, damit mit einer Wahrscheinlichkeit von mindestens

d) 0,95, e) 0,99

mindestens ein Gewinnpunkt zu vergeben ist?

Mit welcher Wahrscheinlichkeit q_n ist der

f) der erste, g) der zweite

Gewinnpunkt beim n-ten Wurf zu vergeben? Berechnen Sie q_{10} auf zwei Dezimalen gerundet!

GTA **HA 347** Lösen Sie die folgenden Ungleichungen für $0 < p < 1$ und formulieren Sie eine eingekleidete Aufgabe, zu deren Bearbeitung jeweils die gegebene Ungleichung zu lösen ist:

a) $B_{50;\,p}(\{50\}) \geq 0{,}07$ b) $B_{100;\,p}(\{0\}) \leq 0{,}0005$ c) $B_{2;\,p}(\{0;\,1\}) \geq 0{,}34$

d) $B_{2;\,p}(\{1\}) \geq 0{,}53$ e) $B_{2;\,p}(\{1\}) > 0{,}42$ f) $B_{2;\,p}(\{1;\,2\}) \geq B_{4;\,p}(\{2;\,3;\,4\})$

g) $B_{n;\,0,3}(\{3\}) > B_{n;\,0,3}(\{2\})$ h) $B_{n;\,0,7}(\{1;\,2;\,\ldots;\,n\}) > 0{,}999$

GTA **HA 348** Patrick und Achim sind zwei gleich starke Schachspieler. Untersuchen Sie, was wahrscheinlicher ist: Patrick gewinnt

a) genau drei von vier oder genau fünf von acht,

b) mindestens drei von vier oder mindestens fünf von acht

seiner Schachpartien gegen Achim.

c) Welche Gewinnwahrscheinlichkeit p $(0 < p < 1)$ müsste Patrick im Schachspiel haben, damit die beiden Ereignisse
A = {Patrick gewinnt genau drei der vier Schachpartien} und
B = {Patrick gewinnt genau fünf der acht Schachpartien}
dieselbe Wahrscheinlichkeit besitzen?

HA 349 Jedes der neun Mitglieder des Kurssprecherrates eines Gymnasiums kommt nur mit der Wahrscheinlichkeit von 0,5 zu der jeweils angesetzten Beratung.

a) Berechnen Sie, mit welcher Wahrscheinlichkeit mindestens eine Zweidrittelmehrheit anwesend ist!

GTA b) Mit welcher auf zwei Dezimalen gerundeten Wahrscheinlichkeit müsste jedes der Mitglieder erscheinen, damit die zur Beschlussfassung notwendige Zweidrittelmehrheit mit der Wahrscheinlichkeit von 0,95 (0,90; 0,80) anwesend ist?

HA 350 Am Tag nach einem Schulfest unterhält sich der Direktor mit einigen Schülern.

a) Der Direktor behauptet, dass mindestens 60 % der gestrigen Schulfestteilnehmer ($p = 0{,}60$) unter Müdigkeit und Kopfschmerz leiden.

b) Maik ist der Meinung, dass bestimmt 50 % der Schulfestteilnehmer ($p = 0{,}50$) nicht mit der Musik einverstanden waren, die bei der Feier gespielt wurde.

c) Der Schülersprecher vermutet, dass mindestens 20 % der Schüler ($p = 0{,}20$) heimlich Alkohol konsumierten.

Man entschließt sich zu einer anonymen Befragung unter 200 „auf gut Glück" ausgewählten Schülern, die am gestrigen Schulfest teilgenommen haben. Man stellte folgende Fragen:

- Fühlst du dich heute morgen unwohl und müde?
- Gefiel dir die Musik des Abends?
- Hast du während der Fete heimlich Alkohol getrunken?

Bestimmen Sie die Mindestanzahl k der Schüler, die die jeweilige Frage mit „ja" beantworten müssen, damit die Ungleichung $B_{200;\,p}(\{0;\,1;\,2;\,\ldots;\,k-1\}) \leq 0{,}01$ gilt, dass man also die jeweilige eingangs genannte Behauptung mit einer Irrtumswahrscheinlichkeit von höchstens 0,01 als richtig einstufen kann!

GTA **HA 351** Bei einer Schulmannschaft eines Sportgymnasiums kann erfahrungsgemäß davon ausgegangen werden, dass sie 75 % ihrer Spiele bei Vergleichen mit Schulmannschaften anderer Gymnasien gewinnt. Mit welcher Wahrscheinlichkeit p gewinnt diese Mannschaft von ihren 20 Spielen

a) genau 13, b) mehr als 13, c) höchstens 13, d) weniger als 17 und mehr als 12?
e) Wie viele Spiele muss die Mannschaft mindestens austragen, um mit mindestens 95-prozentiger Sicherheit mindestens ein Spiel zu gewinnen?

HA 352 Zum Sonderpostenverkauf werden Bauteile angeboten, von denen durchschnittlich jedes fünfte Teil einen Defekt aufweist. GTA

a) Wie groß ist die Wahrscheinlichkeit dafür, dass unter 20 dieser gekauften Bauteile mindestens 15 keinen Defekt besitzen?
b) Mit welcher Wahrscheinlichkeit befinden sich unter 100 gekauften Bauteilen dieser Art weniger als 25 mit einem Defekt?
c) Wie viele dieser Bauteile müsste man kaufen, um mit einer Wahrscheinlichkeit von mindestens 0,99 mindestens fünf ohne Defekt zu erhalten?
d) Beschreiben Sie ein Urnenexperiment, dass geeignet ist, die im Aufgabenteil a) gestellte Frage mittels Simulation (näherungsweise) zu beantworten!

HA 353 Ein Glücksrad hat genau vier Sektoren (einen grünen mit der Aufschrift 3 und drei weiße mit den Aufschriften 1; 2 bzw. 4). Der Winkel des Sektors mit der Aufschrift k (für $k \in \{1; 2; 3; 4\}$) ist k-mal so groß wie der Winkel des Sektors mit der Aufschrift 1. Nur wenn der angebrachte Pfeil nach dem Drehen des Rades auf das grüne Feld zeigt, gewinnt der Spieler. GTA

a) Berechnen Sie die Wahrscheinlichkeiten der folgenden Ereignisse A bis E:
   A = {bei 100-maligem Drehen genau 20 Gewinne}
   B = {bei 100-maligem Drehen weniger als 20 Gewinne}
   C = {bei 100-maligem Drehen mindestens 20 Gewinne}
   D = {bei 100-maligem Drehen mehr als 10 aber höchstens 30 Gewinne}
   E = {beim 101ten Drehen der zwanzigste Gewinn}
b) Beschreiben Sie ein Urnenexperiment, das zur Simulation dieses Glücksraddrehens geeignet ist!
c) Wie oft muss das Glücksrad mindestens gedreht werden, um mit einer Sicherheit von mindestens 95,5 % mindestens einmal zu gewinnen?
d) Bestimmen Sie mithilfe der TSCHEBYSCHEWschen Ungleichung eine untere Schranke p_u für die Wahrscheinlichkeit p, dass für folgendes Ereignis F die relative Häufigkeit $h_{100}(F)$ um weniger als 0,05 von der Wahrscheinlichkeit P(F) abweicht:
   F = {bei einmaligem Drehen zeigt der Pfeil auf den grünen Sektor}
   Vergleichen Sie den Wert p_u mit dem mittels Binomialverteilung berechneten Wert p!
e) Wie oft muss man das Glücksrad drehen, damit mit einer Mindestsicherheit von 50 % die relative Häufigkeit des Ereignisses F (aus d)) um weniger als 0,03 von der Wahrscheinlichkeit P(F) abweicht?
   Schätzen Sie diese gesuchte Anzahl n_{min} mithilfe der TSCHEBYSCHEWschen Ungleichung ab!
   Mit welcher Wahrscheinlichkeit p liegt $h_n(F)$ tatsächlich im Intervall (P(F) – 0,03; P(F) + 0,03)?

HA 354 Ein mit den Augenzahlen 1, 2, 3 und 4 beschriftetes L-Tetraeder wird zehnmal hintereinander geworfen. Berechnen Sie die Wahrscheinlichkeit, dass GTA

a) 1, b) k ($k \in \{2; 3; 4\}$)

die kleinste geworfene Augenzahl ist!

c) Es wird mit einem idealen Würfel geworfen. Formulieren Sie zu dem Ergebnis $\sum_{i=1}^{20} \binom{20}{i} \cdot (\frac{1}{6})^i \cdot (\frac{4}{6})^{20-i}$ eine entsprechende Aufgabe!

HA 355 Gegeben sei ein vierreihiges GALTON-Brett. Dies besteht aus vier Reihen von Hindernissen, wobei sich in der k-ten Reihe genau k ($k \in \{1; 2; 3; 4\}$) Hindernisse befinden. Unter der vierten Reihe sind fünf Fächer angebracht (siehe nebenstehende Figur – vgl. Beispiel H 17). GTA

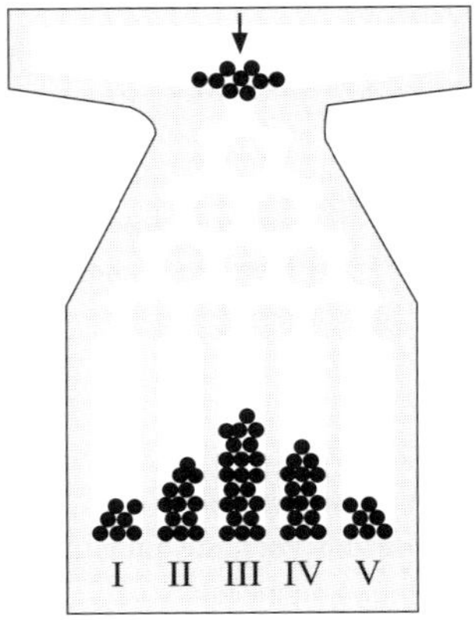

Wenn eine Kugel geeigneter Größe von oben (den Gesetzen der Schwerkraft folgend) durch alle Reihen herunterrollt, so hat sie an jedem Hindernis dieselbe Chance, nach rechts bzw. nach links abgelenkt zu werden.

a) Wie groß ist die Wahrscheinlichkeit dafür, dass die herunterrollende Kugel in das Fach I fällt?
b) Wie groß ist die Wahrscheinlichkeit dafür, dass die herunterrollende Kugel nicht in ein äußeres Fach fällt?
c) Mit welcher Wahrscheinlichkeit fällt die herunterrollende Kugel in eines der Fächer I, III oder V?
d) Das Herunterrollen einer Kugel auf dem vierreihigen GALTON-Brett werde simuliert durch viermaliges Werfen einer idealen Münze. Dabei werde das Fallen der Zahl als Linksablenkung der Kugel interpretiert. Geben Sie alle möglichen Ergebnisse dieses Münzexperimentes an, die zu interpretieren wären als „die herunterrollende Kugel fällt in das Fach III“!

HA 356 Im 22-köpfigen Schülersprecherrat soll über einen Antrag abgestimmt werden, der von den Klassen 8b, 9c und 9d eingebracht worden ist. Die Sprecher aller sieben Klassen der Stufen acht und neun werden für den Antrag stimmen. Die anderen Klassensprecher sind sich auch nach einer ausführlichen Debatte unschlüssig und werden ihr jeweiliges Abstimmungsverhalten durch einen Münzwurf entscheiden. Für die Annahme des Antrages ist eine

a) absolute Mehrheit, b) Zweidrittelmehrheit

erforderlich. Berechnen Sie das Risiko der Ablehnung des Antrages!

H 5.4 Grafische Veranschaulichung der Binomialverteilung $B_{n;\,p}$

GTA **HA 357** Eine Zufallsgröße X ist binomialverteilt mit den Parametern n = 8 und p = 0,73.

a) Schreiben Sie die Wahrscheinlichkeitsverteilung von X auf! Geben Sie hierzu die Wahrscheinlichkeiten auf drei Dezimalen gerundet an!
b) Zeichnen Sie ein zu $B_{8;\,0,73}$ gehörendes Histogramm!
c) Zeichnen Sie den Graphen der zu $B_{8;\,0,73}$ gehörenden Verteilungsfunktion $F_{8;\,0,73}$!

GTA **HA 358** Die Zufallsgröße X_p gebe die zufällige Anzahl der Erfolge und Y_p die zufällige Anzahl der Misserfolge einer BERNOULLI-Kette der Länge n = 5 und der Erfolgswahrscheinlichkeit p an.

a) Stellen Sie die Wahrscheinlichkeitsverteilungen von $X_{0,2}$, $X_{0,5}$ und $X_{0,8}$ in ein und demselben Koordinatensystem als Stabdiagramm dar! Beschreiben Sie, wie sich die grafische Darstellung in Abhängigkeit von p ändert!
b) Welcher Zusammenhang besteht zwischen X_p und Y_p?
c) Wie ändern sich die Histogramme von $X \sim B_{n;\,0,2}$ bei variierendem n?
d) Untersuchen Sie über den Quotienten $\dfrac{B_{n;\,p}(\{k\})}{B_{n;\,p}(\{k+1\})}$ das Monotonieverhalten der Verteilungsfunktion $B_{n;\,p}$!

HA 359 Wissen ist gut – Kontrolle ist besser: Aufgaben zur Selbstkontrolle

a) Wann heißt ein Zufallsexperiment „LAPLACE-Experiment“ und wann „BERNOULLI-Experiment“?
b) Welche Wahrscheinlichkeit besitzt das atomare Ereignis {e}, wenn e ein Ergebnis mit genau k registrierten Erfolgen einer BERNOULLI-Kette der Länge n und der Erfolgswahrscheinlichkeit p ist?
c) Was ist eine BERNOULLI-Kette? Welcher Zusammenhang besteht zwischen einer BERNOULLI-Kette und der Binomialverteilung?
d) Welche Wahrscheinlichkeiten besitzen die Ereignisse

A = {erster Erfolg bei der n-ten Realisierung des BERNOULLI-Experiments},
B = {erster Erfolg frühestens bei der n-ten Realisierung des BERNOULLI-Experiments} und
C = {k-ter Erfolg bei der n-ten Realisierung des BERNOULLI-Experiments} ($k \in \{1; 2; \ldots; n\}$)
einer BERNOULLI-Kette der Länge n mit der Erfolgswahrscheinlichkeit p?

e) Wie viele und welche Werte kann eine Zufallsgröße X annehmen, wenn sie binomialverteilt ist mit $X \sim B_{n;\,p}$?
f) Für welche Werte von p und n ist die Binomialverteilung $B_{n;\,p}$ symmetrisch?
g) Für welche reellen Zahlen p gilt $B_{150;\,0,3}(\{0; 1; \ldots; 100\}) < B_{150;\,p}(\{0; 1; 2; \ldots; 100\})$?
h) Für welche reellen Zahlen p gilt $1 - B_{35;\,0,8}(\{0; 1; \ldots; 10\}) \leq 1 - B_{35;\,p}(\{0; 1; \ldots; 10\})$?

Entscheiden Sie für jede der folgenden Aussagen, ob sie wahr oder falsch ist:

i) Ein BERNOULLI-Experiment hat nur zwei Ergebnisse.
j) Jedes BERNOULLI-Experiment ist auch ein LAPLACE-Experiment.
k) Es gibt LAPLACE-Experimente, die BERNOULLI-Experimente sind.
l) Der n-fache Münzwurf mit „Zahl“ als Treffer ist eine BERNOULLI-Kette.
m) Eine BERNOULLI-Kette ist eine Serie von gleichen BERNOULLI-Experimenten.
n) Das Ergebnis einer BERNOULLI-Kette der Länge n ist stets eine reelle Zahl.
o) Das Ergebnis einer BERNOULLI-Kette der Länge n wird als n-Tupel geschrieben.
p) Eine $B_{n;\,p}$-verteilte Zufallsgröße X nimmt n Werte an.
q) $X \sim B_{n;\,p} \;\Rightarrow\; P(X = k) = \binom{n}{k} \cdot p^k \cdot (1-p)^k$

H 5.5 Erwartungswert und Streuung binomialverteilter Zufallsgrößen

HA 360 Ein LAPLACE-Tetraeder mit den Seitenbeschriftungen 1, 2, 3 und 4 werde 20-mal geworfen.
Zufallsgröße X: zufällige Anzahl der geworfenen Dreien bei 20 Würfen

a) Berechnen Sie EX, D^2X und DX!
b) Berechnen Sie, wie viele prime Augenzahlen zu erwarten sind!
c) Berechnen Sie die Standardabweichung der zufälligen Anzahl der ungeraden Augenzahlen!
d) Interpretieren Sie den Erwartungswert 15 für dieses zwanzigmalige Tetraederwerfen!

HA 361 Die Zufallsgröße Y sei $B_{n;\,p}$-verteilt. Berechnen Sie ihren Erwartungswert, ihre Varianz sowie ihre Standardabweichung!

a) $n_1 = 3\,100;\; p_1 = 0{,}6$ b) $n_2 = 3{,}2 \cdot 10^7;\; p_2 = 0{,}02$ c) $n_3 = 1\,024;\; p_3 = \frac{5}{8}$

HA 362 Eine $B_{n;\,p}$-verteilte Zufallsgröße X besitze den Erwartungswert μ und die Standardabweichung σ.
Berechnen Sie jeweils die Parameter n_i und p_i!

a) $\mu_1 = 350$, $\sigma_1 = 10$
b) $\mu_2 = 32\,256$, $\sigma_2 = 168$
c) $\mu_3 = 5\,070$, $\sigma_3 = 13 \cdot \sqrt{15}$
d) $\mu_4 = 333\frac{1}{3}$, $\sigma_4 = 16\frac{2}{3}$
e) $\mu_5 = 24{,}5$, $\sigma_5 = 3{,}5$

HA 363 Eine Glücksradscheibe ist in die beiden mit den Augenzahlen 0 bzw. 1 gekennzeichneten Sektoren aufgeteilt. Die beim n-maligen Drehen dieses Glücksrades erzielte Augensumme besitzt den Erwartungswert 273,8 und die Standardabweichung 14,8. Berechnen Sie n!

HA 364 Bei einem Medikament geht man davon aus, dass bei seiner Einnahme mit einer Wahrscheinlichkeit von 0,01 unerwünschte Nebenwirkungen auftreten. Es werden rein zufällig 600 von den mit diesem Medikament behandelten Patienten ausgewählt.

a) Mit welcher Wahrscheinlichkeit treten bei höchstens zwei Patienten unerwünschte Nebenwirkungen auf? **GTA**
b) Bei wie vielen dieser Patienten sind keine unerwünschten Nebenwirkungen zu erwarten?

HA 365 Bei einer großen Warenlieferung ist ein Ausschussanteil von bis zu 5 % als zulässig vereinbart worden. Der Warenlieferung wird eine Stichprobe „auf gut Glück" vom Umfang n = 40 entnommen.

a) Wie viele Ausschussteile sind in einer derartigen Stichprobe zu erwarten?
b) Mit welcher Wahrscheinlichkeit sind bei einer Warenlieferung mit 5 % Ausschuss höchstens zwei Ausschussteile in der Stichprobe?
c) Mit welcher Wahrscheinlichkeit sind die beiden zuerst entnommenen Teile einer Warenlieferung mit 5 % Ausschussanteil tatsächlich Ausschuss?

HA 366 Eine ideale Münze wird siebenmal geworfen. Die Zufallsgröße H sei die absolute Häufigkeit von „Zahl".

GTA a) Berechnen Sie den Erwartungswert von H, ohne die Formel $EX = n \cdot p$ für $X \sim B_{n;\,p}$ zu nutzen!
b) Mit welcher Wahrscheinlichkeit weicht H von ihrem Erwartungswert um mehr als 1 ab?
c) Wie groß ist die Wahrscheinlichkeit dafür, dass H im Intervall [EH – DH; EH + DH] liegt?

HA 367 Von einem in großer Stückzahl produzierten Bauteil genügen

a) 90 %, b) 87,4 %

der geforderten Norm. (Die Stückzahl sei so groß, dass die Entnahme einer Stichprobe vom Umfang n gleichzusetzen ist mit der Entnahme von n Teilen mit Zurücklegen.)
Wie viele nicht normgerechte Bauteile sind in einer Stichprobe vom Umfang 20 zu erwarten?
Mit welcher Wahrscheinlichkeit p befinden sich in einer Stichprobe vom Umfang 20 höchstens zwei nichtnormgerechte Bauteile?

HA 368 Etwa 12 % der Kinder, die in die Grundschule kommen, benutzen zum Schreiben bevorzugt die linke Hand. Es gilt $EX_{450} = 450 \cdot 0{,}88$.

a) Interpretieren Sie die Zufallsgröße X_{450} im gegebenen Sachzusammenhang!
b) Wie viele Linkshänder sind unter 84 eingeschulten Kindern zu erwarten?
c) Wie viele Linkshänder sind unter 350 eingeschulten Kindern zu erwarten? Definieren Sie hierzu eine Zufallsgröße Y_{350} als eine Funktion von X_{350}!

GTA **HA 369** Wie viele nicht geworfene Augenzahlen sind in einer Serie von sechs Würfen mit einem idealen Würfel zu erwarten, dessen Seiten mit den Augenzahlen 1, 2, 3, 4, 5, 6 durchnummeriert sind?

HA 370 Ein Käufer bezieht regelmäßig jeweils eine Packung zu genau 20 Stück eines bestimmten Artikels mit zugesicherter Kaufpreisrückerstattung, wenn mehr als zwei fehlerhafte Stücke in der Packung sind. Der Käufer kann davon ausgehen, dass 2 % der produzierten Stücke dieses Artikels mit einem Fehler behaftet sind. Mit wie viel Prozent „kostenloser" Packungen hat der Käufer zu rechnen?

HA 371 Die Firma Jenchip beabsichtigt, Auslandsvertreter einzustellen, die sprachlich gewandt sind und solide mathematisch-naturwissenschaftlich-technische Kenntnisse besitzen. Die Bewerber müssen sich in einer Prüfung D in Deutsch und Fremdsprachen sowie einer Prüfung M auf mathematisch-naturwissenschaftlich-technischen Gebiet unterziehen. Nur wer beide Prüfungen besteht wird angenommen. Wer den Anforderungen der D-Prüfung nicht genügt, wird abgelehnt. Alle anderen dürfen sich zum nächsten Einstellungstermin wieder bewerben. Die Firma nimmt an, dass sich im Vergleich zu dem letzten diesbezüglichen Einstellungstermin die Bewerberstruktur nicht verändert hat. Jenchip geht daher von folgenden Daten für die Aufnahmeprüfung aus:

- $\frac{2}{3}$ von denen, die die Prüfung D bestehen, sind auch bei der Prüfung M erfolgreich.
- 62 % der Bewerber bestehen die Prüfung M nicht.
- 25 % der Bewerber bestehen die Prüfung M, werden aber abgelehnt, da sie D nicht bestanden haben.

Wie viele Bewerber haben sich diesen Prüfungen zu stellen, damit – unter den obigen Konditionen – 14 Einstellungen zu erwarten sind?

Wie viele Zweitbewerber werden sich für diese Prüfung melden, wenn sich beim letzten Bewerbungstermin 200 Teilnehmer den Prüfungen stellten und sich ca. 80% derjenigen, für die damals eine Zweitbewerbung möglich geworden ist, sich wieder diesen Prüfungen unterziehen?

HA 372 Ermitteln Sie den Wert des Parameters p, für den (bei festgewähltem n) die $B_{n;\,p}$-verteilte Zufallsgröße X_p die größtmögliche Streuung besitzt! **GTA**

HA 373 Begründen Sie, dass „Ziehen mit Zurücklegen" jeweils auf eine größere Streuung als „Ziehen ohne Zurücklegen" führt (bei ansonsten gleichen Bedingungen)!

HA 374 Die Verkäuferin eines Kiosks in einem Gymnasium hat festgestellt, dass in der Mittagspause im Mittel 120 Baguettes (bei einer Standardabweichung von 30 Stück) verkauft werden. Schätzen Sie mithilfe der Ungleichung von TSCHEBYSCHEW die Wahrscheinlichkeit dafür ab, dass mindestens 50 Baguettes mehr oder weniger verkauft werden!

HA 375 Eine Maschine produziert

a) 10%, b) 12% **GTA**

Ausschuss. Aus ihrer laufenden Produktion werden genau 20 „auf gut Glück" ausgewählte Teile entnommen. X sei die zufällige Anzahl der fehlerhaften Teile, die sich in der entnommenen Stichprobe befinden. μ bezeichne den Erwartungswert und σ die Standardabweichung von X.
Wie groß ist die Wahrscheinlichkeit dafür, dass X außerhalb des Intervalls $[\mu - \sigma; \mu + \sigma]$ liegt?

HA 376 Berechnen Sie $P(EX - i \cdot DX \leq X \leq EX + i \cdot DX)$ mit $i \in \{1; 2; 3\}$ für die Zufallsgröße $X \sim B_{n;\,p}$!

a) $n_1 = 10,\ p_1 = 0{,}20$ b) $n_2 = 10,\ p_2 = 0{,}70$ c) $n_3 = 200,\ p_3 = 0{,}50$ d) $n_4 = 350,\ p_4 = 0{,}30$ **GTA**

Vergleichen Sie diesen Wahrscheinlichkeitswert mit seiner Abschätzung, die man mittels der TSCHEBYSCHEW-schen Ungleichung erhält!

HA 377 Ein LAPLACE-Tetraeder mit den Seitenbeschriftungen 1, 2, 3 und 4 werde 100-mal geworfen. Die Zufallsgröße X gebe die (zufällige) Anzahl der Primzahlen unter den 100 geworfenen Augenzahlen an. Der Erwartungswert von X werde mit EX und ihre Standardabweichung mit σ bezeichnet. **GTA**

a) Wie viele Primzahlen sind dabei zu erwarten?
b) Berechnen Sie σ!
c) Mit jeweils welcher Wahrscheinlichkeit liegt X in den Intervallen $[EX - \sigma; EX + \sigma]$, $[EX - 2\sigma; EX + 2\sigma]$, $[EX - 3\sigma; EX + 3\sigma]$?
d) Bestimmen Sie ein möglichst kleines und zu EX symmetrisches Intervall, in dem X mit einer Wahrscheinlichkeit von mindestens 0,95 liegt!

HA 378 Ein Ikosaeder (begrenzt durch 20 gleichseitige Dreiecke), dessen Begrenzungsflächen mit den Augenzahlen 1, 2, …, 20 durchnummeriert sind, wird n-mal geworfen. **GTA**

a) Mit welcher Wahrscheinlichkeit fällt das Ikosaeder mindestens achtmal auf die 17 bei 100 Würfen?
b) Mit welcher Wahrscheinlichkeit fällt das Ikosaeder bei 200 Würfen höchstens 111-mal auf eine gerade Augenzahl?
c) Mit welcher Wahrscheinlichkeit wird bei 100 Würfen nicht mehr als 70-mal eine nicht durch 3 teilbare Augenzahl geworfen?
d) Wie oft ist bei 555 Würfen eine Primzahl zu erwarten?
e) Mit welcher Wahrscheinlichkeit werden bei 200 Würfen mehr gerade als ungerade Augenzahlen geworfen?
f) Wie oft müsste man das Ikosaeder mindestens werfen, damit mit einer Wahrscheinlichkeit von mindestens 0,95 mindestens drei ungerade Augenzahlen fallen?

HA 379 Ein nicht gezinkter Dreiaugen-Würfel mit dem nebenstehenden Netz werde 50-mal geworfen.

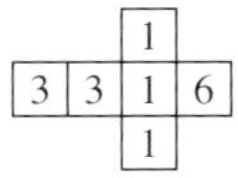

a) Berechnen Sie die Wahrscheinlichkeit dafür, dass dabei die 3 weniger als 17-mal gewürfelt wird!

b) Wie viele Dreien sind dabei zu erwarten?

c) Lars Spielmann wettet auf „Es werden mehr als sieben, aber weniger als n Dreien gewürfelt“. Bestimmen Sie, welche Werte n annehmen kann, wenn Lars´ Gewinnchance mindestens 0,6 betragen soll!

GTA **HA 380** Ein ideales Glücksrad ist in genau drei Sektoren geteilt. Wird der Sektor mit dem Zentriwinkel von 60° erdreht, erhält der Spieler einen 1-Punkte-Bonus, beim Sektor mit dem Zentriwinkel von 120° einen 4-Punkte-Bonus und mit gestrecktem Zentriwinkel einen 2-Punkte-Bonus.

a) Berechnen Sie Erwartungswert und Standardabweichung der Bonuspunkte, die der Spieler beim einmaligen Drehen dieses Glücksrades zu erhalten hat!

b) P bezeichne das zufällige Produkt der vom Spieler erhaltenen Bonuspunkte beim zweimaligen Drehen dieses Glücksrades. Berechnen Sie den Erwartungswert EP!

c) Beschreiben Sie eine Simulation des einmaligen Drehens des Glücksrades mithilfe eines ungezinkten Würfels!

d) Beschreiben Sie eine Simulation des einmaligen Drehens des Glücksrades mithilfe einer L-Münze!

e) Beschreiben Sie eine Simulation des einmaligen Drehens des Glücksrades mithilfe der Random-Funktion rand() = RAND, die den Wertebereich $]\,0;\,1[$ besitzt!

f) Wie oft muss man das Glücksrad drehen, um mit 99-prozentiger Sicherheit mindestens einmal einen 1-Punkte-Bonus zu erhalten?

g) Berechnen Sie die Wahrscheinlichkeit dafür, dass die relative Häufigkeit $h_{100}(A) = h_{100}(\{$beim einmaligen Drehen des Glücksrades erhält der Spieler einen 1-Punkte-Bonus$\})$ um höchstens 0,01 von der Wahrscheinlichkeit P(A) abweicht!

h) Wie oft muss man das Glücksrad drehen, damit mit einer Mindestsicherheit von 90 % die relative Häufigkeit $h_n(A) = h_n(\{$beim einmaligen Drehen des Glücksrades erhält der Spieler einen 1-Punkte-Bonus$\})$ um höchstens 0,01 von der Wahrscheinlichkeit P(A) abweicht?

HA 381 Für die Binomialverteilung gilt die Rekursionsformel $B_{n;\,p}(\{k+1\}) = \frac{n-k}{k+1} \cdot \frac{p}{1-p} \cdot B_{n;\,p}(\{k\})$.

a) Beweisen Sie diese Aussage!

b) Berechnen Sie $B_{27;\,0,10}(\{0\})$ entsprechend der Definition unter Verwendung eines geeigneten Rechenhilfsmittels!

Nutzen Sie diesen errechneten Wert, um die Wahrscheinlichkeiten $B_{27;\,0,10}(\{k\})$ für weitere Werte von k mithilfe der Rekursionsformel zu ermitteln!

GTA c) Berechnen Sie mit dem GTA: $B_{27;\,0,10}(\{0;\,1;\,\ldots;\,6\})$, $B_{27;\,0,10}(\{3;\,\ldots;\,8\})$

HA 382

GTA a) Eine L-Münze wurde 800-mal geworfen. Berechnen Sie die Wahrscheinlichkeit dafür, dass die dabei erzielte Anzahl von „Zahl“ um mindestens 32 von der zu erwartenden Anzahl 400 abweicht!

GTA b) Eine L-Münze wurde 200-mal geworfen. Berechnen Sie die Wahrscheinlichkeit dafür, dass die dabei erzielte Anzahl von „Zahl“ um mindestens 8 von der zu erwartenden Anzahl abweicht!

HA 383 An einem Automaten werden Bauteile montiert. Dabei entsteht erfahrungsgemäß ein bestimmter Fehler mit einer Häufigkeit von 12 %. Dieser Montage schließt sich eine automatische Endkontrolle an, bei der einerseits dieser Fehler mit einer Wahrscheinlichkeit von 0,96 erkannt und das Bauteil damit als fehlerhaft eingestuft wird und bei der andererseits ein Teil ohne diesen Fehler mit einer Wahrscheinlichkeit von 0,92 als fehlerfrei eingestuft wird.

a) Mit welcher Wahrscheinlichkeit p wird ein „auf gut Glück" ausgewähltes montiertes Bauteil bei der Endkontrolle als fehlerfrei eingestuft?
b) Wie viele als fehlerhaft eingestufte Bauteile sind bei einer Tagesproduktion von 135 Stück zu erwarten?
c) Wie groß ist die Wahrscheinlichkeit dafür, dass bei einer Tagesproduktion von 135 Stück höchstens 33 Bauteile als fehlerhaft eingestuft werden? **GTA**
d) Für welche natürliche Zahl n ist die Wahrscheinlichkeit dafür, dass mehr als n Teile einer Tagesproduktion von 135 Stück fehlerhaft eingestuft werden, kleiner als 0,02?

HA 384 k unterscheidbare Kugeln werden „rein zufällig" auf n Fächer verteilt, wobei jedes Fach beliebig viele Kugeln aufnehmen kann.
a) Wie viele leer bleibende Fächer sind dabei zu erwarten?
b) Nach dem Verteilen auf 50 Fächer blieben vier Fächer frei. Welchen Rückschluss lässt dies auf k zu?

HA 385 Ist X eine binomialverteilte Zufallsgröße mit den Parametern n und p, so besitzt die standardisierte Zufallsgröße $\frac{X - EX}{DX}$
a) den Erwartungswert 0, b) die Streuung 1.
Beweisen Sie diese Aussage, ohne einen allgemeinen Satz über Erwartungswert bzw. Streuung von Funktionen einer Zufallsgröße zu benutzen!

HA 386 Wissen ist gut – Kontrolle ist besser: Aufgaben zur Selbstkontrolle

Die Zufallsgröße X sei (n; p)-binomialverteilt.
a) Ist der Erwartungswert EX einer der Werte, die X annehmen kann?
b) Welche Nachteile hat die Streuung $D^2X = n \cdot p \cdot (1 - p)$ als Streuungsmaß? Wie behebt man einen dieser Mängel?
c) Welcher Zusammenhang besteht zwischen der Streuung von X und der Streuung von – X?

H 5.6 Simulation von BERNOULLI-Ketten mit dem Taschenrechner

HA 387 Die vier nebenstehenden Gitternetze zeigen Computer-Wegsysteme vom Format n × n für $n \in \{1; 2; 3; 4\}$. Nach einem Einsatz von 1 € starten sowohl in A als auch in B je ein Punkt zur gleichen Zeit. Beide Punkte bewegen sich gleich schnell und wählen den kürzesten Weg von A nach B bzw. von B nach A. Kommt der Punkt dabei an eine Wegegabelung mit zwei Möglichkeiten für den folgenden Wegeabschnitt, so wählt er ihn „auf gut Glück". Treffen sich die beiden Punkte unterwegs, so entsteht ein Doppelpunkt, der dem Spieler einen Gewinn von X_n € am n × n-Wegsystem bringt. Für welchen Wert für X_n ist das beschriebene Spiel fair?

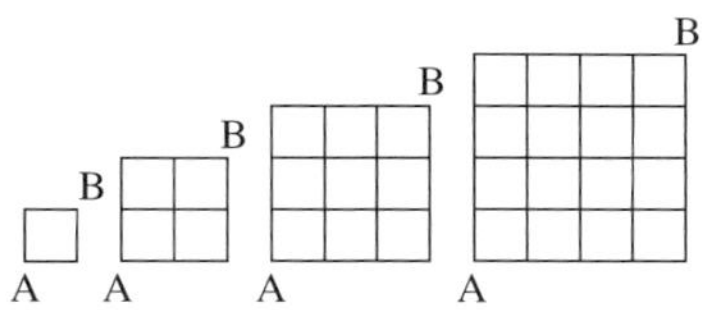

HA 388 Ein Spielautomat gibt zehnstellige, nur aus ungeraden Ziffern bestehende Zahlen zufällig aus, und zwar so, dass an jeder Stelle die Gewinnziffer 7 jeweils mit der Wahrscheinlichkeit p erscheint. Lars Spielmann hat n-mal die Häufigkeit des Eintretens der Ereignisse A_k = {die Zahl enthält genau k-mal die Ziffer 7} protokolliert. **GTA**

k	0	1	2	3	4	5	6	7	8	9	10
$H_n(A_k)$	0	0	0	1	1	5	8	15	10	8	2

a) Von welchem Wert p würden Sie ausgehen? Begründen Sie Ihre Entscheidung!
b) Simulieren Sie den beschriebenen Vorgang (des Bildens und des Protokollierens von n Zahlen) und vergleichen Sie den ermittelten Schätzwert mit dem tatsächlichen p-Wert des von Ihnen genutzten Zufallsgenerators! Beschreiben Sie kurz das von Ihnen gewählte Simulationsverfahren!

HA 389 Aus einer Befragung geht hervor, dass von den 999 Besuchern einer Erfurter Gartenbau-Sonderausstellung am 9.9. 1999 genau 361 durch die Erfurter Sonntagspresse auf diese Ausstellung aufmerksam geworden sind. Ein Journalist interviewte zwei „auf gut Glück“ ausgewählte Besucher ausführlich zu ihren Eindrücken.

Mit welcher Wahrscheinlichkeit waren diese beiden Besucher durch die Erfurter Sonntagspresse auf diese Sonderausstellung aufmerksam geworden?

Bearbeiten Sie diese Aufgabe auf verschiedenartigen Lösungswegen! Geeignete Varianten sind

a) Anwenden bedingter Wahrscheinlichkeit,

b) Anwenden eines Baumdiagramms,

c) Anwenden eines Urnenmodells und Ziehen ohne Zurücklegen,

d) Anwenden eines Urnenmodells und Ziehen mit Zurücklegen,

GTA e) Anwenden einer Computersimulation.

HA 390 Ein Hersteller von Kacheln liefert erfahrungsgemäß 10 % Ausschusskacheln, die rein zufällig unter den brauchbaren Kacheln verteilt sind.

a) Berechnen Sie die Wahrscheinlichkeit dafür, dass sich in einer Sendung von 100 Kacheln höchstens acht Ausschusskacheln befinden!

GTA b) Simulieren Sie mithilfe der rand-Funktion 25-mal die BERNOULLI-Kette, die der unter a) berechneten Wahrscheinlichkeit zugrunde liegt! Beschreiben Sie diese Simulation!

GTA **HA 391** Beim Zahlenlotto „5 aus 90“ werden genau fünf Zahlen (ohne Wiederholung) aus den 90 Zahlen von 1 bis 90 „auf gut Glück“ gezogen. Der Spieler kann auf

a) genau eine Zahl setzen und erhält bei richtiger Vorhersage das 15-fache des Einsatzes ausgezahlt,

b) genau zwei Zahlen setzen und erhält bei richtiger Vorhersage das 270-fache des Einsatzes ausgezahlt.

Berechnen Sie sowohl die Wahrscheinlichkeit, als Spieler zu gewinnen, als auch den vom Spieler zu erwartenden Gewinn!

Simulieren Sie das der Wahrscheinlichkeitsberechnung zugrunde liegende Zufallsexperiment 200-mal und gewinnen Sie hieraus einen Näherungswert der berechneten Wahrscheinlichkeit!

GTA **HA 392** Anke wirft vier und Bernd sechs L-Tetraeder gleichzeitig. Die Spielregel besagt, dass ein Spieler genau dann einen Punkt erhält, wenn mit weniger als der Hälfte der Tetraeder eine Augenzahl kleiner als a erzielt worden ist.

Untersuchen Sie, wie a zu wählen ist, damit die Wahrscheinlichkeit, einen Punkt zu bekommen, für Anke größer ist als für Bernd!

a) Führen Sie die Untersuchung mithilfe der grafischen Veranschaulichung der entsprechenden Wahrscheinlichkeitsfunktion durch!

b) Führen Sie die Untersuchung mithilfe einer Simulation durch!

H 5.7 Grenzwertsatz von DE MOIVRE-LAPLACE zur Binomialverteilung

HA 393

a) Die Zufallsgröße X sei binomialverteilt mit den Parametern $n = 450$ und $p = 0{,}23$.
Berechnen Sie $P(X = 100)$, $P(X < 110)$, $P(X \leq 80)$, $P(X \leq 95)$, $P(X \geq 110)$, $P(90 < X < 120)$!

b) Die Zufallsgröße X sei binomialverteilt mit den Parametern $n = 350$ und $p = 0{,}12$.
Berechnen Sie $P(X \leq 50)$, $P(X \leq 30)$, $P(X > 45)$, $P(40 < X < 70)$!

HA 394

a) Die Zufallsgröße X sei binomialverteilt mit den Parametern $n = 450$ und $p = 0{,}23$.

b) Die Zufallsgröße X sei binomialverteilt mit den Parametern $n = 350$ und $p = 0,12$.
Berechnen Sie $P(|X - EX| \le 5)$!
Bestimmen Sie alle natürlichen Zahlen a, für die $P(|X - EX| \le a) \ge 0,95$ gilt!

HA 395 Welche Länge n muss eine BERNOULLI-Kette mit der Erfolgswahrscheinlichkeit

a) $p = 0,35$, b) $p = 0,2$

besitzen, damit für die zufällige Anzahl X der Erfolge $P(X \le 175) \approx 0,999$ gilt?

HA 396 Für eine binomialverteilte Zufallsgröße $X \sim B_{n;\,p}$ gilt bei $D^2X > 9$ die Approximation nach MOIVRE-LAPLACE $B_{n;\,p}(\{0;\,1;\,\ldots;\,k\}) \approx \Phi(\frac{k + 0,5 - EX}{DX})$ als hinreichend genau. GTA

a) Für welche n ist bei gegebenem p die Bedingung $D^2X > 9$ erfüllt? Diskutieren Sie hierzu die Funktion n: $p \mapsto n(p)$ und veranschaulichen Sie die Lösungsmenge mithilfe des Graphen von n!
b) Leiten Sie die entsprechende zweistellige Näherungsformel für $P(a \le X \le b)$, $P(a < X \le b)$ und $P(a < X < b)$ her, wobei $a < b$ mit $a, b \in \{0;\,1;\,\ldots;\,n\}$ gilt!

HA 397 Auf einem Glücksrad ist ein Gewinnsektor mit einem Öffnungswinkel von GTA

a) 35°, b) 72°

markiert. Wie oft ist dieses Rad zu drehen, damit mit einer Wahrscheinlichkeit von 0,95 mindestens 100 Gewinne „erdreht" werden?

HA 398 Für die Sportveranstaltungen in einem Stadion werden jeweils Freikarten für Ehrenplätze vergeben. Erfahrungsgemäß nutzen nur 85 % (80 %) der auf diese Weise geladenen Gäste ihre Freikarten.

a) Es werden 200 Freikarten ausgegeben. Berechnen Sie die Wahrscheinlichkeit dafür, dass genau 170 (160) Ehrenplätze belegt werden!
b) Für eine Veranstaltung werden 200 Freikarten vergeben. Wie viele Ehrenplätze sind mindestens bereitzustellen, damit die Wahrscheinlichkeit, dass alle ins Stadion kommenden geladenen Ehrengäste jeweils noch einen freien Ehrenplatz vorfinden, mindestens 0,975 beträgt?

HA 399 Eine Zufallsüberprüfung der Zahnräder und Wellen von Getrieben einer Produktionskette ergab: Zahnrad- und Wellenfehler treten unabhängig voneinander auf, bei 10 % der Getriebe treten Zahnradfehler auf und 20 % der Getriebe sind fehlerhaft. Bei ihnen tritt also mindestens einer der beiden Fehlerarten auf.

a) Berechnen Sie die Wahrscheinlichkeit, dass sich unter genau 20 gefertigten Getrieben mindestens 15 befinden, bei denen sowohl die Zahnräder als auch die Wellen fehlerfrei sind!
b) Wie groß ist die Wahrscheinlichkeit dafür, dass ein der laufenden Produktion entnommenes Getriebe genau einen der beiden Fehler aufweist?
c) Mit welcher Wahrscheinlichkeit befinden sich unter 1000 Getrieben höchstens 190 fehlerhafte Getriebe?

HA 400 Lehrer Stochasius führte über einen großen Zeitraum verschiedene Statistiken zur Technik im Computer-Kabinett der Schule. Diesen Statistiken ist zu entnehmen, dass Computerabstürze unabhängig voneinander auftreten und zu 65 % auf reine Bedienungsfehler zurückzuführen sind.
Berechnen Sie die Wahrscheinlichkeit dafür, dass

a) spätestens der dritte Computerabsturz, b) frühestens der dritte Computerabsturz, GTA
c) bei den nächsten vier Computerabstürzen der dritte und nur dieser,
d) bei den nächsten 135 Computerabstürzen wenigstens 85

auf reine Bedienungsfehler zurückzuführen sind!

HA 401 Wie oft muss man eine LAPLACE-Münze mit Wappen und Zahl werfen, damit mit einer Mindestsicherheit von 60 % die relative Häufigkeit des Ereignisses A = {bei einmaligen Werfen der Münze liegt die Zahl oben} um weniger als 0,01 von der Wahrscheinlichkeit P(A) abweicht?
Schätzen Sie diese gesuchte Anzahl n_{min} mithilfe der TSCHEBYSCHEWschen Ungleichung ab!
Mit welcher Wahrscheinlichkeit p liegt $h_{n_{min}}(A)$ tatsächlich im Intervall (P(A) – 0,01; P(A) + 0,01)?

HA 402 Wie oft muss man einen L-Tetraeder mit den Augenzahlen 1, 2, 3, 4 werfen, damit mit einer Mindestsicherheit von 60 % die relative Häufigkeit des Ereignisses A = {beim einmaligen Werfen des Tetraeders liegt dieser auf der „1"} um weniger als 0,01 von der Wahrscheinlichkeit P(A) abweicht?
Schätzen Sie diese gesuchte Anzahl n_{min} mithilfe der TSCHEBYSCHEWschen Ungleichung ab!
Mit welcher Wahrscheinlichkeit p liegt $h_{n_{min}}(A)$ tatsächlich im Intervall (P(A) – 0,01; P(A) + 0,01)?

HA 403 Ein Spielcasinobesitzer bezieht nur von einem Hersteller Spielwürfel, eine Packung zu je 20 Stück. Erfahrungsgemäß werden nur 95 % dieser Würfel von den Spielern nicht beanstandet, 5% werden als fehlerhaft eingestuft.
Mit welcher Wahrscheinlichkeit befindet sich in einer Packung

a) kein, b) höchstens ein

fehlerhafter Würfel?

Wie groß ist die Wahrscheinlichkeit, dass unter 100 Packungen

c) mehr als 70 Schachteln fehlerhafte Würfel enthalten,
d) mindestens zwei Schachteln mehr als erwartet fehlerhafte Würfel enthalten,
e) höchstens 10 Würfel mehr als erwartet fehlerhaft sind?
f) Wie viele Packungen sind mindestens zu prüfen, um mit einer Mindestsicherheit von 99% mindestens eine zu finden, die keinen fehlerhaften Würfel enthält?

HA 404 Ein ideales Tetraeder, dessen Seitenflächen mit 1, 2, 3, 4 durchnummeriert sind, werde n-mal geworfen. Die Zufallsgröße X_n gebe die zufällige Anzahl der dabei geworfenen Vieren an.
Hinweis: Alle zu rundenden Wahrscheinlichkeiten sind mit drei Dezimalen im Endergebnis anzugeben.

a) Berechnen Sie $P(X_{11} = 3)$!
b) Ermitteln Sie $P(X_{50} = 13)$, $P(X_{50} \leq 15)$, $P(X_{50} \geq 8)$!
c) Berechnen Sie den Erwartungswert EX_{100} und die Streuung D^2X_{100}!
d) Berechnen Sie die Wahrscheinlichkeit dafür, dass X_{100} um höchstens 2σ von EX_{100} abweicht, wobei σ die Standardabweichung von X_{100} sei!
e) Berechnen Sie die Wahrscheinlichkeit dafür, dass die standardisierte Zufallsgröße $\frac{X_{100} - EX_{100}}{\sqrt{D^2X_{100}}}$ im Intervall [–1,8; 20] liegt!
f) Berechnen Sie $P(X_{317} \leq 80)$ und $P(60 \leq X_{317} \leq 70)$!
g) Untersuchen Sie, wie oft das Tetraeder geworfen werden muss, damit mit der Wahrscheinlichkeit von 0,95 mindestens 200 Vieren geworfen werden!

HA 405 Ein Zufallsgenerator drucke die Ziffer 5 mit der Wahrscheinlichkeit p aus. Die Zufallsgröße X_n gebe dabei die zufällige Anzahl der Fünfen unter den n ausgedruckten Ziffern an.
Hinweis: Alle zu rundenden Wahrscheinlichkeiten sind im Endergebnis mit drei Dezimalen anzugeben.

a) Berechnen Sie $P(X_{13} = 4)$ für p = 0,37!
b) Bestimmen Sie $P(X_{100} \leq 20)$ für p = 0,2!
c) Berechnen Sie die Wahrscheinlichkeit dafür, dass X_{100} für p = 0,2 um höchstens 2σ von ihrem Erwartungswert abweicht, wobei σ die Standardabweichung von X_{100} sei!
d) Untersuchen Sie, wie viele Ziffern von dem Zufallsgenerator mit p = 0,2 auszudrucken sind, damit mit einer Wahrscheinlichkeit von mindestens 0,95 mindestens 100 Fünfen erscheinen werden!
e) Bestimmen Sie, wie viele Ziffern vom Zufallsgenerator mit p = 0,2 auszudrucken sind, damit mit einer Wahrscheinlichkeit von mindestens 0,8 mindestens eine Fünf dabei ist!

HA 406 Eine Lebensmittelkette erhält 1-kg-Packungen Mehl von den zwei Mühlen A und B. Das Sollgewicht von 1000 g wird bei der Lieferung von Mühle A erfahrungsgemäß bei 5 % der Packungen unterschritten.

a) Wie groß ist die Wahrscheinlichkeit dafür, dass mehr als eine von 10 Packungen, die von A stammen, weniger als 1000 g wiegen?

b) Die Mühle A schweißt je 10 Packungen zu einem 10er-Paket zusammen. Eine Sendung enthält 200 solcher 10er-Pakete.
Mit welcher Wahrscheinlichkeit enthält diese Sendung höchstens 185 Pakete, die jeweils höchstens eine Packung mit Untergewicht aufweisen?

c) Versehentlich werden in der Mühle A sechs einwandfreie Packungen mit vier Packungen mit Untergewicht verschweißt. Die Packungen werden deshalb nacheinander einzeln geprüft.
Mit welcher Wahrscheinlichkeit hat man erst bei der sechsten Einzelprüfung alle 4 fehlerhaften Packungen festgestellt?

d) Berechnen Sie die Wahrscheinlichkeit dafür, dass unter 1000 Packungen von Mühle A mehr als 950 Packungen mit ausreichendem Gewicht vorhanden sind!

e) Wie viele Packungen muss Mühle A mindestens liefern, um mit mindestens 99 %-iger Sicherheit wenigstens 1000 Packungen mit ausreichendem Gewicht zu erhalten?

f) Erfahrungsgemäß wird bei 10 % der Packungen von Mühle B das Sollgewicht unterschritten. Alle Packungen von B werden deshalb vor Auslieferung kontrolliert. Bei der Kontrolle werden 90 % der Packungen mit Untergewicht, fälschlicherweise aber auch 12 % der einwandfreien Packungen ausgesondert. Die verbleibenden Packungen werden ausgeliefert.
Mit welcher Wahrscheinlichkeit wird bei der Kontrolle falsch entschieden? Wie viel Prozent der von B ausgelieferten Packungen haben Untergewicht?

HA 407 In einem Reisebüro befinden sich vier Kunden, die jeweils genau eine Reise buchen wollen. Erfahrungsgemäß buchen 25 % der Kunden eine Überfahrt nach Dänemark.

a) Mit welcher Wahrscheinlichkeit nimmt die Reisefachfrau keine, genau eine bzw. mehr als zwei Buchungen für Dänemark von den vier Kunden entgegen? Welche Modellannahmen lagen Ihren Berechnungen zugrunde?

b) Mit welcher Wahrscheinlichkeit sind von den 200 Buchungen des Tages 50 Überfahrten nach Dänemark?

c) Wie viele Buchungen müssen mindestens vorgenommen werden, damit mit einer Wahrscheinlichkeit von mehr als 0,95 genau eine Buchung nach Dänemark dabei ist?

d) Auf der Fähre nach Dänemark haben 1000 Personen Platz. 5 % der Plätze werden aus den verschiedensten Gründen nicht in Anspruch genommen. Wie viele Vorbestellungen können pro Überfahrt angenommen werden, damit die Plätze mit einer Wahrscheinlichkeit von 0,99 ausreichen?

e) Passagiere, die am Tag der Überfahrt Geburtstag haben, bekommen vom Kapitän ein Glas Sekt. An wie vielen Tagen des Jahres kann der Kapitän von jeweils 1000 Personen mit keinem, mit einem, … mit mehr als fünf Geburtstagskindern rechnen?

f) Ein Busunternehmen hat Prospekte auf der Fähre ausgelegt. Erfahrungsgemäß nehmen 65% der Passagiere einen Prospekt und lesen ihn. Von den Passagieren, die den Prospekt gelesen haben, buchen 30% spontan eine Tagestour. Die restlichen Leser entscheiden sich mit einer Wahrscheinlichkeit von 0,4 später für die angebotene Tour. Mit wie vielen Teilnehmern kann das Busunternehmen letztendlich rechnen, wenn die Fähre mit 1000 Passagieren besetzt ist?

g) Frau Müller erzählt ihrer Nachbarin von ihren Urlaubsfreuden der vergangenen Jahre. Sie meint: „Ich glaube der Werbung in unserem Reisebüro nicht mehr. Dort steht auf einem Plakat, dass es im Juni in Dänemark nur zwei Regentage geben soll. Ich habe es schon zweimal erlebt, dass es in unserem Dänemarkurlaub vom 1. – 30. Juni fünf Regentage gab.“ Nehmen Sie Stellung zu Frau Müllers Zweifeln!

H 5.8 Normalverteilung

GTA **HA 408** Es gelte $X \sim N(0;\ 1)$. Ermitteln Sie die Wahrscheinlichkeiten!

a) $P(X \leq 0{,}82)$ b) $P(X \leq 0)$ c) $P(X > 1{,}2)$ d) $P(X \leq -0{,}25)$ e) $P(-0{,}65 \leq X \leq 0{,}49)$

GTA **HA 409** Es gelte $X \sim N(7;\ 2^2)$. Die Dichtefunktion von X werde mit f und ihre Verteilungsfunktion mit F bezeichnet. Berechnen Sie!

a) $f(7)$ b) $f(8)$ c) $f(6)$ d) $f(0)$ e) $F(7)$ f) $F(8)$ g) $F(6)$ h) $F(0)$
i) $P(X = 7)$ k) $P(X \geq 7)$ l) $P(X < 6)$ m) $P(6 < X \leq 8)$

GTA **HA 410** Urliste der Abweichungen vom Nennmaß (in µm) des Außendurchmessers von Wellen aus der laufenden Produktion eines Drehautomaten

Nr. des Teils	Abweichung	Nr. des Teils	Abweichung	Nr. des Teils	Abweichung	Nr. des Teils	Abweichung	Nr. des Teils	Abweichung	Nr. des Teils	Abweichung	Nr. des Teils	Abweichung
1	+1,0	30	+11,0	59	+11,5	88	−3,0	117	−6,5	146	0,0	175	−4,5
2	+1,5	31	+14,0	60	+10,0	89	+5,0	118	+2,0	147	+0,5	176	+6,0
3	−2,5	32	+11,0	61	+7,5	90	+3,5	119	−11,0	148	+3,5	177	+9,5
4	0,0	33	+11,0	62	+8,5	91	−3,0	120	−17,5	149	+9,0	178	+12,5
5	−1,5	34	+13,0	63	+6,5	92	−14,0	121	−15,0	150	+2,5	179	+19,0
6	+1,0	35	+16,0	64	+8,5	93	+17,0	122	−15,5	151	+2,0	180	+13,0
7	+1,0	36	+14,5	65	+5,5	94	−9,0	123	+1,5	152	+7,0	181	+1,5
8	+15,0	37	+19,0	66	+26,0	95	−13,0	124	−18,0	153	+7,5	182	+0,5
9	−1,0	38	+14,0	67	+12,5	96	−12,5	125	−17,5	154	+3,5	183	+12,0
10	+2,0	39	+18,0	68	+6,5	97	+8,5	126	−15,0	155	+7,0	184	+4,0
11	+2,0	40	+19,0	69	+8,5	98	+12,0	127	−3,0	156	+4,5	185	+6,5
12	+3,0	41	+19,0	70	+7,5	99	+6,0	128	−8,0	157	−1,0	186	−9,5
13	+11,0	42	+23,5	71	+2,5	100	+8,5	129	−1,0	158	+11,0	187	−8,0
14	−1,0	43	+22,0	72	+7,0	101	0,0	130	−6,5	159	+4,0	188	−4,5
15	+5,0	44	+18,5	73	+4,5	102	+7,0	131	−8,0	160	+9,0	189	+7,5
16	+4,5	45	+19,5	74	−0,5	103	−1,0	132	−13,5	161	+4,5	190	−4,0
17	+0,5	46	+17,5	75	+4,0	104	−3,0	133	−12,0	162	+11,5	191	−9,0
18	+3,5	47	+18,0	76	+5,5	105	+0,5	134	−17,0	163	+14,0	192	−9,0
19	+8,0	48	+19,5	77	+1,0	106	0,0	135	−10,5	164	+10,0	193	+2,0
20	+5,0	49	+17,5	78	+4,0	107	−2,0	136	+14,5	165	+20,0	194	−0,5
21	+4,5	50	+25,5	79	+6,5	108	−4,5	137	+10,0	166	+13,0	195	+3,5
22	+3,5	51	+19,5	80	+5,0	109	+2,0	138	+9,5	167	+7,0	196	+10,5
23	+9,5	52	+22,0	81	+4,5	110	−10,0	139	+7,0	168	+12,0	197	−5,5
24	+12,0	53	+13,5	82	+5,0	111	−8,5	140	+0,5	169	+7,5	198	−6,0
25	+7,5	54	+18,5	83	+7,5	112	−3,5	141	+21,0	170	+2,0	199	−6,5
26	+7,5	55	+21,5	84	+5,0	113	−11,5	142	+10,5	171	+1,0	200	−8,0
27	+10,0	56	+28,5	85	+15,5	114	−11,5	143	+5,0	172	+25,0		
28	+8,5	57	+21,0	86	+6,0	115	−7,5	144	+0,5	173	+0,5		
29	+10,0	58	+13,5	87	+6,5	116	−11,5	145	+4,0	174	−3,0		

a) Fertigen Sie eine Strichliste zur Auswertung der gegebenen Messdaten an! Wählen Sie hierzu eine Klassenbreite von 5 µm!

b) Erstellen Sie ein Histogramm der gegebenen Messwerte!

c) Skizzieren Sie den Graphen der Dichtefunktion derjenigen Normalverteilung in das unter b) erstellte Koordinatensystem ein, die als stetige Näherung der Messwerteverteilung angesehen werden kann!

HA 411 X sei eine mit den Parametern μ und σ^2 normalverteilte Zufallsgröße. Ihre Dichtefunktion werde mit f bezeichnet.

a) Welche wahrscheinlichkeitstheoretische Bedeutung haben die Parameter μ und σ^2?

b) Welche analytische Bedeutung (hinsichtlich des Graphen der Dichtefunktion f) hat der Parameter μ?
Beweisen Sie unter Zuhilfenahme von $\int\limits_{-\infty}^{+\infty} e^{-x^2}dx = \sqrt{\pi}$ die Gültigkeit der Gleichung

$$\int\limits_{-\infty}^{+\infty} x \cdot \frac{1}{\sqrt{2\pi\sigma^2}} e^{-\frac{(x-\mu)^2}{2\sigma^2}} dx = \mu!$$

c) Beweisen Sie, dass $\mu - \sigma$ und $\mu + \sigma$ die zwei Wendestellen des Graphen der Dichtefunktion f sind!
d) Aus Reihenuntersuchungen von deutschen Studienanfängern früherer Jahre sei bekannt, dass die Höhe ihres Blutdruckes normalverteilt ist mit dem Erwartungswert 120 und einer Standardabweichung von 10. Interpretieren Sie den Erwartungswert mit konkretem Bezug zum beschriebenen Sachverhalt!

HA 412 Ermitteln Sie für die Zufallsgröße $X \sim N(\mu; \sigma^2)$ die Wahrscheinlichkeiten $P(|X - \mu| \geq k \cdot \sigma)$ $(k \in \{1; 2; 3\})$! Vergleichen Sie die erhaltenen Werte mit denen, die man aufgrund der TSCHEBYSCHEWschen Ungleichung erhält!

HA 413 Welche Länge muss ein bezüglich 10 symmetrisches Intervall haben, damit

a) eine $(10; 1^2)$-normalverteilte, b) eine $(10; 2^2)$-normalverteilte
Zufallsgröße einen Wert aus diesem Intervall mit der Wahrscheinlichkeit 0,7 annimmt?

HA 414 Bei der Abfüllung von 1-kg-Tüten Mehl kann man die (zufällige) Abfüllmenge als eine normalverteilte Zufallsgröße X auffassen. Berechnen Sie unter dieser Annahme Erwartungswert und Streuung von X für den Fall, dass in 10 % dieser Mehltüten weniger als 0,95 kg und in 5 % mehr als 1,05 kg abgefüllt werden!

HA 415

a) Beweisen Sie, dass die standardisierte Zufallsgröße $Y = \frac{X - \mu}{\sigma}$ $N(0; 1^2)$-verteilt ist und $P(X \leq x) = \Phi(\frac{X - \mu}{\sigma})$ gilt, wenn X eine $N(\mu; \sigma^2)$-verteilte Zufallsgröße X ist!
b) Welche geometrische Bedeutung hat die Substitution $\frac{X - \mu}{\sigma} = t$ bei der Dichtefunktion bzw. bei der Verteilungsfunktion einer $N(5; 2^2)$-verteilten Zufallsgröße? **GTA**

HA 416 Bei einer Lieferung von Kondensatoren sei deren Kapazität normalverteilt mit dem Erwartungswert EX = 200 µF und der Standardabweichung 5 µF.
Wie groß ist die Wahrscheinlichkeit, dass ein willkürlich herausgegriffener Kondensator fehlerhaft ist, wenn die Kapazität des Kondensators
a) mindestens 198 µF betragen muss, b) höchstens 202 µF betragen darf,
c) maximal um 5 µF vom Sollwert abweichen darf?

HA 417 Bestimmen Sie den Wert des bestimmten Integrals $\int\limits_0^1 x^2dx$

a) mit den Methoden der Integralrechnung,
b) mittels der MONTE-CARLO-Methode auf der Basis einer Tabelle von Zufallszahlen,
c) mittels der MONTE-CARLO-Methode auf der Basis der *RANDOM*-Funktion! **GTA**

HA 418 Schätzen Sie mithilfe der MONTE-CARLO-Methode den Inhalt der Fläche unter dem Graphen der Sinusfunktion über dem Intervall $[0; \pi]$! Vergleichen Sie die erhaltenen Schätzwerte mit dem wahren Wert! **GTA**

HA 419 Die Zahl π kann mittels MONTE-CARLO-Methode näherungsweise bestimmt werden.

a) Begründen Sie, dass das nebenstehende Taschenrechnerschirmbild einen Weg zur näherungsweisen Bestimmung von π aufzeigt!

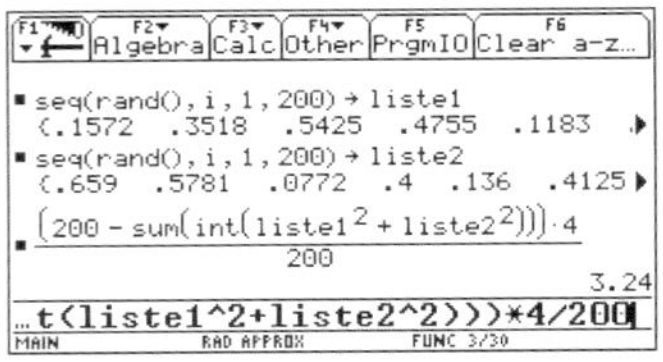

GTA b) Denken Sie sich eine weitere Variante des Anwendens der MONTE-CARLO-Methode zur näherungsweisen Bestimmung von π aus und experimentieren Sie mit dieser Programmvariante!

HA 420 Bei der Lösung vieler stochastischer Probleme nutzt man einen speziellen Funktionsgraphen, die

GAUSSsche Glockenkurve, die der Funktionsgleichung $\varphi(x) = \frac{1}{\sqrt{2\pi}} e^{-\frac{x^2}{2}}$ genügt. Das Integral über diese Funktion lässt sich mit analytischen Mitteln nicht geschlossen errechnen.

a) Ermitteln Sie mithilfe der MONTE-CARLO-Methode einen Näherungswert für das bestimmte Integral $\int_{-3}^{3} \varphi(x)dx$!

b) Wie würden Sie vorgehen, um einen Näherungswert für $\int_{-\infty}^{\infty} \varphi(x)dx$ zu bestimmen?

HA 421 Die Zufallsgröße $Y \mathrel{\hat=} \begin{pmatrix} 3 & 5 & 7 \\ P\left(X \le \frac{1}{3}\right) & P\left(\frac{1}{3} < X \le \frac{2}{3}\right) & P\left(X > \frac{2}{3}\right) \end{pmatrix}$ ist eine stückweise konstante Funktion der stetigen Zufallsgröße X mit der Dichtefunktion

$$f\colon\ f(x) = \begin{cases} tx(1-x) & \text{für } x \in [0;\ 1] \\ 0 & \text{für } x \in \mathbb{R}\setminus[0;\ 1]. \end{cases}$$

Berechnen Sie den Erwartungswert der Zufallsgröße Y!

HA 422 Die Zeit T, die zwischen der Ankunft zweier Fahrzeuge in einem Baustofflager verstreicht, ist eine eine stetige Zufallsgröße. Ihre Verteilfunktion, bezogen auf die Zeiteinheit Stunde, sei F mit

$$F(T) = \begin{cases} 0 & \text{für } T \le 0 \\ 1 - e^{-2T} & \text{für } T > 0 \end{cases}$$

Berechnen Sie die Wahrscheinlichkeit dafür, dass

a) während der Zeitspanne von 15 min kein Fahrzeug eintrifft,

b) zwischen der Ankunft zweier Fahrzeuge weniger als 90 min vergehen,

c) die Zwischenankunftszeit mindestens 6 min, aber weniger als 30 min beträgt!

Komplexe Aufgaben zu Kapitel H

HA 423 In einer Urne befinden sich genau zehn Kugeln, die jeweils mit einer Ziffer gekennzeichnet sind. Eine Kugel ist mit 1, drei Kugeln sind mit 3 und sechs Kugeln mit 6 beschriftet.

a) Der Urne werden genau zwei Kugeln nacheinander „auf gut Glück“ und ohne Zurücklegen entnommen. Berechnen Sie die Wahrscheinlichkeiten der Ereignisse

$A = \{$beide Kugeln tragen die Aufschrift 6$\}$, $B = \{$beide Kugeln tragen die gleiche Aufschrift$\}$,

$C = \overline{A} \cap B$, $D = A \cap \overline{B}$!

Berechnen Sie die Wahrscheinlichkeiten dieser vier Ereignisse auch für den Fall, dass die zwei Kugeln nacheinander „auf gut Glück“ und mit Zurücklegen entnommen werden.

b) Nach Einzahlen eines bestimmten Geldbetrages an den Kassierer darf der Spieler genau einmal folgendes Spiel durchführen:

Der Urne sind nacheinander „auf gut Glück“ und ohne Zurücklegen bis zu drei Kugeln zu entnehmen. Trägt dabei die zuerst gezogene Kugel die Ziffer 6, so gibt es keine weitere Ziehung. Ist die Ziffer der bei der zweiten Ziehung entnommenen Kugel kleiner als die der zuerst gezogenen, so ist noch eine dritte Kugel zu ziehen. Ansonsten wird das Ziehen beendet.

Der Kassierer zahlt dem Spieler 1 €, falls das Ziehen der Kugeln mit einer 6 beendet wird, 2 €, falls es mit 3 beendet wird und 3 €, falls es mit 1 beendet wird.
Berechnen Sie die Höhe desjenigen einzuzahlenden Betrages, der ein faires Spiel ermöglicht!

c) Es werden sechs Kugeln „auf gut Glück" nacheinander und mit Zurücklegen der Urne entnommen. Berechnen Sie die Wahrscheinlichkeit dafür, dass genau drei dieser Kugeln mit 6 beschriftet sind!

d) Wie oft ist der Urne „rein zufällig" eine Kugel mit Zurücklegen zu entnehmen, damit das Ereignis
E = {unter den entnommenen Kugeln ist mindestens eine mit 1 beschriftet}
eine Wahrscheinlichkeit von mehr als 0,9 besitzt?

e) Der Urne werden 175 Kugeln „auf gut Glück" und mit Zurücklegen entnommen. **GTA**
Berechnen Sie die Wahrscheinlichkeit des Ereignisses
F = {unter den genommenen 175 Kugeln befinden sich höchstens dreißig mit 3 beschriftete Kugeln}!

HA 424

a) Ein Flugzeug mit drei Motoren kann sich in der Luft halten, wenn der Hauptmotor in der Mitte oder beide Nebenmotoren arbeiten. Die Zuverlässigkeit für den Hauptmotor sei p_H und für jeden einzelnen Nebenmotor p_N. **GTA**
Mit welcher Wahrscheinlichkeit stürzt das Flugzeug ab?
Zeichnen Sie zur Beantwortung der Frage ein entsprechendes Baumdiagramm, geben Sie die Ergebnismenge Ω an und führen Sie die Rechnung sowohl allgemein als auch für den Spezialfall $p_H = 0{,}999$, $p_N = 0{,}998$ durch!

b) Betrachten Sie zwei Flugzeuge mit drei bzw. vier Motoren. Jeder Flugzeugmotor versage bei einem Flug unabhängig von den anderen Motoren mit der Wahrscheinlichkeit $q = 1 - p$. Ein Flugzeug hält sich in der Luft, wenn mindestens die Hälfte der Motoren arbeitet.
Untersuchen Sie, ob das Flugzeug mit drei oder mit vier Motoren sicherer ist!

c) Die nebenstehende Abbildung zur Zuverlässigkeit zweier Flugzeuge veranschaulicht die Problemstellung zu b) und hilft bei der Interpretation Ihrer Ergebnisse.
Erläutern Sie die Abbildung (Definitonsbereich, Graphen, Zusammenhänge, Funktionsgleichungen) in Bezug zu den Ergebnissen von b)!
Wo liegt das Maximum des Graphen G_3? Was bedeutet es?

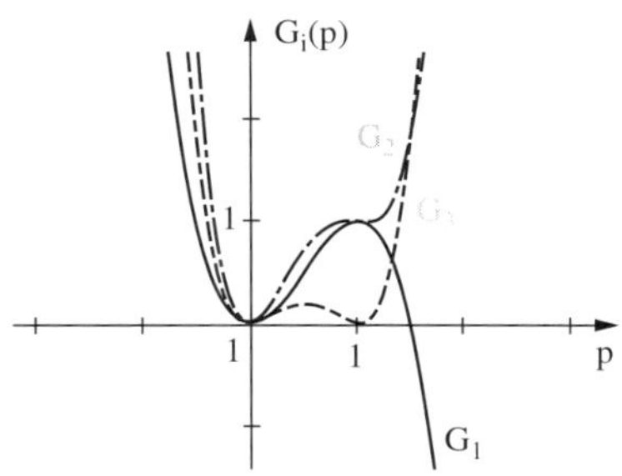

HA 425

Eine Sportartikelfirma stellt Bälle her. Zwei Drittel der Bälle sind weiß, die übrigen rot. Im Schnitt haben 5 % der Bälle einen Fehler, der bei der Endkontrolle mit Sicherheit festgestellt wird. Die Firma verkauft die Bälle an den Einzelhandel nur in Fünferpackungen. **GTA**

a) Die Bälle kommen bei der Endkontrolle nacheinander an, weiße und rote in rein zufälliger Folge. Sieben der nacheinander ankommenden Bälle werden betrachtet. Berechnen Sie für diese Bälle die Wahrscheinlichkeiten der folgenden Ereignisse A bis D:
A = {genau drei Bälle sind rot} B = {mindestens einer der Bälle ist rot}
C = {nur die ersten drei Bälle sind rot} D = {die Farben treten abwechselnd auf}

b) Pro Arbeitstag werden 5 100 Bälle hergestellt. Alle Bälle werden kontrolliert; die fehlerhaften werden dabei in Behälter geworfen, die jeweils 45 Bälle fassen.
Mit welcher Wahrscheinlichkeit reichen sechs Behälter aus, um die fehlerhaften Bälle einer Tagesproduktion zu fassen? Wie viele Behälter müssten pro Arbeitstag bereitgestellt werden, damit sie den Ausschuss mit mindestens 99 %iger Sicherheit fassen?

c) Die Herstellung eines Balles kostet 1,03 €. Die Endkontrolle kostet zusätzlich 0,12 € pro Ball. Fünferpackungen mit lauter fehlerfreien Bällen werden für 8,75 € verkauft. Nun prüft die Firma, ob sie durch Verzicht auf die Endkontrolle einen höheren Gewinn erzielen kann. Um dem Einzelhandel die Abnahme einer

solchen Sendung schmackhaft zu machen, obwohl diese möglichweise fehlerhafte Bälle enthält, werden folgende Preisnachlässe gewährt: Enthält eine Fünferpackung genau einen fehlerhaften Ball, werden für diese Packung 30 % des Preises erstattet, bei zwei fehlerhaften Bällen 50 % und bei mehr als zwei fehlerhaften Bällen 90 %.
Untersuchen Sie, ob der Verzicht auf die Endkontrolle für die Firma günstig ist!

d) Ein Einzelhändler benötigt 270 fehlerfreie Bälle. Er kauft Fünferpackungen ohne Endkontrolle. Wie viele Fünferpackungen muss er bestellen, damit er mit einer Wahrscheinlichkeit von ca. 0,90 genügend fehlerfreie Bälle geliefert bekommt?

GTA **HA 426** Ein Marktschreier bietet Nüsse feil.

a) Frau Kritisch entnimmt einer Tüte mit 20 Nüssen, in der fünf hohle sein sollen „auf gut Glück“ und ohne Zurücklegen Nüsse.
Berechnen Sie die Wahrscheinlichkeiten der Ereignisse A bis D!
A = {unter vier entnommenen Nüssen ist höchstens eine hohl}
B = {spätestens die vierte entnommene Nuss ist hohl}
C = {frühestens die vierte entnommene Nuss ist hohl}
D = {die vierte entnommene Nuss ist die zweite hohle}
Berechnen Sie den Erwartungswert der Zufallsgröße, die die zufällige Anzahl der hohlen Nüsse unter vier so entnommenen Nüssen angibt!

Von den feil gebotenen Nüssen seien 10 % hohl.

b) Die Nüsse werden in Tüten zu je 50 Stück verpackt. Berechnen Sie die Wahrscheinlichkeit dafür, dass beim Kauf von fünf derartigen Tüten das Ereignis
E = {mindestens eine Tüte enthält keine hohle Nuss} bzw.
F = {genau zwei Tüten enthalten jeweils genau vier hohle Nüsse}
eintritt!

c) Am Nebenstand von Herrn Sicher wird ein Prüfverfahren praktiziert, das mit einer Wahrscheinlichkeit von 0,95 hohle Nüsse erkennt, jedoch mit der Wahrscheinlichkeit q fälschlicherweise gefüllte Nüsse als hohl einstuft. Es sei p die Wahrscheinlichkeit dafür, dass eine Nuss, die als gefüllt eingestuft worden ist, trotzdem hohl ist. Berechnen Sie p für den Fall, dass q den Wert 0,02 besitzt! Wie groß darf q höchstens sein, damit $p \leq 0{,}0075$ gilt?

d) Nusswaffelbäcker Gildoni benötigt k Nüsse. Wie groß darf k höchstens sein, damit 1 000 gekaufte Nüsse mit einer Mindestsicherheit von 95 % ausreichen?

HA 427

GTA a) Erstellen Sie für die im nebenstehenden Kurzbericht gegebenen Daten ein entsprechendes Baumdiagramm sowie eine vollständige Vierfeldertafel und das „umgekehrte“ Baumdiagramm! Schreiben Sie einen Kurzbericht auf der Grundlage des „umgekehrten“ Baumdiagramms!

> **Ohne Alkohol am Steuer**
> 65 % der 11 760 Unfälle mit Personenschaden ereigneten sich zwischen 4 und 18 Uhr. Während von diesen Unfällen tagsüber nur ca. 5,1 % durch Fahrfehler unter Alkoholeinfluss verursacht wurden, waren es nachts zwischen 18 und 4 Uhr ca. 27 %.

Ein Unfall mit Personenschaden werde rein zufällig aus der zugehörigen Berichtsakte ausgewählt. Ermitteln Sie die Wahrscheinlichkeit dafür, dass

b) als Unfallursache Fahrerfehlverhalten unter Alkoholeinfluss vermerkt wurde,

c) sich der Unfall zwischen 4 und 18 Uhr ereignete und als Unfallursache nicht Fahrerfehlverhalten unter Alkoholeinfluss anzusehen war,

d) der Unfall zwischen 18 und 4 Uhr stattfand, wenn bekannt ist, dass er durch Fahrerfehlverhalten unter Alkoholeinfluss verursacht worden ist!

Ein Viertel aller „Alkoholunfälle“, d.h. Verkehrsunfälle, bei denen Alkohol als Ursache registriert worden ist, sei durch jugendliche Fahrer im Alter zwischen 18 und 24 Jahren verursacht worden.

e) Mit welcher Wahrscheinlichkeit findet man bei 113 „auf gut Glück“ vorgenommenen Aktenziehungen der jeweils vollständigen „Alkoholunfälle“-Kartei mindestens 20 jugendliche Verursacher?

f) Wie viele Akten der „Alkoholunfälle“-Kartei müsste man durchsehen, um mit einer Sicherheit von mehr als 80 % mindestens eine herauszufinden, in der ein jugendlicher Fahrer als Verursacher geführt wird?

Nach Aussage der letzten Jahresstatistik wurden 348 Personen bei Straßenverkehrsunfällen getötet. Es sei als vereinfachende Modellannahme vorausgesetzt, dass sich diese Todesfälle rein zufällig auf die 365 Tage des Jahres verteilen.

g) Berechnen Sie die Wahrscheinlichkeit dafür, dass an einem „auf gut Glück“ ausgewählten Tag des Jahres kein, genau ein bzw. mehr als ein Toter registriert wurde!
Wie viele Tage wird es ungefähr gegeben haben, an denen kein, genau ein, mehr als ein Toter registriert werden musste?

HA 428 Für ein Kandidatenspiel werde ein Glücksrad mit zehn gleichgroßen Sektoren verwendet. Fünf dieser Sektoren sind nur mit der Zahl 1, drei nur mit der Zahl 2 und zwei nur mit der Zahl 3 beschriftet.

a) Mit welcher Wahrscheinlichkeit p erhält der Kandidat beim einmaligen Drehen dieses Glücksrades eine 1?

b) Mit welcher Wahrscheinlichkeit tritt beim einmaligen Drehen des Glücksrades das Ereignis A = {eine 1 oder eine 3 wird angezeigt} ein?

c) Geben Sie alle möglichen Ergebnisse und deren dazugehörigen Wahrscheinlichkeiten für das zweimalige Drehen des Glücksrades an! Zeichnen Sie hierzu ein entsprechendes Baumdiagramm!

d) Das Spiel für ein Kandidatenpaar bestehe in folgendem: Die zwei Kandidaten K_1 und K_2 drehen unabhängig voneinander jeweils einmal das Glücksrad. Es gewinnt derjenige Kandidat, der die höhere Zahl „erdreht“ hat. Bei gleichen Zahlen endet das Spiel unentschieden.
Berechnen Sie die Wahrscheinlichkeiten der folgenden Ereignisse B bis F:
B = {Kandidat K_1 gewinnt durch Drehen einer 3}
C = {Kandidat K_1 gewinnt durch Drehen einer 1}
D = {das Spiel endet unentschieden}
E = {Kandidat K_1 gewinnt}
F = {das Spiel endet nicht unentschieden und der Gewinner hat eine 3 erdreht}

e) Das oben beschriebene Spiel werde mit zehn Kandidatenpaaren durchgeführt. Berechnen Sie die Wahrscheinlichkeit p dafür, dass genau vier der zehn Spiele unentschieden enden!

f) Das oben beschriebene Spiel werde mit n Kandidatenpaaren durchgeführt. Mit wie viel Kandidatenpaaren muss das Spiel mindestens durchgeführt werden, damit mit einer Wahrscheinlichkeit von mindestens 0,95 mindestens ein Spiel unentschieden ausgeht?

g) Das oben beschriebene Spiel werde mit 376 Kandidatenpaaren durchgeführt. Wie viel unentschieden endende Spiele sind zu erwarten?

h) Mit welcher Wahrscheinlichkeit p enden höchstens 143 der Spielansetzungen unentschieden?

HA 429 Die Wahrscheinlichkeit für das Eintreten des Ereignisses A = {1}, dass ein Kronenverschluss I bzw. II beim einmaligen Werfen nach oben geöffnet auffällt, sei $p_I = 0{,}72$ bzw. $p_{II} = 0{,}75$. Die Zufallsgröße X_n gebe an, wie oft der Kronenverschluss I bei n Würfen nach oben geöffnet auffällt.

(1) a) Der Kronenverschluss I wird dreimal geworfen. Geben Sie eine möglichst „feine“, den zufälligen Vorgang möglichst genau beschreibende Ergebnismenge Ω an! Wie viele Elemente hat der zugehörige Ereignisraum 2^{Ω}?

b) Der Kronenverschluss I wird fünfmal geworfen. Berechnen Sie die Wahrscheinlichkeiten der folgenden Ereignisse B bis E:
B = {beim dritten Wurf tritt das Ergebnis 1 ein}
C = {beim dritten Wurf tritt zum ersten Mal das Ergebnis 1 ein}
D = {beim dritten und nur beim dritten Wurf tritt das Ergebnis 1 ein}

E = {mindestens einmal tritt das Ergebnis 1 ein}

c) Ermitteln Sie die Wahrscheinlichkeitsverteilung der Zufallsgröße X_3!
Geben Sie das Ereignis, das durch $X_3 \geq 2$ beschrieben wird, als Teilmenge von Ω (aus Aufgabenteil a)) an!

d) Mit welcher Wahrscheinlichkeit fällt der Kronenverschluss I bei dreimaligem Werfen öfter nach unten geöffnet als nach oben geöffnet auf?

(2) Die Zufallsgröße Y gibt an, wie oft der Kronenverschluss II bei 100 Würfen nach oben geöffnet auffällt. Berechnen Sie die Wahrscheinlichkeit $P(Y \in [EY - DY; EY + DY])$!

(3) a) Wie oft muss der Kronenverschluss I geworfen werden, damit $P(X_n \geq 170) = 0{,}99$ gilt?

b) Schätzen Sie ab, wie oft der Kronenverschluss I geworfen werden muss, damit die relative Häufigkeit $h_n(A)$ mit einer Wahrscheinlichkeit von mindestens 0,99 um weniger als 0,1 von der Wahrscheinlichkeit $P(A) = 0{,}72$ abweicht!

c) Bestimmen Sie ein möglichst kurzes Intervall $J_k = [360 - k; 360 + k]$ mit $k \in \mathbb{N}$ so, dass $P(X_{500} \in J_k) \geq 0{,}99$ gilt!

HA 430 Das Reiseunternehmen Jentour chartert ein Flugzeug, das 200 Passagiere befördern kann.

(1) An einem Flug nehmen 197 Personen teil.

a) Wie viele Möglichkeiten gibt es, die verbleibenden freien Plätze anzuordnen?

b) Das Flugzeug hat 40 Plätze der 1. Klasse und 160 Plätze der 2. Klasse. 38 Fluggäste belegen einen Platz der 1. Klasse, die restlichen einen Platz der 2. Klasse. Wie viele Möglichkeiten gibt es, die freien Plätze anzuordnen?

c) Auf fünf hintereinander liegenden Fensterplätzen sitzen Kinder. Wie oft können sie diese Sitzordnung ändern, wenn sie nur untereinander die Plätze tauschen und sich keine Sitzordnung wiederholen darf?

(2) Aus Erfahrung weiß Jentour, dass ein gebuchter Platz nur mit einer Wahrscheinlichkeit von 0,90 auch tatsächlich belegt wird.

a) Wie groß ist die Wahrscheinlichkeit dafür, dass von 50 „auf gut Glück" ausgewählten gebuchten Plätzen höchstens 46 belegt werden?

b) Jentour will dazu übergehen, die Flüge um 10 % zu überbuchen. Wie groß wäre dann – bei ansonsten gleichen Bedingungen – die Wahrscheinlichkeit dafür, dass nicht alle Personen eines überbucht-ausgebuchten Fluges, die die Reise antreten wollen, mit diesem Flugzeug befördert werden können?

(3) Jentour hat die Vertragsbedingungen geändert und möchte deshalb in Erfahrung bringen, ob sich die bisherige Rücktrittswahrscheinlichkeit (d.h. die Wahrscheinlichkeit für die Nichtbelegung eines gebuchten Platzes) von 0,10 auf einen neuen Wert p geändert hat. Dazu beabsichtigt Jentour, die ersten 1 500 Buchungen „neuer Art" zu untersuchen.

a) Schätzen Sie ab, um wie viel mit einer Wahrscheinlichkeit von mindestens 0,99 die relative Häufigkeit $h_{1500}(A)$ der Reiserücktritte höchstens von der Rücktrittswahrscheinlichkeit $P(A) = p$ abweicht.
Hinweis: Es gilt für alle $x \in \mathbb{R}$ die Ungleichung $x \cdot (1 - x) < 0{,}25$.

b) Bestimmen Sie bei einer unveränderten Rücktrittswahrscheinlichkeit von 0,10 einen möglichst kleinen, zum bisherigen Erwartungswert für die Rücktritte symmetrischen Bereich B, in dem die Anzahl der Rücktritte bei 1 500 Buchungen mit einer Wahrscheinlichkeit von mindestens 0,95 liegt! Welchen Schluss kann Jentour daraus ziehen, wenn tatsächlich 123 Rücktritte gezählt werden?

c) Jentour will durch die Untersuchung einer entsprechenden Stichprobe vom Umfang n mit 95-prozentiger Sicherheit die Rücktrittswahrscheinlichkeit p auf $\varepsilon = 0{,}01$ genau bestimmen. Bestimmen Sie hierfür ein möglichst kleines n!
Hinweis: Es gilt für alle $x \in \mathbb{R}$ die Ungleichung $x \cdot (1 - x) < 0{,}25$.

Projektideen

HA 431 „Faszination des Würfels"

Mit diesem Projekt sollten Sie etwas von der großen Anziehungskraft nachempfinden, die der Würfel immer wieder auf die Menschen vieler Generationen ausübte.

- „Würfel des Glücks" (historische Würfel und Würfelspiele, Spielregeln für z.T. selbst erdachte Würfelspiele „errechnen", Zusammentragen von Würfelaufgaben zu alten behandelten Stochastikthemen)
- „Würfel der Geometrie" (Zusammentragen von Würfelaufgaben zu möglichst vielen Themen des Mathematikunterrichts, Kubismus in Kunst und Architektur)
- „Simulation des Würfels" (Simulation von Würfelspielen mit dem TR oder mit dem Computer, Experimentieren beim Austragen dieser Spiele, um die eigene Intuition zu hinterfragen und zu entwickeln)

Bei der mathematischen Ausgestaltung des Projekts kann unter anderem auf die Beispiele H 25, H 40, H 41, H 58 des Lehrbuchs sowie auf die Aufgaben HA 29, HA 36, HA 42, HA 108, HA 122, HA 144, HA 182, HA 257, HA 277, HA 287, HA 297, HA 299 zurückgegriffen werden.

HA 432 „Lotto – Lasst alle Hoffnung fahren!"

Auf der Grundlage einer von der Staatlichen Toto-Lotto GmbH herausgegebenen Jahresübersicht gezogener Gewinnzahlen und erzielter Gewinnquoten können Sie Erfahrungen sammeln hinsichtlich

- der Anwendung von Methoden der beschreibenden Statistik, einschließlich einer kritischen Analyse gebräuchlicher Darstellungsformen,
- des Verhältnisses von empirischen Daten und Modell, einschließlich einer sachgerechten Interpretation und Bewertung der mit dem Modell „Gleichverteilung" gewonnenen Ergebnisse zu ausgewählten Fragestellungen,
- eines kritischen Hinterfragens des eigenen (angenommenen) Spielverhaltens.

Im Zusammenwirken mit dem Informatik-Lehrer könnte das zu verwendende Datenmaterial auch mithilfe einer Computer-Simulation des Lotto-Spiels „6 aus 49" gewonnen werden.
Bei der mathematischen Ausgestaltung des Projekts kann unter anderem auf die Beispiele H 24 und H 44 des Lehrbuchs sowie auf die Aufgaben HA 41 und HA 42 zurückgegriffen werden.

HA 433 „Eine Schule wird befragt"

Sie können erfahren, dass auch mit der Erarbeitung, Organisation und Auswertung einer geeigneten Umfrage Ursachen und Zusammenhänge für soziale Sachverhalte des Schulgeschehens erschlossen werden können. Die konkreten Untersuchungsgegenstände sollten mit Bezug auf die aktuelle Situation an der jeweiligen Schule gewählt werden. Erforscht werden könnte z.B. die Meinung der Schülerinnen und Schüler zu einem gravierenden Ereignis an der Schule. Erstellt werden könnte auch ein Lehrer- bzw. Klassen-Ranking (in Analogie zum Hochschul-Ranking).
Im Rahmen des Projekts ist zu erörtern,

- ob eine Voll- oder Stichprobenbefragung durchgeführt,
- welcher Stichprobenumfang und welche Stichprobenart gewählt,
- ob die Befragung anonym und – wenn ja – in welcher Form erfolgen soll.

Bei der mathematischen Ausgestaltung des Projekts kann unter anderem auf die Aufgaben HA 3a und HA 195 zurückgegriffen werden.

HA 434 „Was haben die Schüler der Klassenstufe 12 mit einer Sonnenblume gemein?"

Sie können die Erfahrung machen, dass ganz unterschiedliche natürliche Wachstumsprozesse sich durch eine Normalverteilung beschreiben lassen. Zugleich bietet sich die Möglichkeit, Fähigkeiten bei der Erstellung und Auswertung statistischen Datenmaterials zu entwickeln. Erfasst und verglichen werden könnten u.a.

- die Körpergröße der Schülerinnen und Schüler einer Klassenstufe,
- der Wachstumsprozess einer Sonnenblume oder einer anderen geeigneten Pflanze (in Zusammenarbeit mit dem Biologie-Lehrer)

Bei der mathematischen Ausgestaltung des Projekts kann unter anderem auf das Beispiel H 64 des Lehrbuchs sowie auf die Aufgabe HA 410 zurückgegriffen werden.

J Statistik

J 1 Testen von Hypothesen – Testverfahren

J 1.1 Grundprobleme des Testens von Hypothesen

JA 1

a) Erklären Sie die Begriffe „proportional geschichtete Stichprobe“ und „Klumpenstichprobe“ an selbst gewählten Beispielen!

b) Es soll eine Umfrage zur Ermittlung der beliebtesten Moderatorin/des beliebtesten Moderators eines Regionalsenders durchgeführt werden.
Beschreiben Sie eine repräsentative Stichprobe und berechnen Sie einen fiktiven Auswahlsatz!

c) Durch statistische Untersuchungen sollen Aussagen zur Qualität des deutschlandweit vertriebenen Erzeugnisses E des Unternehmens U gemacht werden.
Beschreiben Sie eine repräsentative Stichprobe und berechnen Sie einen fiktiven Auswahlsatz!

JA 2 *(s. Sätze J 1 und J 2, S. 449)*

Erläutern Sie, welcher Fehler (1. oder 2. Art) in a) und b) jeweils begangen wird bzw. begangen werden kann!

(1) Die Schülerinnen und Schüler eines Leistungskurses Mathematik vermuten, dass in der nächsten Mathematikstunde keine Leistungskontrolle durchgeführt wird.
   a) Sie bereiten sich nicht auf den Unterricht vor; es wird eine Leistungskontrolle durchgeführt.
   b) Sie bereiten sich auf den Unterricht vor; es wird keine Leistungskontrolle durchgeführt.

(2) Einem Händler für Autoersatzteile werden so genannte H1-Lampen (unterschiedlichen Preises) zweier verschiedener Hersteller angeboten.
   a) Es wird zugesichert, dass keine Qualitätsunterschiede bestehen.
   b) Es wird zugesichert, dass die Lampen des einen Herstellers höherwertiger sind als die des anderen.

(3) Ein Pilzsammler vermutet, dass einer der gesammelten Pilze giftig ist.
   a) Der Pilz ist in Wirklichkeit giftig.
   b) Der Pilz ist in Wirklichkeit ungiftig.

JA 3 *(s. Beispiel J 1; S. 443)*

In einem Supermarkt werden Lebensmittel angeboten, deren Mindesthaltbarkeitsdauer (MHD) noch nicht erreicht (0) oder bereits überschritten (1) ist. Mit der Wahrscheinlichkeit p ist die MHD überschritten, mit der Wahrscheinlichkeit $q = 1 - p$ noch nicht erreicht. Aus Kontrollen der Angebotsregale weiß man, dass $p = 0{,}1$ beträgt. Durch regelmäßigere Kontrollen sollen weniger Lebensmittel mit überschrittener MHD in den Regalen verbleiben.

a) Kennzeichnen Sie die zugrunde liegende unbekannte Wahrscheinlichkeitsverteilung! Begründen Sie, dass eine Binomialverteilung vorliegt!

b) Geben Sie eine mögliche Stichprobe mit dem Umfang $n = 20$ an!

c) Geben Sie kurz an, wie versucht wird, aus der Stichprobe auf die unbekannte Wahrscheinlichkeitsverteilung zu schließen!

JA 4

Ein Tetraeder sei mit den Augenzahlen 1 bis 4 beschriftet. Es soll überprüft werden, ob die Augenzahl „3“ mit der Wahrscheinlichkeit $p = \frac{1}{4}$ „erwürfelt“ wird oder nicht.
Geben Sie ein geeignetes Vorgehen an und kennzeichnen Sie die Zufallsgröße X sowie die miteinander zu vergleichenden Wahrscheinlichkeitsverteilungen!

JA 5 Eine Fernsehsendung gilt bei einem Regionalsender als beliebt, wenn (mindestens) 50 % aller Fernsehzuschauer diese Sendung sehen. Es soll untersucht werden, ob die Fernsehsendung F beliebt ist.

a) Beschreiben Sie ein geeignetes Vorgehen zur Untersuchung!

b) Geben Sie die zugrunde liegende unbekannte Wahrscheinlichkeitsverteilung und die zum Vergleich herangezogene Wahrscheinlichkeitsverteilung an!

JA 6 Von 200 befragten Personen geben 72 an, den Kandidaten K für den Vorstand des örtlichen Kleingartenvereins wählen zu wollen. Bei der letzten Wahl hatte der Kandidat K 50 % aller Stimmen erhalten.

Treffen Sie eine begründete Aussage (Prognose), ob der Kandidat K weniger als 50 % Stimmen erhalten wird!

JA 7 Von einem Waldgebiet ist bekannt, dass die Hälfte aller Bäume durch den Borkenkäfer geschädigt ist. Die Forstverwaltung lässt 50 zufällig ausgewählte Bäume diese Gebietes prüfen.

a) Berechnen Sie, mit welcher Wahrscheinlichkeit weniger als 20 oder mehr als 30 geschädigte Bäume festgestellt werden!

b) In einem anderen Waldgebiet werden 35 von 50 überprüften Bäumen als geschädigt festgestellt. Interpretieren Sie diese Feststellung hinsichtlich des Anteils der geschädigten Bäume in diesem Waldgebiet!

J 1.2 Testen einer unbekannten Wahrscheinlichkeit; Alternativtests

JA 8 *(s. Beispiele J 1, S. 443 und J 2, S. 452/453)*

In einer Urne befinden sich (nur) Kugeln mit den Farben blau und weiß. Es ist bekannt, dass die Urne entweder 25 % oder 60 % blaue Kugeln enthält. Um festzustellen, welcher Urneninhalt vorliegt, werden 20 Kugeln mit Zurücklegen gezogen. Erhält man bei diesem Ziehungsvorgang höchstens 7 blaue Kugeln, dann entscheidet man sich für einen Urneninhalt mit 25 % blauen Kugeln.

a) Wählen Sie als „Erfolg", dass die Kugel blau ist. Formulieren Sie die Nullhypothese H_0 mit der Erfolgswahrscheinlichkeit $p = 0{,}25$ und geben Sie die Gegenhypothese an!

b) Geben Sie Annahmebereich A und Ablehnungsbereich $\overline{A}$ für H_0 an!

c) Berechnen Sie die Wahrscheinlichkeiten für die möglichen Fehlentscheidungen!

JA 9 Von einer Urne ist bekannt, dass sie entweder genau 60 rote und 40 blaue oder genau 40 rote und 60 blaue Kugeln enthält. Mittels einer Stichprobe ($n = 10$) soll eine Entscheidung getroffen werden.

a) Konstruieren Sie einen geeigneten Test! (Legen Sie einen geeigneten Annahme- bzw. Ablehnungsbereich fest!)

b) Berechnen Sie die Wahrscheinlichkeiten für den Fehler 1. Art und den Fehler 2. Art!

JA 10 Von einer Urne ist bekannt, dass sie entweder genau 6 rote und 4 blaue oder genau 4 rote und 6 blaue Kugeln enthält. Mittels einer Stichprobe ($n = 5$) soll eine Entscheidung getroffen werden.

a) Konstruieren Sie einen geeigneten Test und berechnen Sie die Wahrscheinlichkeiten für den Fehler 1. Art und den Fehler 2. Art, wenn
   - mit Zurücklegen
   - ohne Zurücklegen

   gezogen wird!

b) Begründen Sie, warum für das Ziehen ohne Zurücklegen kleinere Fehlerwahrscheinlichkeiten als für das Ziehen mit Zurücklegen berechnet werden!

JA 11 Ein Vulkanisierbetrieb spendet einem Radsportverein je 5000 Fahrradschläuche in zwei verschiedenen Qualitäten, die getrennt verpackt wurden. Die Packung mit guter Qualität enthalte 90 %, die Packung mit etwas minderer Qualität enthalte 75 % brauchbare Schläuche. Durch eine Stichprobe soll entschieden werden, welche Qualität die Schläuche in der jeweiligen Packung besitzen, weil die Packungen äußerlich nicht unterscheidbar sind. Wählen Sie bei Ihrem Entscheidungsverfahren als Nullhypothese, dass die Packung 90 % brauchbare Schläuche enthält! Der Stichprobenumfang betrage

a) $n = 20$, b) $n = 50$, c) $n = 100$.

Wählen Sie den Ablehnungsbereich für H_0 jeweils so, dass die Wahrscheinlichkeit für den Fehler 1. Art unter 0,05 liegt! Bestimmen Sie jeweils den Annahmebereich für H_0 und berechnen Sie die Wahrscheinlichkeit für den Fehler 2. Art!

JA 12 Für einen bestimmten Sachverhalt werden die zwei Hypothesen H_1: $p_1 = \frac{1}{6}$ und H_2: $p_2 = \frac{1}{3}$ formuliert. Auf der Grundlage einer Stichprobe ($n = 20$; z.B. Urnenmodell) soll so entschieden werden, dass man sich höchstens mit der Wahrscheinlichkeit 0,5 irrtümlich für die Hypothese H_2 entscheidet.

a) Geben Sie einen geeigneten Ablehnungs- und Annahmebereich an!

b) Fassen Sie die Wahrscheinlichkeiten der beiden möglichen Fehlentscheidungen in einer Übersicht (Orientierung an der Vierfeldertafel auf S. 445 des Lehrbuchs) zusammen und interpretieren Sie die Übersicht!

c) Geben Sie den Ablehnungs- und den Annahmebereich so an, dass die Fehlerwahrscheinlichkeiten annähernd gleich groß sind!

JA 13 Nach den MENDELschen Vererbungsgesetzen wird ein dominantes Merkmal mit der Wahrscheinlichkeit 0,75, ein rezessives Merkmal mit der Wahrscheinlichkeit 0,25 vererbt.

In einem Forschungsinstitut gelingt die Kreuzung zweier Getreidearten, einer mit dem Merkmal A und einer mit dem Merkmal B. Man erhält 20 Pflänzchen der neuen Generation, wobei das häufiger auftretende der beiden Merkmale A und B als dominant angenommen wird.

Berechnen Sie die Wahrscheinlichkeit dafür, dass diese Annahme falsch ist!

J 1.3 Testen einer unbekannten Wahrscheinlichkeit; Signifikanztests

JA 14 *(s. Beispiel J 5, S. 458)*

Bei einem zweiseitigen Signifikanztest soll jeweils die Hypothese H_0: $p = p_0$ [gegen die Hypothese H_1: $p \neq p_0$] bei dem gegebenen Stichprobenumfang n auf dem gegebenen Signifikanzniveau getestet werden. Geben Sie jeweils den Ablehnungsbereich $\overline{A}$ für H_0 an und berechnen Sie jeweils einen möglichen Fehler 2. Art!

	a) $p_0 = 0{,}5$; $n = 20$; $\alpha = 0{,}05$	b) $p_0 = 0{,}5$; $n = 20$; $\alpha = 0{,}01$	
	c) $p_0 = 0{,}8$; $n = 100$; $\alpha = 0{,}05$	d) $p_0 = 0{,}4$; $n = 50$; $\alpha = 0{,}05$	
	e) $p_0 = \frac{1}{6}$; $n = 10$; $\alpha = 0{,}05$	f) $p_0 = \frac{1}{3}$; $n = 40$; $\alpha = 0{,}05$	**GTA**
	g) $p_0 = 0{,}7$; $n = 25$; $\alpha = 0{,}01$	h) $p_0 = 0{,}75$; $n = 50$; $\alpha = 0{,}05$	
GTA	i) $p_0 = 0{,}45$; $n = 250$; $\alpha = 0{,}01$	k) $p_0 = \frac{5}{6}$; $n = 50$; $\alpha = 0{,}01$	
GTA	l) $p_0 = \frac{2}{3}$; $n = 300$; $\alpha = 0{,}05$	m) $p_0 = 0{,}25$; $n = 50$; $\alpha = 0{,}05$	

JA 15 Bei einem zweiseitigen Signifikanztest soll die Hypothese H_0: $p_0 = \frac{1}{6}$ [gegen die Hypothese H_1: $p_0 \neq \frac{1}{6}$] bei dem Stichprobenumfang $n = 200$ getestet werden.

a) Ermitteln Sie den Ablehnungsbereich $\overline{A}$ (für H_0) für die Irrtumswahrscheinlichkeit $\alpha = 0{,}05$! Berechnen Sie den Fehler 2. Art für den Fall, dass in Wirklichkeit $p_1 = 0{,}2$ gilt!

b) Geben Sie Möglichkeiten an, sowohl den Fehler 1. Art als auch den Fehler 2. Art möglichst klein (und annähernd gleich groß) zu halten.

c) Ermitteln Sie den Ablehnungsbereich $\overline{A}$ (für H_0) für eine statistische Mindestsicherheit von $1 - \alpha = 0{,}99$! Berechnen Sie den Fehler 2. Art für die Fälle, dass in Wirklichkeit $p_1 = 0{,}1$; $p_1 = 0{,}3$; $p_1 = 0{,}4$ gilt!

d) Als Ablehnungsbereich für H_0 wird $\overline{A} = \{0; 1; \ldots; 24\} \cup \{42; 43; \ldots; 200\}$ festgelegt. Ermitteln Sie den (größtmöglichen) Fehler 1. Art sowie einen Fehler 2. Art, wenn in Wirklichkeit $p_1 = 0{,}3$ gilt! Begründen Sie, warum beim Festlegen des Ablehnungsbereiches $\overline{A} = \{0; 1; \ldots; 72\} \cup \{128; 129; \ldots; 200\}$ ein Trugschluss vorliegen muss. Geben Sie einen möglichen Zusammenhang (durch eine Wahrscheinlichkeit p_0 und ein Signifikanzniveau α) an, für den dieser Ablehnungsbereich zutreffend ist!

JA 16 *(s. Beispiel J 5, S. 458)*

Die Spielführer zweier Fußballmannschaften zweifeln an, dass die vom Schiedsrichter zum Auslosen der Seitenwahl verwendete Münze ideal ist.

a) Die Münze wird 100-mal geworfen. „Wappen" fällt 42-mal. Führen Sie einen zweiseitigen Signifikanztest (Signifikanzniveau $\alpha = 0{,}2$) durch und interpretieren Sie das Testergebnis!

b) Die beiden Spielführer vereinbaren, dass die Münze bei 50 Würfen als ideal gelten soll, wenn mindestens 17-mal und höchstens 33-mal „Wappen" beobachtet wird. Berechnen Sie die Irrtumswahrscheinlichkeit für diese Vereinbarung!

c) Berechnen Sie für das Vorgehen in den Teilaufgaben a) und b) jeweils den Fehler 2. Art, wenn bei dieser Münze in Wirklichkeit das Fallen von „Wappen" mit 40 % anzunehmen ist.

JA 17 In einer Lieferung von Kacheln für Kamine befinden sich 10 % „rein zufällig" verteilte Ausschusskacheln.

a) Ermitteln Sie, wie groß die Wahrscheinlichkeit p_1 ist, dass sich in einer Lieferung von 20 Kacheln keine Ausschusskacheln befinden!

b) Ermitteln Sie, wie groß die Wahrscheinlichkeit p_2 ist, dass sich in einer Lieferung von 100 Kacheln höchstens 8 Ausschusskacheln befinden!

c) Ein Ofensetzer will die Behauptung des Herstellers, der Ausschussanteil betrage höchstens 10 %, testen und stellt folgende Entscheidungsregel auf: *Wenn in einer Stichprobe von 25 Kacheln vier oder mehr fehlerhaft sind, so soll die Lieferung abgelehnt werden.*
Geben Sie die Nullhypothese H_0, die Gegenhypothese und den Ablehnungsbereich für H_0 an! Berechnen Sie das Risiko (die Wahrscheinlichkeit für den Fehler 1. Art) für den Hersteller, dass seine Lieferung abgelehnt wird, obwohl sie seinen Angaben entspricht!

d) Der Hersteller will sein Risiko auf höchstens 0,05 verringern. Geben Sie die Entscheidungsregel für Stichproben mit dem Umfang $n = 25$ an!

JA 18 Ein einheimischer Waschpulverhersteller behauptet, dass mindestens 70 % aller Drogeriemärkte das von ihm hergestellte Waschpulver in der Region anbieten. Bei einer Stichprobe in 100 Drogeriemärkten der Region stellt man fest, dass 59 Drogeriemärkte dieses Waschpulver anbieten. Prüfen Sie, ob man hieraus mit einer Irrtumswahrscheinlichkeit von höchstens 0,05 einen Widerspruch zur Behauptung des Herstellers erkennen kann!

JA 19 *(s. Beispiel J 7, S. 460/461)*

In der Zuckerfabrik „WEGO" wird Zucker in Packungen zu je 1000 g abgefüllt. Kontrollen belegen, dass höchstens 2 % aller Packungen eine geringere Füllung als 1000 g (Minderfüllung) aufweisen. Bei Kontrollen durch eine Regulierungsbehörde werden unter 250 Packungen 7 Packungen mit einer Minderfüllung festgestellt.

GTA a) Überprüfen Sie (auf dem Signifikanzniveau $\alpha = 0{,}05$), ob sich der Anteil der Packungen mit Minderfüllung vergrößert hat!

GTA b) Berechnen Sie, mit welcher Wahrscheinlichkeit die 2 %-Angabe aufrecht erhalten wird, wenn in Wirklichkeit 4 % aller Packungen eine Minderfüllung aufweisen!

c) Konstruieren Sie einen geeigneten Test für eine Kontrolle durch die Regulierungsbehörde, der das Verwenden der Tabelle der summierten Binomialverteilung gestattet!

JA 20 *(s. Beispiel J 6, S. 459)*

Der Schülerrat eines Gymnasiums behauptet, dass mindestens 75 % aller Schülerinnen und Schüler, die einen Ausgleichskurs Mathematik in der Jahrgangsstufe 11 absolviert haben, in der Jahrgangsstufe 12 einen Studienwunsch mathematisch-naturwissenschaftlich-technischer Richtung angeben. Bei einer Umfrage unter

50 Schülerinnen und Schülern der Jahrgangsstufe 12, die in der Jahrgangsstufe 11 einen Ausgleichskurs absolviert haben, wird ein derartiger Studienwunsch 30-mal geäußert.

a) Stellen Sie fest, ob die Behauptung des Schülerrates mit einer statistischen Mindestsicherheit von 95 % abgelehnt werden kann!

b) Ermitteln Sie, mit welcher Wahrscheinlichkeit der Behauptung des Schülerrates irrtümlich zugestimmt wird, wenn in Wirklichkeit 60 % dieser Schülerinnen und Schüler einen solchen Studienwunsch haben!

JA 21 *(s. Beispiel J 6, S. 459)*

Es soll jeweils

(1) die Hypothese H_0: $p \geq p_0$ [gegen die Hypothese H_1: $p < p_0$]

(2) die Hypothese H_0: $p \leq p_0$ [gegen die Hypothese H_1: $p > p_0$]

bei dem gegebenen Stichprobenumfang n auf dem gegebenen Signifikanzniveau α getestet werden.
Geben Sie jeweils den Ablehnungsbereich $\overline{A}$ für H_0 an und berechnen Sie jeweils einen möglichen Fehler 2. Art!

a) $p_0 = 0{,}1$; $n = 50$; $\alpha = 0{,}1$

b) $p_0 = 0{,}8$; $n = 100$; $\alpha = 0{,}01$

c) $p_0 = \frac{1}{3}$; $n = 50$; $\alpha = 0{,}05$

d) $p_0 = 0{,}5$; $n = 50$; $\alpha = 0{,}05$

e) $p_0 = \frac{1}{6}$; $n = 100$; $\alpha = 0{,}05$

f) $p_0 = 0{,}2$; $n = 300$; $\alpha = 0{,}01$ **GTA**

g) $p_0 = \frac{1}{3}$; $n = 100$; $\alpha = 0{,}01$

h) $p_0 = 0{,}45$; $n = 150$; $\alpha = 0{,}05$ **GTA**

i) $p_0 = 0{,}25$; $n = 50$; $\alpha = 0{,}05$

k) $p_0 = 0{,}65$; $n = 30$; $\alpha = 0{,}01$ **GTA**

l) $p_0 = 0{,}4$; $n = 20$; $\alpha = 0{,}05$

m) $p_0 = 0{,}75$; $n = 10$; $\alpha = 0{,}01$

JA 22 Es soll die Hypothese H_0: $p_0 \leq \frac{1}{6}$ [gegen die Hypothese H_1: $p_1 > \frac{1}{6}$] bei einem Stichprobenumfang $n = 100$ getestet werden.

a) Ermitteln Sie den Ablehnungsbereich $\overline{A}$ (für H_0) für die Irrtumswahrscheinlichkeit $\alpha = 0{,}05$! Berechnen Sie den Fehler 2. Art, wenn in Wirklichkeit $p_1 = 0{,}3$ gilt!

b) Ermitteln Sie den Ablehnungsbereich $\overline{A}$ (für H_0) für die statistische Mindestsicherheit von $1 - \alpha = 0{,}99$! Berechnen Sie den Fehler 2. Art für die Fälle $p_1 = 0{,}2$; $p_1 = 0{,}25$; $p_1 = 0{,}4$!

c) Als Ablehnungsbereich für H_0 wird $\overline{A} = \{0; 1; \ldots; 9\} \cup \{24; 25; \ldots; 100\}$ festgelegt. Ermitteln Sie den (größtmöglichen) Fehler 1. Art sowie einen Fehler 2. Art, wenn in Wirklichkeit $p_1 = 0{,}2$ gilt!

JA 23 *(s. Beispiel J 6, S. 459 und Beispiel J 7, S. 460/461)*

In einer Studie wird vermutet, dass mindestens 40 % aller Schülerinnen und Schüler an Gymnasien regelmäßig moderne Medien (z.B. Internet) bei der Anfertigung der Hausaufgaben nutzen.

a) 200 Schülerinnen und Schüler verschiedener Gymnasien werden befragt.
Erläutern Sie, wie die Stichprobe zusammengesetzt sein muss, um Repräsentativität zu gewährleisten!

b) Konstruieren Sie einen geeigneten Test ($n = 200$; $\alpha = 0{,}05$) zur Überprüfung der Vermutung! Berechnen Sie den Fehler 2. Art, wenn in Wirklichkeit 25 % aller Schülerinnen und Schüler moderne Medien regelmäßig nutzen!

c) Es wird eine neue Befragung von 1000 Schülerinnen und Schülern durchgeführt.
Weisen Sie nach, dass die vorliegende Binomialverteilung hinreichend genau durch eine Normalverteilung approximiert werden kann! Geben Sie für das Signifikanzniveau $\alpha = 0{,}05$ den Ablehnungsbereich $\overline{A}$ der Nullhypothese an!

d) Ermitteln Sie, wie groß der Stichprobenumfang *mindestens* gewählt werden muss, um auf der Basis der Normalverteilung hinreichend genau arbeiten zu können!

JA 24 *(s. Beispiel J 5, S. 458)*

Ein Sportlehrer hat jahrelang die Anzahl der Nichtschwimmer unter seinen Schülern (Alter mindestens 14 und höchstens 18 Jahre) registriert. Er schätzt, dass 20 % aller Jugendlichen dieser Altersgruppe Nicht-

schwimmer sind. In einer Fachzeitschrift werden die Ergebnisse einer aktuellen Untersuchung zu dieser Problematik veröffentlicht: Von 1 500 Jugendlichen dieser Altersgruppe sind 214 Nichtschwimmer.
Die Zufallsgröße X beschreibe die Anzahl der Nichtschwimmer unter 1 500 Jugendlichen.

a) Begründen Sie, warum eine Binomialverteilung der Zufallsgröße X vorliegt! Weisen Sie nach, dass die Binomialverteilung hinreichend genau durch eine Normalverteilung approximiert werden darf!
b) Konstruieren und erläutern Sie einen Test unter Annahme der Normalverteilung!
c) Berechnen Sie den Fehler 2. Art für den Fall, dass in Wirklichkeit 12 % der Jugendlichen Nichtschwimmer sind!

J 1.4 Zur Qualität statistischer Tests; Gütefunktion

JA 25 *(s. Beispiel J 5, S. 458; Definition J 7, S. 461)*
Bei dem in Beispiel J 5 genannten Spiel werde der Würfel 100-mal geworfen.

a) Ermitteln Sie den Ablehnungsbereich $\overline{A}$ für H_0!
b) Geben Sie die Gütefunktion des Tests an und stellen Sie diese grafisch dar!
c) Vergleichen Sie mit der Gütefunktion im Beispiel J 5 für n = 25! Zeichnen Sie den zugehörigen Graphen zusätzlich in das Koordinatensystem aus Teilaufgabe b) ein!

JA 26 *(s. Beispiel J 6, S. 459; Definition J 7, S. 461)*
Entwickeln Sie für das Beispiel J 6 / Variante (2) die Gütefunktion und stellen Sie diese grafisch dar!

JA 27 Geben Sie die Gütefunktion eines idealen (einseitigen) linksseitigen Signifikanztests an und skizzieren Sie diese!

JA 28 *(s. Beispiel J 7, S. 460/461)*
Geben Sie für das Beispiel J 7 die Gütefunktion an und stellen Sie diese grafisch dar!

JA 29 *(s. Beispiel J 5, S. 458; Anmerkung, S. 460)*
Geben Sie für das Beispiel J 5 die Operationscharakteristik (OC-Funktion) an und stellen Sie diese grafisch dar!

JA 30 *(s. Beispiel J 6, S. 459)*
Geben Sie für das Beispiel J 6 / Varianten (1) und (2) die Operationscharakteristik (OC-Funktion) an und stellen Sie diese grafisch dar!

J 2 Anwendungen aus verschiedenen Bereichen

JA 31 *(s. Beispiel J 2, S. 452/453 und Beispiel J 3, S. 453/454)*
Eine Schokoladenfabrik produziert Hohlkörper aus Schokolade, die anschließend mit farbiger Folie umhüllt werden. Beim Verpacken entstanden bei einer Tagesproduktion 10 % „Bruch", am nächsten Tag sogar 20 % Bruch. Aus Versehen sind beide Tagesproduktionen von je 3000 Stück, abgepackt in Großkartons, mit dem Schild „2. Wahl" (20 % Bruch) versehen worden. Da der Produzent weiß, dass *ein* Karton 1. Wahl (10 % Bruch) enthalten muss, und er den Verlust nicht hinnehmen will, der entsteht, wenn beide Kartons als 2. Wahl verkauft werden, überlegt er sich folgendes Prüfverfahren:
Er testet die Hypothese, dass der Karton 10 % Bruch enthalte. Dazu entnimmt er dem Karton 50 Hohlkörper und überprüft diese. Findet er mehr als 6 zerbrochene Hohlkörper, so verwirft er seine Hypothese.

a) Berechnen Sie die Wahrscheinlichkeiten für die möglichen Fehlentscheidungen bei diesem Prüfverfahren!
b) Verändern Sie den Ablehnungsbereich für H_0 so, dass die Wahrscheinlichkeit für den Fehler 1. Art kleiner als 0,1 wird!

JA 32 *(s. Beispiel J 11, S. 466 ff.)*

In einer Glühlampenfabrik werden auf zwei Maschinen M1 und M2 Glühlampen produziert. Von den auf der Maschine M1 gefertigten Glühlampen sind erfahrungsgemäß 10 % defekt. Von den auf der Maschine M2 gefertigten Glühlampen sind erfahrungsgemäß 20 % defekt. Die Glühlampen werden in Großpackungen zu 1000 Stück verpackt und als Preisklasse 1 (Lampen von M1) bzw. Preisklasse 2 (Lampen von M2) an den Großhandel geliefert.

Ein Großhändler will die Angabe der Preisklasse überprüfen. Er entnimmt dazu einer Großpackung eine Stichprobe von 50 Glühlampen. Wenn die Stichprobe nicht mehr als drei defekte Glühlampen enthält, akzeptiert er die Lieferung als Preisklasse 1, sonst als Preisklasse 2.

a) Berechnen Sie die Wahrscheinlichkeiten für den Fehler 1. Art und den Fehler 2. Art bei diesem Vorgehen! Interpretieren Sie die beiden Wahrscheinlichkeiten aus der Sicht der Glühlampenfabrik!

b) Die Entscheidungsregel wird „entschärft". Der Großhändler akzeptiert die Lieferung als Preisklasse 1, wenn höchstens sechs defekte Glühlampen festgestellt werden. Berechnen Sie die Wahrscheinlichkeiten für den Fehler 1. Art und den Fehler 2. Art bei dieser Entscheidung!

Interpretieren Sie die Ergebnisse im Vergleich zu denen aus Teilaufgabe a)!

JA 33 Eine Lieferung einer Buchbinderei umfasst 1 000 Broschüren, die entweder von dem Automaten A1 oder von dem Automaten A2 gebunden worden sind. Der Automat A1 liefert 10 % Ausschuss, der Automat A2 liefert 25 % Ausschuss. Durch eine Stichprobe (n = 10) soll festgestellt werden, ob die Broschüren in der Lieferung vom Automaten A1 oder A2 gebunden worden sind.

a) Ermitteln Sie eine Entscheidungsregel, so dass beim Test der Hypothese H_0: „Die Broschüren sind von A1 gebunden worden." [gegen die Hypothese H_1: „Die Broschüren sind von A2 gebunden worden."] die Irrtumswahrscheinlichkeit höchstens 5 % beträgt!

b) Begründen Sie, warum eine Binomialverteilung angenommen werden kann!

JA 34 *(s. Beispiel J 6, S. 459)*

Vor Wahlen werden Prognosen über die Chancen der einzelnen politischen Parteien aufgestellt. Um solche Prognosen zu erhärten, wählt man eine bestimmte Anzahl stimmberechtigter Personen nach einem Zufallsprinzip aus und befragt sie unabhängig voneinander. Die Partei P hatte vor der letzten Wahl einen Stimmenanteil von 40 %. Vor der neuen Wahl möchte diese Partei nun wissen, ob sich ihr Wahlergebnis verändern wird. Dazu befragt man 100 Personen und überprüft die Hypothese „Der Stimmenanteil hat sich verringert oder ist gleich geblieben". Die Wahrscheinlichkeit, dass man irrtümlich auf eine Erhöhung des Stimmenanteils schließt, soll nicht größer als 0,1 sein.

Geben Sie jeweils die Nullhypothese H_0, die Gegenhypothese H_1 sowie den zu H_0 gehörigen Ablehnungsbereich an!

a) X sei die zufällige Anzahl der Personen, die die Partei wählen wollen.

b) X sei die zufällige Anzahl der Personen, die die Partei *nicht* wählen wollen.

JA 35 *(s. Beispiel J 5, S. 458; Beispiel J 6, S. 459, Beispiel J 14, S. 473)*

Ein Unternehmen bietet einen großen Restposten unsortierter Kugelschreiberminen (schwarz- bzw. blauschreibend) an. Ein Fachmarkt für Büromaterialien will den Restposten aufkaufen, wenn der Restposten die beiden Minensorten zu gleichen Anteilen enthält.

a) Konstruieren Sie einen geeigneten zweiseitigen Signifikanztest und werten Sie Ihr Vorgehen!

b) Ein Vertreter des Fachmarktes entnimmt dem Restposten eine Stichprobe von 10 Minen. Er soll den Restposten nur dann aufkaufen, wenn die Stichprobe von einer Sorte Minen nicht weniger als drei Minen enthält.

Berechnen Sie die Wahrscheinlichkeit dafür, dass der Restposten irrtümlich nicht aufgekauft wird, obwohl er die Minen zu gleichen Anteilen enthält!

Berechnen Sie die Wahrscheinlichkeit dafür, dass der Restposten irrtümlich aufgekauft wird, obwohl 75 % aller Minen (doppelt so viele Minen) schwarzschreibend sind!

c) Der Restposten soll nur aufgekauft werden, wenn mindestens 75 % der Minen blauschreibend sind. Konstruieren Sie einen geeigneten Test!

d) Der Restposten soll nur aufgekauft werden, wenn höchstens 30 % der Minen schwarzschreibend sind. Konstruieren Sie einen geeigneten Test!

e) Vom Restposten ist bekannt, dass er entweder 40 % oder 75 % blauschreibende Minen enthält. Konstruieren Sie zwei geeignete Testverfahren zur Entscheidungsfindung!

JA 36 *(s. Beispiel J 9, S. 464/465)*

Eine Verbraucherschutzzentrale vermutet, dass durch schärfere Wettbewerbsbedingungen der Reklamationsanteil bei einer bestimmten Kategorie von Reiseangeboten nur noch höchstens 5 % beträgt. Die Vermutung soll durch Befragen von 100 zufällig ausgewählten (unabhängig voneinander) Reisenden, die Angebote aus dieser Kategorie gewählt hatten, überprüft werden.

a) Konstruieren und erläutern Sie einen geeigneten Test ($\alpha = 0{,}1$)!

Berechnen Sie den Fehler 2. Art für den Fall, dass die Reklamationen in Wirklichkeit 10 % betragen!

b) Man legt nun fest: Wenn höchstens acht von 100 Reisenden reklamieren, soll die Vermutung beibehalten werden. Geben Sie den Fehler 1. Art für diese Entscheidung an!

JA 37 Ein Automobilkonzern hat Fahrzeuge einer bestimmten Baureihe wegen eines Lackierungsmangels in einer so genannten Rückrufaktion prüfen lassen. Nach der Prüfung wird behauptet, dass der Mangel bei höchstens 5 % dieser Fahrzeuge auftritt. Eine Vertragswerkstatt prüft bei der turnusmäßigen Inspektion an 50 Fahrzeugen dieser Baureihe den Lack. Vier Fahrzeuge weisen den Mangel auf.

a) Konstruieren Sie einen geeigneten Test ($\alpha = 0{,}05$) und werten Sie die Behauptung!

b) Berechnen Sie den Fehler 2. Art, wenn der Lackmangel in Wirklichkeit an 10 % dieser Fahrzeuge auftritt!

JA 38 *(s. Beispiel J 10, S. 465)*

In dem Jahresbericht eines städtischen Unternehmens wird mitgeteilt, dass inzwischen mindestens 75 % aller Haushalte der Stadt als Kunden des Unternehmens geworben werden konnten.

a) Die Mitteilung soll angezweifelt werden, wenn von 200 zufällig ausgewählten Haushalten 140 Haushalte oder weniger zu den Kunden gehören. Geben Sie die Testart und die statistische Mindestsicherheit dieses Tests an!

b) Berechnen Sie die Wahrscheinlichkeit für den Fehler 2. Art (in Teilaufgabe a)), wenn in Wirklichkeit nur 60 % aller Haushalte zu den Kunden gehören!

c) Ermitteln Sie den Ablehnungsbereich auf dem Signifikanzniveau von $\alpha = 0{,}1$ sowie dem Signifikanzniveau von $\alpha = 0{,}2$! Vergleichen Sie den Ablehnungsbereich aus Teilaufgabe a) mit diesen beiden Ablehnungsbereichen hinsichtlich eines sinnvoll gewählten Signifikanzniveaus!

JA 39 *(s. Beispiel J 9, S. 464/465)*

Ein Unternehmen stellt Monitore für Computeranlagen her. Es garantiert, dass höchstens 10 % der Monitore des Typs M vorzeitig ausfallen. Die Garantieerklärung wird durch Stichprobenuntersuchungen abgesichert. (Wegen der hohen Kosten erfolgen die Untersuchungen nur mit relativ geringem Stichprobenumfang und in größeren Zeitabständen.) In einer (sehr großen, teuren) Stichprobe fallen 15 der 160 getesteten Monitore vorzeitig aus.

GTA a) Konstruieren Sie einen geeigneten Test auf der Basis der Binomialverteilung!

b) Weisen Sie nach, dass die Kriterien zur hinreichend genauen Approximation der Binomialverteilung durch Normalverteilung erfüllt sind!

Ermitteln Sie die Mindestgröße des Stichprobenumfangs, für die beide Kriterien (gerade noch) erfüllt sind! Konstruieren Sie einen geeigneten Test auf der Basis der Normalverteilung für den Stichprobenumfang $n = 160$!

c) Unterbreiten Sie Vorschläge, wie das Unternehmen Qualitätskontrollen ohne größere finanzielle Aufwendungen realisieren könnte.

JA 40 In der Schweiz wurde unter der Bevölkerung folgende prozentuale Blutgruppenhäufigkeit festgestellt:

Blutgruppe	0	A	B	AB
Anteil je 100 Personen	42	45	10	3

Für Deutschland wird eine ähnliche Verteilung angenommen. Es soll die Nullhypothese getestet werden, dass tatsächlich genau 10 % der Bevölkerung die Blutgruppe B besitzen. Hierfür wählt man 100 Personen „auf gut Glück" aus. Bei 19 Personen wird die Blutgruppe B festgestellt. Stellen Sie fest, wie bei einer Irrtumswahrscheinlichkeit von höchstens 0,05 zu entscheiden ist!

JA 41 Eine Pharmaziefirma wirbt für ihre Salbe gegen leichte Pigmentstörungen der Haut mit dem Versprechen, dass die Anwendung dieser Salbe in mindestens 80 % der Fälle eine sichtbare Besserung herbeiführt. Zur Überprüfung dieser werbewirksamen Behauptung wird eine Zufallsstichprobe von 100 Patienten mit Pigmentstörungen auf diese Weise behandelt. Bei 75 Patienten führt dies zu einer Besserung. Prüfen Sie, ob die Behauptung des Herstellers auf dem Signifikanzniveau $\alpha = 0{,}05$ verworfen werden kann!

JA 42 Ein Herrenschuhverkäufer behauptet, dass genau 90 % der männlichen Bevölkerung seiner Stadt mit fünf verschiedenen Schuhgrößen (Größe 40 bis 44) versorgt werden können, und er hat deshalb vorwiegend Schuhe dieser Größe am Lager. Ein Lehrling zweifelt an der Aussage des Verkäufers und überprüft daraufhin an 100 „auf gut Glück" ausgewählten Kunden die Behauptung des Verkäufers. Er ermittelt 84 Kunden, die eine Schuhgröße von 40 bis 44 haben. Untersuchen Sie, ob der Lehrling die Behauptung des Verkäufers auf dem Signifikanzniveau von 0,05 ablehnen kann!

JA 43 Eine statistische Erhebung unter 5000 Studentinnen ergab, dass mindestens 30 % aller Befragten Raucherinnen sind. Jemand behauptet, dass der Anteil der Raucherinnen bereits unter den Gymnasiastinnen genauso hoch sei. Geben Sie ein Prüfverfahren an, mit dessen Hilfe Sie an Ihrer Schule die Hypothese testen können, dass mindestens 30 % aller Schülerinnen Raucherinnen sind! Wählen Sie dazu entsprechend der Schülerzahl Ihrer Schule einen geeigneten Stichprobenumfang! Wählen Sie als Signifikanzniveau 0,05!

JA 44 In einer Urne befinden sich nur weiße und rote Kugeln. Ein Schüler behauptet, dass der Anteil der weißen Kugeln ein Fünftel beträgt. Zur Überprüfung dieser Behauptung führt die Klasse ein Experiment durch: Es werden 50 Kugeln mit Zurücklegen gezogen. Befinden sich weniger als 4 oder mehr als 16 weiße Kugeln darunter, wird die genannte Behauptung zurückgewiesen, andernfalls nicht. Ermitteln Sie, wie groß bei diesem Experiment die Irrtumswahrscheinlichkeit ist!

JA 45 Beim Ausbrüten befruchteter Hühnereier soll angeblich der Anteil der geschlüpften Hähnchen und Hennen gleich sein. In einer Brutstation wird festgestellt, dass aus 50 ausgebrüteten Eiern 30 Hähnchen (und 20 Hennen) schlüpften. Untersuchen Sie, ob man mit einer Irrtumswahrscheinlichkeit von höchstens 0,05 auf unterschiedliche Wahrscheinlichkeiten für das Schlüpfen von Hähnchen und Hennen schließen kann!

JA 46 (↗ Beispiel J 7, S. 460/461)
Eine Partei möchte wissen, ob bei einer in Kürze anstehenden Wahl eine absolute Mehrheit für sie möglich ist. Sie gibt eine Meinungsumfrage in Auftrag. Es wird die Nullhypothese überprüft, dass der Stimmenanteil höchstens 50 % ist, wobei man eine Irrtumswahrscheinlichkeit von höchstens 0,05 zulassen will.
Dazu werden a) 200 Personen b) 1000 Personen
zufällig ausgewählt und befragt, ob sie diese Partei wählen würden, wenn am nächsten Sonntag Wahlen wären (Sonntagsfrage). Geben Sie H_0, H_1 und den zu H_0 gehörenden Ablehnungsbereich an! Formulieren Sie eine Entscheidungsregel!

JA 47 Ein Optiker behauptet, dass mindestens 20 % aller schulpflichtigen Kinder eine Brille benötigen. Es soll die Nullhypothese, dass mindestens 20 % der Kinder eine Brille benötigen, auf dem Signifikanzniveau von 0,05 getestet werden.

a) Bei einer Schuluntersuchung werden 200 Kinder als Zufallsstichprobe gewählt. Bei 30 Kindern wird festgestellt, dass sie eine Brille benötigen.
b) Bei einer anderen Schuluntersuchung werden 1 000 Kinder als Zufallsstichprobe gewählt. Dabei ermittelt man 160 Kinder, die eine Brille tragen sollten.

Prüfen Sie, ob die Nullhypothese auf dem vorgegebenen Signifikanzniveau von 0,05 in a) und b) abgelehnt werden kann!

JA 48 Ein Reiseunternehmen hat für die Sommersaison 1000 Hotelbetten für ein bestimmtes Urlaubsgebiet in Spanien vertraglich gebunden. Erfahrungsgemäß werden etwa 10 % der Buchungen wieder zurückgenommen.

a) Bestimmen Sie den Ablehnungsbereich für H_0: $p \geq 0{,}1$, wenn die Irrtumswahrscheinlichkeit höchstens 0,05 betragen soll!
b) Bestimmen Sie den Ablehnungsbereich für H_0: $p \geq 0{,}1$, wenn die Irrtumswahrscheinlichkeit höchstens 0,01 betragen soll!
c) Leiten Sie praktische Konsequenzen ab, die für das Reiseunternehmen nahe liegend sind!

JA 49 Erfahrungen eines Reiseunternehmens besagen, dass durchschnittlich 2 % der Personen, die eine bestimmte, sehr beliebte Kreuzfahrt gebucht haben, die Reise nicht antreten. Es stehen 150 Plätze zur Verfügung.

a) Bestimmen Sie den Ablehnungsbereich für H_0: $p \geq 0{,}02$, wenn das Signifikanzniveau 0,05 betragen soll!
b) Nennen Sie praktische Konsequenzen, die sich für das Reiseunternehmen ergeben!

JA 50 Ein Arzt empfiehlt seit längerer Zeit ein bewährtes Medikament „Nasefrei" gegen Schnupfen. Ein Pharmakonzern bringt ein neues Medikament D auf den Markt und verspricht, dass dies wirksamer als alle herkömmlichen Mittel gegen Schnupfen sei. Der Arzt möchte deshalb nicht weiterhin ungeprüft allein das Medikament „Nasefrei" einsetzen. Die Gefahr, dass er „Nasefrei" irrtümlich für besser hält, soll gering sein. Welche möglichen Fragestellungen für das Testen von Hypothesen ergeben sich daraus? Geben Sie entsprechende Lösungen an!